为航天事业
添砖加瓦

匡定波 匡定波印

二〇一六年六月

航天红外成像探测器

陈伯良　李向阳　著

科学出版社
北　京

内 容 简 介

红外光子探测器及以此为基础的红外焦平面成像阵列是当代先进红外技术应用的基础和引领者，也是近三十年来红外物理与技术领域最主要的研究方向和最活跃的研究对象之一。本书在着重论述红外焦平面成像阵列一般原理基础上，以航天红外探测应用中最重要的 HgCdTe、InSb、InGaAs、Si∶*X*、QWIP 和 T2SL 等探测器为论述主体，详尽介绍其科学原理、技术路线和性能特点。本书密切结合作者及其同事多年经验和研究成果，也尽量反映国际最新发展。

本书可供红外光电技术领域从事红外成像探测器材料、器件的研究、制造、应用、开发和管理的专业人员阅读参考，也可供高等学校光电器件和信息类专业的教师、研究生和高年级学生，以及对红外技术感兴趣的读者阅读参考。

图书在版编目(CIP)数据

航天红外成像探测器/陈伯良，李向阳著. —北京：科学出版社，2016.7

ISBN 978-7-03-049202-9

Ⅰ. ①航… Ⅱ. ①陈… ②李… Ⅲ. ①航天探测器-红外探测器 Ⅳ. ①V476.4

中国版本图书馆 CIP 数据核字(2016)第 146973 号

责任编辑：王艳丽

责任印制：谭宏宇 / 封面设计：殷 靓

科学出版社 出版

北京东黄城根北街 16 号

邮政编码：100717

http://www.sciencep.com

南京展望文化发展有限公司排版

广东虎彩云印刷有限公司印刷

科学出版社发行 各地新华书店经销

*

2016 年 7 月第 一 版 开本：787×1092 1/16

2025 年11月第十三次印刷 印张：24 1/4 插页 4

字数：550 000

定价：138.00 元

(如有印装质量问题，我社负责调换)

空间遥感与科学实验有效载荷技术系列

空间遥感与科学实验有效载荷技术系列·序

1957年世界上第一颗人造卫星发射成功，给人类开辟一个前所未有高度的活动平台。1965年中国科学院提出建议“我们也要搞人造地球卫星”，开启了中国人向空间进军的序幕。自此，中国空间技术得到了部署和发展，并与同时期的“原子弹、导弹”等高技术一起发展，最终形成了“两弹一星”的格局。

经过了半个世纪的发展。当前，我国已经在空间领域形成了通信、气象、环境、海洋、载人、探月等系列。在这些航天系列中，对地观测无疑是重要内容，其中包括气象、海洋、资源、环境、侦察、预警等方面的应用。

中国科学院上海技术物理研究所自1965年参与航天项目，从红外地平仪做起，半个世纪以来，上海技术物理研究所在红外、光电遥感探测技术领域聚焦国家重大需求，坚持为国家重大科技战略做出突破性贡献：1988年发射的“风云一号”是我国第一颗太阳同步极轨运行气象卫星；1997年发射的“风云二号”是我国的第一颗地球同步轨道运行的气象卫星；2008年发射的“风云三号”是我国新一代极轨气象卫星。此外，上海技术物理研究所还为载人航天工程、探月工程、海洋卫星、环境卫星、多种试验卫星等研制了红外、光电应用系统有效载荷和航天单机。在这些航天工程项目中，上海技物所重点是发展对地观测和探月观测的有效载荷和相应的关键技术。为此，所内许多科研人员从事了一辈子与航天相关的科研活动，为我国的航天科研事业贡献了全部青春年华。同时在这些科研过程中，解决了许多技术问题，发展了相应的技术，有些专业技术是一般教科书中没有的。为了让这些宝贵的科研成果和学术积累有所传承，由科学出版社和上海技术物理研究所共同组织出版了这套“空间遥感与科学实验有效载荷系列”专著。

本系列专著是“空间技术与应用学术著作丛书”的重要组成部分，涉及到红外探测器、不同波段的焦平面器件、空间用致冷器、各种功能的红外光学薄膜、遥感探测系统、红外地平仪、光电扫描辐射计、成像光谱仪、激光测高、激光成像以及空间微重力下的科学仪器、空间照明系统等。相信本系列专著能够为广大科技人员及科技爱好者，尤其是为光电技术领域的年轻科技人员带来具有实用价值的参考。

撰写这系列专著，需要相关科技人员、业内专家付出极大劳力和智慧。同时，作为上海技术物理研究所的重要科技活动，我所将始终给予人力和财力上的积极支持。

愿丛书顺利出版，特此为序。

二〇一六年六月

前　言　FOREWORD

近年来航天红外成像探测器技术的发展十分迅速。本书通过对这一技术的基础理论、技术路线和当前发展状况的简明介绍，为我国从事红外探测器特别是航天红外成像探测器材料、器件的研究、制造、应用和管理的专业人员和希望涉足这一领域的青年科技工作者包括研究生，以及对红外技术感兴趣的读者提供一种基础材料和路径指引。

红外探测器按其工作机理可分为光子探测器和热探测器两大类。本书只涉及光子探测器，主要集中于航天和遥感应用最重要的几种探测器。全书共9章。第1～3章介绍红外成像探测器技术的物理学基础。过去已有汤定元、糜正瑜等编著的《光电器件概论》，周世椿编著的《高级红外光电工程导论》等著作，对红外探测器的物理基础作了详细的介绍，所以本书只在第2章中对红外光子探测器的原理作简明陈述，目的在于方便读者阅读和理解本书后面的内容。红外焦平面阵列是新兴的迅速发展的技术，本书第3章用很大篇幅较系统和深入地讨论红外焦平面阵列的基本概念和核心理论。第4～7章介绍重要的航天红外成像探测器，第4章讨论InSb，第5章讨论HgCdTe，这两种探测器发展最为成熟，技术水平最为先进，在航天应用中占据中心地位，在整个红外市场中占据大部分份额。第6章介绍InGaAs和Si∶X，这两种材料在航天工程中也有重要应用。第7章介绍QWIP和InAs/GaSb T2SL，前者已经相当成熟，后者虽未有航天应用，却被视为红外成像探测器的未来之星。红外焦平面阵列的制造技术十分复杂，第8章对焦平面阵列制造若干关键的特殊工艺技术作概要介绍。第9章介绍红外探测器的数值仿真。本书的介绍密切结合了作者及其同事在这一领域多年实际经验和研究成果，也尽量反映国际上的最新发展。

航天红外成像探测器的技术架构简单来说分为四块：敏感材料、探测器芯片、读出电路和致冷封装。本书只涉及其中一部分。本书以器件为主体，上游知识只限于介绍对器件性能有重要影响的材料参数，下游知识仅达到信号读出的输入接口和组件封装可靠性的初步入口。探测器敏感材料的制备和表征，读出电路的设计、制造和性能测试，致冷、封装、结构可靠性等内容，本身都是十分复杂而困难的技术，对红外焦平面阵列性能和使用影响甚巨，而本书涉及甚少。一方面限于篇幅，另一方面由于作者学识浅陋，力有不逮，只能浅尝辄止。敬请读者谅解。本书部分章节内容是在作者近两年为部分年轻同事、研究生讲授红外探测器基础课程和面向资深研究人员的器件高级研修班上的主题发言讲稿基础上深化扩充而成的。本书第1～4章、第6～8章由陈伯良撰写，第5章和第9章由李向阳撰写，徐国庆撰写第5章部分内容，刘大福撰写第9章部分内容。虽然我们小心谨慎，尽量避免学术性的错误，仍恐力不从心，疏漏和不足之处，衷心欢迎读者批评指正。

本书动笔之初，匡定波院士审阅撰写提纲并提出指导性意见。回想匡先生在国家863计划信息获取与处理技术主题专家组组长任上对发展我国红外焦平面阵列成像技术所做的开创性和富有远见的布局以及对后辈工作的支持和慰勉，作者铭感殊深。作者的同事许多出色的原创性工作成果，对本书构成有很重要的贡献，他们的名字在参考文献中列出，在此不一一赘述。本书初稿第3章承胡晓宁研究员，第4～5章承杨建荣研究员精心审阅，贾嘉、杨晓阳、王仍副研究员审阅有关章节，并和兰添翼、薛世伟、陈心恬、黄波、邢怀昌、操神送等为本书制作部分插图并校正参考文献，作者在此表示衷心感谢。最后，对我们的家人对研究工作的支持，谨表示内心的歉疚和深深的谢意。

陈伯良　李向阳

2016年4月　上海

目　录　CONTENTS

第 1 章 绪 论

1.1 红外辐射与红外探测

视觉是人类最发达的感觉之一。可是大自然宽广的电磁波谱只给人类的视觉开启了一扇很小的窗口。人眼只能感知可见光。可见光是电磁波谱中波长为 0.4～0.7 μm 的一个很小的窗口，其频率为 430～750 THz。如图 1.1 所示，电磁波谱的构成按波长由短到长，依次为 γ 射线、X 射线、紫外线、可见光、红外线、微波和无线电波。可见光谱的长波一端延伸一段相当宽的红外区，其波长为 0.7～1 000 μm。这个波段特别引起人们关注，因为能够辐射这一波段电磁波的物体的种类和数量实在太多了。严格地说，有温度的物体都发射红外辐射。

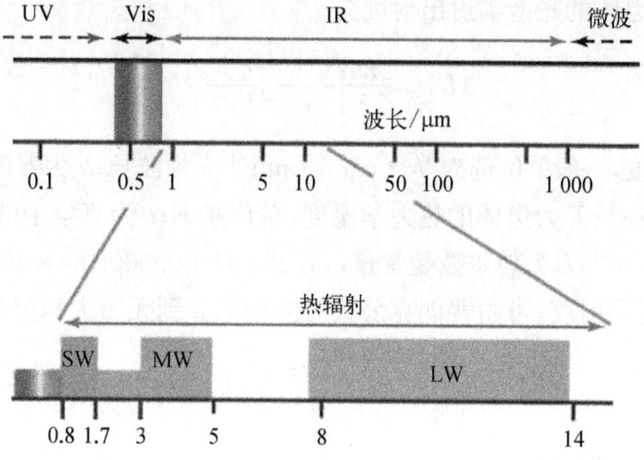

图 1.1 红外线是电磁波谱中的一段，其波长为 0.7～1 000 μm

红外辐射的能量称为辐射能。在红外探测技术中，人们有时关心探测某一指定时间间隔内传递的辐射能的总量，有时关心单位时间内传递的辐射能。后者在辐射度学中相应的物理量为辐射通量或辐照功率。

辐射率(或辐射亮度，radiance)描述一个有一定尺度的扩展源在某 θ 方向上单位投影面积 A 向单位立体角发射的辐射通量，用 L 表示，单位为 $W \cdot m^{-2} \cdot sr^{-1}$(瓦·米$^{-2}$·球面度$^{-1}$)。辐射出射度(简称辐出度，radiant exitance)表征的是扩展源在单位面积上向半球空间发射的辐射通量，用 M 表示，单位是 $W \cdot m^{-2}$(瓦·米$^{-2}$)。对均匀的漫射体(朗伯源)，有 $M=\pi L$。辐照度(irradiance)定义为被照物体表面单位面积上的辐射通量，用 E 表示，单位是 $W\cdot m^{-2}$(瓦·米$^{-2}$)。辐照度和辐出度的单位相同，它们的定义式形式也相同，但两者却具有不同的物理意义。辐出度是离开辐射源表面的辐射通量分布，它包括辐射源向 2π 空间发射的辐射通量；而辐照度则是入射到被照表面上的辐射通量分布，它可以是一个或多个辐射源投射的辐射通量，也可以是来自指定方向的一个立体角中投射来的辐射通量。

通常辐射能量随波长而变化。光谱辐射量就是用来描述辐射的光谱特征，即在指定波长处，单位波长间隔内的单色辐射量。与上述各个物理量相对应的，有光谱辐射通量(P_λ，$W\cdot\mu m^{-1}$)、光谱辐亮度(L_λ，$W\cdot m^{-2}\cdot sr^{-1}\cdot\mu m^{-1}$)、光谱辐射出射度($M_\lambda$，$W\cdot m^{-2}\cdot\mu m^{-1}$)、光谱辐照度($E_\lambda$，$W\cdot m^{-2}\cdot\mu m^{-1}$)。在红外探测技术领域，人们仍习惯用 cm 作为长度单位，所以在文献中辐射物理量的单位有时与上述不同，不过只要通过简单换算就可达到一致。

红外辐射自身遵从一些基本的规律。

各种物体对外来辐射的吸收，以及它本身向外的辐射都不相同。任何温度下能够全部吸收任何波长入射辐射的物体，称为黑体(black body)。黑体是一个理想化的物体概念。

物体的发射率(或比辐射率)ε 表示该物体在温度 T 时的辐射出射度与具有同一温度的黑体的辐射出射度之比。ε 越接近于1，物体的辐射特性与黑体越接近。

普朗克(Planck)根据他自己提出的微观粒子能量不连续的假说，导出了描述黑体辐射光谱分布的公式，即黑体的光谱辐射出射度为

$$M_\lambda=\frac{2\pi hc^2}{\lambda^5}\frac{1}{e^{hc/\lambda kT}-1} \tag{1.1}$$

式中，M_λ 为光谱辐出度，一般单位选为 $W\cdot cm^{-2}\cdot\mu m^{-1}$；$\lambda$ 为波长；h 为普朗克常量，$(6.6256\pm0.0005)\times10^{-34}\ W\cdot s^2$；$T$ 为黑体的热力学温度，单位是 K；c 为真空中的光速，$(2.997925\pm0.000003)\times10^8\ m\cdot s^{-1}$；$k$ 为玻尔兹曼常量，$(1.38054\pm0.00018)\times10^{-23}\ W\cdot s\cdot K^{-1}$。

黑体的总的辐射出射度，可由普朗克公式对波长从 0 到无穷大积分导出：

$$M_b=\int_0^\infty M_\lambda d\lambda=\frac{2\pi^5k^4}{15c^2h^3}T^4=\sigma T^4 \tag{1.2}$$

实际物体(灰体)的辐射出射度为

$$M=\varepsilon\sigma T^4 \tag{1.3}$$

式中，σ 为斯蒂芬-玻尔兹曼常量($5.67\times10^{-12}\ W\cdot cm^{-2}\cdot K^{-4}$)。

红外光子探测器对入射辐射的响应往往与每秒接收到的光子数相关。描述光子探测器的性能和与其有关的辐射时，采用光子通量更为方便。根据普朗克的量子论，辐射也可以用光子数来度量，相应的有光子辐出度、光子通量、光子辐照度等术语。

用光子表示的辐射量与用功率表示的辐射量之间的换算相当方便。因为每个光子的能量为 $h\nu$，ν 为光的频率，所以简单地有，光子通量=辐射通量/光子能量($h\nu$)，即 $\Phi_\lambda=P_\lambda/h\nu$，

单位为光子数/秒（$ph\cdot s^{-1}$）。

由普朗克公式可以计算辐射源的单色光子辐出度。因为采用光子数表示，符号也可以写作Q_λ或n_λ，有

$$n_\lambda = \frac{2\pi c}{\lambda^4}\frac{1}{e^{hc/\lambda kT}-1} \tag{1.4}$$

图1.2是按式(1.4)计算的几种不同温度的典型黑体的光谱光子出射度。温度由高到低依次为太阳表面、钨丝灯泡、熔融的金、战斗机尾气、厨房烤炉、温暖的白天和寒冷黑夜的环境。这些曲线表明，随着温度下降，光子出射度的峰位向长波移动。300 K背景的光子出射度峰位在9 μm左右。巧合的是，这正好位于大气红外透射窗口8～14 μm。这注定是利用长波红外窗口探测近室温目标的天然优势。

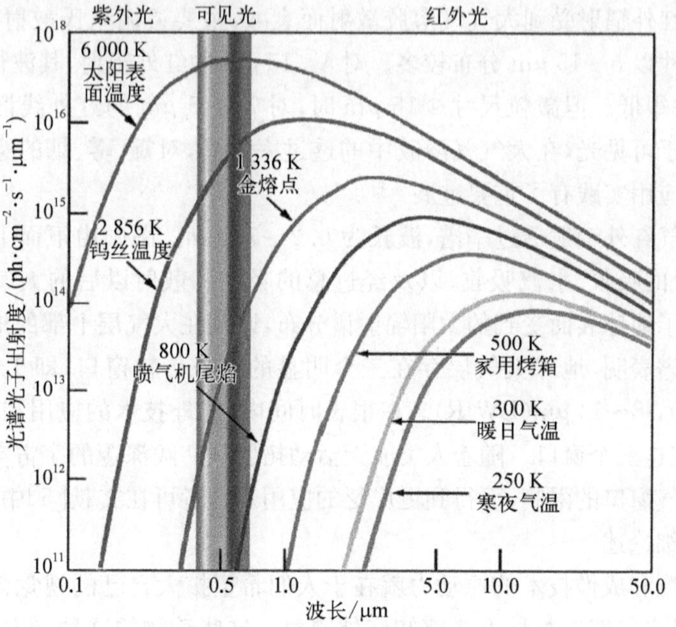

图1.2　由普朗克定律得到的黑体辐射光谱分布

横轴是对数表示的波长，纵轴是光谱光子出射度

对n_λ在整个波长范围积分，可以得到温度为T的黑体的全光子辐出度

$$N = \int n_\lambda d\lambda = \int_0^\infty \frac{2\pi c}{\lambda^4}\frac{1}{e^{hc/\lambda kT}-1}d\lambda \tag{1.5}$$

当然也可以计算在感兴趣的波段范围落到探测器表面的总光子数。在现代微型计算机中这些十分有用的参数是不难计算的。读者也可以从现有的数据表中查到相关数据[1]。

太阳和地球表面是最重要的自然辐射源。美国国家航空航天局一个较为正式的数据是太阳光球有效黑体温度为5 778 K[2]。太阳辐射的光谱分布可以用5 778 K的黑体的辐射来近似表示，其峰值波长为$\lambda_p \approx 0.502\ \mu m$。太阳的全辐出度为$M = 6.31\times 10^7\ W\cdot m^{-2}$。太阳

辐射出射度在各个光谱区分布的百分数大致为紫外区（0～0.4 μm）$M_{0\sim0.4}\approx0.14M$、可见区（0.4～0.75 μm）$M_{0.4\sim0.75}\approx0.42M$、红外区（0.75 μm～∞）$M_{0.75\sim\infty}\approx0.44M$。太阳常数是指在日-地平均距离上，在地球大气层外测得的辐照度。可以根据上述数据计算得到太阳常数≈ 0.136 1 W/cm^2。而在地球表面（标准海平面），由于大气层的衰减作用，地面的辐照度只有太阳常数的 2/3，约为 0.09 W/cm^2。

地球表面白天的热辐射由反射和散射的太阳光线及地球本身热辐射组成。夜间其光谱分布相当于地球环境温度的灰体的光谱分布。在地外空间看来，地球相当于一个 290 K 的辐射体。

地球大气是由多种气体分子和悬浮微粒（固态、液态）组成的混合体。红外辐射在大气中传输时，会遭到大气的吸收和散射，强度不断减弱。大气中所含重要吸收成分有水蒸气、二氧化碳、臭氧、甲烷和二氧化氮。大气中云、雾、雨、雪、尘埃、烟等悬浮微粒的直径分布为 $10^{-2}\sim10^{2}$ μm。红外辐射受到大气气溶胶散射而衰减，主要遵循米氏散射规律。大气中的雾和云的颗粒尺寸以 5～15 μm 分布较多。对 $\lambda<15$ μm 的红外辐射，其波长与雾、云颗粒大小差不多，透过率很低。但微粒尺寸≫15 μm 时，对 $\lambda<15$ μm 的红外线散射是不显著的。短波红外线相对于可见光，在大气气溶胶中的透过率更高，对霾、雾、烟的穿透本领更强，对此近年来研究和应用实践有了重要进展[3,4]。

图 1.3 是大气红外辐射透过率谱，波长为 0.2～70 μm。图中由下而上，标出了瑞利散射、各种大气成分的吸收、水汽吸收，以及经过总的吸收和散射以后的大气红外透射光谱。图的最上部显示了地球表面受到的太阳辐射谱分布，以及在大气层上部的地球辐射谱分布。大气红外透射光谱表明，地球大气层存在三个明显的红外传输窗口，即 1～3 μm（SWIR），3～5 μm（MWIR），8～14 μm（LWIR）。在很长时间内，红外技术的应用和红外探测器的研发，都优先集中在这三个窗口。随着人类航天活动拓展到广阔深邃的宇宙空间，红外技术的发展不再受到大气窗口的限制，而得到更广泛的应用。读者可在文献[5]中看到对红外辐射有关内容的更详细论述。

发展红外探测和成像技术的原动力就在于人们希望扩大自己的视觉窗口。在自然界，蛇、蝙蝠和某些昆虫能够以某种方式感知红外辐射。这些动物的这种能力为人们提供了灵感。研制出人工红外视网膜是人们长久以来的一个愿望。将来红外仿生眼势必能够革新人们对于外部世界的观感。自 1800 年英国天文学家赫胥尔（W. Herschel）发现红外辐射以来，尤其是 20 世纪 50 年代起半导体红外探测器技术迅速发展和应用，人类的视觉能力在广度和深度上有了飞跃的扩展。人们不仅掌握了白天，也能够洞察黑夜。借助红外探测技术，人们不仅可以看清有了光线之后的宇宙，而且正在努力穿透初光（First Light）之前的暗世纪宇宙，探索暗物质的奥秘。

红外探测与可见光探测相比，在某些方面具有不可替代的优势。首先，由于红外辐射来源于物体自身，不需要外加光源就能够探测。这种“被动”式探测，在夜视和某些无光照的极端场合是十分重要的。其次，地球大气中存在 3 个对红外辐射吸收和散射很小的“窗口”，红外辐射在这 3 个窗口波段是“透明的”，这种透明性使得红外辐射探测技术在自由空间通信联络、军事技术、遥感技术和天文学中获得了重要而广泛的应用。再次，在大气窗口之外的

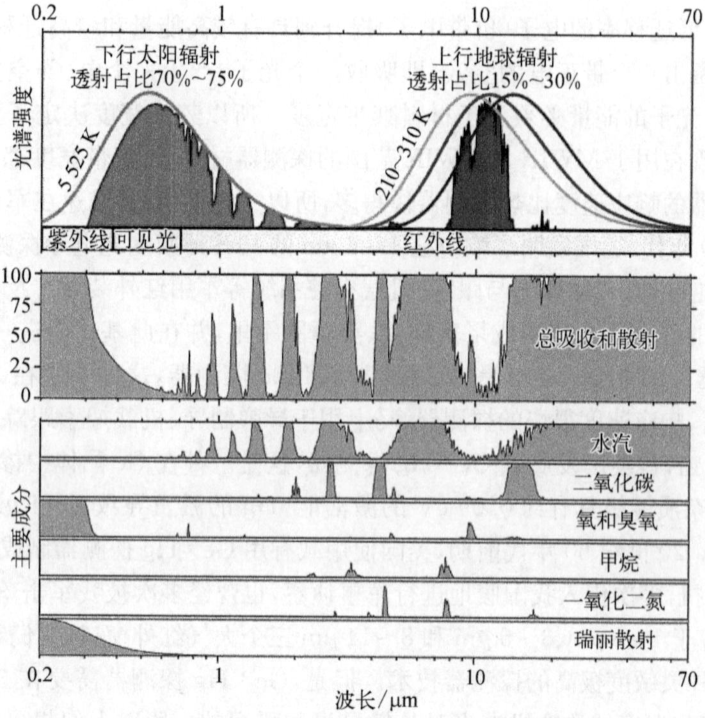

图 1.3 地球大气层对红外辐射的吸收-透射光谱[6]

红外波段，红外辐射在许多其他介质中衰减也较小，人们利用这种性质发展许多非接触式、非破坏性的检测技术。最后，红外辐射直接来自于热源，它携带着使热源自身得以辨识的信息。探测红外辐射可以获知有关辐射源或吸收介质的大量信息。例如，测量物体发射的红外辐射的特性和数量，可以确定物体的温度。许多材料尤其是有机化合物的结合能的共振频率处于红外区，所以探测这些共振（红外光谱术）是分析分子化学键的有力的工具。总而言之，红外辐射具有的这些独特性质使得红外探测成为当今热门的研究领域。

1.2 红外探测器的发展历程

赫胥尔在研究太阳光谱的热效应时，用一个水银温度计测得了三棱镜折射的太阳光的红光外面存在更显著的热效应。这可以说是第一个红外探测器。在整个 19 世纪，发明了两种重要的红外探测器，就是温差电探测器和测辐射热计。其原理都是利用红外辐射的热效应。到了 20 世纪，先后发明了热敏电阻、高莱管，以及利用铁电体的自发极化随温度变化关系的热释电型红外探测器。这些热红外探测器有广泛的应用，但 20 世纪红外探测器最重要的发展是红外光子探测器。光子探测是基于电磁波与物质的量子交互作用。用光子来量化的红外辐射的吸收，瞬间就改变了材料的电子态，把光子能量的全部或大部分转换成电能，不发生或仅发生极少量的热损失。材料电子状态的变化产生一个电信号，这一信号代表电磁辐射被吸收的过程。光子探测器大多数利用半导体制成。光子提供的能量把一个处于较低能态、具有较低迁移率的电子(价带电子)提升到具有较高能量和较高迁移率的状态(导带电子),在价带留出一个带正电的空穴,即吸收一个光子,产生一个电子-空穴对。要使光子吸收得以发生,光子的能量必须大于材料禁带宽度。所以禁带宽度决定了光子吸收和探测的波长范围。现在用于 MWIR 和 LWIR 范围的探测器材料,其禁带宽度都在 0.7 eV 以下。红外光子探测器的响应速度比热探测器快得多,所以一经发明,就迅速在军事上得到应用。

20 世纪 30 年代,德国发明了响应在 1~3 μm 的 PbS 薄膜型光电导探测器,并在此基础上发展了高射炮导向、船舶探测与跟踪、机载火控系统等军用红外装置。反法西斯战争的胜利使这些初始的红外探测技术成果落到美、英等国手里,并在此基础上进一步发展了 PbTe 和 PbSe 探测器。20 世纪 50 年代,英国发明了 InSb 探测器,这种响应在 3~5 μm 大气窗口、灵敏度很高、响应速度很快的探测器,马上用于导弹制导、机载搜索跟踪等武器系统。在 8~14 μm 大气窗口,美国发展了 Ge∶Hg 探测器,这是一种在 Ge 晶体中掺入微量 Hg 形成的体系,Hg 的杂质能级具有约 0.09 eV 的激活能,Hg 的激发导致对 14 μm 以下波长的红外辐射的探测。20 世纪 60 年代前期,美国使用载有用 Ge∶Hg 探测器制成的红外照相机的 U-2 高空侦察机,多次侵入我国腹地进行军事侦察,也曾经多次被我军击落。到 20 世纪 60 年代中期,对应于 1~3 μm、3~5 μm 和 8~14 μm 三个大气红外窗口,人们掌握了 PbS、InSb 和 Ge∶Hg 三种灵敏度极高的探测器技术。但是,Ge∶Hg 探测器需要在 38 K 以下温度工作,满足这个工作温度的致冷机在当时是极昂贵和稀罕的。所以人们想寻找新的探测器材料,能够在液氮温度(77 K)下工作。1959 年发明的 HgCdTe 和随后发展的 PbSnTe 两种三元系合金半导体,可通过其中组分的调适,制备出在液氮温度下工作的高性能的 8~14 μm 红外探测器。但因 PbSnTe 的介电常数大(接近 400),响应速度受到很大限制,更重要的是热膨胀系数很大(约为 20×10^{-6}/K),与硅(Si)的热膨胀系数(约为 2.5×10^{-6}/K)失配太大,无法实现混成红外焦平面结构。而 HgCdTe 的介电常数约为 18,热膨胀系数约为 4.7×10^{-6}/K,相比之下较易实现混成焦平面结构。因此大量资金和人力的支持集中到 HgCdTe 的发展,促使其取得了巨大成功。今天 HgCdTe 已经发展成为从短波红外到甚长波红外波段全覆盖、性能最优良、市场份额最大的红外探测器技术。

从 20 世纪 80 年代起,红外探测器技术实现了一次新的飞跃,这就是红外焦平面阵列成像器件的成功发展。为了获取目标物体的二维热分布,最早使用一个探测器在水平和垂直两个方向进行光学-机械扫描,后来发展成一维探测器线列进行并行扫描,对整个视场中的景物信息进行逐点采集,再还原成二维图像。这种扫描热成像系统发展得相当成熟,大量的扫描热像仪生产出来用于装备部队。这种技术以 MCT 光导 180 元线列为代表,与低温杜瓦和前置放大器集成一体,在美国称为通用组件(Common Module)。进一步的发展是把探测器做成二维阵列,并且把这个阵列与探测器信号读出和一部分信息处理功能集成到一个器件上,这种新型的器件称为红外焦平面阵列(infrared focal plane array, IRFPA)。红外焦平面阵列是兼具红外辐射探测和信号读出与处理能力的红外成像传感器。现在主流的 FPA 技术是把红外探测器阵列芯片与 Si 读出电路通过铟柱互连混成的。二维凝视 FPA 通过探测器阵列的光电响应、Si 读出电路的信号读出和电子自扫描传输,将目标物体的热辐射分布特征转换成视频图像信号,从而实现成像探测、跟踪、制导等功能。

FPA概念在红外探测器技术领域掀起了一阵研究和发展的热潮。在传统探测器材料中，Pt∶Si肖特基势垒焦平面阵列由于均匀性好、与Si工艺兼容、成本低，所以一度被看好。但其灵敏度低，在重要军事项目中表现得不尽如人意，在民用项目中价格又偏高，所以发展势头受到影响。各种热探测器的焦平面阵列发展都有相当大的进展。1992年公开的由Si的微测辐射热计像元构成的焦平面阵列，可以在室温下工作，灵敏度达到相当高的水平，读出电路和探测器阵列在同一个芯片上，工艺突破后就可以在Si生产线上大量低成本生产，符合美国军方对中高档红外传感器轻量化、低成本、低功耗的要求。术语"非致冷焦平面阵列"(Uncooled FPA)专指这种传感器。近年来非致冷焦平面阵列的性能有显著提高，在航天工程和某些中、高端项目中也开始应用。在光子探测器中，InSb和HgCdTe的FPA技术发展得最为成熟，也得到最重要和最广泛的应用，尤其在高端军事项目、航天和遥感领域。特别是HgCdTe的FPA技术，取得的成就更加突出。通过改变组分调控禁带宽度，截止波长1.7～16.5 μm的MCT FPA能够常规生产，通过衬底去除工艺还能把响应向短波延伸到0.8 μm；可以达到极低的暗电流，这是探测极远目标极小信号的重要条件；可以做到2 K×2 K的阵列规模，甚至通过拼接最大可以达到1.47亿像元；每个像元的尺寸可以做到10 μm甚至更小，以实现极高的分辨率；可以实现短波、中波、长波之间各种双波段甚至三波段组合FPA。20世纪90年代，MCT FPA的技术获得突破，今天能够满足从弹道导弹防御、全球气候变化监视到宇宙暗世纪探索等各种极其重大任务提出的严酷要求。但是，HgCdTe还是面临着竞争者的挑战。在近红外(NIR)和短波红外(SWIR)波段，InGaAs FPA近年来发展很快，而且有重要的航天应用。在同样截止波长和同样工作温度下，InGaAs的暗电流可望比HgCdTe还小[7]，而成本则明显要低。在甚长波红外(VLWIR)波段，GaAs/AlGaAs QWIP的性能与MCT相匹敌，但其均匀性和生产成本均占优势。QWIP利用的是多量子阱中电子子能级之间的跃迁，量子效率较低是其缺点，现在正在通过改善共振结构来提高，已经取得了实质性进展。另一种正在兴起的材料是InAs/GaSb Ⅱ类超晶格。在这种能带跳空错开排列的人工晶格中，不仅通过调整组分，也可以通过改变尺寸来实现对能级控制的更大自由，在调节探测波长和优化器件性能方面比传统三维材料更灵活。把低维量子系统(包括量子线、量子点)的优点与三维半导体材料成熟的合成和制造工艺技术能力结合起来，是推进InAs/GaSb Ⅱ类超晶格人工量子系统发展的捷径。这种材料被业界一致看好，认为有超过HgCdTe的潜力。另外，非本征半导体Si∶*X*阻挡杂质带探测器阵列在航天红外工程的5～27 μm波段有不可替代的应用，也一直在稳步发展。

1.3　红外探测技术的重要地位

红外探测器的发展从一开始就受到军事应用的驱动。红外探测技术在国家安全和全球战略中的作用和地位经历了一个由战场、战术层面向战略层面上升的过程。20世纪50年代初期，红外开始表现出战场技术能力，如单兵夜视。50年代后期，红外开始在导弹武器制导方面发挥突出作用，一个著名的例子是使用硫化铅探测器的"响尾蛇"空-空导弹。之后，红外技术在军事中的应用大量扩展，在侦察、夜视、制导、通信、搜索、跟踪、监视、告警、导航等领域都表现出独特的能力和作用。到 80 年代，随着航天技术的发展，天基红外遥感使美国获得了全球的信息优势。不过，除了在全球军事监视和环境资源监测方面起着战略性的作用，红外的应用一般还处于战场上，属于战术的层面，红外对整个军事力量的影响，还处于局部的范围内。

20 世纪 90 年代以来，情况发生了深刻变化。红外武器装备在多次局部战争中的出色表现，使美国军队拥有了黑夜，为成功实现精确打击和低伤亡率作出了重要贡献。这使红外技术声誉大增。当前，红外武器装备已经进入全面的、大规模的应用阶段。更重要的是，由于红外焦平面阵列器件技术的突破，红外技术已经在一些影响全球军事力量格局、影响大国均势的重大战略体系如弹道导弹防御计划(BMD)中起到关键作用[8]。红外成像已经成为 21 世纪成长最迅速的技术之一。尽管近几年来美国和其他一些国家面临削减军事预算的压力，但红外成像/夜视技术提供的战斗力倍增作用使它居于军用系统的重要地位，今后 5 年其市场规模预计会进一步增长[9]。

红外探测技术在航天工程中发挥的关键作用与日俱增。除了上述 BMD 相关的天基红外系统，还有许多全局性、全球性的大型民用航天计划密切依赖于红外探测器。以下只举几个典型的例子。

(1) 气象卫星。我国已经成功发展了风云系列极轨和静止轨道气象卫星，其核心部件是红外探测器阵列。FY 系列卫星装置了从可见光到长波红外的高灵敏探测器阵列，可同时获取多个波段的大气环流信息。在灾害气象条件下，FY-2E 每隔 15 min 就能够发布一幅最新台风云图，为防灾减灾发挥巨大作用。美国、欧洲、日本都有自己的高性能气象卫星系列，例如，美国的 GOES 14，能够每隔 42 min 形成一幅覆盖面积为 3 000 km×3 000 km 的卫星云图。世界各国的气象卫星计划将长期升级发展，造福亿万民众。

(2) 碳排放监测计划。全球气候变暖是人类在 21 世纪面临的最大问题。作为应对措施之一，世界各国正在计划联合行动，使用各种卫星传感器对同温层和上、下对流层的温室气体排放源和吸池进行长期不间断的全球整体定量监测。这个浩大工程可能耗时二三十年，红外探测器将在这个行动中起至关重要的作用。

(3) 空间红外望远镜。在探索天体演化和宇宙起源方面，红外探测将起着越来越突出的作用。詹姆斯·韦伯太空望远镜(James Webb Space Telescope, JWST)是将部署在太空的红外天文望远镜。这是继哈勃太空望远镜(Hubble Space Telescope, HST)和斯皮策空间红外望远镜(Spitzer Space Infrared Telescope)之后的新的大型空间探索项目。JWST 的使命是研究初光产生(宇宙暗世纪的终结)、星系和行星系统形成、生命起源等根本性的重大科学问题。JWST 预定 2018 年由 Ariane 5 火箭发射，将在日-地第二拉格朗日点(L_2)运行，依靠红外焦平面阵列探测器，在 0.6～27 μm 的宽广波段进行红外成像和红外光谱测绘。这是美国、欧洲等二十个国家合作，计划耗资 88 亿美元，费时二十多年研制的特大科学项目，其 4 个有效载荷的核心是红外焦平面成像阵列。其中美国研制的近红外照相机(Near IR Camera)使用 10 套 0.6～5 μm HgCdTe 焦平面阵列组件，欧洲空间局研制的近红外摄谱仪(Near-Infrared Spectrograph)使用 2 套 0.6～5 μm HgCdTe 焦平面阵列组件，美国-欧盟合作研制的中红外仪器(Mid IR Instrument, MIRI)使用3套完全相同的5～27 μm Si:As BIB焦平面组件,加拿大研制的精细导航敏感器/近红外成像器-无狭缝摄谱仪(Fine Guidance Sensor/Near Infrared Imager and Slitless Spectrograph)使用2套0.8～5 μm HgCdTe焦平面阵列组件。这些高性能、高分辨率大型红外焦平面阵列全部由美国TIS(Teledyne Imaging Sensors)研制提供[10-12]。

1.4 应用需求激励和关键技术突破促进红外成像探测器不断发展

航天工程和宇宙探索对红外成像探测器技术的发展起着最大的需求牵引作用。为实现探索浩渺广宇中极低温度的目标,要求不断扩大探测波长范围,所以延伸探测器截止波长的努力从不停息。人们希望看到更宽广的空域,要求探测器阵列的规模不断扩大。分辨空间目标细节的要求促使焦平面阵列的像元尺寸不断缩小,直至达到衍射极限。探测极远、极暗淡目标的要求促使人们努力降低探测器的暗电流和噪声,以提高探测器灵敏度。为避免宇宙空间辐射损伤的危害,发明了衬底去除工艺。长期无人值守的稳定性要求迫使航天红外焦平面阵列达到空前严酷的可靠性技术指标。当代最先进的红外成像探测器技术大都受到航天应用需求的激励,今后也将进一步接受其导向。

除了需求激励,技术瓶颈的克服也有力地推动了焦平面阵列的发展。发展IRFPA最重要的(当然不限于)技术支撑是半导体薄膜材料制备技术和微电子器件技术。液相外延(LPE)、金属有机化学气相外延(MOVPE)和分子束外延(MBE)技术的进步不仅使得精确控制探测器材料光电参数和大面积均匀性成为现实,而且通过能带工程和低维结构的设计、制造,创造出新类型和新功能的器件。红外焦平面阵列技术必须在微电子工艺的帮助下才能大步前进。红外焦平面阵列规模的发展,首先受应用需求的牵引,同时也受到微电子制造技术发展的促进和制约。大致上两者发展的节拍是一致的,微电子制造技术总保持一代(设计规则)领先。当前红外焦平面成像阵列在扩大规模和提高灵敏度两方面都受到读出电路的限制,一个是像元电荷容量的限制,一个是数据传输速率的限制[13]。近年来出现的数字像元焦平面阵列(digital-pixel focal plane array, DFPA)技术突破了这些限制,为红外探测器技术新的飞跃打下了基础。DFPA把焦平面读出电路中的A/D转换从传统的芯片外执行或芯片上执行,改变为在每个像元上执行。以前的读出电路积分器是电流-电压转换器,电荷容量取决于积分电容,从而受像元尺寸和工艺水平的限制。美国林肯实验室的研究人员稍微改变了思路,用一个非常小的积分器的多次重复积分形成的电压脉冲链,构建成一个电流-频率转换器,像元上积分脉冲的频率与入射光子数成正比。这个电流-频率转换器占据的面积很小,像元上大部分面积用于构建一个16位双向计数/移位寄存器(需要1 000个晶体管),以实现简单的数字信号处理,而数字信号可以高速低噪声传输出去。通过这种技术,Schultz等[14]报道,在SWIR和LWIR波段,采用90 nm工艺,实现了256×256元和640×480元DFPA(见图1.4),动态范围达到16～21位,传输速率达到32 Gb/s。预期将来采用 32 nm 工艺，对 12 μm 像元，可实现从可见到甚长波红外的 4 028×4 028 元数字焦平面阵列，动态范围为 28 位，数据速率为 100 Gb/s，数字灵敏度达到 100 e^-/DU。如果这一预测能够实现，就能从根本上扫除影响红外焦平面成像阵列发展的电荷容量障碍和传输速率障碍了。

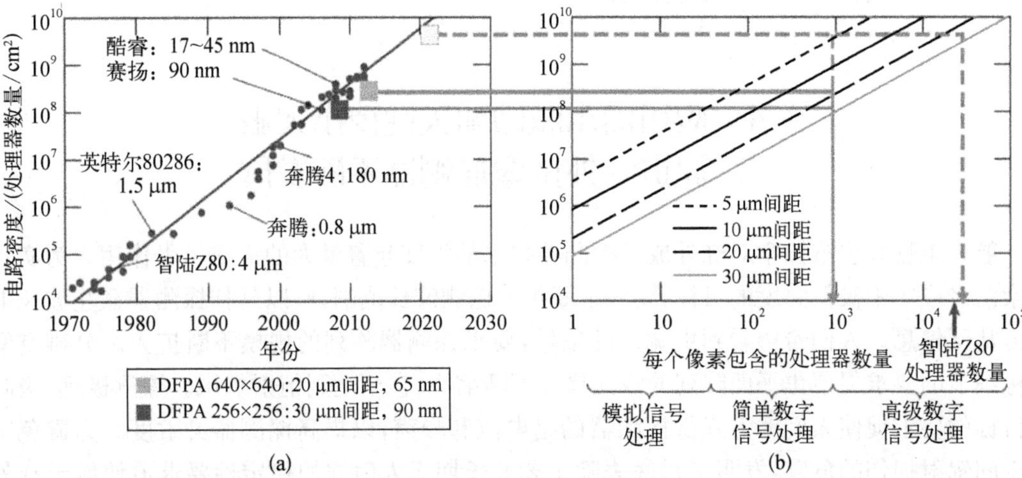

图 1.4 商用微处理器推出的年份与其包含的晶体管密度的趋势线(a)和各种尺寸像元在不同的像元内数字信号处理功能要求下需要的最小晶体管密度(b)

最初步的像元数字信号处理需要 100～1 000 个晶体管，对 30 μm 像元，用 90 nm 工艺可以实现

以上对红外探测器技术的应用需求和技术发展历程的简单回顾，使人们具有这样的信心：红外成像探测器的发展方兴未艾，前景光明。在 2000 年前夕，红外领域的著名专家 Norton 提出了一个论断，称为 Norton 定理[15]：

在 0.1～1.0 eV 能量范围的所有物理现象，一定会用于制造红外探测器。

基于对历史经验的洞察，Norton 进一步推论：

一切提议为红外探测器的物理现象(的研究)，肯定能得到资助。

参考文献

[1] 朱焕文，刘贤诗，郑亲波，等，黑体辐射数据表. 北京：科学出版社，1984.

[2] Williams D R. Sun Fact Sheet. http://nssdc.gsfc.nasa.gov/planetary/factsheet/Sunfact.html [2016-04-13].

[3] Driggers R, Hodgkin V, Vollmerhausen R. What good is SWIR? Passive day comparison of VIS, NIR, and SWIR. Proc. SPIE, 2013, 8706: 87060L.

[4] MacDougal M, Hood A, Geske J, et al. InGaAs focal plan arrays for low light level SWIR imaging. Proc. SPIE, 2011, 8012 (21): 1-10.

[5] 周世椿. 高级红外光电工程导论. 北京：科学出版社，2014.

[6] Rohde R. Atmospheric_Transmission_png. http://www.globalwarmingart.com/wiki/File [2016-04-13].

[7] Tennant W E, Arias J M. HgCdTe at teledyne. Proc. SPIE, 2009, 7298: 72982V.

[8] 陈伯良.红外焦平面成像器件的重大应用.红外与激光工程,2005,34(2):168-172.
[9] Infrared market research report The world market for military infrared imaging detectors and systems, Vol. IRW-M. http://www.maxtech-intl.com [2016-04-13].
[10] Lightsey P A, Atkinson C, Clampin M, et al. James Webb space telescope: large deployable cryogenic telescope in space. Optical Engineering, 2012, 51(1): 011003.
[11] James Webb Space Telescope Instruments. http://jwst.nasa.gov/instruments.html [2016-04-13].
[12] James Webb Space Telescope. www.wikipedia.org/wiki/James Webb Space Telescope [2016-04-13].
[13] 何力,杨定江,倪国强,等.先进焦平面技术导论.北京:国防工业出版社,2011:9.
[14] Schultz K I, Kelly M W, Baker J J, et al. Digital-pixel focal plane array technology. Lincoln Laboratory Journal, 2014, 20(2): 36-51.
[15] Norton P R. Infrared detectors in the next millennium. Proc. SPIE, 1999, 3698: 652-665.

第2章 红外光子探测器原理

2.1 半导体的光吸收

红外光子探测器的工作机理主要基于半导体对红外辐射的吸收及伴随的各种光电效应。关于半导体光吸收和光电效应的一般理论，在沈学础著《半导体光学性质》一书中有详细论述[1]。

半导体中的电子运动可以用能带理论来描述。在半导体晶体中，电子的运动不仅受到单个原子的束缚，而且受到整个晶体中周期性势场的支配。晶体中电子运动的能量状态分为允许态和禁止态。允许态的能量区域称为晶体的允许电子能带，在此以外的能量区域则称为禁带。

半导体的性质主要由价电子构成的能带的结构决定。价电子的允许能带分为价带和导带。价带是充满电子的，导带中有少量电子，可以自由运动，所以半导体有一定程度的导电性。价带与导带之间为禁带。禁带的能量范围，称为禁带宽度，有

$$E_g = E_c - E_v \tag{2.1}$$

式中，E_c、E_v和E_g分别为导带底能级、价带顶能级和禁带宽度，单位为eV。大多数半导体的禁带宽度在2 eV以下。禁带宽度又称为能隙或带隙，是材料的一个极其重要的基本参数。

由于热激发，满带中的有些电子可能跃迁到导带，在导带中参与导电；与此同时，在满带留出一些空态。有了这些空态，满带中的其他电子在外电场作用下就可以改变能量状态。这些空态就像是带正电的粒子，具有电荷载流子的作用，称为空穴。这样，半导体中就存在两种电荷载流子：自由电子和自由空穴。自由电子在导带，带一个基本负电荷；自由空穴带一个正电荷，是价带中空的电子态。半导体中有两种载流子导电，这是半导体呈现许多奇妙特性的基础。当然，空穴是一个虚拟的粒子，空穴的运动特性本质上是电子运动特性的另一种表现。但是，可以把空穴作为“真实”粒子处理，这为半导体物理学的发展提供了很大的便利。

如果导电电子来源于价带中电子的热激发，其需要跨越的能量差为E_g，这种材料称为本征半导体。如果导电载流子来源于杂质态的激发，其需要跨越的能量为杂质电离能E_i，这种材料称为杂质半导体。

在外加电场作用下，半导体中的电子和空穴受到外加电场和晶体势场的共同作用，

其速度和加速度发生改变。如果用电子有效质量替换电子质量，那么仍可以用牛顿定律的形式描述半导体中电子的运动。有效质量比 m_e/m_0 就体现了晶体势场对电子运动影响的大小。有效质量小意味着电子可以获得更高的速度和加速度，从而具有更高的迁移率（即单位电场下电子的迁移速度）。本书后面的内容将说明，载流子高迁移率对红外光子探测器的性能有十分积极的正面作用，所以有效质量小的半导体材料将容易制得高性能红外探测器。幸运的是，自 20 世纪 60 年代以来所发展出来的性能优异的窄禁带半导体 InSb 和 HgCdTe，电子和空穴都具有相当小的载流子有效质量。表 2.1 列举了一些半导体材料电子和空穴有效质量数据。

表 2.1　半导体中电子和空穴有效质量数据举例

材　　料	电子有效质量 m_e/m_0	空穴有效质量 m_h/m_0
Si(4.2 K)	1.08	0.56
Ge	0.55	0.37
GaAs	0.067	0.45
InSb	0.013	0.6
ZnO	0.19	1.21
ZnSe	0.17	1.44

对于制造红外光子探测器来说，最重要的能带参数包括禁带宽度及其温度依赖，导带极小值和价带极大值在波矢轴上的相对位置，导带底的能量对波矢依赖关系，价带几个分支的能量对波矢依赖关系，以及电子和空穴的有效质量等。这些参数将在介绍各种具体探测器材料时提及。

红外光子探测器的物理基础是半导体材料对红外辐射的吸收。红外辐射到达半导体样品表面后，可发生反射、吸收及透射。这种情况同可见光类似。光线在半导体样品体内一面前进，一面被吸收，其强度逐渐减弱：

$$I = I_0 \mathrm{e}^{-\alpha t} \tag{2.2}$$

式中，α 为吸收系数，单位为 cm^{-1}；t 为光线行进距离。当 $t = 1/\alpha$ 时，辐照功率衰减到初始强度的 1/e，通常称这个距离为吸收深度。

吸收系数随入射辐射的波长变化的关系曲线称为光谱吸收系数，是每种材料的特性。各种半导体材料有不同的吸收光谱。只有具有特殊吸收光谱的材料，才适宜于制造红外探测器。

吸收光谱上的吸收边对应于红外探测器的截止波长。

半导体可以吸收红外辐射产生载流子，也可以吸收高能粒子束产生载流子。由于红外光子的能量与电子跃迁的能量相当，吸收一个光子可产生一个或一对自由载流子。高能粒子或电子束一般具有 keV 以上的能量，故而一个入射粒子可以产生大量电子-空穴对。

如果导带底的波矢 ($\vec{k}$) 和价带顶的波矢相同，那么这种带隙称为直接带隙。如果导带底和价带顶不在同一波矢位置上，那么这种带隙称为间接带隙，如图 2.1 所示。直接带隙之间的电子跃迁，通过吸收或者发射一个光子就可完成；间接带隙的电子跃迁，不仅有光子吸收或发射过程，还必须伴随声子吸收或发射，即同晶格交换，以维持能量和动量的守恒。所幸大多数红外光子探测器材料都是直接带隙半导体，具有很高的光吸收系数。

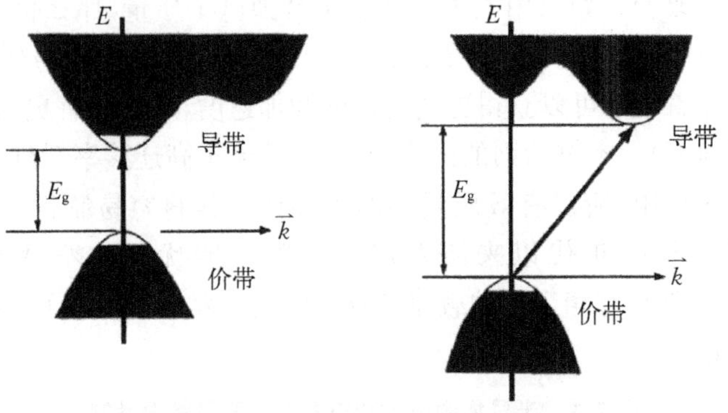

(a) 直接跃迁　　(b) 间接跃迁

图 2.1　直接跃迁和间接跃迁

半导体中可能发生多种光吸收过程。对红外探测有重要意义的吸收过程有本征吸收、杂质吸收和自由载流子吸收。其跃迁能量关系见图 2.2。

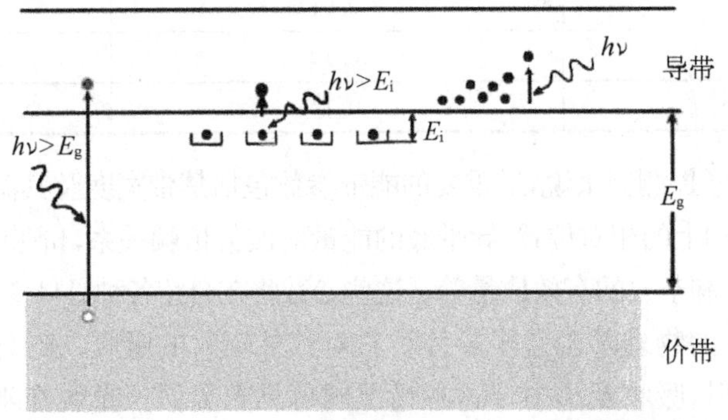

(a) 本征吸收　　(b) 杂质吸收　　(c) 自由载流子吸收

图 2.2　半导体的本征吸收、杂质吸收和自由载流子吸收示意图

光子能量大于半导体禁带宽度的红外辐射入射到半导体样品,使价带中的电子跃迁到导带,并且在价带留下空穴,这种吸收称为本征吸收。本征吸收的长波限满足 $\lambda \leqslant hc/E_g$。

红外光子也可能被掺杂半导体中的杂质吸收,引起杂质电离。其吸收长波限与杂质电离能的关系满足 $\lambda \leqslant hc/E_D$(n 型材料) 或 $\lambda \leqslant hc/E_A$(p 型材料)。

红外辐射也可能被半导体中的自由载流子吸收,使导带中的自由电子改变能量状态。这种吸收没有确定的长波限,其吸收系数对波长有平方依赖关系。

本征吸收产生两种附加自由载流子(电子和空穴),杂质吸收产生一种附加载流子(电子或空穴),自由载流子吸收不产生附加载流子,只改变原有载流子的能量状态。

本征吸收和本征半导体是两个不同的概念。本征吸收可以在本征半导体中发生,也可以在杂质半导体即非本征半导体中发生。现在,许多高性能红外探测器是在掺杂型半导体中利用本征吸收效应制成的,既利用所需波段范围本征吸收提供的大量载流子,又利用精确控制掺杂特性而形成的高品质电荷收集结构,如 p－n 结。

直接带隙材料的本征吸收系数对光子能量的依赖关系可用下式很好地近似表示[2]:

$$\alpha(h\nu)=4\times10^{4}\sqrt{h\nu(h\nu-E_g)}(\mathrm{cm}^{-1}) \tag{2.3}$$

红外探测器材料一般具有很高的吸收系数，例如，InSb 的吸收系数相当大，在一个很大的温度范围内都能够满足少数载流子扩散长度远大于吸收深度，即 $L_h \gg 1/\alpha$，有利于制得高量子效率的器件。

另一个特征吸收系数是指在吸收边处的吸收系数。在这个波长附近，吸收系数变化十分迅速。光学吸收边是确定禁带宽度的常用方法，由于确定吸收边的判据各有不同，对各种材料的吸收边的吸收系数的报道也有一些分散。

图 2.3 为几种半导体的吸收光谱，这些曲线显示本征吸收区吸收系数的稳步上升和吸收边附近的急剧变化，可看到 InP、CdTe、GaAs 和 CdS 的吸收边比较容易确定，而 Ge 和 Si 的吸收边比较不明显。图 2.4 和图 2.5 分别显示了 Si 和各种组分的 HgCdTe 材料(77 K)的吸收深度随波长(或光子能量)变化的关系。

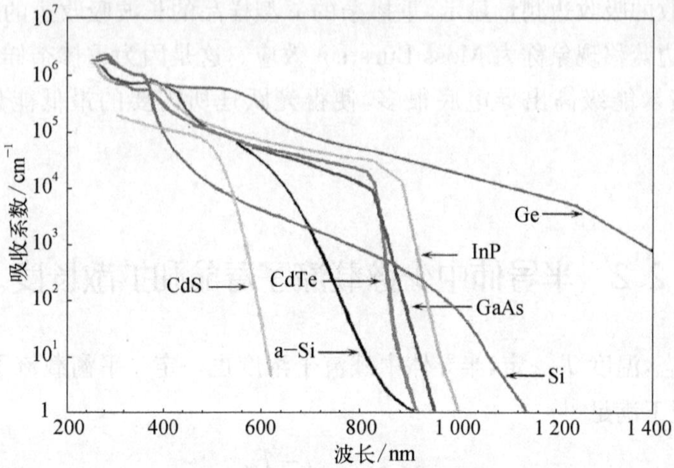

图 2.3　几种半导体材料可见和近红外吸收光谱[3]

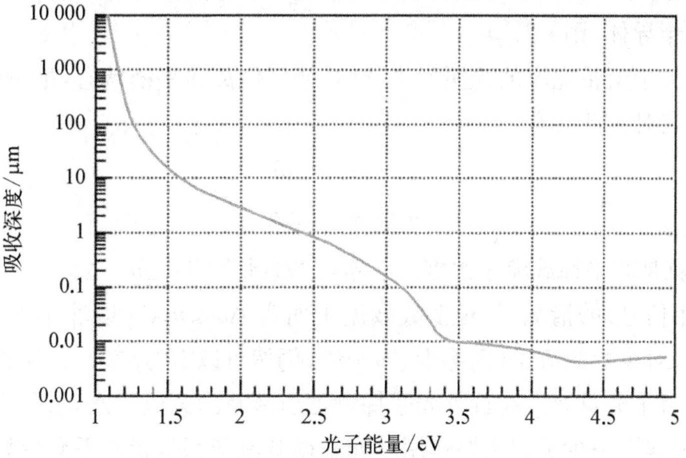

图 2.4　Si 的吸收深度随光子能量变化关系[3]

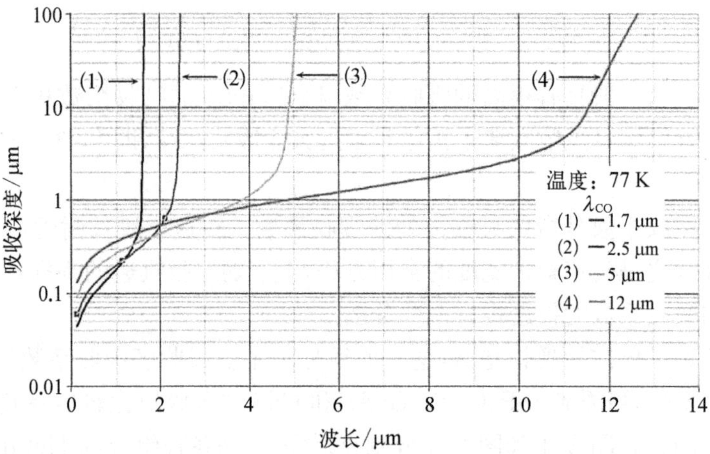

图 2.5　各种截止波长的 HgCdTe 吸收深度随波长变化关系[4]

对本征光吸收的吸收边测量显示，重掺杂的 n 型样品的长波吸收边的波长要比纯样品的短。这种吸收边蓝移现象称为 Moss-Burstein 效应。这是因为重掺杂样品导带中已经积聚了很多电子，费米能级高出导电底很多，使得光跃迁所需要的最低能量比禁带宽度大一些。

2.2　半导体中少数载流子寿命和扩散长度

在热平衡状态，温度 T 一定，半导体中载流子浓度也一定。平衡载流子浓度用 n_0 和 p_0 表示，非简并情况下满足[5]：

$$n_0 p_0 = N_c N_v \exp\left(\frac{-E_g}{kT}\right) = n_i^2 \tag{2.4}$$

式中，N_c、N_v 分别为导带和价带的有效态密度；n_i 是本征载流子浓度，它是每种材料的特征参数。假设是 n 型半导体，则 $n_0 \gg p_0$。

用光子能量大于禁带宽度的光照射半导体，使它偏离热平衡状态，把价带电子激发到导带，产生电子-空穴对。此时有

$$n = n_0 + \Delta n \tag{2.5}$$

$$p = p_0 + \Delta p \tag{2.6}$$

式中，Δn 和 Δp 就是非平衡载流子浓度。在本征激发情况下，$\Delta n = \Delta p$。

在小注入(小信号)的情况下，对多数载流子而言 $\Delta n \ll n_0$，所以非平衡多数载流子的影响可忽略。但是，对少数载流子(简称少子)来说，仍然可以有 $\Delta p \gg p_0$。所以，非平衡少数载流子的影响便显得十分重要。在红外光子探测器所涉及的载流子产生、复合、寿命与暗电流等问题中，实际上非平衡少子起主要作用。非平衡载流子都是指非平衡少数载流子。

所谓“热平衡”是指动态平衡。事实上，在任意温度下，电子和空穴总是不断地产生，又

不断地复合。把单位时间、单位体积内产生的载流子数称为载流子的产生率 G；单位时间、单位体积内复合的载流子数称为载流子的复合率 R。在热平衡状态，产生率和复合率相等，$G_0 = R_0$，即产生的电子-空穴对数目与复合的数目相等，从而保持载流子浓度稳定不变。

撤除产生非平衡载流子的外部因素后（停止光照、外加电压、辐照等），系统将从非平衡态恢复到平衡态，即电子-空穴对成对消失，这一过程就是非平衡载流子的复合。Δn、$\Delta p \to 0$。非平衡载流子的复合过程是半导体由非平衡态趋向平衡态的一种弛豫过程。在此过程中，载流子的复合率 R 大于产生率 G，结果表现为净的复合。

非平衡载流子的寿命 τ 可以理解为非平衡载流子的平均生存时间（也称为少数载流子寿命）。$1/\tau$ 就是单位时间内非平衡载流子的复合概率。按照寿命的定义，$\Delta p/\tau$ 就代表复合率，即 $R = \Delta p/\tau$。

在光照停止以后，非平衡载流子浓度随时间的衰减符合指数规律

$$\Delta p(t) = \Delta p_0 e^{-\frac{t}{\tau}} \tag{2.7}$$

按此式可以理解非平衡载流子寿命的统计意义：寿命标志着非平衡载流子浓度减小到原值 1/e 所经历的时间。

非平衡载流子复合机制可分为直接复合和间接复合，如图 2.6 所示。直接复合是指电子在导带和价带之间的直接跃迁，又称为带-带跃迁，引起电子和空穴的直接复合。按能量交换方式不同，直接跃迁又分为辐射跃迁和非辐射跃迁。间接复合是指电子和空穴通过禁带中的能级或表面能级（复合中心）进行复合。

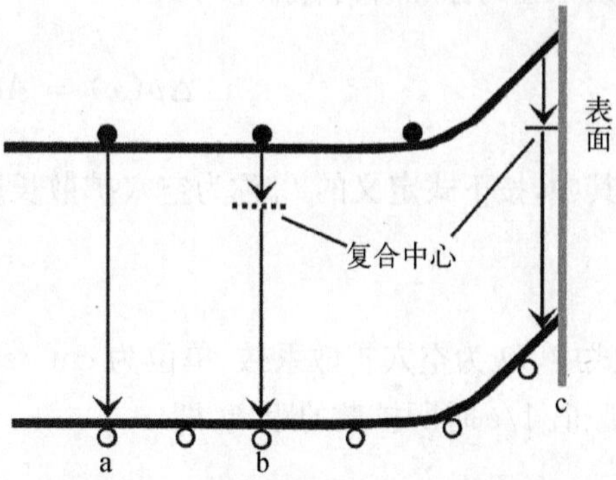

图 2.6　直接复合和间接复合示意图
a—直接复合；b—间接复合；c—表面间接

非平衡少数载流子复合时，要释放出多余的能量。释放多余能量的途径有三种：① 发射光子，伴随着复合将有发光现象，常称为发光复合或辐射复合；② 发射声子，一般在陷阱辅助复合过程中，载流子把多余的能量传给晶格，加强晶格的振动；③ 将能量给予其他载流子，增加它们的动能，称为俄歇（Auger）复合。

实际问题中，少数载流子寿命的测量和计算分析十分繁复，而少子寿命对红外探测器尤其对碲镉汞器件性能的影响又十分重要，是一个值得花费力气的课题。在本章后面，针对红外探测器相关的复合和寿命问题，将有较详细的讨论。

在半导体表面处的杂质、缺陷可在禁带中形成复合中心能级，表面复合也是间接复合。表面复合率定义为单位时间内通过单位表面积复合的电子-空穴对数。表面复合率 U_s 与表面处非平衡载流子浓度 $(\Delta p)_s$ 成正比：

$$U_s = S(\Delta p)_s \tag{2.8}$$

比例系数 S 描述表面复合的强弱，具有速度的量纲（cm/s），因而称为表面复合速度，常用表面复合速度表征表面复合。

少数载流子的实际寿命是考虑体、表两方面因素的有效寿命：

$$\frac{1}{\tau}=\frac{1}{\tau_v}+\frac{1}{\tau_s} \tag{2.9}$$

半导体中非平衡载流子的寿命值，与材料种类有关，如禁带宽度、载流子浓度等；与杂质种类及浓度有关，杂质（尤其深能级杂质）能形成有效的复合中心，使寿命降低；与半导体的表面状态有关。提高材料中少数载流子寿命是一个重要而困难的任务。

少数载流子的扩散和漂移是和红外探测器工作密切相关的过程。由半导体表面注入的空穴，不断向样品内部扩散，在扩散过程中不断复合而消失。用恒定光照射样品，表面处非平衡载流子浓度将保持恒定值$(\Delta p)_0$。由于表面不断有注入，半导体内部各点的空穴浓度也不随时间改变，可以形成稳定的分布，这种情况称为定态扩散。

定态扩散问题中非平衡载流子浓度分布符合下列公式（为简单起见，只考虑一维情况）：

$$D_p\frac{d^2\Delta p(x)}{d^2x}=\frac{\Delta p(x)}{\tau} \tag{2.10}$$

该方程的标准解具有如下形式：

$$\Delta p(x)=A\exp\left(-\frac{x}{L_p}\right)+B\exp\left(\frac{x}{L_p}\right) \tag{2.11}$$

其中，按下式定义的 L_p称为空穴扩散长度，

$$L_p=\sqrt{D_p\tau} \tag{2.12}$$

式中，D_p为空穴扩散系数，单位为 cm^2/s；L_p表示空穴在边扩散边复合的过程中，浓度减少至原值 1/e 时所扩散的距离，即

$$\Delta p(x+L_p)=\Delta p(x)/e \tag{2.13}$$

扩散长度 L_p标志非平衡载流子通过扩散深入样品的平均距离。由式可知，扩散长度由扩散系数和材料的少子寿命所决定。

对于 Si 这样成熟的材料，电子和空穴的扩散系数有标准数据可查，因而扩散长度测量可用作测量寿命的方法之一。而对于多数重要的红外探测器用材料，由于材料本身的复杂性，扩散系数、寿命和扩散长度的测定仍是活跃的研究课题。

2.3 红外探测器的特性参数

红外探测器的基本功能是收集光子，将光子转换成直接有用的信息或经过进一步处理能变成直接有用信息的数据。要达到这一目的，就必须对收集的光子进行计数。为此，必须把光子转变成电信号。红外探测器就是把红外辐射转换成可测量的电子学信号的转换器。围绕这一功能，建立了一整套描述红外探测器性能的特性参数。探测器特性参数

应当回应用户最关心的技术需求，也可作为器件制造者改进器件质量最关键的依据。如何评价不同种类红外探测器的性能和适用范围？如何比较两个相同探测器的性能优劣？如何针对特定的应用要求选用最合适的探测器？这就需要根据探测器特性参数加以比较和选择。

Kruse[6]在其《Elements of Infrared Technology》一书中已介绍了红外探测器主要的特性参数。中国科学院上海技术物理研究所内部编纂的《红外常用术语》对其也有进一步阐述。这里结合光子探测器实际情况作概要介绍。

2.3.1 响应率

1. 响应率的一般定义

探测器对每单位辐照功率产生的输出信号电压或电流的大小，是探测器的响应率(responsivity)，也称响应度。以输出开路电压信号计算响应率时，称为电压响应率 R_v，单位为 V/W；以等效短路输出的电流信号计算响应率时，称为电流响应率 R_i，单位为 A/W。根据探测器类型、偏置和输出方式的不同，通常会选择不同的响应率，如光导型的探测器通常用电压响应率表征，而光伏型的探测器则用电流响应率表征。

电压响应率
$$R_v = \frac{V_s}{P}(\mathrm{V/W}) \tag{2.14}$$

电流响应率
$$R_i = \frac{I_s}{P}(\mathrm{A/W}) \tag{2.15}$$

式中，V_s和 I_s分别为输出的均方根电压和电流值；P 为入射辐照功率。

响应率的测试，通常采用辐照功率 P 已知的辐射源直接照射被测器件，得到器件的响应电压 V 或电流 I 后，由式(2.14)或式(2.15)计算出电压或电流响应率。

探测器的响应率与入射辐射的波长和调制频率有关。一般均在低频下测量响应率，以消除调制频率的影响。根据测量时使用的辐射源不同，又进一步分为光谱响应率和黑体响应率。

对光子探测器来说，用光子通量替代辐照功率来定义响应率更加方便，且物理意义更加明晰。这在后面提到量子效率概念时再讨论。

2. 光谱响应率

探测器对每单位单色辐照功率产生的输出信号电压或信号电流，是探测器的光谱响应率(spectral responsivity)，也称为单色响应率 R_λ。探测器的响应信号对入射辐射波长的依赖关系由光谱响应率体现。测量光谱响应率，可以采用单色仪提供均匀的单色光照。在给定调制频率和入射辐照功率下，变换波长 λ 可以得到 R_λ-λ 曲线，这一曲线称为探测器的光谱响应曲线，或称为响应光谱(responsivity spectrum)。在响应峰值波长 λ_p处测得的响应率 $R_{\lambda p}$称为峰值响应率。通常把归一化的 $R_\lambda(\lambda)/R_{\lambda p}$曲线称为相对光谱响应曲线。

探测器的光谱响应反映了探测器受不同波长的光照射时，响应率随波长的变化。光子探测器和热探测器的光谱响应曲线是不同的，理想情况下光子探测器和热探测器的光谱响

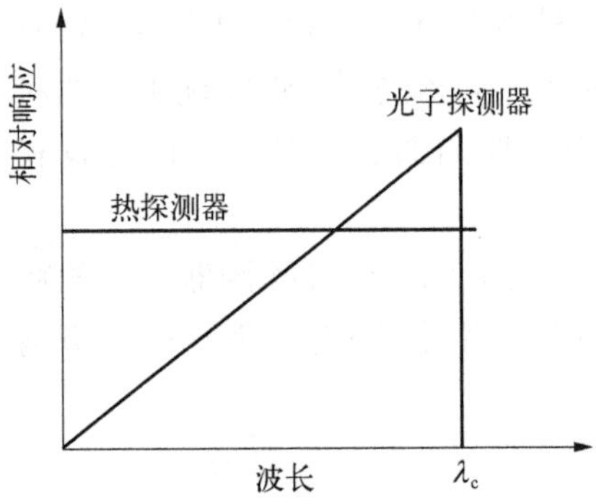

图 2.7　理想热探测器和光子探测器的光谱响应特点

应曲线如图 2.7 所示。热探测器的响应只与吸收的辐照功率有关，与波长无关，其光谱响应曲线为一条平坦直线。对光子探测器而言，其响应信号与入射的光子辐射通量成正比。在单位波长间隔辐照功率不变的前提下，光子辐射通量与波长成正比，所以光子探测器的光谱响应随波长线性上升，但有一个长波限 λ_c。

光子探测器的光谱响应，有等量子光谱响应和等能量光谱响应两种表示方法。如图 2.7 所示的光子探测器的光谱响应曲线是指等能量光谱响应曲线。等量子光谱响应反映了光子探测器的量子效率（探测器接收辐射后所产生的载流子数与入射的光子数之比）在响应波段内的变化情况。理想的等量子光谱响应曲线是一条水平直线，在长波限 λ_c 处突然降为零。

在特定黑体温度下，探测器对每单位黑体辐照功率产生的输出开路信号电压或短路信号电流，是探测器的黑体响应率。为了明确测量条件，黑体响应率要注明黑体温度和调制频率。

波段响应率指在某一波段黑体辐照功率下测得的平均响应率，实际上是单色响应率在所关心波段范围内的加权平均，有

$$R_{\Delta\lambda}=\frac{\int_{\lambda_1}^{\lambda_2}R_\lambda(\lambda)\phi(\lambda)\mathrm{d}\lambda}{\int_{\lambda_1}^{\lambda_2}\phi(\lambda)\mathrm{d}\lambda}\tag{2.16}$$

式中，$\phi(\lambda)$ 是黑体辐照功率的波长分布；λ_1 和 λ_2 是所关心波段的起始波长和截止波长。

光谱响应率最大处的波长称为探测器的峰值响应波长（peak wavelength），记为 λ_p。

光谱响应率下降为特定值时的波长称为探测器的截止波长（cutoff wavelength），记为 λ_c。现在国内外同行大都把此特定值取为峰值的一半。材料的禁带宽度 E_g 决定了光子探测器光谱响应的截止波长。本征吸收半导体光子探测器的截止波长为

$$\lambda_c=\frac{1.240}{E_g}(\mu\mathrm{m})\tag{2.17}$$

式中，E_g 的单位为 eV。杂质吸收半导体光子探测器的截止波长为

$$\lambda_c=\frac{1.240}{E_D}(\mu\mathrm{m})\tag{2.18}$$

式中，E_D（或 E_A）是杂质电离能。

2.3.2　噪声

恒定辐照下红外探测器的输出电压或电流信号不是一个恒定的量，而是一个随时间有

某种程度无序起伏的量。这种探测器电输出中与入射辐射统计无关的、随时间无序变化的部分，就是探测器的噪声。

这里所说的噪声包括探测器、电路元件产生的随机电起伏。本质上讲，大多数物理量的值都是不连续的或量子化的。例如，电流是由电子流组成的，每一个电子都带有一份独立的电荷。通过电路中某一点的电子的数目和速率的随机起伏，就表现为电噪声。

电噪声是一种随机变量，在任一瞬间，随机噪声的幅度和该瞬时前后出现的幅度完全无关，只能用统计的方法表示某一幅值出现的概率。如果对这些随时间而无序起伏的电压（流）按时间取平均值，则平均值等于零。但这些起伏的均方根值不等于零。可以用一定时间间隔内，电压（或电流）的均方根偏差来表示噪声电压（或噪声电流）。

在恒定辐照时，探测器输出电压涨落的均方根值，称为均方根噪声电压，记为 v_n（或 V_n），单位为 V，由下式表示：

$$v_n{}^2 = \overline{(v-\overline{v})^2} = \frac{1}{T}\int_0^T (v-\overline{v})^2 \mathrm{d}t \tag{2.19}$$

在恒定辐照时，探测器输出电流涨落的均方根值，称为均方根噪声电流，记为 i_n（或 I_n），单位为 A，由下式表示：

$$i_n{}^2 = \overline{(i-\overline{i})^2} = \frac{1}{T}\int_0^T (i-\overline{i})^2 \mathrm{d}t \tag{2.20}$$

引起探测器噪声的因素往往很多，且这些因素又彼此独立。如果电路中存在两个或更多独立的噪声源，其总效果可将各个噪声源的噪声功率相加，也就是将噪声电压（或噪声电流）的平方相加得到。但是不能将各个噪声电压或噪声电流算术相加。

$$\overline{u_n^2} = \overline{u_{n1}^2} + \overline{u_{n2}^2} + \cdots \tag{2.21}$$

$$u_n = \sqrt{\overline{u_n^2}} = \sqrt{\overline{u_{n1}^2} + \overline{u_{n2}^2} + \cdots} \tag{2.22}$$

许多时域问题往往在频域中讨论更为方便，噪声问题也是这样，通过傅里叶变换把噪声电压从以时间为变量的 $v_n(t)$，变换成以频率为变量的 $v_n(f)$。通过测量噪声电压或噪声电流随测量频率变化的函数关系，可以得到噪声频谱。噪声频谱代表的是单位频率间隔的噪声功率，即噪声功率谱密度。探测器在一个指定频带中的总噪声可由噪声功率谱密度 $S_n(f)$ 在频域积分得到。

根据噪声频谱特性可以把噪声分为两类。

(1) 白噪声：平坦的频谱特性，噪声特性为正态高斯分布。

(2) 有色噪声：噪声功率随频率有显著变化，例如，$1/f$ 噪声在低频变大。

如果 $S_n(f)$ 与频率无关，则对于一个具有带宽 Δf 的探测系统，有

$$\overline{i_n^2} = S_n(f)\Delta f \tag{2.23}$$

实际工作中关心的往往是一个红外系统在探测某个目标时获得的信号/噪声比。设一束红外辐射照到探测器，产生的信号电压为 S，探测器的噪声电压为 N，信号和噪声的比值

(S/N)称为信噪比。文献中常用 SNR 代表信噪比。

对单个红外探测器，其 S/N 的大小与入射辐照功率及探测器接收面积有关。如果入射辐射强，接收面积大，S/N 就大，但并不意味着该探测器性能就是好。因此用 S/N 评价器件有一定的局限性。

2.3.3 噪声等效功率

如果入射到探测器上的辐照功率所产生的探测器信号电压刚好等于探测器本身的噪声电压，即 $S/N=1$，这个辐照功率就称为噪声等效功率(noise equivalent power, NEP)。

噪声等效功率可以实际测量并由下式计算：

$$\mathrm{NEP}=\frac{P}{S/N} \tag{2.24}$$

式中，P，S，N 都是实际可测的量。

噪声等效功率反映的是探测器的探测能力，其值越小则探测器的探测能力越好，但并不等于系统无法探测到强度弱于噪声等效功率的辐射信号。如果采取相关接收技术，即使入射功率小于噪声等效功率，由于信号是相关的，仍然可以将信号检测出来，但是这种检测是以增加检测时间为代价的。另外，强度等于或大于噪声等效功率的辐射信号，系统不一定能可靠地探测到。一个红外探测系统通常要求最小可探测功率数倍于噪声等效功率，以保证系统有较高的探测概率。

噪声等效功率也可以用响应率来表示：

$$\mathrm{NEP}=\frac{v_{\mathrm{n}}}{R_{\mathrm{v}}}=\frac{i_{\mathrm{n}}}{R_{\mathrm{i}}} \tag{2.25}$$

噪声等效辐照度(noise equivalent irradiance, NEI)定义为信噪比为 1 时的信号光辐照度(探测器单位面积上的辐照功率)，即噪声等效功率 NEP 再除以探测器的光敏面积 A_{d}，因此排除了探测器光敏面积的影响。

$$\mathrm{NEI}=\frac{\mathrm{NEP}}{A_{\mathrm{d}}} \tag{2.26}$$

2.3.4 探测率

1. 探测率的一般定义

噪声等效功率 NEP 是用来表征探测器性能优劣的一种优值因子，NEP 最小的探测器的探测能力却是最好的。而人们习惯上总是认为越大越优，为了适应人们的习惯，Jones 建议用 NEP 的倒数来衡量探测器的探测能力，称为探测率 D(detectivity)，即

$$D=1/\mathrm{NEP}\quad (\mathrm{W}^{-1}) \tag{2.27}$$

2. 比探测率

大多数红外探测器的 NEP 与光敏元面积的平方根成正比，还与放大器的带宽 Δf 有关，用 NEP 很难比较两个不同探测器性能的优劣。为此，在探测率 D 的基础上引入比探测率 D^*（specific detectivity，D-star）。比探测率 D^* 是指在单位带宽、单位面积下，每单位辐照功率产生的信噪比，即

$$D^* = D(A_d\Delta f)^{1/2} = \frac{(A_d\Delta f)^{1/2}}{\mathrm{NEP}} \ (\mathrm{cm \cdot Hz^{1/2} \cdot W^{-1}}) \tag{2.28}$$

D^* 的物理意义可理解为 1 W 辐照功率入射到光敏面积1 cm^2 的探测器上，并用带宽为 1 Hz 的放大器电路测量所得的信噪比。用 D^* 来比较两个探测器的优劣，可避免探测器面积或测量带宽不同对探测器测量结果的影响。

比探测率 D^* 提出以后，被业界广泛接受和使用。在使用习惯上，现在探测率这个术语，已经不是原来的 D，而是指 D^*。比探测率这个术语，已经极少用了。

3. 光谱探测率

以单色辐射作为辐射源测得的 D^* 称为光谱探测率（spectral detectivity），记为 D_λ^*。在响应峰值波长 λ_p 条件下测得的探测率称为峰值波长探测率，记为 $D_{\lambda_p}^*$。$D_{\lambda_p}^*$ 虽然可以这样定义，但实际测量是很困难的。因为要精确测定 $(\lambda_p + \Delta\lambda)$ 波长间隔的辐照功率很不容易。一般可由黑体探测率 D_{bb}^* 乘以 G 因子得到，即

$$D_{\lambda_p}^* = G \cdot D_{bb}^* \tag{2.29}$$

4. 黑体探测率

以黑体辐射作为辐射源测得的 D^* 称为黑体探测率（blackbody detectivity），记为 D_{bb}^*。测量时，采用的辐射源为正弦调制的点源黑体，分别采集探测器对黑体的响应电压均方根值 V_s，以及挡住黑体辐射后探测器的噪声电压均方根值 V_n，则黑体探测率 D_{bb}^* 由下式得出

$$D_{bb}^* = \frac{V_s}{V_n} \times \frac{\sqrt{A_d\Delta f}}{P_s} \tag{2.30}$$

式中，$P_s = \dfrac{\sigma \times (T_2^4 - T_1^4) \times A_b \times A_d}{2\pi\sqrt{2} \times L^2}$ 为经正弦调制后入射到探测器上的黑体辐照功率；

σ——斯特藩常量，$5.673 \times 10^{-12}\,\mathrm{W \cdot cm^{-2} \cdot K^{-4}}$；

T_2——黑体温度(K)；

T_1——背景温度(K)；

A_b——黑体辐射孔面积(cm^2)；

A_d——探测器光敏面积(cm^2)；

L——黑体出射孔至探测器光敏面垂直距离(cm)；

Δf——噪声测量带宽。

5. 波段探测率

一般是指在某一波段黑体辐照功率下测得的平均响应率和探测率，也称为黑体波段响

应率和黑体波段探测率，表示为 $R_{\Delta\lambda}$ 和 $D^*_{\Delta\lambda}$。波段探测率为

$$D^*_{\Delta\lambda}=R_{\Delta\lambda}\frac{\sqrt{A_d\cdot\Delta f}}{V_n} \tag{2.31}$$

2.3.5 响应时间

响应时间是对探测器响应速度的度量。当一定功率的辐射突然照射到探测器上时，探测器输出信号要经过一定的时间延迟才能上升到与这一辐照功率相对应的稳定值。当辐射突然去除时，输出信号也要经过一定时间才能下降到辐照之前的值。这种上升或下降所需的时间延迟称为探测器的响应时间(response time)或时间常数，记为 τ。

大多数探测器的响应率 $R(f)$ 随入射辐射的调制频率 f 的变化关系可由下式描述：

$$R(f)=\frac{R(0)}{\sqrt{1+4\pi^2f^2\tau^2}} \tag{2.32}$$

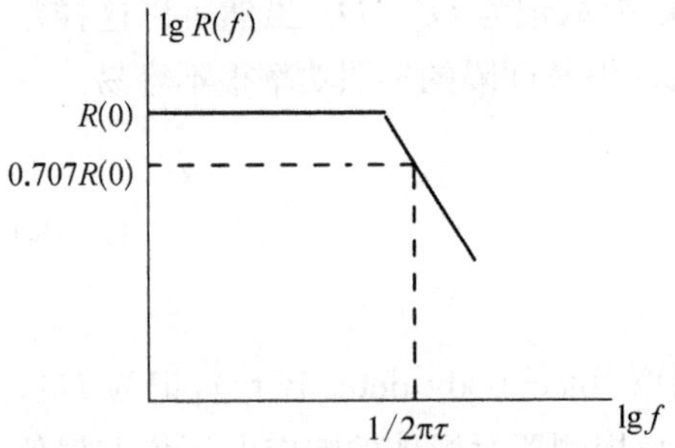

图 2.8 红外探测器响应率的频率依赖关系示意图

式中，$R(f)$ 为探测器对正弦调制频率为 f 的辐照的响应率。$R(0)$ 为探测器对调制频率为 0 的辐照的响应率，即直流响应。图 2.8 为 $R(f)$ 随调制频率 f 变化的关系曲线。规定响应时间 τ 为响应率下降到最大值的 0.707 时的辐射调制角频率 $2\pi f_c$ 的倒数值。当 f 远小于 $1/2\pi\tau$ 时，响应率就与辐射调制频率无关；当 f 大于 $1/2\pi\tau$ 时，响应率近似与辐射调制频率成反比。系统设计时，应保证在系统带宽范围内的探测器响应率与辐射调制频率无关。

2.3.6 量子效率

量子效率(quantum efficiency)是红外光子探测器最重要的指标之一。其最初定义为光敏元产生的光电子数与入射的光子数之比，记为 η。

基于量子效率计算的光子探测器的电流光谱响应率为

$$R_i(\lambda)=\frac{q\lambda}{hc}\eta(\lambda) \tag{2.33}$$

式中，q 为电子电量；h 为普朗克常量；c 为光速；λ 为波长。从式中看到，量子效率越高，探测器的响应率越高。在此式中，量子效率是波长的函数。对理想的光子探测器，可以粗略假定当 $\lambda<\lambda_c$ 时，$\eta=1$；当 $\lambda\geqslant\lambda_c$ 时，$\eta=0$。如 λ 以 μm 为单位，$R_i(\lambda)$ 以 A/W 为单位，在实际工作中，考虑到表面界面反射损失、收集效率等问题，把电流响应率的估值粗略取作截止波长

数值的一半，是一个非常实用的估计。这是一个用来评估探测器量子效率的简便的经验判据。图 2.9 画出了光子探测器的光谱电流响应率对截止波长依赖关系的理论预判。

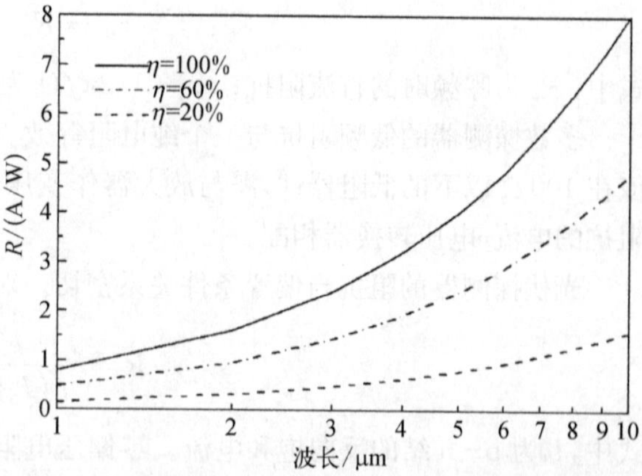

图 2.9　光谱电流响应率同截止波长关系的理论预判

2.3.7　其他参数

除了上述特性参数，对红外探测器性能有重要影响的还有一些几何参数和工作条件参数。

1. 探测器视场

探测器视场(field of view, FOV)是指探测器接收辐射的立体角。探测器视场通常分解为水平和垂直两个方向上的视场，分别记为 HFOV 和 VFOV。通常探测器的 FOV 由光阑决定，如图 2.10 所示。为探测器设立视场角的目的是对进入探测器的背景辐射加以限制。对低温工作的光子探测器，要尽可能使用与探测器处于同一温度的光阑，即冷光阑。

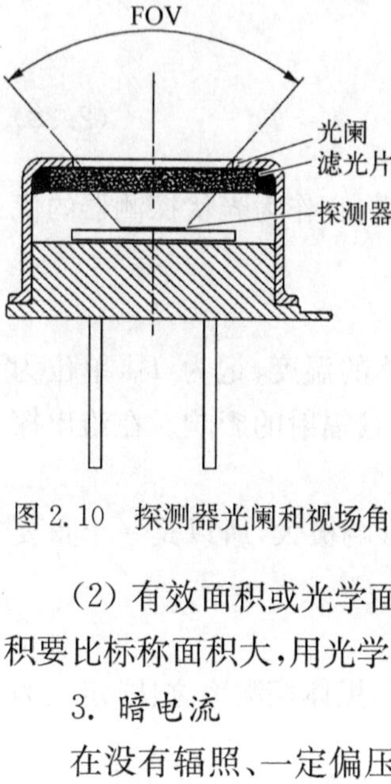

图 2.10　探测器光阑和视场角

2. 响应面积

响应面积(active area)指光敏元接收辐照并产生响应的敏感区面积。在没有附加光学元件时，就是实际光敏元的面积，记为 A_d，单位为 cm^2。探测器响应面积常用如下两种形式给出。

(1) 标称面积 A：探测器制造者提供的响应面积，通常就是探测器像元的几何尺寸。

(2) 有效面积或光学面积 A_o：由于少数载流子的扩散，多数光伏探测器的实际响应面积要比标称面积大，用光学面积就计及了这种扩散的效果。

3. 暗电流

在没有辐照、一定偏压下流过探测器的电流，称为暗电流(dark current)。暗电流是探测器中由热产生的电子-空穴对引起的，是决定探测器性能的重要参数之一。暗电流的存在增加了探测器的散粒噪声。探测器的暗电流与偏压、工作温度有关，减小偏压和降低工作温度可使暗电流变小。

4. 探测器阻抗

探测器阻抗(impedance)定义为

$$Z_d = \frac{\partial V(t)}{\partial I(t)} \tag{2.34}$$

其复数形式表示为

$$z_d = R_z - jz_z \tag{2.35}$$

式中，R_z 为零频时的直流阻抗；$z_z = 1/2\pi fC$ 为容抗；C 为探测器电容。

多数探测器的低频阻抗与一个纯电阻等效。探测器电阻值对其使用条件影响很大。阻值在 100 Ω 以下的低阻器件，需与放大器作变压器耦合。1 MΩ 以上为高阻器件，通常与低阻抗的电流-电压转换器相配。

光伏探测器的阻抗与偏置条件关系密切。对一个理想的 p－n 结，动态电阻 R 可表示为

$$R = \frac{kT}{q(I + I_0)} \tag{2.36}$$

式中，I_0 为 p－n 结的反向饱和电流。零偏压电阻是指在 $V = 0$ 时的动态电阻，记为 R_0，有

$$R_0 = \left.\frac{\partial I}{\partial V}\right|_{V=0}^{-1} = \frac{kT}{qI_0} \tag{2.37}$$

5. 零偏压电阻-结面积乘积

光伏探测器零偏压时的动态电阻 R_0 与光敏元面积 A_d 的乘积，记为 R_0A，单位为 Ω·cm²，即

$$R_0A = \frac{kT}{qJ_0} \tag{2.38}$$

式中，J_0 为反向饱和电流密度。R_0A 这一参数已经消除了面积因素，宜作为光伏探测器的优值因子。

6. 背景温度和工作温度

背景温度等效于一个其辐射完全充满探测器视场的均匀黑体的温度，记为 T_b，单位为 K。探测器的阻值及输出信号和噪声均受探测器的工作温度和背景辐射的影响。在给出探测器的性能参数时，必须指出工作温度及背景温度。

探测器的工作温度对探测器的暗电流和热噪声等性能参数影响极大，所以是一个重要的工作条件参数。

7. G 因子

探测器的峰值响应率与黑体响应率之比，也就是峰值探测率与黑体探测率之比，定义为 G 因子：

$$G = \frac{R_{\lambda_p}}{R_{bb}} = \frac{D^*_{\lambda_p}}{D^*_{bb}} \tag{2.39}$$

式中，R_{λ_p}、$D^*_{\lambda_p}$ 分别为峰值响应率与探测率；R_{bb}、D^*_{bb} 分别为黑体响应率与探测率。

在实际测量中，根据测得的相对光谱响应即能够计算得到 G 因子，其算式为

$$G = \frac{\int_0^\infty \phi(\lambda)\,d\lambda}{\int_0^\infty R(\lambda)\phi(\lambda)\,d\lambda} \tag{2.40}$$

式中，$\phi(\lambda)$ 是黑体的单色辐照功率；$R(\lambda)$ 是测量的相对响应光谱。

通过测量黑体响应率和黑体探测率，乘以 G 因子即可得到峰值响应率和探测率。对截止波长为 λ_c 的光子探测器，上式的积分区间为 $0\sim\lambda_c$。

8. 波段 $G_{\Delta\lambda}$ 因子

探测器的有些应用往往限制在特定波段 $\Delta\lambda=\lambda_2-\lambda_1$，为此定义波段 $G_{\Delta\lambda}$ 因子为峰值响应率与波段响应率的比值，即

$$G_{\Delta\lambda}=\frac{R_{\lambda_p}}{R_{\Delta\lambda}}=\frac{\int_{\lambda_1}^{\lambda_2}\phi(\lambda)\mathrm{d}\lambda}{\int_{\lambda_1}^{\lambda_2}R(\lambda)\phi(\lambda)\mathrm{d}\lambda} \tag{2.41}$$

由于式中 $\phi(\lambda)$ 也是黑体温度 T 的函数，所以测量所用黑体的温度不一样，得到的 G 因子的数值也不一样。

用波段 $G_{\Delta\lambda}$ 因子乘以波段响应率 $R_{\Delta\lambda}$，即可得到峰值响应率。

2.4 红外探测器的噪声机构

图 2.11 表示了一个红外光电系统的基本组成。红外系统的噪声可大致归结为三部分来源：由目标和背景的辐射光子通量或温度的起伏导致的噪声；源自探测器自身的噪声；由放大器和电子线路引起的噪声。对光子探测器而言，光子通量起伏和探测器自身噪声最重要。这里简述几种对探测器性能影响较大的噪声机构：热噪声、散粒噪声、温度噪声、$1/f$ 噪声和随机电报信号噪声。

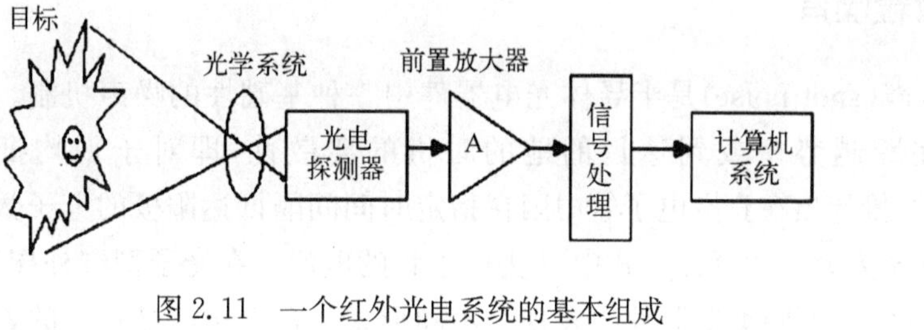

图 2.11 一个红外光电系统的基本组成

2.4.1 热噪声

热噪声(thermal noise, Johnson noise)是由耗散元件中电荷载流子的随机热运动引起的。任何一个处于热平衡条件下的电阻，即使没有外加电压，也都有一定量的噪声。

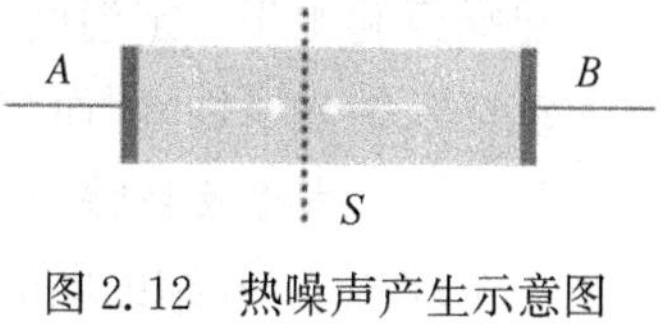

图 2.12 热噪声产生示意图

如图 2.12 所示，AB 两极间的电阻为 R，在热力学温度 T 时，体内的电子处于不断的热运动中，是一团毫无秩序可言的电子运动。但是，电子热运动的方向分布在宏观统计上是各向同性的，在微观上是有起伏的。从时间平均来说，通过截面

S 的两种方向的电子数一定相等,不会有电流通过 AB。但是如果考虑流过任一个截面的电子数的均方偏差,在 AB 两端就应出现电压涨落。

这种电压涨落由 Johnson[7] 的实验所证实,而 Nyquist[8] 推导出热噪声功率表达式为

$$v_n \doteq (4kT_dR_d\Delta f)^{1/2} \tag{2.42}$$

如果用噪声电流表示,则为

$$\overline{i_{nJ}^2} = \frac{4kT_d\Delta f}{R_d} \tag{2.43}$$

热噪声电压的谱密度为

$$\frac{v_n}{\sqrt{\Delta f}} = (4kT_dR_d)^{1/2} \tag{2.44}$$

式中,k 为玻尔兹曼常量;T_d为探测器绝对温度;R_d为探测器电阻;Δf 为电子学带宽。

热噪声具有白噪声频谱,一般说来,高端极限频率为 $f_H = 0.15\ kT \times 10^{13}$ Hz,在室温下(T=290 K),f_H=6×10^12 Hz,一般电子学系统工作频率远低于该值,故可认为热噪声与频率无关。

热噪声的估值:如室温条件下 R=1 kΩ 的电阻,在 Δf = 1 Hz 带宽内的均方根热噪声电压值约为 4 nV;若工作带宽为 500 kHz 的系统,放大器增益为 10^4,则在放大器输出端的热噪声均方根电压约为 28 mV。在微弱信号探测中,是一个不可忽视的量。

2.4.2 散粒噪声

散粒噪声(shot noise)是半导体光电器件中一种基础性的噪声机制。它起源于一群荷电载流子在跨越势垒或到达目的地的时机的离散性,即对于平均抵达时间的偏离。Schottky[9,10] 推导出在真空电子管中因在指定时间间隔抵达阳极的电子数的离散分布而导致的噪声电流为 $\overline{i_n^2} = 2qI\Delta f$。式中,$I$ 为电子管的电流。在光子型红外探测器中,散粒噪声是普遍存在的,在不同类型器件中表现为不同形式。在光伏二极管中的表现仍称为散粒噪声,在光电导器件中表现为产生-复合噪声,由入射光子(不论来自目标还是来自背景)数的起伏导致的光子噪声也属于散粒噪声。

日常生活中熟悉的射击、射箭、散弹枪等随机分布事件中,分布的离散性都符合散粒噪声特征。

散粒噪声也是白噪声,与频率无关。

热噪声起源于一定温度 T 下电子热运动的无规性,因而依赖于 kT;而散粒噪声起源于电子或空穴的粒子性,因而与电子电荷 q 直接有关。

1. p-n 结的散粒噪声

一个理想 p-n 结的电流-电压关系为[11]

$$I = I_0(e^{\frac{qV}{kT}} - 1) \tag{2.45}$$

在 p-n 结中，通过结区的载流子数目是一个围绕平均值的涨落过程。流过 p-n 结的电流可以看作一个正向电流和一个反向电流平衡的过程。van der Ziel[12] 认为，流过二极管的电流分为两部分，一部分是 $I + I_0$，另一部分是 $-I_0$，即反向的电流。正、反两个方向的电流，其统计起伏是互相独立的，各自都符合散粒噪声的规律，所以总的噪声功率为

$$\overline{i_n^2} = 2q(I + I_0)\Delta f + 2qI_0\Delta f \tag{2.46}$$

或

$$\overline{i_n^2} = 2qe^{\frac{qV}{kT}}\Delta f + 2qI_0\Delta f \tag{2.47}$$

对一个理想 p-n 结，I_0 是由 p-n 结两边的扩散过程决定的反向饱和电流。在正向偏置时，$V > 0$，式(2.47)随 V 的增加急剧升高。在零偏置时，$V = 0$，有

$$\overline{i_n^2} = 2qI_0\Delta f + 2qI_0\Delta f = 4qI_0\Delta f \tag{2.48}$$

由于 I_0 和 p-n 结零偏压电阻 R_0 的关系 $R_0 = kT/qI_0$，上式成为

$$\overline{i_n^2} = \frac{4kT}{R_0}\Delta f \tag{2.49}$$

这正好是一个阻值为 R_0 的电阻的热噪声功率(公式(2.43))。

在负偏置条件下，$V < 0$，如果 $|qV| \gg kT$，则式(2.46)第一项可以忽略，于是有

$$\overline{i_n^2} = \frac{2kT}{R_0}\Delta f \tag{2.50}$$

即负偏置工作时二极管散粒噪声只是零偏置时的一半。上述条件相当容易满足，例如，在 77 K时，$kT \approx 7$ meV，如果反偏电压为 70 mV，则 $|qV| = 70$ meV $\approx 10kT$。所以 InSb、HgCdTe 等实际探测器经常在−(50～100)mV 条件下工作，以降低噪声。

2. 产生-复合噪声

半导体中由载流子产生率与复合率的随机涨落而引起的平均载流子浓度的起伏所产生的噪声称为产生-复合噪声(generation-recombination noise)，也称 g-r 噪声。

g-r 噪声主要存在于光电导探测器中。

除了考虑载流子产生率的随机起伏，还要考虑载流子在运动过程中复合率的随机起伏。这两个独立过程的贡献要平方相加。经理论推导 g-r 噪声的表达式为

$$\overline{i_{\text{ng-r}}^2} = 4q\bar{I}G^2\Delta f \tag{2.51}$$

式中，q 为电子电荷；$\bar{I}$ 为平均电流；Δf 为探测器的工作带宽；$G = \dfrac{\tau}{\tau_t}$ 为光电导探测器的光电导增益，它是载流子平均寿命 τ 和载流子平均渡越时间 τ_t 的比值。

对光电导探测器，可以进一步推导出以材料参数为变量的表达式。例如，对 n 型半导体，有[12]

$$\overline{i_{\mathrm{n}}^{2}}=\frac{4I^{2}}{V_{0}}\frac{1}{n}\frac{\tau}{1+4\pi^{2}f^{2}\tau^{2}}\Delta f \tag{2.52}$$

式中，V_0为探测器样品的体积；n 为电子浓度。均方根噪声电压由下式表示：

$$v_{\mathrm{n}}=R_{\mathrm{d}}I\left[\frac{4\tau\Delta f}{\bar{N}(1+4\pi^{2}f^{2}\tau^{2})}\right]^{1/2} \tag{2.53}$$

式(2.53)表明 g－r 噪声同测量频率有关，在高频端下降。$\bar{N}$ 为参与 g－r 过程的载流子总数平均值。

g－r 噪声与 p－n 结的散粒噪声本质是相同的，都是由载流子数目随机变化所致，所以有时也把这种载流子产生和复合的随机起伏引起的噪声归并为散粒噪声。

g－r 噪声只有在外加电压下，通电流之后才有，这一点和前面热噪声不一样。

无论是光辐射，还是热激发，其产生率和复合率的随机起伏都会引起 g－r 噪声。在光电导探测器中，光子起伏噪声通过 g－r 机制体现。

3. 光子噪声

由于光子通量本身也是一个具有涨落的物理量，也服从统计规律。平常说的恒定光功率，实际上是指光子数的统计平均值，而每一瞬时到达探测器的光子数是围绕平均值有随机起伏的。

因此，光子激发的载流子数目一定也有随机起伏，从而光电导、光生伏特效应等也要发生光子起伏噪声，即散粒噪声。因为这里强调噪声源自光子通量的起伏，故称为光子噪声（也称为背景噪声，background noise）。

它是探测器的极限噪声，不管是目标光还是背景光，都伴随着光子噪声，而且辐照功率越大，光子噪声也越大。只要把散粒噪声公式中的 I 用 I_{b}和 I_{s}代替，就可得到光子噪声的表达式，即光子散粒噪声电流：

$$\overline{i_{\mathrm{nb}}^{2}}=2qI_{\mathrm{b}}\Delta f \tag{2.54}$$

$$\overline{i_{\mathrm{ns}}^{2}}=2qI_{\mathrm{s}}\Delta f \tag{2.55}$$

式中，I_{b}和 I_{s}分别表示背景和目标产生的光电流。对探测器噪声而言，这两者区分其实意义不大。

式(2.54)和式(2.55)适用于光电发射和光伏情况。对光电导器件的产生-复合噪声电流中由光子流产生的贡献，可以比照式(2.51)写成

$$\overline{i_{\mathrm{bg\text{-}r}}^{2}}=4q\bar{I}_{\mathrm{b}}G^{2}\Delta f \tag{2.56}$$

或

$$\overline{i_{\mathrm{sg\text{-}r}}^{2}}=4q\bar{I}_{\mathrm{s}}G^{2}\Delta f \tag{2.57}$$

这里 I_{b}和 I_{s}又可分别用背景辐照功率 P_{b}和目标辐照功率 P_{s}表示，

$$I_{\mathrm{b}}=\frac{\eta q}{h\nu}P_{\mathrm{b}} \tag{2.58}$$

$$I_s = \frac{\eta q}{h\nu} P_s \tag{2.59}$$

考虑 I_d、I_b和 I_s对噪声电流的共同作用，光电探测器的总散粒噪声电流可统一表示为

$$I_n = [Sq(I_d + I_b + I_s)G^2 \Delta f]^{\frac{1}{2}} \tag{2.60}$$

式中，$S=2$（光电发射和光伏），或 $S=4$（光电导）；G 为光电导增益（对光伏来说 $G=1$）；Δf 为测量带宽。

由于大数目的光子群符合玻色-爱因斯坦统计，可以用泊松分布来描述，光子噪声可以非常简单地求得。设光子数为 N，则其涨落，即光子数的标准偏差，就是 $\sqrt{N}$，也就是说，如果量子效率简单地设为1，噪声电子数就是 $\sqrt{N}$，而信噪比为 $N/\sqrt{N}=\sqrt{N}$。这意味着，光子流越强，噪声也越大，但是却可以提供更高的信噪比。这一结果也可以从散粒噪声功率的公式中演绎出来，参见本书3.5节。

关于恒定光子流存在涨落现象，人们不容易有感性的认识。图2.13提供了用不同光子流得到的模拟照片的像质，从左到右、自上而下分别为1、10、1 000和10 000光子/像元。此图是可见光的，红外的情况是完全类似的。图片来自 Wikipedia. org[13]。

图2.13　说明光子噪声和信噪比决定图像质量的模拟图片

光子密度分别为1、10、1 000、10 000光子/像元

2.4.3　温度噪声

由于光敏元与背景的辐射交换或与热沉的传导热交换存在起伏，探测器的温度产生涨

落，从而引起的相对信号平均值的涨落，称为温度噪声（temperature noise）。对于热探测器来讲，背景辐射的起伏将引起探测器温度的起伏，并且探测器本身辐射与传导漏热也将引起统计性温度起伏。如果信号辐射引起的温度变化低于这两种温度起伏，就探测不到信号辐射。热探测器由热传导因素引起温度起伏导致的温度噪声功率为

$$\overline{\Delta W_{\mathrm{T}}^2} = 4kT^2 G\Delta f \tag{2.61}$$

式中，k 为玻尔兹曼常量；T 为探测器热力学温度；G 为响应元与周围环境的热导；Δf 为电子学带宽。此式表明，温度噪声功率与热导成正比，与探测器工作温度的平方成正比。

而噪声电压可由式(2.61)在频谱上积分并乘上电压响应率得到

$$v_{\mathrm{n}} = R_{\mathrm{v}}\sqrt{4kT^2 G} \tag{2.62}$$

温度噪声存在于热探测器中，而不发生于光子探测器中。

2.4.4 1/f 噪声

目前对 $1/f$ 噪声（$1/f$ noise）的成因尚未完全清楚，但通常认为它是由半导体的表面电流所引起的，故又称为电流噪声。

其特点是噪声功率谱密度与频率成反比。电流噪声的均方值可用经验公式表示为

$$\overline{i_{\mathrm{nf}}^2} = k_1 \frac{I^b \Delta f}{f^a} \tag{2.63}$$

式中，k_1 为比例系数，与探测器制造工艺、电极接触情况、半导体表面状态及器件尺寸有关；a 为与材料有关的常数，通常为 0.8～1.3，大多数材料可近似取为 1；b 与流过器件的电流 I 有关，通常取值 2。$1/f$ 噪声主要出现在 1 kHz 以下的低频区。

对于碲镉汞 $1/f$ 噪声的详细讨论，可以参见汤定元和童斐明的有关论著[14]。

2.4.5 随机电报信号噪声

随机电报信号（random telegraph signal，RTS）噪声是半导体中的一种电噪声，也称为爆裂噪声、脉冲噪声，其特征为电压或电流在两个（或多个）分立的位置上随机地跳来跳去，其幅度可达数百 μV，每次电压或电流的失调可持续数毫秒至数秒，脉冲的频率大都小于 100 Hz。从拍电报的嘀嗒声或扬声器的爆裂声中可以想象这种噪声的特点。这种噪声先在点接触二极管和半导体运算放大器中观测到，近年来在 HgCdTe 探测器中也观测到并深入研究。RTS 噪声在 2.5～15.8 μm 中各个波段 MCT 探测器中都观测到，其跳跃幅度和频度随波长增加而增加，随工作温度上升而上升[15-17]。图 2.14 显示了这种噪声的特点。对 RTS 噪声的产生机理尚无完善的理论解释，但较普遍的看法是它起源于载流子在半导体晶体中的大面积缺陷位置上或薄膜界面上被捕获和释放过程。这些缺陷往往在制造工艺中形成，与大剂量离子注入或者同表面沾污有关。

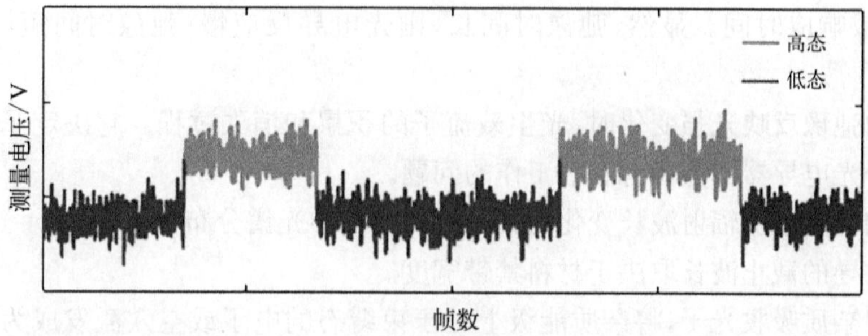

图 2.14　HgCdTe 焦平面阵列中一个像元输出在高态和低态之间随机跳跃，展示 RTS 噪声[15]

2.5　光电导型红外探测器理论

2.5.1　半导体的光电导效应

半导体材料吸收电磁辐射，如紫外、可见光、红外辐射或 γ 辐射后，电导率发生变化（通常是电导率增加），这种光电现象称为半导体的光电导效应。早期典型的光电导材料包括复印机用有机导电膜、响尾蛇导弹用硫化铅，以及早期电视机和复印机用硒化物。

当入射光子能量大于禁带宽度（对本征激发）或杂质电离能（杂质激发）时，原来束缚状态不参与导电的电子或空穴被激发出来，成为附加的自由电子或空穴。这种附加电子或空穴称为光生载流子，是样品电导率变化的主要原因。对一个具体的半导体样品来说，光生载流子引起样品电压或电流信号变化的大小与电导率的变化成正比，即

$$\Delta v \propto \frac{\Delta\sigma}{\sigma} \tag{2.64}$$

式中，σ 为无光照时样品电导率。在电子和空穴都参与导电的样品中，

$$\sigma = q(n\mu_e + p\mu_h) \tag{2.65}$$

式中，q 为电子电荷；n、p、μ_e、μ_h分别为平衡态电子和空穴的浓度和迁移率。

在恒定光照下，载流子一面产生，一面复合，但会达到一个稳定的增量 Δn 和 Δp。此时电导率的增量即光电导率为

$$\Delta\sigma = q(\Delta n\mu_e + \Delta p\mu_h) \tag{2.66}$$

所以有

$$\Delta v \propto \frac{\Delta\sigma}{\sigma} = \frac{\Delta n\mu_e + \Delta p\mu_h}{n\mu_e + p\mu_h} \tag{2.67}$$

光电导材料从光照开始到获得稳定的光电流是要经过一定时间的。同样，光照停止后光电流也是逐渐消失的。这些现象称为弛豫过程或惰性。光电导响应上升或下降的时间就

是弛豫时间，或响应时间。显然，弛豫时间长，则光电导反应慢；弛豫时间短，则光电导反应快。

光电导的弛豫反映光强变化时，光生载流子的积累和消失过程。它决定了在迅速变化的光强下一个光电导器件能否有有效工作的问题。

光电导响应随入射辐射波长变化的关系称为光电导光谱分布。

本征光电导的截止波长取决于材料禁带宽度。

半导体中杂质吸收光子，将杂质能级上处于束缚态的电子或空穴激发成为自由的光生载流子，这就要求光子能量必须大于等于杂质的电离能。由于杂质的电离能小于禁带宽度，杂质光电导的光谱响应波长比本征光电导的长。同时由于杂质原子数目少，所以杂质光电导效应相对本征光电导来说也微弱得多。

2.5.2 光电导型探测器的性能

1. 响应率、噪声和探测率

光电导探测器看似十分简单，但其严格分析却相当复杂。先考虑仅由半导体材料性质决定的简单光电导器件。薄片型光电导红外探测器的构造图如图 2.15 所示。

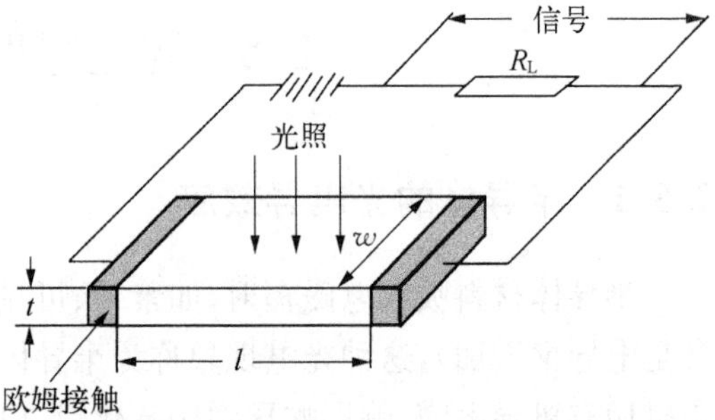

图 2.15 光电导探测器工作原理示意图

假设以下条件：样品长度为 l；宽度为 w；厚度为 t；光照面积 $A = lw$；入射光子通量密度为 $\Phi_s(\lambda)$，单位为 ph · cm^{-2} · s^{-1}；小信号，此时少子寿命等于多子寿命；一维近似，此时 $t < L_D$（L_D 为少子扩散长度）；忽略正面和背面的表面复合。

在恒定光照下（定态条件，即入射辐射未加调制），直流的光电流可写为

$$I_p = q\eta A\Phi_s G \tag{2.68}$$

式中，G 为光电导增益。下面利用材料的电学参数来表示式(2.68)。

原则上，两种载流子（电子和空穴）都参与光电导过程，故有

$$I_p = V_b \Delta\sigma \frac{wt}{l} = \frac{qwt(\Delta n\mu_e + \Delta p\mu_h)}{l} V_b \tag{2.69}$$

式中，V_b 为探测器两端的偏置电压；Δn、Δp 为光照下产生的剩余载流子浓度。

现在考虑 n 型半导体的情况。由于 $\mu_e \gg \mu_h$，只需考虑式(2.69)中第一项。为进一步简化，假定入射辐射被样品均匀、完全地吸收，这种情况下剩余电子浓度随时间的变化率由下式决定：

$$\frac{d\Delta n}{dt} = \frac{\eta\Phi_s}{t} - \frac{\Delta n}{\tau} \tag{2.70}$$

利用定态条件 $d\Delta n/dt = 0$，得到

$$\Delta n = \frac{\eta \Phi_s}{t}\tau \tag{2.71}$$

辗转可把式(2.68)中的光电导增益表示成

$$G = \frac{\tau}{l^2/\mu_e V_b} = \frac{\tau}{\tau_t} \tag{2.72}$$

式中，τ_t可理解为电子在电场作用下渡越样品的时间(transit time)。如果 τ_t很小，或电子漂移长度很大($L_d > l$)，光生电子一产生马上就被“扫出”(swept out)到正极，负极的电子马上会进入样品，这一过程重复进行，增大了光电流，直至载流子复合发生。

现在推导低阻光电导器件在恒流工作条件下的响应率公式(碲镉汞材料属于这种情况)。电路中由于 $R_d \ll R_L$，电流始终保持不变，即使在光照下电流也保持恒定，但由于样品电阻的改变，样品上的电压降改变，即

$$V_s = \Delta V = I\Delta R_d = V_b \frac{\Delta R}{R} = V_b \frac{\Delta n}{n_0} = V_b \frac{\eta \Phi_s \tau}{t n_0} \tag{2.73}$$

得到电压响应率表达式：

$$R_v = \frac{V_s}{P_\lambda} = \frac{\eta}{lwt} \frac{\lambda \tau}{hc} \frac{V_b}{n_0} \tag{2.74}$$

式中，P_λ为单色入射功率，$P_\lambda = \Phi_s Ah v$。由式可知，想得到高的单色电压响应率，应该尽量做到：量子效率高、样品体积小、多子浓度低、少子寿命长，以及外加偏置电压大。

如果入射辐射被调制成交流变化的(常用近正弦调制)，则响应率的频率依赖可写成

$$R_v = \frac{\eta}{lwt} \frac{\lambda \tau_{ef}}{hc} \frac{V_b}{n_0} \frac{1}{(1+\omega^2\tau_{ef}^2)^{1/2}} \tag{2.75}$$

式中，τ_{ef} 为少数载流子的有效寿命。

关于光电导探测器噪声，这里只讨论其内部的噪声。光电导探测器的内部噪声源主要有三部分：热噪声、产生-复合噪声和 $1/f$ 噪声。总噪声电压为

$$V_n^2 = V_{g\text{-}r}^2 + V_j^2 + V_{1/f}^2 \tag{2.76}$$

其中热噪声为

$$V_j^2 = 4kTR\Delta f \tag{2.77}$$

仍考虑 n 型样品，由于 $n_0 \gg p_0$，$\mu_e \gg \mu_h$，可得到产生-复合噪声的简化表达式为

$$V_{g\text{-}r}^2 = \frac{4V_b^2}{lwt} \frac{p_0 \tau}{n_0^2} \Delta f \tag{2.78}$$

考虑小尺寸像元、载流子扫出、表面复合等因素，用有效寿命替代寿命，产生-复合噪声电压为

$$V_{\text{g-r}} = \frac{2V_{\text{b}}}{n_0}\sqrt{\frac{p_0 \tau_{\text{ef}} \Delta f}{lwt}} \tag{2.79}$$

而 $1/f$ 噪声可写成

$$V_{1/\text{f}}^2 = \alpha_{\text{H}} \frac{V^2}{Nf} \Delta f \tag{2.80}$$

式中，α_{H} 为 Hooge 系数；N 为参与导电的载流子数目。对这种噪声，目前的理论处理和实践都不够理想，只能在工艺中设法降低其影响。

关于光电导探测器的量子效率，由于前面已假设入射辐射被均匀、完全地吸收，所以只要扣除表面反射就可以，故有

$$\eta = 1 - r \tag{2.81}$$

式中，r 为样品的反射率。

光电导探测器的探测率(假设已经基本消除 1/f 噪声影响)可按照定义得出

$$D_{\lambda}^{*} = \frac{R_{\text{v}}\,(lw\Delta f)^{1/2}}{(V_{\text{j}}^2 + V_{\text{g-r}}^2)^{1/2}} \tag{2.82}$$

在实际工作中，通过加大偏置电压，使 g－r 噪声超过热噪声，成为支配噪声，于是根据式(2.74)和式(2.79)有

$$D_{\lambda}^{*} = \frac{\lambda\eta}{2hc}\left(\frac{\tau}{tp_0}\right)^{1/2} \tag{2.83}$$

式中，p_0是 n 型材料中的少数载流子，即空穴浓度。这一公式被广泛地接受和应用，是描述光电导红外探测器的一个基本公式。

到这里就要进一步分析，p_0是以热激发为主，还是以背景激发为主呢？当探测器的工作温度降低时，热激发受到抑制，背景激发成为主要的因素。这时 $p_0 = p_{\text{b}}$。

关于 p_{b}，以前已经有过讨论，就是背景辐射激发的剩余空穴浓度，可以参照式(2.71)写出

$$p_{\text{b}} = \frac{\tau}{t}\eta\Phi_{\text{b}} \tag{2.84}$$

式中，背景光子通量密度就是温度为 T 的黑体在 $0\sim\lambda_{\text{c}}$辐射的光子通量密度，可以由下式计算或查表得到

$$\Phi_{\text{b}} = \int_0^{\lambda_{\text{c}}} \frac{2\pi c}{\lambda^4}\frac{\text{d}\lambda}{\text{e}^{hc/\lambda kT} - 1} \tag{2.85}$$

注意，这里的 Φ_{b}是探测器在 2πsr (半球立体角)视场所看到的整个视场内的光子通量密度。

因此得到 2πFOV 背景限的光电导探测器的探测率表达式：

$$D_{\lambda\mathrm{blip}}^{*}=\frac{\lambda\eta}{2hc}\sqrt{\frac{\tau}{t\,p_{\mathrm{b}}}}=\frac{\lambda\eta}{2hc}\sqrt{\frac{1}{\eta\Phi_{\mathrm{b}}}}=\frac{\lambda}{2hc}\sqrt{\frac{\eta}{\Phi_{\mathrm{b}}}} \tag{2.86}$$

当然，当探测器视场角减小或背景温度降低时，背景限探测率会相应增大。

2. *表面复合和载流子扫出的影响*

以上是最简单的分析。下面考虑实际存在的两种重要情况：扫出效应和表面复合。

从公式(2.74)的形式上看，似乎随着偏置电压增大，电压响应率可以无限制提高。实际上，偏置增大受到两个因素的制约。一个是焦耳热，一个是达到扫出条件。实际情况是，在有些材料(如碲镉汞材料)中，少数载流子寿命很长，例如，在长波 8～14 μm 波段，77 K 少子寿命可达 1 μs 以上，而在中波 3～5 μm 波段，稍高温度下少子寿命可达 10 μs。在这种情况下，随着探测器尺寸的变小，不能忽略表面复合、漂移和扩散、欧姆电极(相当于复合速度为无穷大)等对器件性能的影响。这些影响都可以归结为对少数载流子"有效"寿命的影响。

载流子扫出效应使得响应率随偏压依赖的线性度向下偏离，在很高的场强下甚至趋向饱和(即不随 V_{b} 变化)，但响应速度变得更快。在比较大的偏置电压下，少子能够在一个比复合时间短的时间内漂移到欧姆电极并立即消失(复合)，这就是所谓的"扫出"。少数载流子的"扫出"限制了最大偏压。在低偏压下，少子漂移长度(L_{d})远小于探测器长度(l)，此时的少子寿命，取决于体复合寿命，并受到向表面和电极扩散过程的修正。如果少子扩散长度(L_{D})超过探测器的长度(l)，则载流子有效寿命会大大降低。在较高偏压下，少数载流子漂移长度(L_{d})大于探测器长度(l)，有一些剩余少子经漂移落到一个欧姆电极上而消失，为了维持电中性，势必引起剩余多子浓度的下降，这样就相当于多子寿命的下降。在电极的一端消失的多子会立即从电极另一端得到注入，而少子不会被取代。在极高偏压下，$L_{\mathrm{d}}\gg l$，这时电压响应率达到饱和值，有

$$R_{\mathrm{v}}=\frac{\eta q\lambda}{2hc}(1+b)R' \quad (\text{n 型材料}) \tag{2.87}$$

或

$$R_{\mathrm{v}}=\frac{\eta q\lambda}{2hc}R' \quad (\text{p 型材料}) \tag{2.88}$$

式中，R' 为探测器的电阻；$b=\mu_{\mathrm{e}}/\mu_{\mathrm{h}}$ 为迁移率比，对 MCT、InSb 等材料，$b\gg1$。

欧姆电极和表面复合引起的有效寿命退化问题，在实际工作中已经通过叠状结构、异质结电极或重掺杂电极等方法得到解决。这些将在 5.3 节中详细介绍。

在响应率表达式中，R_{v} 是与 V_{b} 成正比例的。当然，产生-复合噪声也以同样比例增大。但对探测率相同的两个器件，用户更欢迎响应率大的器件，因为使用起来方便，对放大器的噪声及周围电磁环境的要求可以降低一些。那么在实际情况中，响应率的增大受到哪些因素的影响呢？分两种情况予以考察。

第一种情况是考虑表面复合的影响。设探测器上、下表面具有表面复合速度 S_1、S_2，为简单计，设 $S_1=S_2$，探测器的厚度为 t，少数载流子扩散长度为 L_{D}。由于在样品深度方向对入射辐射的吸收，光生载流子的激发呈现出逐渐衰减的趋势，而且在上、下表面载流子要遭遇复合，光电流的表达式变得十分繁复。但这些因素的影响都可以归结为对少数载流子寿

命的影响。如果用一个表观寿命或有效寿命 τ_{ef} 来替代寿命 τ，则响应率的公式在形式上可保持不变。由公式(2.74)知，响应率与样品厚度成反比，所以一般光电导器件的芯片很薄。如果在工艺上真的把样品做得足够薄，满足 $t \ll L_D$，此时有效寿命具有形式

$$\frac{1}{\tau_{ef}} = \frac{1}{\tau} + \frac{2S_1}{t} \tag{2.89}$$

在此式中，举例说，若表面复合速度和体内复合速度相等(即 $S_1 = L_D/\tau$)，而样品厚度控制为扩散长度的一半，$t = \frac{1}{2}L_D$，则有 $\tau_{ef} = \frac{1}{5}\tau$，即在这个例子中响应率下降到只有原来的 1/5，影响十分大。所以，红外探测器(尤其是吸收系数高的本征半导体红外探测器)的制作工艺中，降低表面复合速度是十分重要的。对此，国内外都进行了大量研究，发展出一些有效的工艺技术。例如，用恰当的化学腐蚀剂对样品进行抛光腐蚀，或用阳极氧化方法在样品表面制作一层薄的积累层，这些方法都可能把表面复合的影响降低到可忽略的程度[14]。

讨论第二种情况。样品的长度(指两个电极间的距离)、电极的性质，以及偏压的大小对响应率有什么影响，其相互关系如何？

在偏置电场作用下，光生少数载流子在其寿命时间内漂移的距离，可称为漂移长度(L_d)。显然，

$$L_d = \mu \frac{V_b}{l}\tau \tag{2.90}$$

其物理意义与少子扩散长度 L_D 完全不同。式中，μ 为双极迁移率，一般情况下就等于少子迁移率。随着漂移长度相对于样品自身长度的比率的变化(这种变化依赖于探测器尺寸设计，也依赖于 V_b 大小)，载流子扫出的影响也有所变化。

(1) $L_d \ll l$，即样品长度较大，而偏压较小时，没有发生扫出效应，光电导增益小于 1，此时响应率对外加电压 V_b 的依赖是线性的。

(2) $L_d \geqslant l$，即样品长度较小，而偏压相对较大时，发生扫出效应，光电导增益等于或大于 1；可认为平均漂移长度等于 $l/2$ 时刚好发生载流子扫出，这种临界状态的响应率为[18]

$$R_v(c) = \frac{\eta\lambda l}{2hcwtn_0\mu_h} \tag{2.91}$$

在扫出条件下，可用有效寿命概念把式(2.74)写成

$$R_v = \frac{\eta}{lwt}\frac{\lambda\tau_{ef}}{hc}\frac{V_b}{n_0} \tag{2.92}$$

式中，

$$\tau_{ef} = \tau\left\{1 - \frac{\tau}{\tau_a}\left[1 - \exp\left(-\frac{\tau_a}{\tau}\right)\right]\right\} \tag{2.93}$$

而 $\tau_a = l/\mu_a E$ 是少子漂移样品长度所需的时间，这一时间同式(2.72)中的 τ_t 非常接近。由于有效寿命总是小于载流子寿命，而且是电场 E 的函数，此时响应率对偏置电压的线性依赖向下偏离。

(3) $L_d \gg l$，即样品长度很小，而偏压很大时，扫出效应很强，$G \gg 1$，此时 $\tau_a \ll \tau$，电压响应率偏离线性依赖更远，可达到一个不依赖于 V_b 的饱和值，对 n 型材料，这一饱和响应率由式(2.87)给出。

(4) $L_D \gg l$，即样品长度很小，比少子扩散长度小得多，这时少数载流子在未扩散到应有的长度就已到达电极而立即消失，使实际的有效寿命大大降低，响应率也随之降低。即使少子寿命很长的优质材料，当做出尺寸很小的探测元时，性能达不到优质材料应有水平的情况也是常见的。不过，此时探测器的响应速度很快，可以在更高频率应用。

图 2.16 画出了光电导探测器响应率、噪声、探测率和时间常数随偏压变化的趋势。在实际使用时，要选择一个最佳偏压，使得探测率和响应率都接近最大值。图中也显示，当偏压足够大时，扫出效应的作用突出，使得探测器响应时间急剧下降。

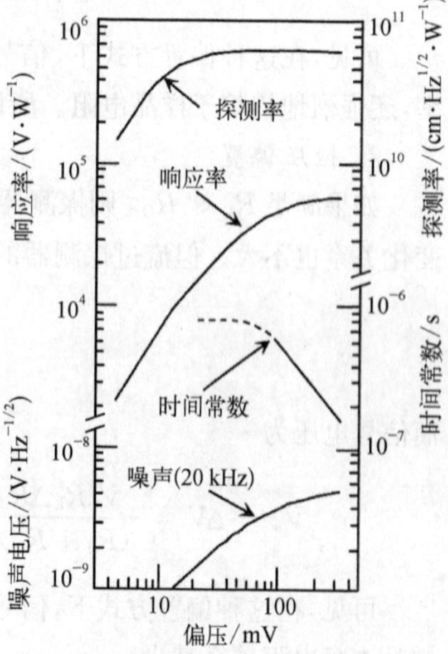

图 2.16　HgCdTe 光电导探测器响应率、噪声、探测率和时间常数的偏置依赖[19]

2.5.3　实际使用条件

光电导探测器的使用条件十分简单，图 2.17 是使用电路简图。

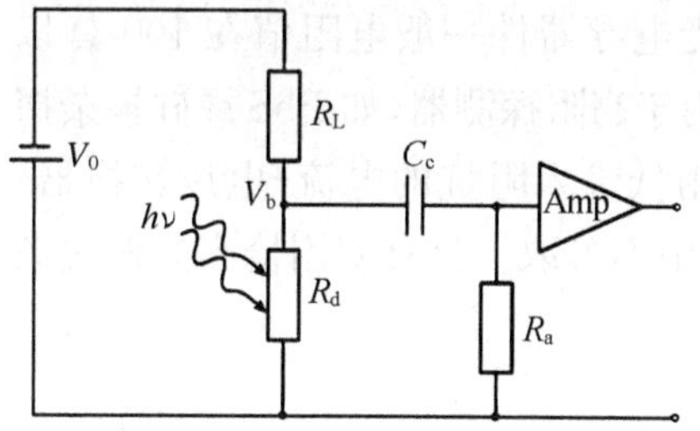

图 2.17　光电导探测器使用电路简图

如图 2.17 所示，入射辐射经过正弦(或近正弦)调制，使样品产生电导的增量 ΔG_d 或电阻增量 ΔR_d。V_0 为总的偏置电压，R_L 为负载电阻，C_c 为隔直电容，后面接低噪声交流前置放大器。探测器电导变化引起的负载电阻上的电压变化可作为光电导探测器的信号输出。不同的光电导探测器，其电阻值有很大的不同，例如，长波 MCT 光电导器件电阻只有数十欧姆，而硅掺杂的长波和远红外探测器电阻可达兆欧姆量级。实际使用中，根据不同阻值范围选用不同的偏置方式。

1. 恒流偏置

如果满足 $R_L \gg R_d$，则在光照过程中电流保持不变，

$$I_L = \frac{V_0}{R_d + R_L} \approx \frac{V_0}{R_L} \tag{2.94}$$

而光电导信号电压为

$$V_s = \Delta V = \frac{V_0 R_L \Delta R_d}{(R_d + R_L)^2} = \frac{I_L R_L \Delta R_d}{R_d + R_L} = \frac{I_L R_L R_d^2 \Delta G_d}{R_d + R_L} \approx I_L R_d^2 \Delta G_d \tag{2.95}$$

可见，在这种偏置方式下，信号电压除了依赖于光电导(ΔG_d)从而依赖于入射辐照功率，还强烈地依赖于样品电阻。所以用户往往要求探测器有较高的电阻。

2. 恒压偏置

如果满足 $R_L \ll R_D$，则探测器上的电压基本恒定，近似等于 V_0，对 R_d 不敏感，与光辐射变化关系也不大。但流过探测器的偏流随 R_d 变化。负载电阻上的电压为

$$V_a = \frac{V_0 R_L}{R_d + R_L} \approx 0 \tag{2.96}$$

而信号电压为

$$V_s = \Delta V = \frac{V_0 R_L \Delta R_d}{(R_d + R_L)^2} = \frac{I_L R_L R_d^2 \Delta G_d}{R_d + R_L} \approx I_L R_d R_L \Delta G_d = V_0 R_L \Delta G_d \tag{2.97}$$

可见，在这种偏置方式下，信号电压不仅依赖于光电导(ΔG_d)，还依赖于负载电阻，而与样品本身电阻关系甚少。

3. 匹配偏置(恒功率)

如果满足 $R_d = R_L$，则有

$$P_{max} = \frac{V_0^2 R_d}{(R_d + R_L)^2} = \frac{V_0^2}{4R_d} \tag{2.98}$$

即输出功率达到最大化且保持恒定。

4. 各种偏置方式的适用性

恒流偏置适用于低阻光电导探测器，例如，碲镉汞光电导器件一般电阻值在 100 Ω 以下，这时可使用高输入阻抗的电压放大器。恒压偏置适用于高阻探测器，如 PbS 或硅掺杂探测器，这些器件电阻值往往为兆欧姆或更高，此时可使用低输入阻抗的电流-电压转换器。若对高阻器件使用恒流偏置，所需功耗非常大，实际工作中不可取。只有使用恰当的偏置条件，才能把光电导信号最有效地取出。

2.5.4 杂质光电导红外探测器

入射光子与半导体内的杂质原子相互作用，使其本来处于束缚状态的电子激发出来，变成自由电子，参与导电，使得样品的电导率增加，见图 2.2。利用这一效应可以制成杂质光电导探测器。

杂质激发要求入射光子的能量满足 $h\nu \geq E_i$，此处 E_i 为杂质电离能，对 n 型掺杂材料，E_i 为导带以下的施主能级；对 p 型掺杂材料，E_i 为价带以上的受主能级位置。

杂质激发概率比本征激发要小得多。杂质激发导致的光吸收系数为

$$\alpha = \sigma_p N_i \tag{2.99}$$

式中，N_i为半导体材料中该杂质原子的浓度(cm^{-3})；σ_p为该种杂质原子在此半导体材料中的光电离截面(cm^2)。

在杂质光电导材料中，杂质原子浓度通常为 $10^{15}\sim10^{16}$ cm^{-3}。浓度太高会使材料变成跳跃导电，甚至杂质带导电。幸运的是，杂质带导电在被阻挡后，在中、远红外探测器制造中可得到有利的应用。

光电离截面随不同材料、不同波长而不同，在 $10^{-14}\sim10^{-17}$ cm^2。表 2.2 列举了 Ge 和 Si 中一些杂质的光电离截面数据。

对 Si 而言，按类氢近似得到的最大光电离截面同杂质电离能的依赖关系为[20]

$$\sigma_0 = 2.65\times10^{-18}E_i^{-2} \tag{2.100}$$

其单位为 $cm^2\cdot(eV)^2$。

由于杂质原子浓度不是很高，而光电离截面不是很大，杂质光电导的吸收系数与本征光电导相比，要小三个数量级。Si 掺杂的吸收系数为 10～50 cm^{-1}，Ge 掺杂的吸收系数更小，为 1～10 cm^{-1}。

杂质光电导体的量子效率由下式表示：

$$\eta(\lambda) = \frac{(1-r)(1-e^{-\alpha d})}{1-re^{-\alpha d}} \tag{2.101}$$

式中，α 随波长 λ 变化；d 为样品的厚度；r 为样品反射率。一般 $\alpha d \ll 1$，有

$$\eta \approx \alpha(\lambda)d = N_i\sigma_p d \tag{2.102}$$

即杂质浓度、光电离截面和样品厚度决定了杂质光电导量子效率。

表 2.2　硅和锗中杂质的光电离截面数据[20-23]

		Ge		Si	
杂质原子	导电类型	$\lambda_c/\mu m$	σ_p/cm^2	$\lambda_c/\mu m$	σ_p/cm^2
Al	p			18.5	8×10^{-16}
B	p	119	1.0×10^{-14}	28	1.4×10^{-15}
Be	p	52		8.3	5×10^{-18}
Ga	p	115	1.0×10^{-14}	17.2	5×10^{-16}
In	p	111		7.9	3.3×10^{-17}
As	n	98	1.0×10^{-14}	23	2.2×10^{-15}
Cu	p	31	1.0×10^{-15}	5.2	5×10^{-18}
P	n	103	1.0×10^{-14}	27	1.7×10^{-15}
Sb	n	129	1.0×10^{-14}	29	6.2×10^{-15}

杂质光电导的光电流、电流响应率、g－r噪声，以及探测率分别由以下公式表达

$$I_{\mathrm{ph}} = \frac{q\eta\mu\tau}{l} E\Phi_{\mathrm{s}} A \tag{2.103}$$

$$R_{\mathrm{i}} = \frac{\eta\lambda}{hc} \frac{\tau}{lwt} \frac{I}{n} \frac{1}{(1+\omega^2\tau^2)^{1/2}} \tag{2.104}$$

$$I_{\mathrm{g\text{-}r}} = 2I\left(\frac{\tau\Delta f}{nlwt}\right)^{1/2} \frac{1}{(1+\omega^2\tau^2)^{1/2}} \tag{2.105}$$

$$D^* = \frac{\eta\lambda}{2hc}\left[\eta\Phi + \frac{lB}{\delta}(N_{\mathrm{d}} - N_{\mathrm{a}})N_{\mathrm{c}}\exp\left(-\frac{E_{\mathrm{i}}}{kT}\right)\right]^{-1/2} \tag{2.106}$$

式中，I 为探测器电流；E 为加在样品上的电场。探测率公式(2.106)中，括号内第一项代表背景激发载流子的噪声贡献；第二项代表热激发载流子的噪声贡献；B 为载流子复合系数；δ 为杂质基态简并因子，对施主杂质其值等于 2，对受主杂质为 4；N_{c}为导带态密度；E_{i}为杂质电离能。温度降低可使热激发载流子的噪声贡献降低。所以杂质光电导探测器一般要比本征光电导器件的工作温度更低。

2.6 光生伏特型红外探测器理论

2.6.1 半导体的光生伏特效应

半导体的光生伏特效应在任何不均匀的半导体材料中都可能发生，最典型和最简单的情况是 p－n 结。

当 p 型半导体和 n 型半导体结合在一起时，由于交界面处存在载流子浓度的差异，电子和空穴都要从浓度高的地方向浓度低的地方扩散，就是向对方扩散。电子和空穴都是带电的，它们扩散的结果就使 p 区和 n 区中原来的电中性条件破坏。p 区一侧因失去空穴而留下不能移动的负离子，n 区一侧因失去电子而留下不能移动的正离子。这些不能移动的晶格上的电荷通常称为空间电荷，它们集中在 p 区和 n 区交界面附近形成了一个很薄的空间电荷区，即 p 和 n 的“结”。

空间电荷区又称为耗尽层。耗尽层内 p 区一侧呈现电负性，n 区一侧呈现电正性。因此空间电荷区出现了方向由 n 区指向 p 区的电场。这个电场是材料内部载流子扩散运动形成的，而不是外加的，故称为内建电场。它的形成对多数载流子的进一步扩散运动起阻挡作用，所以空间电荷区又称为阻挡层。

在一定条件下(如温度一定)，多数载流子向对方的扩散运动和由这种运动引起的阻碍自身的运动达到平衡。交界面形成稳定的空间电荷区，即 p－n 结处于动态平衡。

动态平衡下的 p－n 结，内建电场强度分布、p－n 结两边电子势能分布、耗尽层宽度等参数都达到一定值，取决于 p－n 结两边原始材料的参数，都是可计算的。

如果 p－n 结两端的电压为 V，一般情况下流过 p－n 结的电流为

$$I = I_0 e^{qV/\beta kT} - I_0 \tag{2.107}$$

式中，电流的正向规定为从 p 端经过 p－n 结指向 n 端。式(2.107)第一项代表多数载流子向对方区的扩散电流，第二项代表少数载流子在结区的漂移电流(其根源却来自 p－n 结两边的少数载流子向结区的扩散)，这意义明确包含在公式推导过程中。下面观察在各种电压条件下 p－n 结电流的走势(对照图 2.18 左边部分)。

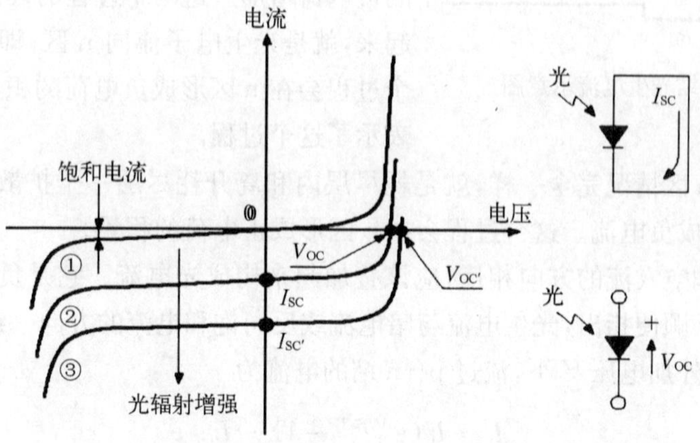

图 2.18　无光照①和光照②、③下 p－n 结的电流-电压特性

当 $V > 0$ 时，$I > 0$，且 I 随 V 的增大而迅速增大，呈现指数式上升；

当 $V = 0$ 时，$I = 0$，即无外加电压时，回路中没有电流通过；

当 $V < 0$ 时，I 很小，且随着反向电压增大，I 渐渐趋向于一个饱和值 I_0。

I_0称为反向饱和电流，它的方向与正向电流相反，其大小与材料参数有关。β 为 p－n 结的理想因子。为了简单起见，往往假定最理想情况，即忽略 p－n 结中其他可能贡献电流的因素，如产生电流、隧道电流等，此时 $\beta = 1$，式(2.107)成为式(2.45)。

现在讨论光照下 p－n 结的电压-电流特性。

在实际红外探测器制作时 p－n 结受到光照有两种构型，即剖视照射和顶视照射，如图 2.19 所示。为了讨论方便，假设是剖视照射构型。设恒定的红外辐射均匀照射到整个样品上，样品发生本征吸收。

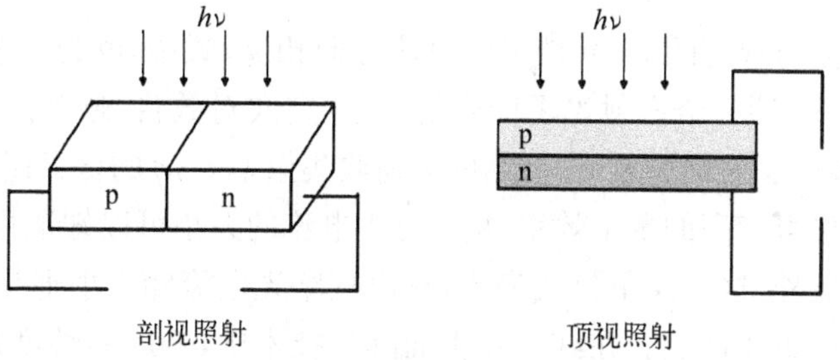

图 2.19　产生光生伏特效应的剖视照射和顶视照射构型

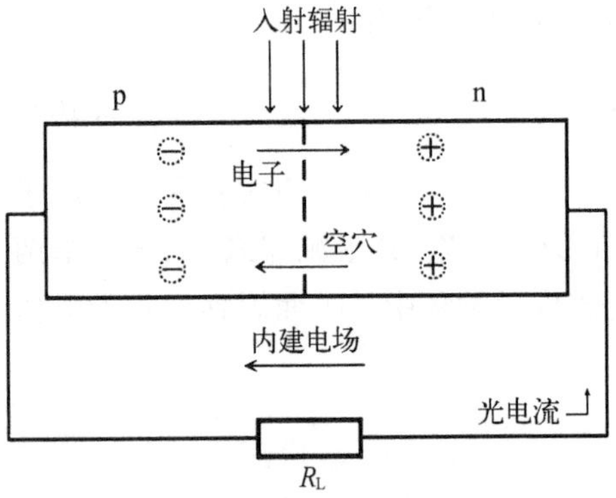

图 2.20　p-n结光生电流示意图

先讨论p区的情况。在p型区的耗尽层内，样品吸收红外辐射，产生电子-空穴对，受内建电场作用，光生电子漂移而通过p-n结，到达n区，使n区的负电荷增加。在p型区的耗尽层外，样品吸收红外辐射，也产生电子-空穴对，在离开耗尽层一个扩散长度范围内的光生电子，可以扩散到达耗尽层，继而在结电场作用下漂移通过p-n结，使n区的负电荷增加。这两个过程的效果是一样的，叠加起来，就是光生电子流向n区，即形成负电流。这个过程会在n区形成负电荷的积累。图 2.20 概略表示了这个过程。

受到光照的n区情况完全一样，就是耗尽层内和离开耗尽层一个扩散长度内的光生空穴流向p区，即形成负电流。这个过程会在p区形成正电荷的积累。

上述电子流和空穴流的方向相反，应该叠加起来构成光电流。它是负的，同p-n结正向电流方向相反。顺便指出，光生电流与暗电流或反向饱和电流的方向一致。

有光照时，在外加电压V下，流过p-n结的电流为

$$I = I_0(e^{qV/\beta kT} - 1) - I_p \tag{2.108}$$

式中，I_p为光电流，其方向与p-n结电流相反，其大小则与辐照功率、受照面积、量子效率等因素有关。

若把p-n结两端短路，此时$V=0$，有$I=-I_p$，得到短路光电流

$$I_{sc} = -I_p \tag{2.109}$$

若把外电路断开，即开路情况，此时$I=0$，由上式可得到开路光电压V_{oc}为

$$V_{oc} = \frac{kT}{q}\ln\left(\frac{I_p}{I_0}+1\right) \tag{2.110}$$

在$I-V$特性曲线中I_{sc}和V_{oc}是两个特殊点(图 2.18)，具有重要实际意义。

关于短路光电流，有两点值得注意。短路光电流可简单表示为

$$I_{sc} = -I_p = -q\eta\Phi \tag{2.111}$$

负号表示短路光电流与规定的p-n结正向电流方向相反，式中，Φ为入射光子通量；q为电子电荷；η为量子效率，即一个入射光子产生的电子-空穴对数目，通常总是小于1。在实际问题中，还要考虑表面反射损失及p-n结的电荷收集效率等，η的含义还要扩展。制造红外光子探测器要追求尽可能高的量子效率，从短路光电流的大小可以知道量子效率的高低，所以这个量很重要。此外，这个简单公式表明，输出短路光电流随入射通量线性变化，这是光伏红外探测器的一个重要优点。在红外焦平面阵列技术中，响应线性度是一个重要技术指标，通常采用短路光电流输出来保证。

关于开路电压，考虑两种极端情况：

如果 $I_p \ll I_0$（小信号近似），则此时

$$V_{oc}=\frac{kTI_p}{qI_0}=R_0 q\eta\Phi \tag{2.112}$$

即开路电压与入射通量成正比，式中，R_0 为 p－n 结的零偏压电阻，来自对 $I-V$ 曲线求导数：

$$\left.\frac{\partial I}{\partial V}\right|_{v=0}=\frac{I_0 q}{kT}=\frac{1}{R_0} \tag{2.113}$$

如果 $I_p \gg I_0$，则此时开路电压与入射通量的对数成正比：

$$V_{oc}=\frac{kT}{q}\ln\left(\frac{\eta q}{I_0}\Phi\right) \tag{2.114}$$

在红外探测器的实际应用中，第一种情况几乎不会遇到，因为只有使目标产生的信号电流超过暗电流，目标才能探测到。

光生伏特效应的短路电流输出和开路电压输出对入射通量的不同依赖关系，可由一个典型可见光光电管的响应特性显示[21]，见图 2.21。

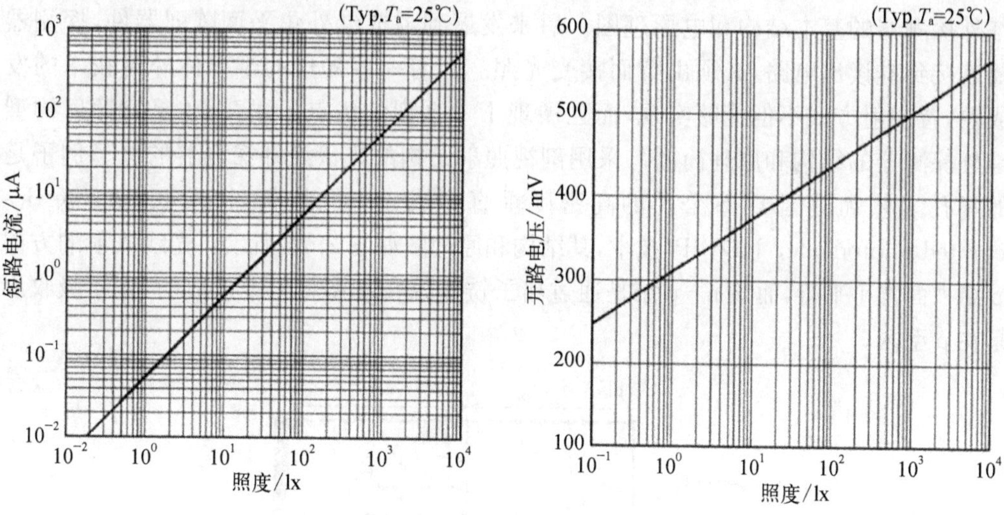

图 2.21　光伏器件电流响应和电压响应对辐照度的不同依赖关系[21]

半导体还有其他光电效应。内光子发射效应是其中之一。金属和半导体接触在界面上形成的势垒称为肖特基势垒。当红外辐射照射到金属薄层上时，如果光子的能量足够大，使它在金属中激发的电子能越过肖特基势垒而进入半导体表面的耗尽区，便可以形成光电流。这种现象称为内光子发射效应。图 2.22 用能带关系简要表示了这

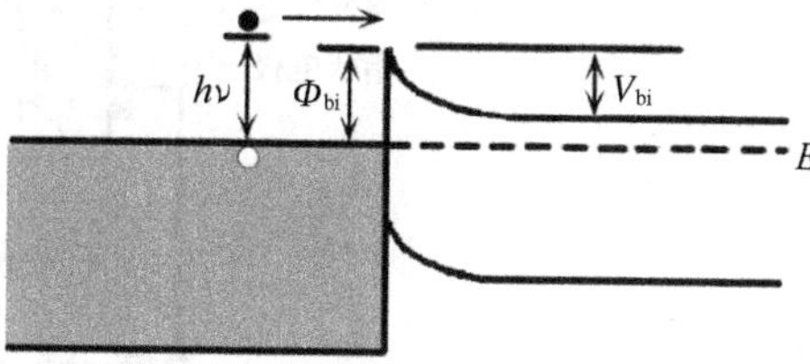

图 2.22　n 型 Pt－Si 肖特基势垒的光电子发射原理

一效应的原理。光电流的大小与入射辐射的强弱成正比，而响应的截止波长则取决于肖特基势垒的高度。不同的金属和半导体材料形成的肖特基势垒高度也不同。利用这种内光子发射效应可以制成肖特基势垒红外探测器。Pt－Si 是最有代表性的材料，其截止波长为 5 μm。Pt－Si肖特基势垒红外焦平面阵列虽然灵敏度不高，但由于均匀性好而一度引起重视。

其他光电效应还有光磁电效应、丹倍效应（光扩散效应）、光子牵引效应等，在红外成像探测器技术中应用不多，此处不予详述。

2.6.2 光生伏特型红外探测器基本结构

光生伏特型红外探测器的原理是半导体的光生伏特效应。其器件结构可采用两种几何布置：顶视照射和剖视照射。在实际工作中，顶视照射结构又分为前照射（front-illuminated）和背照射（back-illuminated）两种构型。早先制备 p－n 结都是在一块具有相当厚度的体材料上用扩散、离子注入等方法形成一个薄薄的导电类型相反的层，在其上再划分出光敏面，制备钝化层，引出电极线等。这样制成的探测器是从正面接受光照的。早期的单元器件、小规模线列和面阵均采用这种前照射方式。图 2.23 显示了这种前照射构型光伏红外探测器的基本结构和电原理图。后来发展到混成红外焦平面阵列器件，探测器正面要连接到硅读出电路，必须由背面接受光照。随着一些先进的半导体外延技术的发展和成熟，背照射方式不但能够实现，而且展现了一系列的优点。图 2.24 是背照射构型光伏红外探测器的结构和原理简图。采用剖视照射结构的光伏红外探测器的典型例子是英国的环孔工艺和美国 DRS 公司的高密度垂直集成光电二极管（high-density vertically integrated photodiode, HDVIP）技术，其结构和原理图如图 2.25 所示。光线入射的方向与 n－p 结平面几乎平行，而该 n－p 结是通过离子铣刻蚀在 p 型材料上形成的，光学吸收层主要是在 p 型区。

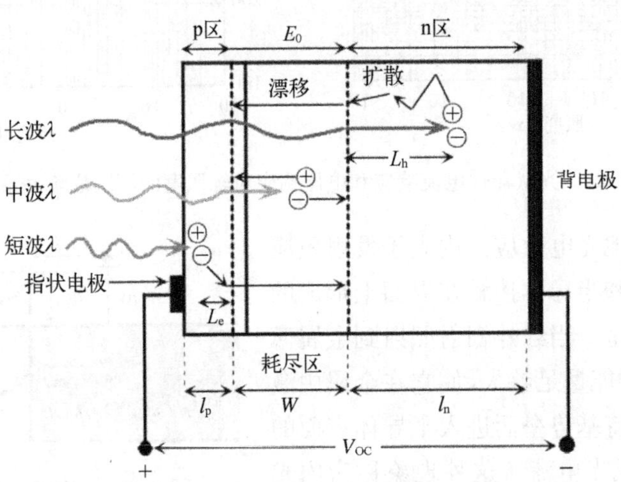

图 2.23　前照射构型光伏红外探测器结构和电原理图

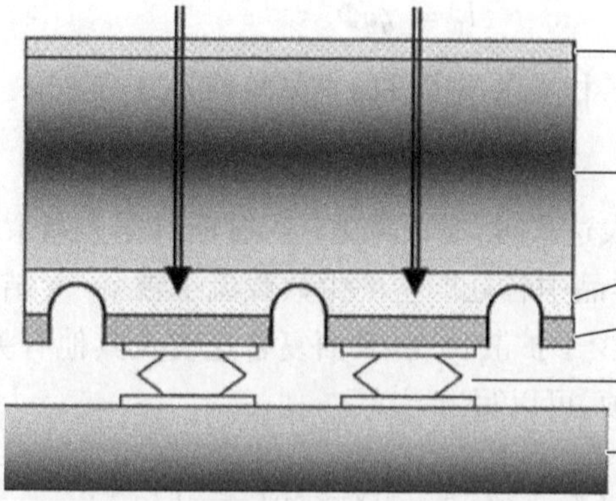

图 2.24 背照射构型光伏红外探测器的结构和原理图

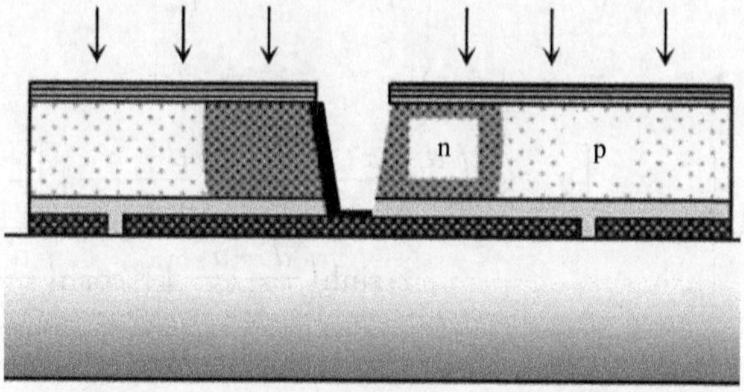

图 2.25 环孔型剖视照射光伏探测器结构和原理图[22]

2.6.3 量子效率和噪声

为了讨论方便起见，用前照射样品为例来进行分析。如图 2.23 所示，探测器结构为 p-on-n。假设以下条件：

(1) x 轴代表深度方向，样品表面处为 $x=0$，p-n 结位于 $x=x_1$ 处；

(2) 耗尽层宽度为 w，$x_1+w=x_2$，样品的厚度为 d，n 区的厚度为 $d-x_2$；

(3) 入射辐射波长为 λ，样品表面反射率为 r，且 r 不随着 λ 变化；

(4) 样品吸收系数为 $\alpha(\lambda)$；

(5) 表面复合速度为 S。

入射辐射在表面处反射掉 r，进入样品为 $1-r$。在样品中辐射先进入 p 区，接着进入耗尽区，最后进入 n 区，并继续前进直至强度衰减为零。在这一过程中，不断产生电子-空穴对。所产生的电子-空穴对的浓度随深度逐渐下降。在 p 区中产生的剩余电子经扩散到达 p-n 结，因耗尽层电场作用而越过 p-n 结形成光电流。在耗尽层内产生的电子-空穴对也被内建电场分离而贡献出光电流。在 n 区内产生的剩余空穴经扩散到达 p-n 结也贡献出光电流。总的光电流应由这三部分贡献相加而成。

如果入射光子通量为 Φ_s，则光电流为熟知的

$$I_p = \eta q \Phi_s \tag{2.115}$$

式中，量子效率 η 由 p 区、耗尽区和 n 区三部分的贡献组成：

$$\eta = \eta_p + \eta_d + \eta_n \tag{2.116}$$

在导出三个区的量子效率表达式时，应该考虑：入射辐射作为剩余载流子激发源，其强度随着深度而呈现指数衰减；样品中各处产生的少数载流子被 p－n 结收集到的概率，依赖于其产生处到 p－n 结的距离、少子扩散长度、表面复合速度及其他有关参数。其一般表达式是相当复杂的。如果不厌其烦，可以写出[23]

$$\eta_p = \frac{(1-r)\alpha L_e}{\alpha^2 L_e^2 - 1}\left\{\frac{(\gamma_1 + \alpha L_e) - \left[\gamma_1 \cosh\left(\frac{x_1}{L_e}\right)\right]e^{-\alpha x_1}}{\gamma_1 \sinh\left(\frac{x_1}{L_e}\right) + \cosh\left(\frac{x_1}{L_e}\right)} - \alpha L_e e^{-\alpha x_1}\right\} \tag{2.117}$$

$$\eta_d = (1-r)\left[e^{-\alpha x_1} - e^{-\alpha(x_1+w)}\right] \tag{2.118}$$

$$\eta_n = \frac{(1-r)\alpha L_h e^{-\alpha x_2}}{\alpha^2 L_h^2 - 1}\left\{\alpha L_h - \frac{\left[\gamma_2 \cosh\left(\frac{d-x_2}{L_h}\right) + \sinh\left(\frac{d-x_2}{L_h}\right)\right] - (\gamma_2 - \alpha L_h)e^{-\alpha(d-x_2)}}{\gamma_2 \sinh\left(\frac{d-x_2}{L_h}\right) + \cosh\left(\frac{d-x_2}{L_h}\right)}\right\} \tag{2.119}$$

式中，γ_1 和 γ_2 分别为前表面和背表面的折合表面复合速度，$\gamma_1 = S_1 L_e / D_e$，$\gamma_2 = S_2 L_h / D_h$，D 代表电子和空穴的扩散系数。

在上述前照射布置的量子效率表达式中，p－n 结深度位置 x，尤其是归一化的 p－n 结深度 x/L 这一参数具有重要作用。图 2.26 中画出了 p 区、耗尽区和 n 区三部分的量子效率和总的量子效率对 x/L 的依赖关系。可以看到，在无表面复合影响时（$S_1 = 0$），随着归一化

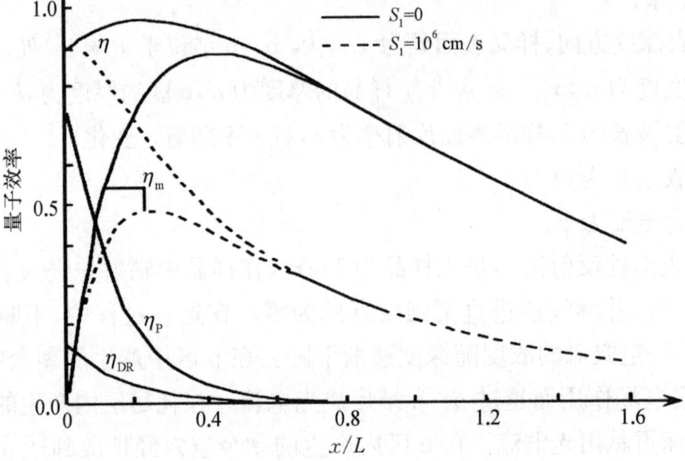

图 2.26　量子效率对归一化 p－n 结深度的依赖关系

计算中设 $d = \infty$，$\alpha = 5 \times 10^3\ \mathrm{cm}^{-1}$，$w = 0.3\ \mu\mathrm{m}$，$r = 0$[24]

结深增加，n 区量子效率急剧下降，p 区量子效率从零开始急剧上升，并在达到一饱和值后平缓下降，而耗尽区的贡献占比很小。总的量子效率在 $x/L \approx 0.3$ 有最佳值。而当表面复合影响很大时($S_1 = 10^6$ cm/s)，p 区量子效率下降大约 1/2，而总的量子效率也只及 $S_1 = 0$ 时的 1/2。

对于前照射的 n－on－p 模式，背照射的 p－on－n 或 n－on－p 模式，可以得到形式上完全一样的结果，只不过公式中的参数作相应的替代。详细情况将在以后讲述各种具体的探测器时加以介绍。

已知面积为 A 的光生伏特型探测器受到波长为 λ、微分光子通量密度为 Φ_λ 的红外辐射产生的光电流为

$$I_p = \frac{q\eta\lambda}{hc} A\Phi_\lambda \tag{2.120}$$

而电流响应率为

$$R_\lambda(I) = \frac{q\eta\lambda}{hc} \tag{2.121}$$

对光伏探测器用电压响应率来表征其灵敏度特性是不是最恰当仍是存疑的。因为，首先，在整个 $V = 0 \to V_{oc}$ 的电压范围内，$I-V$ 关系是非线性的；其次，在小信号近似下虽有线性关系 $V_{oc} = I_p R_0$（式(2.113)），但这时测量的是 V_{oc}，而采用的条件是 $V = 0$，$R = R_0$；如果在正向偏置下进行测量，的确有式 $\Delta V = I_p R_d$，但动态电阻 R_d 随 V 增大而变小是非线性的，电压响应率 $R_\lambda(V)$ 也随 V 增大而变小，且为非线性的。当然，以读出电路输出的电压信号来表征，情形另当别论。

关于光生伏特型红外探测器的噪声，这里只介绍 p－n 结型红外探测器主要噪声的表达式。光伏探测器中占支配作用的噪声机制是流过 p－n 结的电流的散粒噪声。有的情况下，1/f 噪声也会起作用，不过通过工艺改进往往能够排除。这里只讨论散粒噪声。

散粒噪声的一般表示（参见 2.4.2 节）是 $i_n^2 = 2qI\Delta f$，式中，I 是总电流。p－n 结的总电流由正、反两个方向的电流分量构成。正向电流是 p－n 结在外加电场（不管正偏、零偏或反偏）下 n 区多数载流子向 p 区的扩散电流 $I_0 e^{qV/kT}$，反向电流就是 I_0（其具体构成很复杂，主要由 p－n 结两边的少子扩散电流构成，后面讨论）。值得注意的是，正向的扩散电流和反向的扩散电流是两个独立的过程，对噪声的贡献是平方相加的。所以，p－n 结的散粒噪声均方电流为

$$\overline{i_n^2} = 2qI\Delta f = 2q(I_0 e^{qV/kT} + I_0)\Delta f \tag{2.122}$$

在正偏置下，$V > 0$，$\overline{i_n^2}$ 很大，且随 V 的上升呈指数式增加。就是说，正偏置的 p－n 结噪声很大，在实际工作中要避免出现这种情况。在焦平面阵列的信号读出技术中，如何防止输入级出现正偏置状态十分重要。

在零偏置下，$V = 0$，式(2.122)成为

$$\overline{i}_{\mathrm{n}}^{2} = 4qI_0\Delta f \tag{2.123}$$

利用前面对零偏压电阻 R_0 的定义,式(2.123)可写成

$$\overline{i}^{2} = \frac{4kT}{R_0}\Delta f \tag{2.124}$$

这一公式在形式上同热噪声表达式一样。因此可以说,一个 p－n 结在零偏压下工作时,其散粒噪声在数值上就等于这个 p－n 结的零偏压电阻的热噪声。在一些著作和文献中,包括本书,如果提到光伏探测器的热噪声,往往就是指其零偏压下的散粒噪声。

在负偏置下工作时,情况最为有利。如果反偏电压足够大,满足 $|qV| \gg kT$,式(2.122)变成

$$\overline{i}_{\mathrm{n}}^{2}(V < 0) = \frac{2kT}{R_0}\Delta f \tag{2.125}$$

即噪声电流是零偏压时的 $1/\sqrt{2}$。实际上,这种条件是很容易满足的。例如,在 77 K 下,$kT \approx 7$ meV,通常使用 50～100 mV 的负偏压,可满足上述条件。因此,光生伏特型红外探测器在轻微反偏置下工作是有利的。此外,轻微反偏时探测器呈现最大动态电阻,在焦平面阵列中有利于实现最大的电流注入效率[22]。

但是,过大的反偏电压往往引起隧道电流的急剧增加,使暗电流中的隧道电流成分大大超过扩散电流成分,总的暗电流大幅上升,从而引起噪声的大量增加。这种情况在窄禁带的长波探测器中特别显著。

上面还没有考虑光照或背景辐射的影响。设背景辐射的光子通量密度为 Φ_{b},光敏面面积为 A,则零偏压下均方噪声电流为

$$\overline{i}_{\mathrm{n}}^{2} = \frac{4kT}{R_0}\Delta f + 2q^2\eta\Phi_{\mathrm{b}}A\Delta f \tag{2.126}$$

光生伏特型探测器的探测率为

$$D_{\lambda}^{*} = \frac{\eta\lambda q}{hc}\left(\frac{4kT}{R_0A} + 2q^2\eta\Phi_{\mathrm{b}}\right)^{-1/2} \tag{2.127}$$

式中,括号中第一项相当于热噪声的影响,第二项相当于背景噪声的影响。现在分别讨论这两种噪声限制的情况。

热噪声限制。此时 $\dfrac{4kT}{R_0A} \gg 2q^2\eta\Phi_{\mathrm{b}}$,则式(2.127)第二项可以忽略,有

$$D_{\lambda}^{*}(\mathrm{th}) = \frac{\eta\lambda q}{hc}\left(\frac{R_0A}{kT}\right)^{1/2} \tag{2.128}$$

从式(2.128)看到,零偏压-结面积乘积 R_0A 是一个直接影响光伏探测器探测率的参数。所以 R_0A 称为光生伏特型探测器的优值因子(figure of merit)。

背景噪声限制。如果满足

$$2q^2\eta\Phi_b \gg \frac{4kT}{R_0A} \tag{2.129}$$

此时式(2.127)第一项可以忽略。光生伏特型红外探测器的背景限探测率为

$$D_\lambda^*(\text{blip}) = \frac{\lambda}{hc}\left(\frac{\eta}{2\Phi_b}\right)^{1/2} \tag{2.130}$$

式(2.130)同光电导型探测器的背景限探测率公式(2.86)相比，分母上面少了一个$\sqrt{2}$。就是说，光生伏特型探测器的背景限探测率是光电导型探测器的$\sqrt{2}$倍。这是光生伏特型红外探测器的一个重要优点。

什么条件下达到背景限性能呢？当

$$2q^2\eta\Phi_b = \frac{4kT}{R_0A} \tag{2.131}$$

时，背景噪声和热噪声的作用相当。这一条件称为光伏探测器的BLIP判据。这一临界条件下的探测率等于$\frac{1}{\sqrt{2}}D_\lambda^*(\text{blip})$。量子效率$\eta$、背景光子通量密度、$R_0A$值、工作温度，这四个因素决定光伏探测器能否达到背景限性能。

要达到BLIP条件，R_0A值要多大？对不同截止波长、不同量子效率、不同工作温度、不同视场角，R_0A(blip)的最低值不一样。图2.27示出的例子，分别表示在300 K背景、60°视场角下，截止波长12 μm、77 K工作和截止波长5 μm、195 K工作的两种探测器的探测率随R_0A的变化。对长波器件，R_0A必须达到1.0 Ω·cm²以上，才开始接近背景限性能；对中波器件，R_0A值必须超过160 Ω·cm²以上，才接近背景限性能。对所有光生伏特型红外探测器，研究工作中一个恒久的核心课题是想一切办法提高R_0A。

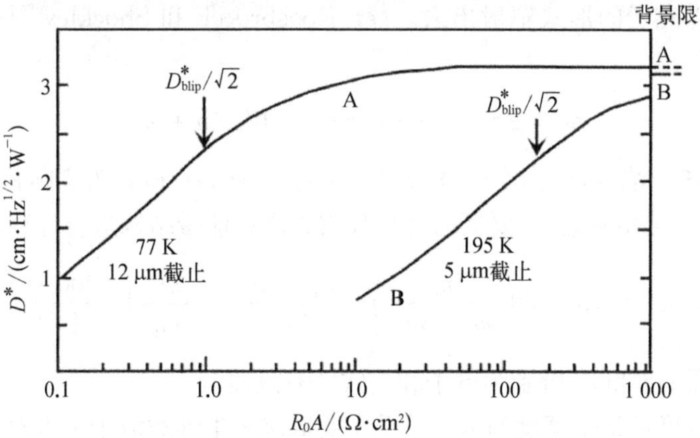

图2.27 长波和中波光子二极管的探测率随R_0A变化的依赖关系

计算中假定了零偏置，300 K背景，$\eta=50\%$，$f/1$光学[25]

2.6.4 载流子复合机构和少子寿命

下面将会看到，在扩散电流限制和产生-复合电流限制的情况下，少子寿命值起着关键作用。R_0A 值对少子寿命依赖极大。由此得到一个核心提示：做好光伏型红外探测器的关键之一，在于有少子寿命长的材料。不管是 p－on－n 型，还是 n－on－p 型，都是如此。少数载流子寿命在很大程度上决定了光伏探测器的性能。

半导体中无论是热激发还是光激发产生的载流子都要经历产生和复合两个过程。如果材料处于热平衡条件，非平衡载流子的产生率和复合率相等。非平衡载流子的寿命就是表征产生过程或复合过程的弛豫时间常数。少数载流子寿命取决于载流子复合机构。现代半导体物理学早已阐明，直接带隙半导体中主要的少数载流子复合机构有三种：辐射复合、俄歇复合和 Shockley-Read 复合，如图 2.28 所示。前两种机构所限制的少子寿命主要由材料的能带结构和掺杂浓度决定，后一种寿命机构由材料中缺陷和杂质决定，但并不一定与掺杂浓度紧密相关，所以在某种程度上是可避免的。下面分别对三种复合机构进行讨论。

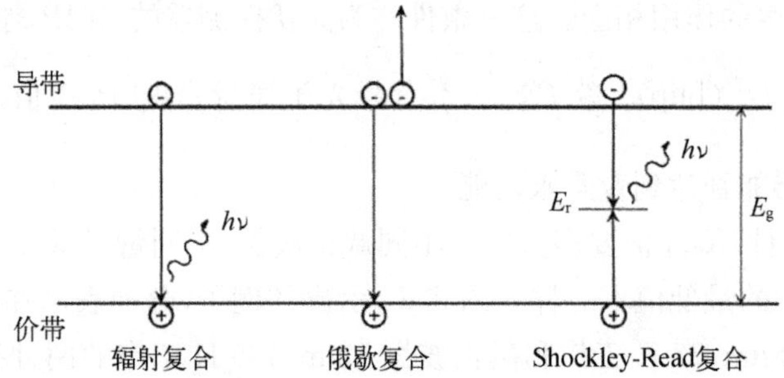

图 2.28 半导体中辐射复合、俄歇复合和 Shockley-Read 复合示意图

1. 辐射复合及其决定的少子寿命

非平衡载流子和多数载流子可以通过直接的带间跃迁复合，如图 2.28 左边所示。复合过程释放的能量以光子的形式辐射出去。van Roosbroeck 和 Shockley[26] 得到的辐射寿命的经典公式是

$$\tau_R = 2\tau_{Ri}[n_i/(n+p)] = 1/B(n+p) \tag{2.132}$$

式中，n_i 为本征载流子浓度；τ_{Ri} 为本征材料中辐射复合寿命；n 和 p 为实际材料中电子和空穴的浓度；B 是一个半经验常数，需要依据材料吸收光谱和能带结构进行计算，计算公式为

$$B = 5.8\times10^{-13}\tilde{n}\left(\frac{m_0}{m_e+m_h}\right)^{3/2}\left(1+\frac{m_0}{m_e}+\frac{m_0}{m_h}\right)\left(\frac{300}{T}\right)^{3/2}E_g^2 \tag{2.133}$$

式中，$\tilde{n}$ 为折射指数；m_e 和 m_h 分别为电子和空穴的有效质量。

辐射寿命对温度和禁带宽度的依赖关系主要取决于本征载流子浓度对 T 和 E_g 的依赖。一般而言，τ_R 对 E_g 呈正相关，与 T 呈负相关，即 E_g 增加（波长趋短）则 τ_R 趋长，T 上升则 τ_R 趋短。

按照上述公式估计的辐射寿命是偏低的，按此计算的寿命来预测 HgCdTe 的性能，要比 BLIP 性能低得多，而实际上 HgCdTe 的 BLIP 性能已基本实现。所以上述理论需要修正。Humphreys[27]提出，辐射复合时发射出来的光子，在探测器材料内部再吸收(再激发)，而且这个过程可以重复循环发生，这样相当于延长载流子的有效寿命。按照这种机制，辐射寿命可以延长 $2\tilde{n}^2\alpha d$ 倍，d 为探测器的厚度。对 HgCdTe、InSb 等材料，由于折射率高、吸收系数大，辐射寿命可能比式(2.132)计算的延长 20 倍。这样，在大多数探测器实际结构中，辐射寿命并不构成限制因素。这一观点已经被普遍接受。现在人们讨论红外探测器的性能限制因素，往往只分析俄歇复合和 Shockley-Read 复合的影响。

2. 俄歇复合及其决定的寿命

直接带隙半导体中的俄歇复合过程是人们已清楚认识的一种物理现象。俄歇复合是碰撞过程，即与载流子相互碰撞相联系的能量与动量交换。俄歇复合由 3 个载流子参与。对电子-电子碰撞过程而言，是导带中 1 个电子和价带中 1 个空穴复合，导带中另一个电子获得了多余的能量和动量，如图 2.28 的中间部分所示。参与复合的是重空穴则这一过程称为 A1，轻空穴参与称为 A2。对空穴-空穴碰撞过程而言，俄歇过程由价带 2 个空穴和导带 1 个电子共同完成。根据能量守恒和动量守恒的要求，这种过程有 8 种可能的组合(包括自旋-轨道分裂带)。A7 过程由 2 个重空穴与 1 个导带电子参与。重空穴-电子复合多余的能量传递给另一个重空穴，使其跃迁到轻空穴带。图 2.29 是 A1 和 A7 过程的示意图。大量研究表明，在窄禁带半导体中，n 型材料占支配地位的是 A1 过程，p 型材料中占支配地位的是 A7 过程。对 HgCdTe 材料，在接近本征附近(即弱 n 型和弱 p 型)，俄歇复合寿命对载流子浓度呈现有趣的依赖关系。

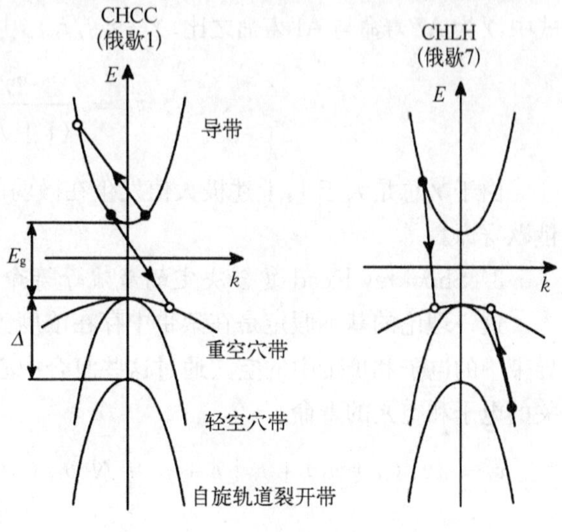

图 2.29　A1 和 A7 过程示意图

A1 寿命的表达式为

$$\tau_{A1} = 2\tau_{Ai1} n_i^2 / n(n+p) \tag{2.134}$$

而 τ_{Ai1} 定义为本征 A1 寿命，其值可由下式计算：

$$\tau_{Ai1} = \{7.6 \times 10^{-18} \varepsilon^2 (1+\mu)^{1/2} (1+2\mu) / [(m_e/m_0) \mid F_1F_2 \mid^2 (kT/E_g)^{3/2}]\} \times \left\{\exp\left[\frac{(1+2\mu)qE_g}{(1+\mu)kT}\right]\right\} \tag{2.135}$$

式中，ε 是介电常数；$\mu = m_e/m_h$；F_1 和 F_2 分别为导带和价带布洛赫函数周期部分的重叠积分。俄歇复合模型的最大不确定性就在于交迭积分 F_1F_2 的计算，事实上往往采用一些经验数据，好在其引起的误差范围在 2 倍以内。

τ_{A1}的表达式(2.134)其实隐含了A1过程在n型材料、本征材料和p型材料中的不同的地位。在n型材料中，$n \gg p$，式(2.134)简化为$\tau_{A1} = 2\tau_{Ai1}p/n$，所以有$\tau_{A1} \ll \tau_{Ai1}$；在本征材料中，$n = p$，式(2.134)就是$\tau_{A1} = \tau_{Ai1}$；在p型材料中，$n \ll p$，式(2.134)简化为$\tau_{A1} = 2\tau_{Ai1}$。可见在n型材料中，A1寿命最短，是决定性过程。掺杂浓度越高，A1寿命越短。

A7寿命的表达式按照相似的方法推导，有形式上完全相同的公式

$$\tau_{A7} = 2\tau_{Ai7}n_i^2/p(n+p) \tag{2.136}$$

而本征A7寿命τ_{Ai7}的计算公式更为复杂。所幸计算的结果[28]相当便于利用，有$\tau_{Ai7} \approx 10\tau_{Ai1}$。也有作者报道不同的数据，$\tau_{Ai7} \approx (3 \sim 6)\tau_{Ai1}$。

一个实际半导体样品既要考虑A1过程，又要涉及A7过程，总的俄歇寿命可用下式表示：

$$\tau_A = \frac{2n_i^2\gamma\tau_{Ai1}}{(n+p)(\gamma n+p)} \tag{2.137}$$

式中，γ为A7寿命与A1寿命之比，$\gamma = \tau_{Ai7}/\tau_{Ai1}$。由2.137可知，如果$p = n\sqrt{\gamma}$，则$\tau_A$达到极大值

$$\tau_A = \frac{2\gamma}{(1+\sqrt{\gamma})^2}\tau_{Ai1} \tag{2.138}$$

由于γ总是大于1，上述极大值发生在微弱的p型区。也就是说，弱p型材料有最大的俄歇寿命。

3. Shockley-Read 复合决定的载流子寿命

这一理论的基本假定是在禁带中存在浓度为N_r、能级位置为价带之上E_r的复合中心，导带中的电子和价带中的空穴通过这些复合中心发生产生-复合过程，其平衡动力学导出相关的电子和空穴的寿命。

$$\tau_e = \{\tau_{h0}(n+n_1) + \tau_{e0}[p+p_1+N_r p_1/(p+p_1)]\}/[n+p+N_r p p_1/(p+p_1)^2] \tag{2.139}$$

$$\tau_h = \{\tau_{e0}(p+p_1) + \tau_{h0}[n+n_1+N_r p/(p+p_1)]\}/[n+p+N_r p p_1/(p+p_1)^2] \tag{2.140}$$

式中，n_1和p_1分别为费米能级正好位于复合中心能级时的电子与空穴浓度，即

$$n_1 = N_c \exp[-(E_g - E_r)q/kT] \tag{2.141}$$

$$p_1 = N_v \exp(-E_r q/kT) \tag{2.142}$$

τ_{h0}为复合中心全部被电子占满(如强n型材料的情形)时的空穴寿命，τ_{e0}为复合中心全部被空穴占满(如强p型材料的情形)时的电子寿命，分别有$\tau_{h0} = 1/\gamma_p N_r$，$\tau_{e0} = 1/\gamma_n N_r$。此处$\gamma_p$、$\gamma_n$分别为带电子(空穴)的复合中心对空穴(电子)的俘获率，这种状态的俘获中心俘获率很强，所以τ_{h0}、τ_{e0}具有相对小的数值。可以想象，随着温度变化和样品掺杂浓度变化，τ_h、τ_e的数值会有所提高。

如果复合中心能级位置 E_r 正好位于本征费米能级 E_i，这个中心的俘获效率最高，是最有效的载流子热"跳板"。

下面以 n 型材料为例说明载流子的 Shockley-Read(简称 S－R)寿命与温度的关系。在低温范围，施主能级已全部电离，电子浓度随温度不再变化。一般 $N_r \ll n$，所以复合中心全部被电子占满，这时载流子寿命就等于 τ_{h0}，随温度没有明显变化。随着温度继续上升，费米能级下降接近复合中心能级，有一些复合中心能级出空，于是对空穴俘获率下降，因此寿命将按下述方式增长 $\tau_h \propto \exp[-(E_g - E_r)/kT]$。

可见，当费米能级接近复合中心能级，但尚未达到本征激发的温度范围时，寿命有一个指数式上升过程。通过测量这一温度范围的载流子寿命变化，可以得到复合中心能级的位置。

对 HgCdTe 晶体的实验测量表明，S－R 复合的载流子寿命与掺杂浓度呈负相关，有下述近似经验公式：

$$\tau_{e0}(\tau_{h0}) \approx \frac{1.5 \times 10^{18}}{N_a(N_d)} \tag{2.143}$$

窄禁带半导体红外探测器材料还存在一种等离子激元复合机构，仅对高掺杂和远红外的情况可能有些影响，此处不予详述。

考虑各种复合机构的贡献，样品中少数载流子寿命的表示式为

$$\frac{1}{\tau} = \frac{1}{\tau_R} + \frac{1}{\tau_A} + \frac{1}{\tau_{S\text{-}R}} \tag{2.144}$$

2.6.5 光伏红外探测器的电流机构和优值因子

根据 R_0 的定义式容易知道，R_0A 实际上取决于 p－n 结的反向饱和电流密度。研究表明，构成 p－n 结反向饱和电流的主要成分有以下四种：

(1) n 区和 p 区少数载流子扩散引起的电流；

(2) 耗尽区(势垒区)的产生-复合电流；

(3) 隧道电流，包括直接隧道和通过深能级中心的间接(缺陷辅助)隧道电流；

(4) 表面漏电。

本节简要介绍前三种电流成分。图 2.30 示意画出了负偏置 p－n 结的能带图和各种暗电流成分的起源。

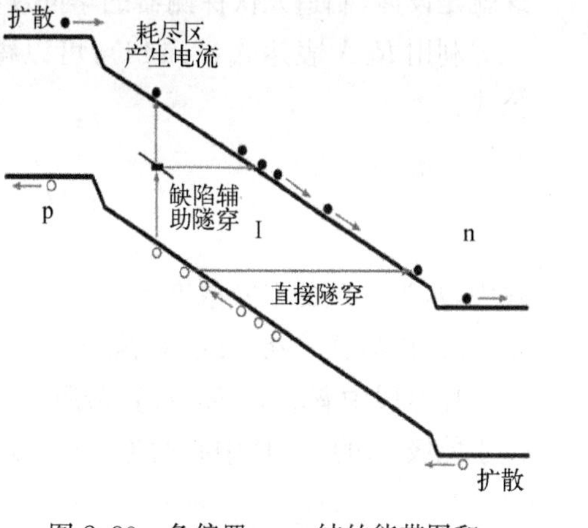

图 2.30 负偏置 p－n 结的能带图和各种暗电流成分

1. *扩散电流及其决定的 R_0A*

在 p－n 结两边扩散长度范围内的热激发少数载流子，通过扩散运动抵达结区后，在结电场作用下到达对方，形成电流。因为其起源于少数载流子的扩散，所以简称为扩散电流。

这是半导体 p-n 结的最根本的电流机构。一般情况先把 p-n 结两边的少子扩散都考虑进去，扩散电流密度为

$$J_0 = qn_i^2\left(\frac{D_e}{p_0 L_e} + \frac{D_h}{n_0 L_h}\right) \tag{2.145}$$

从量子效率的优化、反向漏电的限制、制作工艺的便捷等方面考虑，人们在实际工作中都喜欢采用单边结结构，即使得 p-n 结的一边起主要作用。于是就有 p^+-n 结、n^+-p 结、前照射、背照射等结构设计。在单边起主要作用的情况下，例如，一个 p^+-n 结，其中 p 区很薄，掺杂浓度又很高，所以它对量子效率的贡献就很小，可以不计，对反向漏电流的作用也很小，可以忽略。此时只要考虑 n 区和耗尽区的贡献就可以了。对 p^+-n 结，设 n 区的厚度为 d，n 区中空穴寿命为 τ_h，空穴迁移率为 μ_h，空穴扩散长度为 L_h，n 区表面的复合速度很小，即 $S \ll L_h/\tau_h$，则可以推导出：

$$R_0 A = \frac{n_0}{qn_i^2}\sqrt{\frac{kT\tau_h}{q\mu_h}}\coth\sqrt{\frac{qd^2}{kT\mu_h\tau_h}} \tag{2.146}$$

如果 $d \ll L_h$，$S = 0$，则上式变成

$$R_0 A = \frac{n_0}{q^2 n_i^2}\frac{\tau_h}{d} \tag{2.147}$$

此式就是常见的由扩散电流决定的 R_0A 值的简化表达式。首先，乍一看来，似乎掺杂浓度越高 R_0A 越大，但载流子浓度的增加会使少子寿命急剧下降，因此不会使 R_0A 值成比例提高，只有选择一个合适的浓度才能使 R_0A 优化。其次，上式表明，外延层（此处为 n 区，作为吸收层）厚度比扩散长度小是有利的，厚度越小，扩散电流也越小，R_0A 值就越大。当然，吸收层太薄，吸收的红外辐射就少，量子效率就低。究竟厚度为多少好，就要加以权衡。这就是设计、制造光伏探测器的学问和技巧。

利用 R_0A 表达式(2.146)，可以得到扩散电流限制的 p^+-n 型光伏探测器的探测率公式：

$$D_\lambda^* = \frac{\eta\lambda}{\sqrt{2}hc}\left(\frac{\tau_h}{p_n d}\right)^{1/2} \tag{2.148}$$

式中，p_n为 n 区的空穴浓度。

2. 耗尽区产生-复合电流及其决定的 R_0A

耗尽层中有缺陷，如位错、杂质等，有产生-复合中心，就有产生-复合电流。耗尽区通过位于能级 E_r的 S-R 中心的热产生-复合电流为

$$J_{g\text{-}r} = \frac{qwn_i^2}{(\tau_{e0}p_r + \tau_{h0}n_r)} \tag{2.149}$$

式中，$\tau_{h0} = 1/\gamma_p N_r$，$\tau_{e0} = 1/\gamma_n N_r$，此处 γ_p和 γ_n分别为复合中心对空穴（电子）的俘获率，N_r为复合中心浓度；$p_r = N_v\exp[q(E_r - E_g)/kT]$，$n_r = N_c\exp(-qE_r/kT)$；$w$ 为耗尽区宽度，

对突变结，有

$$w=\sqrt{\frac{2\varepsilon_0\varepsilon_\infty(V_{\mathrm{bi}}\pm V)}{qN_{\mathrm{a}}N_{\mathrm{d}}(N_{\mathrm{a}}+N_{\mathrm{d}})}} \tag{2.150}$$

式中，p－n 结的内建电势为 $V_{\mathrm{bi}}=\frac{kT}{q}\ln\left(\frac{N_{\mathrm{a}}N_{\mathrm{d}}}{n_{\mathrm{i}}^2}\right)$；$V$ 为外加电压。对单边结耗尽区宽度也可用近似式计算：$w\approx[2\varepsilon_0\varepsilon_\infty(E_{\mathrm{g}}-V)/qn]^{1/2}$。如果复合中心能级位于本征能级 E_{i}，复合效率最高，此时 $n_{\mathrm{r}}=p_{\mathrm{r}}=n_{\mathrm{i}}$，式(2.149)成为

$$J_{\mathrm{g\text{-}r}}=\frac{qwn_{\mathrm{i}}}{(\tau_{\mathrm{e0}}+\tau_{\mathrm{h0}})}=\frac{qwn_{\mathrm{i}}}{2\tau_0} \tag{2.151}$$

比较式(2.151)和式(2.145)可知，耗尽区产生-复合电流随温度的变化关系同 n_{i} 一致，而扩散电流随温度变化更快，其趋势同 n_{i}^2 一致。这两种趋势线在某一个温度相交，在这温度之上是扩散电流起决定作用，向下则转变为产生-复合电流起决定作用。

由耗尽区产生-复合电流决定的 R_0A 为[29]

$$(R_0A)_{\mathrm{g\text{-}r}}=\left(\frac{\mathrm{d}J_{\mathrm{g\text{-}r}}}{\mathrm{d}V}\right)^{-1}_{V=0}=\frac{V_{\mathrm{b}}\,(\tau_{\mathrm{e0}}\tau_{\mathrm{h0}})^{1/2}}{qn_{\mathrm{i}}wf(b)} \tag{2.152}$$

最简单的情况是复合中心能级位于本征费米能级位置，这时 $E_{\mathrm{r}}=E_{\mathrm{i}}$，$\tau_{\mathrm{e0}}=\tau_{\mathrm{h0}}=\tau_0$。式(2.152)成为

$$(R_0A)_{\mathrm{g\text{-}r}}=\frac{V_{\mathrm{b}}\tau_0}{qn_{\mathrm{i}}w} \tag{2.153}$$

式中，V_{b}/w 是内建电场强度，$\tau_0=\tau_{\mathrm{e0}}=\tau_{\mathrm{h0}}$ 是由禁带中央复合中心决定的电子和空穴的寿命。与扩散电流相比较，可知 R_0A 随本征载流子浓度 n_{i} 变化的速度是不一样的，从而随温度变化的规律是不一样的。通常在实验中可以通过测定 R_0A－$1/T$ 关系来判断占支配地位的电流机构。

3. 隧道电流

当 p－n 结两边的费米能级都进入能带内时，电子可通过隧道效应，从 p 区的价带直接进入 n 区的导带。这种情况在禁带宽度小的半导体中较易发生。对抛物线型势垒和均匀电场，Kinch[30] 用来计算的是两个近似公式。带-带直接隧道电流由下式计算：

$$J_{\mathrm{T}}=3.93\varepsilon^{-3/2}V\left(\frac{m_{\mathrm{e}}}{E_{\mathrm{g}}m_0}\right)[n(E_{\mathrm{g}}+V)]^{1/2}\exp\left\{-2.1\times10^{10}\frac{\varepsilon^{1/2}m_{\mathrm{e}}^{1/2}E_{\mathrm{g}}^{3/2}}{[n(E_{\mathrm{g}}+V)]^{1/2}}\right\} \tag{2.154}$$

陷阱辅助隧道电流由下式计算

$$J_{\mathrm{tat}}=(2\times10^{-12}N_{\mathrm{t}}V/\varepsilon E_{\mathrm{g}})\exp\left\{-3.35\times10^{9}\frac{\pi\varepsilon^{1/2}m_{\mathrm{e}}^{1/2}E_{\mathrm{g}}^{3/2}}{[n(E_{\mathrm{g}}+V)]^{1/2}}\right\} \tag{2.155}$$

式(2.154)和式(2.155)显示了隧道电流对外加电压、载流子浓度及缺陷中心浓度的正

相关依赖和对禁带宽度的负相关依赖。Kinch 指出，这两式对标准突变结的隧道电流有点高估，如果在指数项中加入一个 $1 < f < 2$ 的修正因子，得到的结果更为可信。

4. 表面漏电流

红外探测器的表面漏电对探测器性能有显著影响。但是这一项难以用精确的理论来定量描述。一般的处理是用表面复合速度概念笼统地描述。表面产生电流可写成

$$J_s = qn_iS/2 \tag{2.156}$$

式中，S 对温度和偏置电压没有明确的依赖关系。通常，表面的悬挂键、损伤缺陷态、电性杂质沾污和钝化界面的固定电荷等都可能成为产生-复合中心。

图 2.31 是对截止波长 10.3 μm 的 HgCdTe 光伏探测器的各种暗电流成分的计算结果。可以看出，在常用的探测器偏压范围（<−100 mV），扩散电流和耗尽区产生-复合电流占支配地位，隧道电流在反向偏压很大的条件下成为支配成分。

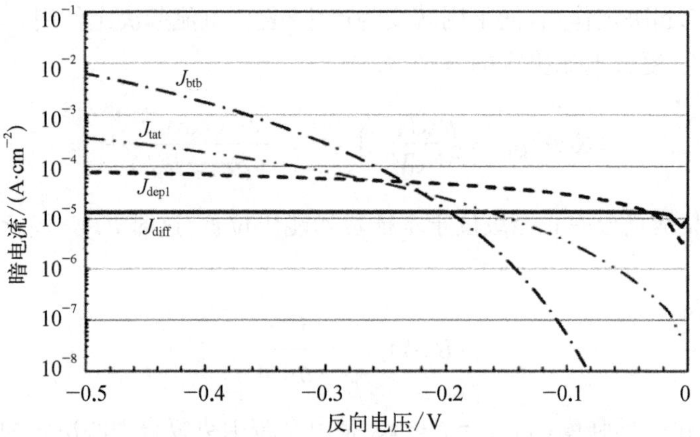

图 2.31 HgCdTe 10.3 μm 探测器的各种暗电流成分对偏压依赖关系[31]

2.6.6 光伏红外探测器的实际使用条件

1. 光伏红外探测器的等效电路

图 2.32 是光生伏特型红外探测器的一种等效电路，图中各个符号的意义为

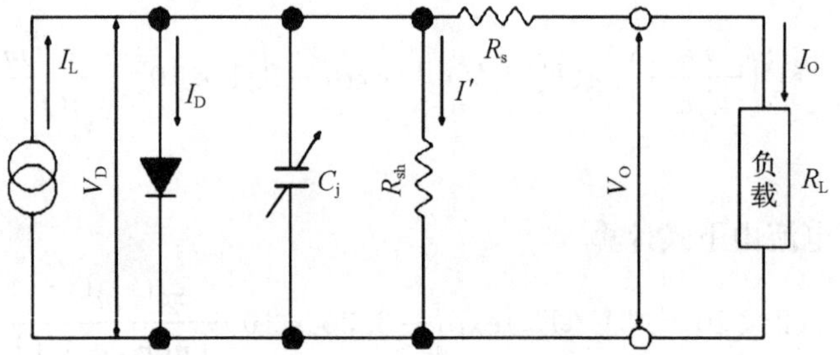

图 2.32 光伏探测器等效电路

I_L——入射辐射产生的光电流；

I_D——二极管全电流；

C_j——二极管 p－n 结电容；

R_L——负载电阻；

R_{sh}——分流电阻；

R_s——串联电阻；

I'——分路电流；

V_D——二极管两端电压；

I_O——输出电流；

V_O——输出电压。

2. 分立光伏探测器的信号取出

单个分立光伏红外探测器的使用，大都采用运算放大器采集和放大信号。光伏探测器与集成运算放大器的连接有电流放大和电压放大两种。

(1) 电流放大型。

如图 2.33 所示，光伏探测器和运算放大器的两个输入端同极性相连，运算放大器两输入端间的输入阻抗 Z_{in} 就是探测器的负载电阻 R_L，即

$$Z_{in} = R_L \approx \frac{R_f}{1 + A_0} \tag{2.157}$$

式中，R_f 为反馈电阻；A_0 为运放增益。当 $A_0 = 10^4$，$R_f = 100\ \text{k}\Omega$ 时，得到 $Z_{in} = 10\ \Omega$，可以认为光伏探测器处于短路状态，能输出近于理想的短路电流。

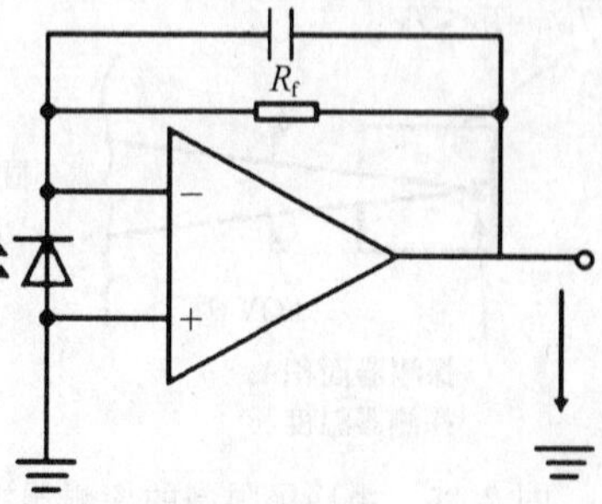

图 2.33 光伏探测器的电流放大型输出

处于电流放大状态的运算放大器，其输出电压与输入短路电流成正比，即

$$V_s = -I_{sc}R_f = -\eta q \Phi R_f \tag{2.158}$$

此式表明，电流放大后的信号电压与入射光子通量成正比。电流放大适用于高阻抗光伏探测器的工作。

(2) 电压放大型。

低阻抗的光伏探测器可采用电压放大型输出。如图 2.34 所示，光伏探测器的正端接在运算放大器的正端，运算放大器的漏电流比光电流小得多，具有很高的输入阻抗。当负载电阻 R_L 取 1 MΩ 以上时，光伏探测器处于接近开路状态。可得到与开路电压成比例的输出信号为

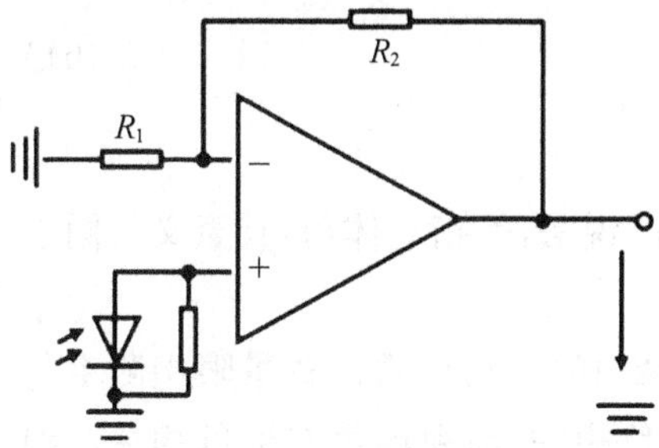

图 2.34 光伏探测器的电压放大输出

$$V_s = V_{oc}A_0 = \frac{R_2 + R_1}{R_1}V_{oc} = \frac{R_2 + R_1}{R_1}\,\frac{kT}{q}\ln\left(\frac{\eta q}{I_0}\Phi\right) \tag{2.159}$$

可以看到，电压放大时探测器输出信号与入射光子通量的对数成正比。

3. 焦平面阵列像元的信号取出

在红外焦平面阵列中，响应信号必须通过读出电路取出。针对不同的探测器性能和不同的应用要求，发展出不同的读出电路输入结构，将在3.4节中详细讨论。

2.7 红外光子探测器背景限性能和工作温度

2.7.1 背景限性能

光电导探测器和光伏探测器的背景限探测率分别由公式(2.86)和公式(2.130)给出。已经说明，此二式中的背景光子通量密度 Φ_b，是探测器在 2πsr(半球立体角)视场角所看到的整个背景的光子通量密度。如果视场角改变，Φ_b 也有改变。中波和长波的光子探测器通常在低温工作，采用冷屏来规定探测器的视场角。如图2.35所示，冷屏的温度与探测器温度相同，比背景温度低得多。由冷屏孔径与高度限制的孔径角 θ 就是探测器的视场角。只有 FOV $=\theta$ 范围内的背景光子才能够到达探测器表面，冷屏本身对探测器的辐射可以忽略不计。容易导出，当视场角为 θ 时，背景光子通量密度式(2.85)应成为

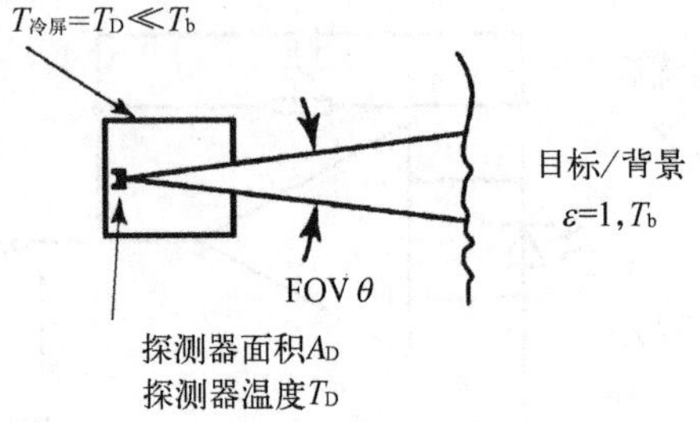

图 2.35 由冷屏限制的探测器视场角

$$\Phi_b(\theta) = \Phi_b(\pi)\sin^2\frac{\theta}{2} = \left(\sin^2\frac{\theta}{2}\right)\int_0^{\lambda_c}\frac{2\pi c}{\lambda^4}\frac{d\lambda}{e^{hc/\lambda kT}-1} \tag{2.160}$$

将此关系代入公式(2.86)和公式(2.130)中，可以得到背景限探测率与视场角 θ 的依赖关系，有

$$D^*_{blip}(\theta) = \frac{1}{\sin\dfrac{\theta}{2}}D^*_{blip}(\pi) \tag{2.161}$$

式中，θ 和 π 均是指平面角。文献和图表中常有 2π FOV 的说法，是指立体角，其意义等同于 π 视场角，这一点需要注意。

根据公式(2.86)、公式(2.130)、公式(2.160)和公式(2.161)，可以看出背景限探测率与量子效率呈正相关，与截止波长呈负相关，与场景温度呈负相关，与视场角亦呈负相关。图2.36显示了在300 K背景下，一个理想光电导探测器(量子效率为1)在各种视场角的背景限探测率随截止波长变化关系。图中也示出了理论热探测器的计算结果。图2.37则是在300 K背景、2π FOV下分别对光电导和光伏探测器的计算结果。在任何波长，光伏探测器的背景限探测率都是光电导探测器的 $\sqrt{2}$ 倍。

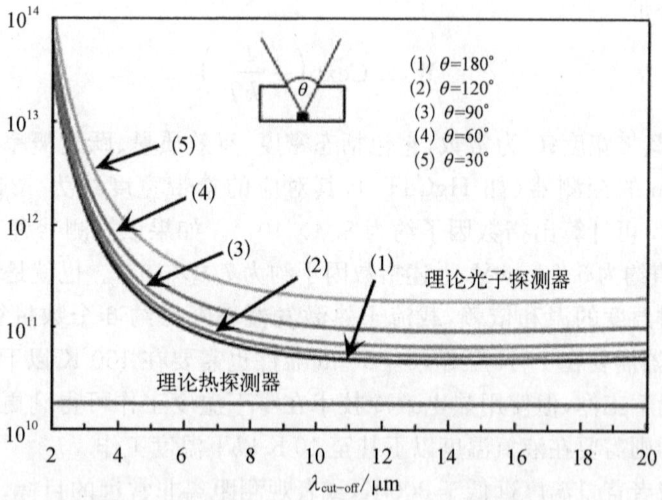

图 2.36 各种视场角下的背景限探测率曲线

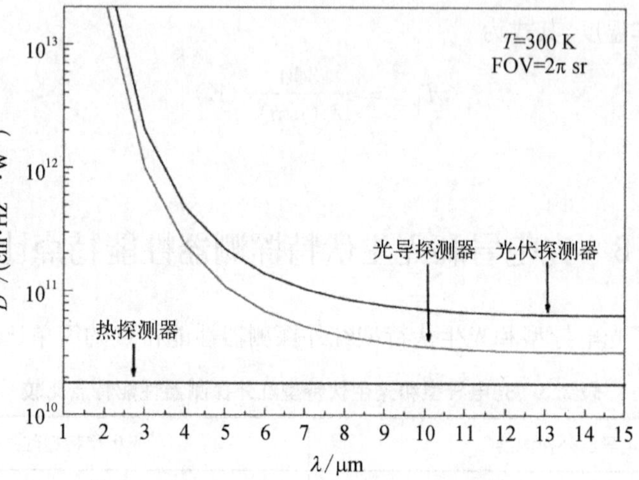

图 2.37 理想光子探测器的背景限性能

2.7.2 低温工作的必要性

中波和长波红外光子探测器之所以需要在低温下工作，主要原因是要通过降低探测器工作温度来抑制热激发载流子的影响。对光电导探测器，已经知道其信噪比、探测率均与少数载流子浓度的平方根成反比(式(2.83))。对光伏探测器，探测率与 p－n 结的低浓度一边的少数载流子浓度的平方根成反比(式(2.148))。这里少数载流子主要是指平衡态热激发载流子。为了达到 BLIP 性能，必须抑制热激发载流子。最有效和必要的办法就是使探测器在远低于室温的温度下工作。降低工作温度对抑制热激发载流子浓度的效果，可以用一个长波 10 μm 探测器为例进行粗略估计和说明。根据玻尔兹曼统计，载流子热激发概率函数

W 可以写成如下形式：

$$W \propto C\exp\left(-\frac{E_g}{kT}\right) \tag{2.162}$$

式中，E_g为材料禁带宽度；C 为常数，它包括态密度、有效质量、跃迁概率等因素。对一个截止波长为 10 μm 的探测器(如 HgCdTe)，其对应的禁带宽度约为 124 meV。在 300 K，$kT \approx 25.9$ meV，可计算出指数因子约为 8.3×10^{-3}。如果该探测器置于 77 K(液氮温度)工作，此时 kT 值约为 6.63 meV，上述指数因子约为 7.6×10^{-9}。也就是说，如果忽略常数 C 中的一些因子对温度的温和依赖，载流子热激发概率降低约 6 个数量级。因此，一般 8～14 μm红外探测器需要在 77 K 工作，3～5 μm 器件也需要在 150 K 以下工作。1～3 μm 探测器可以在室温下工作，但使用热电致冷技术在零下温度工作可得到更好性能。而甚长波和远红外探测器则需要在液氦温度以下甚至 10 K 以下温度工作。

如果目标或者背景温度远低于 300 K，或者观测距离非常远的目标，以致入射光子通量极小，如空间红外天文观测，则探测器工作温度应远远低于战术背景下探测器的 BLIP 温度。Rogalski[29]提出了一个简单的经验公式，可以用来近似估计各种红外光子探测器在低背景应用中适宜的工作温度，其式为

$$T_{\max} = \frac{300}{\lambda_c(\mu m)}\ (K) \tag{2.163}$$

2.8 光电导和光生伏特探测器性能特点比较

表 2.3 列出了光电导型和光生伏特型红外探测器性能特点的简单比较。

表 2.3 光电导型和光生伏特型红外探测器性能特点比较

光电导红外探测器	光生伏特型红外探测器
噪声(g-r)高	噪声(shot)低
强信号时光电响应线性差	光电响应线性好，线性动态范围大
响应速度慢，频率响应性能较差	响应速度快，频率响应特性好
D^*_{blip}小	D^*_{blip}大
制作工艺相对简便，成本低	制作工艺复杂，成本高
光电导探测器没有极性，使用方便	光伏探测器有正负极，使用小心
必须外加偏压，有电流因而有功耗	零偏置，无功耗；反偏时功耗极小
必须对入射辐射加以调制	可调制，或不调制使用
难以做成焦平面器件(功耗、低阻抗、引线背景)	焦平面器件的首选模式

从使用角度看，尤其是焦平面阵列已经成为发展主流和应用首选的今天，与光电导红外探测器相比，用户更为看重光伏红外探测器的以下优点：

(1) 可使用读出电路实现多路传输；

(2) 可做成像元尺寸很小的紧凑的二维背照射阵列;

(3) 响应线性度好几十倍;

(4) 可直流耦合直接测量总入射光子通量;

(5) 背景限探测率高,是光电导红外探测器的 $\sqrt{2}$ 倍。

参 考 文 献

[1] 沈学础. 半导体光学性质. 北京:科学出版社,1992:44-117.

[2] Kinch M A. Fundamentals of Infrared Detector Materials. Bellingham: SPIE Press, 2007: 37.

[3] Honsberg C, Bowden S. Material properties. http://PV education. org/pvcdrom [2016-04-13].

[4] Beletic J, Blank R, Gulbransen D, et al. Teledyne Imaging Sensors: Infrared imaging technologies for Astronomy & Civil Space//Proceedings of the SPIE Conference on Astronomical Instrumentation. Marseille: SPIE Press, 2008.

[5] Blakemore J S. Semiconductor Statistics. 黄启圣,陈仲甘,译. 半导体统计学. 上海:上海科学技术出版社,1965:80.

[6] Kruse P, McGlauchlin L, McQuistan R. Elements of Infrared Technology. New York: Wiley & Sons, 1962.

[7] Johnson J B. Thermal agitation of electricity in conductors. Physical Review, 1928, 32(1): 97-109.

[8] Nyquist H. Thermal agitation of electric charge in conductors. Physical Review, 1928, 32(1): 110-113.

[9] Schottky W. Small-shot effect and flicker effect. Physical Review, 1926, 28(6): 1331.

[10] Schottky W. Über spontane Stromschwankungen in verschiedenen Elektrizitätsleitern Ann. D. Phys., 1918, 57: 541-567.

[11] Shockley W. Electrons and Holes in Semiconductors. Bell Telephone Laboratories Inc., 1955: 315.

[12] van der Ziel A. Fluctuation Phenomena in Semiconductors. London: Butterworths Sci. Pub., 1959.

[13] Mdf. Photon-noise. jpg. http://en. wikipedia. org/wiki/shot_noise [2016-04-13].

[14] 汤定元,童斐明. 窄禁带半导体红外探测器进展//王守武. 半导体器件进展丛书(第2册). 北京:科学出版社,1992.

[15] Brunner A, Rubaldo L, Destefanis V, et al. Improvement of RTS noise in HgCdTe MWIR detectors. Journal of Electronic Materials, 2014, 43(8): 3060-3064.

[16] D'Souza A I, Stapelbroek M G, Robinson E W, et al. Noise attributes of LWIR HDVIP HgCdTe detectors. J. Electron. Mater., 2008, 37(9): 1318-1323.

[17] Goiffon V, Magnan P, Martin-Gonthier P, et al. Evidence of a novel source of random telegraph signal in CMOS image sensors. IEEE Electron Devices, 2011, 32(6): 773-775.

[18] Baker I M. MCT Photoconductive Infrared Detectors//Capper P, Garland J. Mercury Cadmium Telluride: Growth, Properties and Applications. Oxford: John Wiley & Sons, Ltd, 2011: 429.

[19] Elliott C T, Gordon N T. Infrared Detectors//Hilsum C. Handbook on Semiconductors. Amsterdam: North-Holland, 1993,4: 841-936.

[20] Sclar N. Properties of doped Silicon and Germanium infrared detectors. Progress in Quantum Electronics 1984, 9: 149-257.

[21] Si Photodiodeo/Hamamatsu Photonics. www. hamamatsu. com/resources/pdf/ssd [2016-04-13].
[22] Baker I M. HgCdTe Photovoltaic Infrared Detectors//Capper P, Garland J. Mercury Cadmium Telluride: Growth, Properties and Applications. Oxford: John Wiley & Sons, Ltd, 2011: 449.
[23] Bratt P R. Semiconductors and Semimetals. New York: Academic Press, 1977: 12,39-142.
[24] Rogalski A, Rutkowski J. Effect of structure on the quantum efficiency and R_0A product of lead-tin chalcogenide photodiodes. Infrared Physics, 1982, 22: 199-208.
[25] Knowles P. Mercury cadmium telluride detectors for thermal imaging. GEC Journal of Research, 1984, 2: 141-156.
[26] van Roosbroeck W, Shockley W. Photon-radiative recombination of electrons and holes in germanium. Phys. Rev., 1954, 94: 1558.
[27] Humphreys R G. Radiative lifetime in semiconductors for infrared detectors. Infrared Physics, 1986, 26: 337-42.
[28] Casselman T N, Krishnamurthy S. A detailed calculation of the Auger life time in p-type HgCdTe. J. Electron. Mater., 2000, 29: 828.
[29] Rogalski A. Infrared Detectors. 2nd ed. Boca Raton: CRC Press, 2011: 207.
[30] Kinch M A. Fundamentals of Infrared Detector Materials. Bellingham: SPIE Press, 2007: 35.
[31] Vollmerhausen R, Reago D, Driggers R. Analysis and Evaluation of Sampled Imaging Systems. Bellingham: SPIE, 2010: 251.

第3章 红外焦平面阵列概论

3.1 从扫描成像到凝视成像

3.1.1 红外成像的对比度要求

20世纪50年代半导体红外探测器InSb和Ge∶Hg开发成功，有力推动和促进了红外成像技术的发展。60年代起，使用InSb和Ge∶Hg的扫描红外成像技术得到迅速发展，在航空红外照相机和前视红外热像仪等军用、民用领域得到重要应用。

红外成像表征的是场景的热辐射分布特征。最常用的是对300 K背景中目标物体在8～14 μm波段辐射的成像。在这一波段范围，背景的辐射出射度为

$$W_{\mathrm{B}} = \int_{8\ \mu\mathrm{m}}^{14\ \mu\mathrm{m}} W_{\lambda}(300\ \mathrm{K})\mathrm{d}\lambda = 1.72 \times 10^{-2}\,\mathrm{W/cm^2} \tag{3.1}$$

式中，W_{λ}为普朗克分布。辐射出射度随温度的改变为

$$\frac{\partial W}{\partial T} = \int_{8\ \mu\mathrm{m}}^{14\ \mu\mathrm{m}} \frac{\partial W_{\lambda}(300\ \mathrm{K})}{\partial T}\mathrm{d}\lambda = 2.62 \times 10^{-4}\,\mathrm{W/(cm^2 \cdot K)} \tag{3.2}$$

根据目标对背景的辐射对比度的定义[1] $C_{\mathrm{R}} = \dfrac{W_{\mathrm{T}} - W_{\mathrm{B}}}{W_{\mathrm{T}} + W_{\mathrm{B}}}$，可以估计出在300 K背景中温差为1 K的目标在8～14 μm波段的辐射对比度为

$$C_{\mathrm{R}} = \frac{\dfrac{\partial W}{\partial T}\Delta T}{2W_{\mathrm{B}}} = 0.76\% \tag{3.3}$$

热影像的有效解读一般需要有50%以上的图像对比度，最好接近于100%，所以在视频显示之前需要先把背景扣除。对扫描型成像器，只要采取交流耦合就可把背景减去，而对非扫描型器件，背景扣除就费力了，而且对敏感器的均匀性有严格要求，非均匀性不应超过0.2%，否则增益不同的相邻部位会把背景调制成一种虚假的信号。

3.1.2 单元探测器光学-机械扫描成像原理和性能描述

一个红外扫描系统的核心部件是一个二维光学-机械扫描器和一个探测器单元。

有的系统也使用线型探测器阵列甚至更复杂的探测器阵列。无论哪种情况，像都是按时间顺序构建成的。探测器的瞬时视场(IFOV)按顺序移动直至覆盖系统的整个视场角(FOV)。一个绕垂直轴旋转的反射镜提供了水平方向的场景扫描。第二个反射镜(往往使用摆动镜)用于提供垂直方向的扫描。通过水平扫描镜和垂直扫描镜的配合运动，物平面上一个个场景单元的红外辐射依次投射到置于像平面上的单个光子探测器上，产生电信号。这些信号处理成和扫描同步的调制信号，在监视器上显示出来。其系统的构成和扫描成像的原理图如图 3.1 所示。整个扫描的区域显示成一幅二维图像。为了获得很高的扫描速率，往往使用多角鼓形的水平扫描镜[2]。为了快速获得具有足够多像素的热像，需要使用快速的光子探测器和短的信号积分时间。

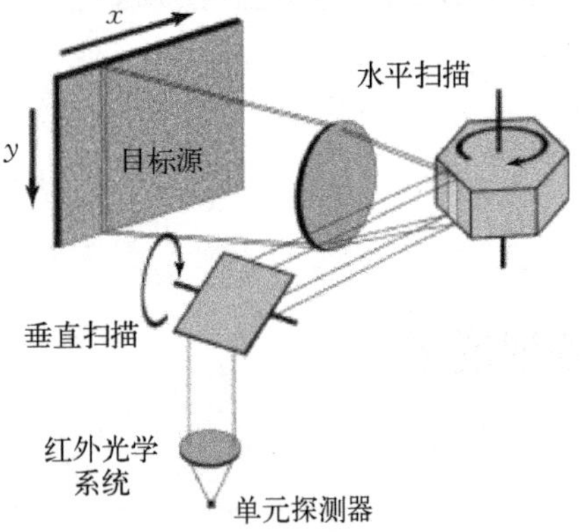

图 3.1　单元探测器通过光-机扫描成像原理示意图

使用单元光电导探测器的光-机扫描红外成像系统的噪声等效温差表示为[3]

$$\mathrm{NETD}=\frac{1}{\eta_{\mathrm{o}}\,(\eta_{\mathrm{sc}}\eta_{\mathrm{cs}}\eta_{\mathrm{q}})^{1/2}}\,\frac{(\pi\dot{F}AB)^{1/2}}{\alpha\beta D_{\mathrm{o}}D_{\mathrm{blip}}^{**}(\lambda_{\mathrm{p}})I} \tag{3.4}$$

式中，I 代表下述积分

$$I=\int_{\lambda_1}^{\lambda_{\mathrm{p}}}\frac{\partial W_\lambda(T_{\mathrm{B}})}{\partial T}\,\frac{\lambda}{\lambda_{\mathrm{p}}}\mathrm{d}\lambda \tag{3.5}$$

对 300 K 背景和 8～12 μm 波段，可计算出 $I=2.0\times10^{-4}\ \mathrm{W\cdot cm^{-2}\cdot K^{-1}}$；其余各个符号代表如下参数：

λ_{p}——探测器峰值响应波长(一般视为等同于探测器截止波长 λ_{c})；

η_{o}——光谱加权的系统光学效率；

η_{sc}——扫描效率(有效扫描时间/总扫描时间)；

η_{cs}——冷屏角有效因子；

η_{q}——探测器量子效率；

α,β——水平和垂直扫描瞬时视场角；

A, B——水平和垂直扫描总视场角；

D_{o}——光学系统净口径(入瞳)；

$D_{\mathrm{blip}}^{**}(\lambda_{\mathrm{p}})$——视场角为 2π(半球)、截止波长为 λ_{p} 的红外探测器的背景限探测率；

$\dot{F}$——扫描帧频，帧频同光点在像元上的驻留时间 τ_{d} 的关系为 $\dot{F}=\eta_{\mathrm{sc}}\dfrac{\alpha\beta}{\tau_{\mathrm{d}}AB}$。

一般认为，要想达到与白天人的裸眼视网膜中央凹视力相当的视觉效果，光-机扫描的合适参数应当为

$$\dot{F} = 30\ \text{Hz}$$
$$\alpha = \beta = 0.000\,25\ \text{rad} = 0.25\ \text{mrad}$$
$$A = 4^\circ = 0.069\,8\ \text{rad}$$
$$B = 3^\circ = 0.052\,4\ \text{rad}$$

与此相当的像素格式为280×210，对应于此分辨率要求的入瞳为8 cm。一般一个实际红外系统的系统总合效率 $\eta = \eta_o (\eta_q \eta_{sc} \eta_{cs})^{1/2}$ 不会超过0.5。在这些条件下系统最优的NETD约为0.6 K。

但是，要获得肉眼满意的热图像，对系统NETD的要求还要更高一些。作为热成像系统，NETD还不是一个最好的衡量热灵敏度的指标。人的眼睛天生就有对光学信号的积分作用，从而提高有效的信噪比[3]。因此，对于目标温差 ΔT，光-机扫描系统提供的有效信噪比将是

$$\text{SNR} = \frac{\Delta T}{\text{NETD}} (T_e \dot{F})^{1/2} \tag{3.6}$$

式中，T_e为人眼的积分时间，一般情况下大约为0.2 s。如果帧频为30帧/秒，则有效信噪比因子约为2.45。

通常一幅完美的热图像要求有效信噪比约为20(相应的电学信噪比为8)。这要求系统的NETD不超过0.12 K。同上面0.6 K的结果相比较，要形成满意的热图像，光-机扫描系统的灵敏度还需要提高约5倍。

3.1.3 凝视阵列成像

如果采用凝视阵列来成像，同样的图像质量要求可以轻而易举实现。凝视阵列规模为280×210，其中每一个探测元只“看到”物空间中的一个元视场(相当于扫描系统中的瞬时视场，见图3.2)。设像元积分时间为 T_i，凝视阵列成像的帧时间为 T_f，通常有 $T_f \approx T_i$。Lloyd[1]给出

$$\text{NETD} = \frac{2\sqrt{\pi}\sqrt{\dfrac{ab}{T_i}}}{D_o^2 \alpha\beta \eta_o \eta_q^{1/2} D_{\text{blip}}^{**}(\lambda_p) I} \tag{3.7}$$

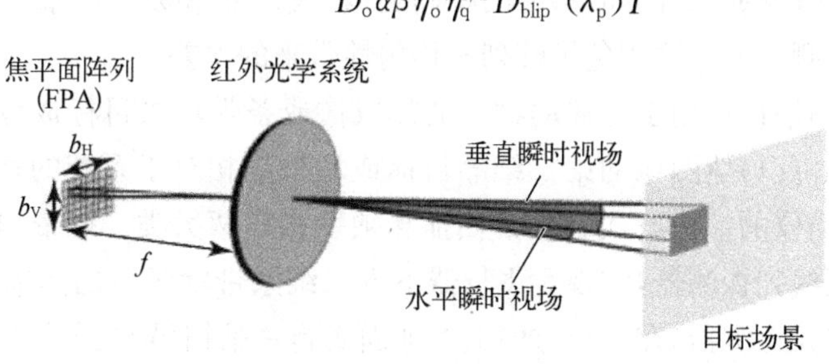

图3.2 凝视成像系统的瞬时视场和场景

式中，a、b 为探测器元的两个边长。由式可见，延长像元积分时间可以降低系统的 NETD。采用与上述扫描系统及器件的相同参数代入，并取 $T_f \approx T_i \approx 33\,\text{ms}$ (30 Hz)，得到 NETD≈ $0.73\sqrt{ab}$ K。如果像元尺寸为 $20\,\mu\text{m} \leqslant \sqrt{ab} \leqslant 100\,\mu\text{m}$，得到 NETD 为 0.001 5～0.007 K。

这一数据明显优于上述扫描系统，也充分满足人眼视觉影像对信噪比和灵敏度的要求。这表明，用红外凝视阵列成像替代单元探测器光-机扫描成像，有明显的技术优势。此外，还有在重量、体积、功耗、可靠性、成本等方面的进步。

红外焦平面阵列器件技术后来的发展表明，在 8～12 μm 波段采用长达 33 ms 的积分时间在技术上是很难实现的，因为读出电路的积分电容迄今还无法提供如此巨大的电荷存储容量。但这并没有从根本上削弱凝视成像技术的巨大优势。

3.1.4 光-机扫描成像和凝视阵列成像的限制性因素

仍用上述简单实例来说明扫描成像系统的局限性。对上述具有 280×210 像素(210 行，每行 280 个像素)的扫描成像系统，使用单元探测器，每秒钟获得 15 帧像(即帧频为 15 Hz)。在最简化考虑下，按照顺序读出信号来估算，每个像素需要的时间为 1.1 μs。若采用行扫描模式，每行 280 个像素，每个像素的读出时间为 1.1 μs，行频率为 3 247 Hz(即每秒 3 247 行)。如果像的格式为 320×240 像素，以每个像素仍花费 1.1 μs 计，相应的行频率为 2 841 线/秒，帧频为 11.8 Hz。若像格式为 640×480 元，对应的行频率为 1 420 线/秒，帧频为 2.9 Hz。

原则上，想实现更高的帧频似乎是没有问题的，只要缩短在每一个像素上花费的时间就行。但缩短这一时间间隔没有一点实际意义，因为缩短这一时间(术语称为像元驻留时间)导致目标信号降低，从而信噪比降低。此外，缩短像元驻留时间要求扫描镜以极高的速率旋转或摆动，在技术上也是受限制的。

如果换作凝视阵列成像，对 640×480 元阵列，每个像元的曝光时间(术语称为积分时间)为 1.1 μs，由于是同时曝光，1 帧像所需要的时间近似等于 1.1 μs，相当于帧频 909 kHz。与扫描像比较，像的信噪比相同，但帧频提高了 30 万倍。

由于扫描系统的像素规模提升受到限制，扫描成像的帧频提高也很难，而焦平面阵列凝视成像技术又发展很快，这就使得扫描成像系统的重要性渐渐降低。然而，扫描成像系统在某些应用上仍优于凝视成像，例如，辐射的精确测量，因为目标物体上每一个部位的辐射，都是用同一个探测器测量的。这避免了阵列非均匀性带来的误差。

今天，红外行扫描仪仍用于对移动物体的热成像或条带场景目标成像。这种热成像仪使用行扫描模式就可以，热图像的第二维靠目标或场景的相对于系统的移动来实现。在航天应用中，这类扫描仪的扫描方式有推帚扫描和须帚扫描两大类。推帚扫描在机载或星载平台上使用一维长线列探测器，实现对飞行器下方二维条带状区域的热辐射采样(图 3.3)。须帚扫描可采用单元探测器，在飞行方向上对地面实施一维扫描，在飞行平台上通过摆镜实施另一维扫描，见图 3.4。

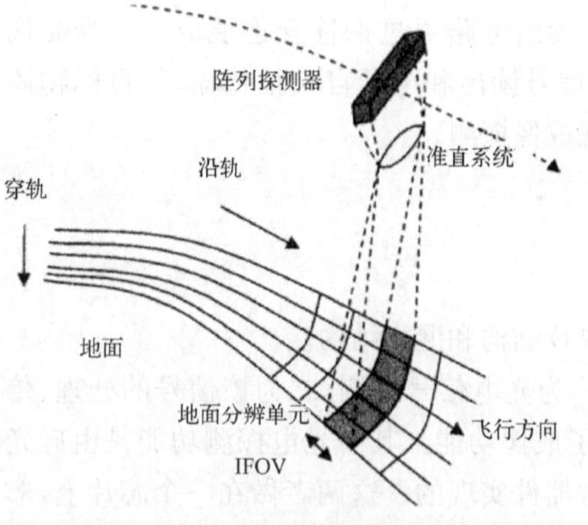

图 3.3　推帚扫描示意图[4]

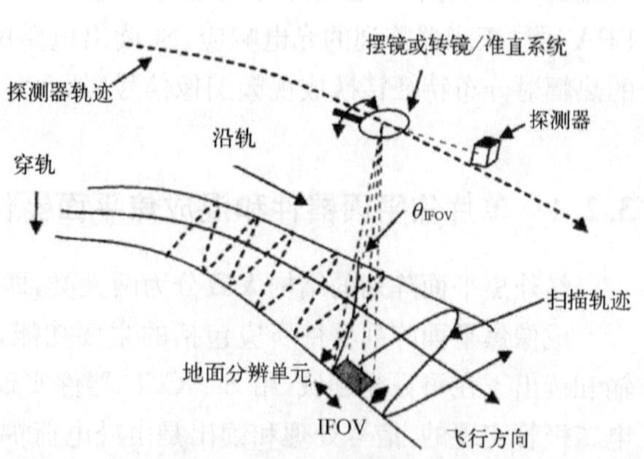

图 3.4　须帚扫描示意图[4]

Lloyd 也预见了凝视阵列成像技术将会遇到的一个重大挑战，即阵列中各个像元响应率的非均匀性对成像的影响。由于各个像元响应率的差异，同一个目标在凝视阵列各个像元上产生的信号大小不一，这可以认为是一种“固定图像噪声”，其均方根偏差值为

$$\sigma = \sigma_R W_B \bar{R} \tag{3.8}$$

式中，$\bar{R}$ 为阵列响应率的平均值；σ_R 是阵列响应率的标准偏差。Lloyd 的计算表明，要得到一幅人眼满意的常温目标的热图像，凝视阵列的非均匀性应当不差于 0.12%。

上述预见对凝视成像红外焦平面阵列的发展起到了指向性作用。事实证明，消除红外焦平面阵列响应非均匀性是一个重要但困难的任务。

3.2　红外焦平面阵列的结构及成像原理

凝视成像要求把探测器做成二维阵列，置于成像系统的焦平面上，并且把这个阵列与探测器信号读出和一部分信息处理功能集成到一个器件上，这种新型的器件称为红外焦平面阵列(IR focal plane array)，简称 IRFPA。

业界使用的术语有时会有些混乱甚至是误导性的。焦平面本是成像系统中光线聚焦在光轴上的位置。现在广泛使用的说法是把置于焦平面上的探测器阵列称为焦平面阵列或者技术上的俗语芯片。把芯片和某些附属硬件的集合称为焦平面组件。有时，系统有不止一群芯片(航天有效载荷上常有这种情形)，每一个群称为一个模块或组件。而 SCA、DA、DDA、IDCA 等术语虽然内涵范围有所不同，但都包含红外焦平面阵列这一核心。一个阵列中的每一个探测器可称为一个像元、一个元胞、一个探测器或一个探测元。就焦平面阵列(FPA)而言，称元胞或探测元或许比称像元或探测器更加合适，因为有时整个 FPA 称为探测器。然而元胞更常指读出结构中的一个像元。无论怎么说，现在大多数人都用像元来指代焦平面阵列中的最小单元。

红外焦平面阵列是兼具红外辐射探测和信号读出与处理能力的红外成像传感器。现在主流的 FPA 技术是把红外探测器阵列芯片与 Si 读出电路通过铟柱互连混成。二维凝视 FPA 通过探测器阵列的光电响应、Si 读出电路的信号读出和电子自扫描传输，将目标物体的热辐射分布特征转换成视频图像信号，从而实现成像探测。

3.2.1 单片焦平面器件和混成焦平面器件

红外焦平面阵列的结构大致分为两大类，即单片结构和混成结构。

成像焦平面阵列器件所应包括的主要功能，一为光电信号探测，二为该信号的处理、传输和读出。在可见光领域，用 Si - CCD 器件实现了成像功能。其中光电探测功能是由硅光电二极管实现的，信号处理和读出是由硅电荷耦合器件实现的。这两者做在一个芯片上，形成了单片固体成像器件。在红外领域，人们一开始自然也希望把红外探测和信号处理两种功能做在一个芯片上。最早在 InSb 上作了尝试[5-7]，取得了一定进展。后来在 HgCdTe 上也开展了很多研究。但是，要在 InSb 和 HgCdTe 上做成性能优异的 CCD 或 MOSFET，是十分不易的。一个原因是这些红外探测器材料尤其是 HgCdTe 材料的纯净度难以达到要求，另一个原因是这些材料的自身氧化物远远不如硅材料上面的 SiO_2 层那样稳定和易于操控。这使得在其上制备高质量的电荷存储和电荷转移器件十分困难。多年的研究和探索并未取得满意的结果。在此期间，探测器的背照射技术和探测器-读出电路通过铟柱互连的混成技术发展得成熟起来。混成红外焦平面阵列技术于是逐渐成为红外焦平面阵列器件的主流技术。

现在，单片技术主要应用于用硅材料制造的成像器件，如可见-近红外波段的 Si - CCD 和 Si - CMOS 成像器，3～5 μm 波段的 Pt - Si 肖特基势垒成像器，以及非致冷的 Si 微测辐射热计阵列。混成技术则应用于从近红外、中红外、热红外直至远红外的绝大多数高性能成像阵列。

混成式红外焦平面阵列器件由红外探测器芯片和信号读出电路混成互连而成。探测器阵列芯片由 InSb、HgCdTe、QWIP、InGaAs、InAs - GaSb SLS、Si：(Ga，As，In，Sb) IBC 或其他红外敏感材料制成，读出电路由硅材料制成。读出电路主要有两个功能，首先它把探测器的信号进行收集和累积，其次它可进行初步的信号处理，如信号放大或积分，多路传输，以及模拟/数字(analog to digital, A/D)转换。探测器芯片和读出电路两者经由特殊的封装技术实现机械的和电学的连接。一种特殊技术是铟柱互连[8]。探测器芯片和读出电路芯片是分别制成的，两者可以各自独立地进行研究、设计和制造，分别实现性能的优化，因此可以达到最佳的性能组合。由于探测器阵列和读出电路是由两种不同材料制成的，焦平面阵列的制造工艺技术就变得十分复杂和困难。

混成红外焦平面阵列有直接混成和间接混成等几种构造。图 3.5(a)是探测器和读出电路通过铟柱直接互连。适用于高密度凝视或扫描阵列。读出电路的每个单元和探测器像元面积一样大小，电路功能的扩展受到较大限制。图 3.5(b)是间接混成，通过一块宝石片或其他过渡引线基板把一个或多个探测器连接到 ROIC 上。电路尺寸不再受严格限制，可容纳功能更完善的前放和信号处理电路。可缓冲探测器与硅片间热失配应力。间接混成适用于长线列焦平面器件，但不太适用于面阵。

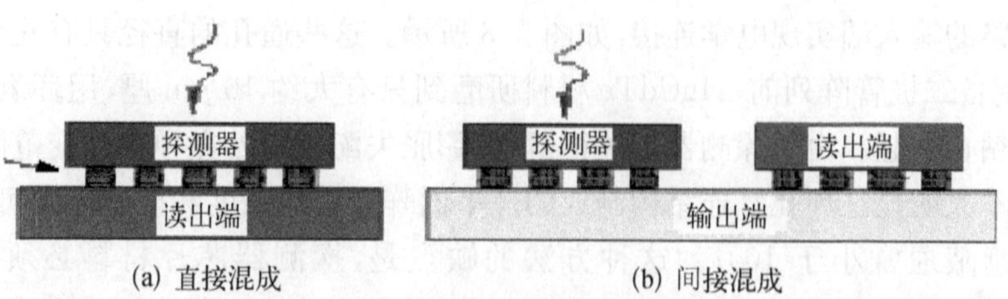

图 3.5　直接互连和间接互连示意图

与单片结构相比较，混成结构有以下优点。第一，探测器芯片和读出电路芯片分开，所以可以对探测器阵列和读出电路阵列的性能分别进行优化，以各自最优的性能加以结合，达到焦平面阵列总体性能的优化。第二，可以增加多路传输器用于信号处理的面积。第三，可以实现几乎100%的光学填充因子。第四，可以充分利用光子二极管高阻抗、低功耗、1/f 噪声低、易于实现多路传输等特点，构建包含巨大数量像元的大规模二维阵列。由于光子二极管可以在轻微反偏下具有更高的阻抗，可以同低噪声 Si 读出前置放大电路实现更好的电学匹配。混成结构从 20 世纪 80 年代开始发展，到 90 年代投入生产，使得全二维成像阵列成为构建凝视传感器系统的核心器件。在混成结构中，通过铟柱互连，探测器芯片上成千上万甚至上百万个像元产生的信号只需要几个输出端传输出去，大大简化封装在低温真空杜瓦中的传感器与系统电子学部件之间的传输界面。

图 3.6 是铟柱互连混成结构焦平面阵列外观示意图。图 3.7 是铟柱互连背照射结构焦平面阵列的几个像元的剖视图。制备在衬底上的一个个探测器元具有 p－on－n 构造，n 型层有一个公共电极，每个像元的 p 端通过铟柱和读出电路的输入端相连。

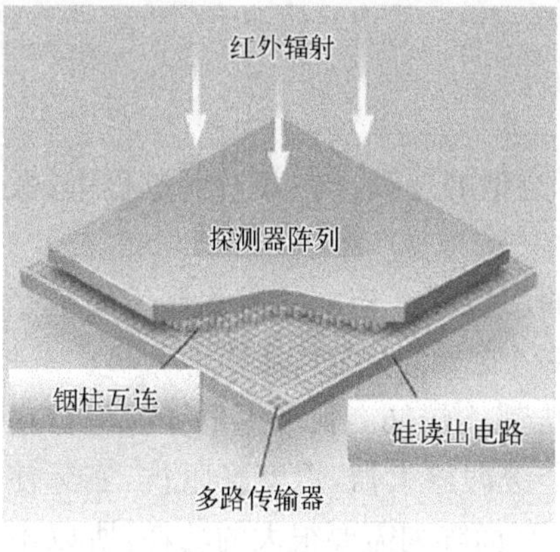

图 3.6　混成结构焦平面阵列示意图

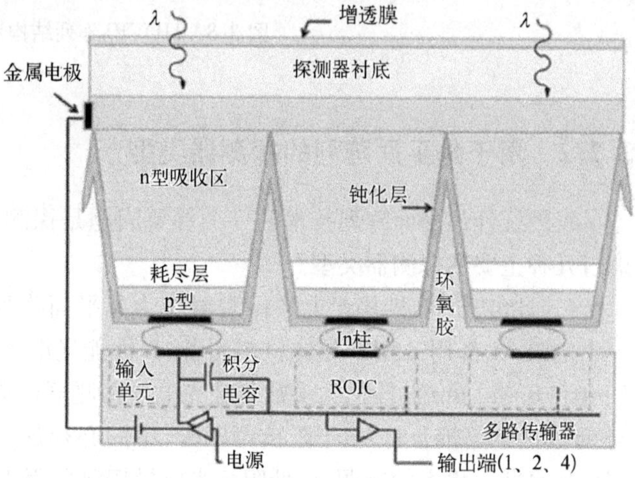

图 3.7　铟柱互连背照射结构焦平面阵列剖视图

除了铟柱互连结构，还有一种混成方式，称为环孔结构。环孔互连方法原先由英国发明[9, 10]。这种互连结构的工艺过程简述如下。在探测器阵列制备前，先将探测器材料与已经制备好的读出电路芯片胶合成为一个芯片。光伏阵列的制备通过离子铣刻蚀实现，通过离子铣刻蚀也在每一个探测器元上打出一个通孔，在这个孔中淀积金属膜，把每一个探测元与其读出电路的输入端实现电学连接，如图 3.8 所示。这些通孔的直径只有几个微米，最多 10 μm。在制备二极管阵列前，HgCdTe 材料研磨到只有大约 10 μm 厚，用环氧树脂牢固地和读出电路粘在一起。由于探测器芯片很薄，热膨胀失配应变处在弹性应变范围，热膨胀失配的问题就不大明显。环孔互连结构制成的焦平面阵列机械强度和电学连接可靠性都十分好，电极的遮蔽通常小于 10%。这种方法的缺点是，探测器芯片材料必须先减薄到约 10 μm，这个工艺可能使探测器材料产生晶格损伤，从而影响探测器性能。此外，因为环氧树脂已经存在，所以各种后续工艺，如 p－n 结制备、钝化工艺等，都必须在较低温度下进行，这有可能影响质量。在美国，DRS 采用了高密度垂直集成光电二极管（HDVIP）工艺，其互连技术也同环孔结构类似，见图 3.8[11, 12]。

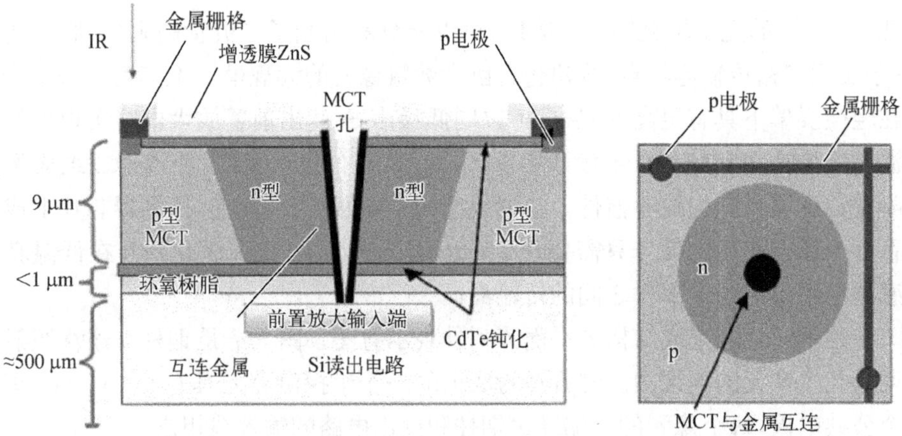

(a) 剖视图　　(b) 顶视图

图 3.8　HDVIP 阵列结构示意图

3.2.2　用于焦平面阵列的探测器类型

发展红外焦平面阵列技术的一个首要问题是探测器类型的选择。在其发展过程中，考虑过几种主要的探测器类型。

（1）光电导体，即用光电导探测器作为焦平面阵列的敏感元。光电导探测器实质上是一个电阻，大都用 n 型半导体材料制备，高性能光电导探测器对材料纯度要求非常高。3～5 μm和 8～12 μm 波段的大多数本征光电导探测器的阻抗都比较低。长波光电导探测器在与 Si 读出电路耦合时，由于阻抗不匹配，中间必须加一个缓冲放大器，以变换阻抗，实际使用比较复杂。更大的问题是，低阻抗光电导探测器用于焦平面阵列需要很大的功耗，所以不能制成高密度二维阵列，因此在大型焦平面阵列中难以采用。但是，QWIP 和 Si∶X 虽然也是光电导探测器，却能够制成高性能的大规模焦平面阵列，原因在于这两种材料的器件阻抗很高，与读出电路可实现匹配耦合，所以功耗也不高。这两种材料的大面积均匀性很好，可以制成大规模阵列，而且其响应波长能满足一些特殊的应用需求，所以得到很大的发展。

(2) 光子二极管,这是基于p-n结的光伏探测器。此类器件与相同波长、相同工作温度的光电导探测器相比,阻抗高得多,与读出电路的输入级可以较好耦合。光子二极管一般在零偏置或轻微反偏置工作,功耗很低。这两个优点使得光子二极管成为构建焦平面阵列的主要探测器类型。与光电导探测器相比较,光子二极管的响应线性度更好,可以在很高的光子通量密度下保持优良的线性度,而且光生载流子被p-n结很快收集,探测器响应速度远快于载流子寿命所决定的频响上限。事实上,目前大多数红外焦平面阵列都是基于光伏技术。但是长波光子二极管往往存在比较严重的表面漏电问题,需要着力解决表面钝化技术。

(3) 光电容,这是一种MIS表面器件,是通过自身的电荷积累实现信号积分。这类器件通常工作于非平衡态,故在半导体与绝缘层之间需要有高质量的界面层。TI公司曾经用MIS技术制备出世界上第一个长波128×128元HgCdTe焦平面阵列,引起业内很大关注。但HgCdTe的高性能MIS器件及其电荷传输器件对材料的纯度和自身氧化绝缘层的质量要求十分苛刻,例如,要求载流子浓度在10^{13} cm^{-3}数量级,位错腐蚀坑密度EPD在$10^4/cm^2$数量级,非常难以实现,所以这种技术路线最终还是放弃了[13-15]。

3.2.3 焦平面阵列成像原理简述

下面以如图3.9所示的InSb光伏探测器和CMOS开关阵列多路传输器通过铟柱互连构成的背照射红外焦平面阵列为例,简述焦平面阵列的光电响应和信号读出过程。

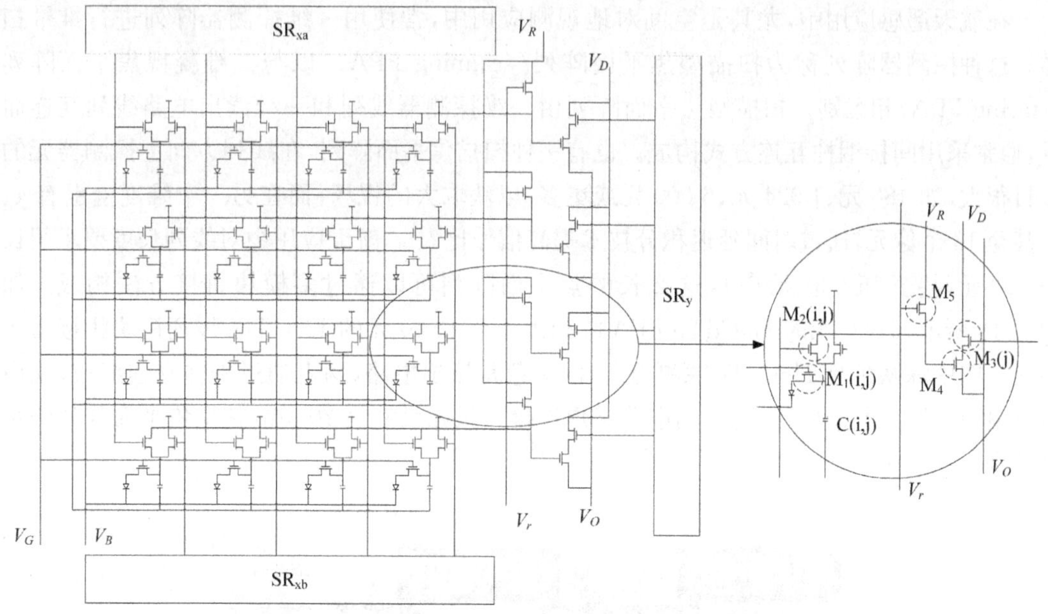

图3.9 坐标寻址二维阵列读出电路电原理示意图[16]

红外辐射透过衬底材料进入探测器吸收层,能量大于吸收层半导体禁带宽度的那部分光子被吸收,产生电子-空穴对。少数载流子(在本例中是空穴)扩散抵达耗尽区,因耗尽区电场的作用而到达 p 区，形成光电流。光电流通过铟柱传导到 Si 读出电路的输入级。以图 3.9 上的像元(i, j)为例，注入管 M1(i, j)允许光电流注入，在积分电容器 C(i, j)上积累，积分时间为 T_{int}，形成信号电压 V(i, j)。当 X 方向移位寄存器 R_x 的移位脉冲到达第 i 列，开关 M2(i, j)打开，C(i, j)上的电压传递出去，到达放大管 M4(j)的栅极。当 Y 方向移位寄存器 R_y 的移位脉冲到达第 j 列时，开关 M3(i, j)打开，放大管 M4(j)得到漏极电压而运作，其栅上的信号电压耦合到源极，以 V_0 输出到数据总线上。接着复位管 M5(j)加栅压，使复位电压到达 C(i, j)上，该像元复位，一次读出过程结束。通过这种顺序寻址读出，二维阵列上的响应信号，变成输出总线上按时间顺序的串行数据。这些模拟信号经过后续的模拟/数字转换，成为数字化的串行数据，可进行进一步的数据处理，最终形成二维热图像。

3.2.4 凝视焦平面和扫描焦平面

在凝视焦平面阵列中，探测器排列成行和列的矩阵。与扫描成像系统相比，焦平面阵列的最大优点是在像素数目很大的情况下仍可以实现高帧频。凝视系统的主要优点，除了不需要运动的光学-机械部件，还在于在整个帧时间内，探测器阵列同时覆盖了系统的全部视场角 FOV，这降低了每一个探测器的带宽，使得信噪比大大改善。理论上信噪比的改善达到$\sqrt{M \times N}$倍，但实际上达不到这个水平，因为 FPA 由大量探测器构成，其性能的非均匀性导致了空间噪声或固定图形噪声。

在航天遥感应用中，尤其是空间对地观测应用中，常使用一维探测器阵列进行推帚扫描。这种探测器阵列称为扫描型焦平面阵列(scanning FPA)，以与二维凝视焦平面阵列(staring FPA)相区别。扫描型焦平面阵列由一维探测器线列和一维读出电路线列互连而成，通常采用间接铟柱互连方式构成。也有一种扫描焦平面阵列，在线列方向上探测器元的数目很大，如 480 元、1 024 元、6 000 元或更多，以获取大的视场；而在另一个维度上也有 4、8，甚至 16 个像元，通过时间延迟积分技术提高信噪比[17]。航天应用中对线列长度要求很长(6 000 元，甚至 15 000 元[18])，这么长的焦平面阵列可以通过多模块拼接方法构成。如图 3.10 所示，6 000 元的 HgCdTe FPA 阵列由 4 个 1 500 元的 HgCdTe 线列模块拼接布排而成。图中深灰色是 HgCdTe 探测器芯片，黑色是读出电路，两者通过铟柱互连混成，浅白色是电引线区，通过金属丝与读出电路键焊连接。像元尺寸为 20 μm，整个焦平面阵列的长度达到 120 mm。

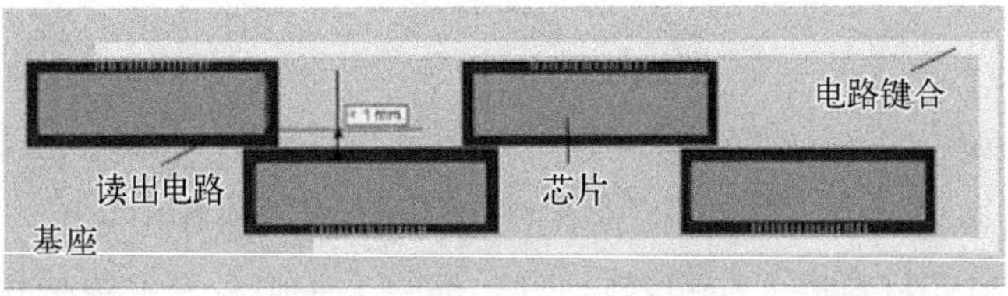

图 3.10　多模块拼接 6 000 元扫描焦平面阵列布排示意图

多模块拼接方法也用于凝视阵列，例如，在空间天文应用中，为了获得较大的视场，以 2 K×2 K HgCdTe 或 InSb 阵列为基本模块，可得到 4 K×4 K、8 K×8 K 甚至更大规模的阵列。图 3.11 是 RVS(Raytheon Vision Systems)制备的由 4 个 2 K 模块拼接的 4 096×4 096 元 InSb 阵列组件，用于天文项目 NEWFIRM 中。

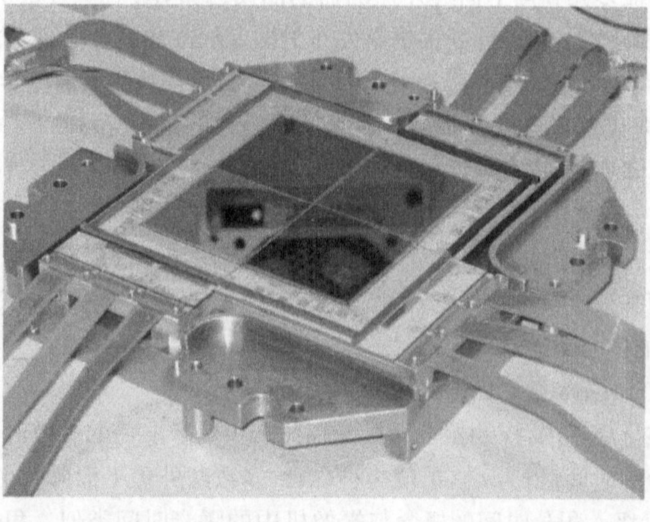

图 3.11　拼接的 ORION II 4 096×4 096 元 InSb FPA 组件照片[19]

法国 Sofradir 也用多模块拼接方法制备更为复杂的多波段长线列扫描焦平面阵列，其布排方式图如图 3.12 所示。

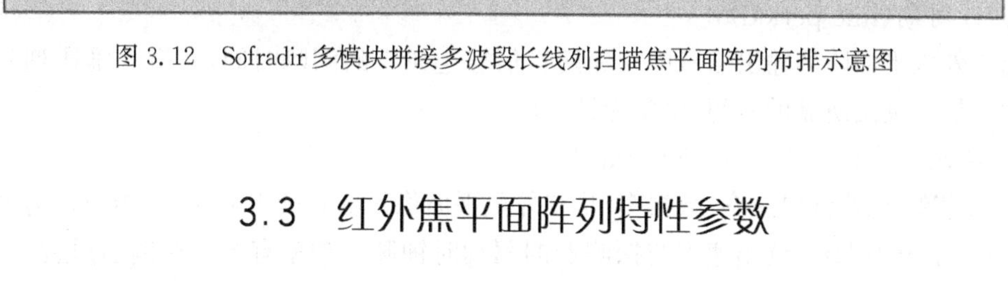

图 3.12　Sofradir 多模块拼接多波段长线列扫描焦平面阵列布排示意图

3.3　红外焦平面阵列特性参数

红外焦平面阵列实质上是红外探测器的新形态，所以单元红外探测器的特性参数大都可以适用。但是红外焦平面阵列性能的评价有其特殊性和复杂性，因为：① 信号不能在探测器上直接读出，而要经由读出电路读出，其耦合效率影响输出；② 焦平面器件不是响应按时间调制过的目标信息，而是采用凝视工作模式，相应地，“积分时间”成为一个重要参数；③ 一个焦平面上有成千上万甚至上百万个像元，必须采用统计方法，用平均值及其偏差来表示其性能参数；④ 成千上万个像元性能不一致，产生了非均匀性问题，非均匀性对焦平面成像影响很大，必须加以处理；⑤ 非均匀性、背景光子通量、暗电流、读出噪声都对焦平面器件性能有重要影响；⑥ 红外焦平面阵列主要应用方式是热成像，所以还需要引入一些有关光学成像的参数。

为了更好地表征多元和焦平面红外探测器的品质因素，除了本书 2.3 节所述的各项参数，还需要增加一些性能参数。此处根据新发布的国家标准和行业共识，介绍几项最基本的焦平面阵列特性参数[20]，在以后各章的论述中再陆续引入一些相关性能参数。

1. 焦平面阵列规模(format, size)和像元总数(pixel amount)

指红外焦平面阵列的总行数 M 与总列数 N，其乘积 $M \times N$ 既表示其排列格式，也表示像元总数。

2. 像元尺寸(pixel pitch)

指红外焦平面阵列上单个像元的尺寸。由于现今绝大多数焦平面阵列的像元都是正方形的，以相邻像元的中心距表示像元尺寸。

3. 积分时间(integration time)

指在帧周期或行周期内，探测器像元接受辐照产生信号电荷的有效时间，或者说像元对辐射信号进行积分的时间，记为 t_{int}，单位为秒(s)。多数红外焦平面阵列的积分时间为毫秒(ms)或微秒(μs)量级。积分时间的概念与摄像机中的曝光时间类似。积分时间越短，响应速度越快；积分时间越长，信号越大，探测器的灵敏度越高。

4. 帧周期(frame time, frame period)

也称帧时间，指二维红外焦平面阵列输出信号中相邻两帧信号起始点的间隔时间，也就是一帧像元信号读出所需的时间，记为 T_{frame}，单位为秒(s)。

5. 帧频(frame frequency)

指二维焦平面阵列在 1 s 时间内的信号输出帧数，有时记为 $\dot{F}$，单位为 Hz。帧频是帧周期的倒数，

$$\dot{F} = 1/T_{frame} \tag{3.9}$$

6. 行周期(line period)

指红外焦平面阵列输出信号中相邻两行信号起始点的间隔时间，尤指一维线列焦平面一行像元信号读出所需的时间，单位为秒(s)。

7. 像元速率(pixel rate, data rate)

像元速率(也称读出速率，数据率)是红外焦平面像元信号读出的速率，指单位时间读出的像元数，单位为 Hz。读出速率与探测器的驱动时钟脉冲频率有关。在读出过程中，每个时钟周期读出 1 个像元的输出信号，所以读出速率等于驱动时钟的频率。红外焦平面阵列的最高读出速率，受探测器的响应时间及读出电路的输出级负载等因素的综合影响。

8. 电荷容量(charge capacity, charge handling capacity)

指红外焦平面阵列每个像元能容纳的最大电荷数，记为 Q 或 N_w，习惯上用电子数 e^- 表示。光敏元能够收集到的光生电子数受到电荷容量的限制，当目标辐射超过焦平面像元的

电荷容量时，像元输出信号会达到饱和。

9. 饱和辐照功率(saturation irradiance power)

指在一定帧周期或行周期条件下，红外焦平面阵列像元输出信号达到饱和时的最小辐照功率，记为 P_{sat}，单位为 W。饱和辐照功率与探测器的有效积分时间呈现负相关，积分时间越长，则饱和辐照功率越小。在指定的积分时间下，饱和辐照功率由电荷容量决定。

10. 像元响应率(pixel responsivity)

焦平面在一定帧周期或行周期条件下，在动态范围内，像元每单位辐照能量产生的输出信号电压称为像元响应率。

假设一个红外焦平面阵列由 M 行和 N 列构成，焦平面阵列的像元(i, j)的响应率定义为

$$R_v(i, j) = V_s(i, j)/P \tag{3.10}$$

式中，V_s为像元(i, j)的信号电压；P 为像元受辐照功率。响应率单位为 V/W，与单元探测器件响应率单位 V/W 相同。

11. 焦平面阵列平均响应率(mean responsivity)

焦平面阵列上所有有效像元响应率的平均值称为焦平面阵列平均响应率，

$$\overline{R_v} = \frac{1}{MN}\sum_{i=1}^{M}\sum_{j=1}^{N}R_v(i, j) \tag{3.11}$$

实际计算的时候，往往把那些无效的像元排除在外。无效像元是指响应率非常低或者噪声特别高的像元，俗称死像元和过热像元。无效像元的划分还没有统一的标准，但各家制造商一般会给出自己的判据。

12. 焦平面阵列响应率非均匀性(nonuniformity of responsivity)

焦平面阵列上各个像元的响应率并不完全一致，通常存在某种程度的非均匀性。响应率非均匀性用响应率的相对标准偏差(即响应率的标准偏差除以平均响应率)来衡量，其表示式为

$$U_R = \frac{\sigma}{\overline{R_v}} = \frac{1}{\overline{R_v}}\sqrt{\frac{1}{MN-1}\sum_{i=1}^{M}\sum_{j=1}^{N}[R_v(i, j) - \overline{R_v}]^2} \tag{3.12}$$

在计算中也排除了无效像元。

与响应率参数一样，红外焦平面阵列的探测率、噪声、暗电流等参数及其均匀性均应用平均值及其标准偏差来表示。

13. 固定图形噪声(fixed pattern noise)

红外焦平面阵列在均匀辐射条件下，各有效像元输出电压的非均匀性对红外图像质量的影响，可视为具有二维空间分布的一种噪声，称为空间噪声。空间噪声也称为固定图形噪声，主要包含响应率非均匀性和暗电流非均匀性对应的噪声，它并不是随时间无序变化的量。响应率非均匀性产生的空间噪声正比于曝光量(积分时间)。像元量子效率的差异、窗

口不同部位透射、FPA 结构、制作工艺过程等均可造成 FPA 像元响应率非均匀。暗电流非均匀性产生的噪声与曝光量(积分时间)无关,对低对比度图像质量的影响更为显著。

经过非均匀性校正还残存的固定图形噪声,称为残余固定图形噪声(residual fixed pattern noise, RFPN)。

14. *有效像元率*(operability)

红外焦平面阵列中能够有效工作的像元比率称为有效像元率。有效像元率等于像元总数扣除无效像元后剩余的有效像元数占总像元数的百分比,即

$$N_{ef} = \left(1 - \frac{d+h}{M \times N}\right) \times 100\% \tag{3.13}$$

式中,$d+h$ 为无效像元(包括死像元和过热像元)总数;$M \times N$ 为像元总数。

15. *噪声等效温差*(noise equivalent temperature difference, NEΔT)

红外探测器的 NEΔT 表示红外辐射使其输出的信号等于其均方根噪声时对应的等效黑体温度变化量。一般认为 NEΔT 是红外系统的参数,然而在系统没有损失的情况下,探测器的 NEΔT 和系统的 NEΔT 是一回事。噪声等效温差的定义式可写成

$$\text{NE}\Delta\text{T} = \frac{V_n}{V_s} \frac{1}{\left(\frac{\partial \varphi}{\partial T}\right) / \varphi} \tag{3.14}$$

这个方程式的解释如下:在指定场景温度 T 下,辐射通量 φ 使探测器产生信号 V_s,场景温度的微小变化 ΔT,引起辐射通量相应变化 $\Delta\varphi$,该辐射通量的微小变化使输出信号的微小变化 ΔV_s 正好等于均方根噪声电压 V_n,则该温度微小变化量就是噪声等效温差 NEΔT。

上面定义的是一个探测元的 NEΔT。要表征焦平面阵列的噪声特性,也必须使用阵列的平均值及其标准偏差。其计算方法和响应率的情况一样。

现在噪声等效温差已经被公认为表示焦平面阵列灵敏度的最重要参数,在文献和厂商产品说明书中广泛使用。在 3.5 节中将对此作详细的讨论。

16. *动态范围*(dynamic range)

动态范围指红外焦平面阵列的像元在均匀辐射条件下,饱和辐照功率 P_{sat} 与噪声等效功率 NEP 的比值,常以 dB 表示,即

$$\text{DR} = 20\lg \frac{P_{sat}}{\text{NEP}} \tag{3.15}$$

也可以由饱和信号电压 V_{sat} 与平均噪声电压 $\bar{V}_N$ 计算得到,即

$$\text{DR} = 20\lg \frac{V_{sat}}{\bar{V}_N} \tag{3.16}$$

动态范围反映了红外焦平面的最大非饱和信号与最小可探测信号之比,是探测器设计的重要参数。实际应用中涉及的是整个阵列的平均动态范围,但一般不予注明。

17. 光学填充因子(optical fill factor)

光学填充因子定义为像元敏感区面积与像元几何面积之比,即

$$\mathrm{ff} = A_{\mathrm{det}}/A_{\mathrm{pixel}} \tag{3.17}$$

一个FPA上的所有探测器元不可能完全无间隔连续地布排。每一个探测器元必须与其邻近的探测元互相电隔离,且单独地和读出电路输入端相连。所以敏感元的面积实际小于像元面积。这个小于1的填充因子影响红外照相机的某些性能,如空间分辨率和MTF。

18. 串音

当信号光子只是入射到多元或焦平面阵列探测器的某一个像元上时,理想情况下探测器的其他像元应该没有信号输出。但实际情况并非如此。由于像元对相邻像元的串扰,相邻像元引起的信号与本像元信号之比,称为该像元对相邻像元的串音。

像元对相邻像元的串音有三种来源:光串音、电串音及光电串音。光串音是由探测器内部和外部的光反射、折射及散射引起的;光电串音主要与光生载流子的横向扩散有关;电串音产生的原因较多,如电极引线间的耦合电容、探测器共有衬底接触区电势分布、电荷转移损失及积分电容放电不完全等,都可能引起电串音。串音将降低系统的调制传递函数,使探测器的整体性能下降,使红外图像变得模糊。

19. 焦平面阵列调制传递函数

在奈奎斯特频率范围内,在正弦空间频率调制的辐照作用下,焦平面阵列输出信号调制度与入射信号调制度的比值,称为焦平面阵列的调制传递函数,简称MTF。焦平面阵列的MTF随空间频率增大而衰减的函数关系,是衡量焦平面阵列成像空间分辨率的指标。本章3.6节将对这一问题作详细讨论。

3.4 红外焦平面阵列的信号读出

3.4.1 电压读出和电流读出

红外焦平面阵列器件是既有对红外辐射的探测能力,又有信号读出和处理能力的红外成像传感器。由于功耗的因素,红外焦平面阵列器件一般采用具有高阻抗的光生伏特型探测器构成。在光照下,一个光生伏特型红外探测器的电流-电压特性可由如图3.13所示的一组曲线描述。图中T_1、T_2、T_3表示场景(目标)温度升高或辐射通量密度增高,使得探测器的光生伏特效应增强,$I-V$特性曲线向下移动。一般而言,对于这些光生信号的读出,有两种方法。

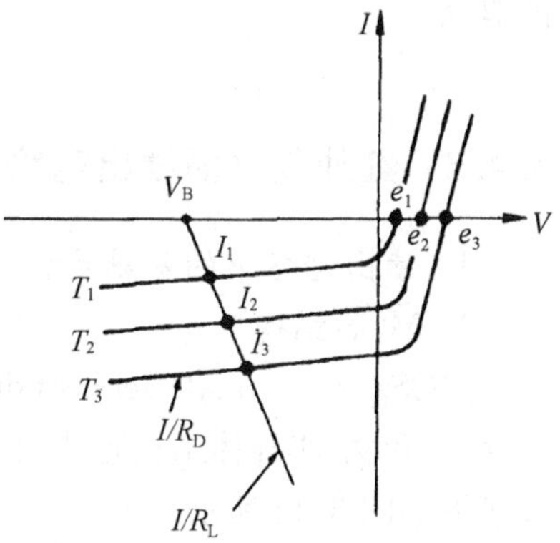

图3.13 光伏探测器的$I-V$特性和负载线

电压读出:这在图3.13中用一根几乎和电压轴

(V 轴)重合的负载线表示，对应于 T_1、T_2、T_3的入射辐射，电压输出分别为 e_1、e_2、e_3。

电流读出：在图 3.13 中用一根通过偏置电压 V_b的负载线表示，对应于 T_1、T_2、T_3的入射辐射，探测器的电流输出分别为 I_1、I_2、I_3。如果偏置电压 V_b等于零，则负载线通过 $I-V$ 坐标的原点。

在图 3.13 中，负载线是斜率为 $1/R_L$的直线，此处 R_L为探测器的负载电阻。如果 $R_L \gg R_D$(R_D为探测器电阻)，则情况接近于探测器开路，负载线几乎和 V 轴重合，输出电压值 e_1、e_2、e_3接近于各个辐照条件下探测器的开路光电压 e_{oc}；如果 $R_L \ll R_D$，相当于探测器短路，负载线和 I 轴重合，输出电流值 I_1、I_2、I_3接近于各个辐照条件下探测器的短路光电流 I_{sc}。可以想象，如果负载线不是一根直线，或者焦平面上各个探测器的工作状态不是处在同一负载线上，则情况就要复杂得多。这正是下面“读出电路输入结构”一节中着重要讨论的问题。

实际工作中有时采用电压读出模式，有时采用电流读出模式，这要根据探测器的性能(主要是 R_0A 大小)和应用特点(主要是背景通量密度的大小)来决定。

3.4.2 交流信号读出和直流信号读出

光生伏特型红外探测器的原始信号是一个很微弱的量，实际应用中需要经过电子学放大器进行放大。

为了便于信号的放大，在传统的探测器性能测试和应用中，往往使用一个斩波器或调制盘，对入射辐射进行调制，以得到一个近正弦变化的入射辐射照射到探测器表面。探测器对此正弦调制辐射给出的响应，则用一个交流电子学放大器进行放大、计量和读出。

在红外焦平面阵列器件的测试和应用中，入射辐射不经过斩波器调制(热电焦平面阵列除外)，而直接照射到探测器表面。探测器输出的是一个直流信号。这个特点，影响红外焦平面阵列器件特性参数的定义，影响焦平面阵列器件性能的测试方法，也影响焦平面读出电路的结构、设计和使用操作。从一个目标点发出的红外辐射，通过镜头，照射到焦平面阵列上某一个像元，产生的光电荷，经过一定时间的积累，转换成一个电压信号而读出。这个“一定时间”称为积分时间，类似于照相时的曝光时间，是红外焦平面阵列技术中一个十分重要的概念。

3.4.3 红外焦平面读出电路的基本结构

1. 读出电路中的基础元件

1) MOS 结构

MOS(metal-oxide-semiconductor)结构是金属-氧化物-半导体结构元件的简称，其电结构原理图如图 3.14 所示。

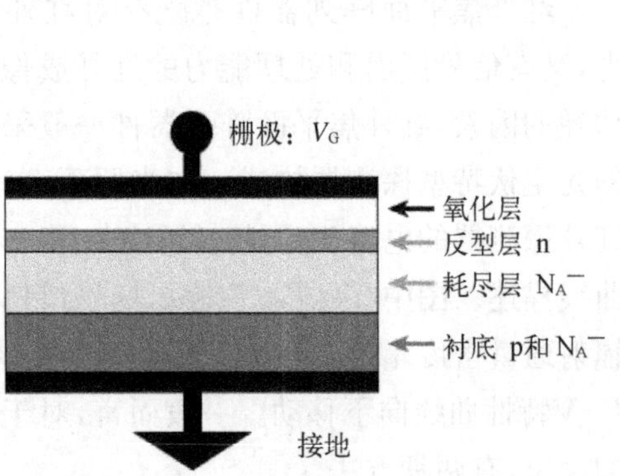

图 3.14 MOS 结构示意图

衬底为 p 型材料的 MOS 结构的金属栅上加正电压，可以在 Si－SiO$_2$ 界面感应生成一个反型层，此反型层起着电子势阱的作用。栅压越大，反型层越强，势阱越深，势阱容量越大。这个势阱中可以存储大量电子。栅压撤销后，一切恢复原状。在焦平面读出电路中，MOS电容主要作为积分电容。

2) MOSFET

图3.15(a)显示了一个在p型硅衬底上制成的MOSFET(MOS场效应晶体管，MOS field-effect-transistor)，源极(S)和漏极(D) 是n型区，中间栅极(G)是MOS结构。

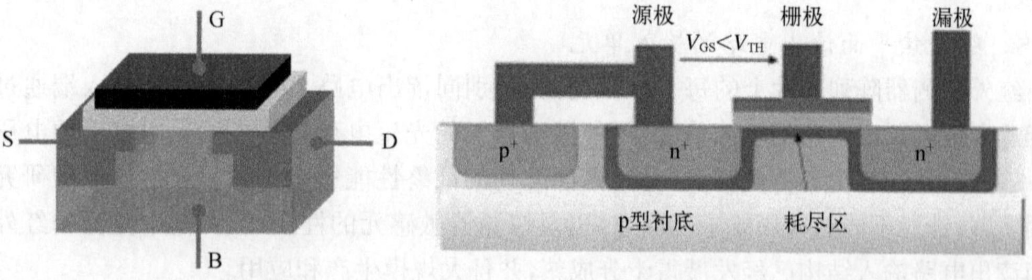

(a) 三维透视图　　(b) 亚阈值状态电原理剖视图

图3.15　MOSFET结构原理示意图

MOSFET依据其工作状态的不同，在红外焦平面阵列的信号读出过程中，分别起开关管和注入管的作用。

当$V_{GS} \ll V_{TH}$(栅压较阈值电压小得多)时，源-漏之间不导通，开关处于“关”状态；当$V_{GS}>V_{TH}$(栅压大于阈值电压)时，源-漏之间导通，开关处于“开”状态。所谓阈值电压，是指在这一栅电压下，MOS反型层中的电子浓度等于衬底中的空穴浓度。一个MOSFET作为开关管，加(大)栅压就导通，撤除栅压就关闭。在焦平面读出电路中，大量作为选通和寻址作用的开关。

如果所加的栅压虽未达到阈值电压，但是比较接近阈值电压，此时的MOSFET处于亚阈值状态，栅极下面的半导体表面处于弱反型(图3.15(b))。在亚阈值区，漏极电流以扩散电流为主导，呈现强烈的指数依赖：

$$I_D \approx \exp\left[\frac{q(V_G - V_T)}{kT}\right] \tag{3.18}$$

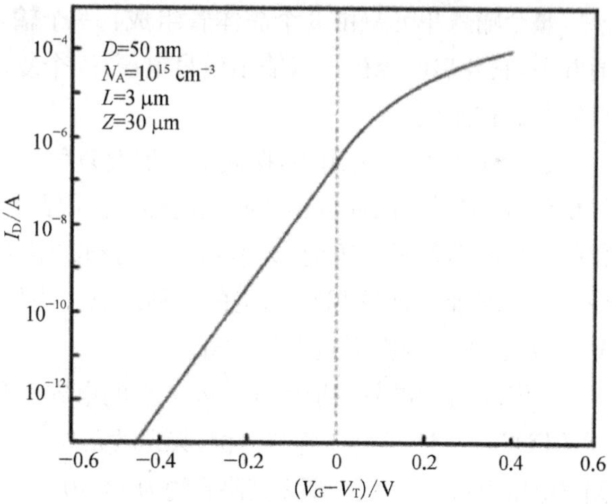

图3.16　MOSFET亚阈值特性的典型曲线[21]

注意此处$V_G - V_T < 0$。图3.16是典型亚阈值区的测量曲线。这个特性，使得亚阈值工作MOSFET可以作为红外探测器的光电流注入工具运用。

3) CCD

两个相邻的、相同的MOS结构，通过调节各自的栅压，可以使一个势阱中的电荷通过耦合作用转移到另一个势阱中，反之亦然。

CCD(电荷耦合器件，charge coupled

device)是利用电荷在MOS结构中存储并在多相栅控制下传输的效应制成的一种固体光电成像器件。早先广泛用于可见光成像技术。在红外焦平面阵列器件中也用于信号多路传输和时间延迟积分。

4) CMOS

CMOS(complementary metal-oxide-semiconductor)是指n沟道MOS和p沟道MOS互补作为基本电路单元的半导体技术。在红外焦平面阵列器件中是开关型多路传输器的技术基础。

2. 红外焦平面读出电路的输入单元

红外探测器阵列芯片上的每一个探测器,分别同读出电路上对应的各个输入端通过铟柱相连。通过读出电路的输入单元,红外探测器上的光生电荷转换成读出电路上的电压信号。输入单元的结构和特性,对红外焦平面阵列的最终性能影响很大。经过长期的研究和应用实践,针对不同的应用要求和特点,以及探测器敏感元的性质,三种基本类型的红外焦平面读出电路输入结构已经发展得十分成熟,并且大规模生产和应用。

1) 探测器伴源极跟随器

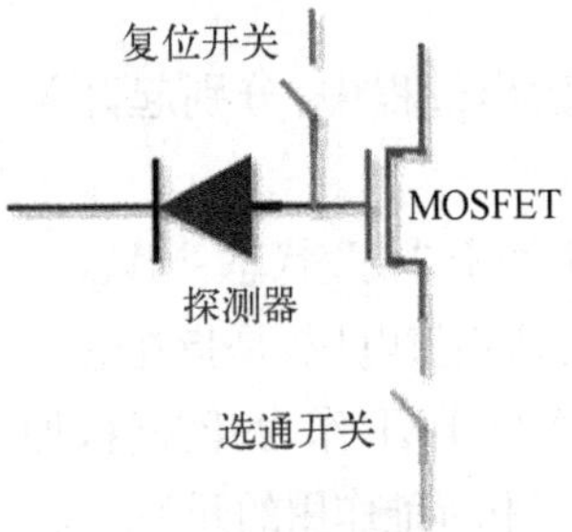

图3.17 探测器伴源极跟随器输入结构的组成图

图3.17是探测器伴源极跟随器(source follower per detector, SFD)输入结构的电原理图。探测器的正极(p端)连接到一个MOSFET的栅极,此MOSFET是作为源极跟随器使用的。探测器产生的光电流在输入节点的电容上积分,在探测器两端产生一个电压信号V_D,该电压由紧接着的源极跟随器读出。在源极输出的电压为

$$V_{out} = A\frac{C_D}{C_D + C_G}V_D \tag{3.19}$$

式中,C_D为探测器的p-n结电容;C_G为跟随器的栅极电容加上杂散电容;A为跟随器的放大倍数。

整个输入单元只由3个晶体管组成:一个输入场效应管作为源极跟随器使用;一个选通开关,它开启时源极可以输出信号电压;一个复位开关,在信号输出完成后开通,使输入节点恢复到初始电位。

在SFD的实际运用中,探测器一般要复位到−0.5 V或以上。随着探测器对光生电荷的积分,探测器的偏置也逐渐向正向移动。因此在一个积分过程中,探测器偏置是一直在变化的。探测器偏置的改变,会引起探测器动态阻抗和暗电流的改变,进而引起焦平面固定图像噪声的增加。这是SFD结构的一种缺点。当然,如果焦平面上各个探测器的反向特性十分一致,这种影响就不是十分显著。

SFD结构的电荷容量由其输入节点的电容和积分节点的电压摆幅的乘积决定。以InSb ALADDIN 1 024×1 024阵列为例,其光敏元为27 μm×27 μm,典型的输入端电容为60 fF,反向偏置电压为0.5~0.6 V,那么其阱容约为2×10^5电子,对应的读出电路跨阻在2 μV/e^-量级[22]。

电荷容量较低是SFD结构的一个缺点。当然,对于天体研究中的高分辨率光谱仪应用

来说，涉及的是<0.1 ph/s 这样极低的光子通量，那么 1×10^5 e^- 的阱容绰绰有余。但是对天体研究中如 M 波段、L 波段的热成像应用来说，需要处理的是约 10^8 ph/s 的光子通量，必须有更大的阱容。提高 SFD 结构的电荷容量有三种办法[23]。第一种办法是在源极跟随器的栅极制造一个附加电容，例如，美国辛辛那提电子公司在 SFD 输入栅附加一个 0.17 pF 的电容，对应的 InSb 探测器电容是 0.1 pF，总电容为 0.27 pF，电荷容量达到 6.7×10^5 e^-（@390 mV）。第二种办法是采用高掺杂材料制造 p－n 结，此时结电容可以提高一倍以上，报道的电荷容量达到 $5\times10^5 e^-$（@700 mV）。但是高掺杂材料的探测器量子效率有所下降。第三种办法是在通常的低掺杂材料制成的探测器上加一个很高的反向偏压。当然，这首先要求 p－n 结质量足够好，经得起负偏置的增高而不致引起暗电流的大幅增加。这是目前效果最好的一种做法。例如，电容为 60 fF 的 InSb 探测器在负偏压 1.5 V 时电荷容量达到 $4.5\times10^5 e^-$，而 25 K 的暗电流为 2.6e^-/s（在反偏置电压－1.1 V），读出噪声为 28e^-（经过 Fowler 采样），完全符合应用要求。

在极低背景的应用中要求焦平面器件有极低的噪声。举例来说，在深空探测中，对 J 带和 H 带的中分辨率光谱仪应用来说，主要针对的辐射源是 OH 基团气体辉光的发射，在亮线间的连续背景，其光谱辐射率只有 753 $ph\cdot s^{-1}\cdot arcsec^{-2}\cdot m^{-2}\cdot \mu m^{-1}$，对此曾经测得的探测器信号为 0.17 $e^-/(s\cdot pixel)$[24]。对如此微弱的辐射，理论上说可以通过延长积分时间使得光子噪声超过读出噪声。但在实际上，积分时间过长，过热像元、阵列非均匀性、γ 射线损伤等因素会导致焦平面阵列整体性能退化。所以要求读出噪声尽可能低，最好达到 10e^- 以下。

噪声极低是 SFD 结构的一个很大优点。电荷容量低导致 kTC 噪声低是一个原因，另一个原因是采用了佛勒采样技术。由于 SFD 大都用在极低背景的天文观测中，极低光子通量使得积分一帧图像需要几十、几百甚至上千秒的时间，在这种长时间曝光周期中，采取多重非破坏采样可以大幅度降低读出噪声。目前已达到的水平是，在 2 K×2 K 焦平面读出电路上，积分时间 1 000 s，读出噪声仅仅只有 6e^-[25]。

SFD 主要用于极低背景条件的空间和陆基的天文观测，也可以说，它是专门为这类应用而发展出来的。适用探测器材料为 HgCdTe、InSb、InGaAs 和 Si∶As(Ga,In)。由于结构简单紧凑、功耗低，有利于制备面元小、规模大的焦平面阵列。采用 SFD 的大规模红外焦平面阵列在全球范围有大量应用，表 3.1 列举了几个典型项目。

表 3.1 采用 SFD 输入结构的红外焦平面阵列技术参数简介[19, 26, 27]

项目代称	ALADDIN	Phoenix	MIRI	H2RG
制造商	Raytheon	Raytheon	Raytheon	Teledyne
输入结构	SFD	SFD	SFD	SFD
阵列规格	1 024×1 024	2 048×2 048	1 024×1 024	2 048×2 048
像元尺寸/μm	27	25	25	18
读出噪声/e^-	10～50	6～20	10～30	15～30
电荷容量/e^-	2×10^5	3×10^5	2×10^5	1×10^5
最高帧频/Hz	1～20	0.1	0.1	
探测器材料	InSb MCT IBC	InSb IBC	IBC	MCT

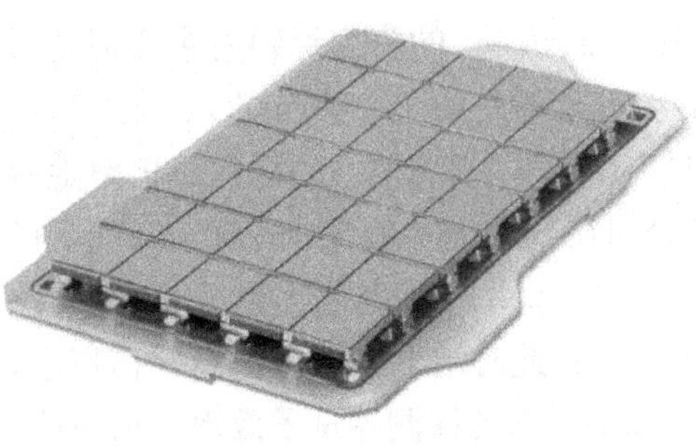

图3.18 用于 Microlensing Planet Finder 项目中的 147 M 元巨规模阵列结构图

近年来，采用上述 ALADDIN、Phoenix、H2RG 为基本模块，通过两边拼接或三边拼接的方式，发展出了规模更加巨大的红外焦平面阵列，用于更为宏大和先进的空间项目中。例如，TIS 计划用 35 个 H2RG（5×7 排列），构建具有 147 M 像元的超大规模红外焦平面阵列，如图 3.18 所示，用于 Microlensing Planet Finder 项目[28]。

SFD 在极低背景和极低工作温度下的性能是十分出色的，它的应用也非常成功。但 SFD 是一种电压读出方式，响应非线性是其本质属性，因为在电荷连续积分的过程中，探测器自身的电容在不断地变化，而且，在光子通量密度很小的情况下，探测器 $I-V$ 特性曲线自身的非线性的影响就更加凸显。SFD 结构的线性区仅限于满阱容量 1/3 以下的区域，或者暗电流远小于光电流的情况[23]。因此在较高背景条件下的应用受到限制。

2) 电容反馈跨阻抗放大器

电容反馈跨阻抗放大器（capacitive transimpedance amplifier, CTIA）是一种适应多方面用途的高性能读出电路输入结构。其电原理图如图 3.19 所示。它由一个高增益运算放大器和一个反馈电容加上一个复位开关组成。CTIA 输入级是一种复位积分器。

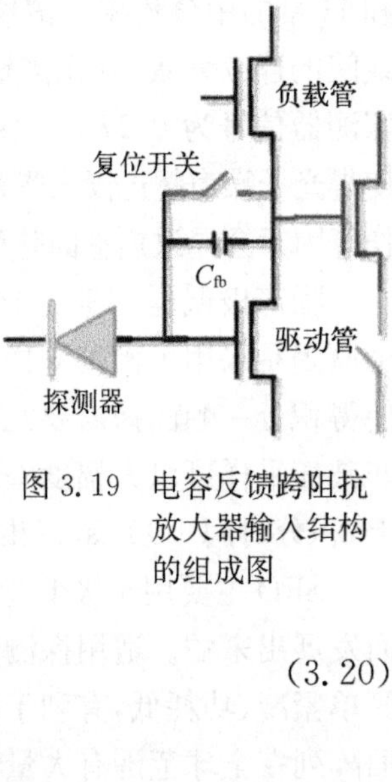

图 3.19 电容反馈跨阻抗放大器输入结构的组成图

(1) CTIA 电路的输出幅值。

光伏探测器产生的光电流在反馈电容上积分，在运算放大器的输出端形成输出电压 V_{out}。这个电压再由后续的经选通后的源极跟随器读出。如果积分时间为 T_{int}，则输出信号为

$$V_{out} = \frac{\int_0^{T_{int}} I_D dt}{C_{fb} + \dfrac{C_{fb} + C_D}{A}} \tag{3.20}$$

式中，C_{fb}为反馈（积分）电容；C_D为探测器电容（p－n 结自身电容加上杂散电容）；A 为运算放大器增益。一般反馈电容 C_{fb}要比探测器电容 C_D大，而运算放大器增益很大（约 10^3），故有

$$V_{out} \approx \frac{1}{C_{fb}} \int_0^{T_{int}} I_D dt = \frac{I_D T_{int}}{C_{fb}} \tag{3.21}$$

此式表明，响应信号 V_{out}对探测器电流 I_D和积分时间 T_{int}是线性依赖的。只要暗电流足够小，响应线性度就十分好，从而动态范围就大。这是 CTIA 结构的一个重要优点。

(2) CTIA 电路的积分节点偏置稳定性。

光生电流在差分放大器差模输入端引起微小变化，由于放大器增益很大，（反相）放大器输出电压急剧变化。通过反馈电容，输出电压的变化耦合到输入节点，使光生电荷流入反馈

电容，并与光生电荷在输入节点产生的初始效应相反，引入负反馈。当积分结束（时间点 T_{int}）时，探测器偏置电压偏移量为

$$\Delta V_{in} = \frac{I_D T_{int}}{C_{fb}(1+A)} \tag{3.22}$$

由于运放增益 A 很大，使得 ΔV_{in} 很小，在输出电压为伏特量级时，输入节点电压的偏移仅为毫伏量级。探测器的偏置是稳定的，这是 CTIA 结构的又一个重要优点。

光伏探测器的初始偏置一般设定为一个小的负偏压，例如，对 InSb 设为 $-20 \sim -50$ mV，以避免探测器在受到高辐照量时变到正向偏置。一旦变到正向偏置，探测器的噪声就会变大，而且对光响应的线性度大大降低。对探测器阻抗不是很高的长波探测器而言，CTIA 输入单元中常包含一个自动趋零（auto-zeroing）电路。自趋零操作的目的是把所有探测器元的偏置差异控制在几个毫伏的范围内[29]。

（3）CTIA 电路的电荷存储容量。

电荷存储容量由反馈电容和输出电压摆幅决定。CTIA 电路的输出电压摆幅通常在 1 V上下，也有达到 2.7 V[30]。而反馈电容的设计值范围很宽：从小于 15 fF 到 50 pF 以上[31]。所以 CTIA 电路的电荷容量可以有一个很大的范围，以适应不同背景条件件的应用。例如，Indigo 公司一款标准产品 ISC9809 读出电路的 CTIA 输入级有两个积分电容，提供了两档电荷容量：0.17 Me^- 和 3.5 Me^-。先前也有报道，一款用于远红外、深低温的 CTIA 读出电路具有 8 档反馈电容，电荷容量在 0.25～37.5 Me^- 可调，电路单元面积需要 750 μm×750 μm[32, 33]。

（4）CTIA 读出电路的噪声比较低，其噪声来源主要是运算放大器的噪声、积分电容的复位噪声、作为缓冲和放大的源极跟随器的噪声等。CTIA 的宽带通道噪声就是总的放大器白噪声，它决定了最小可实现读出噪声的下限。在开环增益足够大的条件下，该噪声近似等于[34]

$$N^2_{kTC\text{-}channel} = \frac{kTC_{fb}}{q^2}\left[\frac{C_{det}+C_{fb}}{C_L + \dfrac{C_{fb}C_{det}}{C_{fb}+C_{det}}}\right] \tag{3.23}$$

式中，C_L是输出负载电容。此式直观地指明了降低噪声的途径：探测器电容，必须得低（减小探测器分路电容，从而降低闭环增益），而输出电容得高（即限制带宽）。其复位噪声可以通过相关双采样予以降低或消除。一般来说其读出噪声在几十到几百电子。例如，Indigo 公司 ISC9809 的读出噪声，在低增益档为 700 e^-，在高增益档为 70 e^-[30]。

（5）CTIA 输入结构的缺点。

CTIA 输入结构单元面积大。这是很显然的，因为结构比较复杂，每个单元所含的晶体管数目比较多。据报道最多的一个单元由 700 个晶体管组成[33]。

单元功耗大。这也是显而易见的，早先报道单元功耗 5～20 μW，现在已有所降低。例如，ISC9809(320×256)的最低功耗为 90 mW，平均单元功耗约只需 1 μW。进一步降低功耗是 CTIA 读出电路设计和制造中一个重要的方向。

辉光现象。读出电路在工作时总是有电流通过，有功耗，这种电流作为一种激发源，使得硅器件发射出很微弱的荧光，引起探测器的微弱响应。这种由硅读出电路的微弱辉光导致的探测器响应，掩盖了探测器的真实暗电流。辉光现象在使用 SFD 输入结构的焦平面器件中早有发现，在使用 CTIA 结构的焦平面器件中更为明显，这是因为 CTIA 结构中不断有电流通过，功耗更大。在一款 270×436 元碲镉汞中波焦平面器件性能表征中，70 K 下暗电流的表观值为 1 fA，是其真实暗电流的 10 倍，而且被证明受辉光电流限制[35]。

极低背景和极高背景下性能不够好。在光子通量极低的一类应用中，读出噪声性能（几十个电子）不及 SFD 结构（几个电子）；在光子通量很高的应用中，电荷容量（约 10^6 e^-）不及 DI 结构（约 10^7 e^-）。不过，向这两个极端应用方向拓展的努力正在取得进展[33]。

3）直接注入

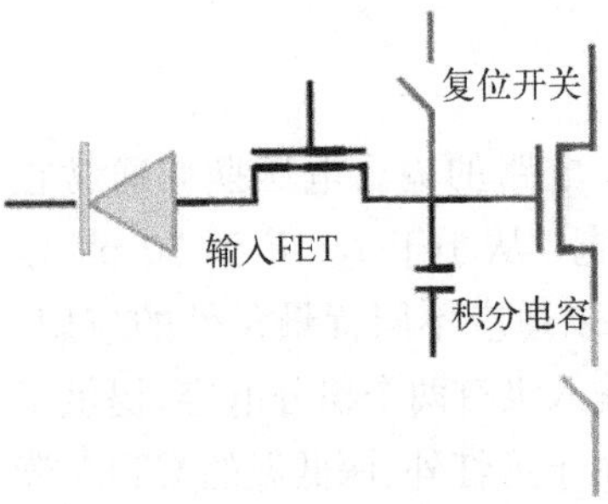

图 3.20　直接注入输入结构的组成图

直接注入结构（direct injection，DI）由一个输入场效应晶体管、一个积分电容和一个复位晶体管组成，后接一个带选通开关的源极跟随器。其电原理图如图 3.20 所示。积分节点在输入场效应晶体管的漏极上。在探测器上产生的光电流，直接注入该输入 FET（习惯称为注入管）中，在积分电容上积累并产生一个信号电压。当源极跟随器被选通时，信号电压读出。读出完成后，积分电容复位，随后开始下一个积分周期。

直接注入是一种电流读出机构。对输入 FET 的电流注入效率定义为

$$\eta_{in} = I_d / I_D \tag{3.24}$$

式中，I_d为注入管的漏极电流；I_D为探测器电流。

显然，输入 MOSFET 的低频电流注入效率由探测器阻抗和注入管跨导的相互关系决定：

$$\eta_{in} = \frac{g_m R_D}{1 + g_m R_D} \tag{3.25}$$

式中，g_m为注入管的跨导；R_D为探测器动态阻抗。

照理跨导与注入管栅的宽长比有关，但在焦平面读出电路的具体结构中，宽长比调整余地不大。实际上，输入 MOSFET 处于亚阈值工作状态（即栅极电压小于场效应晶体管的阈值电压），亚阈值状态的跨导 $\frac{\partial I_d}{\partial V_G}$ 对 V_G有指数依赖（式(3.18)），变化范围很大。在与探测器按如图 3.20 所示的方式相连接时，其工作点附近的跨导可如下表示：

$$g_m = \frac{e}{2kT}\left(\eta_{in} I_D + \frac{V_B}{R_D}\right) \tag{3.26}$$

式中，I_D为探测器电流（为光电流和暗电流之和）；V_B为探测器偏置电压。从式(3.25)和式(3.26)可以推导出[36]：

$$\eta_{in}=\left(\frac{1}{2}-\frac{V_B}{2R_DI_D}-\frac{kT}{eR_DI_D}\right)+\left[\left(\frac{1}{2}-\frac{V_B}{2R_DI_D}-\frac{kT}{eR_DI_D}\right)^2+\frac{V_B}{R_DI_D}\right]^{1/2} \quad (3.27)$$

即注入效率依赖于探测器电流(包括光电流和暗电流)、探测器偏置和动态阻抗。

根据式(3.27)计算的77 K下注入效率η对探测器电流和动态阻抗乘积$R_D \cdot I_D$在各种偏置条件下的依赖关系的结果表明,在零偏置条件下,如果$R_D \cdot I_D$小于15 mV,电流注入几乎不会发生。适当增加负偏置电压有利于提高注入效率,但这要带来暗电流增加和噪声增加的风险。随着$R_D \cdot I_D$的增加,注入效率显著提高,如果$R_D \cdot I_D$达到1 V,注入效率接近100%。粗略地说,探测器动态阻抗高(R_0A大),注入效率高;背景光子通量大(从而光电流大),也容易获得较高的注入效率。Greiner[37]曾经报道,对InSb焦平面阵列而言,启动注入管大约只需要几十皮安的电流。因此在中、高背景的应用中,直接注入结构具有很大优点。而在低背景的应用中,由于光电流太小,注入效率低,不采用直接注入。

对于R_0A值不高的探测器,如长波碲镉汞光伏器件,使用直接注入结构尤其要慎重。图3.21[36]是在各种背景温度下根据式(3.27)计算的注入效率对R_0A值的依赖关系。为了简单起见,只计算了反向偏置5 mV的情况。计算中假定光学系统为F3,探测器面积38 μm×38 μm,量子效率80%,响应波段8～11.5 μm。各个背景温度下探测器的光电流见表3.2。图3.21表明,在各种背景温度下,随着R_0A的减小,注入效率显著下降。在常用的300 K背景温度下,R_0A降低到10 Ω·cm²以下,注入效率就不到50%了。

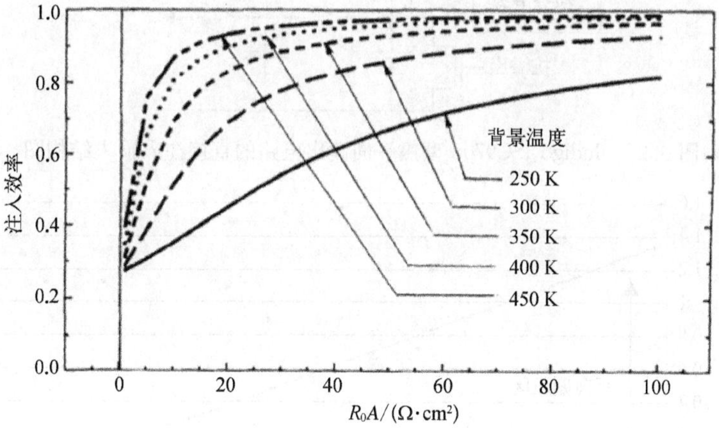

图3.21 计算的长波探测器注入效率对R_0A的依赖关系[36]

表3.2 不同背景温度下长波探测器的光电流计算值[36]

温度 T/K	光子通量 ϕ ($ph \cdot cm^{-2} \cdot s^{-1}$)	光子通量对比度 $\frac{d\phi}{dt}$ ($ph \cdot cm^{-2} \cdot s^{-1} \cdot K^{-1}$)	探测器电流 I_D/A
250	1.96×10^{17}	4.58×10^{15}	1.00×10^{-8}
300	5.23×10^{17}	8.62×10^{15}	2.68×10^{-8}
350	10.65×10^{17}	1.31×10^{16}	5.47×10^{-8}
400	18.33×10^{17}	1.75×10^{16}	9.41×10^{-8}
450	28.13×10^{17}	2.16×10^{16}	14.44×10^{-8}

以上讨论表明，直接注入结构在低阻抗器件、低背景应用中不能提供高的注入效率，不适用于这两种情况。

直接注入结构的积分节点是在注入管的漏极上，因此对输入节点的偏置影响在可接受的程度。但是，深入研究表明，在某些条件下，这种影响不可忽视。

直接注入电路在工作中探测器偏置电压的调节和控制是十分重要的。实际电路中控制探测器偏置是通过调节注入管的栅电压来实现的。图 3.22 是 Indigo 公司 ISC9705 读出电路的输入单元图[38]。这是一款用于中、高背景的 320×256 元 p-on-n 焦平面探测器的电路。图中两个节点，一个与探测器芯片上环形的公共电极（通常为 n 型接地电极）相连，一个表示探测器阵列上每一个像元的正极（p 型区）与读出电路上每一个输入端口相连。加在输入场效应晶体管栅极上的电压为 V_{bias_adj}，它与探测器的实际偏置电压的关系如图 3.23 所示。探测器实际偏置电压改变的最小档为 4～5 mV，这种调节精度有利于降低偏置变化对焦平面均匀性的影响。

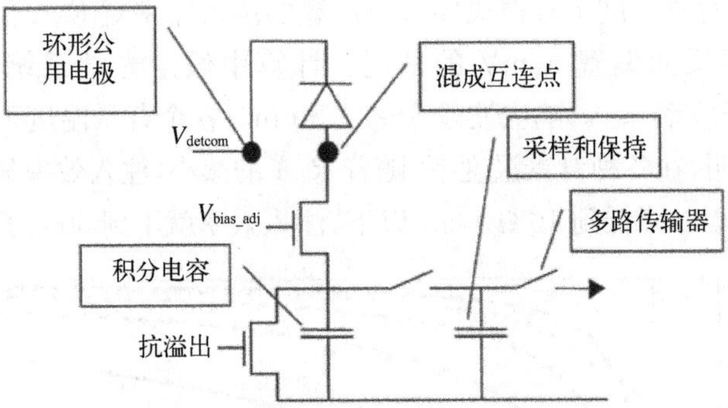

图 3.22　Indigo ISC9705 型焦平面读出电路的直接注入输入结构图

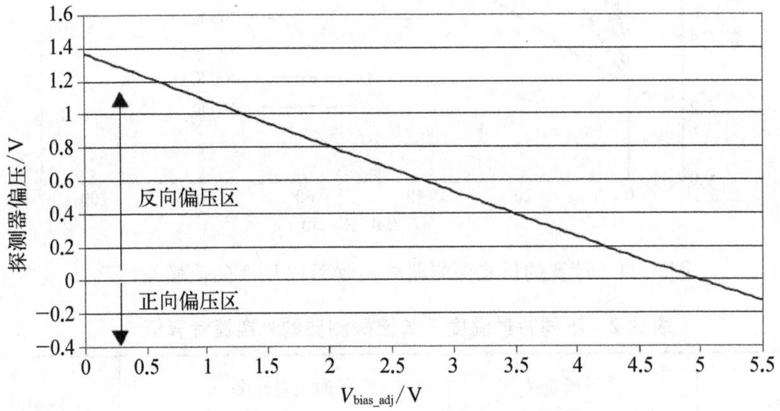

图 3.23　电路标称偏置调节电压与探测器实际偏置电压的控制关系

3. 信号多路传输

焦平面读出电路上的多路传输器（multiplexer，MUX）将来自探测器阵列上数万个甚至数十万个探测元的信号依次传输到读出电路的单个或数个输出端。现在广泛使用的多路传输器形式有 CCD 器件和 MOSFET 开关阵列。

1) CCD 传输

电荷耦合器件(CCD)多路传输器是利用 CCD 移位寄存器把并行注入的来自敏感元的信号进行串行读出的器件，其特点是以电荷作为传输信号，而不是以电流或电压作为传输信号。它利用一系列连续的转移势阱，将电荷传输到探测器阵列外的浮置栅或扩散区，最后通过总线输出。CCD 多路传输的过程实质上包含电荷注入、存储及随后沿半导体表面转移。CCD 信号电荷注入方式有光注入和电注入两种。CCD 信号电荷转移过程可视为模拟信号的移位寄存。在光积分时间内，已流入 CCD 移位寄存器中的信号电荷在三相驱动脉冲的作用下，按其在 CCD 中的空间排列顺序，通过输出机构串行地转移出去，形成一维时序电信号。

在电荷转移过程中，CCD 必须提供信号电荷包之间的隔离并有极高的电荷转移效率。电荷的不完全转移不仅导致信号下降，也将产生串音，导致 MTF 下降，因为未转移走的电荷会出现在相邻像元的下一个电荷包中。

早期的红外焦平面阵列采用 CCD 传输。由于其结构较为复杂，在二维阵列中信号传输线的布排要占去很多芯片面积，所以在大规模面阵中较少应用。

2) MOSFET 开关

CMOS 多路传输器利用 CMOS 场效应管开关阵列，在一套时钟脉冲的驱动下顺序或者按指令进行坐标寻址，选通各个敏感元，将每个敏感元上光电响应信号连接至总线并放大输出。常用的 CMOS 移位寄存器单元包含两个反相的时钟脉冲和两个反相器，其作用是产生一系列在时域上相邻而不交叠的脉冲，使其能依次选通各个行或列，达到读出信号的目的。

根据所用的多路传输方式的不同，习惯上把焦平面读出电路分为 CCD 读出和 CMOS 读出两大类。表 3.3 列出了这两种读出方法的主要异同。

表 3.3　CCD 读出和 CMOS 读出方法的异同[39]

	CCD 读出	CMOS 读出
像元级	由光子二极管构成；实现光电荷的产生和光电荷的积分	每个像元由光子二极管和放大器构成；实现电荷产生、电荷积分和电荷/电压转换
阵列级	电荷在像元间按顺序传输	像元电压多路传输：把放大器按顺序连通到输出总线上
输出级	由输出放大器执行电荷/电压转换	有各种输出选项：直接模拟输出；进一步放大后模拟输出；A/D 转换后数字输出

4. 积分节点信号电压斜坡的性质

SFD 积分节点信号电压随着积分时间而上升，斜坡具有正斜率。其电压初值为复位后的探测器偏置电压(一般为负值)。在积分开始阶段，这种上升接近线性，在达到大约满阱容量 1/3 以后，电压上升开始变缓，偏离线性渐远。其信号电压随时间变化的关系图如图 3.24(a)所示。

DI 积分节点信号电压随时间变化关系图如图 3.24(b)所示。积分斜坡具有正斜率。随时间变化的线性度较好。

CTIA 积分节点信号电压随时间变化关系图如图 3.24(c)所示。由于 CTIA 复位积分

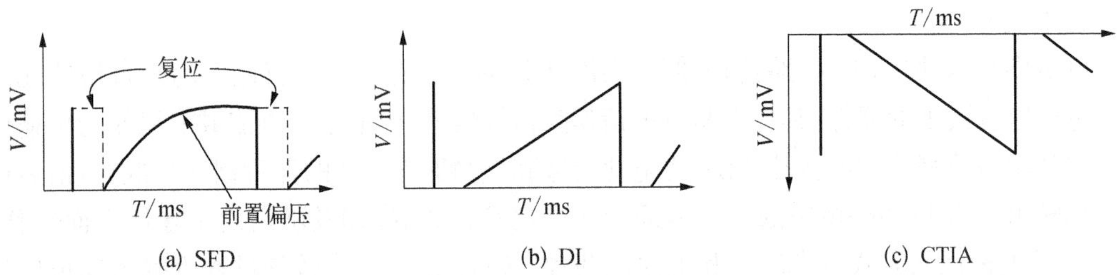

图 3.24　积分斜坡的形状和性质

器的前置放大器是一个倒相的栅-阴放大器，故其积分斜坡的斜率是负值，即电压随时间而下降。其变化的线性度是很好的。

5. 探测器偏置变化及其对焦平面阵列性能的影响

如图 3.13 和图 3.24(a)所示，在电压读出模式下，随着积分时间的延续，探测器两端的电压不断增加，探测器的偏置也随着入射辐射的强弱而改变。

在电流读出模式下，探测器的工作点沿着负载线变动。在理想的情况下，$R_L = 0$，此时负载线为通过 V_B点、与电流轴平行的一根直线(在零偏置条件下与电流轴重合)，入射辐射变化时，探测器的偏置不发生变化，依然是 V_B。在实际情况中，R_L不可能为零，所以负载线是一根斜线。与 I_1、I_2、I_3相对应，探测器偏置改变为 V_{B1}、V_{B2}、V_{B3}(图 3.13 中未画出)。在直接注入情形中，探测器的负载是一个 MOS 场效应晶体管，工作在亚阈值状态，负载线应该是该场效应晶体管的$(V_G - V_T)$- I_D特性曲线，如图 3.25 所示。此处 V_G为栅极电压，V_T为该场效应管的阈值电压，I_D为漏极电流。在这情形中，探测器的偏置也随着入射辐射的改变而变化。与此对应，探测器的动态阻抗随之发生变化。因为对大多数光伏探测器而言，动态阻抗 $R_D = \frac{\partial I_D}{\partial V}$ 是随偏置电压而改变的，如图 3.25 中 R_D- V 曲线所示。

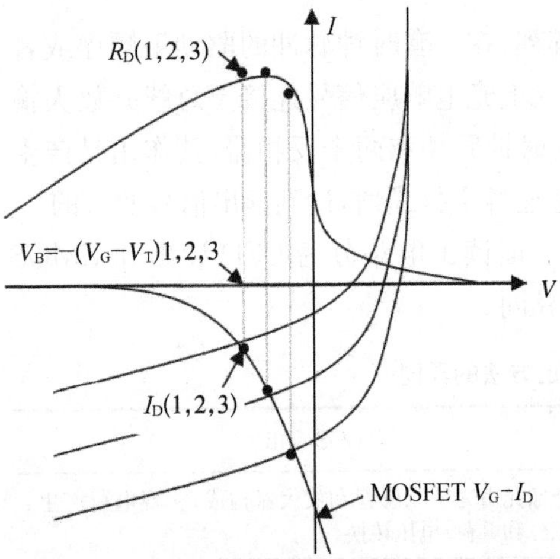

图 3.25　一个亚阈值 MOSFET 作为负载时光伏探测器的工作状态

动态阻抗的变化自然会引起探测器暗电流噪声的变化。一个焦平面阵列上的各个像元，本来就存在差异，具有不均匀性。现在由偏置改变引起的动态阻抗的变化则加剧了这种不均匀性。此外，动态阻抗的改变如果比较大，也会引起注入效率的明显变化。

这种因偏置变化影响焦平面阵列性能的情况，还因为直接注入读出电路的制造工艺中某些参数的失控而进一步加剧。这就是注入管阈值电压的不均匀性带来的问题。图 3.26 显示了两个注入管，其阈值电压相差 ΔV_T。由于对这两个注入管所加的栅极电压 V_G是相同的，故 V_T的差异造成偏置的差异 $\Delta V_B = \eta\Delta V_T$，以及暗电流的差异 ΔI 和动态阻抗的差异 ΔR_D。结果引起暗电流噪声的分散性增加，注入效率不均匀性增加，总的效果是使焦平面阵列的均匀性变差。因此，阈值电压均匀性的控制是直接注入读出电路设计和制造中一个十分关键的问题。

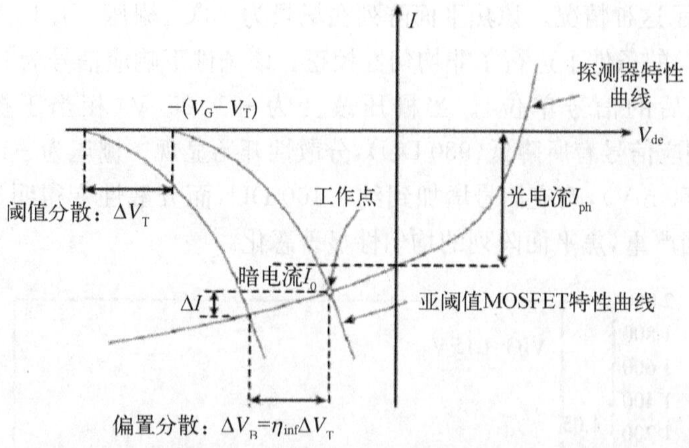

图 3.26　阈值电压分散对直接注入输入单元工作点的影响

美国 Indigo 公司十分重视这个指标，其 320×256 元读出电路注入管阈值电压均匀性控制在 $\Delta V_T(1\sigma)\leqslant 4$ mV[40]。而差不多同一时期，国内有关制造厂家的控制水平为 100～200 mV。

Greiner 等[37]对直接注入 InSb 红外焦平面阵列偏置电压控制对阵列性能的影响进行了实验研究。如上所述，注入场效应管栅压改变控制探测器偏置变化；场景辐射的强度改变会导致探测器偏置变化；各个探测器暗电流的差异也引起偏置的差异。图 3.27 显示了光电流为 200 pA 场景下，注入管栅压变化对暗电流不同的三个探测器的影响。自左至右分别为 $V_G=-1.09$ V、$V_G=-1.07$ V、$V_G=-1.05$ V 三个栅压下的负载线。假设三个探测器的暗电流分别为 10 pA、20 pA 和 30 pA。中间的负载线（−1.07 V）与探测器的 $I-V$ 曲线相交于电流轴，三个探测器都工作在零偏置，其性能将没有差异。右边的负载线对应于 −1.05 V，三个探测器均处于正偏置，其输出的信号电流很分散，且均小于其正常的光电流 200 pA。左边为 −1.09 V 的负载线，这时三个探测器均处于负偏置工作，其输出信号电流为正常光电流加上各自的漏电流，故而有所分散。可以想象，如果负载线继续向左移动，探测器在更高的负偏置下工作，那里漏电流更大也更分散，那么信号电流进一步增加，但分散性加剧，而噪声的表现也类似，使得焦平面阵列性能恶化。

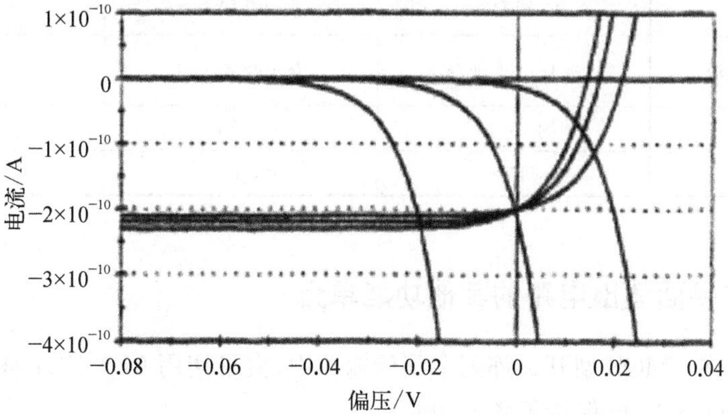

图 3.27　三个 InSb 探测器和相应的直接注入场效应管的工作特性

图 3. 28 就表示这种情况。该焦平面阵列在场景为 20℃、栅压－1. 15 V(相当于探测器偏置电压－50 mV)的条件下进行了非均匀性校正。该条件下响应信号为 960 DU(DU 为经过模拟/数字转换后的信号单位)。当栅压改变为－1. 05 V(相当于探测器偏置电压＋50 mV),平均响应信号有所降低(930 DU),分散性开始显现。栅压为－1. 50 V(相当于探测器偏置电压－350 mV),响应信号增加到约 1 100 DU,而分散性变得明显。1. 60 V 条件下响应分散性相当严重,焦平面阵列的均匀性显著恶化。

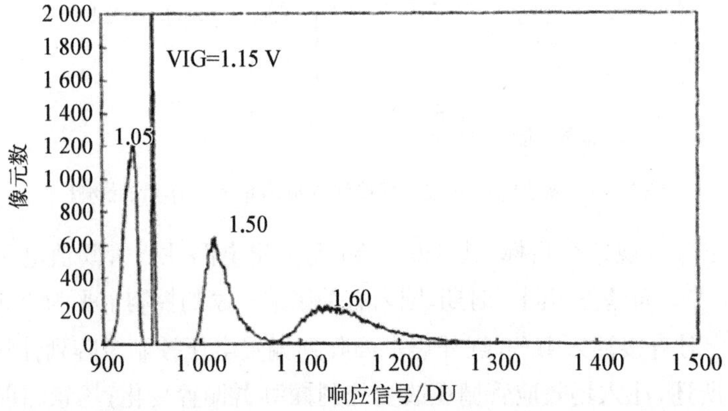

图 3. 28　偏置变化对探测器阵列响应信号分散性的影响

阵列分布 77 K,20C 源,校正@1. 15 V

在这项研究中,阵列上各个输入单元阈值电压分散性的影响还没有专门考虑。但实际结果中应包含这种影响。

简而言之,直接注入输入结构在光电流大(中、高背景)、暗电流小、零偏压阻抗高、阈值电压均匀性好的条件下,是十分理想的。Indigo 公司 ISC9705 读出电路特别指明的理想使用条件为:输入电容(积分电容)0. 3 pF(0. 1～0. 5 pF),探测器 R_0A 10^4 Ω · cm^2(10^3～10^6 Ω · cm^2),输入电流 1 nA(0. 02～10 nA),电荷容量 18 Me$^-$[39]。

根据以上讨论,可以把三种输入结构的主要特点和最佳适用范围简单归纳于表 3. 4。

表 3. 4　三种输入结构的主要特点和最佳适用范围[25]

	SFD	CTIA	DI
光子通量或光电流	0. 1～10^8 ph/s	介于两者之间	＞10^8 ph/s 20 pA～100 nA
电荷容量	约 10^5 e$^-$	约 10^6 e$^-$	约 10^7 e$^-$
读出噪声	＜15 e$^-$	＜50 e$^-$	＜1 000 e$^-$

3. 4. 4　红外焦平面读出电路的其他功能单元

(1) 开/关:在 CMOS 型开关阵列多路传输器中,大量使用 MOSFET 作为开关,以帮助实现像元选通、复位、采样-保持等各种功能。

(2) 复位:在一次积分的信号读出后,积分节点需要复位到初始状态。由一个复位脉冲打开复位开关，使复位电压到达积分节点。

(3) 采样/保持：在大多数工作状态下，焦平面阵列上的所有探测元是同时积分的，需要使用采样-保持电路，在一帧结束时采集这一帧的信号电压，并暂时储存起来，以便随后多路传输器选通和读出。最简单的采样-保持电路由一个 MOSFET 采样开关、一个保持电容和增益接近 1 的缓冲放大器组成。采样-保持电路的噪声主要由保持电容的热噪声决定，即 kTC 噪声，一般这一噪声要小于前置放大器的输出噪声，因此，采样-保持电路增加的噪声是很小的。

(4) 自动趋零：用于长波低阻抗器件，以控制探测器偏置的变化不超过数个毫伏。

(5) 限频(band limiting)：需要限制高频噪声的时候，可接入一个电容以限制频率上限。

(6) 相关双采样(correlated double sampling, CDS)：使用这个电路在一帧积分斜坡的开始和终了时各采样一次，并把两个数据相减，以此消除复位噪声的影响。

(7) 坐标寻址(coordinate addressing)：在数字电路中，移位寄存器是以一种在若干相同时间脉冲下工作的触发器为基础的器件，数据以并行或串行的方式输入该器件，然后每个时间脉冲依次向左或右移动一个比特，在输出端进行输出。在焦平面读出电路中，用 X 方向、Y 方向两个独立的移位寄存器相结合，进行坐标寻址。X 方向负责列寻址，Y 方向负责行寻址。结果，在某一时刻找到位置为 (i, j)——第 i 列、第 j 行的像元。此时，第 (i, j) 像元上的信号电压允许进行传输和读出。

(8) 时间延迟积分(time delayed integration, TDI)：线列探测器用于成像系统时，均是从视场的一边扫描到另一边，以产生一幅完整的图像。决定探测器响应的曝光时间受到像元驻留时间的限制，或者说探测元看到场景中某点的等效时间的限制。如果允许的扫描时间短，场景分辨率要求高，或扫描视场大，则单个探测元的曝光时间将不得不趋于减小。如果一个 M 元(如 288 元、512 元)线列探测器由 N 列(一般 N 为 4～16)组成，各列依次扫过同一个空间线视场。如将第一列图像延迟后与第二列图像相加，然后再延迟与其后的各列图像逐元相加。N 列叠加的结果可产生 N 倍的信号电平，而噪声仅增加 $\sqrt{N}$ 倍，这样系统的信噪比可增加 $\sqrt{N}$ 倍。时间延迟积分(TDI)通过 N 元串扫，可以增加积分时间，但不损失空间分辨率，使系统信噪比得到改善。TDI 的实现，目前最普遍的办法是采用 CCD。CCD 将 TDI 中的一个探测元的信号电荷传输到下一个探测元，并和第二个探测元的电荷积累在一起。两个探测元之间的传输时间提供了必要的延迟，以便和下一个探测元的信号同步。

(9) 积分模式：积分模式实际上是像元对光生电荷进行积分和对这些积分电荷进行读出两个工作过程的时序关系。现在广泛使用的有以下四种模式。

① 快照模式。

快照模式(snapshot mode)是二维红外焦平面阵列的所有像元在一个帧周期开始时同时积分，然后依次逐个读出的一种模式。快照模式的工作时序如图 3.29 所示，焦平面上所

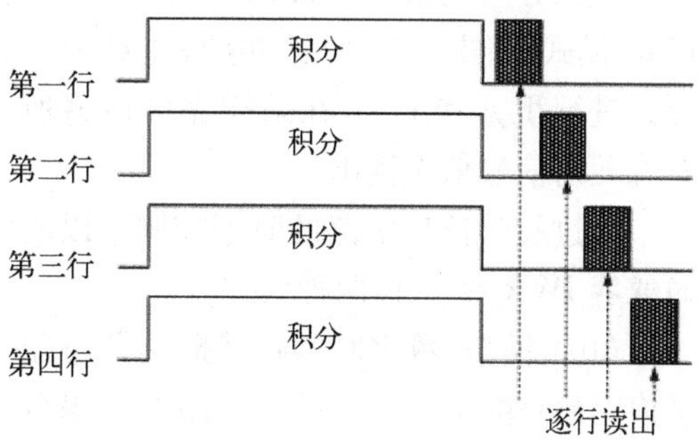

图 3.29　快照模式的时序

有像元同时积分逐行读出，不同像元间没有曝光延时，反映了整个视场内目标物体各个部位同一瞬间的热分布。这种积分模式特别适用于对高速运动物体的成像。

② 滚动模式。

在滚动模式（rolling mode）下，二维红外焦平面阵列的像元逐行依次进行积分-读出，在一行完成后，再进行下一行的积分-读出。行滚动方式的工作时序如图 3.30 所示，每一行的积分和读出时刻较上一行晚一个行时钟周期。这种模式适用于对静止或者慢速移动的物体成像，帧频也较低。但由于行滚动模式的单元电路设计较简单，设计难度相对较低，规模也更容易做大。

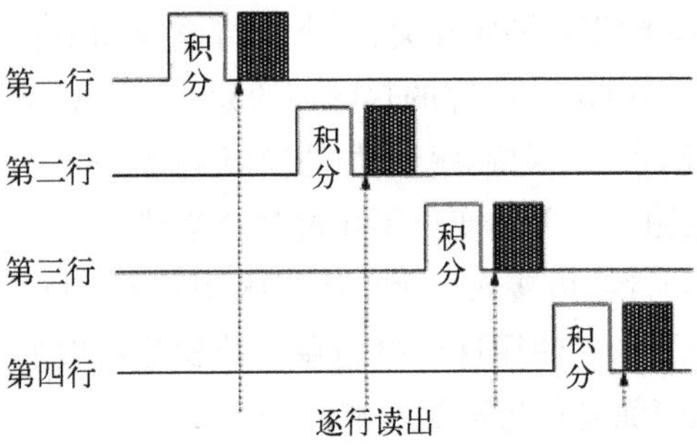

图 3.30 滚动模式的时序

③ 边积分边读出模式。

边积分边读出（integrating while read，IWR）模式的时序如图 3.31 所示。红外焦平面在第 N 帧积分的同时，进行上一帧即第 $N-1$ 帧数据的读出。这种模式可以充分利用驻留时间作为积分时间，有利于提高系统信噪比。对于驻留时间、信噪比要求严格的空间遥感应用，这个优点具有重要意义。

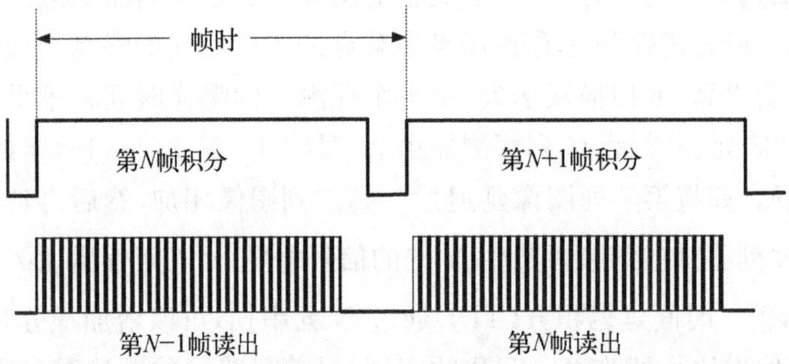

图 3.31 IWR 模式的时序

④ 先积分后读出模式。

先积分后读出（integrating then read，ITR）模式如图 3.32 所示，电路先对全部像元进行积分和采样，在采样完成后将所有像元的信号依次读出。

通过设计读出电路的时序控制可以同时兼容 IWR 和 ITR 两种模式。

（10）模拟/数字转换：是把模拟电压转换成数码单位输出。目前常用的数码分辨率及对应的转换速率为 12 位/40 MHz、14 位/20 MHz 和 16 位/500 kHz[28]。

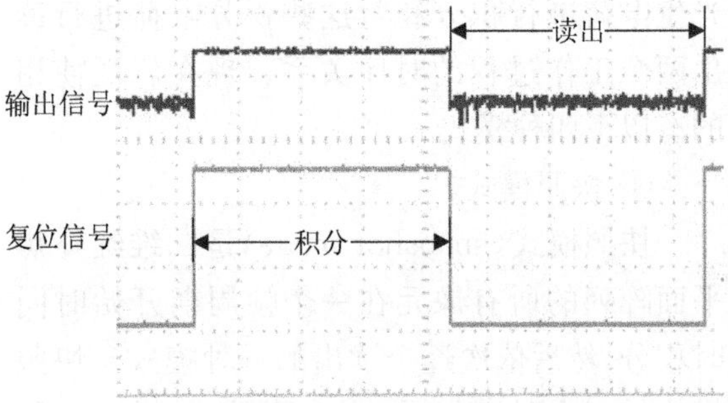

图 3.32 ITR 模式的时序

读出电路的基本结构包括输入级电路、信号预处理电路、多路传输电路和放大输出电路。早期的读出电路输出的是模拟量信号，需要在红外系统的电子学模块中通过模拟/数字转换电路进行数字化编码。相对长距离的模拟信号传输带来附加噪声和信号串扰，所以把A/D转换功能前移是一个重要的技术需求。把A/D转换功能放在读出电路芯片上完成，是红外焦平面阵列技术发展的一个重要趋势。

红外焦平面片上模拟-数字转换器(ADC)的实现方案主要有三种结构：芯片级、行(列)级和像元级[41-43]。

芯片级ADC就是把一个串行高速ADC电路做在读出电路上，依次将阵列上每一个像元的模拟信号转换为数字信号后串行输出。这种技术只取得了有限的成功，当阵列规模扩大时，高速ADC的功耗很大。为了克服这些缺点，发展了行(列)级ADC结构。其基本设想是让阵列中每列或n列像元共享一个ADC，这就需要在片上做多行ADC电路，从这些ADC并行输出至多路传输器。这种方法比芯片级ADC有一些优点，是目前已经实际应用的电路。

现在正在迅速发展的技术是像元级ADC。最令人瞩目的是美国林肯实验室在光电流-频率转换器基础上发展的数字像元焦平面阵列技术[44-46]。这种数字像元焦平面阵列的每个像元具有模拟/数字转换功能，16位动态范围和实时数字成像处理能力。这项技术利用现代先进半导体工艺实现低功耗、高晶体管密度设计。基于这种创新技术的红外传感器能够实现大视场、高分辨率、高灵敏度和高帧频的红外成像，提供全新的视觉观感。

数字读出电路单元的结构和布排原理图如图3.33所示。每个单元内有一个前置放大/缓冲器，一个像元内模拟-数字转换器，该ADC包含一个光电流-频率转换器(IFC)，一个计数器/移位寄存器，一个多路传输单元(把计数器/移位寄存器连接到4个最相邻像元中的一个)，以及像元时序和控制电路。如图3.33(b)所示，注入晶体管给一个很小的积分电容(如只有1 fF)充电，在最大电压为1 V时电荷容量为6 000 e^-。充满后该电容复位，产生一个脉冲。继续充电-复位形成的脉冲链，其频率与注入电流成正比。计数器记录脉冲的数目。当一次积分结束时，计得的数代表积分电容充满的次数；既然电荷容量已知，计数器也录得了所积分的光电子数目的数位表示。然后16位的计数器/移位寄存器把这些数字转移到相邻

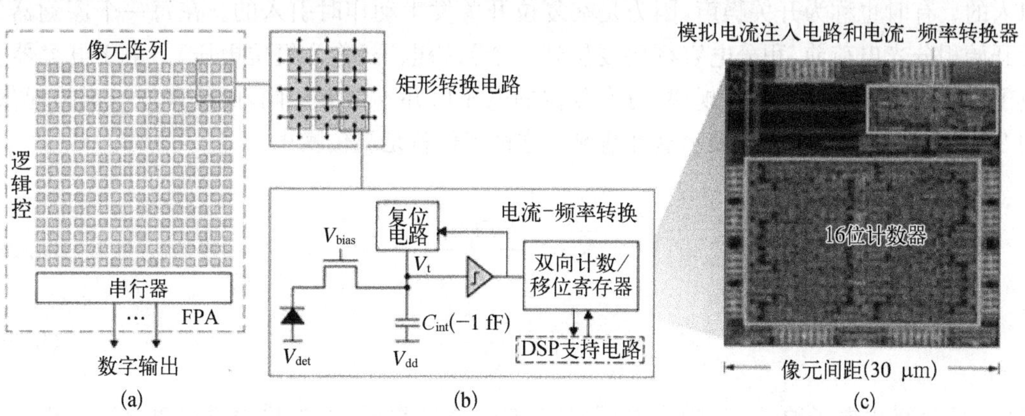

图3.33 数字像元读出电路基本结构和原理示意图

的一个像元上，由高速数字读出电路读出。由于积分电容非常小（只有 1 fF），它只占用了很小一部分像元面积，大部分面积用于 16 位计数器。Schultz 等[44]通过这种技术，在 SWIR 和 LWIR，采用 90 nm 工艺，实现了 256×256 元和 640×480 元 DFPA，动态范围达到 16～21 位，传输速率达到 32 Gb/s。预期将来采用 32 nm 工艺，对 12 μm 像元，可实现从可见光到甚长波范围 4 028×4 028 元数字焦平面阵列，动态范围 28 位，数据速率 100 Gb/s，数字灵敏度达到 100 e⁻/DU。如果这一预测能够实现，则影响红外焦平面成像阵列发展的电荷容量障碍和传输速率障碍就从根本上扫除了。

3.4.5 读出电路的噪声

1. 读出电路的噪声源

图 3.34 是红外焦平面阵列器件中信号链路即光子流进入-数码流输出（photons-in-to-bits-out）的简单表示。红外焦平面阵列器件的总噪声一般是指包括探测器噪声、读出电路噪声在内，到达模拟-数字转换器输入端的噪声电压。读出电路的噪声包括前置放大器（如 DI、CTIA、SFD 等）噪声，采样器（如采样-保持、相关双采样等）噪声，行驱动器噪声，多路传输器噪声等贡献。可以对各个部分的噪声贡献进行理论计算或根据经验值加以估算。

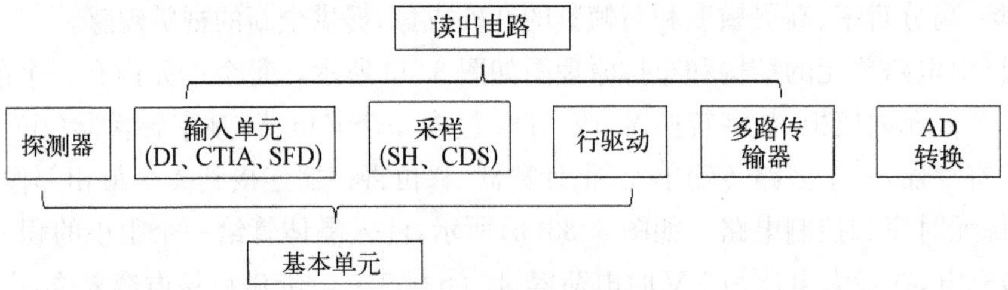

图 3.34 红外焦平面阵列器件的信号链

读出噪声是读出电路的一种基本属性，起源于电荷-电压的转换过程。读出噪声中最主要的一项是积分电容器的 kTC 噪声，或者称为复位噪声。这是在积分电容进行复位过程中引入的。有时也称为开关噪声，因为是在复位开关发生动作时引入的。在每一个探测器像元开始积分光电荷前，积分电容都要复位到一个初始电压（称为复位电压）。由于电容器上电子的数目遵循热力学分布规律，每次复位的电压值并不精准相同，而是存在一定的起伏。图 3.35 中的最上面一行就表示这种情况。这种起伏就是复位噪声。

复位噪声的表达式为

$$\overline{N_n^2} = \frac{kTC_{int}}{q^2} \tag{3.28}$$

$$\overline{V_n^2} = \frac{kT}{C_{int}} \tag{3.29}$$

式中，N_n 为噪声电子数；V_n 为噪声电压；k 为玻尔兹曼常量；T 为热力学温度；C_{int} 为积分电容；q 为电子电荷。由式可见，复位噪声的均方噪声电子数随积分电容而增加，复位噪声的均方噪声电压随积分电容增大而下降。

在实际电路中，kTC 噪声在至少三个节点上发生：积分节点、箝位节点、采样-保持节点，都因电容的存在和开关动作而贡献了噪声。

Johnson 和 Lomheim[29] 对采用 CTIA 输入结构伴相关双采样技术的读出电路的信号和噪声进行了理论分析和实例估算，分析了这种电路的主要噪声来源。各种噪声来源的简化表达式如下。

(1) 探测器噪声包括下面四项。

光子噪声 $$\sigma_{PE} = A_{SF}G\sqrt{\eta\Phi A_D T_{int}} \tag{3.30}$$

暗电流噪声 $$\sigma_{DK} = A_{SF}G\sqrt{I_{DK}T_{int}/q} \tag{3.31}$$

热噪声 $$\sigma_{TH} = A_{SF}G\sqrt{2kTT_{int}/R_D}/q \tag{3.32}$$

1/f 噪声 $$\sigma_{DF} = A_{SF}G\left(\frac{\alpha_F I_{DK}T_{int}}{q}\right)\sqrt{\ln(1.4528\,NT_S)/2T_{int}} \tag{3.33}$$

式中，A_{SF}为源极跟随器放大倍数；η为量子效率；Φ为光子通量密度；A_D为探测器光敏面积；T_{int}为积分时间；q为电子电荷；I_{DK}为暗电流；R_D为探测器动态电阻；T_S为帧时间；N为积分帧数；α_F为 Hooge 系数；G为积分器的转换增益，$G\equiv q/C_{int}(\mu V/e^-)$。

(2) 前置放大器噪声包括两类。

前置放大器白噪声 $$\sigma_{AW} = A_{SF}G\alpha_C C_{tot}E_{ampW}\sqrt{\pi f_{BL}}/q \tag{3.34}$$

前置放大器色噪声 $$\sigma_{AF} = A_{SF}G\alpha_C C_{tot}E_{ampF}\sqrt{2}\sqrt{\gamma+\ln(2\pi f_{BL}T_{int})}/q \tag{3.35}$$

式中，E_{ampW}和E_{ampF}分别为前置放大器噪声功率谱密度的白噪声和色噪声分量；C_{tot}为输入节点总等效电容，$C_{tot}=C_D+C_F+(C_{AZ}^{-1}+C_{intot}^{-1})^{-1}$；$\gamma=0.57721$为欧拉常数；$f_{BL}$为限止频率。

(3) 其他噪声还有如下几项。

积分节点 kTC 噪声 $$\sigma_{kTC} = A_{SF}[1-\exp(-\omega_{int}T_{int})]\sqrt{kT/C_{int}}\ (\text{相关双采样}) \tag{3.36}$$

源极跟随器噪声 $$\sigma_{SF\text{-}ADC} = A_{SF}\sqrt{2}\sigma_{SF}\ (2\ \text{次采样}) \tag{3.37}$$

箝位节点 kTC 噪声 $$\sigma_{kTC\text{-}CL} = \sqrt{kT/C_{CL}} \tag{3.38}$$

采样-保持节点 kTC 噪声 $$\sigma_{kTC\text{-}SH} = \sqrt{kT/C_{SH}} \tag{3.39}$$

缓冲放大器噪声 $$\sigma_{Buf\text{-}ADC} = \sigma_{Buf} \tag{3.40}$$

多路传输器噪声 $$\sigma_{MUX\text{-}ADC} = \sigma_{MUX} \tag{3.41}$$

数量化噪声 $$\sigma_Q = V_{ADC\text{-}max}/(2^{N_{bit}}-\sqrt{12}) \tag{3.42}$$

模拟-数字转换器噪声 $$\sigma_{ADC\text{-}ADC} = \sigma_{ADC} \tag{3.43}$$

式中，σ_{SF}、σ_{Buf}、σ_{MUX}、σ_{ADC} 分别为各个单独的源极跟随器、缓冲放大器、多路传输器和模拟-数字转换器的噪声合理设定值；N_{bit} 为数字化的位数(此处已取 12 位)；$V_{ADC\text{-}max}$ 为 ADC 允许最大输入电压。

在积分节点 kTC 噪声表达式(3.36)中，C_{int} 为积分电容，可以认为就是反馈电容 C_F；$\omega_{int}=1/R_DC_D$ 是积分节点的自相关频率。在相关双采样操作中，如果满足 $\omega_{int}T_{int}\ll 1$，即积分时间远小于自相关时间常数，$(1-e^{-\omega_{int}T_{int}})\approx\omega_{int}T_{int}$，则积分节点 kTC 噪声可以降得非常低。

结合实际情况，Johnson 和 Lomheim 提供了一些读出电路噪声估算的实例，其中包括一个凝视成像器信号和噪声估算实例，具体结果见表 3.5 和表 3.6。

表 3.5　一个凝视阵列噪声计算所用的工作条件和基本设置

场景光子通量 Φ_0	10^{12} ph/s
积分时间 T_{int}	10 ms
帧时间 T_s	33.3 ms
反馈电容 C_F	100 fF
积分帧数 N	900
探测器温度 T	70 K
探测器偏置 V_D	−20 mV
探测器光敏面 A_D	32 μm×32 μm
量子效率 η	0.7
探测器零偏压电阻 R_0	10^{11} Ω
探测器动态电阻 R_D	1.089×10^{11} Ω
探测器电容 C_D	500 fF
箝位电容 C_{CL}	500 fF
采样保持电容 C_{SH}	50 fF
限频电容 C_{BL}	1 pF
自零电容 C_{AZ}	1 pF
数字位数 N_{bit}	12
源极跟随器增益 A_{SF}	0.95
源极跟随器噪声 σ_{SF}	100 μV
多路传输器噪声 σ_{MUX}	100 μV
模拟-数字转换器噪声 σ_{ADC}	50 μV
缓冲放大器噪声 σ_{Buf}	75 μV
模拟-数字转换器最大输入电压 V_{ADC}	2 V
Hooge 因子 α_F	5×10^{-3}

表 3.6　读出电路噪声估算实例(在 ADC 输入端)

参　数	符　号	噪声电压/μV	噪声电子数/e⁻
探测器噪声	转换因子 $A_{SF}G=1.522$ μV/e⁻		
光子噪声	σ_{PE}	407	267
暗电流噪声	σ_{DK}	166	109
热噪声	σ_{TH}	126	83

续表

参　　数	符　　号	噪声电压/μV	噪声电子数/e⁻
1/f 噪声	σ_{DF}	287	189
CTIA 复位积分器前放			
白噪声	σ_{AW}	106	69
1/f 噪声	σ_{AF}	69	45
积分电容 kTC 噪声	σ_{kTC}	0	0
箝位电容 kTC 噪声	$\sigma_{kTC\text{-}CL}$	44	29
采样-保持电容 kTC 噪声	$\sigma_{kTC\text{-}SH}$	139	91
源极跟随器噪声	σ_{SF}	100	66
缓冲放大器噪声	σ_{Buf}	75	49
多路传输器噪声	σ_{MUX}	100	66
数量化噪声	σ_{Q}	141	93
模拟-数字转换器噪声	σ_{ADC}	50	33
总噪声	σ	614	404
信号		109 100	71 735
信噪比		177.6	177.6

在这个计算实例中，经过相关双采样，积分电容的 kTC 噪声基本消除。在充分考虑读出电路各种噪声来源的贡献后，探测器噪声仍然居支配地位。

2. 读出电路的降噪技术

1) 相关双采样方法

图 3.35(a)显示了在积分节点上，电压随时间变化的规律，图中已示出了从时间点 $nT_s-\tau-\delta t$ 开始的第 n 个积分周期的电压变化情况。$P(v)$表示随机性的复位电压概率分布曲线。图 3.35(b)显示，在时间点 $nT_s-\tau$ 和 nT_s 分别进行一次采样。两次采样所得电压的差值作为第 n 个积分的相关双采样信号电压，表示在图 3.35(c)上。图 3.35(d)显示从相关双采样输出到模拟-数字转换器入口的电压。如上面所说，如果积分时间 τ 比探测器的自相关时间常数 R_DC_D 小得多，相关双采样操作就能够有效地消除或降低 kTC 噪声。

相关双采样技术在 SFD 读出电路和 CTIA 读出电路中被广泛而有效地使用。

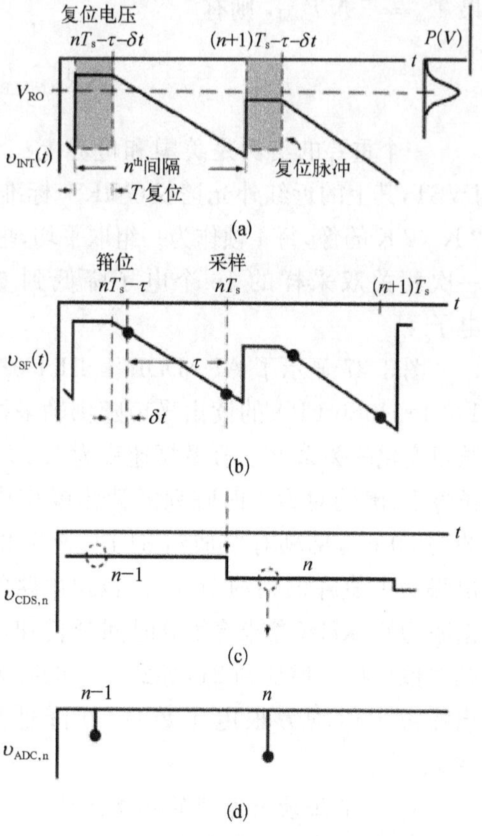

图 3.35　kTC 噪声及相关双采样方法示意图[28]

2）佛勒采样方法

相关双采样操作是在一个积分时间段的起点和终点各采样一次。如果在一个积分时间段内采样很多次，就有可能把复位噪声进一步降低。这是 Fowler 等[47]提出并首次使用的方法，现在已被同行广泛采用，称为佛勒采样（Fowler sampling）方法。最简单的做法是这样：在像元复位后一个新的积分时间段开始时，立即进行 N 次采样，到这个积分时间段将要结束前，再进行同样多次的采样。所谓非破坏读出是指每次采样后不加以复位而让积分继续进行（图 3.36）。这些采样数据加以平均和斜率拟合处理后，得到信号电压值，而复位噪声则是原来的 $1/\sqrt{N}$。此处 N 称为佛勒对数目。

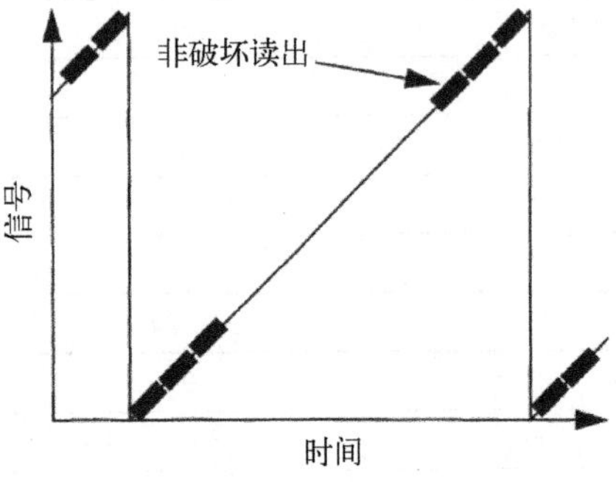

图 3.36　佛勒采样方法示意图

在一次长时间积分的起始和终端进行多次非破坏性读出，总的斜率由各个佛勒对斜率平均而得

$$\mathrm{SNR_{FOWLER}} = \mathrm{SNR_{CDS}}\sqrt{N} \tag{3.44}$$

式中，$\mathrm{SNR_{FOWLER}}$ 是佛勒采样的信噪比；$\mathrm{SNR_{CDS}}$ 是相关双采样的信噪比。这一关系成立的条件是像元的积分时间远远超过 N 对佛勒采样所用读出时间的总和，即 $T_{\mathrm{int}} \gg 2NT_{\mathrm{read}}$。如果 $T_{\mathrm{int}} = 2NT_{\mathrm{read}}$，则有

$$\mathrm{SNR_{FOWLER}} = \mathrm{SNR_{CDS}}\sqrt{N/4} \tag{3.45}$$

一个重要的实例是美国和世界上二十个国家合作研制，计划在 2018 年前后发射的 JWST，其上的近红外光谱仪（NIRS）标准曝光时间为 1 000 s，期间每隔 10.6 s 采样一帧 2 K×2 K 的像，每 4 帧作为一组取平均，把 22 组平均值进行斜率拟合，结果把噪声电子数从一次相关双采样的 16 个电子降低到 6 个电子[26]。

图 3.37 显示了 ALADDIN - III 1 024×1 024元 InSb FPA 的读出噪声随佛勒采样对数目变化的关系[35]。在数据速率为 1.2 MHz 条件下，佛勒对为 1 时阵列的读出噪声中值约为 80 e⁻，佛勒对增加到 81 时，阵列的读出噪声中值降低到约 10 e⁻。读出电路的数据率为 60 kHz（意味着积分时间延长）时，佛勒对数目从 1 增加到 81，导致相应的阵列读出噪声中值均方根电子数从 45 降低到 6 或 7。

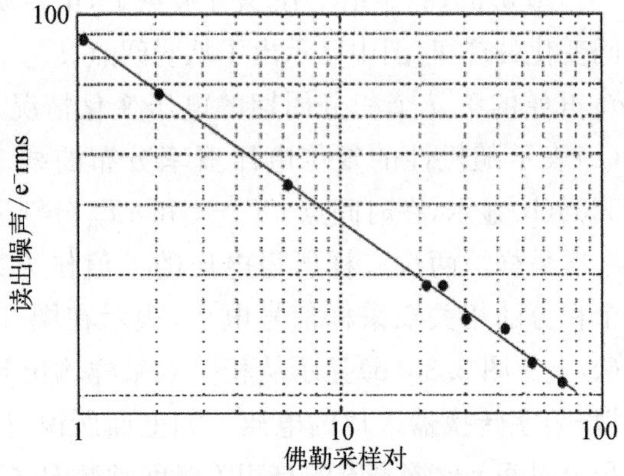

图 3.37　佛勒采样对数目增加导致读出噪声电子数大大下降[35]

3. 焦平面读出噪声的测量方法

人们关心和讨论的读出噪声是指从读出电路输入端直到模拟-数字转换器输入端

的总的噪声电子数。同时，人们也关心包括 ADC 在内的读出电路的转换增益 g，或像元转换函数（pixel transfer function, PTF），即每一输出数码单位所对应的输入电子数，e^-/ADU。

假定焦平面上的探测器元已达到背景限性能，此时光子噪声为主，其噪声电子数就是其信号电子数的平均值的平方根，即 $N_n^2 = \overline{N_p}$，光生电子经过转换增益为 g（以 ADU/e^- 表示）的线性读出电路转换成数码单位输出，有

$$\bar{Y} = g\,\overline{N_p} \tag{3.46}$$

其输出响应信号的均方偏差由光子噪声和读出噪声两部分构成：

$$V_y = N_R^2 + N_n^2 g^2 \tag{3.47}$$

式中，N_R 为 $N_p = 0$ 时以数码单位表示的读出噪声，有

$$V_y = N_R^2 + g\bar{Y} \tag{3.48}$$

实际工作中通过改变积分时间和辐射通量进行测量，作出响应信号平均值与均方偏差的关系图，可以求得系统转换增益和读出噪声。其测量步骤和处理方法如下：

（1）保持入射光通量和积分时间不变，对一个焦平面器件进行 m 帧的响应测量。（m 很大，如 30 帧、50 帧、100 帧等）

（2）计算每一个像元 m 次测量的输出平均值 $\overline{Y_i}$（响应用数码单位 DU 表示）。

（3）计算每一个像元 m 次测量的均方偏差：

$$V_i = \frac{1}{m-1}\sum_{k=1}^{m}(Y_{ik} - \overline{Y_i})^2 \tag{3.49}$$

（4）剔除无效像元后，计算焦平面阵列的整体平均响应率和均方偏差：

$$\overline{Y_E} = \frac{1}{N}\sum_{i=1}^{N} Y_i \tag{3.50}$$

$$\overline{V_E} = \frac{1}{N}\sum_{i=1}^{N} V_i \tag{3.51}$$

（5）通过改变积分时间和辐射通量，以上步骤（1）～（4）反复进行，使 $\overline{Y_E}$ 和 $\overline{V_E}$ 的数据点足够多，响应信号的范围足够大，回归线合理。

（6）针对某一典型像元的数据或整个阵列的平均值，作出 $V-Y$ 图。

（7）根据公式 $V_y = N_R^2 + g\bar{Y}$，该回归线的斜率即是系统转换增益（ADU/e^-）。

（8）该回归线外推至 V 轴，其截距的平方根除以 g 即得到读出噪声电子数。

Fowler 和 Joyce[48] 用这种方法测量了 20×64 元 Si：As IBC 焦平面阵列。Finger 等[23]等用此法测得 256×256 元 InSb 阵列在 1.01 V 反向偏置下 PTF 为 17.3±0.2 e^-/ADU，读出噪声为 76 e^-，见图 3.38。

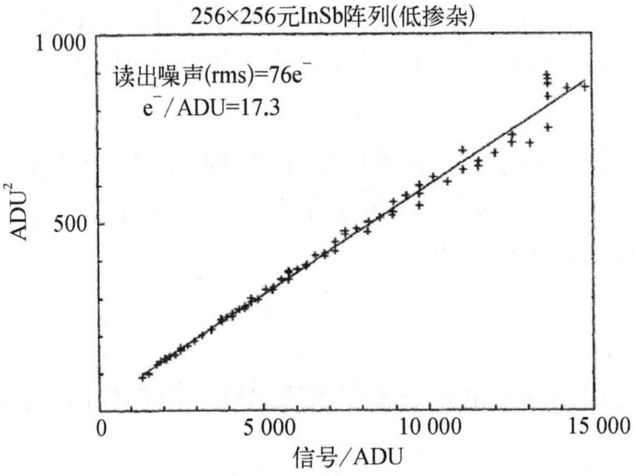

图 3.38　信号平均计数(数码单位)和其均方偏差

3.5　红外焦平面阵列的热灵敏度表征

3.5.1　表征红外焦平面阵列热灵敏度的特性参数

同单元红外探测器一样，表征红外焦平面阵列像元灵敏度的一个参数是响应率。假设一个红外焦平面阵列由 M 行和 N 列构成，焦平面阵列的像元响应率、平均响应率、响应率非均匀性已经由公式(3.10)～公式(3.12)定义。

红外焦平面阵列的像元探测率定义为

$$D^*(i,\ j) = \sqrt{\frac{A_d}{2t_{int}}}\frac{R_v(i,\ j)}{V_n(i,\ j)} \tag{3.52}$$

式中，A_d为像元面积；V_n为噪声电压。焦平面阵列的平均探测率为

$$\overline{D^*} = \frac{1}{MN}\sum_{i=1}^{M}\sum_{j=1}^{N}D^*(i,\ j) \tag{3.53}$$

噪声等效温差是红外、太赫兹和微波波段的传感器探测热辐射的灵敏度的一种量度*。热灵敏度表征的是一个传感器感知物空间中微小的辐射率变化的能力。红外热成像器的灵敏度定义为使系统输出信噪比为 1 所对应的场景辐射率变化，这一辐射率微小变化采用等效黑体温度来表述[3, 49]。NEΔT 也常写成 NETD 或 NEDT，也许是因为有的作者打出 Δ 这个字符不太方便吧。

---

* 噪声等效温差更确切的意义应指热分辨率。在英美文献中，NEΔT 有时指代 thermal sensitivity，有时指代 thermal resolution，有时同一作者两种指代通用，成为一种习惯。本书中也难免有混用的情况。关于灵敏度这一术语可参见汤定元，糜正瑜. 光电器件概论. 上海：上海科学技术文献出版社，1989.

噪声等效温差是热成像器的优值因子。在红外技术文献中此术语使用得十分广泛，但其应用于不同的系统中，在不同的条件下，其含义和推导的表达式也不尽相同[50]。

红外探测器的NEΔT表示红外辐射使其输出的信号等于其均方根噪声时对应的等效黑体温度变化量。一般认为NEΔT是红外系统的参数，然而在系统没有损失的情况下，探测器的NEΔT和系统的NEΔT是一回事。一般地，场景温度变化引起探测器信号变化的关系可演绎成如下公式：

$$\partial T = \frac{\partial \varphi}{\partial \varphi / \partial T} = \frac{\partial V_s / R_v}{\partial \varphi / \partial T} = \frac{\partial V_s}{\partial \varphi / \partial T} \frac{\varphi}{V_s} = \frac{\partial V_s}{V_s} \frac{1}{\left(\frac{\partial \varphi}{\partial T}\right) / \varphi} \tag{3.54}$$

式中，φ为投射到探测器表面的辐射通量；V_s为探测器的响应信号；R_v为探测器的电压响应率。噪声等效温差的含义是指信号增量刚好等于均方根噪声时所对应的场景温差，即当$\Delta V_s = V_n$时，$\Delta T = \mathrm{NE\Delta T}$。于是有公式(3.14)

$$\mathrm{NE\Delta T} = \frac{V_n}{V_s} \frac{1}{\left(\frac{\partial \varphi}{\partial T}\right) / \varphi}$$

式中，V_n为均方根噪声电压。

这个方程式的解释如下：在指定场景温度T下，辐射通量φ使探测器产生信号V_s，场景温度的微小变化ΔT，引起辐射通量相应变化$\Delta \varphi$，该辐射通量的微小变化使输出信号的微小变化ΔV_s正好等于均方根噪声电压V_n，则该温度微小变化量就是噪声等效温差NEΔT。

此方程式右边分母中的因子$\left(\frac{\partial \varphi}{\partial T}\right) / \varphi$是辐射通量对场景温度的微商对辐射通量的比率，有人称为温度微分对比度[51]。如果用光子通量来表示，则称为光谱光子对比度(spectral photon contrast)，其定义式为[52]

$$C_{T\lambda} = \frac{\partial \varphi / \partial T}{\varphi} \tag{3.55}$$

其量纲为温度的倒数(K^{-1})。这个量是一个百分数，其数值依赖于场景温度、波长和波段。应当注意，无论是用辐射通量来表示，还是用光子通量来表示，此对比度的数值和其对场景温度和波长的依赖关系都是一样的。图3.39是根据普朗克公式计算的几个常用的中波小波段和长波(8～12 μm)的$C_{T\lambda}$随场景温度变化的曲线。在300 K，中波的对比度约为3.5%～4%(K^{-1})，而长波段约为1.6%(K^{-1})。在白天，由于反射太阳光的加入，中波的对比度更高。然而长波红外FPA可提供更高的灵敏度，假如读出电路的电荷容量足够大，能够容纳数量比中波大得多的光生载流子(由于长波背景通量高)和探测器热激发载流子(由于禁带宽度小)。公式(3.14)表明，光谱光子对比度和信噪比是决定焦平面阵列热灵敏度的关键参数。

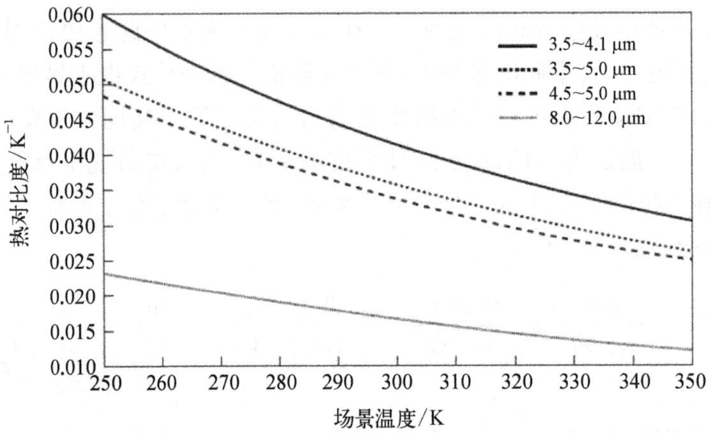

图 3.39　中波和长波红外的光谱光子对比度随场景温度变化的曲线

3.5.2　红外成像系统和红外焦平面阵列 NEΔT 表达式的导出

首先为一个红外系统导出估计 NEΔT 的公式。考虑一个布局如图 3.40 所示的热成像系统。图中各个量的指代如下：A_s和 A_d分别为目标物和探测器的面积，r 为物距，A_{ap}和 D 为透镜的面积和直径(孔径，入瞳)。探测器置于系统的焦平面上，至入瞳的距离近似等于 f。光学系统的 F♯数为 $F = f/D$，入瞳的面积为 $A_{ap} = \pi D^2/4$。

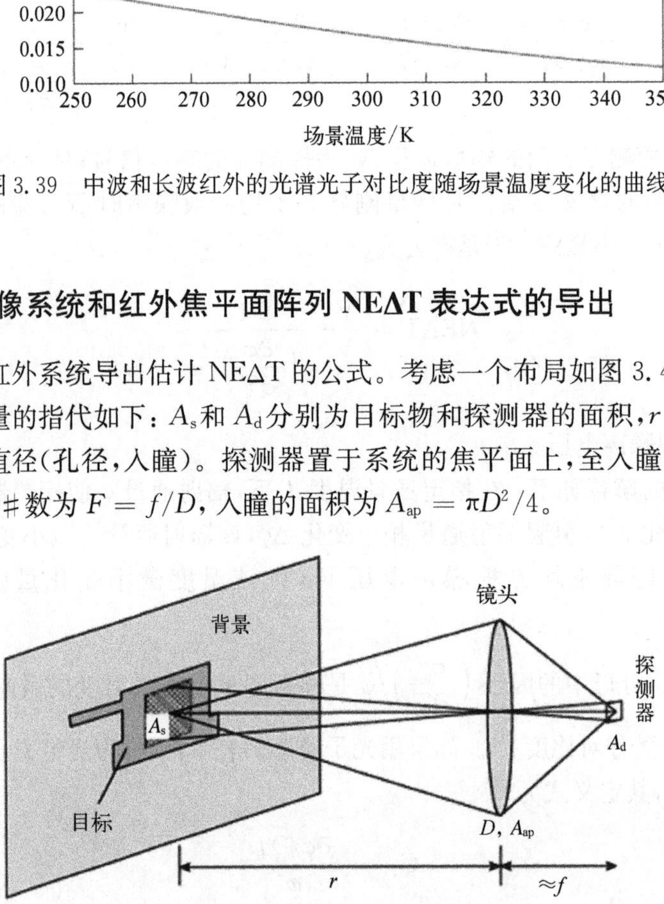

图 3.40　红外成像系统光学布局示意图

先来求以辐射率表示的照射到探测器表面的辐射通量。在小角近似($f \ll r$)下，从目标传送到探测器的辐射通量可写成 A 和 Ω 乘积的函数

$$\varphi_d = L(\lambda,\ T)A_{ap}\Omega_d \tag{3.56}$$

式中，L 为目标的辐射率(辐亮度)。该红外系统的元视场立体角为

$$\Omega_d = \frac{A_d}{f^2} = \frac{A_s}{r^2} \tag{3.57}$$

即有

$$\varphi_d = L\frac{\pi D^2}{4}\frac{A_d}{f^2} = L\frac{\pi A_d}{4(F\#)^2} \tag{3.58}$$

对如图 3.40 所示的光学系统几何而言，探测器上的辐照度 $E_d = \varphi_d/A_d$ 和物距 r 无关，而仅依赖于源的辐射率和光学系统的 F＃数。

为了得到探测器产生的信号电压的表达式，应将公式(3.58)乘上探测器的响应率并将此乘积在系统的响应波段范围内积分

$$V_s = \varphi_d R(\lambda) = \frac{\pi A_d}{4(F\#)^2}\int_{\lambda_1}^{\lambda_2} R_v(\lambda)L(\lambda, T)\mathrm{d}\lambda \tag{3.59}$$

式中，λ_1 是探测器响应起始波长；λ_2 是截止波长，响应波段范围由系统的滤光片决定。人们关心的是系统的热灵敏度，所以将式(3.59)对温度求导数：

$$\mathrm{d}V_s/\mathrm{d}T = \frac{\pi A_d}{4(F\#)^2}\int_{\lambda_1}^{\lambda_2} R_v(\lambda)\frac{\partial L(\lambda, T)}{\partial T}\mathrm{d}\lambda \tag{3.60}$$

利用探测率的公式代入，式(3.60)可改写成

$$\mathrm{d}V_s/V_n = \frac{\pi A_d}{4(F\#)^2}\frac{\mathrm{d}T}{\sqrt{A_d\Delta f}}\int_{\lambda_1}^{\lambda_2} D^*(\lambda)\frac{\partial L(\lambda, T)}{\partial T}\mathrm{d}\lambda \tag{3.61}$$

由此式可以决定使得信噪比等于 1 所对应的温差 ΔT，即 NEΔT

$$\mathrm{NE\Delta T} = \frac{4(F\#)^2}{\pi}\sqrt{\frac{\Delta f}{A_d}}\left[\int_{\lambda_1}^{\lambda_2}\frac{\partial L(\lambda, T)}{\partial T}D^*(\lambda)\mathrm{d}\lambda\right]^{-1} \tag{3.62}$$

考虑到 $M = \pi L$ (参见 1.1 节)，则有

$$\mathrm{NE\Delta T} = 4(F\#)^2\sqrt{\frac{\Delta f}{A_d}}\left[\int_{\lambda_1}^{\lambda_2}\frac{\partial M(\lambda, T)}{\partial T}D^*(\lambda)\mathrm{d}\lambda\right]^{-1} \tag{3.63}$$

式中，$M(\lambda)$ 为场景的光谱辐射出射度。公式(3.63)是红外系统噪声等效温差的实用表达式，即知道探测器的探测率和其他系统参数，可以计算出系统的 NEΔT。在推导式(3.63)过程中，未考虑大气衰减及光学系统损失的影响，即默认 $\tau_a = \tau_o = 1$。同时也默认探测器的冷屏视场角与光学系统的 F＃数相匹配，即冷屏效率为 1，如图3.41所示。冷屏效率定义为[49]

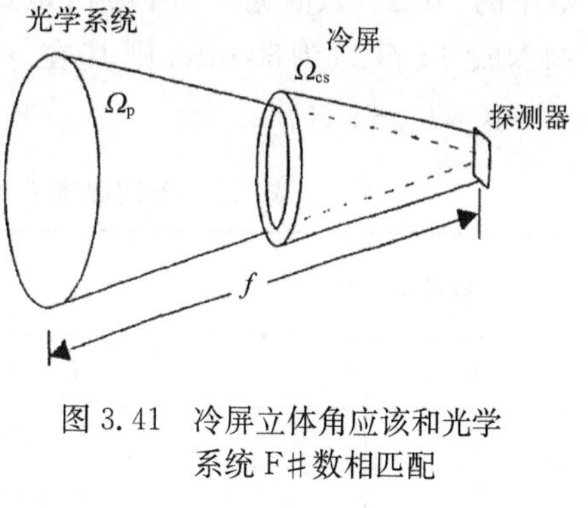

图 3.41　冷屏立体角应该和光学系统 F＃数相匹配

$$\eta_{cs} = \frac{\Omega_p}{\Omega_{cs}} \tag{3.64}$$

式中，Ω_p 和 Ω_{cs} 分别为光学系统的入射光锥立体角和冷屏立体角。入射光锥立体角为

$$\Omega_p = \frac{\pi}{4F\#^2} \tag{3.65}$$

如果考虑大气透过率、光学系统透过率和冷屏效率，以及探测器量子效率，则方程式(3.63)应改写为

$$\mathrm{NE\Delta T}=\frac{4F\#^2}{\tau_a\tau_o}\sqrt{\frac{\Delta f}{\eta_{cs}\eta_q A_d}}\left[\int_{\lambda_1}^{\lambda_2}\frac{\partial M(\lambda,\ T)}{\partial T}D^*(\lambda)\mathrm{d}\lambda\right]^{-1} \tag{3.66}$$

这是红外系统的噪声等效温差。如果令式中 $\tau_a=\tau_o=\eta_{cs}=1$，而且使用冷屏的 F# 数代入计算，得到的就是探测器的 NEΔT。

NEΔT 表征一个红外系统的热灵敏度，即使得系统的信噪比为 1 所对应的场景温度变化。NEΔT 越小表示热灵敏度越高。

下面对式(3.63)作些简单讨论。在 $D^*(\lambda)$ 已定的情况下，为获得最佳灵敏度(最小的 NEΔT)，公式(3.63)中的光谱积分应当最大化。当探测器光谱响应率的峰位置与场景辐射出射度的对比度的峰位置重合时(这里隐含着场景温度和工作波段的影响，见表 3.7)，就能达到这一点。图 3.42 显示了在 300 K 场景下计算的 $\partial M(\lambda,\ T)/\partial T$ 和 D_λ^* 分别对于波长的依赖曲线(a)，以及两者乘积对波长的依赖关系(b)。图 3.42(b)还显示了式(3.63)中的积分在中波和长波范围各自的积分面积。粗略地看，这两块面积大小差不多，意味着在 3～5 μm 和 8～14 μm 能够获得的 NEΔT 差不多，原因在于长波波段宽、光子数多，但中波的探测率高。但实际热成像系统未必能满足这些条件，因为有些其他方面的制约因素，如大气透过率、湍流等的影响或者探测器自身特性限制等，特别是目前长波焦平面阵列的响应波段并没有 8～14 μm 这么宽，而且读出电路电荷容量的限制使得长波的光子没有得到充分的利用，所以中波红外焦平面阵列能够实现更低的 NEΔT。NEΔT 对带宽平方根的依赖关系是相当直观的，因为均方根噪声是正比于 $\sqrt{\Delta f}$ 的。此外也看到，F# 数越小，NEΔT 越好。在给定目标辐射条件下，F# 数越小，辐射通量被探测器捕获越高，从而信噪比越高。文献报道或制造商提供的 NEΔT 数值均标注所用的 F# 数。那么如何评判不同 F# 数下的 NEΔT 数值呢？一个办法是归一化到 F# =1 来比较。例如，一个红外焦平面阵列的 NEΔT(f/2) 为 50 mK，则其在 f/1 光学下的 NEΔT 即 NEΔT(f/1) 应为 $(1/2)^2\times 50$ mK=12.5 mK。

表 3.7　不同温度下几个常用红外波段辐射对比度的计算值[53]

波段 $(\lambda_1\sim\lambda_2)/\mu m$		波段辐射对比度 $\int_{\lambda_1}^{\lambda_2}\frac{\partial M(\lambda,\ T)}{\partial T}\mathrm{d}\lambda\ /(\mathrm{W\cdot cm^{-2}\cdot K^{-1}})$			
λ_1	λ_2	T=280 K	T=290 K	T=300 K	T=310 K
3	5	1.1×10^{-5}	1.54×10^{-5}	2.1×10^{-5}	2.81×10^{-5}
3	5.5	2.01×10^{-5}	2.73×10^{-5}	3.62×10^{-5}	4.72×10^{-5}
3.5	5.0	1.06×10^{-5}	1.47×10^{-5}	2.0×10^{-5}	2.65×10^{-5}
8	10	8.47×10^{-5}	9.65×10^{-5}	1.09×10^{-4}	1.21×10^{-4}
8	12	1.54×10^{-4}	1.77×10^{-4}	1.97×10^{-4}	2.17×10^{-4}
8	14	2.15×10^{-4}	2.38×10^{-4}	2.62×10^{-4}	2.86×10^{-4}

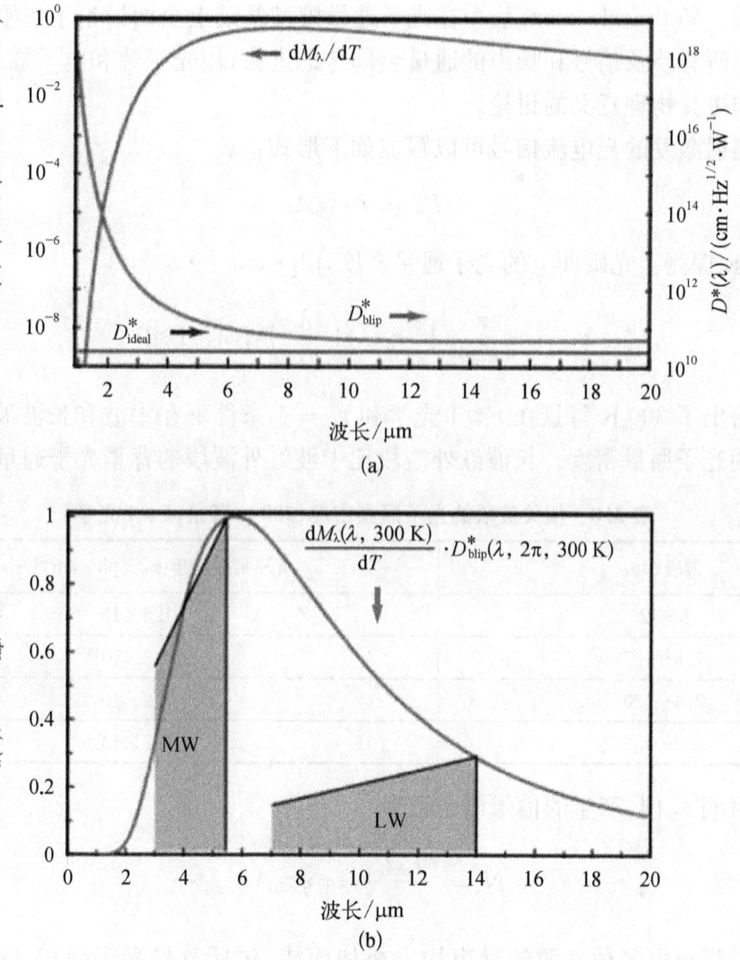

图 3.42 在 300 K 背景下计算的 dM/dT 和 D^*_{blip} 对波长的依赖(a)和两者乘积在中波和长波的积分值(b)[2]

NEΔT 对探测器面积的依赖关系值得讨论。NEΔT 对探测器面积的平方根的倒数依赖关系源自双重因素：信号电压随器件面积成正比例增加，而均方根噪声随器件面积的平方根增加(对以光子噪声为主的器件)。净的效果是 $NE\Delta T \propto 1/\sqrt{A_d}$。随着探测器面积的增大，虽然成像器的热灵敏度得到改善，但成像空间分辨率变差。另一个参数最小可分辨温差(minimun resolvable temperature difference, MRTD)，把热灵敏度和空间分辨率两者都顾及，对红外系统设计来说更为合适。

3.5.3 基于光子通量计数的 NEΔT 公式

式(3.62)和式(3.63)是基于辐射通量推导的红外系统和探测器的噪声等效温差公式，适用于各种红外探测器，包括热探测器和光子探测器，也包括单元器件和多元阵列器件。对于红外焦平面阵列器件，一般而言，NEΔT 是用目标与背景的有效温差来表示的焦平面阵列的信噪比特性。Vollmerhausen 等[54]在光子通量模型基础上全面讨论了焦平面阵列的灵敏度。这就是把所有涉及信号和噪声的通量全部考虑进去，用光子数和电子数表示，对信噪比进行更灵活和更具物理意义的讨论。

由背景辐射激发的光电流信号可以写成如下形式：

$$I_{\mathrm{ph}} = \eta q \varphi_{\mathrm{b}} A_{\mathrm{d}} \tag{3.67}$$

式中，φ_{b}是落到探测器光敏面上的光子通量密度，ph・cm^{-2}・s^{-1}，

$$\varphi_{\mathrm{b}} = \frac{\pi}{4F\#^2}\int_{\lambda_1}^{\lambda_2} \tau_{\mathrm{o}}(\lambda)\left(\frac{\lambda}{hc}\right)M(\lambda,\ T)\mathrm{d}\lambda \tag{3.68}$$

表 3.8 给出了 300 K 背景在 F#1 光学和 $\tau_{\mathrm{o}}=1$ 条件下在中波和长波波段照射到探测器光敏面上的光子通量密度。长波红外波段比中波红外波段的背景光子通量高约 50 倍。

表 3.8　相关波段的光子通量密度(300 K 背景，F#1 光学)

波段/μm	光子通量密度 φ_{b}/(ph・cm^{-2}・s^{-1})
8～12	1.5×10^{17}
7.5～9.5	6.3×10^{16}
3.4～5.0	3.2×10^{15}
3.2～4.2	6.5×10^{14}

在积分时间 t_{int}内，产生的信号电子数为

$$N_{\mathrm{s}} = \frac{I_{\mathrm{ph}} t_{\mathrm{int}}}{q} = \eta \varphi_{\mathrm{b}} A_{\mathrm{d}} t_{\mathrm{int}} \tag{3.69}$$

探测器的噪声由多种来源的噪声均方叠加而成，包括背景光子噪声、暗电流引起的噪声、读出电路噪声、系统电子学噪声和由非均匀性引起的固定图形噪声。由焦平面阵列像元性能不均匀未经校正引起的固定图形噪声可能十分严重地影响器件的性能。这些噪声是互不相关的，应当均方相加。故系统总的均方根噪声电子数为

$$\langle n_{\mathrm{noise}}\rangle = \sqrt{\langle n_{\mathrm{shot}}^2\rangle + \langle n_{\mathrm{roic}}^2\rangle + \langle n_{\mathrm{elec}}^2\rangle + \langle n_{\mathrm{pattern}}^2\rangle} \tag{3.70}$$

$\langle n_{\mathrm{shot}}\rangle$ 是源自与信号(背景)光子或暗电流电荷的随机抵达相联系的散粒噪声：

$$\langle n_{\mathrm{shot}}^2\rangle = \left(\frac{I_{\mathrm{d}} t_{\mathrm{int}}}{q}\right) + \left(\frac{I_{\mathrm{ph}} t_{\mathrm{int}}}{q}\right) = \frac{(I_{\mathrm{d}} + I_{\mathrm{ph}}) t_{\mathrm{int}}}{q} \tag{3.71}$$

式中，I_{d}为探测器的暗电流(A)。

$\langle n_{\mathrm{roic}}\rangle$ 为折算到探测器输入端的读出噪声电子数。在 3.4 节中已列举过一个典型读出电路的读出噪声的合理估值。对于电荷积分容量在 5～20 M e$^-$ 的高背景应用的焦平面阵列而言，读出噪声的典型值为 500～1 000 e$^-$。对低背景应用的 FPA(如用于天文观测)，读出噪声典型值为 10～100 e$^-$，其积分电荷容量为 10^4～10^5 e$^-$。

$\langle n_{\mathrm{elec}}\rangle$ 表示焦平面阵列芯片以外的电子学系统噪声电子数。为了估计它的影响，需要把

下游的噪声折算成上游探测器输入端噪声电子数。这在实际工作中是很难做到的。一般地，热成像系统的性能受探测器噪声和显示器噪声限制，所以电子学噪声往往不予详细讨论。

$\langle n_{\text{pattern}}\rangle$ 代表固定图形噪声，起源于未经校正或校正后残余的焦平面空间非均匀性。尽管固定图形噪声(FPN)可能对焦平面性能影响很大，但有时未加以讨论。原因在于把瞬时性质的噪声和空间性质的图形分布一起考虑有些困难。现在有些制造商会提供一个残余非均匀性占瞬时 NEΔT 的百分数的数据。FPN 的相对重要性依赖于入射通量。FPN 与入射通量成正比，而瞬时噪声(主要是散粒噪声)与入射通量的平方根成正比。当信号很小(意味着入射通量水平低)时，读出噪声占支配地位；随着信号的增大，散粒噪声逐渐成为支配噪声；当信号很大时，空间噪声会盖过散粒噪声和读出噪声，成为支配噪声。各种材料 FPN 的影响也不一样。例如，InSb FPA 的非均匀性可以做到 1.5%，经过非均匀性校正可以进一步降低到原来的 1/50。HgCdTe 的均匀性没有 InSb 好，但是技术上正在快速进步。QWIP FPA 的很大优点在于其均匀性比 InSb 和 HgCdTe 都好。关于非均匀性噪声的问题将另行详细讨论。

忽略电子学噪声和固定图形噪声，噪声电子数写成

$$\langle n_{\text{noise}}\rangle = \sqrt{\frac{(I_{\text{d}}+I_{\text{ph}})t_{\text{int}}}{q}+n_{\text{roic}}^2} \tag{3.72}$$

令噪声电流为 I_{n}(单位为 A)

$$I_{\text{n}} = \frac{\langle n_{\text{noise}}\rangle q}{t_{\text{int}}}$$

$$\text{SNR} = \frac{I_{\text{ph}}}{I_{\text{n}}} = \frac{N_{\text{s}}}{\langle n_{\text{noise}}\rangle} = \frac{\eta\varphi_{\text{b}}A_{\text{d}}t_{\text{int}}}{\sqrt{\dfrac{(I_{\text{d}}+I_{\text{ph}})t_{\text{int}}}{q}+n_{\text{roic}}^2}} \tag{3.73}$$

根据定义式(3.14)，NEΔT 的表达式如下：

$$\text{NE}\Delta\text{T} = \frac{\sqrt{\dfrac{(I_{\text{d}}+I_{\text{ph}})t_{\text{int}}}{q}+n_{\text{roic}}^2}}{\eta\varphi_{\text{b}}A_{\text{d}}t_{\text{int}}C_{\text{T}\lambda}} \tag{3.74}$$

此式包含光子噪声、暗电流噪声和读出噪声的贡献。严格地说，这些噪声电子数和信号电子数及对比度都是可以计算出来的，董亮初和丁瑞军[55]编撰的《红外焦平面参数定义和测试方法的讨论》中列出了计算的方法，但是计算相当繁复。实际问题往往可以进行一些简化。

3.5.4 各种性能限制条件下的 NEΔT 表达式

根据 Runciman[56]的公式，Tribolet 等[57]把光子探测器按灵敏度限制因素分为三类，即探测器噪声(暗电流噪声或热噪声)限制、光子噪声限制和电荷存储容量限制。探测器噪声

限制发生在因工作温度不够低或设计和制造工艺不良等因素致使 R_0A 低、暗电流大的情况。光子噪声限制发生在光电流比暗电流大得多的情况下，探测器性能受到背景光电流的起伏的限制，而此时读出电路的电荷存储容量仍然足够大，还未限制信号电子数的积累。电荷容量限制发生在一些特定应用（如高背景）条件下，尽管电荷容量已经相当大，仍然不够容纳大量的信号电子，致使信号饱和。这在长波波段特别明显。最后，假如焦平面阵列的响应率均匀性很差，其影响可以盖过所有上述因素，使 NEΔT 大大升高。

事实上，最坏但是也需要提及的情况是读出噪声限制。这在极低背景应用、探测器暗电流也十分小，而读出电路噪声又难以降低的情况下会发生。此时式(3.74)成为

$$\mathrm{NE\Delta T}=\frac{\sqrt{n_{\mathrm{roic}}^2}}{\eta\varphi_{\mathrm{b}}A_{\mathrm{d}}t_{\mathrm{int}}C_{\mathrm{T}\lambda}}=\frac{\langle n_{\mathrm{roic}}\rangle}{\eta\varphi_{\mathrm{b}}A_{\mathrm{d}}t_{\mathrm{int}}C_{\mathrm{T}\lambda}} \tag{3.75}$$

探测器噪声限制的一种情况就是浅致冷，如热电致冷的中波碲镉汞，此时暗电流仍相当大，甚至占主要地位。多光谱或高光谱应用的情况或许是另一个例子，因为每一个光谱带都很窄，光子噪声就同其他噪声源差不多甚至更小。此时把式(3.74)中的 I_{ph} 和 $\langle n_{\mathrm{roic}}\rangle$ 项省略，有

$$\mathrm{NE\Delta T}=\frac{\sqrt{I_{\mathrm{d}}t_{\mathrm{int}}/q}}{\eta\varphi_{\mathrm{b}}A_{\mathrm{d}}t_{\mathrm{int}}C_{\mathrm{T}\lambda}}=\frac{\sqrt{\dfrac{t_{\mathrm{int}}}{q}\dfrac{2kT}{qR_0}}}{\eta\varphi_{\mathrm{b}}A_{\mathrm{d}}t_{\mathrm{int}}C_{\mathrm{T}\lambda}}=\frac{1}{\eta\varphi_{\mathrm{b}}q\sqrt{A_{\mathrm{d}}t_{\mathrm{int}}}}\frac{1}{C_{\mathrm{T}\lambda}}\sqrt{\frac{2kT}{R_0A}} \tag{3.76}$$

此式表现出二极管优值因子 R_0A 在决定噪声等效温差中的作用。式(3.76)演绎过程中已考虑对噪声有贡献的暗电流为 $2I_0$，I_0 为二极管的反向饱和电流，$I_0=kT/qR_0$，此处 T 为探测器工作温度。

对大多数在中高背景下战术应用的光子探测器焦平面阵列来说，光子噪声比暗电流噪声和读出噪声大得多。这时探测器性能受到光子噪声限制。式(3.74)中的 I_{d} 和 $\langle n_{\mathrm{roic}}\rangle$ 项可以不计。于是有

$$\mathrm{NE\Delta T}=\frac{\sqrt{\dfrac{I_{\mathrm{ph}}t_{\mathrm{int}}}{q}}}{\eta\varphi_{\mathrm{b}}A_{\mathrm{d}}t_{\mathrm{int}}C_{\mathrm{T}\lambda}}=\frac{1}{\sqrt{\eta\varphi_{\mathrm{b}}A_{\mathrm{d}}t_{\mathrm{int}}}}\frac{1}{C_{\mathrm{T}\lambda}}=\frac{1}{\sqrt{N_{\mathrm{s}}}C_{\mathrm{T}\lambda}} \tag{3.77}$$

式中，N_{s} 是在积分时间内产生的信号电子数。光子噪声限制其实等同于积分时间限制，在一定范围内，延长积分时间使积累的信号电子数增加，NEΔT 下降。

任何焦平面读出电路都不可能容纳信号电子数的无限制增长。通常中波和长波红外焦平面阵列的性能最终受读出电路电荷存储容量的限制。此时式(3.74)成为

$$\mathrm{NE\Delta T}=\frac{1}{\sqrt{N_{\mathrm{w}}}C_{\mathrm{T}\lambda}} \tag{3.78}$$

式中，N_{w} 表示读出电路容许的信号电子数。但这还不等同于读出电路积分电容的最大容量。

NEΔT 同读出电路积分电荷数的平方根成反比，因此积分电荷越多，性能就越高。所

谓阱容是指积分电容器上所能存储电荷的最大值。图 3.43 显示了在 3.4～4.2 μm、4.4～4.8 μm、3.4～4.8 μm，以及 7.8～10 μm各个工作波段的 HgCdTe 焦平面阵列的电荷存储容量与 NEΔT 之间的理论上的依赖关系。此处已假设在正常工作条件下为保持动态范围而使积分电容充到半满[58]。图中还显示了 Rockwell 公司的红外照相机 TCM2800 在工作温度 95 K、其他 PACE 器件在 78 K、典型长波器件在 78 K 的实验数据。可以看到，测得的热灵敏度与理论预期相符。

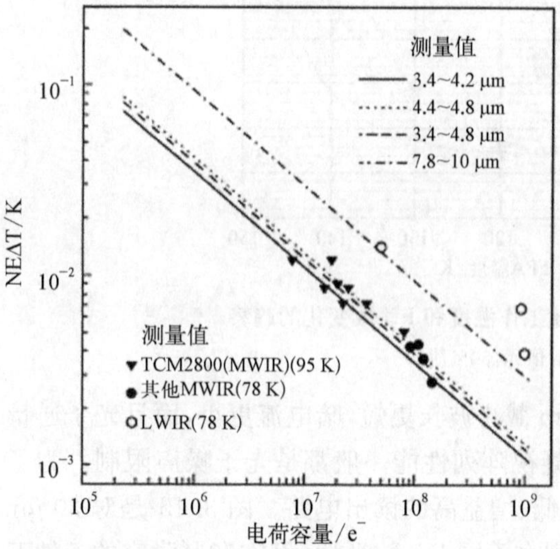

图 3.43　焦平面阵列的 NEΔT 与电荷容量的关系[58]

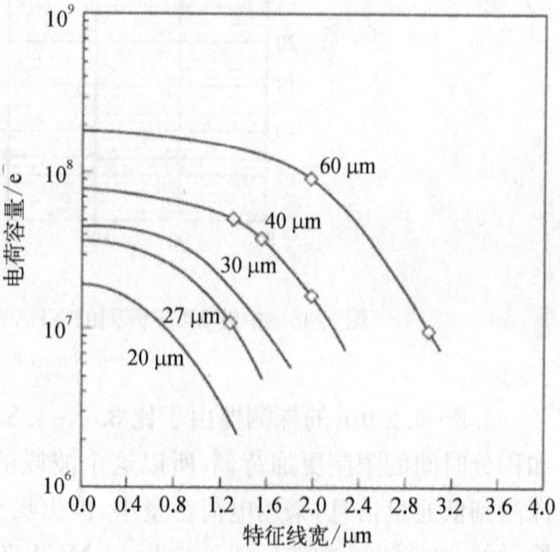

图 3.44　CMOS 标准工艺设计规则提供的电荷容量与像元尺寸的依赖关系[52]

读出电路电荷容量同 MOS 晶体管的电容和所加电压有关：$Q=CV_{swing}/q$，此处 Q 为电荷容量，C 为 MOS 管电容，V_{swing} 为积分电路最大电压摆幅。C 受限于 SiO_2 氧化层的厚度和栅面积，因而受制于现行 MOS 工艺技术和像元尺寸。图 3.44 显示了采用各种 CMOS 标准工艺设计规则下焦平面阵列像元电荷容量与像元尺寸的关系。

应当注意 FPA 的帧时间和积分时间的区别。在高背景应用场合下，以与标准视频速率相匹配的帧时间内产生的大量载流子是根本来不及处理的。因此可尝试运用焦平面阵列片外帧积分方法，以延长积分时间，来获得更高的传感器灵敏度。但这时的灵敏度由探测器的 D^* 决定，而不再受电荷处理能力所限制。

3.5.5　实际例子

Tribolet 及其合作者[57]较早通过实验研究焦平面阵列器件的噪声等效温差特性，报道 30 μm 像元 320×256 元 MCT 中波和长波 FPA 的 NEΔT 对响应波段、工作温度、电荷存储容量及光学 F＃数等参数的依赖关系。

图 3.45 是对 30 μm 像元的 320×256 中波(3.7～4.8 μm)MCT 阵列在不同 F＃数光学、积分 50％阱容的条件下测得的 NEΔT 对焦平面阵列工作温度的关系。图中明显表示，

在 110 K 以上，$f/2$ 光学得到的 NEΔT 要显著优于 $f/4$ 光学的数据，这是合理的结果，因为低 F♯数的光学系统聚焦了更多的光子到探测器表面上，产生更高的信噪比。在这个例子中，110 K 以下的 NEΔT 保持恒定，可能是电荷容量限制的结果。

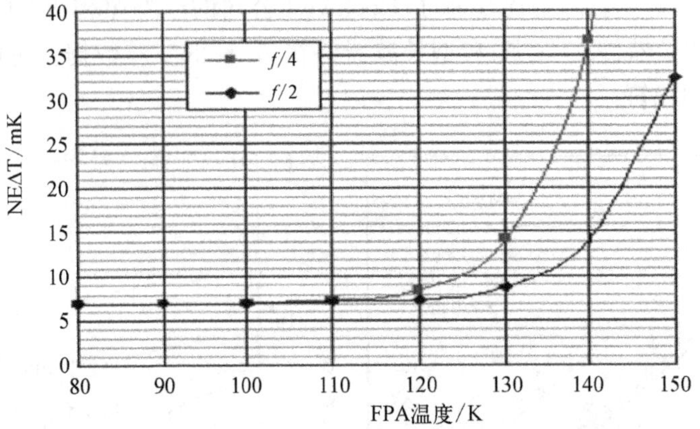

图 3.45　中波 MCT 阵列的 NEΔT 随工作温度和 F♯数变化的趋势[57]

3.7～4.8 μm，30 μm 像元，50%阱容

3.2～4.2 μm 的探测器由于比 3.7～4.8 μm 截止波长更短，暗电流更小，而且光子通量和积分时间的限制更加苛刻，所以这个波段的凝视阵列性能一般都是光子噪声限制。为了探测到低通量信息，采用电荷容量小、读出噪声低、增益高的读出电路。图 3.46 是对 30 μm 像元的 320×256 中波(3.2～4.2 μm)MCT 阵列在不同 F♯数光学、积分 50%阱容的条件下测得的 NEΔT 对焦平面阵列工作温度的关系。由于截止波长短，暗电流降低，工作温度提高到 120 K 仍保持很低的 NEΔT。即使工作温度上升到 130 K，用低 F♯数光学仍可以得到较好的焦平面热性能，提示在低 F♯下光电流比暗电流占更多的份额。

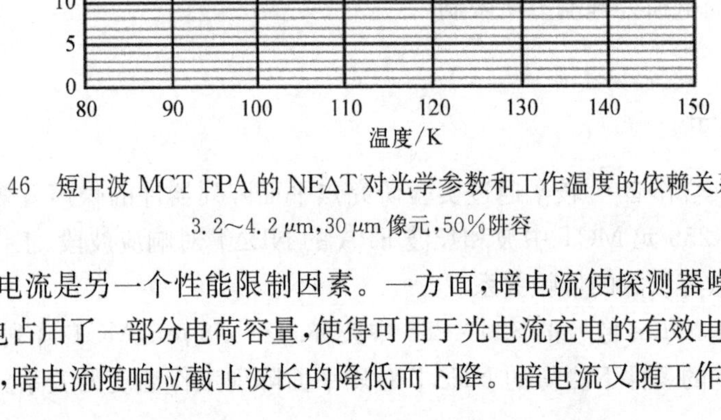

图 3.46　短中波 MCT FPA 的 NEΔT 对光学参数和工作温度的依赖关系[57]

3.2～4.2 μm，30 μm 像元，50%阱容

探测器的暗电流是另一个性能限制因素。一方面，暗电流使探测器噪声增加，另一方面，暗电流的充电占用了一部分电荷容量，使得可用于光电流充电的有效电荷容量降低。对光子探测器来说，暗电流随响应截止波长的降低而下降。暗电流又随工作温度的降低而下

降。改进探测器阵列制作工艺的一个重要目标也是使暗电流下降。图 3.47 清楚地表示了这三个因素对 NEΔT 的影响。这是对 30 μm 像元的 MCT 阵列在 $f/2$ 光学、积分 50%阱容的条件下测得的 NEΔT 同焦平面阵列工作温度的关系曲线。在 80～110 K，NEΔT 随着温度上升而明显变差。在同一工作温度下，MCT 工艺改进使得 NEΔT 显著改善。在相同工艺和工作温度下，截止波长缩短也使 NEΔT 得到改善。在理论和实际上，暗电流的大幅下降可使 MCT 焦平面阵列的热灵敏度达到背景限性能。

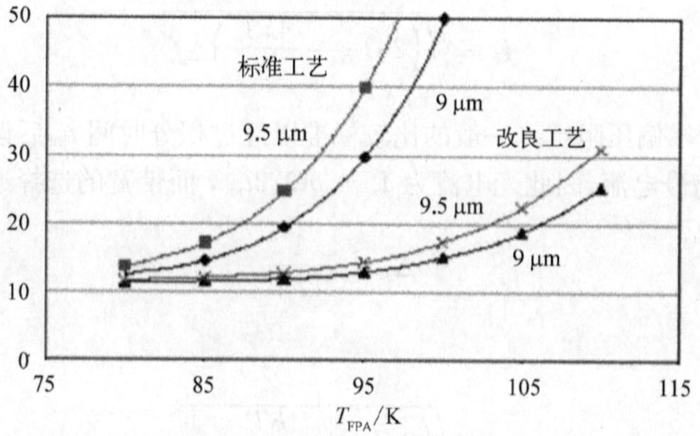

图 3.47 MCT FPA 的工作温度、长波截止波长和工艺改进对 NEΔT 的影响[57]
$f/2$,50%阱容,30 μm 像元

在长波波段(8～10 μm)，凝视焦平面阵列性能通常受到电荷容量的限制，即读出电路的像元最大电荷存储容量决定 NEΔT。从现有通用工艺水平来看，一个像元尺寸为 30 μm 的 320×256 阵列的电荷容量约为 5.9 pF，相当于 37 Me^-。图 3.48 是对 320×256 MCT 阵列测量的 NEΔT 随积分时间变化的曲线，两支曲线分别对应响应波段 7.7～9.0 μm 和 7.7～9.5 μm。积分时间在 600 μs 或更长，NEΔT 就趋向于一个恒定值，这归因于积分电荷达到饱和，即积分电容被充满。要进一步改善 NEΔT 就要设法提高电荷存储容量，从而允许更长的积分时间。由此也推想到，长波红外凝视阵列在高帧频应用中(意味着积分时间相对较短)更有优越性。图中响应波段较宽的阵列(7.7～9.5 μm)在积分时间有影响的范围内具有更低的 NEΔT，这是很合理的，因为光谱范围越宽，光子数越多，产生的响应信号也越大。

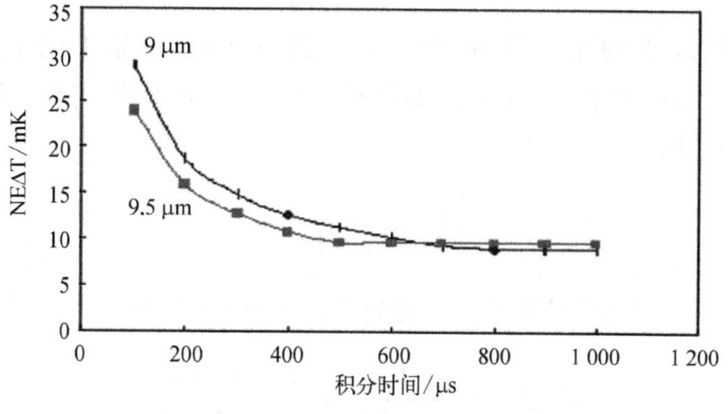

图 3.48 长波 MCT FPA 的积分时间、工作波段范围对 NEΔT 的影响[57]

3.5.6 HgCdTe 阵列和 QWIP 阵列读出电路限制 NEΔT 的比较

在 77 K 工作的 MCT 光子二极管的两个主要噪声来源为源于光生电流的散粒噪声和源于暗电流的散粒噪声，后者在数值上等于探测器电阻的热噪声（Johnson 噪声）。在零偏压下，噪声电流可表达为[59]

$$I_n = \sqrt{\left(2qI_{ph} + \frac{4kT}{R_0}\right)\Delta f} \tag{3.79}$$

式中，R_0 为二极管零偏压阻抗。一般的比较标准以经过积分时间 t_{int} 后读出电路电荷容量 Q 充到半满来计算信号电流，因此光电流为 $I_s = qQ/2t_{int}$，而带宽的选择通常为

$$\Delta f = \frac{1}{2t_{int}}$$

因此有

$$I_n = \sqrt{\left(2qI_{ph} + \frac{4kT}{R_0}\right)\frac{1}{2t_{int}}} \tag{3.80}$$

战术应用的焦平面阵列常处于较强的大气背景中，光电流的散粒噪声远大于热噪声。在此情况下，如果在一帧时间内收集的光电子数目受到读出电路电荷容量 Q 的限制（实际情况经常如此），则信噪比由下式给出：

$$\frac{S}{N} = \frac{qQ/2t_{int}}{\sqrt{2q\left(\frac{qQ}{2t_{int}}\right)\frac{1}{2t_{int}}}} = \sqrt{\frac{Q}{2}} \tag{3.81}$$

根据普朗克公式，可求得场景辐射出射度对温度的导数为

$$\frac{\partial M(T,\lambda)}{\partial T} = \frac{(2\pi hc^2)(hc/k)e^{hc/\lambda kT}}{\lambda^6 T^2 (e^{hc/\lambda kT}-1)^2} = M(T,\lambda)\frac{(hc/k)e^{hc/\lambda kT}}{\lambda T^2(e^{hc/\lambda kT}-1)} \approx M(T,\lambda)\frac{hc}{\lambda kT^2} \tag{3.82}$$

最后一步近似成立的条件是 $e^{hc/\lambda kT} \gg 1$，而对 300 K 背景下的成像应用，$kT \approx 0.026$ eV，$hc/\lambda \geqslant 0.1$ eV（约 12 μm），故总能够满足上述近似条件。所以背景通量 φ 对温度的导数可以写成如下近似式：

$$\frac{\partial \varphi}{\partial T} = \frac{hc}{\bar{\lambda} kT_B^2}\varphi \tag{3.83}$$

式中，T_B 为背景温度。可利用公式(3.14)和公式(3.83)进而写出

$$\text{NE}\Delta\text{T} = \frac{2kT_B^2\bar{\lambda}}{hc\sqrt{2Q}} = \frac{kT_B^2\bar{\lambda}}{hc}\sqrt{\frac{2}{Q}} \tag{3.84}$$

式中，$\bar{\lambda}=(\lambda_1+\lambda_2)/2$ 是在响应光谱段内的平均波长。举例来说，战术应用焦平面阵列典型的电荷存储容量为 2×10^7 e$^-$，$\bar{\lambda}=10\ \mu$m，$T_B=300$ K，代入式(3.84)得到 NEΔT≈19.8 mK。

现在考虑 QWIP 焦平面阵列。在光电导型探测器中，产生-复合噪声为主要噪声，则噪声电流为

$$I_n=\sqrt{4qg(I_{ph}+I_d)\frac{1}{2t_{int}}} \tag{3.85}$$

式中，暗电流近似等于

$$I_d=I_0\exp\left(\frac{E_a}{kT}\right) \tag{3.86}$$

上述二式中，I_d是暗电流；I_0是一个依赖于输运性质和掺杂水平的常数；E_a是激活能，通常稍小于光谱响应截止波长对应的能量；g、I_{ph} 和 I_0 都同所加的偏置电压有关。类似 MCT 的情况，热噪声可以忽略，则电荷容量限制 QWIP 焦平面阵列的信噪比写成

$$\frac{S}{N}=\frac{qQ/2t_{int}}{\sqrt{4qg\left(\frac{qQ}{2t_{int}}\right)\frac{1}{2t_{int}}}}=\frac{1}{2}\sqrt{\frac{Q}{g}} \tag{3.87}$$

所以有

$$\mathrm{NE\Delta T}=\frac{2kT_B^2\bar{\lambda}}{hc}\sqrt{\frac{g}{Q}} \tag{3.88}$$

比较式(3.84)和式(3.88)，可以看到，电荷容量限制的 QWIP 的噪声等效温差性能要比 HgCdTe 的多了一个因子$\sqrt{2}g$。在 QWIP 中 g 的合理的值约为 0.4，所以，如果其他一切工作条件相同，QWIP 的 NEΔT≈17.7 mK。由此，如果电荷容量相同的话，QWIP 中光电导增益较低却导致其 NEΔT 比 MCT 略优。

目前最先进的 QWIP 和 MCT 的性能优值因子是相仿的，因为主要的限制都是读出电路的电荷容量。不过达到这一性能所需要的积分时间却差别很大。长波 MCT 所需要的积分时间非常短，典型值在 300 μs 以下，这对于探测高速运动物体时冻结画面十分有利。QWIP FPA 可以得到的 NEΔT 更佳，缘于其卓越的均匀性及低的光电导增益，但是必须在比 MCT 长 10～100 倍的积分时间内实现，典型值为 5～20 ms。所以最终仍要根据应用要求来决定采用哪一种材料。

3.5.7 实验室测量方法

在实验室，可以采用相当简单的方法测量 NEΔT。辐射源采用面源黑体，黑体辐射面源的温度和发射率要十分均匀。黑体面源要充分覆盖探测器的冷屏视场角。在两个黑体温度(常用 300 K 和 310 K)下，分别测得焦平面像元的输出响应信号和噪声电压。按式(3.89)计

算噪声等效温差：

$$\mathrm{NE\Delta T} = V_{\mathrm{n}} \frac{\Delta T}{\Delta V_{\mathrm{s}}} \tag{3.89}$$

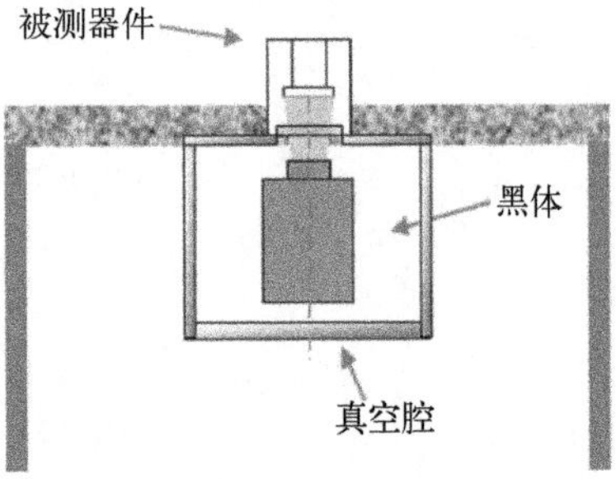

图 3.49　Sofradir NEΔT 测量平台包括一台置于真空腔体内的黑体[60]

需要注意的是 NEΔT 依赖于场景温度、焦平面阵列视场角及积分电容充满程度，所以上述测量条件下得到的是两个温度之间的平均值。

作为测量辐射源的面源黑体的温度控制和表面发射率对测量结果的准确性有较大影响。法国 Sofradir 的测试平台将黑体置于真空腔内（图 3.49），黑体表面发射率大于 99%，黑体温度范围 −30～100℃，温度稳定性优于 5 mK，确保测量精密度优于 0.15%，测量结果准确度优于 2.5%[60]。

3.5.8　直观的估计方法

有时人们想快速地估计一下 NEΔT，以预测一个已知参数的焦平面阵列在某项特定应用中能否满足要求。可使用一种最直观的方法来理解和导出 NEΔT。对大多数中波和长波红外宽谱应用（即 3～5 μm 和 8～12 μm）来说，决定 NEΔT 数值的是焦平面阵列读出电路的可用的电荷存储容量。当然这是在目前探测器工艺已臻成熟以致暗电流与光电流相比可以忽略条件下的结果。

这里提供两种方法[61]可较好地估计 NEΔT 的值。第一种是光子噪声限制探测器，另一种是在光子电流上叠加某些暗电流成分。

1. 确认背景条件

NEΔT 是指一个热传感器能够探测到的最小的温差。基本问题转而成为为了探测到某一确定的温度变化，需要的信噪比应该多高？先看看一个给定的温度变化对信噪比的影响。假设背景温度为 300 K，在其他背景条件下，结果可以作相应的修正。

首先考虑 7.75～10.0 μm 的长波红外波段，设光学系统为 F♯2，温差为 1 K。光子通量变化的情况见表 3.9。

表 3.9　背景温度由 300 K 改变 1 K 所引起的长波红外光子通量变化（7.75～10.0 μm，F♯2 光学）

物　理　量	数值/s^{-1}
301 K 光子通量，φ，7.75～10 μm　$f/2$	1.2035×10^{16}
300 K 光子通量，φ，7.75～10 μm　$f/2$	1.1821×10^{16}
通量变化＝$\Delta\varphi_{\mathrm{ph}}$	2.1353×10^{14}
对比度＝$\Delta\varphi_{\mathrm{ph}}/\varphi_{\mathrm{ph}}$	1.806×10^{-2}
等效信噪比＝$\varphi_{\mathrm{ph}}/\Delta\varphi_{\mathrm{ph}}$	55.36

注意此表中的数据，第1～3行光子数的数值同所用的F＃数有关，而第4行对比度和第5行等效信噪比的数值则同F＃数无关，而同波段和温度有关。温度变化1K所引起的光子数的改变与光子数的比值，$\Delta\varphi_{ph}/\varphi_{ph}$，称为对比度。反过来，其倒数则可以看作等效的信噪比。由表3.9可见，长波红外的对比度是很低的，约为1.806%。中波红外(3～5 μm)的对比度要高1倍，约为4%。如图3.50所示，中波红外对比度较高正是300 K的普朗克辐射曲线在中波比在长波陡峭一些的反映。图3.51显示了300 K黑体辐射的对比度随波长变化的关系。

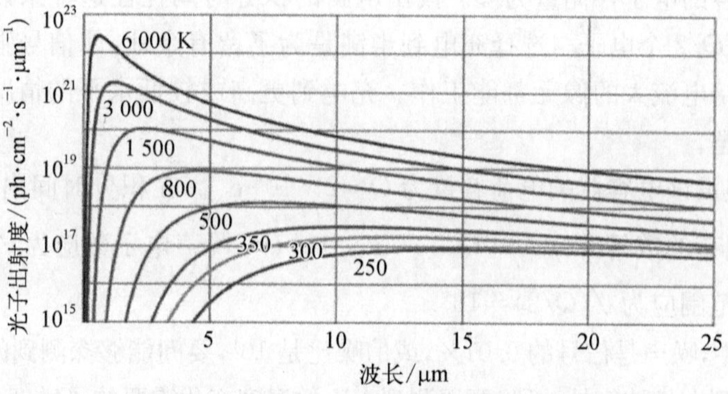

图3.50 黑体辐射光子出射度的波长依赖

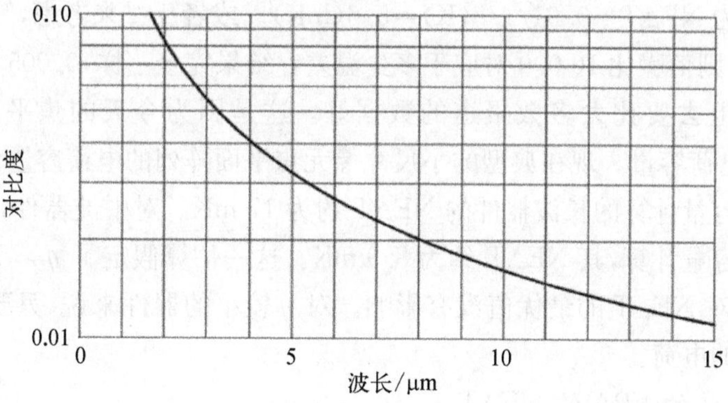

图3.51 温度变化1K引起300K黑体辐射对比度的波长依赖

2. 光子噪声限制的FPA的NEΔT

这在大多数战术应用场合属于典型情况，因为焦平面阵列得到充分冷却，暗电流和读出噪声等因素都可以忽略。在中波和长波，系统F＃数为1～8的焦平面阵列都适合这种近似。

如果光子通量密度为$\varphi(\mathrm{ph\cdot cm^{-2}\cdot s^{-1}})$，积分时间为$t_{int}$，$N$为入射到探测器上的光子数目，则探测器读出电路收集的电荷数ηN为

$$\eta N = \eta\varphi A_d t_{int} \tag{3.90}$$

光子噪声限制探测具有一种最基本的特征，就是光子的计数符合泊松分布，光子计数的

起伏由该分布的标准偏差表征，光子计数的标准偏差等于所计的光子数的平方根。所以读出电路积分电容上所收集的电荷数的起伏，即光子噪声，就等于积分电荷数的平方根，有

$$\text{noise} = \sqrt{\eta N} \tag{3.91}$$

式中，ηN 是所计的光生电荷数。考虑量子效率的信噪比为

$$S/N = \eta N/\sqrt{\eta N} = \sqrt{\eta N} \tag{3.92}$$

现在设该电容的电子存储量为 Q。读出电路的积分时间往往这样来设定，使电荷充到电容器的 1/2，即 $Q/2$ 个电子。选择充电到半满是为了留有余地，使信号强的像元、响应率不均匀的像元和暗电流大的像元都能工作。充电到更高或较低水平的情况也有，这可以随使用的要求而调整。

为简单计，假设该电容器的电荷容量为 $Q=2\times10^8\ e^-$。在积分时间内此电容器充到半满，意味着光生电荷的数目为 $\eta N = Q/2 = 1\times10^8\ e^-$。噪声电子数应为 $\sqrt{10^8}\ e^- = 10^4\ e^-$。而信噪比或动态范围应为 $\sqrt{(Q/2)}=10^4$。

在这个例子中，噪声是信号的 0.01%，或信噪比是 10^4，要问能够探测到的 NEΔT 是多少。参考表 3.9，注意到在长波红外波段，要探测到 1 K 的温度变化需要的灵敏度为 1.806%。电荷容量为 $2\times10^8\ e^-$ 的传感器提供的信噪比为 10^4 或灵敏度为 0.01%。于是用此探测器能够探测到的温度变化为 NEΔT=0.01/1.8(K)=5.6(mK)。或者反过来考虑，等效信噪比 55.36 对应于 1 K 温差，则信噪比 10 000 对应于多少温差？结果完全一样，0.005 536 K。

这个数值看上去要比大多数报道的数据好。这是因为今天的焦平面阵列没有 $2\times10^8\ e^-$ 这么大的电荷容量。现在典型的小尺寸像元焦平面阵列的电荷容量为 $2\times10^7\ e^-$。按这个较小的电荷容量计算的长波器件的 NEΔT 约为 17 mK。对中波器件，如果采用同样的读出电路和电荷容量计算，其 NEΔT 约为 8.9 mK。这一估算假定了 $\eta=1$。稍加深入分析能够知道，η 其实对 NEΔT 的最优值没有影响。对 η 较小的器件来说，只要延长积分时间，可以积得一样多的电荷。

3. *考虑暗电流的 FPA 的 NEΔT*

当探测器暗电流达到或超过光电流的 1/3 时，暗电流不能再忽略，在计算 NEΔT 时，必须将它考虑进去。

对于电荷容量为固定值的读出电路（一般情况均如此），仍应将它充到半满，其中也包含来自暗电流的电荷，需要的积分时间就短些。结果收集的信号电荷就少些，但噪声保持不变。

令暗电流与光电流之比为 γ

$$I_{\text{dark}}/I_{\text{ph}} = \gamma \tag{3.93}$$

或

$$I_{\text{dark}} = \gamma I_{\text{ph}} \tag{3.94}$$

充到电容器上的总电流为

$$I_{total} = I_{dark} + I_{ph} = I_{ph}(1+\gamma) \tag{3.95}$$

所以考虑暗电流时积分时间应为

$$t_{int} = t_{int}(0)/(1+\gamma) \tag{3.96}$$

式中，$t_{int}(0)$是未加入暗电流时所需的积分时间。此时所收集的信号是未加入暗电流时信号的$1/(1+\gamma)$。统计噪声保持不变，因为噪声仍然是满阱容量1/2的平方根，即$\sqrt{(Q/2)}$。作为比较，若积分电容器是弹性的，其电荷容量可随着暗电流的增加而增加，致使积分时间维持恒定，此时信号电荷保持不变而噪声将增加为$(1+\gamma)^{1/2}$倍。

图3.52显示的是对一个固定的光电流，暗电流增加引起的信噪比下降在上述两种不同情况下的表现。注意图中绝对值是基于以下条件计算的：当$I_{dark}=0$时电荷容量为$Q=2\times 10^8\ e^-$，满阱容量半满的电荷数为$N=1\times 10^8\ e^-$。如前所述，现今绝大多数采用电荷容量为固定值的读出电路。

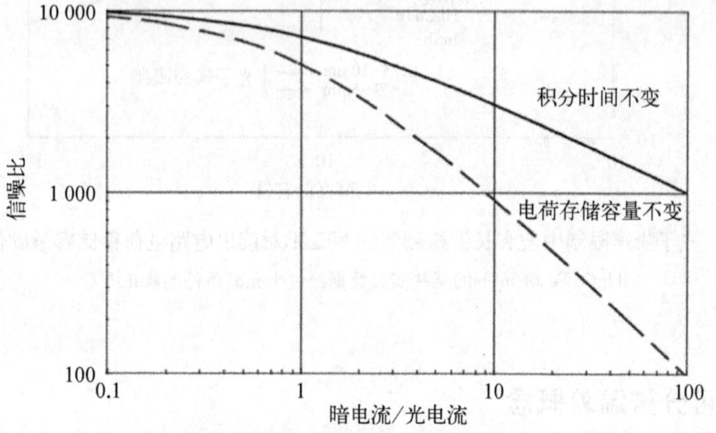

图3.52 信噪比对探测器暗电流/光电流的依赖关系

虚线表示电荷存储容量不变而积分时间可变的情况，实线表示积分时间不变而电荷容量可变的情况

4. 估算公式

对于冷却型探测器，如果知道读出电路的电荷存储容量，其NEΔT很容易计算出来。只要知道该器件的光谱响应波段，并确认光子噪声占主导地位，就可以直接估计NEΔT，不需要其他的系统参数。简言之，只需要把对比度（温度变化1 K引起响应波段内光子通量变化的百分数）与读出电路积分电容器存储电荷数的统计噪声相比较，NEΔT就确定了。其表达式为

$$\mathrm{NE\Delta T} = 1/\sqrt{Q/2}/(\Delta\varphi_{ph}/\varphi_{ph}) = \sqrt{2/Q}/(\Delta\varphi_{ph}/\varphi_{ph}) \tag{3.97}$$

式中，$\Delta\varphi_{ph}/\varphi_{ph} = C_{T\lambda}$是对比度。可以参考图3.39得到$C_{T\lambda}$的粗略估值。此式与式(3.84)是一致的，差别在于现在可以根据现有的图表数据，估算起来更方便。

由暗电流的加入而引起的信噪比的下降，可视为有效电荷容量的下降：$Q_{eff} = Q/(1+$

γ)，而 NEΔT 则上升为 $(1+\gamma)$ 倍，

$$\mathrm{NE\Delta T}=\frac{V_{\mathrm{n}}}{V_{\mathrm{s}}}\frac{1}{\left(\frac{\partial\varphi}{\partial T}\right)\Big/\varphi}=\frac{\sqrt{Q/2}}{\frac{Q}{2}\Big/(1+\gamma)}\frac{1}{C_{\mathrm{T}\lambda}}=\sqrt{\frac{2}{Q}}\frac{(1+\gamma)}{C_{\mathrm{T}\lambda}} \tag{3.98}$$

图 3.53 根据式(3.97)画出了中波和长波探测器的噪声等效温差对电荷存储容量的依赖关系，也标示了最新的实验结果与理论的比较。

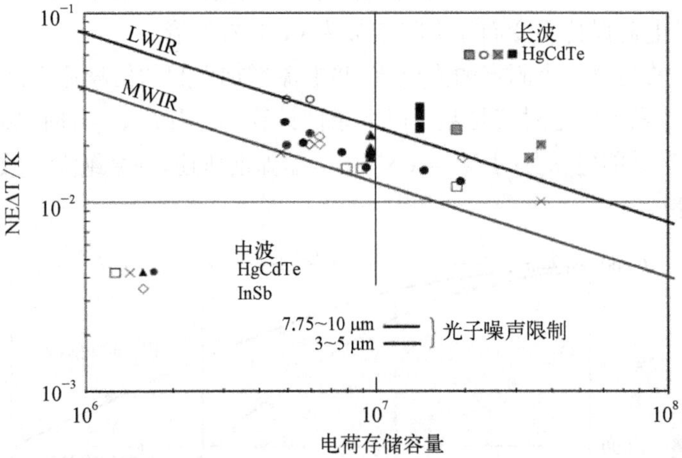

图 3.53　光子噪声限制中波和长波探测器的 NEΔT 对读出电路电荷存储容量的依赖关系

HgCdTe 和 InSb 的某些实验数据经过半充满条件的修正[61]

3.5.9　最小可分辨温差概念

噪声等效温差是表征红外焦平面阵列灵敏度的一个很好的量度，但并不是对焦平面性能的完善量度。焦平面阵列的热灵敏度与空间分辨率密切相关。改变传感器的分辨率也会影响其灵敏度。红外系统中某一个参数的改变往往引起热灵敏度与空间分辨率朝相反方向改变。红外系统用户提出的要求往往是最高的灵敏度、最高的分辨率而且具有最大的视场角。但这是不可能实现的。实际情况往往需要在各项指标上进行平衡和折中。

表征红外成像传感器性能最好的优值因子是最小可分辨温差(minimum resolvable temperature difference，MRTD 或 MRDT)或者最小可分辨温度(MRT)。这一优值因子综合热成像系统的分辨率和灵敏度。MRTD 定义为一个 4 杆靶标被一个传感器刚好分辨出来的温差[3, 49, 52]。MRTD 作为传感器的性能参数，是一个函数，而不仅仅是一个数值。MRTD 的含义包括一系列标准的 4 杆靶标和观测者从其上得以分辨出杆的热像的黑体背景之间最小的温差和靶标的空间频率之间的关系。图 3.54 概要显示了采用不同空间频率的靶标，测得的 MRTD 是不同的；随着靶标空间频率的提高，测得的 MRTD 也升高，提示对靶标的辨识效果下降。MRTD 是一个带有主观性的参数，其表征的是对被测试物体的低对比度细节的人-机总合探测能力。测得的 MRTD 不仅取决于焦平面的 NETD 和 IFOV，也

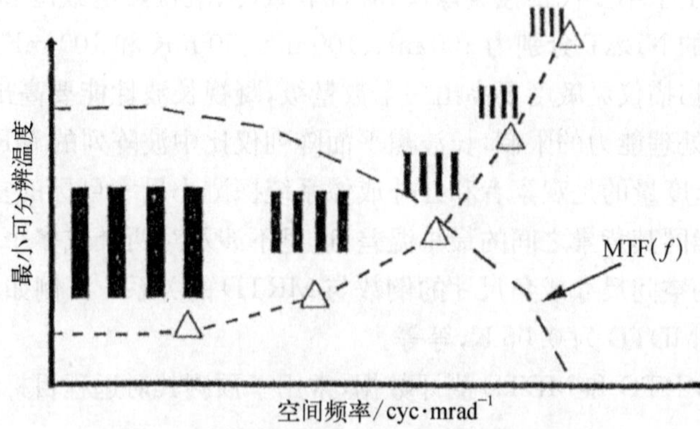

图 3.54　MRTD 随着空间频率变化示意图[49]

强烈依赖于其他的影响因素，包括客观参数如所用的测试板及显示屏质量等，以及主观因素如观察者对不同颜色的区分能力等。美国材料与试验协会对 MRTD 和 MDTD(最小可探测温差，minimum detectable temperature difference)的测试方法制定了标准[62]。

MRTD 理论上可定义为[52]

$$\mathrm{MRTD}(f_s) = K(f_s)\frac{\mathrm{NE\Delta T}}{\mathrm{MTF}(f_s)} \tag{3.99}$$

式中，f_s是空间频率(单位为 cyc/rad)；$\mathrm{MTF}(f_s)$是调制传递函数；$K(f_s)$是一个函数，其中包含观测者对一个埋嵌在由 NEΔT 表征的低信噪比热像中的由 MTF 描述的调制信号的响应能力。更具体的讨论可以参阅文献[49]和文献[52]。

图 3.55 是在 300 K 背景温度和窄视场(高分辨率)工作的中波和长波传感器的背景限(以 70%量子效率计算)的 MRTD 随空间频率变化曲线。长波的曲线收录了两根，分别对应于衍射模糊斑和像元尺寸匹配及模糊斑对像元二倍过采样的情况，以比较其影响。文献

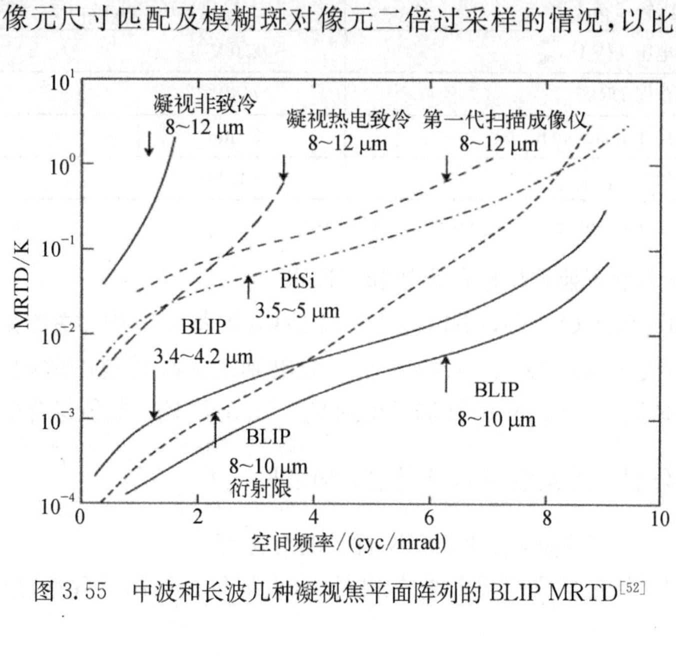

图 3.55　中波和长波几种凝视焦平面阵列的 BLIP MRTD[52]

[52]作为比较，也画出了第一代扫描成像仪、凝视非致冷、凝视热电致冷和凝视 PtSi 焦平面阵列的曲线，其对应的 NEΔT 分别为 100 mK、100 mK、50 mK 和 100 mK。理论上说，凝视中波 FPA 比第一代扫描仪灵敏度要高出一个数量级，凝视长波性能要高出两个数量级。但在实际上，由于电荷处理能力的限制，长波焦平面阵列仅比中波阵列的 MRDT 稍好。

最小可探测温差度量的是观察者和红外成像系统探测小尺寸目标的复合能力。这是指一个圆形或方形目标同其背景之间的最小温差，这里不涉及对两个或多个目标的分辨问题。一般测量的是物体的空间尺寸或角尺寸的倒数与 MRTD 的关系[2]。例如，一个张角 0.043/mrad 的方形目标的 MDTD 为 0.05 K，等等。

热成像系统的 MRTD 和 MDTD 测评数据，常用于预测其对远程目标的探测、识别和辨识概率。

3.5.10 红外焦平面阵列灵敏度的其他表示方式

光子探测器焦平面阵列的用户还喜欢采用噪声等效电荷（NEC 或 NEQ）来衡量焦平面器件灵敏度，即一帧时间内积累的噪声电子数。对于用积分电容积累电荷的读出电路，NEC 是积分电容器上的噪声等效电荷。因此，NEC 需要标明帧速或积分时间。有些情况下用 NEQ 直接表示探测器表面的等效噪声光子通量密度。例如，RVS 发布的 InSb 焦平面阵列 AE194、AE195 和 AE197 的性能参数就是这样。以中、低背景应用的 AE194 为例，主要性能参数见表 3.10。

表 3.10 RVS AE194 阵列主要性能参数

参　　数	值
响应信号 R_v(3～5 μm)	$>4.5\times10^{-12}$mV/(ph · cm^{-2} · s^{-1})
NEQ (3～5 μm)	$<1.14\times10^{11}$ ph · cm^{-2} · s^{-1}
输出电压摆幅 V_{swing}	2.0 V
动态范围 DR	71 dB
像元尺寸 pixel pitch	30 μm
最大帧频 F_{frame}	100 Hz

资料来源：Raytheon network centric system. www. raytheon. com

根据这些性能参数可换算出电荷容量和 NEΔT。

电荷容量可由关系式 $Q=\mathrm{DR}\cdot\mathrm{NEQ}\cdot A_d\cdot t_{int}$ 估算，将表 3.10 中相关数据(按帧频100 Hz、积分时间为 10 ms)代入得到 $Q=3.6\times10^6\ \mathrm{e}^-$。充电到最大线性范围的响应电压由关系式 $V_s=R_v\cdot\mathrm{NEQ}\cdot\mathrm{DR}$ 估算，由表 3.10 数据可得到 $V_s=1.8\ \mathrm{V}$，这一数值符合最大输出电压摆幅 $V_{swing}=2.0\ \mathrm{V}$ 的限制。按充电到 $Q/2$ 计算，$\mathrm{NE\Delta T}=\sqrt{\frac{2}{Q}}/C_{T\lambda}=\sqrt{\frac{2}{3.6\times10^6\ \mathrm{e}^-}}/4\%=18.6\ \mathrm{mK}$，这里 4%是 3～5 μm 波段 300 K 背景的对比度。

与表示探测器灵敏度的噪声等效功率相对应，表征焦平面组件灵敏度的常用参数还有噪声等效辐照度 NEI。NEI 定义为入射到系统光学孔径上的最小可观测的辐射通量密度，单位为 W/cm^2 或者 $ph \cdot cm^{-2} \cdot s^{-1}$。它可以从噪声等效光子通量密度转换而得

$$NEI = NE\Delta\varphi \frac{A_d h\nu}{A_{op}} \ (W/cm^2) \tag{3.100}$$

式中，$NE\Delta\varphi$ 为探测器表面的噪声等效光子通量密度。NEI 与 NEC 的换算关系为

$$NEI = NEC/\eta t_{int} A_d \quad (ph \cdot cm^{-2} \cdot s^{-1}) \tag{3.101}$$

$$NEI = NEC \frac{h\nu}{\eta t_{int} A_d} (W/cm^2) \tag{3.102}$$

噪声等效辐射率(辐射亮度)差(noise equivalent change in radiance, NEdN)定义为使焦平面阵列像元输出信噪比为 1 所对应的入瞳处辐射率变化实际应用中 NEdN 常指光谱辐射率的变化(noise equivalent spectral radiance)，可表示成下式：[63]

$$NEdN = \frac{V_n}{A_d \Omega R \Delta\nu} \tag{3.103}$$

式中，$\Delta\nu$ 为以波数表示的光谱带宽；R 为响应率；Ω 为探测器视场角。NEdN 的单位为 $W \cdot m^{-2} \cdot sr^{-1} \cdot cm$。

以上各种表示方法，有的用在入瞳处，有的用在光敏面处，知道光学参数可以互相换算。

文献中普遍采用噪声等效温差直方图来直观地表示一个红外焦平面阵列的灵敏度特性。图 3.56 是法国 Sofradir 公司 320×256 碲镉汞中波凝视阵列中 81 920 个像元的 NEΔT 的统计分布，横坐标是以 mK 表示的 NEΔT 值，纵坐标是像元数目。该阵列的响应波段为 3.7～4.8 μm，测试是在 $f/2$ 光学、293 K 背景、50%阱容下进行的。结果表明，该阵列的平均 NEΔT 为 7.2 mK，标准偏差为 11.7%。有时人们在直方图上还标出与 BLIP 性能对应的 NEΔT 值，而所谓 BLIP 效率则表示光子噪声占探测器总噪声的百分比，其定义式为

$$\eta_{blip} = \left[\frac{N_{ph}^2}{N_{FPA}^2 + N_{ph}^2}\right]^{1/2} \tag{3.104}$$

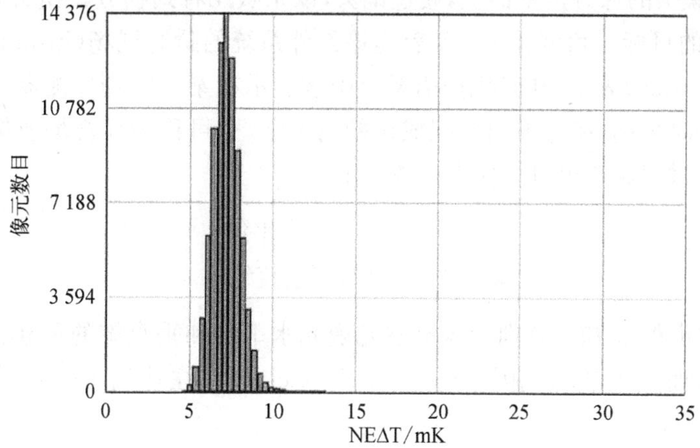

图 3.56 320×256 碲镉汞中波凝视阵列 NEΔT 统计直方图[64]

式中，N_{FPA}是焦平面阵列暗电流噪声和其他噪声电子数。

Sofradir 有时直接用指定波段的半满负荷信噪比来表示灵敏度(表 3.11)[65]，这对用户来说可能更方便些。

表 3.11　法国 MTG－IRS(第三代气象卫星红外探测仪)焦平面阵列灵敏度(工作温度 57 K)

响应波段	信噪比@50%阱容(中值)
MWIR 4.44～6.25 μm	4 209
LWIR 8.26～14.7 μm	8 647

3.6　红外焦平面阵列成像空间分辨率

3.6.1　简单红外成像系统的光路

一个最简单的红外成像系统(如红外照相机)至少由三个部分组成：光学系统(镜头组件)、探测器组件、电子学和终端显示组件。其成像光路(垂直维)原理图可由图 3.57 简要地表示。

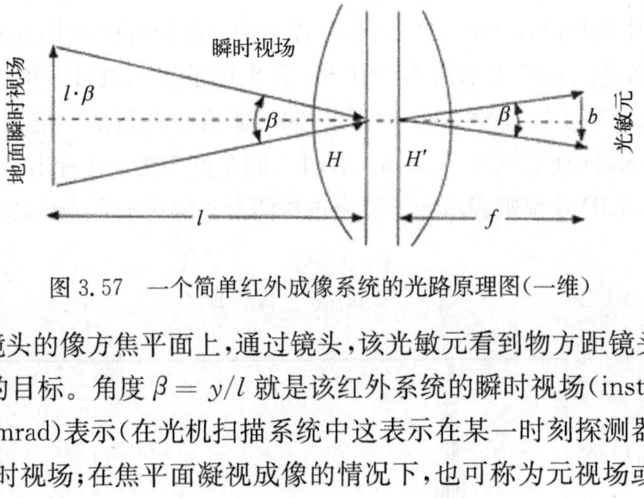

图 3.57　一个简单红外成像系统的光路原理图(一维)

探测器置于镜头的像方焦平面上，通过镜头，该光敏元看到物方距镜头 l 处的物平面上的一个尺寸为 y 的目标。角度 $\beta=y/l$ 就是该红外系统的瞬时视场(instantaneous field of view)，用毫弧度(mrad)表示(在光机扫描系统中这表示在某一时刻探测器光敏元所观测的角范围，故称为瞬时视场；在焦平面凝视成像的情况下，也可称为元视场或像元视场)，根据成像光学原理，瞬时视场角也可由像方参数表示。

$$\alpha = x/l = a/f \text{ (水平维)}$$
$$\beta = y/l = b/f \text{ (垂直维)}$$

式中，f 为镜头的焦距；a 和 b 分别为探测器光敏元水平维和垂直维的尺寸。现今探测器光敏元多做成方形，而且光学填充因子(optical fill factor)往往达到 100%，故瞬时视场立体角为

$$\omega = \alpha\beta = ab/f^2 = (d/f)^2 \tag{3.105}$$

式中，d 为探测器阵列的像元中心距(pixel pitch)。如果一个探测器阵列由 $M\times N$ 个像元组成，则其总的视场角(field of view，FOV)为

$$\mathrm{FOV}=MN\omega=MN\ (d/f)^2 \tag{3.106}$$

为简便起见，习惯上就称 FOV 为视场角(同冷屏立体角不是一回事)。

在一些文献(包括本书)中，往往简化为一维情况，则有 $\mathrm{FOV}=Nd/f$。

3.6.2 红外系统成像空间分辨率

光学图像(如照片、投影、视频图像等)的分辨率(resolution)是指在一幅图像(如显微镜照片)上能够清楚地分辨出来的两个最紧邻点(或线)之间的距离，具有长度量纲，也有用其对应的瞬时视场角以角度量纲表示(如天文望远镜照片)。分辨本领(resolving power)或分辨能力是指一个光学仪器或设备(显微镜、望远镜、照相机、成像传感器芯片等)所能提供的最佳分辨率。这两个术语含义并不相同，但现在经常不加区分地混用。空间分辨率用空间尺寸或者其倒数(空间频率)来度量，常用的单位有埃(Å，电子显微镜)[1]、周每毫弧度(cyc/mrad)等。

空间频率是具有空间周期性的结构的一个特性参数。空间频率是对正弦调制结构(或由傅里叶变换得到的正弦分量)单位空间长度内重复次数的量度。在红外成像领域，空间频率的单位为周每毫米(cycles per millimeter，cyc/mm)，或周每毫弧度(cycles per milliradian，cyc/mrad，角空间频率)。

红外场景中目标对背景的辐射调制度或辐射对比度由下式定义[1]：

$$C_{\mathrm{R}}=\frac{W_{\mathrm{T}}-W_{\mathrm{B}}}{W_{\mathrm{T}}+W_{\mathrm{B}}} \tag{3.107}$$

式中，C_{R}为辐射调制度或辐射对比度；W_{T}和 W_{B}分别为目标和背景的辐射出射度。这是一个无量纲的量。按上述定义式，C_{R}的数值为 0～100%。

实际场景经过红外镜头、探测器组件和显示器组件重构成像后，场景的辐射对比度转变成为图像的信号对比度。对比度的数值也发生变化，通常会发生衰减。光电成像过程中对比度衰减的程度可以用调制传递函数(modulation transfer function，MTF)来描述。MTF的含义是指一个光电过程(如镜头的聚光过程、探测器的光-电转换过程、显示屏的电-光或电-色转换过程等)中输出的对比度与输入的对比度之比与空间频率的函数关系。空间频率为零(如广袤的单一背景)时 $\mathrm{MTF}(f)=1$；空间频率增大时，$\mathrm{MTF}(f)$随之减小；$\mathrm{MTF}(f)=0$ 时的空间频率称为空间截止频率，记为 f_{off}或 f_{o}。一个成像器的空间截止频率越高，表示它越能分辨结构更精细的景物，即具有的空间分辨率越高。

图 3.58 是对某景物在某一个方向上测得的温度对比度随角空间频率变化的情况(对比度可由图中峰值和谷值计算而得)。随着空间频率的增加，测得的高温区和低温区之间的温度差别逐渐变得不明显，对比度逐渐下降。

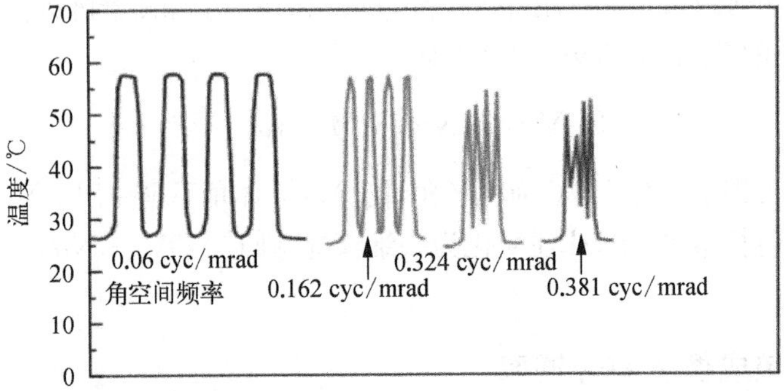

图 3.58 温度对比度随角空间频率增加而衰减的情况[2]

3.6.3 调制传递函数

一个红外成像系统的调制传递函数由三部分构成：光学系统 MTF、探测器 MTF 和图像重构系统(如阴极射线管、平板显示器、眼睛等)MTF。

$$\mathrm{MTF_{tot}}(f)=\mathrm{MTF_{op}}(f)\times\mathrm{MTF_{det}}(f)\times\mathrm{MTF_{panel}}(f) \tag{3.108}$$

光学系统的 MTF 包括衍射限制的 MTF 的贡献和像差限制的 MTF 的贡献，而衍射限制的 MTF 起主要作用，如图 3.59 所示。

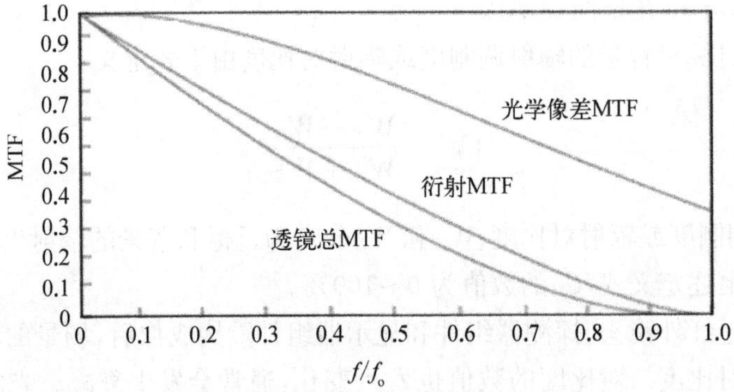

图 3.59 光学系统的 MTF 随归一化空间频率的变化[51]

现在大多数红外光电成像系统都使用圆形孔径光学系统。一个圆形衍射限制光学系统的调制传递函数可表示为[66]

$$\mathrm{MTF_{op}}(f)=\frac{2}{\pi}\left[\cos^{-1}\left(\frac{f}{f_o}\right)-\frac{f}{f_o}\sqrt{1-\left(\frac{f}{f_o}\right)^2}\right] \tag{3.109}$$

式中，f 为空间频率，单位为 cyc/mrad(周每毫弧度)；f_o为空间截止频率。

红外前视成像系统角空间分辨率的基本限制，是光学系统的衍射限，根据 Sparrow 判据[51]确定的角分辨率公式 $\alpha=\lambda/D$，可得出[1]

$$f_o = \frac{D}{(\lambda_1 + \lambda_2)/2} = \frac{D}{\lambda} \tag{3.110}$$

式中，D 为光学孔径，单位为 mm；λ_1 和 λ_2 为入射光束的起始波长和截止波长；λ 为其中心波长，单位为 μm。例如，一个 10 cm 孔径、10 μm 波长的光学系统，不可能再现空间频率优于 10 cyc/mrad 的光学调制。

探测器的调制传递函数主要由三部分组成，分别是与探测器光敏元尺寸有关的积分 MTF（integration MTF）、与采样间距（等于像元中心距）有关的采样 MTF（sampling MTF），以及与像元间串音有关的扩散 MTF（diffusion MTF），即

$$\mathrm{MTF_{det}} = \mathrm{MTF_{int}} \times \mathrm{MTF_{sam}} \times \mathrm{MTF_{diff}} \tag{3.111}$$

此处考虑有些成像器件中光敏元只占像元面积的一部分，所以光敏元采样与像元采样不是同一个空间频率。如果填充因子为 100%，则采样频率等于探测器截止频率。如果进一步忽略载流子扩散引起的对比度损失（容后讨论），则探测器的调制传递函数由探测器尺寸决定，其表示式为[67]

$$\mathrm{MTF_{det}}(f) = |\,\mathrm{sinc}(\pi\alpha f)\,| = \left|\frac{\sin(\pi\alpha f)}{\pi\alpha f}\right| \tag{3.112}$$

式中，α 为瞬时视场，等于探测器尺寸除以有效焦距，$\alpha = d/f$。注意式(3.112)是取 sinc 函数的绝对值。把式(3.112)第一个零处的空间频率定义为探测器截止频率，它出现在 $f = 1/\alpha$ 处，即 $f_o = 1/\alpha$。上述函数具有如图 3.60 所示的分布。在图 3.59 中，$\mathrm{MTF_{op}}$ 表示为归一化的空间频率 f/f_o 的函数。而在图 3.60 中，$\mathrm{MTF_{det}}$ 表示为相对空间频率 f/f_N 的函数。这里 f_N 是奈奎斯特频率，它定义为探测器截止频率的 1/2。奈奎斯特定理表述如下：能够探测到的最大空间频率等于空间采样频率的 1/2。在这一频率，$\mathrm{MTF_{det}}$ 的数值为 0.64。

$$f_N = \frac{1}{2} f_o = \frac{1}{2\alpha} \tag{3.113}$$

$$\mathrm{MTF_{det}}(f_N) = \frac{2}{\pi} = 0.64 \tag{3.114}$$

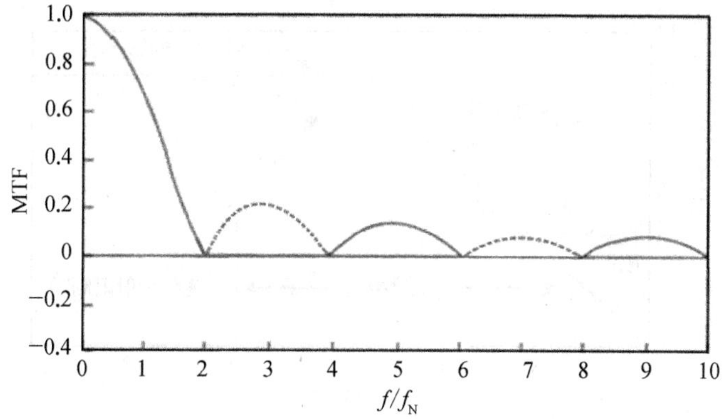

图 3.60　探测器采样的 MTF 随相对归一化空间频率的变化[51]

简言之，一个红外成像系统对辐射率以 2α 为周期正弦变化的场景扫描或凝视采样时，像的对比度只是物的对比度的 64%。对辐射率以 α 为周期正弦变化的场景扫描或凝视采样时，像的对比度将下降到零，即系统不可能探测到一个瞬时视场内部景物亮度的差异。

平板显示器或其他图像重构环节的 MTF 可与探测器一样处理。一般认为其影响比探测器小。但在工程实践中，其作用应考虑。

从 20 世纪 70 年代直至现在，绝大多数红外前视系统（forward looking infrared system, FLIR）的空间分辨率都由探测器张角决定（实际还受到大气条件的严重影响）。在一个系统的探测器张角（瞬时视场 IFOV）和总视场（FOV）确定之后，光学孔径往往由热灵敏度要求而不是由分辨率要求来确定。光学衍射限制的分辨率从未达到过。

由于实际应用中对红外成像分辨率的要求越来越高，业界对调制传递函数对系统探测性能影响及对红外波段衍射限分辨率及其和探测器参数关系的研究日益深入，正在形成新的理论认识。

美国军方正在研制一种称为寻的任务性能（targeting task performance, TTP）的标准，这是预测红外系统探测-识别-辨识距离（range of detection-recognition-identification）性能的新标准[67]。在讨论调制传递函数对 TTP 的影响时，Holst[66]引入一个优值因子（figure of merit, FOM）

$$\text{FOM} \approx \int_0^{f_N} \sqrt{\left| \frac{\text{MTF}_{\text{op}}(f)\text{MTF}_{\text{det}}(f)\text{MTF}_{\text{panel}}(f)}{\text{CTF}_{\text{eye}}(f)} \right|}\, \mathrm{d}f \tag{3.115}$$

式中，$\text{CTF}_{\text{eye}}(f)$ 是眼睛的对比度阈值函数（contrast threshold function）。通过求解 FOM，发现红外系统的参数 $F\lambda/d$ 起着关键影响，此处 F 为光学 F# 数，λ 为波长，d 为像元尺寸。在 $F\lambda/d$ 的数值为 0～4 对上述 FOM 的积分的数值计算结果可得到以下拟合式：

$$\begin{aligned}\text{FOM} \approx & -0.0254\left(\frac{F\lambda}{d}\right)^6 + 0.2686\left(\frac{F\lambda}{d}\right)^5 - 0.9282\left(\frac{F\lambda}{d}\right)^4 \\ & + 1.1314\left(\frac{F\lambda}{d}\right)^3 - 1.6292\left(\frac{F\lambda}{d}\right)^2 + 7.6343\left(\frac{F\lambda}{d}\right)\end{aligned} \tag{3.116}$$

拟合得到的曲线如图 3.61[68]所示。

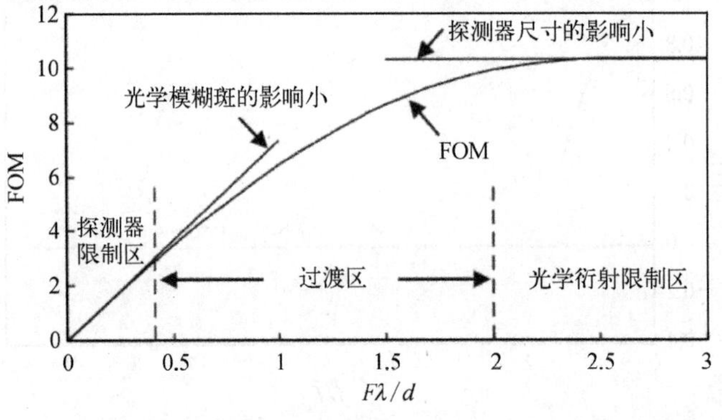

图 3.61　对比度传递优值因子 FOM 对 $F\lambda/d$ 的依赖关系[68]

图 3.61 表明，对比度传递优值因子 FOM 的值随 $F\lambda/d$ 单调上升。当 $F\lambda/d \leqslant 0.41$ 时，FOM 接近线性上升，探测器尺寸决定 FOM，光学模糊斑对其影响很小，所以称为探测器限制区域。当 $F\lambda/d \geqslant 2.0$ 时，FOM 接近饱和，是光学衍射限制区域，探测器尺寸对其影响很小。中间有一个相当宽的过渡区。可见，$F\lambda/d$ 是一个对系统的调制传递函数，对系统分辨率有重要作用的参数。

经过平板显示器后，复制的调制传递函数中会出现某种程度的在实际场景中不存在的虚假(空间频率)响应。虚假响应降低图像质量。理论推导结果[68]表明，在 $F\lambda/d = 0.41$ 条件下，虚假响应存在于整个空间频率范围且比较强；在 $F\lambda/d = 2$ 条件下，虚假响应只存在于奈奎斯特频率以上且比较弱小。再增大 $F\lambda/d$ 虽可进一步降低虚假信号，但也会使带内(即奈奎斯特频率以下)MTF 下降，并导致对比度和锐度的下降。所以从采样理论和图像质量角度出发，$F\lambda/d = 2$ 是最佳分辨率条件。

3.6.4 $F\lambda-d$ 参数空间

$F\lambda/d$ 其实就是探测器截止频率与光学截止频率的比率[69]。就空间参数而言，$F\lambda/d$ 是光学模糊圈直径相对于探测器尺寸的量度。例如，当 $F\lambda/d = 0.41$ 时，光学模糊圈即艾里斑(Airy disk)的直径与探测器尺寸相等。当 $F\lambda/d = 2.0$ 时，艾里斑直径相当于探测器尺寸的 5 倍。这个关系可以从夫琅禾费衍射的公式 $d_{\mathrm{Airy}} = 2.44F\lambda$ 推演而得。

图 3.62 画出了在 $F\lambda/d = 2$ 条件下，探测器和光学系统各自及两者合并后的调制传递函数对空间频率的依赖关系，这里假设图像重构是理想情况。由图看到，在 $F\lambda/d = 2$ 条件下，合并的调制传递函数基本就是光学系统的调制传递函数。红外系统的 $F\lambda-d$ 关系可作为一项主要的指标，来预测在各种 $F\lambda/d$ 条件下，给定光学孔径的一个系统能够达到的最终性能，包括最佳分辨率，以及探测、识别、辨识距离。对给定的光学孔径和波长，探测(识别、辨识)距离近似地由下式给出[66]

$$\text{range} = \frac{W}{V}\text{FOM}\frac{D}{\lambda}\frac{(C_{\text{target}})^{1/2}}{\left[1+k\left(\dfrac{\text{NETD}}{\text{SCN}_{\text{tmp}}}\right)^2\right]^{1/4}} \tag{3.117}$$

式中，V 为任务难度系数，即覆盖表观尺寸为 W 的目标所需要的像元数目；C_{target} 为已考虑大气衰减的目标表观对比度；SCN_{tmp} 为场景温度对比度，在计算时一般取为目标-背景温差的几倍；k 为一个待拟合的系数，一般为 1～1.2；FOM 的数值依赖于 $F\lambda/d$，具体函数关系如图 3.61 所示。这一公式的来源及各个参数含义的详细解读可参阅文献[66]。此式包括任务难度、系统空间分辨率、焦平面器件热灵敏度(NETD)、目标对比度、光学孔径和工作波长等各个因素的贡献，是一个半经验半理论的全面的工程实用距离方程式。其中，空间分辨率对探测-识别-辨识距离的影响通过优值因子 FOM($F\lambda/d$)表现。从图 3.61 和图 3.62 可以看出，如果一个红外成像系统的 F＃数较 $F\lambda/d = 2$ 条件给出的更大，则合并的 MTF，以及 FOM，从而包括探测距离，只会有很小的增加，最终还是受到衍射性能的限制。

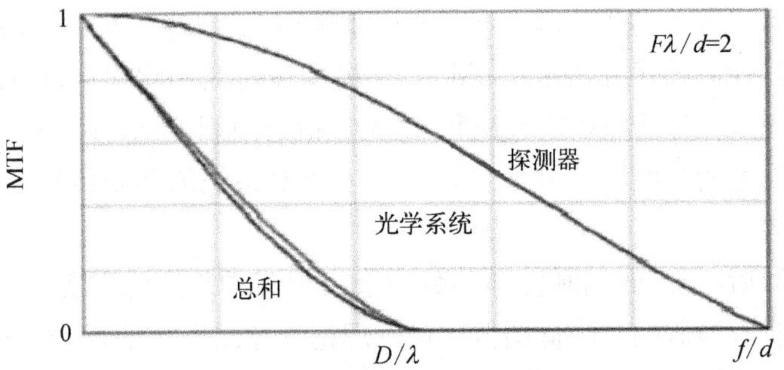

图 3.62　$F\lambda/d=2.0$ 条件下探测器和光学系统各自的 MTF 和总的 MTF 对空间频率的依赖关系

图中横坐标上明示了 $f/d=2D/\lambda$

现在讨论空间分辨率与热灵敏度之间的牵制关系。焦平面阵列的噪声等效温差可以写成如下形式[70]：

$$\mathrm{NETD}=\frac{[1+(J_{\mathrm{d}}/J_{\Phi})]}{\eta_{\mathrm{cs}}C_{\mathrm{T\lambda}}\sqrt{(J_{\mathrm{d}}+J_{\Phi})A_{\mathrm{d}}t_{\mathrm{int}}/q}} \tag{3.118}$$

式中，J_{d}是探测器暗电流密度；J_{Φ}为光电流密度；η_{cs}为冷屏效率；$C_{\mathrm{T\lambda}}$为场景对比度；A_{d}为像元面积；t_{int}为积分时间。假定工作温度足够低，使 $\eta_{\mathrm{cs}}\approx 1$，$J_{\mathrm{d}}\approx 0$，式(3.118)可改写成为直接随 $F\lambda/d$ 变化的形式[71]：

$$\mathrm{NETD}\approx\frac{2}{C_{\mathrm{T\lambda}}\lambda\sqrt{\eta\Phi_{\mathrm{B}}^{2\pi}t_{\mathrm{int}}}}\left(\frac{F\lambda}{d}\right) \tag{3.119}$$

式中，η为探测器量子效率，$\Phi_{\mathrm{B}}^{2\pi}$为 2π 视场中的背景光子通量。

公式(3.117)和公式(3.119)表明，由 $F\lambda$ 和 d 定义的参数空间可以用来对任何红外系统进行优化设计。如图 3.63 所示，在 $F\lambda-d$ 参数空间图上，由原点发出的每一根直线，都表示一个恒定的 $F\lambda/d$，从而线上每一点都具有相同的探测距离和 NETD。对一个给定的光学孔径和工作波长，最大探测距离近似地由公式(3.117)代入最佳分辨率条件 $F\lambda/d=2$ 得到。同样，对给定的积分时间 t_{int}，最小 NETD 由公式(3.119)给出。因此，最佳系统性能必然要求系统的 F# 数同像元尺寸锁定，而这一条件可用于预测红外系统潜在的极限性能，特别是

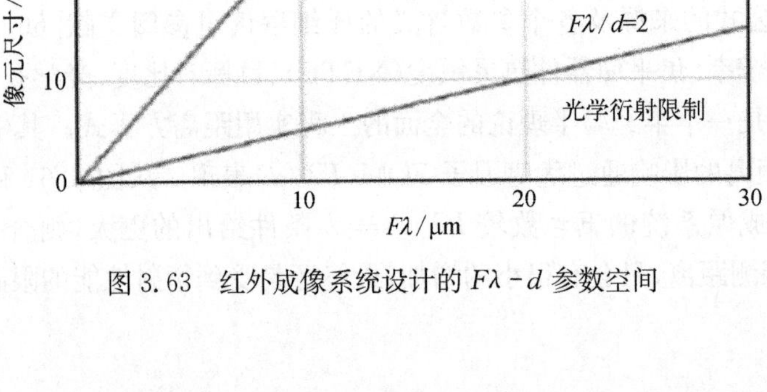

图 3.63　红外成像系统设计的 $F\lambda-d$ 参数空间

在需要兼顾分辨率和灵敏度的目标探测-识别-辨识应用中。

3.6.5 减小探测器光敏面尺寸的好处

上面的讨论已经说明 $F\lambda/d$ 这项参数对红外系统性能影响很大。下面从系统应用和探测器制造的不同角度,考察在各种条件下,减小探测器尺寸带来的影响。

1. 有利于提高成像空间分辨率

近年来焦平面阵列像元尺寸有进一步缩小趋势。很多公司制造了 10 μm 的中波或长波测试器件[72-74]。最普遍的焦平面规模格式为 512×512 元、640×480 元、1 280×720 元和 1 910×1 080 元。阵列规模确定以后,探测器尺寸的缩小就对应于芯片尺寸的减小。这相应带来探测器成本降低,因为每个晶圆上可以制造出更多的探测器阵列。

在如图 3.63 所示的 $F\lambda-d$ 参数空间中,存在 2 个完全不一样的工作区域。$F\lambda/d \leqslant 0.41$ 的区域为探测器限制区。当 $F\lambda/d=0.41$ 时,艾里斑正好等于探测器尺寸。$F\lambda/d \geqslant 2.0$ 的区域为光学限制(衍射限)区。在探测器限制区域,如前所说,系统的空间分辨率由奈奎斯特频率决定,由于 $f_N=\dfrac{1}{2\alpha}=\dfrac{f}{2d}$,如果焦距保持不变的话,减小光敏面尺寸会使 f_N 趋高,即使系统空间分辨率提高。这就导致流行的一种说法:"像元尺寸越小,分辨率越高。"这是在光学孔径、焦距从而 F# 数都保持不变的情况下。但如果焦平面阵列规模也保持不变的话,焦平面阵列芯片尺寸就要减小,这导致视场角相应减小。要保持原有的大视场必须扩大阵列规模。换言之,在光学参数不变的条件下,通过减小光敏面尺寸,同时扩大阵列规模,可以提高空间分辨率并保持原有视场角。

2. 有利于降低系统体积、重量、功耗和成本

在 $F\lambda/d \leqslant 0.41$ 区域,如果焦距也随着探测器尺寸以同一比例减小,则瞬时视场(IFOV)及总视场(FOV)依旧保持不变,即空间分辨率没有提高。但这时要保证总视场角不变、F# 数不变的要求,则减小探测器尺寸必然要求减小焦距和光学孔径尺寸。此时光学系统的体积随探测器尺寸按三次方的比例减小。

$F\lambda/d=2.0$ 相当于光学系统的 MTF 在探测器奈奎斯特频率处为零,这是光学衍射限制的临界条件。在光学限制区域,减小探测器尺寸对系统的空间分辨率没有影响。但减小探测器尺寸可以减小焦距,从而使光学系统的体积按一次方的比例减小。

在探测器限制区与光学限制区之间的过渡区域,光学系统体积随探测器尺寸的减小介于三次方和线性之间。同体积减小相应的是重量的降低。这一过程导致体积、重量及功耗(size, weight and power, SWaP)的降低。因此,无论在哪种情况下,减小焦平面阵列的像元尺寸都可以使 SWaP 降低。

3. 有利于实现变视场和多用途系统

比系统尺寸减小更加重要的是潜在的光学复杂性的降低。

在传统的军事应用中,远距离辨识和跟踪目标往往采用高 F# 数系统(俗称长焦镜),而导航观测和长时间监视等宽视场系统则需要低 F# 数(俗称广角镜)。这两种系统的设计和

制造有很多不同。德国 AIM 在过去几年已经向军方提供了多种型号的中心距 15 μm 的全电视格式中波探测器阵列[75]，其 F# 数在 2.0～7.5，以满足上述不同任务的应用。将来采用更小尺寸的探测器对系统升级时，在保持光学孔径不变条件下减小焦距，从而使系统更紧凑和轻量。最主要的优点在于通过扩大阵列规模增大视场角，从而支撑从多目标跟踪到导弹防御系统等广泛的应用。

作为例子，考虑一个由 5 μm 像元组成的 5 K×5 K 元大阵列。与 6 in(1 in=2.54 cm)孔径和 $F\#=1$ 的光学系统相配合，该阵列提供的总视场角宽达 9.4°，很适用于搜索和探测任务。当选用其中央部位的 512×512 元阵列时，视场角缩减为 0.94°，用于远距离目标识别很理想。视场角的转换开关由软件来执行。事实上，视场角由宽视场（WFOV）到窄视场（NFOV）的变换可以连续进行。用单一低 F# 数的光学系统配以小像元、大阵列可以兼顾探测和识别两种功能，避免使用具有双重 F# 数的复杂光学系统。

20 世纪七八十年代，红外前视系统的设计参数处在探测器限制区。现在大部分设计优良的红外系统都处在探测器限制区和衍射限制区之间的过渡区。通过工艺改进制造出像元尺寸小、阵列规模大的高性能焦平面器件，衍射限红外成像系统可望实现。

4. *有利于实现高工作温度*

除了上述理由，在探测器制造的立场上，Kinch[70, 76]论证了减小探测器尺寸更有利于获得高工作温度下的背景限性能。

Kinch 认为，减小像元尺寸不仅可以减小红外成像系统的体积、重量和功耗，而且具有潜在的改进系统在极端工作条件下的性能，如高工作温度。这一潜在能力当然也强烈依赖于所选择的探测器材料结构和工艺技术所固有的暗电流的大小。

Kinch 对中波、长波焦平面器件在衍射限 $F\lambda/d=2$ 条件下，分别讨论了不考虑和考虑暗电流的情况下像元尺寸对实现室温背景限性能的可能性的影响，及其对电荷容量的要求。

对中波（$E_g=0.25$ eV）焦平面阵列，在 300 K 背景下，在衍射限 $F\lambda/d=2$ 条件下，假设探测器在室温下工作，对其极限性能进行了计算，计算中积分时间取 24 ms。

先假设暗电流为零（这当然过于简化）。计算得到 5 μm 像元可达到的 NETD 约为 75 mK，需要的电荷存储容量至少为 4×10^7 e^-。随着探测器工作温度的逐渐上升，来自探测器冷屏的入射光子数远远超过来自光学孔径的光子数。这可看作冷屏效率的下降。NETD 的退化主要源于冷屏效率的下降（或探测器等效视场角的增大）。5 μm 像元在 300 K工作时冷屏效率约为 6%。在衍射限条件下，冷屏效率急剧依赖于系统的 F# 数，从而依赖于像元尺寸。10 μm 像元可达到的最佳 NETD 约为 130 mK，20 μm 像元约为 300 mK。

如果考虑暗电流，那么现今绝大多数探测器材料的室温下的暗电流（主要是扩散电流）都大大超过光电流，BLIP 工作几乎是不可能的。图 3.64 画出了当前几种主要工艺的扩散限暗电流随温度变化的趋势。图中也画出了衍射限条件下 5 μm 像元 F#2 光学的背景光电流。在 300 K 下，nBn、HDVIP、p^+-n DLHJ 和 n^+-p DLHJ 这四种技术的暗电流比光子电流大 1～2 个数量级。唯一有可能实现 BLIP 工作的是 MCT 的 pIn 结构，该结构以耗尽区电流为主。

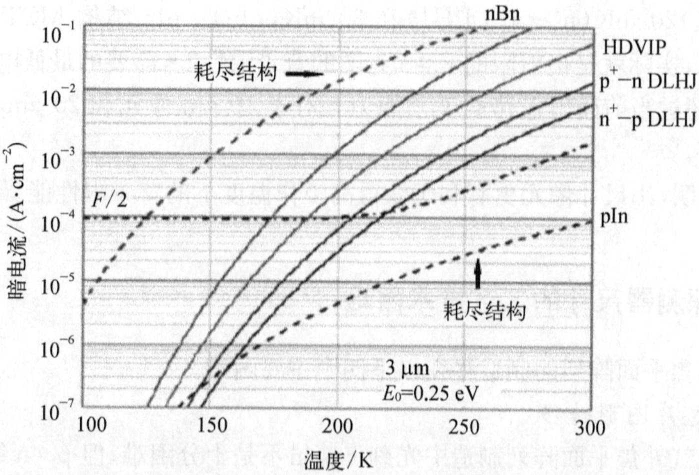

图 3.64 各种 HOT 焦平面工艺技术扩散电流或耗尽区电流对温度依赖关系
像元尺寸为 5 μm，衍射限光学 F＃2 的背景光电流也示于图中

仍以 5 μm 像元，F＃2 光学，计算得到的 300 K 最佳 NETD 值分别为 800 mK(nBn)、400 mK(HDVIP)、200 mK(p^+-n DLHJ)、130 mK(n^+-p DLHJ)和 75 mK(pIn)。pIn 结构 MCT 可获得的最小 NETD 为 75 mK，实际就是衍射限的 F＃2 光学的背景限性能。如果想要在 300 K 实现 NETD 30 mK，就必须采用更小的像元尺寸，并且放宽衍射限条件至 $F\lambda/d=1.6$。如果想要在最佳衍射限条件 $F\lambda/d=2$ 下实现 NETD 为 30 mK，则必须大大降低工作温度，使暗电流的影响消除。在其他完全相同的条件下，10 μm 像元 MCT 可获得的最小 NETD 为 130 mK，20 μm 像元为 300 mK。这比背景限性能差得多。

考虑长波($E_g=0.12$ eV)情况。长波的光子通量密度比中波高得多，而且，衍射限工作所需要的 F＃数是中波的 1/2。焦距加快导致冷屏效率大大增加。由图 3.65 可以看到，对相同的像元尺寸，长波的冷屏效率比中波高大约 1 倍。

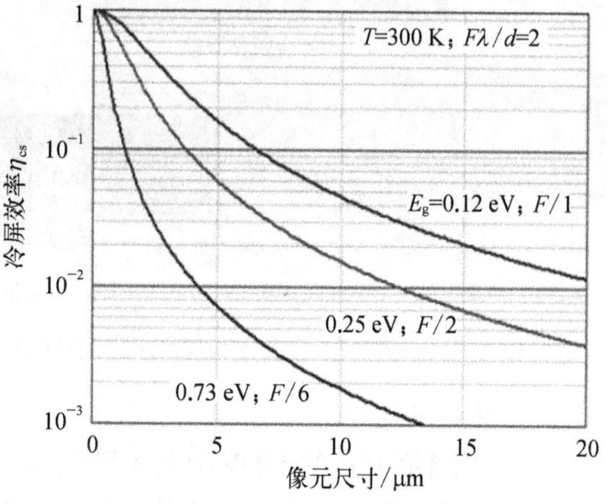

图 3.65 衍射限条件下三个波段室温冷屏效率随探测器尺寸依赖关系[70]

计算表明，在不考虑暗电流的情况下，5 μm像元在采用积分时间约 2 ms、F＃数＝1 条件下，在工作温度 300 K 理论上可以实现背景限和衍射限的 NETD 约 30 mK。

如果考虑暗电流，在 300 K 下，即使用当前报道的最好的材料参数来计算，nBn，HDVIP，p^+-n DLHJ，n^+-p DLHJ 这四种技术的暗电流比 F＃1 光学的光子电流大 1～2 个数量级。唯一有可能实现 BLIP 工作的是 MCT pIn 结构。仍对 5 μm 像元，在 F＃1 光学，积分时间 2 ms，量子效率为 0.6，芯片厚度为 3 μm，计算得到的 300 K 最佳 NETD 值分别为 700 mK(nBn)、350 mK(HDVIP)、180 mK

(p^+-n DLHJ)、120 mK(n^+-p DLHJ)和 30 mK(pIn)。pIn 结构 MCT 可获得的最小 NETD 为 30 mK,实际就是衍射限的 F#1 光学的背景限性能,需要的最低电荷容量约为$2\times10^8e^-$。这大大超过当前读出电路的工艺能力。对于 10 μm 像元和 20 μm 像元,可实现的 NETD 要差得多。

这些分析表明,小尺寸像元更有利于获得高工作温度下的背景限性能。

3.6.6 减小探测器尺寸的工艺技术困难

小尺寸像元焦平面阵列的制造存在以下四个主要困难。

1. 探测器芯片图形转移

小尺寸像元红外焦平面阵列制造中光刻工艺虽不是十分困难,但 p-n 结形成工艺还存在一定问题。目前主要有两种工艺类型:一种是物理的加工,即干法台面刻蚀随即加以钝化;另一种是电学手段,即直接形成耗尽区内建电场,如 HDVIP 和 pIn 结构,见图 3.66。干法刻蚀中获得垂直侧壁和无损工艺是一个难点。在 HDVIP 工艺中,只要使 n 区占据像元的大部分位置,圆柱形的二极管几何就提供了相当完善的图形转移,这其中转换成弱 n 型的区域的宽度控制有一定难度。在 pIn 结构中,对 p^+-N-n^+ 二极管加足够高的反向偏置,使 n 区的整个体积都成为耗尽区。这种情况下,只要不从电极注入少数载流子,扩散电流几乎完全不存在。

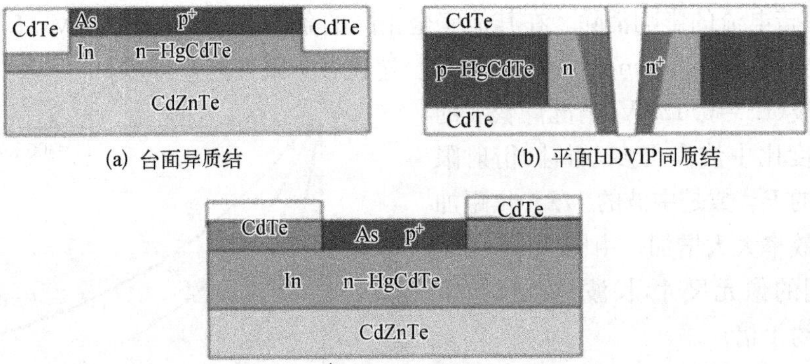

(a) 台面异质结 (b) 平面HDVIP同质结

(c) 平面pIn异质结

图 3.66 三种图形转移技术示意图

2. 混成互连

目前用环孔互连的 HDVIP 技术已经制成了中波和长波 MCT n^+-N^--p 结构的中心距为 5 μm 的 FPA。用铟柱互连技术制成的 FPA 最小的中心距为 10 μm[74]。要制成更小尺寸,在铟柱制备工艺和互连工艺上都要作进一步的努力(参见本书第 8 章)。

3. 像元电荷存储容量

为了实现上述 NETD 和 MTF 两者皆优的性能,每一个像元必须提供足够大的电荷容量以容纳积分电荷。随着探测器尺寸减小,而要保持 NETD 性能不下降,则电荷容量必须保持不变。这势必要求读出电路工艺的电荷容量密度大大超过现有工艺的水平。如果再把工作温度提高(意味着冷屏效率≪1,即背景光子电流增加,而且暗电流也大大增加),势必进一步加剧这种困难,必须有更大的阱容才能达到NETD约为30 mK的性能。近年,一些硅代工厂在0.18 μm CMOS工艺线上成功发展了2 fF/μm^2金属-绝缘体-金属(MIM)电容器工艺技术。多层叠架式MIM电容密度甚至可高达7 fF/μm^2[77]。用这种工艺预期对中心距为10 μm的1 024×768元阵列可实现像元电荷容量约5 Me^-。这相当于背景限性能工作的中波红外焦平面阵列在50%阱容下NETD约为20 mK。但对于5 μm及以下小尺寸像元来说,还是不够的。需要有突破性的进展。

4. 暗电流

扩散电流(随n_i^2变化)支配的探测器不可能实现衍射限条件下室温背景限NETD。耗尽层电流支配的pIn MCT结构是目前来看实现这一性能的唯一候选者,只要该材料的S-R寿命足够长。目前的材料水准是,对HgCdTe平面型p^+-N^--n^+结,中波,$N=2\times10^{14}$ cm^{-3},$\tau_{SR}=4$ ms;长波$N=2\times10^{14}$ cm^{-3},$\tau_{SR}=200$ μs。

3.6.7 用HDVIP技术制备的5 μm阵列

更高的空间分辨率、更宽的视场角及更低的成本,这些好处正在驱动红外焦平面阵列中心距越做越小。红外焦平面成像空间分辨率随着像元中心距的减小而改善,条件是光学系统的空间截止频率保持与探测器的奈奎斯特频率匹配。对一个理想像元来说(不考虑串音等因素),这条件就是$F\lambda/d=2$。最新的研究结果推荐的衍射限分辨率参数组合是,F#1.0光学,配以5 μm探测器(长波)或3 μm探测器(中波)[78]。

DRS按照美国国防部高级研究计划局(DARPA) AWARE的波长尺度(Lambda Scale)计划,采用DRS的HDVIP技术,发展了5 μm中心距的高清晰度电视格式及更大规模碲镉汞中波和长波阵列,像元密度达到4 M元/cm^2以上。其暗电流、收集效率、串音和有效像元率等技术指标与大尺寸器件相同[79]。但是还没有单元电荷容量达到要求的报道。

HDVIP像元结构相当简单,就是用离子束将碲镉汞薄膜材料打穿一个孔,离子碾刻使得圆孔周围一圈的p型MCT材料转变成n型,形成一个圆柱体状的n型区,金属膜淀积使n^+的表面连接到下面读出电路的输入端,这就构成了n^+-N-p二极管。图3.67是这种结构顶视和剖面的示意图。另可参见本书3.2节。

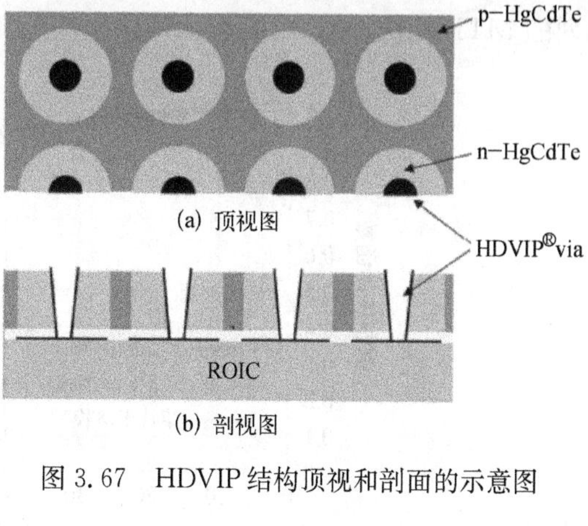

图3.67 HDVIP结构顶视和剖面的示意图

HDVIP结构和工艺对减小像元尺寸是有潜力的。首先,p-n结的直径正比于小孔的直径,只要能够打得足够小的孔,原则上多小尺寸的二极管都能够制备。制备5 μm像元和制备大尺寸像元的工艺基本雷同,但有重要的改进。小孔的面积对光电流没有贡献,反而降低填充因子。为了改善光学填充因子，减小孔的直径，需要发展新的光刻工艺。此外还要改进工艺以提高小孔刻蚀的深-宽比，而且，HgCdTe 芯片的厚度需要进一步减小，以确保金属互连的连通率。当然，芯片薄会降低量子效率，但在中、高背景下使用 F♯1 光学长波探测器有足够的光电流。

DRS 制备了 5 μm 像元半高清电视格式 1 280×720 元 FPA，其芯片尺寸只有 12 μm 像元器件的 17%。其对产出率增加和成本降低的贡献十分可观。

长波(77～95 K)和中波(150～180 K)5 μm 像元 FPA 的暗电流密度-温度依赖关系的测量结果表明，在所测量的温度范围，暗电流随温度变化符合扩散电流的特性，而且远小于 F♯1 和 F♯2 光学给定的光电流。令人惊喜的是，5 μm 像元器件比相同截止波长的 12 μm 器件的暗电流小。已经知道，HDVIP 结构的暗电流主要取决于 p 区材料中 A7 复合过程决定的扩散电流[70]。像元尺寸的减小使得这一结构中 n 区材料体积占比增加，p 区材料体积占比减小。这比单纯减小 p 区材料的厚度对降低扩散电流的贡献更甚。这也许是小尺寸像元是大尺寸像元暗电流密度的 1/2 的原因。

测量结果表明，5 μm 像元长波焦平面的收集效率为 45%～55%，中波收集效率约为 80%。如果要提高长波收集效率，或应适当增加 HgCdTe 芯片的厚度。

制备的芯片有效像元率相当高。例如，以均方根噪声超过中值噪声 1 倍的像元为无效像元作为标准，测得中波有效像元率为 99.95%，长波为 99.6%。此外，未发现无效像元成团分布的情况。

关于像元串音率。前述对红外成像系统调制传递函数讨论中，曾忽略载流子扩散引起像元间串音的影响。但这在实际问题中是不可忽略的，尤其在中波和长波探测器中心距缩减到 5 μm 及以下的情况，必须加以考虑。DRS 用载流子扩散模型和 Monte Carlo 模拟对 5 μm像元的长波探测器计算结果，相邻像元间串音率为 5%，次相邻像元间串音率为 0.9%。用 5 μm×5 μm 窗口掩模方法实际测量的结果分别约为 6.5%和 0.9%。计算结果表明，一个存在载流子扩散效应的 5 μm 像元阵列，其调制传递函数 MTF 同一个理想 6 μm 像元阵列的 MTF 相仿。图 3.68 表示了这种情况。

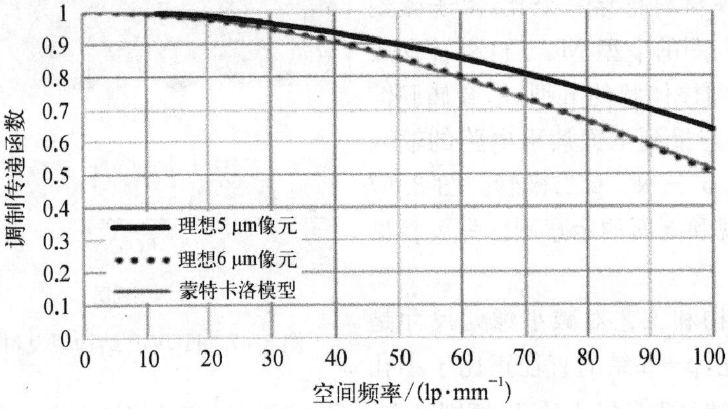

图 3.68　5 μm 像元拟合的和实测的 MTF[79]

3.6.8 空间过采样概念及亚衍射限像元前景

以前的红外成像系统都是处在 $F\lambda/d$ 参数空间中探测器限制区域，即探测器尺寸比艾里斑大得多。这就是空间欠采样的情况，如图 3.69(c)所示。奈奎斯特频率采样相当于 $F\lambda/d=1$，此时艾里斑大小相当于 2.44 个探测器，这种情况也可称为临界采样，如图 3.69(b)所示。如果探测器尺寸进一步减小，就成为空间过采样，这时一个艾里斑覆盖了好几个像元，如图 3.69(a)所示。在 $F\lambda/d=2$ 条件下，艾里斑大小相当于 5 个探测器。

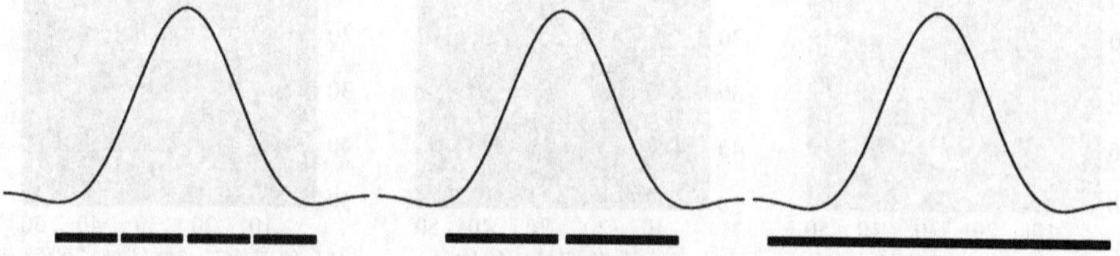

图 3.69 过采样、奈奎斯特采样和欠采样示意图

目前的红外成像传感器受到欠采样的限制。欠采样导致信号混杂(如 Moore 纹等)、信息丢失、较高的漏警或虚警。现在正在制造越来越小的像元，使得探测器芯片尺寸减小，同时使阵列规模增大。利用小尺寸像元在奈奎斯特频率以上的空间过采样，配以关联像元处理算法，可使传感器的性能得到有效改进。

Caulfield 等[80]建立了一个模型，用过采样像元和像元关联算法进行模拟，结果颇有意思。

Caulfield 在假定 F♯2.5、$\lambda=4\,\mu m$、背景通量密度 10^{14} ph·s^{-1}·cm^{-2}条件下，分别对 5 μm 像元(对应于衍射限条件，过采样)和 25 μm 像元(对应于探测器限制条件，欠采样)的 256×256 元阵列性能进行了模拟计算。图 3.70 显示了模拟计算结果。模拟中使用的目标强度和目标点扩散函数相同。图 3.70 中上下两行分别为过采样焦平面阵列和欠采样焦平面阵列的原始信号＋噪声(左)、扣除背景后的信号(中)及邻近像元关联处理后的信号(右)。由图看到，过采样阵列能把一个暗淡的目标检测出来，而欠采样阵列不能。从根本上说，这是因为小尺寸像元降低了 NEP。此外，小尺寸像元阵列还使得单个的虚警点受到很大遏制。当然，这种模拟计算并未考虑探测器暗电流、读出噪声及系统噪声。

在欠采样成像器中一个单点目标和一次单点闪噪不容易区别开来(图 3.71(b))，而在过采样像元成像中单点目标产生了一群像元响应，通过邻近像元关联运算易于同单点闪噪区别开来，所以可以降低由闪噪引起的虚警概率(图 3.71(a))。

空间过采样技术的长远目标是实现亚衍射限尺寸像元的巨大规模焦平面阵列。这将能够提供具有更大视场角、更佳分辨率和更高性能的红外成像传感器。

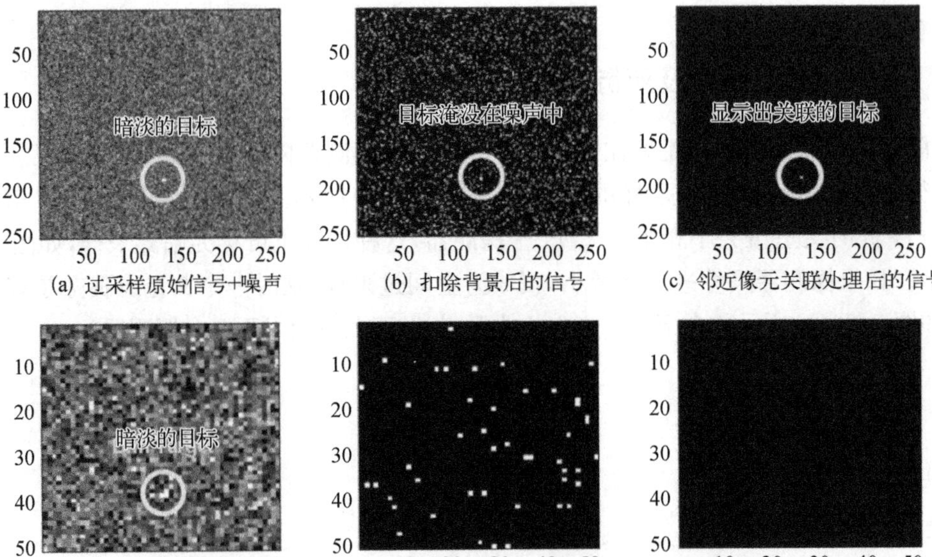

(a) 过采样原始信号+噪声　(b) 扣除背景后的信号　(c) 邻近像元关联处理后的信号

(d) 欠采样原始信号+噪声　(e) 扣除背景后的信号　(f) 邻近像元关联处理后的信号

图 3.70　过采样和欠采样阵列模拟计算的信号分布[80]

其中(a)～(c)为 5 μm 像元，(d)～(f)为 25 μm 像元

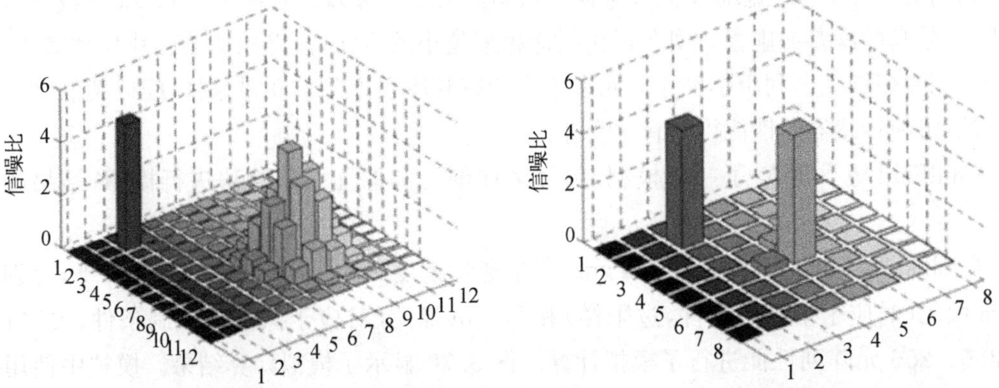

(a) 过采样　(b) 欠采样

图 3.71　过采样像元阵列(与欠采样相比)可降低由闪噪引起虚警的概率

3.6.9　焦平面阵列像元的最佳尺寸

无论是红外系统设计使用者，还是器件研制者，都经常要问：究竟红外探测器像元能做到多小，且性能保持同样好？用于寻的、导航、搜索和其他人工战斗任务的成像系统的最主要特性参数是分辨率和信噪比。在 3.6.4 节中已经说明，目标任务距离性能(TTP)与像元尺寸密切相关。如果一个红外系统基本上达到衍射限，那进一步缩减像元尺寸意义就不大。如果像元尺寸已经很小，以致它不能收集足够多的光子以形成一幅满意的像，那么进一步缩小意义也不大。事实上以上讨论已经表明，探测器尺寸问题必须和系统的 F# 数联动考虑。

2000年前夕，Norton[81]曾经预言，由于受到光学艾里斑尺寸的限制，红外焦平面阵列的像元尺寸今后不会大幅减小。当时640×480阵列的像元尺寸是25 μm，他估计，即使红外系统的用户喜欢采用某种程度的过采样，中波阵列的像元尺寸大概到12 μm就到头了，长波还要更大一些。现在新的理论和实践证明，随着F♯1光学成为通用的方法以应对电荷容量对积分时间的限制，像元尺寸最大限度能够缩减到截止波长的1/2。

实际上，以上已经讨论了同探测器阵列密切相关的光学参数对系统性能的影响。这主要是探测器像元尺寸d、焦距f、光学孔径D、工作波长λ和系统视场角FOV。表3.12列出了各个参数的变化对探测、识别、辨识距离的影响。这是指改变一个参数，其余4个参数保持不变条件下的影响。在实际工程问题中，由于应用任务的不同和某些前提条件的规定，需要改变的往往是多个参数，而且需要折中地考虑。

表3.12　各个光学参数对探测距离的影响

光学参数变动	探测器限制 $F\lambda/d \leqslant 0.41$	光学衍射限制 $F\lambda/d \geqslant 2.0$
减小探测器尺寸 d	距离增加	影响很小
减小焦距 f	距离减小	影响很小
减小光学孔径 D	影响很小	距离减小
减小工作波长 λ	影响很小	距离增加
减小视场角 FOV	距离增加	影响很小

从本节以上分析可以得出一个简短而重要的结论：由于目前的红外成像系统大都处在$F\lambda/d$参数空间的探测器限制区，缩减像元尺寸是十分有利的；一旦达到光学衍射限制，空间分辨率达到最佳，就没必要进一步缩减像元尺寸。Driggers等[78]提出的最佳像元尺寸和阵列规模见表3.13。

表3.13　衍射限红外成像系统探测器尺寸要求

光学孔径	长波红外	中波红外	中波/长波双波段
6 in	5 μm像元 5 K×5 K阵列	3 μm像元 8.3 K×8.3 K阵列	3 μm像元 8.3 K×8.3 K阵列 MW/LW间花排列
3 in	5 μm像元 2.5 K×2.5 K阵列	3 μm像元 4.2 K×4.2 K阵列	3 μm像元 4.2 K×4.2 K阵列 MW/LW间花排列

以上设计方案，以小尺寸像元构成的大阵列为焦平面传感器，配以大口径和低F♯数光学，可以获得大视场和最佳探测-识别-辨识性能，避免使用昂贵复杂的双视场角和双F♯数冷箱，而且使得SWaP大大下降。这是未来若干年的发展目标。例如，法国Sofradir计划到2018年使长波阵列像元缩减到10 μm，而中波像元2020年的目标为5 μm[82]，见图3.72。

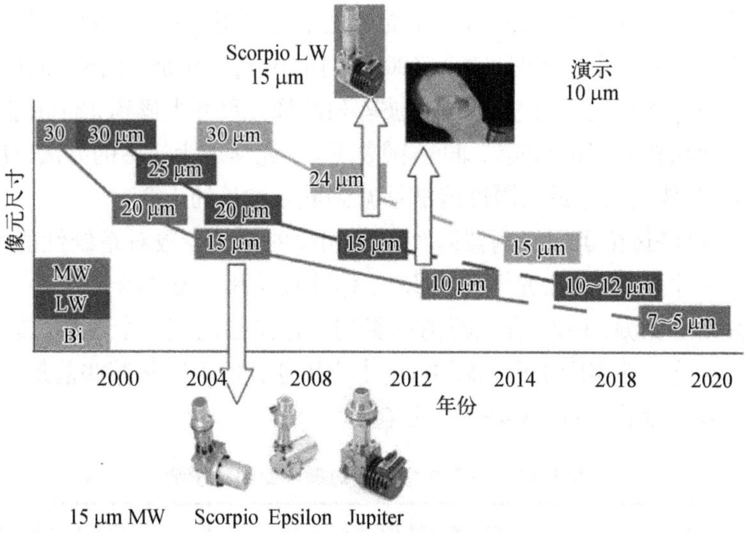

图 3.72　Sofradir 碲镉汞焦平面阵列像元尺寸演进路线图[82]

3.6.10　探测器像元相关 MTF 的测量

新一代高级的空间应用通常需要在红外探测器的信噪比和空间分辨尤其是调制传递函数特性之间有一个折中。在 3.6.3 节中，载流子扩散对探测器 MTF 的影响尚未认真考虑。事实上，随着探测器像元尺寸的缩减，载流子在相邻像元间的扩散及其他一些结构因素对探测器 MTF 的影响变得显著。为了实现调制传递函数的优化，需要从碲镉汞探测器像元的物理设计及 MTF 数学模型上加以研究和优化。主要是研究载流子扩散对 MTF 的影响及 MTF 的准确测量。同时，数字模拟有助于研究各种几何和物理的参数（如光敏面尺寸、芯片厚度、扩散长度、表面复合速度及内漂移电场等）对探测器 MTF 的影响。

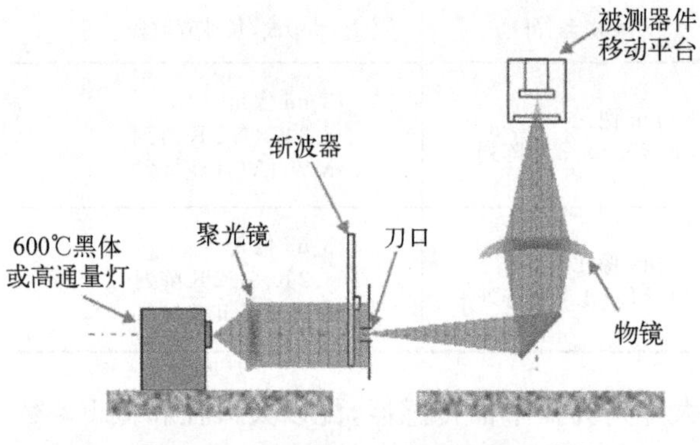

图 3.73　刀口法 MTF 测量装置[83]

Sofradir 的 Martineau 等[83]采用刀口法测量 MCT 探测器的 MTF。其测试平台如图 3.73 所示。由黑体发出的辐射经准直器后，使刀口通过光学透镜在被测的探测器上成像。在水平方向移动探测器可录得像元响应与刀口位置的关系曲线。这一信号分布函数的导数就是像元响应的线扩散函数（line spread function, LSF）。对这一线扩散函数进行傅里叶变换，就得到调制传递函数 MTF。这一 MTF 是探测器的 MTF 与刀口装置的 MTF 的乘积。刀口装置的 MTF 通过对刀口定标测试得到的 LSF 进行傅里叶变换而得。所以一维的探测器调制传递函数可由下式算得

$$\mathrm{MTF_{det}}(f)=\left|\frac{\mathrm{FFT}\left[\frac{\mathrm{d}}{\mathrm{d}x}R(x)\right](f)}{\mathrm{FFT}[\mathrm{LSF}(x)](f)}\right| \tag{3.120}$$

式中,$R(x)$为探测器对刀口的响应分布函数;LSF(x)为刀口自身的线扩散函数;FFT 表示傅里叶变换。

Gravrand 等[84]用此法测量了离子注入 n-on-p 平面结构的中波碲镉汞阵列的 MTF,像元尺寸为 15 μm 和 30 μm,少子扩散长度取自有限元方法拟合结果,分别为 5 μm 和 20 μm,结果见图 3.74。图中横坐标空间频率的单位为 cyc/mm。对 30 μm 探测器,测量的 MTF 截止频率为 33 mm,在其他频率的 MTF 值也同一个理想 30 μm 像元的计算值十分接近。对 15 μm 探测器,情况就比较复杂。扩散长度为 5 μm 的器件其 MTF 值和一个理想 15 μm 像元的值相当接近,而扩散长度为 20 μm 时,MTF 的测量值比理想值低得多,在奈奎斯特频率,MTF 小于 0.4,只是其理想值 0.64 的 60%。可见,在像元尺寸趋小时,尤其当载流子扩散长度大于像元尺寸时,横向扩散对调制传递函数的衰减作用很大。

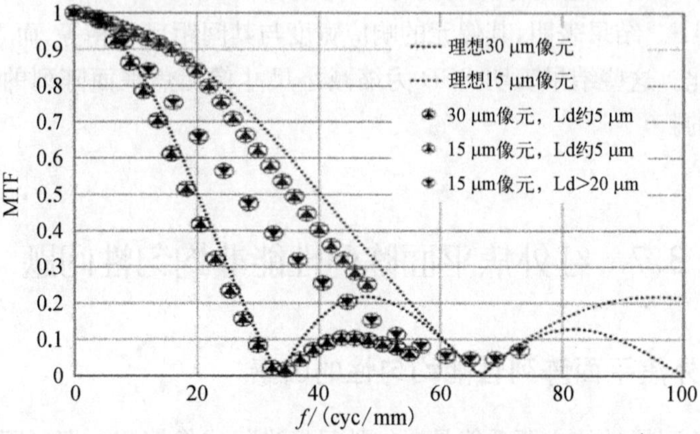

图 3.74 各种扩散长度和像元尺寸 MCT 探测器 MTF 测量数据(F#2.9,85 K,测试波长 3.8 μm)[84]

以色列 SCD 的 Shtrichman 等[84]用直接小光点扫描方法检测 InSb 焦平面阵列的分辨率特性,其装置图如图 3.75 所示。

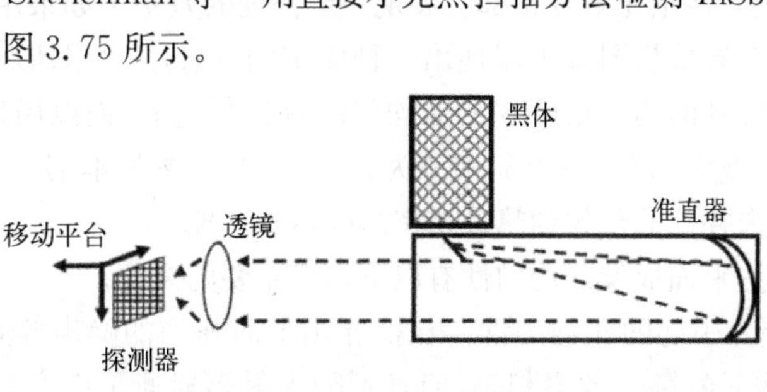

图 3.75 小光点直接扫描测量响应分布示意图

F#1 镜头将准直后的黑体辐射聚焦成很细的红外光束,此光束在像元上作一维扫描,得到的是像元的一维响应分布,经过反卷积运算扣除细光束本身强度分布的影响,得到像元净响应分布。这一分布的傅里叶变换给出像元的 MTF。二维扫描测量可以得到响应面分布，如图 3.76 右上角显示了一个 15 μm 像元的等响应廓线。

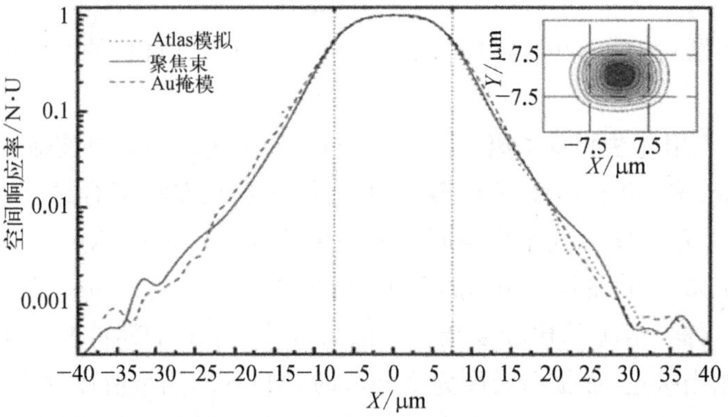

图 3.76　15 μm 像元 InSb 焦平面阵列的一维和二维响应分布[85]

用此法测量了 SCD 制造的像元间距为 30 μm、20 μm 和 15 μm 的 InSb 焦平面阵列的二维空间响应和 MTF。结果表明，其像元的响应宽度与其间距尺寸相等，而 MTF 的截止频率与像元间距成反比。这些结果表明 SCD 为缩减小尺寸像元焦平面阵列的有效扩散长度采取的措施是成功的。

3.7　红外焦平面阵列性能非均匀性问题

3.7.1　影响红外焦平面阵列性能均匀性的因素

红外焦平面阵列器件的主要功能是对红外目标进行成像探测。探测距离和热图像质量取决于焦平面组件的灵敏度和分辨率，同时也受到焦平面阵列上像元性能均匀性的影响。无论哪一种探测器工艺技术，红外焦平面阵列通常展现空间分布上的性能差异，各个像元的暗电流、光响应、暗响应甚至光谱分布都会展现一定程度的差别。如果用这个焦平面阵列直接成像，这些差异就会导致热图像中展现出一种固定的、嵌入式的图形。Mooney[86] 曾经粗略估计，假如探测器阵列的均方根(RMS)非均匀性为 10%左右，而以场景信号对比度约 3%计(对 300 K 背景，长波为 1.5%～2%，中波为 3.5%～4%，参见本书 3.5 节)，那么，因受到固定图形噪声限制，未补偿的热像的热分辨率只能达到 3 K。

大量研究表明，焦平面成像非均匀性有以下六个主要的来源。

(1) 量子效率差异引起的非均匀性。在推导焦平面阵列的噪声等效温差表达式时，通常默认阵列上各个像元的量子效率相等，而且不随入射辐射通量而变化。但实际上，焦平面阵列上各个像元的量子效率并不相等，随入射辐照功率的变化也不是完全线性的，而且各个像元的这种非线性响应行为又是各不相同的。所以，对于同一个目标，焦平面阵列上各个像元的响应信号呈现非均匀性，而且随着入射辐照功率变化，这种非均匀性的程度也发生变化。造成像元量子效率差异的具体因素较为复杂，但光敏元材料不均匀是主因。如图 3.77 所示是一个典型例子。这是一个甚长波 HgCdTe 阵列对一个均匀面源黑体所形成的像。焦平面工作温度 50 K，黑体温度 25℃，积分时间360 μs，得到直流响应电平 1.08 V，对应的光电流为6.3 nA，非均匀性 17%(σ/M)。图中布满了相交 60°的倾斜条纹，响应电平呈现这种高低差异，很可能是由 MCT 和 CZT 衬底之间的微小失配引起的。这种条纹经过 NUC 后可消除[87]。美国 TIS 也提供了疑似(211)取向的条纹图案[88]。

图 3.77 HgCdTe 焦平面阵列直流响应分布图，显示 60°倾斜条纹(法国 Sofradir)[87]

类似情况在 PtSi 焦平面阵列中也有报道。在图 3.78 中，存在一些非常明显的漩涡状明暗相间条带图案。在 Si：As 红外焦平面阵列像元中也观测到完全相似的图案(图 3.79)[89]，Chi 和 Gatos[90]很早就用扫描电子显微术揭示，这种漩涡状图案是由硅中杂质分布不均匀引起的。在 InSb 焦平面阵列中，黑体响应分布图像中类似的漩涡状明暗条纹也有报道[23, 91]，这很可能由 InSb 单晶中杂质分布起伏所致。材料缺陷和器件工艺中引进的晶体损伤也是造成像元量子效率差异的因素。

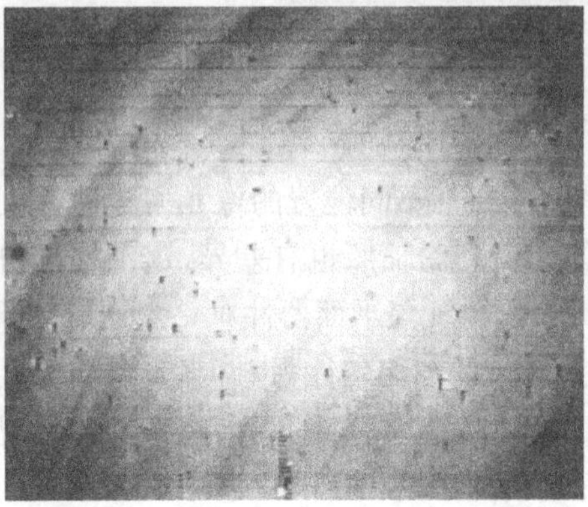

图 3.78 PtSi 红外焦平面阵列对均匀黑体源的成像[86]

图 3.79 Si：As BIB 1 024×1 024 元阵列平场响应条纹[89]

(2) 光谱响应差异引起的非均匀性。焦平面阵列上各个像元光谱响应不一致的情况并不少见，对 HgCdTe 焦平面阵列尤为明显。HgCdTe 材料组分的横向起伏会导致像元间截止波长的分散。例如，对 $\lambda_c=12\ \mu m$ 的长波 HgCdTe 焦平面阵列，如果外延层材料的组分分散性为 $\Delta x = 0.001$，所对应的探测器 77 K 截止波长分散性为 $\Delta\lambda_c = 0.20\ \mu m$，相对的截止波长分散性为 $\Delta\lambda_c/\lambda_c = 1.6\%$。按最简单的情况来估计，引起的响应信号非均匀性约为 1.6%。截止波长的分散还会引起探测器暗电流的分散，从而引起探测器噪声的分散，并可能进一步引起读出电路注入效率的分散，所以对噪声等效温差的均匀性的影响还要更大。

(3) 各个像元暗电流的差异是焦平面阵列性能非均匀性的一个重要来源。暗电流的不均匀造成噪声的不均匀。另外，暗电流的差异引起各个像元注入效率的差异(尤其对采用直接注入读出电路的焦平面)，从而造成响应电压的不均匀。结果使焦平面阵列的噪声等效温差变得很不均匀。图 3.80 是 Sofradir 提供的一个长波阵列的暗电流密度分布图，可以看到，像元暗电流的不均匀比响应电压的不均匀更加明显[60]。当然，对光子噪声限制的焦平面阵列而言，暗电流噪声非均匀性本身不起重要作用，但其引起的注入效率差异的影响可能大得多。一个值得重视的观点是，探测器工作温度上升引起暗电流的急剧增加，不均匀的暗电流增加又引起响应信号的加剧分散，使非均匀性增加。Shkedy 等[92]专门讨论了这种情况。

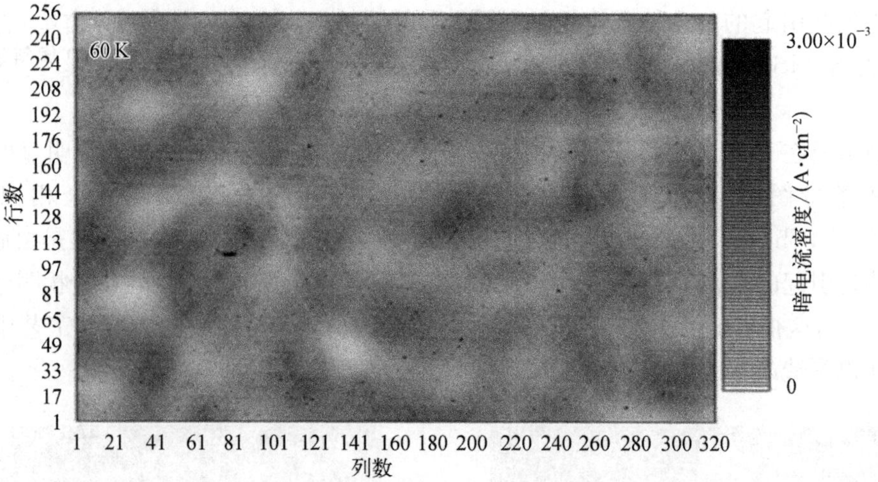

图 3.80　一个甚长波碲镉汞焦平面阵列的暗电流分布[60]

(4) 像元视场角的差异引起的非均匀性。焦平面阵列上不同位置的像元通过冷光阑和镜头观看，场景的视场角有微小的差异，使得每个像元受到的辐照也有差异，这种差异符合 $\cos^4\theta_{ij}$ 关系，θ_{ij} 是像元(i, j)离光轴的角位移。图 3.79 是 PtSi 焦平面器件对一个均匀面源黑体的像。平均响应为 410ADU，而中央 80×122 像元区域的非均匀性为 1.5%。从中央到边缘的强度衰减是视场角差异引起的 $\cos^4$ 衰减的典型表现。图 3.81 中 InSb 焦平面的情况完全类似。这种系统性的不均匀可以通过 $\cos^4$ 补偿完全消除[93]。

(5) 读出电路输入级零点偏移不均匀。董亮初和丁瑞军[55]把这一个量称为直流失调电压。Kozlowski[58]曾经在报道中列出了 Rockwell 研制的一款读出电路输入端零点偏移非均匀性在 4～10 mV(p-p)，相对于 2 V 最大输出，非均匀性的相对值为 2‰～5‰。直接注入读出电路一个更大的非均匀性来源是注入管阈值电压的不均匀。在 3.4 节中已经讨论过，阈值电压不均匀造成注入效率不均匀，从而使输出信号不均匀。Indigo 公司典型读出电路的阈值电压标准偏差约为 4 mV[38]。

(6) 读出电路 A/D 非线性和焦平面工作温度稳定性对非均匀性的影响很大。Kozlowski[58]测量了一个中波碲镉汞红外焦平面阵列在工作温度 95 K、背景通量 1.2×10^{14} ph·cm^{-2}·s^{-1}、帧频 8 Hz 条件下，残余非均匀性随温度漂移改变的关系。图 3.82 显示，对所测试的截止波长 4.65 μm 的阵列，如果希望空间噪声保持在 10 mK 以下，则温度漂

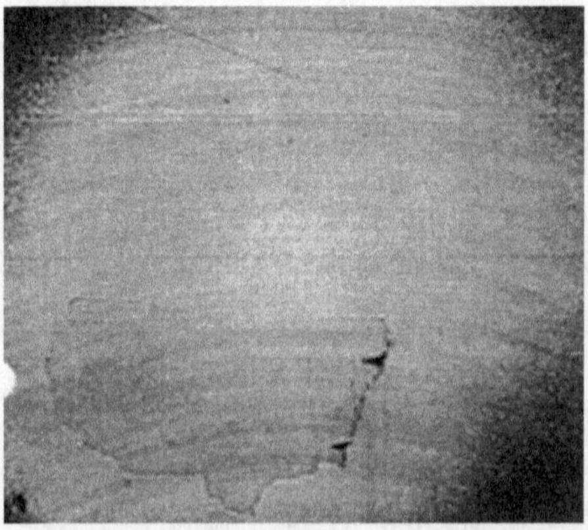

图 3.81 InSb ALADDIN 阵列对均匀黑体源的响应像，显示条纹对比度和 $\cos^4$ 衰减（下部显示了芯片碎裂痕迹）[91]

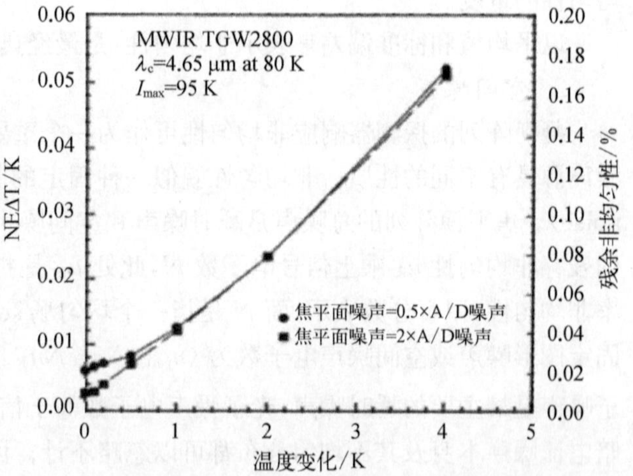

图 3.82 碲镉汞焦平面的残余非均匀性的温度漂移（此器件 $\lambda_c = 4.65\ \mu m$，背景通量 $1.2\times 10^{14}\ ph\cdot cm^{-2}\cdot s^{-1}$，图中显示了焦平面噪声与 A/D 噪声之比为 0.5 和 2 的情况）[58]

移必须不超过0.8 K。如图 3.82 所示，A/D 噪声相对于焦平面瞬时噪声的比例越大，则总的非均匀性越大，且随温度漂移越敏感。从图中也能看出，温度漂移必须小于 20 mK，才能保证这个器件体现出瞬时噪声限制的噪声等效温差 3 mK 的优异性能。由此可见，为了实现 HgCdTe 焦平面阵列 mK 级的优异灵敏度性能，对致冷器和焦平面电子学的要求也是很苛刻的。

以上所述引起焦平面阵列非均匀性的因素，像元线性度（包括读出电路）是最关键因素之一，敏感材料本身的均匀性也是十分重要的。

3.7.2 焦平面阵列非均匀性的表示方法

1. 响应率的标准偏差和相对标准偏差

在 3.3 节中，由公式(3.11)和公式(3.12)已经分别定义了焦平面阵列平均响应率和响应率非均匀性

$$\overline{R_v} = \frac{1}{MN}\sum_{i=1}^{M}\sum_{j=1}^{N} R_v(i,\ j)$$

$$U_R = \frac{\sigma}{\overline{R_v}} = \frac{1}{\overline{R_v}}\sqrt{\frac{1}{MN-1}\sum_{i=1}^{M}\sum_{j=1}^{N}\left[R_v(i,\ j)-\overline{R_v}\right]^2}$$

式中，$R_v(i,\ j)$为像元$(i,\ j)$的响应率。焦平面阵列的非均匀性U_R是该阵列像元响应率的标准偏差σ（单位 V/J）与平均响应率$\bar{R}$之比，是一个百分数。在实际工作中，用一个指定温度的面源黑体为辐射源，测得像元响应电压的平均值及其标准偏差，其比值就是该阵列响应非

均匀性的量度。

以平均值和标准偏差来表示非均匀性，是最经典的做法。

2. 空间噪声

凝视阵列的探测器响应非均匀性可作为一个重要的噪声来源来对待。它同探测器其他噪声源具有不同的性质。非均匀性貌似一种固定的图案形的噪声，也称为空间噪声(spatial noise)。焦平面阵列的总噪声是瞬时噪声和空间噪声的总和。空间噪声的大小等于焦平面的残存非均匀性 u_R 乘上信号电子数 N，此处 u_R 是指经过非均匀性校正以后还残存的响应率非均匀性，以百分数表示，而 N 是指一个均匀场景在阵列上产生的平均信号电子数，因此固定图形噪声或空间噪声电子数为 $\langle n_{\text{pattern}} \rangle = N u_R$。此处讨论高背景应用红外阵列，此时光子噪声是最主要的瞬时噪声，光子噪声电子数等于信号电子数的平方根，即 $\langle n_{\text{photon}} \rangle = \sqrt{N}$。暗电流噪声本身及其不均匀分布都可以忽略不计。因此总的噪声电子数为

$$\langle n_{\text{noise}} \rangle = \sqrt{\langle n_{\text{photon}}^2 \rangle + \langle n_{\text{pattern}}^2 \rangle} = \sqrt{N + N^2 u_R^2} \tag{3.123}$$

空间噪声的相对重要性随背景通量强弱而变。例如，设电荷容量为 1×10^7 e$^-$。在10%阱容，$N = 1\times10^6$ e$^-$，若 $u_R = 0.1\%$，则有 $N_{\text{photon}} = N_{\text{pattern}}$，即空间噪声和瞬时噪声相当。但是，在高通量情况下，如填充90%阱容，$N = 9\times10^6$ e$^-$，光子噪声电子数为 3×10^3 e$^-$；0.1%的非均匀性相当于 $N^2u_R^2 = 81\times10^6$ e$^-$，空间噪声电子数为 9×10^3 e$^-$，即空间噪声远大于瞬时噪声。可见在高背景条件下非均匀性的影响更加突出。

总的 NEΔT 是瞬时噪声等效温差和空间噪声等效温差的叠加，即

$$\text{NE}\Delta\text{T}_{\text{total}}^2 = \text{NE}\Delta\text{T}_{\text{tempral}}^2 + \text{NE}\Delta\text{T}_{\text{spatial}}^2 \tag{3.124}$$

或

$$\text{NE}\Delta\text{T}_{\text{total}} = \frac{(N + u_R^2 N^2)^{1/2}}{\partial N/\partial T} = \frac{(1/N + u_R^2)^{1/2}}{(1/N)(\partial N/\partial T)} \tag{3.125}$$

式中，$\partial N/\partial T$ 是源温度变化1 K所引起的信号电子数的变化；分母 $\frac{1}{N}(\partial N/\partial T)$ 是1 K源温度变化引起的信号变化分数(以百分数表示)，即相对的信号对比度。

空间噪声是对整个阵列而言的；瞬时噪声是对单个像元而言的，当然，当与空间噪声放在一起处理时，它指的是整个阵列的平均值。

3. 残余固定图形噪声

Tribolet 等[63]用残余固定图形噪声(residual fixed pattern noise, RFPN)来表示经过一次或多次非均匀性校正后还残余的非均匀性，并且赋予这一概念温度量纲。可用下式把测得以 μV 为单位的响应率标准偏差转换成以 mK 为单位的残余固定图形噪声*：

$$\text{RFPN}_{\text{mK}}(T) = \text{RFPN}_{\mu\text{V}}(T) / \frac{\partial V}{\partial T} \tag{3.126}$$

式中，$\partial V/\partial T$ 是场景温度变化引起探测器信号电压的变化，而括号中的 T 代表场景温度。

---

* 原文中公式为 $\text{RFPN}_{\text{mK}}(T) = \text{RFPN}_{\mu\text{V}}(T) \times \frac{\partial V}{\partial T}$，有误，此处已修正。

Combette 等[94]进一步指出，$RFPN_{mK}(T)$ 就是非均匀性所对应的噪声等效温差，或者说空间噪声等效温差。因此有

$$NE\Delta T_{total}=\sqrt{NE\Delta T_{temp}^2+RFPN_{mK}^2} \tag{3.127}$$

在把非均匀性转换为空间噪声等效温差后，通过比较 RFPN(mK)与 NEΔT 的相对大小，及其时间稳定性，人们对焦平面阵列均匀性的评价就更加精当。表 3.14 是 Sofradir 三种碲镉汞焦平面阵列均匀性的评价实例。

表 3.14　Sofradir 三种 HgCdTe 焦平面阵列的非均匀性校正性能[94]

MCT 焦平面阵列规格	工作温度/K	瞬时 NEΔT(mK)	空间 NEΔT(mK)	总和 NEΔT(mK)	RFPN 稳定性	
					24 h 变化率	一次热循环变化率
MW320×256	90	9	5.7	10.7	1.05	1.5
MW640×512	90	15	6.5	16.3	1.09	1.6
LW384×288	80	18	14.5	23.1	1.15	2.2

4. 可校正性系数

Gross 等[95]提出可校正性系数(correctability)的概念。可校正性系数 c 由下式表示：

$$c=\sqrt{\frac{\sigma_{total}^2}{\sigma_{tn}^2}-1} \tag{3.128}$$

式中，σ_{total}^2 是经过非均匀性校正后总的残余噪声；σ_{tn}^2 是瞬时噪声。非均匀性校正的目标是使 $c<1$，即空间噪声小于时间噪声。在一次校正后，随着长时间的使用，c 渐渐上升，达到或超过 1，这时又要进行新一轮的校正。长期稳定性时间常数就是表征两次校正之间的有效工作时间。Gross 给出的例子中，对 PtSi 640×486、InSb 256×256、MCT 128×128 阵列进行了校正和跟踪测量，长期稳定性时间常数分别为 PtSi 25 h、InSb 1 h、MCT 5 min。

以上四种表示方法，区别仅在于考察的角度不同，其实质是一样的。

3.7.3　非均匀性对凝视红外焦平面灵敏度和热成像的影响

使用以上四种表示方法，可以对非均匀性对红外焦平面阵列灵敏度及热成像质量的影响进行半定量的讨论。

图 3.83 表示的是在不同的残存非均匀性下，总 NEΔT 随探测率变化的关系曲线，背景温度及其他各种条件都已在图中注明。图中列举的非均匀性范围在许多实际焦平面器件中相当有代表性。图中显示，当探测率接近 10^{10} cm·Hz$^{1/2}$·W^{-1}或以上时，焦平面阵列的性能受到非均匀性的限制，基本上同探测率无关。计算表明，在图中所示各项条件下，通过校正把非均匀性从 0.1%改进到 0.01%，可以把 NEΔT 从 63 mK 降低到 6.3 mK。不过，这时焦平面阵列的 NEΔT 往往由光子噪声限制的 NEΔT 决定，未必能达到 6.3 mK 那么小。

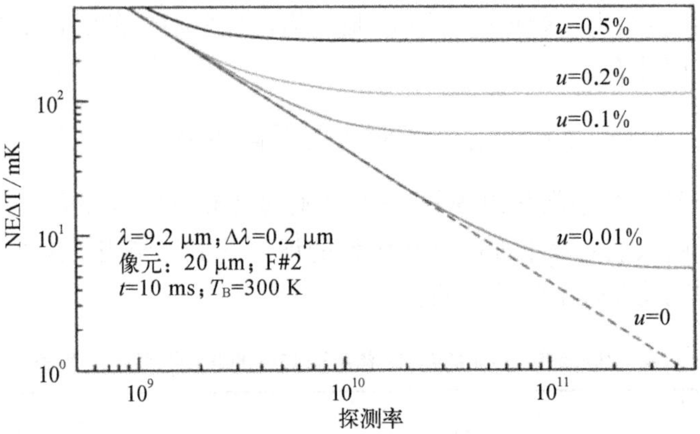

图 3.83　NEΔT 与探测率的关系

考虑 0.01%～0.5%的不同程度非均匀性的影响[96]

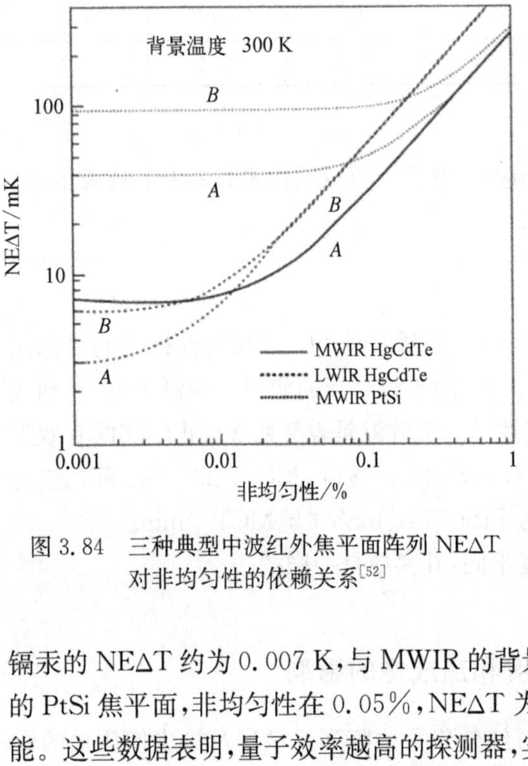

图 3.84　三种典型中波红外焦平面阵列 NEΔT 对非均匀性的依赖关系[52]

图 3.84 画出了三种代表性的探测器长波碲镉汞、中波碲镉汞和中波铂硅肖特基在两组工作条件下，对 300 K 背景的 NEΔT 随残余非均匀性变化的关系[52]。条件 A 对应于大信号：F＃ 1.4，帧频 30 Hz，光谱带通 3.4～5.0 μm；条件 B 对应于性价比折中：F＃ 2.0，帧频 60 Hz，光谱 4.2～5.0 μm 以减小太阳光的影响。计算中电荷容量分别取 1 Me^-（PtSi），30 Me^-（MW MCT），100 Me^-（LW MCT）。由图看到，如果非均匀性很小，它对焦平面的灵敏度的影响就很小，焦平面性能由信号的散粒噪声决定。只有当非均匀性小于 0.01%时，LWIR 的灵敏度优势才能体现出来。已经报道的非均匀性为 0.01%～0.02%的直接注入读出的中波碲镉汞的 NEΔT 约为 0.007 K，与 MWIR 的背景限性能相当。已经报道的采用探测器自积分的 PtSi 焦平面，非均匀性在 0.05%，NEΔT 为 0.04 K，已经超过了低量子效率的背景限性能。这些数据表明，量子效率越高的探测器，实现背景限对残余非均匀性的要求越苛刻。

图 3.85 是在 CCD 成像器件测得的噪声随信号（均以数码单位表示）变化的关系。可以清楚区分出读出噪声、散粒噪声和空间噪声在不同的通量水平分别起主要作用。由于空间噪声和信号电子数成正比，而散粒噪声和信号的平方根成正比，所以在高通量条件下，空间噪声成为主要的噪声。3.7.2 节所举例子正是说明了这一点。

Lloyd[1] 在分析凝视成像相对于扫描成像的巨大优越性时，也最早预见了凝视阵列成像技术将会遇到的一个重大挑战，即阵列中各个像元响应率的非均匀性对成像的影响。由于各个像元响应率的差异，同一个目标在凝视阵列各个像元上产生的信号大小不一，这可以认

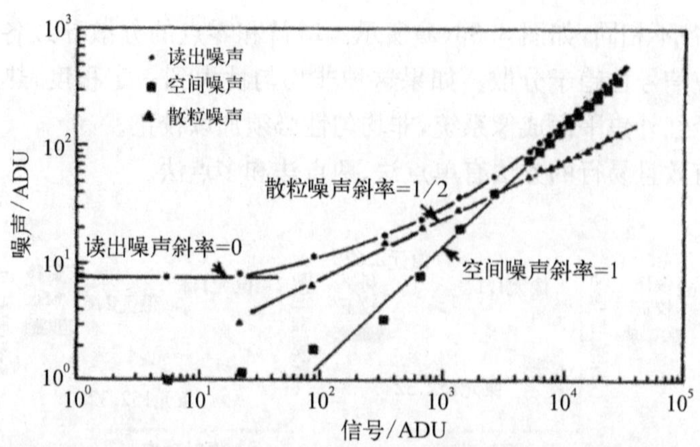

图 3.85　读出噪声、散粒噪声和空间噪声在不同的通量水平起主要作用[97]

为是一种"固定图形噪声"，其均方根值为

$$\sigma = \sigma_R W_B \bar{R} \tag{3.129}$$

式中，$\bar{R}$ 为阵列响应率的平均值；W_B 为背景的辐射出射度；σ_R 是阵列响应率的相对标准偏差。设目标与背景的温差为 ΔT，则图像的平均信号值为

$$\bar{S} = \left[\Delta T\left(\frac{\partial W}{\partial T}\right)\right]\bar{R} \tag{3.130}$$

式中，W 为目标的辐射出射度，故有信噪比

$$\mathrm{SNR} = \frac{\bar{S}}{\sigma} = \frac{\Delta T\left(\dfrac{\partial W}{\partial T}\right)}{\sigma_R W_B} \tag{3.131}$$

在 300 K 背景下，如果设 ΔT 为 1 K，由式(3.131)可计算得 8～14 μm 的信噪比为

$$\mathrm{SNR} = \frac{2.62\times 10^{-4}}{(1.72\times 10^{-2})\sigma_R} = 0.0152/\sigma_R \tag{3.132}$$

如果要求信噪比为 5(这是一个扫描系统观测 1 K 温差具有的信噪比值)，则对非均匀性的要求为 $\sigma_R \leqslant 0.3\%$。而且，由于响应非均匀性引起的噪声是一种固定图形噪声，通过人眼天然的积分提高有效信噪比 $(T_e \dot{F})^{1/2}$ 倍的功能不能实现(此处 T_e 为人眼的积分时间，约为 0.2 s，$\dot{F}$ 为帧频，取 30 Hz)，所以实际上对响应率均匀性的要求更加苛刻：$\sigma_R \leqslant 0.12\%$。

Lloyd 的计算表明，要得到一幅人眼满意的热图像，凝视阵列的非均匀性应当不差于 0.1%。迄今为止，未经校正的焦平面阵列很难达到这样高的水平。上述预见对凝视成像红外焦平面阵列的发展起到了指向性作用，激励人们努力改进焦平面阵列的均匀性。

3.7.4　焦平面阵列非均匀性校正方法

焦平面阵列由大量单个探测器元组成，这些像元的响应率(增益或斜率)和响应零点(直流失调电压)可能各不相同,如图 3.86(a)所示。增益和零点的分散导致各个像元对同一入射辐照功率的响应信号也趋于分散。如果这种非均匀性大到一定程度,热图像就变得无法识别。所以对一个红外焦平面成像系统,非均匀性必须加以校正。

目前常用的有效且易行的方法有单点法、两点法和多点法。

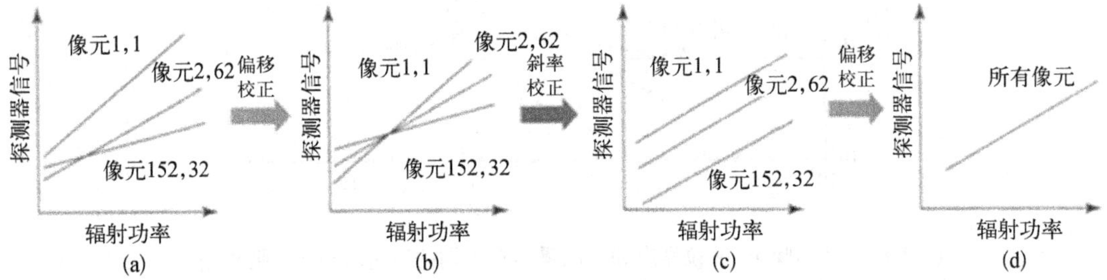

图 3.86 非均匀性校正方法和步骤

单点校正,是指在某一确定红外辐照功率(或指定场景温度,或对应的势阱填充率)下对焦平面阵列上的各个像元进行响应率校正,步骤包括零点校正和线性斜率校正。实际操作中,往往把一个温度均匀的面源黑体直接置于焦平面阵列或红外照相机的镜头前。这时理论上每个像元应输出相同信号。但实际上,如图 3.86(a)所示,阵列上各个像元的响应电压随辐照功率变化的关系有所不同。零点校正就是把所有像元的 V_s-Φ 关系曲线沿信号电压轴平移,使得在指定功率 Φ_0 这些曲线交于一点(图 3.86(b))。斜率校正就是把所有像元的 V_s-Φ 关系曲线的斜率即响应率调整到与其平均值(阵列平均响应率)相等(图 3.86(c))。再一次的零点校正把全部像元的零点调整到平均值(图 3.86(d))。经过这些校正步骤,阵列上每个像元都有了相同的校正响应率和零偏,并且得到每个像元的校正参数。把这些校正参数编制成校正表存入数据库。当面对一个新的目标时,阵列上各个像元的响应电压的校正值为

$$V_{ij} = a_{ij}R_{ij}\Phi + \mathrm{Offset}_{ij} + b_{ij} \tag{3.133}$$

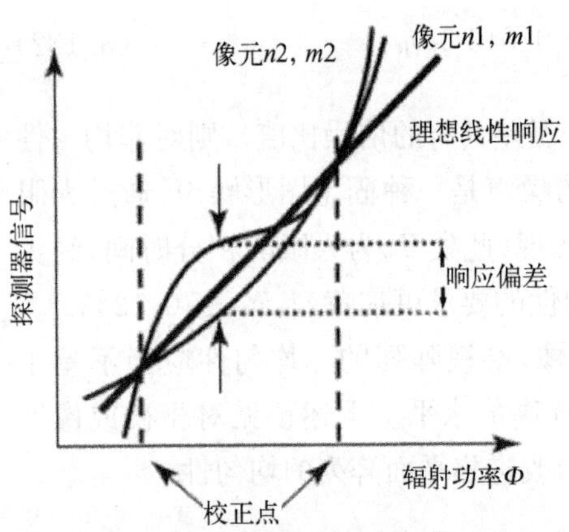

图 3.87 对响应率非线性(图中画得夸张)引起的偏差采用两点非均匀性校正(两个校正点之间残存的偏差构成残余固定图形噪声)

式中,a_{ij} 为像元(i, j)的斜率校正系数;b_{ij} 为像元(i, j)的零点校正系数;Offset_{ij} 为像元(i, j)响应电压的零点偏移。

在校正点(温度)附近,校正系数的运用可以导致相当均匀的成像结果。但因为响应非线性的影响,在其他场景温度非均匀性影响还是较大。因此需要在另一个场景温度下进行校正。这就是两点法。通常两个校正点温度相差 10～50℃,或者以满阱容量的百分数表示,通常两个校正点在 20%和 60%位置。两点法校正以后,通常在两个校正点之间仍存在某种程度的非均匀性(图 3.87),即残余空间噪声或残余固定图形噪声,而且这种 RFPN 还会随着工作温度的漂移而增大,也会随着探测器工作

时间的延长而增加，甚至会随着读出电路工作状态及探测器偏置状态改变而改变。所以实际工作中经常进行再校正，是红外焦平面阵列成像器件的工作常态。

为了进一步降低残余非均匀性，有时也采用三点或多点校正。现在一个阵列的像元数越来越多，多点校正需要的数据量相当庞大，所以实际工作中还没有普遍采用。

图3.88～图3.91是Sofradir用两点法和三点法对HgCdTe红外焦平面阵列进行非均匀性校正的效果实例[57]。

图3.88和图3.89表示对30 μm像元的320×256中波(3.4～4.8 μm)MCT阵列在F#2条件下测得的两点方法和三点方法校正后残余固定图形噪声RPFN随着场景温度变化的关系。非均匀性校正的参考点温度，两点法为20℃和55℃，三点法为20℃、35℃和55℃。所有测量中积分时间保持不变，参照点为在最高场景温度60℃下阱容充填率75%。在焦平面校正测量中，所有数据都采集16帧平均以降低瞬时噪声的影响。

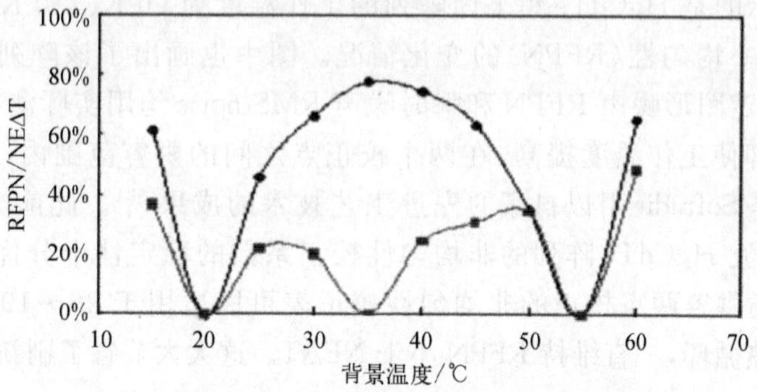

图3.88　320×256中波MCT经两点法和三点法校正结果：RFPN/NEΔT<1

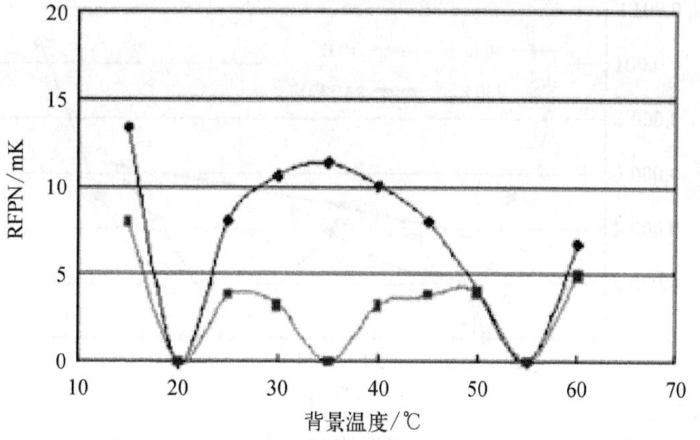

图3.89　320×256中波MCT经两点法和三点法校正后的RFPN

图3.90给出的是480×6长波红外线阵列的RFPN和RFPN/NEΔT。由图看到这一器件的残余固定图形噪声并未超过焦平面阵列平均NEΔT的20%。这被认为是可以接受的范围。值得提起的是采用焦平面线阵列的扫描系统可以在每一帧进行焦平面非均匀性校正，能对校正表进行频繁的刷新，从而使RFPN不致随着环境条件变化而不断变坏。

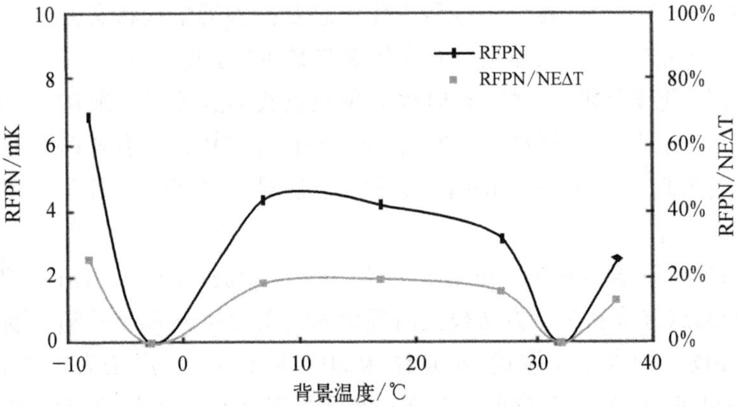

图 3.90　480×6 TDI 阵列非均匀性校正结果

图 3.91 表示的是 HgCdTe 焦平面阵列的工作温度为 90 K、110 K 和 130 K 时，焦平面阵列的残余非均匀性(RFPN)的变化情况。图中也画出了该阵列瞬时噪声的值。注意图中残余固定图形噪声 RFPN 和瞬时噪声 RMS noise 均用实际测得的电压单位表示。此图显示，即使工作温度提高，在两个校正点之间的阱容范围内，RFPN 依然小于 RMS 噪声。这是 Sofradir 引以自豪的先进工艺技术的成果[98]。此前文献[99]已经报道，Sofradir 的中波 HgCdTe 阵列的非均匀性校正系数的稳定性十分优异，在工作温度 86 K，5%和 55%阱容两点校正的非均匀性校正表可以适用于 86～105 K 的整个温度范围，包括多次热循环，一直维持 RFPN 小于 NEΔT。这大大节省了刷新校正表的工作量和时间。

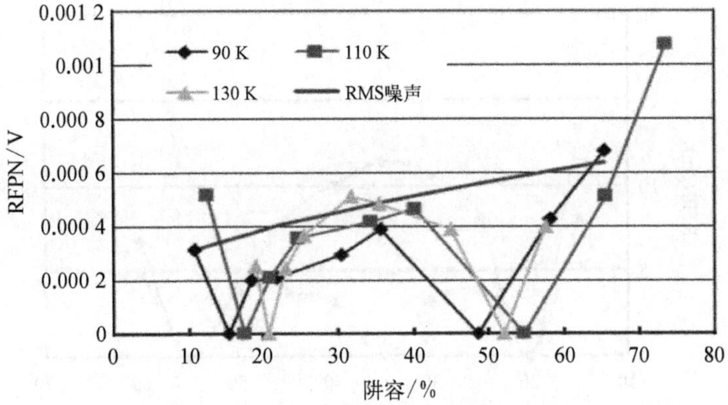

图 3.91　在高工作温度下的 HgCdTe 阵列的 RFPN[98]

3.7.5　当前商品红外焦平面阵列非均匀性实际水平

表 3.15 列举了国际上主要红外探测器制造商的代表性产品未经校正的焦平面非均匀性指标。

表 3.15 典型焦平面阵列产品的非均匀性指标(未经校正)

产品/制造商	格 式	材 料	非均匀性(σ/M)
TCM 3 000 Boeing	320×240	MCT	<6% 3~5 μm
AE 194 Raytheon	256×256	InSb	<2.75% 3~5 μm
Nars - VLW Sofradir	320×256	MCT	<5% 7.7~11.7 μm
Scorpio Sofradir	640×512	MCT	<5% 7.7~9.3 μm
SIRIUS Sofradir	640×512	QWIP	<5% 8.0~9.0 μm
Inspir Sofradir	384×288	InSb	<5% 3.7~4.8 μm

3.8 红外焦平面阵列的响应速度

3.8.1 焦平面阵列成像的帧频

随着红外成像应用领域日益扩大、重要性日益增长、所要解决的问题的复杂性和难度不断加大,人们对红外成像器件性能的要求越来越全面,技术指标越来越苛刻。具体可以用四项分辨率来概括:热(温度)分辨率、空间分辨率、时间分辨率(响应速度)和光谱(波长)分辨率。使用背景噪声限制的 3~5 μm 和 8~12 μm 光子探测器进行扫描成像,如果瞬时视场足够小,理论上也能够获得高温度灵敏度、高空间分辨率的热像,但必须花费很长的扫描时间,其设备庞大且昂贵。红外焦平面阵列的一个巨大优点是,在确定的响应截止波长下,焦平面阵列能够同时实现高灵敏度、高分辨率和高帧频的热成像。

红外焦平面器件的时间分辨本领用成像的帧频来表示。

一个使用单元探测器的光学-机械扫描成像系统,要获得 $N \cdot M$ 像素的图像,需要帧时间为 $T_f = N \cdot M \cdot \tau_d$($\tau_d$ 为像元驻留时间)。

对 $N \cdot M$ 元凝视阵列,帧时间为 $T_f \approx T_{int}$(T_{int} 为像元积分时间)。

对光子噪声限制的探测器阵列,信号电子数、噪声电子数及信噪比均和积分时间或驻留时间密切相关:

$$N_e \propto T_{int}(\tau_d),\ N_n \propto [T_{int}(\tau_d)]^{1/2},\mathrm{SNR} \propto [T_{int}(\tau_d)]^{1/2}$$

可见,要达到相同信噪比,凝视阵列的积分时间 T_{int} 应当与扫描系统的像元驻留时间 τ_d 相同,所以两者的帧时间有如下关系:

$$T_f(\text{scan}) = N \cdot M \cdot T_f(\text{FPA}) \tag{3.134}$$

换句话说,凝视成像比单元探测器扫描成像的帧频理论上最大可能提高到 $N \times M$ 倍。

在实际应用中,不同用途对红外成像探测器的帧频有不同要求,见表 3.16。各个国家和地区对普通用途的成像格式和帧频标准见表 3.17。

表 3.16 不同用途红外成像的帧频要求

用　　途	帧频(f/s)
红外天文望远镜	0.001～0.1
肉眼分辨极限	25
电影电视画面	50～60
热成像仪	50～100
导弹制导	100～1 000
高速红外成像	1 000～6 500

表 3.17 不同国家(地区)成像格式和帧频标准[100]

名　　称	标　准	水平像素数	垂直行数	隔行扫描	帧频/Hz
美国模拟视频(RS-170)	NTSC	640	480	是	60
高分辨率模拟视频	RS-343	1 280	960	否	50 或 60
高清晰度电视(HDTV)		1 280	720	否	60
计算机	VGA 系列	不限	不限	否	50 或 60
欧洲模拟视频	PAL	768	576	是	50
欧洲分量数字视频		720	483	否	50

高速运动的物体或场景的红外成像探测要求有高帧频的焦平面阵列。因为焦平面阵列是把阵列上大量像素的信息变成串行数据链传输出去,高帧频必然要求高像元数据率和高数据传输速率。数据率为 pixel rate 或 data rate,记为 R_{data},应有

$$R_{data} = N \cdot M \cdot \dot{F}(s^{-1}) \tag{3.135}$$

式中,N 和 M 分别为阵列的行数和列数;$\dot{F}$ 为帧频。例如,一个 1 024×1 024 元阵列,若以 100 f/s 的速率工作,R_{data}达到 100 MHz。一个模拟量(电压)以这么高的速率传输,操作起来不大容易。这个问题的解决方案有两个。一是设置多个输出端口进行分流,如上述器件设 8 个输出端,则每个输出端的数据率为 12.5 MHz。二是采用数字像元新技术,在每个像元上进行模拟-数字转换,变成高速数字输出,比较容易实现。这在 3.4 节中已有讨论。

当前高速红外焦平面阵列技术有了显著的发展。一个例子是英国 Selex 公司发展了帧频 1 000～6 500 f/s 的 384×384 元中波 MCT 阵列[101]。器件采用 GaAs 衬底上 MOVPE 方法生长 MCT 异质结薄膜结构,铟柱互连混成,像元尺寸 12 μm,$f/2.5$ 光阑,工作温度100～110 K。在满屏(384×384)工作时帧频为 1 000 Hz,在窗口缩屏时帧频最高可达 6 500 Hz。

各种窗口下的帧频见表3.18。为了降低数据率，该阵列使用16个视频输出端，每个输出端的数据率为10 MHz。经过模拟-数字转换后串成一行，数字数据流传输速率高于2 Gbit/s（384×384 pixels×14 bits×1 000 f/s）。

表3.18 Selex高速焦平面阵列的格式和帧频组合[101]

阵列和窗口格式	帧频/Hz
384×384	1 000
256×256	2 000
192×192	4 000
144×141	6 500

Ashcroft用该高速阵列拍摄了一滴冷水进入一杯热水的过程热像。图3.92以1 ms为时间间隔，记录冷水滴进入热水中发生冷热交融的奇妙景象。该阵列还以4 000 f/s的速度，记录了步枪开火的子弹热图像。

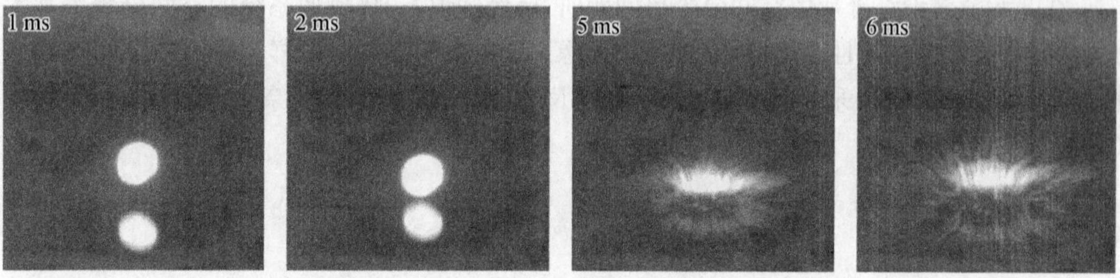

图3.92 冷水滴入热水中的高速热成像观测（1 ms间隔）

3.8.2 关于D^*公式中Δf的取值问题

红外探测器探测率的定义式中，有一个因子是测量系统的电子学带宽Δf。独立的单元探测器、扫描成像的单元和多元探测器，以及凝视成像的焦平面阵列器件的探测率公式均写成

$$D_{\mathrm{bb}}^{*}=\frac{V_{\mathrm{s}}}{V_{\mathrm{n}}}\times\frac{\sqrt{A_{\mathrm{d}}\Delta f}}{P_{\mathrm{s}}} \tag{3.136}$$

式中，Δf是测量系统的电子学带宽。在NETD的表示式中Δf也处于同样的位置上。Δf的取值看似简单，其实也包含了一定的物理内容。

在单元探测器的光电性能测试中，通常把入射辐射调制成交变的，以便于用交流放大器进行放大。调制频率一般为800～1 000 Hz。选用这一频率范围意在排除低频1/f噪声的影响，同时又避免因频率过高以致时间常数较长的热探测器来不及响应而引入测量误差。对于经过调制的入射辐射，探测器产生的信号频率就是辐射的调制频率。对这一信号进行放大一般采用选频放大器，如目前国内常用的 EG&G Model 124A 锁相放大器。选频放大的中心频率设置在 800～1 000 Hz，其频带宽度设置在如 100 Hz，得到的测量和计算结果折算成单位带宽的数值，写成 D^* (500 K、800 Hz、1 Hz)。在实验室进行探测器性能测试评价时，所用中心频率和带宽 Δf 均可进行调节，以取得单位带宽信噪比最优的结果。在实际使用时，也可如此。

在扫描成像系统中，对红外探测器输出放大器的带宽设置存在一定的限制，就是系统电子学带宽要与系统瞬时视场的扫描速率相匹配。系统电子学带宽过宽，便不必要地增加系统输出噪声；带宽过窄，系统电子学就会跟不上瞬时视场的扫描速率，影响扫描成像的空间分辨率，造成某种程度的信息失真或丢失。因此必须找到一种放大器带宽与扫描系统参数相匹配的设置。这一设置就是

$$\Delta f = \frac{1}{2\tau_d} \tag{3.137}$$

式中，τ_d为像元驻留时间。以下作简单的解说。

在 3.6 节讨论红外成像空间分辨率问题时，已经知道，扫描成像系统的空间分辨率基本上由瞬时视场决定，而且也知道，红外扫描成像系统的探测器空间采样频率不应高于奈奎斯特频率，以保证探测器采样的调制传递函数 MTF_{det} 不小于 0.64。奈奎斯特空间频率 f_N (cyc/mrad)为

$$f_N = \frac{1}{2} f_0 = \frac{1}{2\alpha} \tag{3.138}$$

式中，f_0为探测器采样截止频率(cyc/mrad)；α 为沿扫描方向的瞬时视场(mrad)。如果假设由转镜实施的扫描角速度为 ω(mrad/s)，则扫描角速度与奈奎斯特空间频率的乘积即扫描频率为

$$f = f_N \omega = \frac{\omega}{2\alpha}\ (\text{Hz}) \tag{3.139}$$

扫描频率表示每秒钟对该瞬时视场的采样次数，或者称采样频率。瞬时视场扫过某个物面单元所需要的时间称为像元驻留时间，显然，像元驻留时间是扫描角速度和瞬时视场的函数：

$$\tau_d = \frac{\alpha}{\omega}\ (\text{s}) \tag{3.140}$$

于是有

$$f = \frac{1}{2\tau_d}\ (\text{Hz}) \tag{3.141}$$

放大器电路的带宽必须不低于上述采样频率，实际上必须设计、制作和使用带宽优于上述频率的放大器，即

$$\Delta f \geqslant f = \frac{1}{2\tau_{\mathrm{d}}}\ (\mathrm{Hz}) \tag{3.142}$$

这一公式是从保证探测器采样的调制传递函数不劣于0.64的要求得出的，带有习惯性和经验性。在计算D^*和NETD时，都采用这一取值[3]。

在凝视焦平面阵列中，情况十分类似。凝视阵列的像元积分时间，就类似于扫描阵列中的像元驻留时间。像元积分时间同帧时间十分接近。在运行快照模式积分时，阵列上所有像元同时开始积分，又同时终止积分，接着对各个像元按顺序进行读出。一个帧周期包括积分时间和读出时间。通常积分时间是可调的，可在帧时间的如5%～90%调节（各家制造商范围不一）。当然为了提高信噪比，尽量延长积分时间。在积分时间T_{int}确定后，带宽应当取

$$\Delta f = \frac{1}{2T_{\mathrm{int}}}\ (\mathrm{Hz}) \tag{3.143}$$

即对光子积分1 s对应于带宽0.5 Hz[61]。

参考文献

[1] Lloyd J. State-of-the-art for thermal imaging. Optical Engineering，1975，14：51-56.

[2] Vollmer M，Möllmann K P. Infrared Thermal Imaging：Fundamentals，Research and Applications. Oxford：John Wiley & Sons，2010.

[3] Lloyd J. Thermal Imaging Systems，Optical Physics and Engineering Series. New York：Plenum Press，1975.

[4] Abid M M. Spacecraft Sensors. Oxford：John Wiley & Sons，2005.

[5] Thorn R，Eck R，Phillips J，et al. InSb CCDs and other MIS devices for infrared applications//Proceedings of the 1975 International Conference on the Applications of CCDs. San Diego，1975：31-42.

[6] Phillips J，Scorso J，Thom R. InSb arrays with CCD readout for 1.0-to 5.5-microns infrared applications//Charge-Coupled Device Technology and Applications. Goleta：SPL，1976：49-56.

[7] Thom R D，Koch T L，Langan J D，et al. A fully monolithic InSb infrared CCD array. Electron Devices，IEEE Transactions on，1980，27：160-170.

[8] Lau J H. On Murphy's integrated circuit yield integral. Journal of Electronic Packaging，1995，117：159-164.

[9] Baker I，Ballingall R. Photovoltaic CdHgTe-silicon hybrid focal planes//Proc. SPIE，1985，510：121-129.

[10] Baker I. Photovoltaic IR detectors//Capper P. Narrow-gap II-VI Compounds for Optoelectronic and Electromagnetic Applications. London：Chapman and Hall，1997.

[11] Conlon P，Beck J，McCormack K，et al. Producibility of viptm scanning focal plane arrays//Proc. SPIE，1994，2227：237-248.

[12] Kinch M A. HDVIPTM FPA technology at DRS//Proc. SPIE，2001，4369：566-578.

[13] Reine M B. Review of HgCdTe photodiodes for IR detection//Proc. SPIE，2000，4028：320-330.

[14] Kinch M A. 50 Years of HgCdTe at Texas Instruments and Beyond//Proc. of SPIE, 2009,7298: 72982T-1.

[15] Kinch M, Capper P. MIS devices in HgCdTe//Properties of Narrow Gap Cadmium-Based Compounds (EMIS Datareviews Series No 10). London: INSPEC, 1994: 359-363.

[16] 梁平治,江美玲,张学敏,等. 64×64 元 InSb 红外焦平面读出电路研制进展. 红外与激光工程,2001, 31(5): 424-427.

[17] Zucker M, Pivnic I, Malkinson E, et al. Long midwave infrared detector with time-delayed integration//Proc. SPIE, 2003,4820: 580-592.

[18] Vuillermet M, Chorier P. Latest Sofradir technology developments usable for space applications// Proc. SPIE, 2006,6361: 63611C-63611C-12.

[19] Beuville E, Acton D, Corrales E, et al. High performance large infrared and visible astronomy arrays for low background applications: instruments performance data and future developments at raytheon// Proc. SPIE, 2007,6660: 66600B-66600B-10.

[20] 工业和信息化部电子工业标准化研究所. GB/T 17444-2013. 红外焦平面阵列参数测试方法. 北京: 中国标准出版社,2014.

[21] 施敏,伍国珏. 半导体器件物理. 3 版. 耿莉,张瑞智,译. 西安: 西安交通大学出版社,2008: 187.

[22] Love P J, Ando K J, Bornfreund R E, et al. Large-format infrared arrays for future space and ground-based astronomy applications. SPIE Milestone Series, 2004, 179: 729-740.

[23] Finger G, Nicolini G, Meyer M, et al. High-well-capacity InSb infrared arrays for the 1-to 5-μm wavelength range//Proc. SPIE, 1995,2475: 15-36.

[24] Finger G, Mehrgan H, Meyer M, et al. Performance of large-format HgCdTe and InSb arrays for low-background applications//Proc. SPIE, 2000,4008: 1280-1297.

[25] Beletic J W, Blank R, Gulbransen D, et al. Teledyne Imaging Sensors: infrared imaging technologies for astronomy and civil space//Proc. SPIE, 2008,7021: 70210H-70210H-14.

[26] Hoffman A W, Corrales E, Love P J, et al. 2 K×2 K InSb for astronomy//Proc. SPIE, 2004,5499: 59-67.

[27] Blank R, Anglin S, Beletic J W, et al. H2RG focal plane array and camera performance update//Proc. SPIE, 2012,8453: 845310-845310-16.

[28] Sprafke T, Beletic J W. High-performance infrared focal plane arrays for space applications. Optics and Photonics News, 2008, 19: 22-27.

[29] Johnson J F, Lomheim T S. Focal-plane signal and noise model-CTIA ROIC. Electron Devices, IEEE Transactions on, 2009, 56: 2506-2515.

[30] ISC9809 low background 320 specifications. http: //www. flir. com/uploaded Files/OEM/Resources/ FLIR ISC 9809 [2002-07-31].

[31] Hewitt M J, Vampola J L, Black S H, et al. Infrared readout electronics: a historical perspective// Proc. SPIE, 1994,2226: 108-119.

[32] Farhoomand J, Yuen L, Hoffman A, et al. A 32×32 CTIA readout design for deep cryogenic applications//Proc. SPIE, 2006,6297: 629711-629711-7.

[33] Farhoomand J, Sisson D L. A 1k-pixel CTIA readout multiplexer for far-IR photodetector arrays. Infrared Physics & Technology, 2010, 53: 450-456.

[34] Kozlowski L J, Arias J M, Williams G, et al. Recent advances in staring hybrid focal plane arrays: comparison of HgCdTe, InGaAs, and GaAs/AlGaAs detector technologies//Proc. SPIE, 1994,2274: 93-116.

[35] Love P J, Ando K J, Garnett J D, et al. Infrared detectors for ground-based and space-based astronomy applications//Proc. SPIE, 2000,4028: 1254-1267.

[36] Bluzer N, Jensen A S. Current readout of infrared detectors. Optical Engineering, 1987, 26: 263241-263248.

[37] Greiner M, Smith R, Timlin H. Uniformity and stability in 2-dimensional infrared focal plane arrays//Proc. SPIE, 1994,2225: 176-184.

[38] Aziz N Y, Kincaid G T, Parrish W J, et al. Standardized high-performance 320 by 256 readout integrated circuit for infrared applications//Proc. SPIE, 1998,3360: 80-90.

[39] Hoffman A, Loose M, Suntharalingam V. CMOS detector technology. Experimental Astronomy, 2005, 19: 111-134.

[40] ISC 9705 Standard 320. http: //www. flir. com/uploaded Files/OEM/Resources/FLIR ISC 9705 [2002-07-31].

[41] Mandl W J. Four-kiloframe 14-bit 128×128 digital imaging spectrometer//Proc. SPIE, 2002,4486: 385-392.

[42] Elkind S, Adin A, Nevo I, et al. Focal plane processor with a digital video output for InSb detectors//Proc. SPIE, 2002,4820: 751-758.

[43] Fillon P, Dugalleix S, Pistone F, et al. Digital output for high-performance MCT staring arrays//Proc. SPIE, 2006,6206: 62060U-62060U-7.

[44] Schultz K I, Kelly M W, Baker J J, et al. Digital-pixel focal plane array technology. Lincoln Laboratory Journal, 2014, 20: 36-51.

[45] Kelly M W, Blackwell M H. Digital-pixel FPAs enhance infrared imaging capabilities. Laser Focus World, 2013, 49: 90-93.

[46] Brown M G, Baker J, Colonero C, et al. Digital-pixel focal plane array development//Proc. SPIE, 2010,7608: 76082H-76082H-10.

[47] Fowler A, Gatley I. Demonstration of an algorithm for read-noise reduction in infrared arrays. The Astrophysical Journal, 1990, 353: L33.

[48] Fowler A M, Joyce R R. Status of the NOAO evaluation of the Hughes 20×64 Si∶As impurity band conduction array//Proc. SPIE, 1990,1235: 151-159.

[49] Driggers R G, Cox P, Edwards T. Introduction to Infrared and Electro-Optical Systems. Boston: Artech House, 1999: 286-293.

[50] Lopez-Alonso J M. Noise equivalent temperature difference (NETD). Encyclopedia of Optical Engineering, 2003: 1466-1474.

[51] 周世椿. 高级红外光电工程导论. 北京: 科学出版社, 2014: 262.

[52] Kozlowski L J, Kosonocky W F. Infrared detector arrays//Bass M, Mahajan V, Stryland E. Handbook of Optics. 3rd ed. New York: McGraw-Hill, 2010: 33.1~33.33.

[53] Gaussorgues G. La thermographie infrarouge: principes-technologie-applications. Paris: Lavoisier, 1984.

[54] Vollmerhausen R H, Reago D, Driggers R G. Analysis and Evaluation of Sampled Imaging Systems. Bellingham: SPIE Press, 2010: 255.

[55] 董亮初,丁瑞军.红外焦平面参数定义和测试方法的讨论.红外与激光工程,1997, 26: 14-18.

[56] Runciman H M. Influence of technology on FLIR waveband selection//Proc. SPIE, 1995, 2470: 156-167.

[57] Tribolet P M, Chorier P, Manissadjian A, et al. High-performance infrared detectors at Sofradir//Proc. SPIE, 2000, 4028: 438-456.

[58] Kozlowski L J. HgCdTe focal plane arrays for high performance infrared cameras//Proc. SPIE, 1997, 3197: 200-211.

[59] Goldberg A C, Kennerly S W, Little J W, et al. Comparison of HgCdTe and QWIP dual-band focal plane arrays//Proc. SPIE, 2001, 4369: 532-546.

[60] Chorier P, Delannoy A. Sofradir latest developments for infrared space detectors. Proc. SPIE, 2011, 8012: 801202.

[61] Norton P. Understanding the NEΔT of tactical infrared focal plane arrays. Opto-Electronics Review, 2012, 20: 275-278.

[62] Kamoi A, Kondo T, Okamoto Y. Relationship between MRTD and MDTD of infrared radiometer by use of FLIR collimator//Proc. SPIE, 2002, 4721: 52-59.

[63] Tribolet P M, Chorier P, Pistone F. Key performance drivers for cooled large IR staring arrays//Proc. SPIE, 2003, 5074: 173-184.

[64] Karl Schwantes, Doug Cohen, Peter Mantica, and Ron Glumb, Modeling noise equivalent change in radiance (NEdN) for the cross-track infrared sounder (CrIS), Proc. SPIE, 2002, 4486: 456-463.

[65] Delannoy A, Chauveau C, Pidancier P, et al. Space developments at SOFRADIR for sounding applications//Proc. SPIE, 2014, 9241: 92410X-92410X-11.

[66] Holst G C. Imaging system performance based upon Fλ/d. Optical Engineering, 2007, 46: 103204-103204-8.

[67] Vollmerhausen R H, Jacobs E, Driggers R G. New metric for predicting target acquisition performance. Optical Engineering, 2004, 43: 2806-2818.

[68] Holst G C, Driggers R G. Small detectors in infrared system design. Optical Engineering, 2012, 51: 096401-1-096401-10.

[69] Fiete R D. Image quality and λFN/p for remote sensing systems. Optical Engineering, 1999, 38: 1229-1240.

[70] Kinch M A. Fundamentals of Infrared Detector Materials. Bellingham: SPIE press, 2007: 8.

[71] Kinch M A. The rationale for ultra-small pitch IR systems//Proc. SPIE, 2014, 9070: 907032-907032-14.

[72] Strong R L, Kinch M A, Armstrong J M. Performance of 12-μm-to 15-μm-Pitch MWIR and LWIR HgCdTe FPAs at Elevated Temperatures. Journal of Electronic Materials, 2013, 42: 3103-3107.

[73] Thorne P, Weller H, Hipwood L. 12 μm pixel pitch development for 3-side buttable megapixel MW FPAs//Proc. SPIE, 2012, 8353: 83532J-83532J-9.

[74] Reibel Y, Pere-Laperne N, Augey T, et al. Getting Small, new 10 μm pixel pitch cooled infrared products//Proc. SPIE, 2014, 9070: 907034-907034-10.

[75] Lutz H, Breiter R, Rutzinger S, et al. High-performance IR detector modules for army applications//Proc. SPIE, 2013,8704: 87040A-87040A-14.

[76] Kinch M A. The Future of Infrared; Ⅲ-Ⅴs or HgCdTe?. Journal of Electronic Materials, 2015, 44(9): 1-8.

[77] Kar-Roy A, Racanelli M, Howard D, et al. Scaling and application of commercial, feature-rich, modular mixed-signal technology platforms for large format ROICs//Proc. SPIE, 2010, 7660: 76603V-76603V-12.

[78] Driggers R G, Vollmerhausen R, Reynolds J P, et al. Infrared detector size: how low should you go?. Optical Engineering, 2012, 51: 063202-1-063202-6.

[79] Armstrong J, Skokan M, Kinch M, et al. HDVIP five-micron pitch HgCdTe focal plane arrays//Proc. SPIE, 2014,9070: 907033-907033-7.

[80] Caulfield J T, Wilson J A, Dhar N K. Benefits of oversampled small pixel focal plane arrays//Proc. SPIE, 2014,9070: 907035-907035-11.

[81] Norton P R. Infrared detectors in the next millennium//Proc. SPIE, 1999,3698: 652-665.

[82] Vuillermet M, Billon-Lanfrey D, Reibel Y, et al. Status of MCT focal plane arrays in France//Proc. SPIE, 2012,8353: 83532K-83532K-12.

[83] Martineau L, Rubaldo L, Chabuel F, et al. MTF optimization of MCT detectors//Proc. SPIE, 2013, 8889: 88891B.

[84] Gravrand O, Baier N, Ferron A, et al. MTF Issues in Small-Pixel-Pitch Planar Quantum IR Detectors. Journal of Electronic Materials, 2014, 43: 3025-3032.

[85] Shtrichman I, Fishman T, Mizrahi U, et al. Spatial resolution of SCD's InSb 2D Proc. SPIE, 2007, 6542: 65423M-65423M-11.

[86] Mooney J M, Sheppard F D, Ewing W S, et al. Responsivity nonuniformity limited performance of infrared staring cameras. Optical Engineering, 1989, 28: 281151-281161.

[87] de Borniol E, Destefanis G, Manissadjian A, et al. Characterization of high performances of long wave and very long wave HgCdTe staring arrays//Proc. SPIE, 2005,5978: 597819-597819-9.

[88] Kimble R A, MacKenty J W, O'Connell R W, et al. Wide Field Camera 3: a powerful new imager for the Hubble Space Telescope//Proc. SPIE, 2008,7010: 70101E-70101E-12.

[89] Ressler M E, Cho H, Lee R A, et al. Performance of the JWST/MIRI Si : As detectors//Proc. SPIE, 2008,7021: 70210O-70210O-12.

[90] Chi J Y, Gatos H C. Determination of dopant-concentration diffusion length and lifetime variations in silicon by scanning electron microscopy. Journal of Applied Physics, 1979, 50: 3433-3440.

[91] Fowler A M, Heynssens J B, Gatley I, et al. ALADDIN: the 1 024×1 024 InSb array test results//Proc. SPIE, 1995,2475: 27-33.

[92] Shkedy L, Amir O, Calahora Z, et al. Temperature dependence of spatial noise in InSb focal plane arrays//Proc. SPIE, 2000,4028: 481-488.

[93] Berger M J, Lauber Y Z, Citroen M, et al. Cos^4 compensation and optimal TDI operation in multielement linear TDI IR detectors//Proc. SPIE, 2003,4820: 830-839.

[94] Combette A, Billon-Lanfrey D, Cuelhe A, et al. Non-uniformity correction results for SOFRADIR infrared 2D staring arrays//Proc. SPIE, 2007,6542: 65423Q-65423Q-12.

[95] Gross W, Hierl T, Schulz M J, et al. Correctability of the spatial nonuniformity in various infrared focal plane arrays//Proc. SPIE, 1998, 3436: 203 - 213.

[96] Rogalski A R, Infrared Detectors. 2nd ed. Boca Raton: CRC Press, 2011: 670.

[97] Blouke M M, Janesick J R, Elliott T, et al. Current status of the 800 × 800 charge-coupled-device image sensor. Optical Engineering, 1987, 26: 269864 - 269874.

[98] Brenière X, Rubaldo L, Dupont F. Sofradir's recent improvements regarding the reliability and performance of HgCdTe IR detectors//Proc. SPIE, 2014, 9070: 90702W - 90702W - 10.

[99] Vuillermet M, Tribolet P. Operating temperature: a challenge for cooled IR technologies//Proc. SPIE, 2010, 7660: 76602U - 76602U - 11.

[100] Myers R L. Display Interfaces: Fundamentals and Standards. Oxford: John Wiley & Sons, 2003: 132.

[101] Ashcroft A, Richardson L, Ash R, et al. A miniature ruggedized fast frame rate infrared sensor module for hostile fire detection and industrial applications//Proc. SPIE, 2013, 8704: 87040F - 87040F - 13.

第 4 章 InSb红外探测器阵列

4.1 InSb 单晶材料的性质

4.1.1 InSb 单晶的冶金学与机械性质

InSb 属于Ⅲ-Ⅴ族化合物半导体材料。这一族材料中包括由元素周期表中ⅢA 和 VA 族元素组成的二元化合物及其三元、四元混晶。其中有人们熟知的 GaN、GaP、GaAs、GaSb、InP、InAs、InSb、InBi 等二元化合物。

InSb 是金属间化合物。单晶 InSb 呈暗灰色，有金属光亮。可采用直拉法(切克劳斯基法)或水平区熔法从液态生长单晶锭，也可用液相外延、热壁外延或分子束外延方法生长薄膜单晶。

InSb 为立方晶体，在压强加至 2 MPa 下仍保持立方结构。常温下 InSb 单晶十分稳定。加热至 400℃饱和蒸汽压为 5×10^{-5} Torr(1 Torr=1.33×10^{2} Pa)。InSb 的熔点为 527℃。

InSb 为闪锌矿结构，In 原子和 Sb 原子各占据一套立方格点，两套格子沿对角线错开 1/4 对角线长度排列。图 4.1 是 InSb 晶体结构的三维示意图。

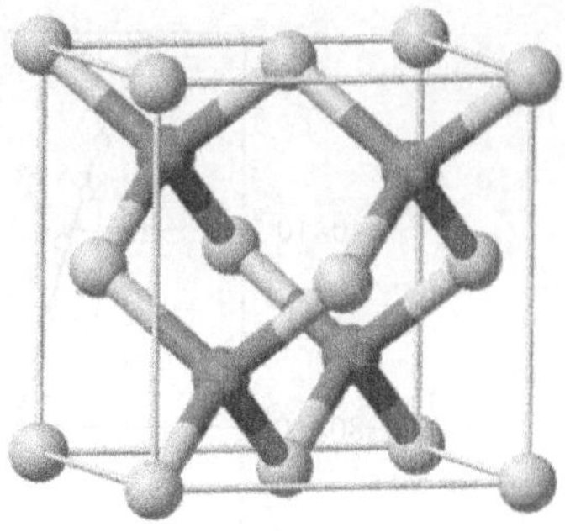

图 4.1　InSb 晶体中原子排列(浅色为 In 原子，深色为 Sb 原子，或者反过来)

InSb 是极性晶体。[111]方向的最表面是 In 原子层，[$\bar{1}\bar{1}\bar{1}$]方向的最表面是 Sb 原子层。In 面和 Sb 面腐蚀表现不同，CP4 类腐蚀剂在 Sb 面形成腐蚀坑，在 In 面不产生腐蚀坑。In 面习惯称 *A* 面，Sb 面习惯称 *B* 面。滑移面为{111}面，滑移方向为[110]。沿[110]方向可以方便地对晶片进行解理。

InSb 材料和器件加工过程中常使用化学腐蚀。常用的 InSb 化学腐蚀剂及配方见表 4.1。

InSb 在 300 K 的晶格常数为 $a=6.47937$ Å。晶格常数随温度变化关系见图 4.2。InSb 室温下密度为 $d=5.7747\ \mathrm{g/cm^3}$。室温线性热膨胀系数为 5.37×10^{-6}/K。线性热膨胀系数随温度变化关系见图 4.3。热导率随温度变化关系见图 4.4。

表 4.1 常用 InSb 化学腐蚀剂及配方

配　　方	腐 蚀 效 果
I_2 : CH_3OH	平滑表面
HNO_3 : 2HF : CH_3COOH	(111)平滑表面和位错蚀坑
HF : H_2O_2 : $8H_2O$	双面位错蚀坑
HNO_3 : HCl : H_2O	位错蚀坑
CP4	快速抛光
乳酸 : 硝酸(10 : 1)	平滑表面,器件台面刻蚀
HBr/Br_2	

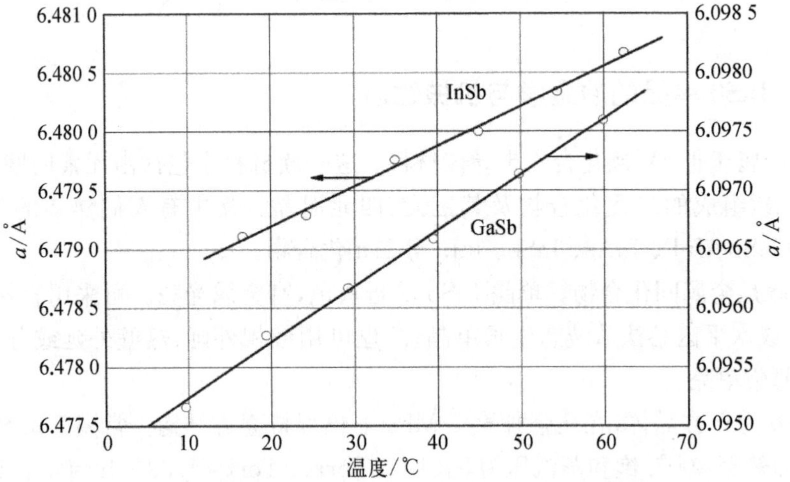

图 4.2 InSb 和 GaSb 晶格常数随温度变化关系[1]

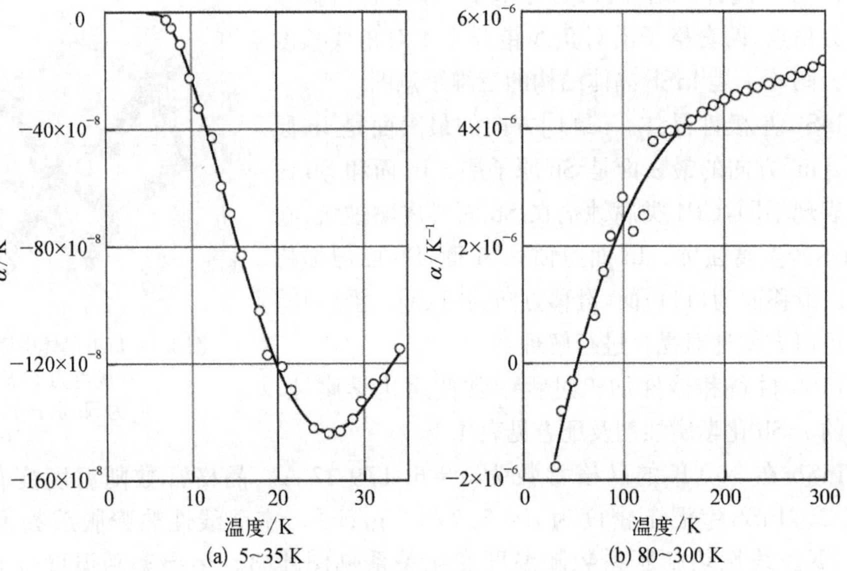

图 4.3 InSb 线性热膨胀系数随温度变化关系[2,3]

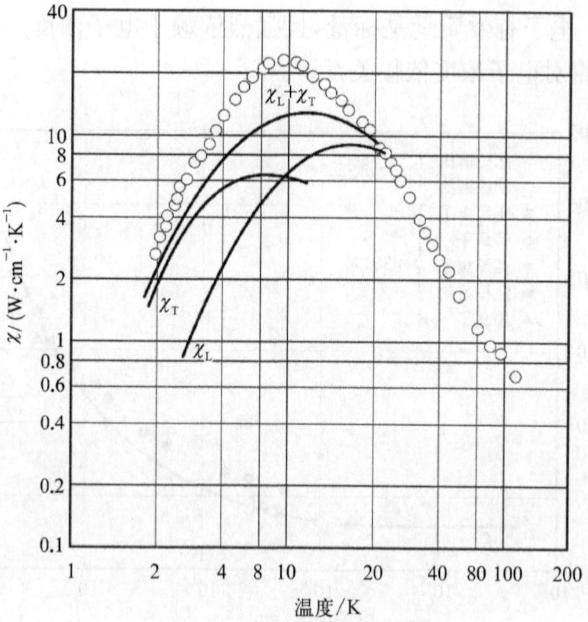

图 4.4 InSb低温下热导率数据[4]

χ_T和χ_L分别为横向和纵向热导计算值,○为实验点

InSb是脆而软的材料。其室温下显微硬度为 $H_k=225\ kg/mm^2$。图4.5显示了各种红外探测器材料的硬度随温度变化关系。可以看到,在一个很宽的温度范围,各种材料的显微硬度依次为金刚石≫Si≫Ge≫GaAs≫InSb≫MCT,CdZnTe。

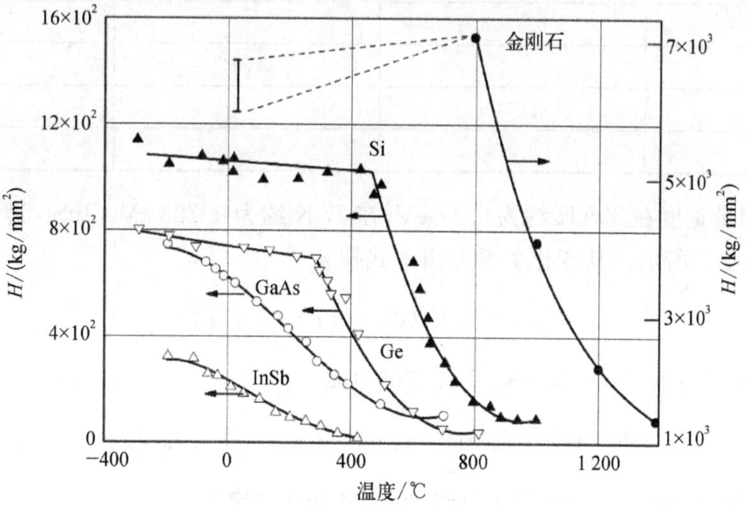

图 4.5 各种探测器材料的显微硬度随温度变化关系[5]

4.1.2 InSb单晶的电学与光学性质

InSb是直接带隙。导带极小值位于布里渊区中心。在导带极小值附近,$E(k)$呈各向同

性，且为非抛物线型。电子有效质量是标量，且强烈依赖于电子浓度。图 4.6 显示 77 K 和 300 K 下电子有效质量对电子浓度依赖关系。

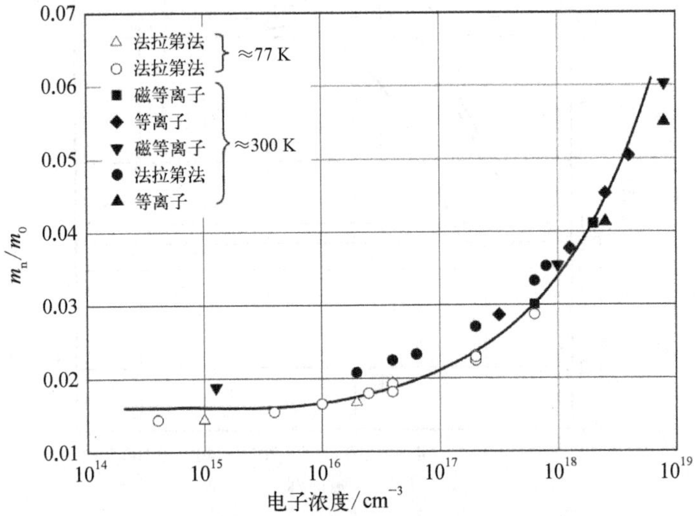

图 4.6　InSb 电子有效质量对电子浓度依赖关系[6]

$\Gamma_{6,c}$附近电子有效质量 m_e及价带顶轻、重空穴有效质量见表 4.2。

表 4.2　InSb 电子和空穴有效质量[7-11]

T/K	m_e/m_0	m_{hh}/m_0	m_{lh}/m_0
4	0.014 5		
20		0.044	0.016
77	0.014 5		0.015 6
296	0.013		

InSb 的禁带宽度在 300 K 约为 0.17 eV，在 77 K 约为 0.228 eV。InSb 禁带宽度随温度变化关系如图 4.7 所示。其变化关系可由下式拟合：

$$E_g(T)=E_g(0)-aT^2/(b+T) \tag{4.1}$$

式中，$a=0.6\ \text{meV}\cdot\text{K}^{-1}$；$b=500$ K，或者直接写成

$$E_g(T)=E_g(0)-0.6T^2/(500+T)(\text{meV}) \tag{4.2}$$

而在 77～300 K，E_g随 T 的变化基本是线性的，其变化速率为

$$\frac{dE_g}{dT}=-2.75\times10^{-4}\ \text{eV/K} \tag{4.3}$$

InSb 本征载流子浓度可表示为[11]

$$n_i=AT^{3/2}\exp(-E_g/2KT)\quad(150\sim600\ \text{K}) \tag{4.4}$$

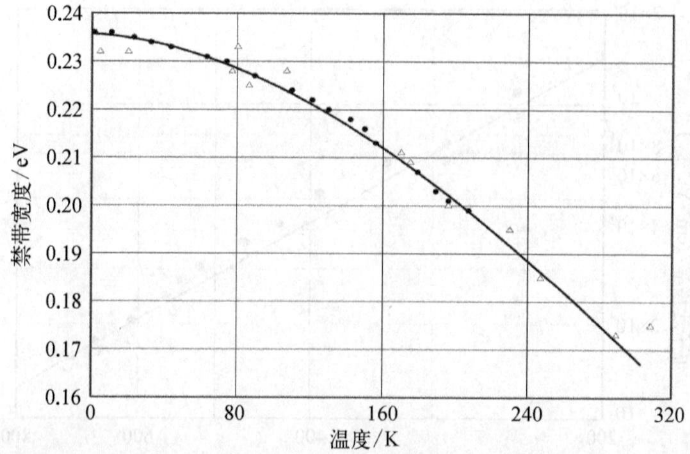

图 4.7　InSb 禁带宽度与温度关系(实线是对各种数据来源△和 · 用 Varshni 公式拟合结果)[12]

而在 300 K,有[13] $n_i=(1.89\sim2.04)\times10^{16}\ \text{cm}^{-3}$。

电子迁移率在 300 K 和 77 K 随载流子浓度变化关系见图 4.8。

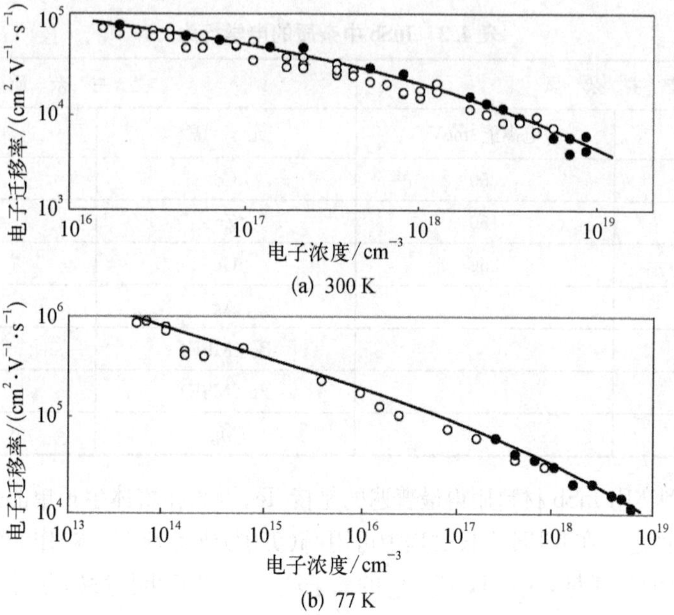

图 4.8　InSb 电子迁移率的浓度依赖及理论拟合[14]

对于浓度很低的材料,电子迁移率随温度变化关系符合下式[15]:

$$\mu_n = 7.7\times10^4\ (T/300)^{-1.66}\quad (\text{cm}^2\cdot\text{V}^{-1}\cdot\text{s}^{-1}) \tag{4.5}$$

而对于十分纯的 InSb 材料,报道的 77 K 电子迁移率达到 $7\times10^5\ \text{cm}^2\cdot\text{V}^{-1}\cdot\text{s}^{-1}$。

对 p 型 InSb 而言,空穴迁移率依温度变化关系为[16]

$$\mu_p = 850\ (T/300)^{-2.1}\quad (\text{cm}^2\cdot\text{V}^{-1}\cdot\text{s}^{-1}) \tag{4.6}$$

报道的掺杂材料 77 K 空穴迁移率的较好数据约为 $10\,000\ \text{cm}^2\cdot\text{V}^{-1}\cdot\text{s}^{-1}$。

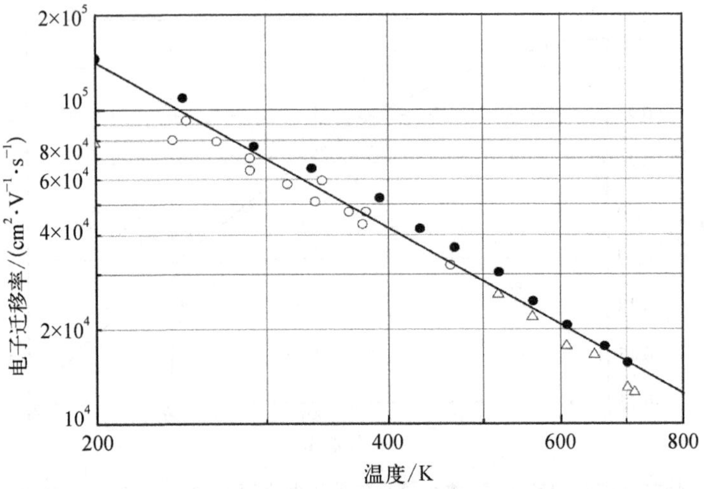

图 4.9　InSb 电子迁移率与温度关系[15]

InSb 材料的电学性质主要取决于杂质的种类和掺杂的浓度。常用的施主杂质和受主杂质见表 4.3。

表 4.3　InSb 中杂质的电学行为

施主杂质		受主杂质	
元　素	电离能/meV	元　素	电离能/meV
Te	50	Cd	9.86
Se	150	Zn	9.86
S	250	Ge	9.25
Si (MBE)		Ag	56
Sn (MBE)		Be (MBE)	
		Fe (MSE)	
		Mg	

目前制备 n 型实用 InSb 材料用得最普遍的是掺 Te，因为在熔体生长单晶过程中 Te 容易掺入和控制浓度，且稳定。在 MBE 生长过程中可用 Si(英国)或者 Sn(日本)作为施主掺杂。制备 p 型 InSb 最普遍使用 Cd 扩散，或者 Be 或 Mg 的离子注入。MBE 生长过程也用 Be 作为 p 型掺杂。

对红外探测器的材料来说，InSb 光学吸收的行为十分重要。最早的 InSb 吸收光谱实验结果见图 4.10[17]。从高纯度样品 300 K(1)和 78 K(2)的吸收边分别得到禁带宽度的值。从图中也明显看到重掺杂样品的吸收边有显著的蓝移。

InSb 的折射指数和反射率数据见表 4.4[18]。在 λ 为 5～20 μm，温度为 100～400 K，InSb 折射指数的温度依赖关系符合下式：

$$\frac{1}{n}\frac{\mathrm{d}n}{\mathrm{d}T} = 1.19 \times 10^{-4} K^{-1} \tag{4.7}$$

InSb 的介电常数为 $\varepsilon(0) = 17.3 \sim 18.0$，$\varepsilon(\infty) \approx 15.68$。

表 4.4　InSb 的折射率和反射率

折射指数		反射率	
波长/μm	n	波长/μm	R
0.365	3.51	0.302	0.579
0.689	5.13	0.677	0.488
2.07	4.03	2.07	0.364
7.87	4.00	20	0.35
10.06	3.95	45	0.21
19.98	3.82	100	0.26
30	3.47		
45	2.57		

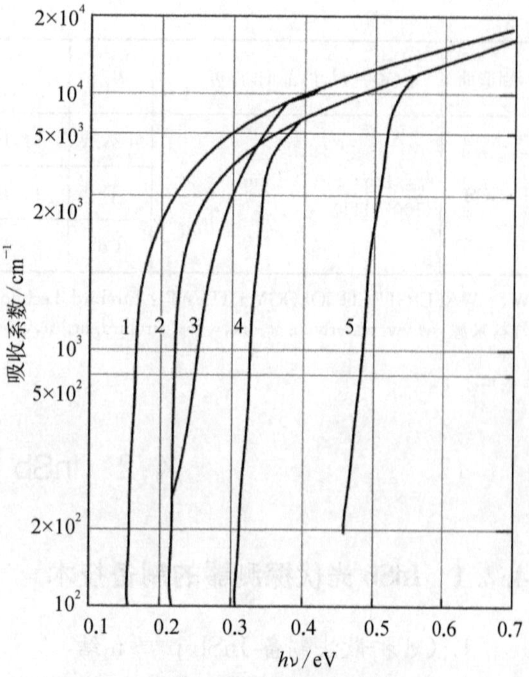

图 4.10　InSb 的红外吸收光谱[17]

4.1.3　商品 InSb 单晶片的技术参数

InSb 材料生产技术已经成熟，商品多以抛光的单晶片和氮气封装形式销售。目前常规的器件制造工艺都在 3 in 单晶片上进行，实验片则有用 4 in 的。InSb 体单晶生长材料的质量已经提高到很高程度，在整个 3 in 片上仅有 2 个位错坑，而一个 128×128 元阵列的响应率的非均匀性可以低至 1.2%[19]。现在限制 InSb 焦平面阵列均匀性、成品率和成本的因素，已经不是材料本身的质量和尺寸，而是晶片表面加工的技术和质量，对此，各个厂家都有秘而不宣的绝招。近年来，6 in InSb 单晶片的表面加工质量达到很高水平，采用化学-机械抛光工艺加工的 6 in 晶片总厚度偏差（TTV）控制在 6.5 μm 以下，其中每 1 英寸范围内的偏差不到 5 μm，表面粗糙度（峰-谷）测得为 0.92 nm，尺寸在 50 μm^2 以下的缺陷的密度小于 10 个/cm^2，测得表面氧化层的平均厚度为 52 Å。这种优异表面质量可以满足制造大规模 InSb 焦平面阵列的技术和经济要求[20, 21]。2 in 和 3 in 可直接用于外延生长的 InSb 单晶片容易在市场购得。表 4.5是典型市售适用于制备光伏探测器的 InSb 晶片的技术参数。

表 4.5　市售 InSb 单晶片的主要技术参数

制造商	晶片尺寸，晶向，厚度	掺杂	浓度 /cm^{-3}@77 K	迁移率/($cm^2\cdot V^{-1}\cdot s^{-1}$)	EPD /cm^{-2}	备注
WT	ϕ2 in,⟨111⟩, 625 μm±25 μm ϕ3 in,⟨111⟩,800 μm±25 μm ϕ4 in,⟨111⟩,1 000 μm±25 μm	不掺杂	$5\times10^{13}\sim3\times10^{14}$	$\geq4\times10^5$	≤100	抛光片(EPI)
		Te	$4\times10^{14}\sim2\times10^{15}$	$\geq2.5\times10^5$		
		Te	$1\times10^{17}\sim7\times10^{17}$	$\geq2.5\times10^4$		
		Ge	$5\times10^{14}\sim5\times10^{15}$	4 000～8 000		
FTI	ϕ_{max} 125 mm	不掺杂		7×10^5	<20(2 in) <50(4 in)	双面抛光
		Te	$1\times10^{14}\sim3\times10^{18}$			

续表

制造商	晶片尺寸,晶向,厚度	掺杂	浓度 /cm^{-3}@77 K	迁移率/(cm^2·V^{-1}·s^{-1})	EPD /cm^{-2}	备 注
GCS	ϕ_{max} 125 mm±0.4 mm,〈100〉〈111〉	不掺杂	$8\times10^{13}\sim3\times10^{14}$		<20	
		Te	$1\times10^{14}\sim4\times10^{18}$			
		Cd	$2\times10^{14}\sim3\times10^{18}$			

WT: WAFER TECHNOLOGY LTD;FTI: Firebird Technologies Inc.; GCS: Galaxy Compound Semiconductors,Inc.
资料来源: www.wafertech.co.uk,www.firebird.bc.ca,www.galaxywafer.com

4.2 InSb 光伏探测器

4.2.1 InSb 光伏探测器的制备技术

1. Cd 扩散法制备 InSb p^+-n 结

InSb 光伏探测器的核心就是一个 InSb p-n 结。在 n 型 InSb 基底材料上通过扩散 p 型杂质形成 p-n 结的传统方法,现在仍在单元 InSb 光伏探测器和多元阵列 InSb 光伏芯片的研制和生产过程中广泛使用。Zn 和 Cd 是 InSb 中性质优异的受主杂质。Zn 和 Cd 在 InSb 中的扩散行为曾经过深入研究。Zn 在 InSb 中的扩散速率很快,扩散深度不容易控制,且随时间的稳定性不及 Cd,所以 Zn 扩散没有用作 InSb p-n 结制备的常规工艺。相反,Cd 在 InSb 中扩散速率、扩散深度和长期稳定性均较易控制。所以国内外 InSb 光伏探测器的扩散工艺均采用 Cd 扩散。采用这种技术的大公司有美国的 L-3 CE 等。

Chang[22]采用 InSb(111)Sb 面,在闭管真空中以 Cd 饱和蒸汽源进行扩散,在加适量 Sb 的条件下,经 500℃ 2 h 扩散得到 p-n 结深度为 3 μm。在类似条件下 Zn 的扩散深度大得多,见图 4.11。Kolodny 和 Shappir[23]在 400℃进行了 Cd 扩散研究,得到扩散结深度与时间的平方根成正比,认为扩散机制除了填隙-替位机制,还同近表面空位浓度特别大有关。Catagnus 等[24]用 Cd-In-Sb(45∶5∶50)作为扩散源,在 400℃和 365℃下均得到结深随时间平方根变化的关系,见图 4.12。Tu 等[25]在更大的温度范围得到了结深与扩散时间的平方根依赖关系。Tu 特别认识到,镉在 InSb 中的成功扩散同镉蒸汽压关系密切。过高的镉蒸汽压导致 Cd+InSb 合金化发生,使表面形貌受到破坏(图 4.13(a))。在双温区炉中通过源温控制 Cd 的蒸汽压,对 Cd 源的重量控制不必很苛刻(图 4.13(b))。他们的实验结果导致很好的器件性能。

在工业生产中往往采用闭管真空等温扩散方法,Cd 蒸汽压的控制需要精密称量扩散源的重量,扩散完成后的取片需要击碎真空石英管。张月琴等[26]采用半开管方法,在称量 Cd 源时适当考虑 Cd 原子泄漏因素和 Sb 的补偿量,扩散完成后通过打开石英管的磨砂口管帽,

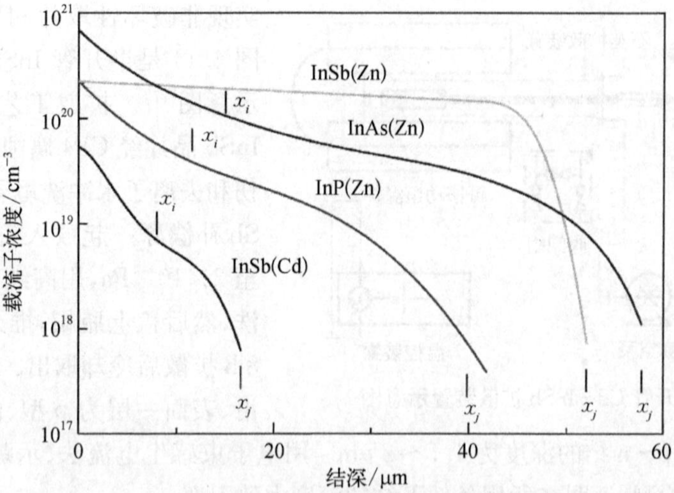

图 4.11　Zn 和 Cd 在 InSb 中的扩散深度[22]

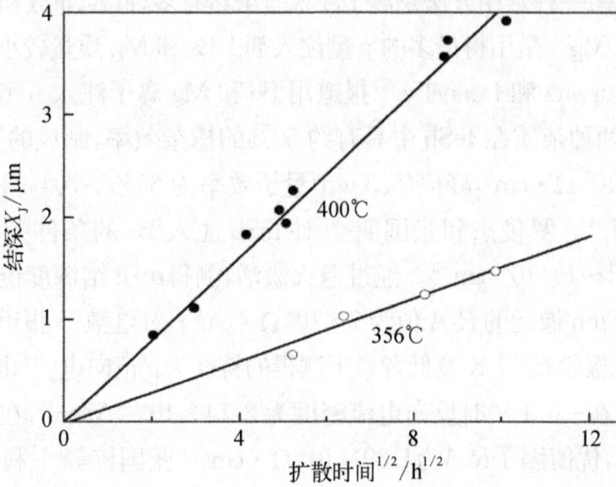

图 4.12　用 Cd-In-Sb 源扩散的 InSb 结深与时间关系[24]

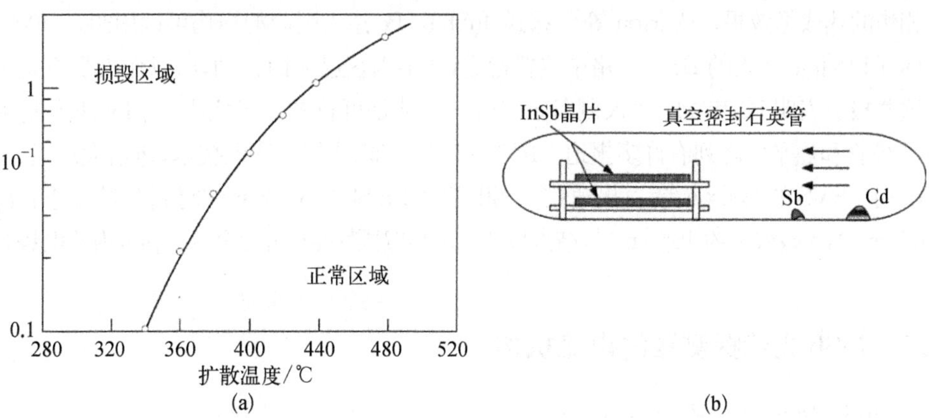

图 4.13　InSb 中 Cd 扩散的临界蒸汽压条件[25]

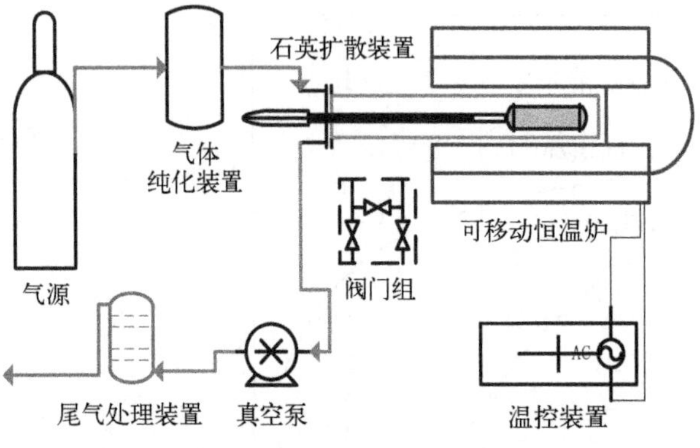

图 4.14 半开管 Cd - InSb 扩散装置示意图

实现非破坏性取片和装片，提高效率。图 4.14 是半开管 InSb - Cd 扩散装置示意图[27]。扩散工艺实际流程如下。InSb 晶片经 CP4 腐蚀去除表面残余损伤和去离子水冲洗甩干，与 Cd扩散源、Sb 补偿源一起放入石英瓶中，抽真空至 2×10^{-3} Pa，用高纯干燥氮气多次充洗，然后盖上瓶帽，推入 400℃温区，经 8 h 扩散后冷却取出。得到表面光亮平滑、表面一层为 p 型、内部仍为 n 型的扩散片。经测试，p - n 结的深度为 1.5～2 μm。用电子束感生电流法、示踪原子法、化学逐层腐蚀法等多次检测，证明在所用条件下结的深度大致不变。

2. Be^+ 离子注入法制备 InSb p^+ - n 结

制备 InSb p - n 结的另一种常用方法是离子注入。虽然有多种Ⅰ族、Ⅲ族和Ⅳ族元素可作为受主注入 InSb 中，但 Be^+ 和 Mg^{2+} 是用得最多的 p 型注入剂。Be 和 Mg 质量较小，注入 InSb 中引起的表面损伤相对较轻。Hurwitz 和 Donnelly[28] 报道用 Be 和 Mg 离子注入 n 型 InSb，都可以形成性能优良的 p - n 结。这两种杂质在 InSb 中具有约 50%的掺杂效率，制成的光子二极管性能优良，77 K 的 R_0A 达到 2×10^4 Ω · cm^2，峰值(5.3 μm)量子效率为 60%～70%，300 K背景下探测率为 2×10^{12} cm · $Hz^{1/2}$ · W^{-1}。罗俊杰和张国明[29] 对 InSb 注入 Be 的条件为，离子束能量 80～120 keV，注入剂量 5×10^{13}～1×10^{15} cm^{-3}。经过退火激活，测得p-n 结深度位置 1～1.5 μm。制成 InSb 平面型二极管，20 μm 像元的 R_0A 值为 7×10^4 Ω · cm^2。杜红燕[30] 报道了 InSb 中 Be 注入成结实验研究。得到的二极管在 77 K 及低背景下测得的特性为：正向电流-电压遵守 $I_0\exp(qV/\beta kT)$ 规律，其中 β 为 1.6，在－0.1 V 时反向电流密度为 2.14×10^{-7} A/cm^2，在－1 V 时反向电流密度为 3.9×10^{-6} A/cm^2，优值因子R_0A为1.89×10^5 Ω · cm^2。张国栋等[31] 利用 Mg 离子注入制备了 128×128 元平面结 InSb 面阵芯片。77 K 下测得结面积为 38 μm×38 μm 的 InSb 二极管典型零偏阻抗为 3.5 MΩ。李忠贺等[32] 采用 Be^+ 注入制备 128×128 元 InSb 焦平面阵列，得到和扩散结相仿的热成像效果。Pearton 等[33] 报道 InSb 中 Be 注入引起的损伤可以用300～400℃快速退火 20 s 予以消除，注入的 Be 在晶格中位置稳定，并不因热退火而移动，所以作为受主是十分稳定的。这些报道表明 Be 和 Mg 注入制备 InSb p - n 结是可行的。事实上，用 Be 注入制备高性能 InSb 二极管和焦平面阵列有许多报道。RVS 和 SCD 都采用 Be 注入技术，包括大规模、小像元焦平面阵列。RVS 的 Benson 等[34] 报道用于 SIRTF 的 InSb 256×256 的材料参数如下：衬底浓度 2×10^{14} cm^{-3}，p 型浓度约 10^{18} cm^{-3}，结深度 1 μm，零偏压耗尽区宽度约 1.5 μm，内建电势 234 mV。

4.2.2 InSb 光伏探测器的电流机构

1. InSb 的少数载流子寿命

现今应用于制造红外焦平面阵列的二元化合物半导体材料只有 InSb。掺杂浓度在(1～

20)×10^{14} cm^{-3}水平的高纯度n型InSb材料，还是比较容易得到的。InSb在77 K的禁带宽度为0.224 eV，在300 K降低到0.17 eV。背照射的光子二极管是用扩散或离子注入方法在体生长或LPE生长的低位错密度(<100/cm^2)n型材料上制成p^+/n型台面结构。这种二极管的暗电流主要由来自n区的扩散电流，加上来自耗尽区内Shockley-Read(S-R)中心的产生-复合电流及来自p区的扩散电流。尽管自20世纪60年代以来纯度很高的n型材料不难得到，但低温下InSb的带间俄歇复合的现象从未观测到。Pines和Stafsudd[35]首次报道了体生长InSb的少数载流子寿命。他们的数据用通过一个近似位于禁带中央的S-R中心交互作用的类俄歇三载流子模型拟合，而正常的俄歇复合是包含三个载流子参与的带-带复合机构。在S-R复合机构中少子寿命与温度倒数关系见图4.15。拟合中采用的施主中心位于价带之上0.124 eV，其浓度为$N_r=8\times10^{13}$ cm^{-3}。对其俘获截面归一化后，得到载流子浓度为5×10^{13} cm^{-3}的材料的S-R寿命为$\tau_{S\text{-}R}=7\times10^{-6}$ s。图4.15也计算了同样施主浓度的InSb由带-带A1机构限制的少子寿命。新的数据[36]比较了体生长和液相外延n型InSb的少子寿命，同样发现决定性的机构是S-R复合，液相外延材料数据更好些，但还是逊于Pines的结果。

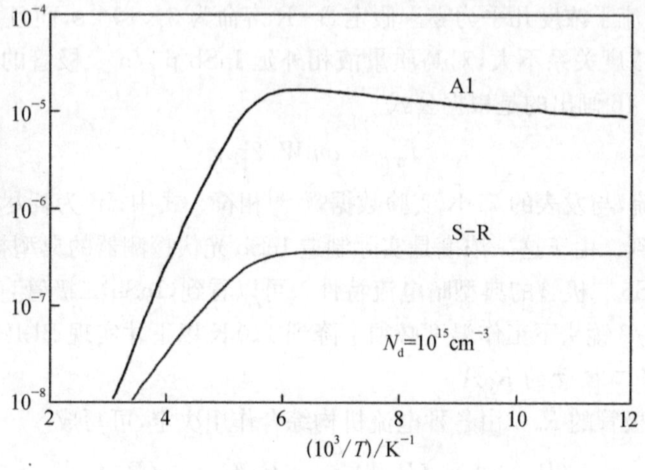

图4.15 由A1机构和S-R机构决定的InSb少数载流子寿命与温度关系[37]

2. InSb p-n结的电流机构

以上少子寿命的模型可用于预测InSb p^+/n二极管的扩散电流随温度变化的关系。无论是Cd扩散结，还是Be注入结，p区载流子浓度远远高于n区载流子浓度。根据p-n结扩散电流的理论，扩散电流由低浓度一侧的材料参数决定。所以就扩散电流而言，只需要考虑占支配地位的n区的贡献，而且只要考虑比少子扩散长度小得多的n区厚度内的贡献。在反向偏置的二极管中扩散电流对偏置依赖很小，有

$$J_{diff}=qn_i^2t/n\tau \tag{4.8}$$

式中，t为n区厚度；τ为n区中空穴寿命；n为电子浓度；n_i为本征载流子浓度。图4.16显示了电子浓度为$N_d=10^{15}$ cm^{-3}，n区厚度为10 μm的计算结果。其温度依赖关系源自于n_i^2对温度的依赖。

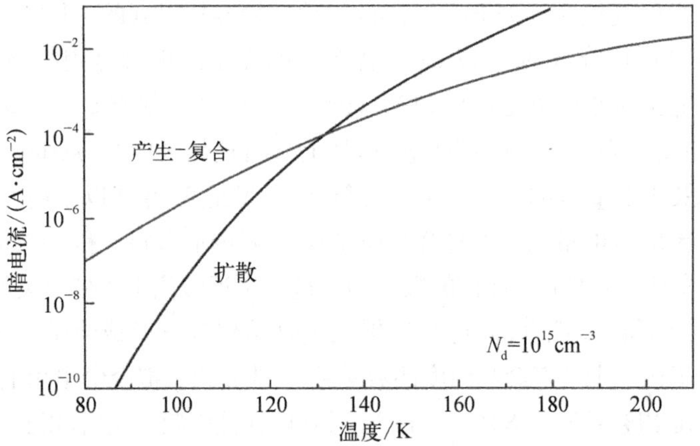

图 4.16　$N_d = 10^{15}\ \mathrm{cm^{-3}}$ 的 InSb p^+/n 结各种暗电流成分与温度关系[37]

对 S－R 机构支配的材料，也应当考虑二极管耗尽区内的产生-复合电流贡献。由于 Pines 的复合机构的类俄歇性质，在反向偏置的二极管耗尽区内的俄歇复合不大可能起重要作用，因为此时载流子浓度几乎为零。假定 S－R 寿命为 3×10^{-7} s，而且如 Jost 发现的此寿命与温度及掺杂浓度关系不大，对高质量液相外延 InSb p^+/n 二极管的耗尽区电流可以作一些估计。图 4－16 画出的是根据公式

$$J_{\text{g-r}} = qn_iW/2\tau_{\text{S-R}} \tag{4.9}$$

计算的耗尽区电流，与发表的 77 K 实验数据[38, 39]相符。式中，W 为耗尽区宽度，根据 $N_d = 10^{15}\ \mathrm{cm^{-3}}$计算得到。由于这一浓度是实际制造 InSb 光伏探测器的典型衬底浓度，所以这一计算值代表了 InSb 二极管的典型暗电流特性。可以看到，InSb 二极管直到 125 K 还是耗尽区电流限制，在 $f/2$ 镜头下工作温度必须下降到 110 K 以下才实现 BLIP 性能。

3. InSb 光子二极管的 R_0A

InSb 光子二极管的 R_0A 由各种电流机构综合作用决定，可写成

$$(R_0A)^{-1} = (R_0A)_{\text{diff}}^{-1} + (R_0A)_{\text{g-r}}^{-1} + (R_0A)_{\text{t}}^{-1} \tag{4.10}$$

式中，$(R_0A)_{\text{diff}}$、$(R_0A)_{\text{g-r}}$、$(R_0A)_{\text{t}}$ 分别表示由扩散电流、耗尽区产生-复合电流和隧道电流决定的 R_0A，这里忽略表面漏电的贡献。周冠山[40]计算和分析了光伏 p^+/n 型 InSb 的 R_0A 对各种材料参数的依赖关系。图 4.17 和图 4.18 显示了几个结果。

计算中假定 $\tau_e = 5\times10^{-10}$ s，$\tau_h = 1\times10^{-6}$ s，且 n 区厚度远小于空穴扩散长度。图 4.17 表明，由扩散电流决定的 $(R_0A)_{\text{diff}}$ 随着 n 区(衬底)载流子浓度增加而增加，由耗尽区产生-复合电流决定的 $(R_0A)_{\text{g-r}}$ 也随着衬底载流子浓度增加而增加，由隧道电流决定的 $(R_0A)_{\text{t}}$ 则随着衬底浓度增加而急剧下降。总的 R_0A 值先是与衬底浓度呈正相关，在达到一定的高值后，随衬底浓度呈负相关。这是因为在低浓度范围，总的 R_0A 由产生-复合电流决定，在高浓度范围，总的R_0A 由隧道电流决定，随电子浓度增加而急剧下降。在本例各项具体参数条件下，衬底电子浓度 $1\times10^{16}\ \mathrm{cm^{-3}}$似乎是临界的。实际探测器制造中，通常选用衬底电子浓度在$(1\sim2)\times10^{15}\ \mathrm{cm^{-3}}$。图 4.18 表明，扩散层的 p 型载流子浓度即使在一个很大范围($10^{17}\sim10^{19}\ \mathrm{cm^{-3}}$)内变化，总的 R_0A 值没有显著改变。这同突变 p－n 结的性质由低浓度一侧决定的认识相符。图 4.19 显示了总的

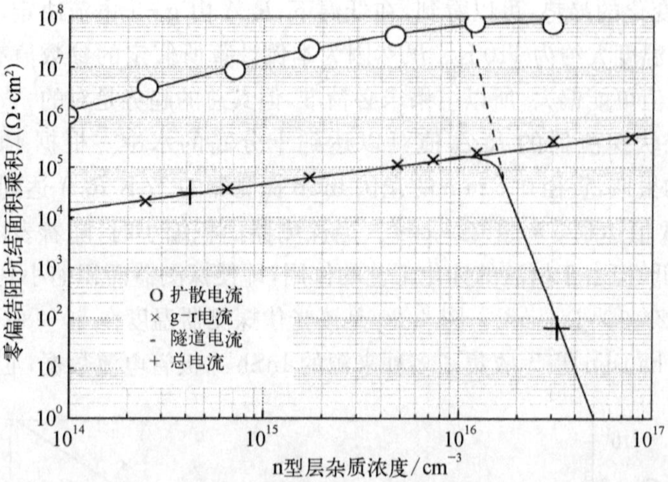

图 4.17　光伏 InSb 各种电流机构决定的 R_0A 与 n 区载流子浓度关系

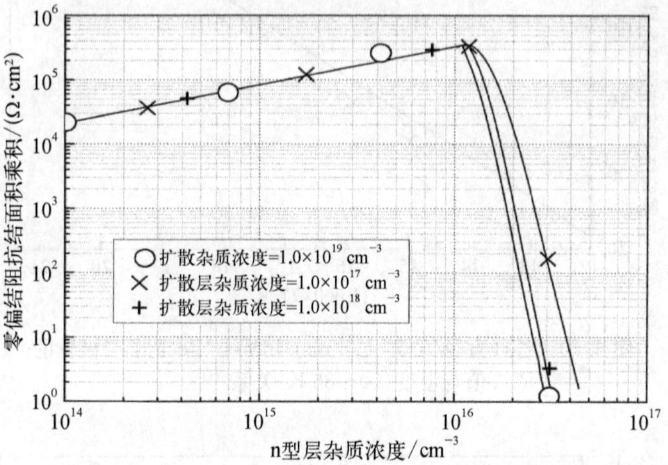

图 4.18　扩散层 p 型浓度对光伏 InSb R_0A 影响不大

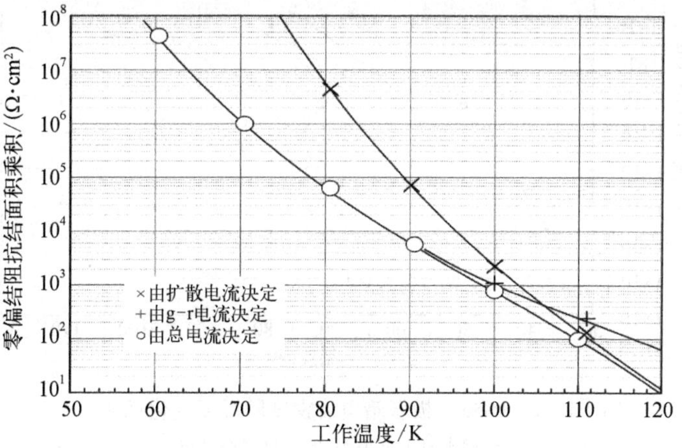

图 4.19　光伏 InSb 总的 R_0A 与工作温度关系

R_0A 随温度急剧变化的趋势，可以看到，在低温下，R_0A 由 g－r 电流决定，在高温区由扩散电流决定，其转变温度大约为 110 K。虽然因为本例计算所假定的参数值有可商榷之处，例如，空穴寿命的取值可能偏大，所以结果未必精准，但其总的趋势是对的。

实际 InSb 光伏探测器的 R_0A 值可以达到十分高的水准。根据 Blessinger 等[38] 和 Wimmers 等[39] 的报道，直径 0.5 mm 的光伏 InSb 探测器的 77 K R_0A 达到 $2\times10^6\ \Omega\cdot cm^2$，反偏 0.1 V 下 RA 值达到 $5\times10^6\ \Omega\cdot cm^2$。当探测器面积缩小时，随着表面漏电占比增加，$R_0A$ 值会有所降低，但由于精湛的钝化工艺的作用，即使探测器面积缩小到 43 μm×43 μm，R_0A 值仍然高达 $2\times10^5\ \Omega\cdot cm^2$。图 4.20 是该光伏探测器温度在 50～80 K R_0A 随温度变化趋势。Vollmerhausen 等[41] 收集了多种来源的 InSb 二极管电流数据，汇总于图 4.21。

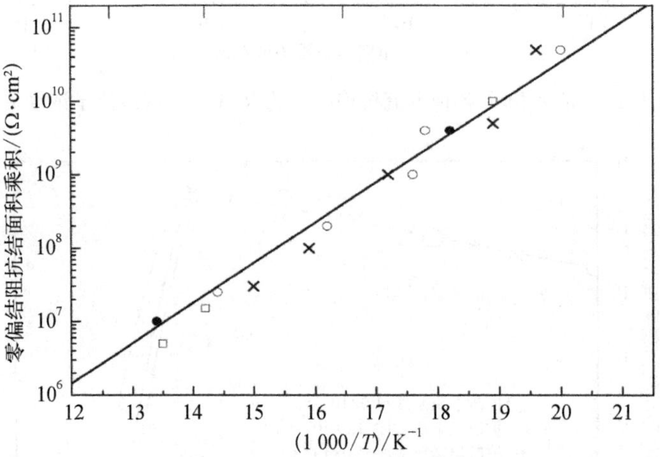

图 4.20　各种直径(0.5～1.4 mm)InSb p⁺/n 光子二极管的 R_0A 值与温度(50～80 K)关系[39]

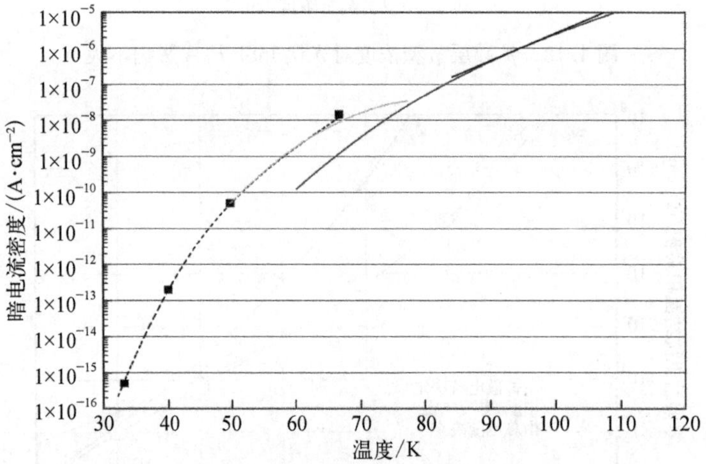

图 4.21　InSb 二极管暗电流密度随温度变化规律[40]

数据来自多个来源，实线是拟合结果

4.2.3 InSb 光伏探测器性能

光伏红外探测器的构型有前照射和背照射两大类。早期发展的单元和一维线列器件大都是前照射构型。本节先讨论这种构型。前照射的 InSb 光伏探测器有台面型和平面型两种，都是 p^+-n 结构，见图 4.22。台面型器件制造工艺以低浓度(约 $10^{15}\ cm^{-3}$)的 n 型 InSb 作为衬底，以 Cd 扩散或 Be 注入在表面形成 p 型层，用光刻掩蔽腐蚀(湿法或干法)把所需尺寸光敏区范围以外的 p 型材料包括一部分 n 型材料去除，使 p－n 结裸露在外。去离子水冲洗后覆盖钝化层，制备上、下电极后进行性能测量。平面型一般采用离子注入成结，然后全部覆盖钝化层，没有侧壁裸露。

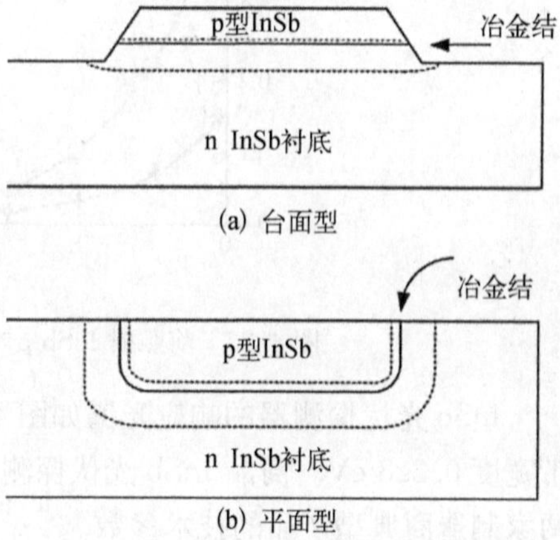

图 4.22 InSb 台面型(a)和平面型(b)光伏探测器

InSb 光伏探测器的电流响应率为 $R_\lambda = \dfrac{q\eta\lambda}{hc}$，式中，$\eta$ 为量子效率。根据式(2.116)，量子效率 η 由 p 区、耗尽区和 n 区三部分的贡献组成：

$$\eta = \eta_p + \eta_d + \eta_n$$

上述量子效率的各个分项，可由公式(2.117)～公式(2.119)进行计算。针对 InSb 扩散结或注入结、台面型或平面型的具体条件，需要选择适当的参数。周冠山[42]假设了 77 K InSb 本征载流子浓度 $n_i = 1.513\times10^{10}\ cm^{-3}$，电子扩散系数 $D_e = 266\ cm^2/s$，空穴扩散系数 $D_e = 66\ cm^2/s$，$\tau_e = 5\times10^{-10}\ s$，$\tau_h = 1\times10^{-6}\ s$，空穴扩散长度 $L_h = 81.2\ \mu m$，电子扩散长度 $L_e = 3.60\ \mu m$，且 n 区厚度为 500 μm。图 4.23 显示了部分计算结果。在上述前照射布置的量子效率表达式中，p－n 结深度位置 x，尤其是归一化的 p－n 结深度 x/L 这一参数具有重要作用。图 4.23 中画出了 p 区、耗尽区和 n 区三部分的量子效率和总的量子效率对 x/L 的依赖关系。可以看到，当无表面复合影响($S_1 = 0$)时，随着归一化结深增加，n 区量子效率急剧下降，p 区量子效率从零开始急剧上升，并在达到一饱和值后平缓下降，而耗尽区的贡献占比很小。总的量子效率在 $x/L \approx 0.3$ 附近有最佳值。当表面复合影响很大($S_1 = 10^6\ cm/s$)时，p 区量子效率下降大约 1/2，而总的量子效率也只及 $S_1 = 0$ 时的 1/2。这一计算结果具有重要提示意义。一般来说，扩散片或是 Be 注入片的表面都有一定程度的晶格损伤，引起表面复合速度增加，会使量子效率降低。所以施以适当的化学腐蚀去除表面损伤，同时控制 p 区厚度使其远小于电子扩散长度，是一项十分关键的器件工艺。图 4.23 也显示，在前照射构型下，n 区对量子效率的贡献是很小的。n 区的厚度对总的量子效率影响也十分有限。可以知道，在混成焦平面阵列背照射构型下，情况恰恰相反，那时低浓度的 n 型区将对量子效率和 R_0A 起决定性作用。这在后面详细讨论。

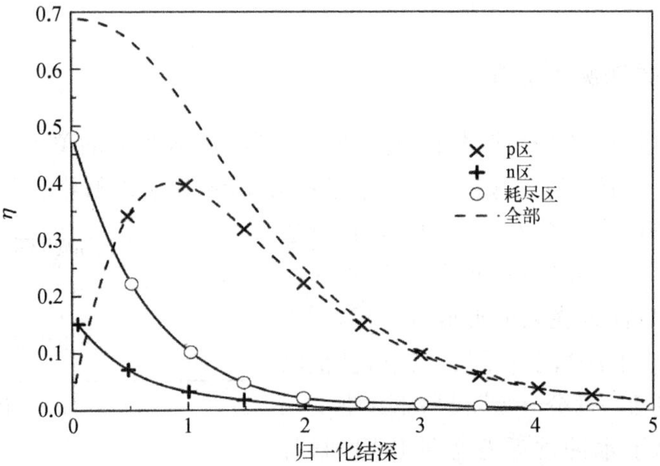

图 4.23　前照射 InSb p^+-n 结量子效率对归一化结深的依赖关系

InSb 光伏探测器的响应光谱如图 4.24 所示。77 K 截止波长约为 5.5 μm，对应于其禁带宽度 0.228 eV。商品 InSb 光伏探测器的性能达到背景限水平。表 4.6 是 Judson 和滨松两家制造商典型产品的技术参数。

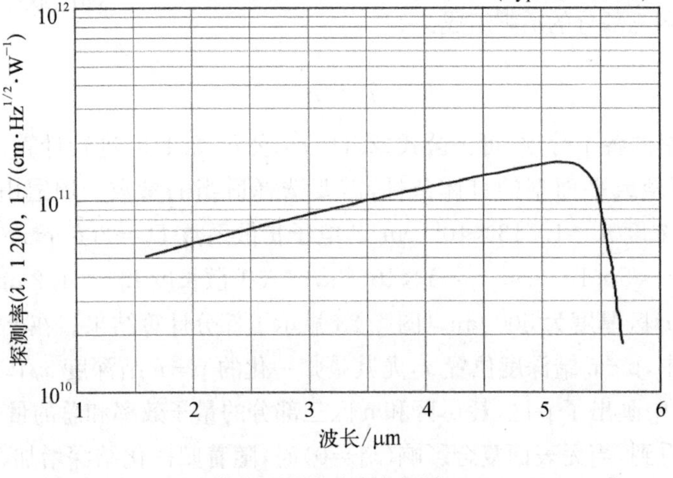

图 4.24　InSb 光伏探测器的光谱探测率(77 K，FOV 60°)

表 4.6　典型商品 InSb 光伏探测器技术参数(77 K，FOV 60°)

制造商	尺寸 /mm	截止波长 /μm	峰值响应率 /(A/W)	峰值探测率 /(cm・$Hz^{1/2}$・W^{-1})	阻抗 /kΩ	电容 /pF	背景光电流 /μA
Judson	ϕ1	5.5	3.0	1×10^{11}	500	400	7
滨松	ϕ0.6	5.5	2.5	1.6×10^{11}	10 000	30	

资料来源：www.teledynejudson.com；www.hamamatsu.com

对 InSb 光伏探测器性能有重要影响的一个参数是少子扩散长度。扩散长度对量子效率、扩散电流和像元间串音均有直接影响，所以实验测定很有必要。国内外对此均有报道，大都集中在对电子浓度约为 10^{15} cm^{-3}的材料的空穴扩散长度的测量。陈伯良等[43, 44]用电子束感生电流(EBIC)剖视线扫描技术得到 L_h为 38 μm，用变面积探测器阵列响应率外推法得到 L_h为 35.7 μm，用平视 EBIC 廓线拟合方法得到 L_h为 32～38 μm，因此认为对电子浓度 1×10^{15} cm^{-3}左右的 InSb 材料，L_h的合理值在 35 μm 左右。因此文献[40]和文献[42]取 81.2 μm明显高估了。Bloom 和 Nemirovsky[45]用小光点扫描拟合得到的扩散长度为 31～36 μm，与文献[43]和文献[44]的数据高度相符。

4.3 InSb 红外焦平面阵列的制备

InSb 响应在 3～5 μm 波段，77 K 截止波长 5.5 μm。由于是本征吸收，量子效率高，所以受到用户的欢迎。20 世纪 90 年代 InSb 红外焦平面阵列器件发展得十分成熟，应用范围扩大，在凝视军用系统中占据主导地位，其重要性提高，市场份额日益增大。

4.3.1 工艺技术路线

InSb 焦平面阵列器件制造的技术路线基本上是单一的，各家制造商大同小异。以体生长掺碲 n 型 InSb 单晶为基体材料，Cd 扩散或 Be 离子注入形成 p^+-n 结，光刻腐蚀形成台面二极管阵列，或掩蔽扩散(或离子注入)形成平面型二极管阵列。SiO_x或 Si_3N_4 钝化，淀积金属电极，和 CMOS 读出电路通过铟柱互连混成，填充料灌注，再经芯片背减薄和淀积减反射膜达到量子效率的优化[46]。从 20 世纪 70 年代研制 32×32 元阵列起，到 20 世纪末制造 2 048×2 048 元阵列，都是采用这种技术路线，不过在不断完善和发展。同时，根据应用的不同，有一些小的差别。例如，对低背景应用的阵列，由于在 50 K 以下 InSb 中空穴扩散长度随温度下降而急剧减小，所以基体材料采用不掺杂的近本征材料，以保证获得高量子效率[47, 48]。

混成背照射 InSb 红外焦平面阵列组件的制造工艺流程图如图 4.25 所示。

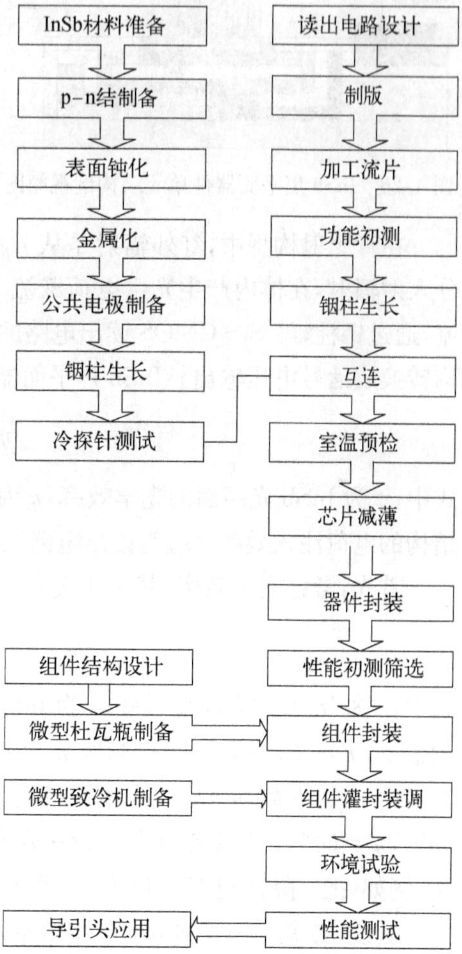

图 4.25 一款 InSb 红外焦平面组件研制工艺流程图

4.3.2 InSb二极管阵列和读出结构参数设计

陈伯良和孙维国[49]对一款用于中、高背景成像制导的背照射 InSb 红外焦平面阵列组件的结构参数设计进行了详细的论证分析。

1. 量子效率分析

图 4.26 是混成背照射式 InSb 焦平面阵列器件中一个单元的剖视结构示意图[50]。自上而下，各层的结构和厚度依次为

氧化硅减反射膜，0.83 μm；
n-InSb 光学吸收层，约 10 μm；
双层氧化硅钝化膜，0.65 μm；
p-InSb 扩散层，约 1.5 μm；
Cr/Au 欧姆电极层，1 μm；
探测器上铟柱，约 10 μm；
读出电路上铟柱，约 10 μm；
Cr/Au 欧姆电极层，1 μm；
Si-CMOS 读出电路，500 μm。

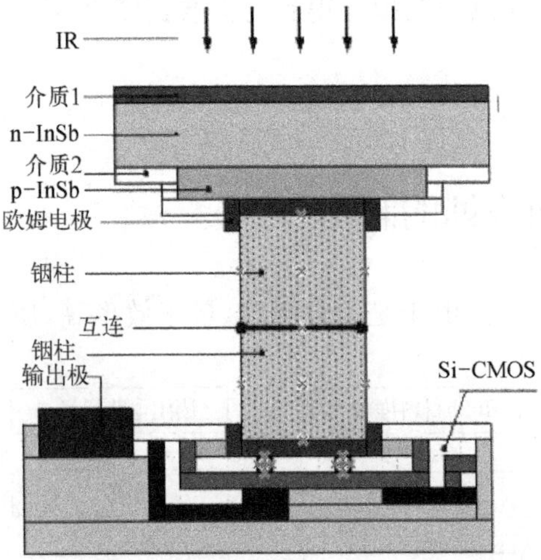

图 4.26　InSb 焦平面器件单元结构剖视简图

在背照射构型中，红外辐射是从 n 型一边入射。在恒定红外辐照下，InSb 材料吸收部分入射辐射，在体内产生光生电荷载流子，其中一部分扩散到达 p-n 结并收集，形成光电流，通过铟柱，经 Si-CMOS 读出电路的输入结构注入积分器上产生电压信号，再由读出结构转换成信号电压输出。InSb 焦平面器件的量子效率 η 可表达为

$$\eta = \eta_o \eta_c \eta_{in} G_{ele} \tag{4.11}$$

式中，η_o为 InSb 光照面的光学效率；η_c为 InSb p^+-n 结的电荷收集效率；η_{in}为读出电路输入结构的电荷注入效率；G_{ele}为读出电路输出级的增益。

首先，考虑光学效率，其表达式为

$$\eta_o = (1-r)/(1-re^{-\alpha W_n}) \tag{4.12}$$

式中，r 为 InSb 的表面反射率；α 为 InSb 的光学吸收系数；W_n为 n-InSb 层的厚度。在一级近似下，$r=(n-1)^2/(n+1)^2$，n 为 InSb 的折射率。据文献报道(表 4.4)，InSb 折射率在 2～10 μm 为常数，n=4.0，在本征吸收区 $\alpha \approx 5\ 000\ \text{cm}^{-1}$，如果取 W_n=15 μm，计算得到 r=36%，η_o=64%。如果在研制中设法降低焦平面器件光照面的反射率，则光学效率有可能提高，例如，把 r 降低到 15%以下，η_o就可能提高到 85%。

其次，考虑 p^+-n 结电荷收集效率 η_c。对背照射 InSb 器件，由于 n 区的厚度比耗尽区和 p 区厚度大得多，n 型区材料对光子的吸收和对收集效率的贡献是主要的，空间电荷区和 p 型区的贡献可以忽略。n-InSb 中空穴扩散长度 L_h、n-InSb 厚度 W_n，以及 InSb 光照面

的表面复合速度 S 等参数对 η_c 有显著影响。在理想情况下，光照面完满无损，即 $S=0$，此时有

$$\eta_c = \frac{\alpha L_h}{\alpha^2 L_h^2 - 1}\left(\frac{\alpha L_h - e^{-\alpha W_n}\sinh\dfrac{W_n}{L_h}}{\cosh\dfrac{W_n}{L_h}} - \alpha L_h e^{-\alpha W_n}\right) \tag{4.13}$$

关于 InSb 中空穴扩散长度 L_h 的数值，以前从实验测定的值为 30.5～38 μm，国外后来报道的数据为 31～36 μm。取 $L_h=35$ μm，由式(4.13)计算了 W_n 在 2～100 μm 电荷收集效率 η_c 的变化，见图 4.27。

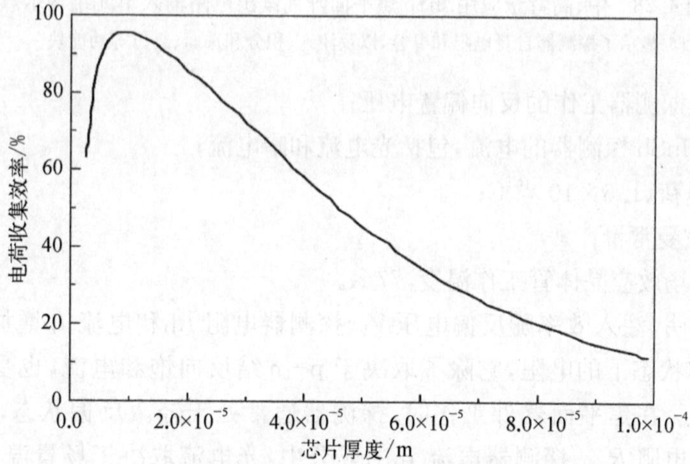

图 4.27　InSb 电荷收集效率对芯片 n 区厚度依赖关系(2～100 μm)

由图 4.27 可见，背照射 InSb 探测器的电荷收集效率对芯片厚度依赖极大。InSb 探测器芯片如果不加减薄，保持原来 500 μm 的厚度，其电荷收集效率只有大约 0.000 1%，芯片厚度减薄到 100 μm 时，电荷收集效率约为 11.4%，芯片厚度在 10 μm 以下可使电荷收集效率达到 95%。当然，将芯片厚度控制在 10 μm 以下在技术上难度很大，而且此时整个焦平面器件的可靠性也很难把握。这是 InSb 红外焦平面阵列研制中关键工艺之一。

以上只是理想情况，实际情况下，表面复合速度达到 1×10^4 cm/s 以上，量子效率会急剧下降。因此，保持光照面的平滑光亮和避免晶格损伤对获得高量子效率十分重要。

再次，考虑输入结构的电荷注入效率。一般高背景应用的焦平面阵列采用直接电流注入结构，如图 4.28 所示。InSb 探测器中产生的光电流，通过一个 Si-MOS 场效应晶体管直接注入一个积分器上。电荷注入效率由下式给出[51]：

$$\eta_{in} = \left(\frac{1}{2} - \frac{V_b}{2R_D I_D} - \frac{kT}{qR_D I_D}\right) + \left[\left(\frac{1}{2} - \frac{V_b}{2R_D I_D} - \frac{kT}{qR_D I_D}\right)^2 + \frac{V_b}{R_D I_D}\right]^{1/2} \tag{4.14}$$

式中，

R_D——InSb 探测器在工作状态下的电阻；

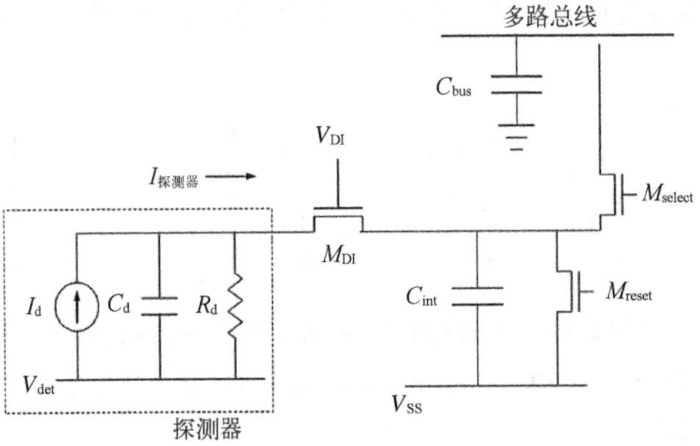

图 4.28　中、高背景应用 InSb 焦平面阵列读出电路输入单元结构示意
显示了探测器自身电阻和电容，以及注入、积分和选通、复位等功能块

V_b——InSb 探测器工作的反向偏置电压；

I_D——流过 InSb 探测器的电流，包括光电流和暗电流；

q——电子电荷，1.6×10^{-19} C；

k——玻尔兹曼常量；

T——MOS 场效应晶体管工作温度，77 K。

式(4.14)表明，注入效率随反偏电压 V_b、探测器电阻 R_D和电流 I_D增加而提高。这里 R_D是探测器工作状态下的电阻，它除了取决于 p－n 结反向饱和电流，也受到偏置电压和背景辐照的影响。在焦平面器件工作时，探测器通常处于轻微反偏状态，R_D要明显大于探测器的零偏压电阻 R_0。探测器电流 I_D的成分中，光电流取决于场景温度、光学系统效率、探测器视场角和光敏元面积等，暗电流取决于 p－n 结反向饱和电流。由于 InSb 暗电流可做得十分小，背景光电流占主要地位。在这些条件下，由式(4.14)计算不同 $R_D I_D$下注入效率对反偏电压的依赖关系和不同偏置下注入效率对 $R_D I_D$的依赖关系，分别见图 4.29 和图 4.30。

图 4.29 显示，当 $R_D I_D$小于 20 mV 时，在大多数常用的反偏电压(10～30 mV)下，注入效率都相当低，在小于 10 mV 的低反偏下甚至不到 40%；当 $R_D I_D$大于 200 mV 时，即使在零偏置下，注入效率也超过 90%。在场景温度为 300 K、FOV＝60°、光敏元面积＝50 μm×50 μm、量子效率＝0.5、系统光学透过率＝1 的条件下，计算的 I_D约为 3.5×10^{-9} A。因此，零偏置下要得到高注入效率，必须使 $R_D>60$ MΩ，这在目前的工艺条件下是能够做到的。在图 4.30 中更清楚地看到，零偏置下，如果 $R_D I_D<10$ mV，电流注入几乎完全不发生。在 $R_D I_D$为 20～200 mV 下，可以通过适当调节偏置，获得相当高的注入效率。因此，如果把每个光敏元的阻抗做到 60 MΩ 以上，就有可能得到约 90% 的高注入效率。从图 4.29 和图 4.30 的分析也容易推论出，如果读出电路的各个 MOS 晶体管的开启电压相差很大，从而通过 MOS 晶体管的栅电压加到 InSb 探测器上的偏置电压也相差很大，就会直接导致各个探测器像元注入效率发生很大差异，引起严重的响应不均匀。因此控制 MOS 晶体管开启电压均匀性十分重要。

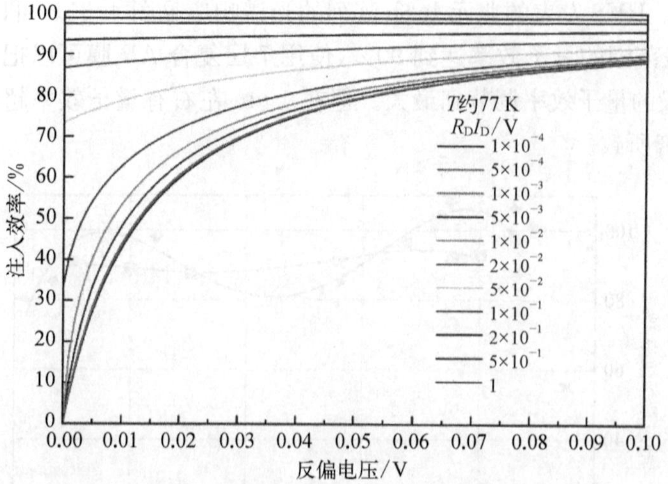

图 4.29 不同 R_DI_D 下注入效率对偏置的依赖关系

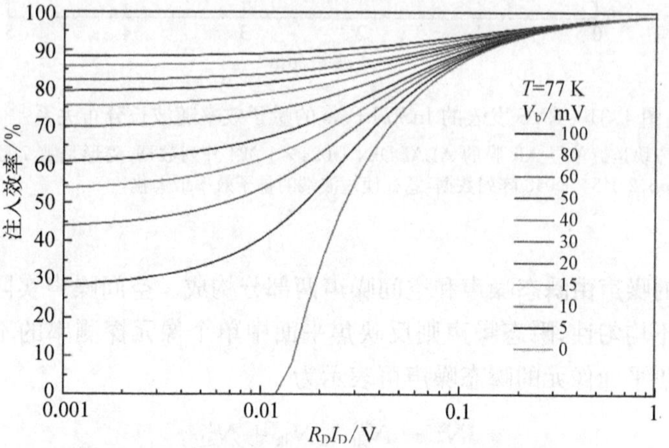

图 4.30 不同偏置下注入效率对 R_DI_D 的依赖关系

最后，考虑输出级的增益。输出级通常采用源极跟随器，其增益为

$$G_{ele}=\frac{R_s g_m}{1+R_s g_m} \tag{4.15}$$

式中，R_s 为跟随器源极电阻；g_m 为跟随器跨导；G_{ele} 一般为 0.7～0.8，它相对于焦平面器件的其他参数和场景条件较为独立，在进行量子效率分析时也可以作为一个常数考虑。

以上简要分析提示：要得到高量子效率，必须提高光学效率、电荷收集效率和注入效率。提高量子效率的具体途径如下：通过淀积减反射膜把光学效率提高到 85%左右，通过芯片减薄到约 10 μm 使电荷收集效率达到 95%以上，通过把探测元电阻提高到 60 MΩ 以上并提供适当的偏置条件使注入效率达到 90%左右。这样，就有可能获得 80%或更高的焦平面像元量子效率。现有的公开数据表明，减薄的 InSb 焦平面阵列的响应波长为 0.4～5.2 μm，在整个响应波段内量子效率几乎可达到 100%(不能排除像元间串音的影响)。工艺中普遍采用合适的减反射膜使反射损失降到最低。光学减反射膜需要精密的设计，也需要精巧的技艺[52]。RVS 发表的兆元 InSb 阵列的光谱响应见图 4.31。可以看到，使用单层 AR 膜在整个波段范围的量子效率达到 90%，使用 7 层复合 AR 膜可以把 0.8～1.4 μm 和 3.8～4.3 μm 波段的量子效率调节到最大。但在 1 μm 左右有量子效率超过 100%的现象，可能是像元间串音所致。

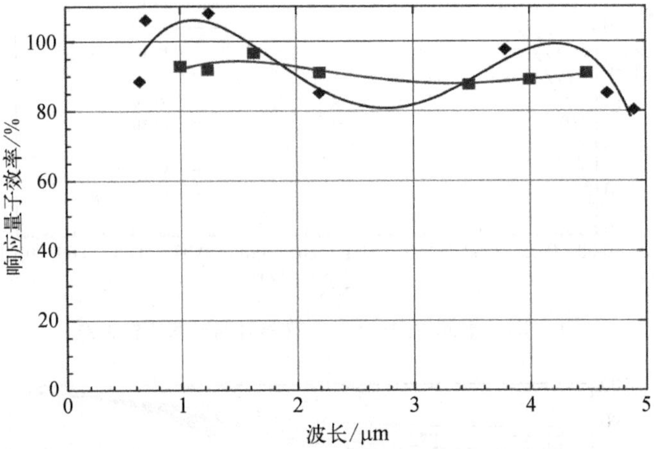

图 4.31　RVS 发表的 InSb FPAs 的量子效率随波长分布关系[53]

方块是镀单层 AR 膜的 ALADDIN 1 024×1 024 阵列数据，菱形是镀 7 层膜的 Phoenix 2 048×2 048 阵列数据，意在使短波端的量子效率最大化

2. 噪声分析

焦平面器件的噪声由瞬态噪声和空间噪声两部分构成。空间噪声实际上反映焦平面大量像元响应率的不均匀性，瞬态噪声则反映焦平面中单个像元探测率的不确定性。这里只讨论瞬态噪声。焦平面像元的瞬态噪声可表示为

$$N_{n}^{2}=N_{sh}^{2}+N_{dk}^{2}+N_{rd}^{2} \tag{4.16}$$

式中，N_n为总瞬态噪声均方根电子数；N_{sh}为光子噪声均方根电子数；N_{dk}为暗电流噪声均方根电子数；N_{rd}为读出噪声均方根电子数。

像元光子噪声电子数由下式计算：

$$N_{sh}^{2}=\Phi_{b}A_{d}\eta t_{int} \tag{4.17}$$

式中，Φ_b为场景辐射通量密度；A_d为探测器光敏元面积；η为量子效率；t_{int}为像元积分时间。在场景温度为 300 K、探测器响应截止波长为 5.5 μm、FOV＝60°、光敏元面积＝50 μm×50 μm、量子效率＝0.6、积分时间为 170 μs、系统光学透过率＝1 的条件下，计算得到光子噪声电子数为 4 350 个电子。这点噪声是理论上的最低值，它决定背景限探测率的水平。

焦平面器件像元达到背景限性能的临界条件是暗电流噪声和光子噪声相等，而 BLIP 条件判据为

$$2q^{2}\Phi_{b}\eta\gg 4kT/R_{0}A \tag{4.18}$$

从此式可计算 BLIP 条件所要求的起码的 R_0A 值。也可以反过来，按暗电流噪声限制

探测率来考虑，R_0A 的临界值为

$$R_0A = 4kT\,(hcD^*/\eta q\lambda_c)^2 \tag{4.19}$$

式中，h 为普朗克常量；c 为光速。例如，在某项应用中，要求 $D_\lambda^* \geqslant 1\times10^{11}$ cm · Hz$^{1/2}$ · W^{-1}，$\eta=0.6$，InSb 的 λ_c 为 5.5 μm，代入计算得到 $R_0A=7.8\ \Omega\cdot \text{cm}^2$。对应的 50 μm 像元探测器电阻为 0.31 MΩ。本节对量子效率的分析中已经提出，探测器像元电阻的控制目标应达到60 MΩ，这一阻值大大高于临界电阻值。因此暗电流噪声的贡献可以忽略。事实上，暗电流噪声电子数由下式计算：

$$N_{\text{dk}}^2 = 4kTt_{\text{int}}/R_0 \tag{4.20}$$

按 $R_0 = 60$ MΩ，$t_{\text{int}} = 170$ μs 计算，得到 $N_{\text{dk}} = 530$ 个电子，远远小于光子噪声电子数。

关于读出噪声，在采用开关结构的情况下，主要是复位噪声，也称为 kTC 噪声，由下式计算：

$$N_{\text{rd}}(\text{开关}) = (kTC)^{1/2}/q \tag{4.21}$$

式中，C 为积分电容。设 $C = 2$ pF，得 $N_{\text{rd}} = 280$ 个电子，这一数值也远远小于光子噪声电子数。

以上分析表明，对 InSb 焦平面器件而言，只要探测器像元电阻做得足够高（在本例中为 60 MΩ 以上），暗电流噪声和读出噪声就不会起重要作用，光子噪声起主要作用。焦平面器件的探测率足以达到应用要求的 $D_\lambda^* \geqslant 1\times10^{11}$ cm · Hz$^{1/2}$ · W^{-1}，甚至有可能达到背景限性能。但这只是理想情况，实际器件中还有 1/f 噪声和电磁环境耦合干扰往往会起重要作用，在某些情况下甚至成为限制因素，因此在焦平面器件制造和测试过程中尽力排除这些因素，是十分重要的。

3. *响应均匀性分析*

对红外焦平面成像器件来说，响应率均匀性是一个十分重要的性能指标。对混成背照射式 InSb 凝视红外焦平面阵列器件而言，影响响应率均匀性的主要因素有 InSb 探测器阵列芯片响应率非均匀性、读出电路注入效率和增益的非均匀性、芯片减薄后电荷收集效率非均匀性。前两项在焦平面互连前已经分别存在，第三项是互连后的工艺所引起的。这三项是互相独立的因素，总的响应率非均匀性可表示为

$$U_{\text{R}}^2(\text{焦平面}) = U_{\text{R}}^2(\text{芯片}) + U_{\text{R}}^2(\text{读出}) + U_{\text{R}}^2(\text{后工艺}) \tag{4.22}$$

InSb 探测器阵列芯片响应率非均匀性来源于单晶材料中电子浓度和晶体缺陷分布的非均匀性及二极管制备过程中的工艺损伤。U_{R}(芯片)可以通过对芯片阵列上的二极管响应特性进行随机抽样检测并统计分析而得到。U_{R}(读出)主要来源于 MOS 晶体管的开启电压和跨导的非均匀性，也可以通过实验测得。U_{R}(后工艺)的主要来源是减薄后芯片厚度的不均匀及表面划丝等工艺损伤。如果对这三项因素分别加以控制，总的焦平面均匀性就可能得到改善。

4. *无效像元率分析*

根据国家标准《红外焦平面阵列参数测试方法》的规定，无效像元是指像元响应率低于

焦平面像元平均响应率的 1/2,以及像元响应率高于焦平面像元平均响应率 2 倍的像元。导致无效像元的主要因素可以区分为起始材料的原生缺陷、二极管制备工艺缺陷、铟柱缺损和互连失效 4 个方面。前两者往往导致软缺陷像元即像元性能下降,后两者则通常形成硬缺陷像元即像元完全开路。总的无效像元率是这四种缺陷像元率之和:

$$N_o(\%) = D_f(\text{原生}) + D_f(\text{二次}) + D_f(\text{铟柱}) + D_f(\text{互连}) \tag{4.23}$$

现在世界上更倾向于使用有效像元率来表示(参见 3.3 节)。有效像元率等于 100%减去无效像元百分率。对无效像元的判据也有各自的标准。总的趋势是对上述 4 种缺陷像元分别加以控制。鉴于硬缺陷像元相对比较容易辨认和判断,宜于从严控制。

陈伯良等[50]根据上述技术路线、物理设计和工艺实践,研制成功 64×64 元 InSb 红外焦平面阵列组件,其性能满足导弹成像制导的要求。

4.3.3 台面结构和平面结构的优缺点

InSb 平面结构的探测器阵列因为无需刻蚀、制造方便、工艺成品率高,在焦平面阵列制造中较多采用。此外,因为像元之间的隔离无需沟槽,似乎有利于缩小像元尺寸,提高像元密度。但是,没有沟槽网格的平面型阵列,容易造成少数载流子横向扩散到相邻像元,形成串音,导致其 MTF 超出由探测器物理尺寸决定的普通 sinc 函数[53]。背照射平面型探测器的扩散 MTF 为[54]

$$\mathrm{MTF}_{\mathrm{diff}}(f) \approx \frac{\cosh(L_D/L_0)}{\cosh(L_D/L)} \tag{4.24}$$

式中,

$$\frac{1}{L^2} = \frac{1}{L_0^2} + (2\pi f)^2 \tag{4.25}$$

f(cyc/mm)为空间频率;L_0为扩散长度;L_D为吸收层的自由深度。文献[53]对 InSb 体晶平面型结构阵列的 MTF 测量结果用式(4.24)进行了拟合,得到的拟合参数为 $L_0 \approx 30\ \mu m$,$L_D = 5 \sim 7\ \mu m$。对有沟槽网格的阵列即台面型结构,其 MTF 未呈现这种效应。这一结果对 InSb 如此,对其他材料的平面型阵列可能也适用,只是具体的拟合参数会随不同材料和具体器件设计而变化。

4.4 InSb 红外焦平面阵列性能与应用

4.4.1 战术应用 InSb 焦平面阵列

各种规格的 InSb FPA 在中、高背景战术环境中有大量应用,如导弹制导系统,拦截系统，监视、侦察等军事应用及商用成像照相机等。RVS(其前身是 SBRC)的 InSb 红外焦平面阵列技术处在世界前列。21 世纪初，已经能够每年提供各种规格中、小型阵列超过 3 000 套[55]。表 4.7 列出了 RVS 提供给导弹防御应用的 AE194 InSb 红外焦平面阵列的性能参数。据该公司网站称，该款焦平面阵列用于美国战区高空区域防御系统(Theatre High Altitude Area Defense, THAAD)即萨德拦截导弹的红外导引头，也用于美国-以色列合作的箭-2 拦截导弹系统，军事意义十分重要。AE194 为中等背景应用器件，其噪声等效辐照度为 1.14×10^{11} ph·cm^{-2}·s^{-1}，动态范围为 71 dB，满量程辐照度为 4.5×10^{14} ph·cm^{-2}·s^{-1}。相当于大气层中中等强度的背景辐射。RVS 提供的小型 InSb 焦平面阵列，还大量用于美国第四代空-空导弹的制导部件。

表 4.7　RVS 成熟产品 AE194 InSb 红外焦平面阵列性能参数(www.raytheon.com)

阵列规模	256×256
像元尺寸/μm	30
响应信号(3～5 μm)/(mV/(ph·cm^{-2}·s^{-1}))	$>4.50\times10^{-12}$
NEQ (3～5 μm)/(ph·cm^{-2}·s^{-1})	$<1.14\times10^{11}$
输出电压摆幅/V	>2.0
非均匀性(1σ)/%	<2.75
校正后非均匀性 (满刻度，1σ)/%	<0.12
动态范围/dB	71
有效像元率/%	>99.2
工作温度/K	78
最高帧频/Hz	125(满帧)
最大积分时间	>99% 帧时间
工作模式	快照式可开窗口
输出端口	2
最大数据速率/MHz	<5
功耗/mW	<20

制导应用方面，256×256 元以下的 InSb 焦平面早已工业化生产，大量应用在反导弹导弹和空-空导弹等武器计划中。Lockheed-Martin 旗下的 Santa Barbara Focalplane 公司研制的型号为 SBF119 的灵活型 640×512 元 InSb 焦平面阵列，具有更好的性能。所谓灵活型是指这种阵列也可作为 512×512、640×480 或者 400×400，甚至在运行中可以从帧频 120 Hz、窗口为 640×512 的大场景观视模式突然切换到帧频 1 000 Hz、窗口为 128×128 的小视场跟踪模式。SBF119 InSb 阵列的性能参数见表 4.8[56]。

表 4.8　SBF119 InSb 阵列性能参数

参　数	数　值	单　位
像元排列	640×512～128×8 可调	个
像元中心距	24	μm

续表

参　　数	数　　值	单　　位
积分模式	Fastframe：边读出边积分	
	Snapshot：先积分后读出	
帧　频	≤1 000	Hz
电荷容量	8.4×10^6(Fastframe)	e^-
	17×10^6(Snapshot)	e^-
像元响应率	100～1 000 可调	nV/ph
量子效率	65%	
	85%(AR coated)	
噪　声	<300	e^-
像元有效率	>99.5%	
工作温度	80	K
功　耗	<105	mW

图 4.32 是 SBF119 阵列配上各种不同光学系统后，其噪声等效温差随场景温度的依赖关系，测试时阱容充满 80%，可以看出，在大多数地表温度范围内使用的场合，可以得到 NETD 在 20 mK 以下的优异性能。

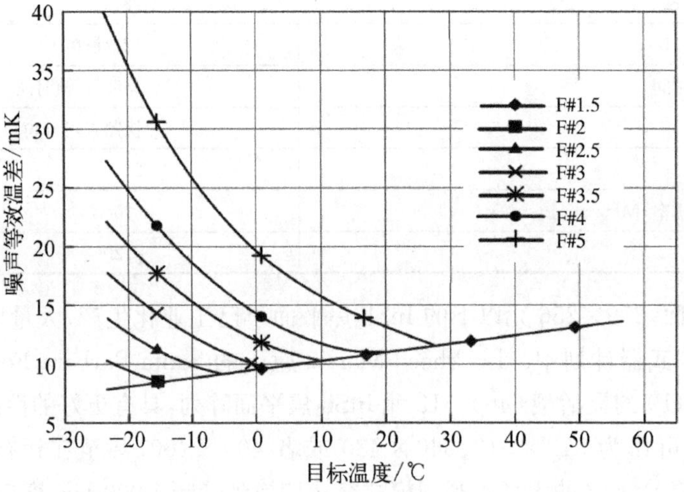

图 4.32　SBF119 InSb 噪声等效温差对场景温度的依赖关系，80%阱容[56]

现在战术应用对分辨率的要求也越来越高，所以有些制造商也开发了高背景兆元级阵列。表 4.9 列举了商用兆元级 InSb 阵列的性能参数。以色列 SCD 公司开发了高分辨率(15 μm 像元)1 280×1 024 元 InSb 阵列，其读出电路是用 0.18 μm CMOS 工艺制备的。在此基础上，SCD 又发布了 3 兆元(1 920×1 280)InSb 阵列[57]。

表 4.9 兆元级商品 InSb 焦平面阵列性能参数

	L3-CE 1 024×1 024	SBF 1 024×1 024	SCD 1 280×1 024
像元尺寸/μm	25	19.5	15
动态范围/bits		14	15
电荷容量/e⁻	1.1×10^7	8.1×10^6	6×10^6
功耗/mW	<100	<150	<120
NEDT/mK	<20	<20	20
帧频/Hz	1~10	120	120
有效像元率/%	>99	>99.5	>99.5
数据来源	www.L-3Com.com	www.sbfp.com	www.scd.co.il

4.4.2 空间和战略应用 InSb 焦平面阵列

Hushes/SBRC 多年来提供 64×58、256×256、512×512、1 024×1 024 元 InSb 焦平面阵列，供陆基和天基红外天文学观测使用，取得了巨大成功。现在 RVS 能够提供 2 048×2 048元甚至 4 K×4 K 的 InSb 阵列，但有关数据尚未完整公布。这里引述的是“神灯”计划的 1 024×1 024 元 InSb 阵列的技术数据。

“神灯”(advanced large area detector development in InSb，ALADDIN)计划酝酿于 20 世纪 90 年代初期。1992 年 8 月，SBRC 发表白皮书，描述了从 256×256 元直接跳到1 024×1 024 元天文观测 InSb 阵列的研制构想。美国国家光学天文台和美国海军天文台很快表示支持。计划于 1993 年正式启动。ALADDIN 阵列像元尺寸 27 μm，规模为 1 024×1 024，分为 4 个独立象限，每个象限包含 8 个输出放大器。这种方案是在当初大规模阵列成品率没有把握的情况下采用的。到 1996 年年底，研制出总共 16 套焦平面器件。其技术数据见表 4.10[58]。

表 4.10 ALADDIN InSb 阵列参数

参　数	数　值	单　位
像元排列	1 024×1 024	个
像元中心距	27	μm
有效填充因子	100%	
输入结构	SFD	
帧时间	约 150	ms
满阱容量	3×10^5	e⁻(偏压 1.0 V)
量子效率	85%	(0.9~5 μm)
暗电流	<0.5	e⁻/s
噪声	<50	e⁻
无效像元率	<0.5%	
工作温度	35	K

可以看出，这种器件的特点是暗电流非常小，噪声十分低，帧速相当慢，满阱容量不大。这正是探测很低背景下极微弱信号目标的条件。由于来自宇宙背景和目标的红外辐照度非常小，读出电路采用 SFD 输入结构，确保读出噪声只有几十个电子。为了维持非常小的暗电流，器件必须冷却到很低的温度(35 K)下工作，而周围的仪器也必须冷却到 70 K 以保持低背景。这种器件极易饱和，在测定其量子效率时，必须在黑体前装上衰减片，以降低入射光子通量。ALADDIN 研制成功后，被美国国家航空航天局等世界许多机构纷纷采用。

在 ALADDIN 基础上升级的典型产品为 ORION(2 K×2 K)和 Phoenix(2 K×2 K)。ORION 具有 4 兆像元，但因采用 64 路输出，仍然能够把整个阵列的帧频提高到 10 Hz。用 4 个 ORION 拼接起一个 4 K×4 K 阵列，在 NOAO 的 4 米望远镜的近红外照相机上成功运用。大规模焦平面阵列遇到的关键问题之一是如何保证光学对焦，这要求整个探测器平面在大范围内保持平整。这对焦平面阵列的封装提出了严格要求。RVS 满足了这个要求，在室温和工作温度，ORION 模块的光照面的平面度均十分完好，干涉图的测量表明，350×350 像元范围表面不平坦度峰谷差小于 3 μm[55]。Phoenix 传感器芯片组件(sensor chip assembly，SCA)也是一种 4 兆元阵列，其 InSb 探测器芯片和 ORION 一样(只是像元尺寸略小，25 μm)，但读出电路不同，是针对低帧频和低功耗设计的，仅有 4 路输出，全帧读出时间需要 10 s，即 0.1 Hz。由于输出端少，整个封装模块较小，且能够实现三边拼接。

表 4.11 概括了用于低背景的 InSb 焦平面阵列的技术参数。这些 RVS 产品也在世界上各种航天项目中得到应用。表 4.11 是商用器件的性能参数。

表 4.11 RVS 兆元级低背景应用 InSb 焦平面阵列性能参数

	1 024×1 024	ALADDIN 1 024×1 024	ORION 2 048×2 048
模块性		可两边拼接	可两边拼接
像元尺寸/μm	30	27	25
工作温度/K	50	30	32
输入结构	SFD	SFD	SFD
读出噪声/e^-	10～50	<25	6
暗电流/(e^-/s)	<400	<0.1	0.01
电荷容量/e^-	2×10^5	3×10^5(@1 V)	1.5×10^5
量子效率/%	>80	>80	>80
输出端口	4	4×8	64
最高帧频/Hz	10	20	10
数据来源	www.raytheon.com		

图 4.33 是大规模 InSb 阵列上的二极管暗电流行为[55]。可以看到，这些暗电流行为与产生-复合机制所决定的暗电流特征有相当大的偏差。其原因可能与非理想表面钝化造成的表面漏电有关，这有待于进一步深入研究。

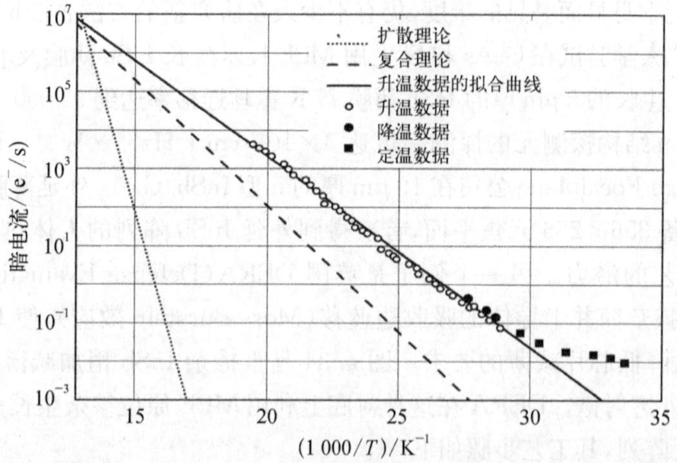

图 4.33　RVS的4兆元InSb阵列上二极管暗电流与温度关系(显示与理论模型的偏离)

InSb线列焦平面器件应用不及面阵广泛,但在具有战略意义的空间监视等平台上有重要应用。SBF研制了6 000元和6 144×24TDI阵列[59],用于全景扫描红外光电侦察平台。6 000元InSb线列采用正照射构型,p-on-n台面结,像元尺寸20 μm×20 μm,以2 000元线列为基本模块拼接而成。虽然单个接缝会损失2个像元,但因采用品字形交错排列,实际上做到没有损失,而且由于拉开相邻像元的距离,串音也降低到可忽略的程度。6 144×24阵列具有片上时间延迟积分功能,AD转换为14位,适用于低背景应用[60]。

4.5　InSb焦平面阵列制备的替代技术路线

InSb焦平面阵列器件的规模和产量能够迅速发展,得益于两项关键技术的成熟与完美。这就是InSb体单晶生长技术和芯片背减薄技术。早几年常规的器件制造工艺都是在3 in单晶片上进行,实验片则有用4 in的。InSb体单晶生长材料的质量已经提高到这种程度:在整个3 in片上仅有2个位错坑,而一个128×128元阵列的响应率的非均匀性可以低至1.2%。现在限制阵列均匀性、成品率和成本的因素,已经不是材料本身的质量和尺寸,而是晶片表面加工的技术和质量。5 in,甚至6 in InSb单晶片的表面加工质量已经十分完美,市场呼唤制造商大量供货。InSb焦平面的芯片背减薄是一项难度很大的工艺。芯片减薄的目标厚度为10 μm左右。原先采用传统的研磨、抛光工艺。美国Cincinnati电子公司采用过先减薄,再贴宝石片加固,然后互连和先互连、后减薄两种工艺程序,都能达到目的[60]。Hushes/SBRC和Lockheed-Martin旗下的Santa Barbara Focalplane均采用先互连、后减薄的方法。后来,SBRC把光学加工中的单点金刚石车削技术(diamond turning)用于焦平面芯片减薄,对芯片厚度控制和响应率均匀性的提高取得了更好的效果[61]。

但因这种工艺本身显而易见的难度，仍有不少人在研究新的方法企图取而代之。一个典型例子是美国西北大学尝试在 GaAs 和 Si 上用 MBE 技术生长 InSb 薄膜及 p－n 结构[62]。在(111)GaAs 衬底上生长的 5 μm 厚的 InSb 薄膜 77 K 霍耳迁移率达到 92 000 $cm^2 \cdot V^{-1} \cdot s^{-1}$。原位生长 p^+－I－n 结构探测元的探测率可达 3×10^{10} $cm \cdot Hz^{1/2} \cdot W^{-1}$。Lockheed-Martin 所属 Santa Barbara Focalplane 公司在 10 μm 厚的 n 型 InSb/GaAs 外延薄膜上，用常规离子注入台面工艺制备 256×256 元焦平面，首次得到外延 InSb 阵列的人体热图像。这种方法具有挑战传统工艺的潜力。另一个例子是英国 DERA(Defense Evaluation and Research Agency)，利用重掺杂简并半导体的吸收边蓝移(Moss-Burstein 效应)，使 InSb 衬底变得部分透明，从而大大降低芯片减薄的要求。图 4.34 是重掺杂 InSb 稍加减薄消除自由载流子吸收影响后的红外透射谱。DERA 在这种衬底上利用 MBE 原位掺杂生长多层结构，做出高性能 320×256 元阵列，其工艺步骤如下[63]。

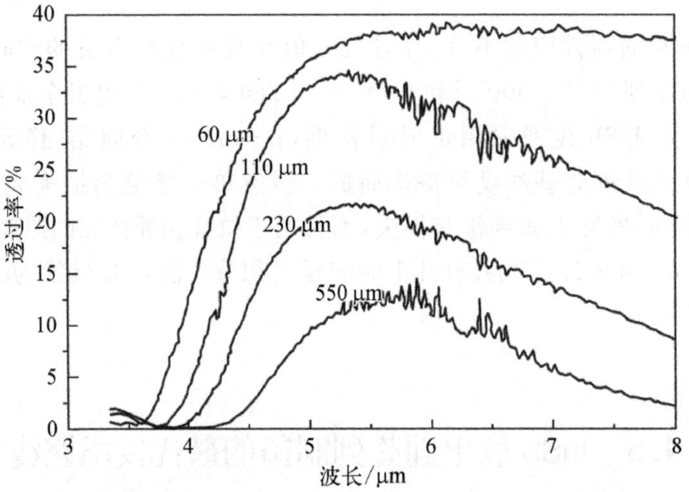

图 4.34　各种厚度重掺(3.4×10^{18} cm^{-3} Te)InSb 的透射谱[62]

(1) 外购 3 in 掺碲浓度 2×10^{18} cm^{-3} 的 InSb 单晶；

(2) 在(100)InSb 衬底上 MBE 生长 3 μm 厚掺碲 n^+ 层，2×10^{18} cm^{-3}；

(3) MBE 生长 3 μm 厚掺硅 n 型层，2×10^{15} cm^{-3}；

(4) MBE 生长 1 μm 厚掺铍 p 型层，3×10^{18} cm^{-3}；

(5) 在 3 in 片上进行 320×256 元台面二极管工艺；

(6) 切割和铟柱互连；

(7) 芯片背减薄到 60 μm，测试、成像。

这样制备的器件，在工作温度 80 K、积分时间 1.5 ms 下，测得 NETD＜10 mK。热成像质量也很好。这种同质外延方法不存在晶格失配问题，容易获得低缺陷密度的外延层，因此漏电流小，典型器件 $R_0A>2\times10^5$ $\Omega \cdot cm^2$。芯片减薄到 60 μm，这是不难做到的。因此这种方法有更大的吸引力。

4.6 势垒 InSb 焦平面阵列

4.6.1 AlInSb－InSb 焦平面阵列

InSb 光伏二极管和焦平面阵列由于受产生-复合电流制约，电流机构转折温度比较高，与 HgCdTe 相比在同样截止波长和同样工作温度下暗电流比较大。为了克服这个缺点，有人设想对 InSb p－n 结的能带结构作出一些修改。Klipstein[64] 提出在 InSb 的 p 区插入一个势垒层，以阻挡多数载流子的扩散，从而降低暗电流。Ashley 等[65] 首次演示了 p^+－p^+(势垒)－π－n^+ 多层结构 InSb，其能带图如图 4.35(a)所示。

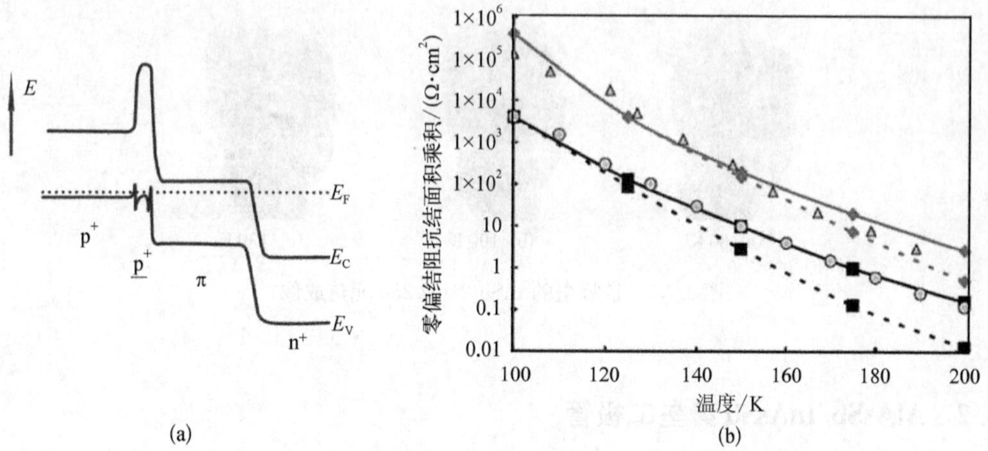

图 4.35　插入 $In_{1-x}Al_xSb$ 势垒层的 InSb 二极管能带修正图(a)及二极管性能(b)[65]

如图 4.35 所示，在 p^+ InSb 和本征 InSb 层之间，插入很薄的 p^+ 势垒层。π 层为光学吸收层，n^+ 是电极层。势垒层选用哪一种半导体材料，有三个因素要考虑：要有足够的势垒高度，以充分阻挡热激发多数载流子流动，一般认为势垒高度应大于 $10kT$，在 300 K，这一数值为 260 meV；易于实现价带边缘对齐，使带隙突变全部呈现在导带；晶格常数要尽可能接近 InSb，以免引入新的晶格失配困难。该势垒层由 $In_{1-x}Al_xSb$ 组成为最佳选择。在 x 很小时，$In_{1-x}Al_xSb$ 的禁带宽度比 InSb 大，近似符合 $E_g(In_{1-x}Al_xSb) \approx (1+10x)E_g(InSb)$。两者带隙之差的 66% 应落在导带，但因该层掺成 p 型，费米能级接近于价带边，结果几乎全部带隙差都落在导带。因此，这一薄薄的 $In_{1-x}Al_xSb$ 层就在导带形成大约 230 mV 的势垒，这一势垒高度与 $10kT$ 差不多，足以阻挡电子从 p^+ 区向 n 区的扩散。上述结构可以用分子束外延技术生长。图 4.35(b)是带有势垒结构的 InSb 二极管的 R_0A 随工作温度变化曲线(●，实线)，与同样条件不带势垒的 InSb 二极管相比(■，虚线)，温度升高到 200 K 时 R_0A 提高一个数量级。图中也画出了用 $In_{0.965}Al_{0.035}Sb$ 作为吸收体的带势垒(◆)和不带势垒(△)p-n 结的比较。QNETIC 由此发展了 $In_{0.965}Al_{0.035}Sb$ 焦平面阵列。图 4.36 是其器件材料和结构演进思路图，图 4.37 是此种 256×256 元焦平面阵列在不同温度下获得的热像。

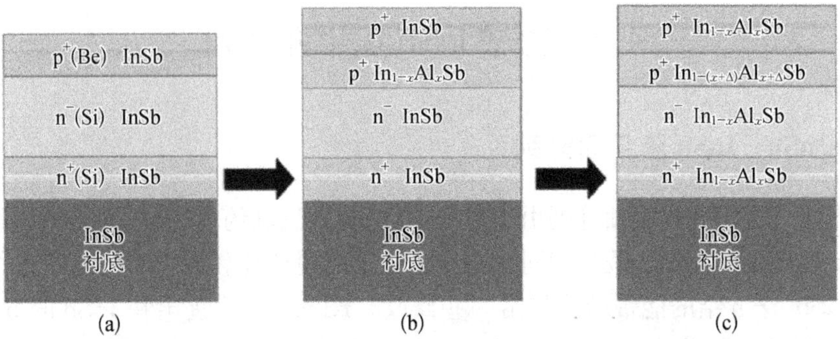

图 4.36 从 InSb 到 InAlSb 材料和结构演进的思路

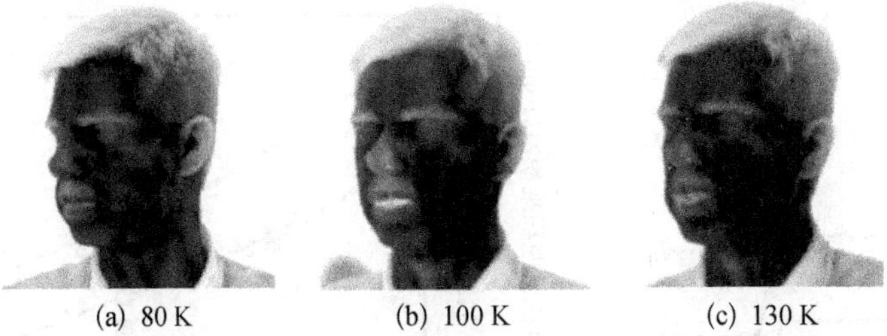

图 4.37 带势垒的 InSb 256×256 元热成像

4.6.2 AlAsSb/InAsSb 势垒二极管

Klipstein[66]最早提出，利用在异质结中插入一个势垒层，可以有效抑制 g－r 噪声，降低探测器暗电流。以色列 SCD 研制了 n-InAsSb/n-AlAsSb 势垒层/n-InAsSb 吸收层结构。这种被命名为 Bariode(译作势垒二极管或垒极管)的结构，在加适当偏置以后表现出优异的电学特性。用这种结构制成了 640×512/15 μm 的阵列，吸收层厚度为 3 μm。该阵列在150 K 的热成像非常清晰，见图 4.38。在 $f/3.2$ 镜头、22 ms 积分时间下，测得 NETD 为 20 mK，量子效率 70%，有效像元率 99.5%，BLIP 工作温度高达 165 K[67]。

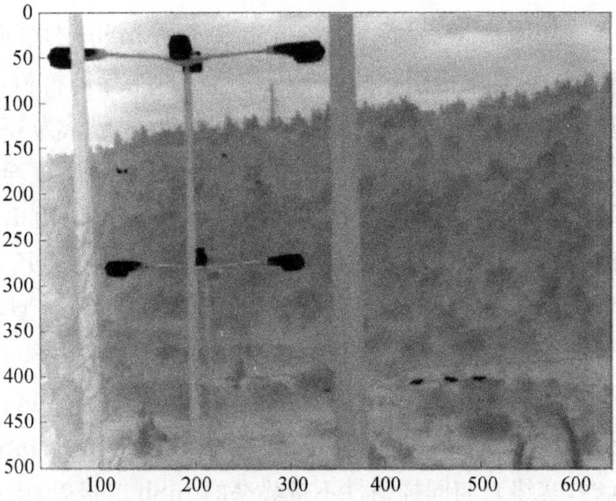

图 4.38 势垒二极管 640×512/15 μm 焦平面在 150 K 得到的热像(近处几个小黑斑是牛群，山顶上电线杆有 2 km 远)[67]

4.6.3 AlInSb-InSb 光伏串

日本旭化成电子(Asahi Kasei)根据 InSb 中插入 InAlSb 势垒阻挡载流子热扩散的原理,研制了一种微小型的室温 InSb 光伏串传感器[68, 69]。其基本构想是,利用 AlInSb(势垒)-InSb 二极管为单元,以数百个单元串联成一个组件,组成一个室温工作 InSb 光伏串微型封装传感器。其基本单元结构如图4.39所示。在半绝缘 GaAs 衬底上用 MBE 技术依次生长 1 μm 厚的 n^+-InSb 层和 2 μm 厚的 p^- 吸收层,接着是 20 nm 厚的 p^+-$In_{0.83}Al_{0.17}Sb$ 势垒层,最后是0.5 μm厚的 p^+-InSb 电极层。n 型和 p 型掺杂分别为 Sn 和 Zn,各层浓度依次为 n^+ 7×10^{18} cm^{-3},p^- 6×10^{16} cm^{-3},p^+ 2×10^{18} cm^{-3}。刻蚀台面后,生长 300 nm 厚的 Si_3N_4 作为钝化层,Ti/Au 作为上、下电极,300 nm SiO_2 最后覆盖。在 700 μm×700 μm 的芯片面积上,制作了 910 个这样的单元并串联起来,如图 4.40(a)所示。输出信噪比同串联级数呈正相关,如图 4.40(b)所示。关键是势垒层的组分和厚度。计算表明,p^+-$In_{0.83}Al_{0.17}Sb$ 可以在导带建立约 270 meV 的势垒,在 300 K 温度下,足以阻挡导带电子的热发射。势垒层厚度不足会导致电子隧穿,实验证明 20 nm 的厚度是最佳选择。这种光伏串的体积很小,封装尺寸只有 2.65 mm×1.9 mm×0.4 mm,见图 4.41。PVS 在室温工作,不加偏置,不需要调制,体积微小,使用方便,在人体感知、温度测量及其他低成本消费电子产品领域应用前景很好。与热释电探测器相比,信噪比更高,如图 4.42 所示。

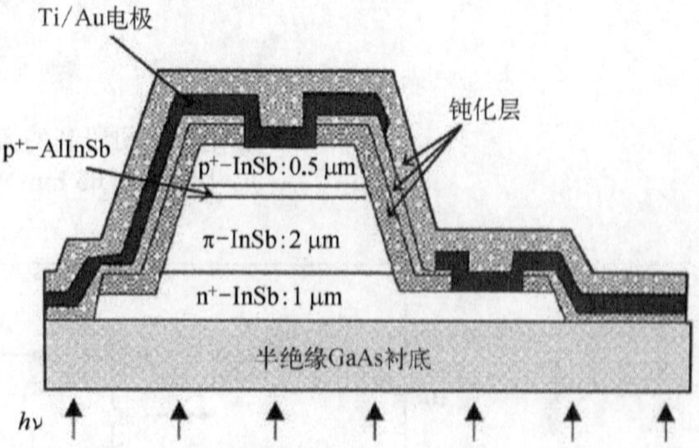

图 4.39 旭化成公司研制的势垒 InSb 二极管单元结构[68, 69]

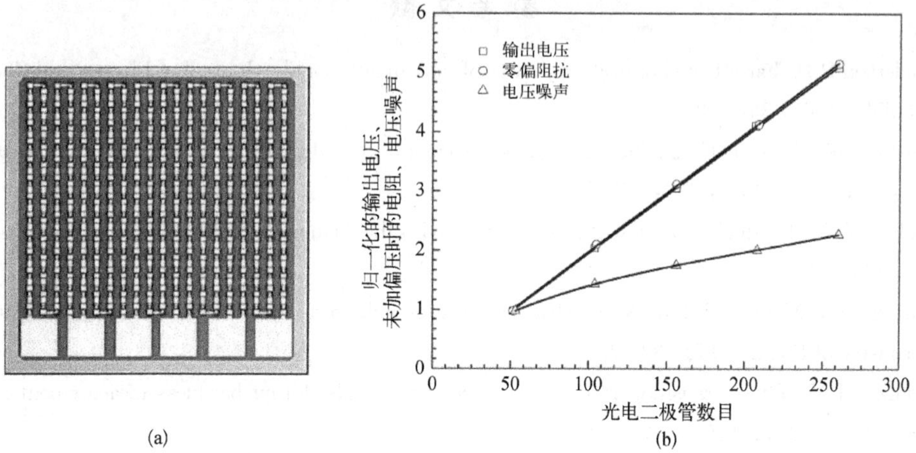

图 4.40 由数百个势垒 InSb 二极管串联成的 InSb 光伏串芯片照片(a)输出信号电压、噪声电压与串联级数的依赖关系(b)

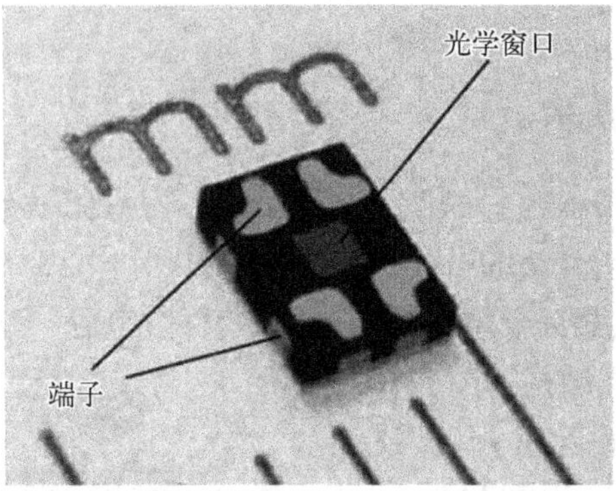

图 4.41　旭化成公司研制的微型 InSb 光伏串产品外形，尺寸仅为 2.65 mm×1.9 mm×0.4 mm[68]

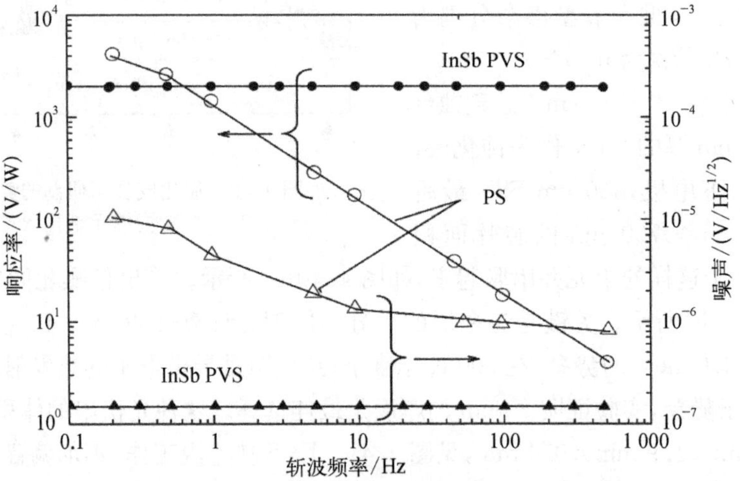

图 4.42　InSb PVS 与热释电探测器性能比较[68]

参考文献

[1] Sanderson R B. Far infrared optical properties of indium antimonide. Journal of Physics and Chemistry of Solids, 1965, 26: 803.

[2] Sparks P W, Swenson C A. Thermal expansions from 2 to 40 degrees K of GeSi and 3-5 compounds. Physical Review, 1967, 163: 779.

[3] Gibbons D F. Thermal expansion of some crystals with the diamond structure. Physical Review, 1958, 112: 136-140.

[4] Katzman H, Moss J, Libby W F. Heat capacity of indium antimonide. 2. Journal of Physics and Chemistry of Solids, 1971, 32: 2786.

[5] Gridneva I V. Phase transition in diamond-structure crystals during hardness measurements. Phys. Status Solidi, 1972, 14(4): 177-182.

[6] Willardson R K. Semiconductors and Semimetals, vol. 12. New York: Academic Press, 1977: 169.

[7] Stradlin R A, Wood R A. Temperature dependence of band-edge effective masses of InSb, InAs and

GaAs as deduced from magnetophonon magnetoresistance measurements. Journal of Physics Part C Solid State Physics, 1970, 3: L94.

[8] Ugrin Y O, Sheregii E M. Magnetophonon resonance on 3 types of carriers in P-InSb. Physica Status Solidi B-Basic Research, 1991, 166: 249 - 258.

[9] Pidgeon C R, Brown R N. Interband magneto-absorption and Faraday rotation in InSb. Physical Review, 1966, 146: 575.

[10] Zengin D M. Impurity scattering time in n-type InSb measured by Faraday-rotation at far-infrared frequency. Journal of Physics D-Applied Physics, 1983, 16: 653 - 660.

[11] Cunningh R W, Gruber J B. Intrinsic concentration and heavy-hole mass in InSb. Journal of Applied Physics, 1970, 41: 1804.

[12] Logothetidis S, Vina L, Cardona M. Temperature-dependence of the dielectric function and the interband critical-points of InSb. Physical Review B, 1985, 31: 947 - 957.

[13] Bernot H, Hinsch H. Determination of the intrinsic carrier concentration in InSb by helicon waves. Appl. Phys., 1973, 1(3): 147 - 151.

[14] Litwinstaszewska E, Szymanska W, Piotrzkowski R. The electron-mobility and thermoelectric-power in InSb at atmospheric and hydrostatic pressures. Physica Status Solidi B-Basic Research, 1981, 106: 551 - 559.

[15] Madelung O. Physics of Ⅲ-Ⅴ Compounds. New York: John Wiley & Sons, Inc., 1964.

[16] Wiley J D. Mobility of holes in Ⅲ - Ⅴ compounds. Semiconductors and Semimetals, 1975, 10: 91 - 174.

[17] Gobeli G W, Fan H Y. Infrared absorption and valence band in indium antimonide. Phys. Rev., 1960, 119: 613 - 620.

[18] Philipp H R, Ehrenreich H. Optical propertion of semiconductors. Phys. Rev., 1963, 129(4): 1550 - 1560.

[19] Micklethwaite W F, Fines R G, Freschi D J. Advances in infrared antimonide technology. Growth and Characterization of Materials for Infrared Detectors Ⅱ, 1995, 2554: 167 - 174.

[20] Furlong M J, Dallas G, Meshew G, et al. Growth and characterization of 6″ InSb substrates for use in large area infrared imaging applications. Proc. SPIE, 2014, 9070: 907016.

[21] Gray N W, Perez-Rubio V, Bolke J G, et al. Interface and facet control during Czochralski growth of (111) InSb crystals for cost reduction and yield improvement of IR focal plane array substrates. Proc. SPIE, 2014, 9220: 922003.

[22] Chang L L. Junction delineation by anodic oxidation in InSb (as P). Solid-State Electronics, 1967, 10: 539.

[23] Kolodny A, Shappir J. Diffusion properties of cadmium in indium-antimonide. Journal of the Electrochemical Society, 1978, 125: 1530 - 1534.

[24] Catagnus P C, Polansky C, Spratt J P. Diffusion of cadmium into InSb. Solid-State Electronics, 1973, 16: 633.

[25] Tu S L, Huang K F, Yang S J. Anomalous diffusion of Cd in InSb. Japanese Journal of Applied Physics Part 1-Regular Papers Short Notes & Review Papers, 1990, 29: 463 - 467.

[26] 乐洪发,林先齐,张月琴. 开管充气法制备 InSb p - n 结. 红外研究,1983,2: 289 - 292.

[27] 杨晓阳,袁永刚,王继强,等. 128 元高速 InSb 线列焦平面探测器. 北京：全国光电技术学术交流会,2012.

[28] Hurwitz C E, Donnelly J P. Planar InSb photodiodes fabricated by Be and Mg ion-implantation. Solid-State Electronics, 1975, 18: 753 - 756.

[29] 罗俊杰,张国明. 影像式红外线侦检像素缩小化制程开发. http://ir. nctu. edu. tw [2016 - 04 - 13].

[30] 杜红燕. InSb 中 Be 离子注入成结研究. 激光与红外,2012,2: 161 - 164.

[31] 张国栋,孙维国,倪永平. Mg 离子注入成结制备 InSb 光电二极管阵列研究. 红外与激光工程,2005,3: 19 - 22.

[32] 李忠贺,李海燕,杜红燕,等. 平面 PN 结 InSb 红外焦平面探测器的研究. 激光与红外,2015,(7): 814 - 816.

[33] Pearton S J, Nakahara S, Vonneida A R, et al. Implantation characteristics of InSb. Journal of Applied Physics, 1989, 66: 1942 - 1946.

[34] Benson R G, Forrest W J, Pipher J L, et al. Spatial distributions of hole traps, and image latency in InSb focal plane arrays. Proc. SPIE, 2000, 4131: 171 - 184.

[35] Pines M Y, Stafsudd O M. Recombination processes in intrinsic semiconductors using impact ionization capture cross-sections in indium-antimonide and mercury cadmium telluride. Infrared Physics, 1980, 20: 73 - 91.

[36] Jost S R, Meikleham V F, Myers T H. MRS Symp. Proc., 1987, 90: 429.

[37] Kinch M A. Fundamentals of Infrared Detector Materials. Bellingham: SPIE Press, 2007: 35.

[38] Blessinger M A, Fischer R C, Martin C J, et al. Performance of a InSb hybrid focal plane array. Proc. SPIE, 1990, 1308: 194 - 201.

[39] Wimmers J T, Davis R M, Niblack C A, et al. Indium antimonide detector technology at Cincinnati Electronics Corporation. Proc. SPIE, 1988, 930: 125.

[40] 周冠山. 光伏型锑化铟红外探测器零偏结阻抗结面积乘积的分析. 航空兵器,1999,(1): 10 - 17.

[41] Vollmerhausen R, Reago D, Driggers R. Analysis and Evaluation of Sampled Imaging Systems. Bellingham: SPIE Press, 2010.

[42] 周冠山. 光伏型锑化铟红外探测器量子效率的分析. 航空兵器,1999,(3): 13 - 17.

[43] Chen B L, Zhang Y Q, Fang X M, et al. Determination of hole diffusion length in n-InSb at 80 K. Proc. SPIE, 2001, 4369: 436 - 440.

[44] 陈伯良,俞锦陛,丁素珍,等. 用电子束感生电压技术检测锑化铟红外探测器. 应用科学学报,1984,2: 260 - 266.

[45] Bloom I, Nemirovsky Y. Bulk lifetime determination of etch-thinned InSb wafers for 2-dimensional infrared focal plane array. IEEE Transactions on Electron. Devices, 1992, 39: 809 - 812.

[46] Treado P J, Levin I W, Lewis E N. Indium-antimonide (InSb) focal-plane array (FPA) detection for near-infrared imaging microscopy. Applied Spectroscopy, 1994, 48: 607 - 615.

[47] Forrest W J, Chen H, Garnett J D, et al. Near-infrared arrays for SIRTF, the space-infrared-telescope-facility. Proc. SPIE, 1993, 1946: 18 - 24.

[48] Finger G, Nicolini G, Meyer M, et al. High well capacity InSb infrared arrays for the 1 to 5 μm wavelength range. Proc. SPIE, 1995, 2475: 15 - 26.

[49] 陈伯良,孙维国. KKD - InSb 凝视红外焦平面组件研制技术报告//上海：863 - 308 专家组鉴定文件,

2001：8.

[50] 陈伯良，孙维国，梁平治. InSb 凝视红外焦平面组件研制和应用. 红外与激光工程，2002，31：5.

[51] Bluzer N，Jensen A S. Current readout of infrared detectors. Optical Engineering，1987，26：241－248.

[52] 陈伯良，林俊超，杨华，等. InSb 红外焦平面列阵器件减反射膜淀积方法及专用掩模架：中国，00127818.5. 2000－12－07.

[53] Davis M，Greiner M，Sanders J，et al. Resolution issues in InSb focal plane array system design. Proc. SPIE，1998，3379：288－299.

[54] Barbe D F. Imaging devices using charge-coupled concept. Proceedings of the IEEE，1975，63：38－67.

[55] Hoffman A W，Corrales E，Love P J，et al. 2 K×2 K InSb for astronomy. Proc. SPIE，2004，5499：59－67.

[56] Goodnough M A，Hahn L J，Jones R B，et al. A flexible 640×512 InSb FPA architecture. Proc. SPIE，1997，3061：140－149.

[57] Gershon G，Albo A，Eylon M，et al. 3 mega-pixel InSb detector with 10 μm pitch. Proc. SPIE，2013，8704：870438.

[58] Fowler A M，Gatley I，McIntyre P，et al. ALADDIN*，the 1 024×1 024 InSb array：design，description，and results. Proc. SPIE，1996，2816：150－160.

[59] Lange D A，Vu P，Wang S C，et al. 6 000 element infrared focal plane array for reconnaissance applications. Proc. SPIE，1999，3751：145－158.

[60] Blessinger M A，Apgar G W，Biggs J D，et al. A 256×256 element InSb focal-plane array for ground-based astronomy. Proc. SPIE，1993，1946：55－60.

[61] Fowler A M，Heynssens J. Evaluation of the SBRC－256×256 InSb focal-plane array and preliminary specifications for the 1 024×1 024 InSb focal-plane array. Proc. SPIE，1993，1946：25－32.

[62] Michel E，Mohseni H，Wojkowski J，et al. InSb detectors and focal plane arrays on GaAs，Si，and Al_2O_3 substrates. Infrared Applications of Semiconductors-Materials，Processing and Devices，1997，450：79－84.

[63] Johnson A D. High performance InSb/$In_{1-x}Al_xSb$ focal plane detector arrays grown by MBE. Proc. SPIE，1999，3629：288－297.

[64] Klipstein P C. Depletionless Photodiode with Suppressed Dark Current：US，7795640. 2003.

[65] Ashley T，Ballingall R A，Beale J E P，et al. Large format MWIR focal plane arrays. Proc. SPIE，2003，4820：400－405.

[66] Klipstein P C. Unipolar Semiconductor Photodetector with Suppressed Dark Current：US，8004012，2006.

[67] Klipstein P，Klin O，Grossman S，et al. High operating temperature xBn-InAsSb bariode detectors. Proc. SPIE，2012，8268：82680U.

[68] Kuze N，Morishita T，Camargo E G，et al. Development of uncooled miniaturized InSb photovoltaic infrared sensors for temperature measurements. Journal of Crystal Growth，2009，311：1889－1892.

[69] Camargo E G，Ueno K，Morishita T，et al. Improvement of molecular beam epitaxy grown InSb photodiodes for room temperature operation. Japanese Journal of Applied Physics，2008，47：8430－8433.

第 5 章 $Hg_{1-x}Cd_xTe$红外探测器

5.1 碲镉汞($Hg_{1-x}Cd_xTe$)概述

碲镉汞材料目前是制造高灵敏红外光子型探测器的最好的材料。Norton[1]曾断言,能量为 0.1～1.0 eV 的物理现象都会被建议用来制作红外探测器。由于碲镉汞的三元系化合物半导体的特点,其禁带宽度随着组分的变化正好可以覆盖这个能量范围。事实上,自然界中并不存在这种化合物,这种材料从一开始就是为了敏感红外波段而诞生的,特别是长波红外波段,对应 0.1 eV 带隙的半导体。由于碲镉汞具有可选择禁带宽度的直接带隙、电子有效质量小、光吸收系数高、少子寿命长、电子迁移率高、载流子的热产生速率较低、介电常数相对较小等一系列的材料方面的优点,自从发明以来,在红外材料和器件领域就一直占有主导的地位。目前,随着半导体材料能带工程的理论和实践不断发展,虽然有各种材料和器件的不断出现、完善并伴随着性能提高,碲镉汞红外探测器始终保持领先的地位。目前,如果一种红外光子探测器的性能能够接近或者达到实用水平,那么它一定会与相应的碲镉汞探测器进行一番比较。这一现象可以充分反映当前碲镉汞探测器技术在红外器件领域中的重要性。在较短的短波红外波段,铟镓砷是其强有力的竞争者,在中波红外波段,锑化铟是重要的竞争者,在长波和甚长波红外波段,二类超晶格和量子阱等探测器准备向它发出挑战。

1959 年,英国科学家 Lawson 及其合作者(Young、Nielsen 和 Putley)在《固体物理化学学报》(*Journal of Physics and Chemistry of Solids*)上发表了碲镉汞材料制备和材料性质研究的文章[2]。这标志着碲镉汞红外探测器研究的开始。从这之后,世界范围内各大国都开展了这方面的研究。当前,世界上比较著名的一些研究机构和公司包括英国的 Selex ES 公司(www. selex-es. com)和 BAE systems (www. baesystems. com),法国的 Sofradir 公司(www. sofradir. com)和 LETI 研究所(www. leti. fr),德国的 AIM 公司(www. aim-ir. com),美国 DRS、RVS、TIS 等公司及林肯实验室、伊利诺伊大学芝加哥分校和麻省理工学院,以色列的 SCD 公司(www. scd. co. il),还有波兰的华沙军事学院和 Vigo 公司等。历史上还有一些曾经著名的研究中心,如美国的 Honeywell、Hughes、圣芭芭拉研究中心(SBRC)等,但是由于组织结构的变迁及其他因素,50 多年过去,有一些组织名称或者相关研究工作已经不再存在了,但是有关名字和学术贡献却永远地留在文献中。

中国研究碲镉汞的主要是一些研究所和大学，包括中国科学院上海技术物理研究所、华北光电技术研究所及昆明物理研究所、山东大学等单位。最近国内也出现了以制造碲镉汞探测器为业务的公司。2009年正值碲镉汞发现的首篇文章发表50周年，国际光学工程学会(SPIE)组织世界相关各国的有关人员撰写了关于碲镉汞材料和器件及应用的历史性的回顾文章，集中发表在"红外技术与应用35期"专题的会议文集(第7298卷)。这些文章由各国相关研究机构和大公司的一些知名人士撰写，虽然个别文章中的个别段落只是反映了作者个人观点，但仍然是了解碲镉汞发展历史并展望未来的很好的基础参考材料。中国的关于开展红外及碲镉汞研究的早期的历史性回顾文章应当以汤定元的几篇回忆文献为主要参考[3-6]。汤定元早在20世纪60年代就带领一群科学家开展了红外探测器的研究，后来又果断地将中国科学院上海技术物理研究所的红外探测器研究工作集中聚焦到碲镉汞材料和器件的研究上，取得了一系列的成果，为中国的航天红外探测器的发展奠定了基础。中国科学院上海技术物理研究所采用碲镉汞材料制备了覆盖红外全波段的高灵敏、高可靠、多光谱波段集成的探测器敏感元件，并为风云一号、风云二号、风云三号及风云四号气象卫星等多个航天项目研制了红外光电遥感设备。这些工作为中国气象卫星的发展及后来我国跻身世界气象组织作出了基础性贡献。

正是由于碲镉汞在光子型红外探测器中的重要地位，关于碲镉汞的专著迄今已经有比较多数量的出版。早期的比较全面地讨论碲镉汞的书籍包括 *Semiconductors and Semimetals*(《半导体和半金属》)系列丛书的第5卷(中译本称为"红外探测器")和第18卷(卷名称为"碲镉汞"，Mercury Cadmium Telluride)。国内关于碲镉汞的系统性论著是汤定元和童斐明[7]编写的"窄禁带半导体红外探测器"，作为一个篇章发表在《半导体器件与研究进展》系列丛书第2卷。英国的Capper编辑的《窄禁带镉基化合物的性质》(*Properties of Narrow Gap Cadmium-Based Compounds*)一书收录了包括碲镉汞、碲化镉和碲锌镉等材料的基本物理性质。褚君浩在2005年由科学出版社出版的《窄禁带半导体物理学》是关于碲镉汞研究的更为详细的论著，从基本物理性质到材料的生长和表征及器件的相关情况进行了十分全面的讨论。另外，褚君浩和Sher还在Springer出版了两本关于碲镉汞的英文专著。2011年，Capper和Garland组织编辑出版了《碲镉汞：生长、性质和应用》(*Mercury Cadmium Telluride: Growth, Properties and Applications*)一书。波兰的Rogalski在其专著《红外探测器(第2版)》(*Infrared Detectors*)中也详细地对碲镉汞进行了讨论。近年来，何力撰著的以双色焦平面探测器为主题的《先进焦平面技术导论》中较大篇幅讨论了双色碲镉汞。杨建荣还撰写了以讨论碲镉汞材料为重点的专著。美国的Kinch在其论著 *State-of-the-Art Infrared Detector Technology* 中也重点对碲镉汞进行了详细的讨论。在已经有如此多专著的情况下，要介绍碲镉汞材料和器件，同时做到与以上专著没有重复是非常困难的。尽管著者已经尽量精简已有专著中详细讨论的内容，但是考虑本书的完整性及碲镉汞在红外技术中的重要性，仍然保留了知识体系框架的基本完整性，以避免读者来回翻阅不同的书本。同时，根据著者多年从事碲镉汞探测器研制的经验，本章尽量讨论在航天红外探测器的原理、研制、测试、使用等环节中比较重要的一些内容。读者可以把本章作为碲镉汞探测器入门参考的又一个选择项。

本章首先对碲镉汞的基本性质进行简单的回顾，然后介绍目前在航天领域仍然发挥主要作用的单元和多元光电导探测器的相关基础问题，随后重点对光伏器件进行讨论，最后选择部分第三代器件的代表进行讨论。碲镉汞探测器经过 50 多年的发展，人们习惯称当前着力发展的新型探测器为第三代器件。然而，什么是第三代器件的特征？不同的人可能有不同的考虑，但是有一点是肯定的，就是新型探测器必须大幅度地解决或者减轻应用中的某个问题的约束或限制，提高系统综合性能。例如，器件规模上得到大幅度的提升（达到了百万像素规模）、具有高工作温度（轻量化）焦平面探测器组件、双色或者多色焦平面探测器、超高灵敏度的（NETD 约 1 mK）焦平面探测器、超高速读出的焦平面探测器、具有像素级智能处理的焦平面探测器等。第三代器件涉及这么多发展方向，著者根本不可能面面俱到地在本章进行讨论。因此选择双色器件、雪崩光电二极管、高工作温度及 nBn 为代表，简单地讨论其最基本的器件原理。

5.2 $Hg_{1-x}Cd_xTe$ 材料的性质

碲镉汞材料是三元系化合物，有时又称为赝二元系合金（赝就是假的意思）。碲镉汞又可以简单地认为是碲化镉（CdTe，二元系化合物）和碲化汞（HgTe，二元系化合物）的合金，它能以任何配比形成 $Hg_{1-x}Cd_xTe$ 固溶体。这一点从其分子式中就可以清楚地看出来，其中 x 代表镉的组分，简称碲镉汞的组分。碲镉汞的英文全称为 mercury cadmium telluride，通常简称为 MCT，也有简称 CMT，甚至历史上还曾有简称 HCT。碲化镉是半导体，而碲化汞是半金属，因此碲镉汞的禁带宽度随着组分发生变化。可以从 CdTe 半导体的正禁带宽度变化为 HgTe 半金属的负禁带宽度（所谓负禁带宽度就是表示导带和价带发生交叠）。因此，设计合适的材料组分，可以制备响应不同波段的红外探测器。组分是碲镉汞材料器件研究过程中首先要确定或明确的重要参数之一。碲化镉晶体的晶格常数为0.648 nm，而碲化汞的晶格常数为 0.646 nm。碲镉汞的晶格常数可以认为就是随组分线性变化的，计算时按照组分权重比例取两者算术平均值，即 Vegard 定律。

5.2.1 $Hg_{1-x}Cd_xTe$ 组分在材料基本的物理化学性质中的重要性表现

材料的组分决定材料的禁带宽度 E_g，其经验公式可以表示为下式[8]：

$$E_g(x,\ T)=-0.295+1.87x-0.28\,x^2+(6-14x+3\,x^2)\,10^{-4}T+0.35\,x^4\,(\text{eV}) \tag{5.1}$$

公式(5.1)是一个经验公式，历史上还有一些公式，计算结果大致相同。公式(5.1)的总结中，采用的样品材料组分范围是有限的，因此这个公式的保证准确的使用范围是 $0.17\leqslant x\leqslant 0.443$ 和 $x=1$。这个公式是利用薄片碲镉汞材料的变温度的光吸收谱测量方法得到的。

材料对应的截止波长 λ_c 可以用下式计算：

$$\lambda_c = \frac{1.24}{E_g}\ (\mu m) \tag{5.2}$$

从式(5.1)和式(5.2)可以看出，碲镉汞的禁带宽度和截止波长都受组分和温度的双重影响。值得指出的是，在 $x=0.48$ 附近某个组分点上，禁带宽度随温度变化的系数等于零。当组分小于 0.48 时，禁带宽度的温度系数是负数，而当组分大于 0.48 时，温度系数是正值。这表明，不同组分的器件的截止波长的温度系数是不同的。小组分的中长波材料的截止波长将随温度降低而变长，而大组分的短波材料的截止波长却随温度升高而变长。这一特点极容易导致分析短波器件变温测试结果的时候，出现考虑不周而给出错误结论。例如，1.3 μm截止波长的器件性能变温测试黑体性能时，温度对性能的影响总是和截止波长的移动从而导致的黑体辐射有效信号量的变化混合在一起，不能简单地以黑体信号大小来判定量子效率随温度变化的高低，同时要关心截止波长的移动情况才能得到比较正确的结论。这是由于一般采用的黑体温度并不是足够高，当器件的截止波长在黑体辐射强度剧烈变化的短波红外区域时，器件截止波长的微小变化可能导致等效照度的较大变化，从而引起信号的较大变化。

从图 5.1 可以看出，随着碲镉汞材料工作波段向长波不断延伸，组分值越来越小，同时组分值的微小变化引起的截止波长的变化却越来越大。从这个计算结果不难想象，随着响应波段不断延长，对材料组分一致性的要求越来越高，因此无论是从材料制备的角度，还是从材料筛选的角度，都要求对材料的组分均匀性指标不断提高。仅仅从这一点上，就能够看到甚长波红外探测器研制的难度应当远大于中波红外探测器。这也就不难理解在焦平面探测器研制的历史中，长波或甚长波红外探测器一直是一个具有挑战性的题目。

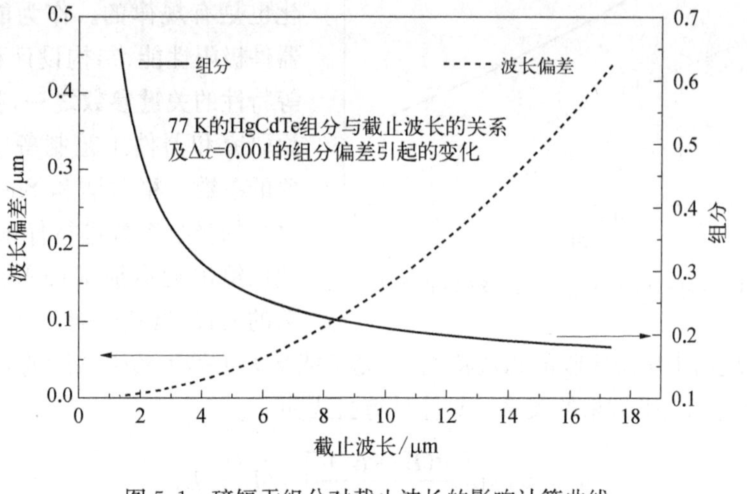

图 5.1　碲镉汞组分对截止波长的影响计算曲线

材料的组分是一个重要参数，还表现在碲镉汞材料性质的各个方面。例如，碲镉汞材料的密度就随组分有一个近似线性的相应关系。一个简单的公式是

$$\rho = (8.076 - 2.23x)\ (\mathrm{g/cm^3}) \tag{5.3}$$

利用这个公式，采用液体浮力失重测量法，可以测量材料的密度，从而用来估算碲镉汞晶体材料的组分。蔡毅的一篇对材料密度和组分关系的讨论文章，较详细地讨论计算了碲镉汞的材料密度与组分的关系，得到了一个比公式(5.3)更为复杂的表达式，有兴趣的可以查阅参考文献[9]。所谓的液体浮力失重测量法，就是阿基米德的利用浮力检测王冠金银比例(密度)的方法，具体说来就是首先精确测量样品的重量，然后将样品悬浮在液体中，再次称量，利用两次测量的差值(浮力的原因)及已知的液体密度，根据浮力公式的基本原理可以计算出样品的密度。碲镉汞的密度随温度变化不明显，大约是 $0.0001\ \mathrm{g \cdot cm^{-3} \cdot K^{-1}}$，可以用热膨胀系数来进行估计。

另外，碲镉汞材料的迁移率也与材料组分有非常密切的关系，在材料禁带宽度为零的区域，材料的迁移率达到极大值，是拓扑绝缘体研究的好材料之一。对于红外探测器常见的中长波红外用的小组分碲镉汞材料，Rosbeck[10] 根据 Scott[11] 的实验数据提出了一个近本征 n 型材料的电子迁移率的经验公式，可写为

$$\mu_e = 9 \times 10^8 b / z^{2a} \tag{5.4}$$

式中，$b = \left(\frac{0.2}{x}\right)^{7.5}$；$a = \left(\frac{0.2}{x}\right)^{0.6}$；当 $T > 50$ K 时，$z = T$，当 $T < 50$ K 时，$z = \frac{1.18 \times 10^5}{(2600 - |T - 35|^{2.07})}$。

图 5.2 是依照公式(5.4)计算的不同温度下近本征 n 型碲镉汞材料随着组分的迁移率的变化趋势曲线。

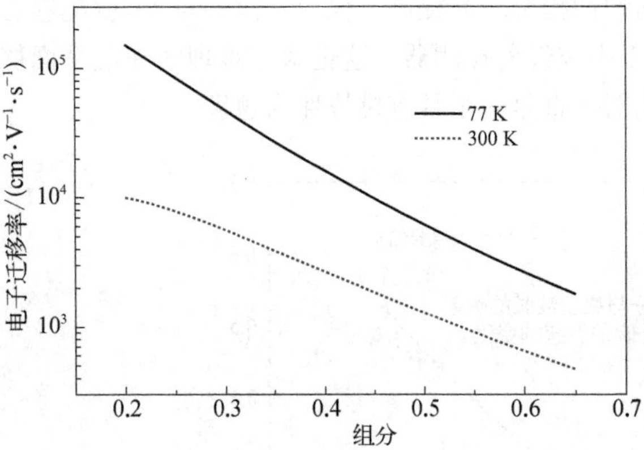

图 5.2 碲镉汞材料的电子迁移率随组分的变化

本征材料的吸收系数随组分的变化也是有规律的。作为能够影响光电器件极限性能、结构设计和光谱和串音等特性的关键参数之一，吸收系数在理论研究和器件工艺制备中都是非常重要的参数。褚君浩和 Sher[12] 对碲镉汞材料的吸收系数进行仔细深入的研究，他们给出近本征碲镉汞材料的吸收系数的公式，当光子能量 E 小于禁带宽度 E_g 的时候，显现出带尾态吸收的指数特性，当光子能量大于等于禁带宽度的时候，展现出近似于理论预测的二次平方根的关系。具体计算公式如下：

$$\alpha = \alpha_0 \exp\left[\frac{\sigma(E - E_0)}{k_B T}\right] \quad (E < E_g) \tag{5.5}$$

$$\alpha = \alpha_g \exp\left[\beta(E - E_g)\right]^{1/2} \quad (E \geqslant E_g) \tag{5.6}$$

式中，

$$\ln\alpha_0 = -18.5 + 45.68x$$

$$E_0 = -0.355 + 1.77x$$

$$\sigma/k_B T = (\ln\alpha_g - \ln\alpha_0)/(E_g - E_0)$$

$$\beta = -1 + 0.083T + (21 - 0.13T)x$$

$$\alpha_g = -65 + 1.88T + (8\,694 - 10.31T)x$$

可以看出，在光子能量等于材料禁带宽度的位置上，吸收系数 α_g 是随着组分变化的。例如，当温度为液氮温度 77 K 时，$\alpha_g = 80 + 7\,900x$ 是组分的线性函数，并且随着组分变小(截止波长变长)，吸收系数也变小。这一点在器件结构设计和材料选择上要给予一定的注意。一般来说，光子能量等于材料禁带宽度的波长位置对应的就是在探测器的响应最大的波长到截止波长这一段波长范围附近，如果材料的吸收系数只有 1 500 cm^{-1}，那么 8 μm 厚度的碲镉汞材料在光线一次透过的情况下只能吸收掉 70%的光入射的有效能量。虽然增加厚度是重要应对措施，但是更厚的吸收层不仅仅意味着材料厚度的控制问题，也关系电学参数、结区位置设计、产生-复合噪声大小等一系列问题，这也是甚长波探测器设计中需要关注的问题之一。当然，更低的工作温度可以在一定程度上为这一问题的改善作贡献。因为对于目标固定的甚长波工作波段，更低的工作温度不仅可以部分改善吸收系数的问题，更重要的是碲镉汞的禁带宽度变化规律允许人们采用更高组分的碲镉汞材料来完成任务。这里再次体现了组分的具有决定性意义的重要地位。

5.2.2 $Hg_{1-x}Cd_xTe$ 的光学性质

碲镉汞作为红外探测材料的最基本的光学性质应当是吸收系数(消光系数)和折射率。对于各向同性的介质，光学参数都可以用复折射率来表示：

$$\tilde{n} = n + ik \tag{5.7}$$

式中，消光系数如下：

$$k = \alpha\lambda/4\pi。 \tag{5.8}$$

碲镉汞的折射率有很多研究者进行了研究，也给出了相应的计算公式。详细的公式请参考褚君浩的专著，同时专著中还指出碲镉汞的长波区折射率 n_0 基本上满足 Moss 的假设，即

$$n_0^4 \cdot E_g = 55.5x + 7.8 \tag{5.9}$$

可见，随着禁带宽度的变窄，透明区的碲镉汞折射率逐渐增大。另外，考虑著名的 K－K 关系，可以理解，在禁带宽度对应的截止波长附近，材料的折射率一定会存在一个极大值。这一效应甚至在材料的反射光谱中也有体现，即在体材料反射光谱中存在极大值[13]。

碲镉汞材料的透射光谱测量在材料筛选中具有极其重要的作用。首先，材料的透射起峰位置的确定能够精确地预测材料的截止波长。由于材料组分的重要性，截止波长的确定无论是对材料研制还是对器件研制都有重要意义。探测器研制工作的实施中，材料组分的绝对数值准确性要求并不一定很高，但是相对精度却要求很高，这是由面向实际应用需求研制器件的

目的性决定的。由于透射光谱可以测量得到直接对应材料截止波长的参数，所以材料组分的最终确定的标称值往往由透射光谱测量结果计算得到。如何从透射光谱中计算出材料组分，有很多的计算方法。常见的有1%起峰位置、透射最大值一半位置及选点找斜率求截距的方法等。利用计算机采集的光谱数据，计算快速起峰位置（如最大值的1/e处）的变化斜率并通过这一点求截距得到特征值的方法是常用方法。这种方法所利用的测量数据点相对多，又能够有效地考虑晶片厚度的影响，相比较而言，精度略高，在体材料晶片的透射测量中得到很好应用。

除了从不透明波段到透明波段的透射比的快速起峰特性，透射曲线在长波波段一般都有明显的透过率下降趋势。一般认为这是由自由载流子吸收导致的，所以表现为不同组分碲镉汞材料的透射曲线明显不同，其中最明显的即是随着组分变小，最大透过率绝对值下降，而且透明区光谱的形状也明显不同。导致这些现象的自由载流子吸收的基本原理可以参考沈学础的专著[14]。图5.3是厚度为0.6 mm的不同组分的碲镉汞体晶材料的透射光谱实测曲线。由于材料晶体质量等因素，不同晶片的最大透过率并不单纯依赖于晶体组分，但是从大量晶片测量的统计角度讲，对于高质量碲镉汞晶片，组分越高则最大透过率就越大。当然，通过折射率和自由载流子浓度的理论计算，理想的碲镉汞晶片可以达到的理论最大透过比，一定和组分有非常密切的关系。某种程度上，在组分相同的情况下，如果两片不同透过率的均匀碲镉汞材料相比较，极有可能是透过率接近理论限的高透过率晶片具有更好的电学及光电性能。因此，透射光谱测量是晶片筛选的重要手段。利用小光点测量透射光谱的面分布情况，还可以分析材料的均匀性。

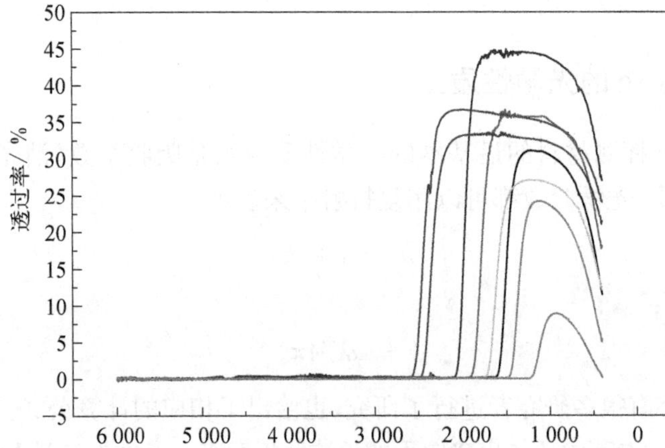

图5.3　厚度约为0.6 mm的不同组分碲镉汞晶片的透射光谱实例

当对碲镉汞外延薄膜材料测试透射光谱时，由于材料存在衬底和外延薄膜的层状结构，往往存在着明显的F-P干涉导致的透过率的振荡。如图5.4所示的利用气相外延的方法生长的碲镉汞外延薄膜的透射光谱，由于材料的生长方法的特点，所以材料内部具有显著的组分过渡区，材料的吸收边表现出倾斜的特点，另外在透明区的材料透过率数值随波数发生振荡。这时，提取材料的参数要利用已知的组分与折射率的色散关系，以及组分的分布模型，利用矩阵光学处理多层膜干涉的“传输矩阵”计算方法，可以很好地拟合出材料的组分及组分随深度的分布，具体计算参看杨建荣的专著。

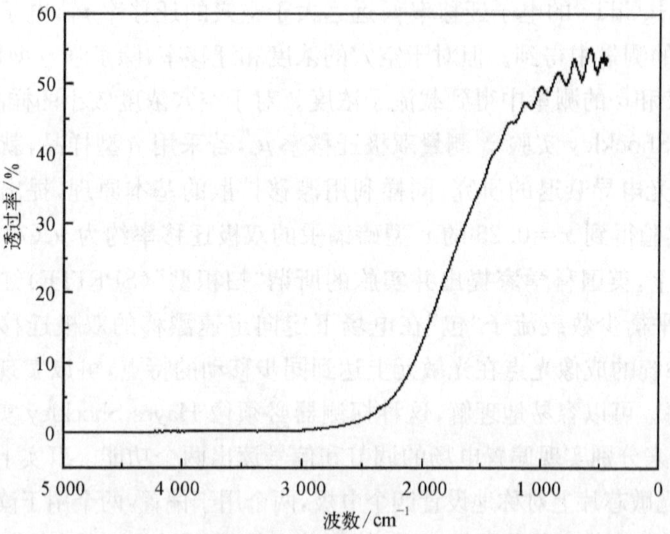

图 5.4　碲镉汞气相外延薄膜材料透射光谱

碲镉汞的介电常数也随组分发生变化，拟合的高频介电常数和低频介电常数的经验公式为[15]

$$\varepsilon_\infty = 15.2 - 15.6x + 8.2x^2 \tag{5.10}$$

$$\varepsilon_0 = 20.5 - 15.6x + 5.7x^2 \tag{5.11}$$

在《半导体和半金属（第 84 卷）》中，Rhiger[16] 还在“碲镉汞长波红外探测器”一章中专门讨论了在波长为 632.8 nm 的碲镉汞折射率及椭圆偏振光测试的情况。这些讨论显然是在材料制备时的材料组分在线光学监控下进行的。在那里，材料的折射率变化就代表材料的组分或状态变化。在这个特定波长下，材料的折射率和消光系数都可以用三元系合金中常见的、带有所谓弯曲参数项的公式表示。Hg$_{1-x}$Cd$_x$Te 的折射率公式为

$$n_{\mathrm{HgCdTe}} = (1-x)\,n_{\mathrm{HgTe}} + x\,n_{\mathrm{CdTe}} - x(1-x)\,b_{\mathrm{n}} \tag{5.12}$$

式中，前两项的意义明显，即线性比例；第三项表示弯曲参数；b_{n} 的符号代表弯曲的方向。$b_{\mathrm{n}}=0.095\,905$，表示曲线向下弯曲。文献中还给出了折射率和消光系数的经验公式，并详细计算了椭圆偏振测试的两个测试参量（Ψ、Δ）随着组分和表面状态的变化数值，可以作为碲镉汞椭圆偏振的参考数据。

5.2.3　Hg$_{1-x}$Cd$_x$Te 基本电学性质

碲镉汞载流子的浓度及迁移率一般可以从霍耳系数 R 和电导率 σ 的测量中得到。按照霍耳系数 R 和电导率 σ 的定义，有[7]

$$R = \frac{p\mu_{\mathrm{h}}^2 - n\mu_{\mathrm{e}}^2}{e\,(p\mu_{\mathrm{h}} + n\mu_{\mathrm{e}})^2} \quad \text{和} \quad \sigma = e(p\mu_{\mathrm{h}} + n\mu_{\mathrm{e}}) \tag{5.13}$$

式中，n 为电子浓度；p 为空穴浓度；μ_{e} 为电子迁移率；μ_{h} 为空穴迁移率。公式中已把散射因

子作为1。由于HgCdTe的电子迁移率μ_e远远大于空穴的迁移率μ_h，电子的浓度和迁移率很容易从R和σ的测量中得到。但对于空穴的浓度和迁移率，除了强p型样品，由于混合导电，无法直接从R和σ的测量中得到载流子浓度。对于空穴浓度较小的样品，空穴迁移率可用著名的Hayes-Shockley实验[17]测量双极迁移率μ_a，若采用n型样品，就得到$\mu_a=\mu_h$。李言谨等[18]通过对光电导衰退的研究，同样利用漂移扩散的基本原理，提出了一种测量少子迁移率的方法，实验得到$x=0.25$的n型碲镉汞的双极迁移率约为$\mu_a(77\ \mathrm{K})=245\ \mathrm{cm^2\cdot V^{-1}\cdot s^{-1}}$。事实上，英国科学家提出并实施的所谓“扫积型”(SPRITE)红外探测器的理论基础就是利用非平衡少数载流子“包”在电场下定向定速漂移的双极迁移的基本特性。因此，再配合扫描系统的成像光点在光敏元上达到同步移动的特点，可以实现时间延迟积分的效果，提高探测率。可以容易地理解，这种探测器必须像Hayes-Shockley实验配置一样至少需要三个电极，用来分别实现偏置电场的调节和信号读出两个功能。事实上，英国的SPRITE器件在长条状的光敏芯片上对称地设置四个电极，两个用于偏置，两个用于读出[19]。

如前所述，当多种载流子共同导电时，使用单一的霍耳测试结果来表征材料特性显然是不可靠的。迁移率谱的测试和计算方法就是为应对这种情况而发明的。可以预见，如果不同的载流子有不同的迁移率，那么当磁场发生变化时，它们的对霍耳测量结果的贡献也就不同。迁移率谱的方法[20]就是采用变磁场强度的测量方法，通过测量样品在不同磁场下的磁阻和霍耳电压，然后采用一种数值拟合方法给出混合导电不同载流子的一些信息。但是由于数值拟合的精度及实验误差的存在，这种方法使用后得到的数据分析要适当加以小心。毕竟这种方法是基于磁场变化后导致霍耳测量参数的变化来计算的，因此其本质上是对实测数值的微分量感兴趣，这样就要求测试精度高、相对误差小。例如，为了显示低迁移率载流子的贡献，在一定测试精度的情况下，磁场就必须提供足够的强度，同时由于各种霍耳测试中多种副效应的影响，而实际测量中迁移率谱计算的前提假设不一定都能满足要求。然而，这毕竟是一种方便地利用计算机提取不同载流子贡献的方法。因此在碲镉汞材料的霍耳测试结果分析中得到很多的应用[21-23]。

室温下的空穴的迁移率在$40\sim80\ \mathrm{cm^2\cdot V^{-1}\cdot s^{-1}}$。液氮温度下要增大一个数量级。Dennis等[24]给出了一个组分在0.20～0.30的碲镉汞空穴迁移率随p型浓度的变化的经验公式：

$$\mu_h=\mu_0\left[1+\left(\frac{p}{1.8\times10^{17}}\right)^2\right]^{-1/4} \tag{5.14}$$

式中，$\mu_0=440\ \mathrm{cm^2\cdot V^{-1}\cdot s^{-1}}$。这个公式的适用范围为$p=1\times10^{15}\sim5\times10^{17}\ \mathrm{cm^{-3}}$。有时，在有些模拟计算中，也经常利用电子和空穴的迁移率比值这个概念，$b=\mu_e/\mu_h$。b通常取一个固定的常数，一般取为100。

利用迁移率的碰撞散射弛豫时间近似模型分析碲镉汞中的电子迁移率随温度的变化规律，Scott[11]的计算表明，高温部分的迁移率主要由极性光学声子的散射决定，而低温部分主要由电离杂质散射决定。

关于碲镉汞的本征载流子浓度也有多个公式。褚君浩和Sher[12]利用Kane模型的非抛物线导带，并考虑简并问题，推导出一个公式：

$$n_i = (1 + 3.25\, k_B T / E_g) \cdot 9.56 \times 10^{14}\, E_g^{3/2}\, T^{3/2} \left[1 + 1.9\, E_g^{3/4} \exp\left(\frac{E_g}{2 k_B T}\right)\right]^{-1} \tag{5.15}$$

利用这个经验公式，结合半导体的质量作用定律，当利用霍耳测量等手段已知半导体的多数载流子(多子)浓度时，利用本征载流子浓度的平方除以多子浓度就得到平衡态的少数载流子(少子)的浓度。

利用 Kane 的窄禁带能带理论，不难得出如下的碲镉汞导带电子浓度的公式[25]：

$$n = \frac{3}{4\pi^2}\left(\frac{3}{2}\right)^{1/2}\left(\frac{k_B T}{P}\right)^3 \int_0^\infty \frac{\in^{1/2}(\in + \Phi)^{1/2}(2\in + \Phi)}{1 + \exp(\in - \eta)} \mathrm{d}\in \tag{5.16}$$

式中，$\Phi = E_g / k_B T$ 是简约禁带宽度；$\eta = E_F / k_B T$ 是简约费米能量；$\in = E / k_B T$ 是电子的简约能量。从式(5.16)可以看出，只要导带电子的浓度一定，在一定的温度下，费米能级的位置也是一定的。因此利用公式(5.16)和电子浓度可以确定费米能级的位置。图 5.5 给出了一些数值计算的结果，图中的两条曲线分别是 77 K 和 300 K 时导带开始发生简并时的电子浓度。从图中可以看出，随着组分 x 的逐渐减小，开始发生简并时的电子浓度也逐渐减小。这是因为随着禁带宽度的减小，导带的非抛物线性增加、导带底的态密度减小。特别是在甚长波探测器中，掺杂浓度过高或者温度过低可能引起载流子简并，从而导致一些与其他波段略有不同的现象。另外，在人们关心的组分范围内，300 K 发生简并时，电子浓度一般将近 $10^{17}\ \mathrm{cm}^{-3}$，而通常采用的样品室温电子浓度一般都低于这个数值。同样地，利用费米狄拉克分布，通过对重空穴价带的计算，当假设重空穴的有效质量等于 $0.55m_0$（m_0 为电子的质量）时，77 K 发生价带简并的空穴浓度要达到 $1.0 \times 10^{18}\ \mathrm{cm}^{-3}$。

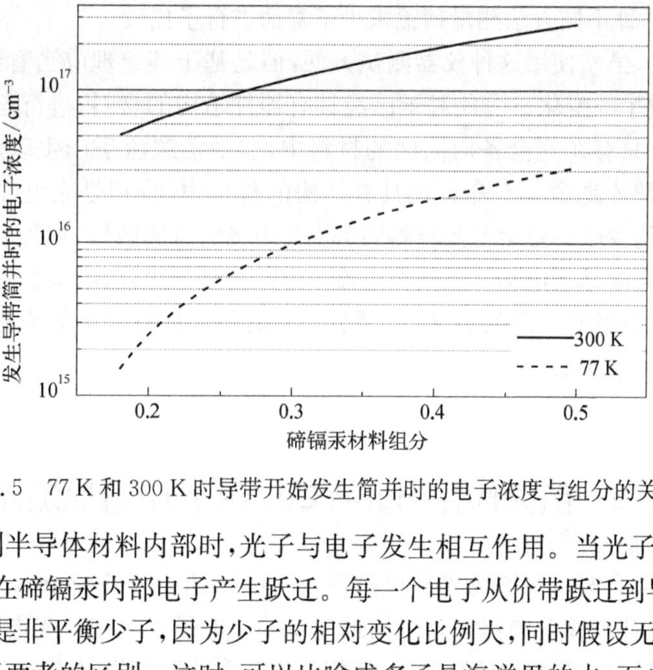

图 5.5　77 K 和 300 K 时导带开始发生简并时的电子浓度与组分的关系

当光子入射到半导体材料内部时，光子与电子发生相互作用。当光子能量大于等于禁带宽度的能量时，在碲镉汞内部电子产生跃迁。每一个电子从价带跃迁到导带，产生一对非平衡载流子(重点是非平衡少子，因为少子的相对变化比例大，同时假设无法区分非平衡多子和平衡态的多子两者的区别。这时，可以比喻成多子是海洋里的水，而少子是气泡)。这些非平衡载流子，最后通过各种可能的复合机制发生复合。事实上，无论是热激发的载流子还是光激发的载流子都要经历产生和复合两个过程。在热平衡条件下载流子的产生率和复合率相等。这是物理学中动态平衡的基本概念。因此，一般地认为，非平衡少子的寿命，取决于有关的复合机制。重要的复合机制包括体内的辐射复合、S-R-H 复合、俄歇复合及表面复合等。辐射复合就是非平衡少子与多子直接复合，并辐射出光子，有时也称为直接复合。通过复合中心的复合称为 Shockley-Read-Hall 复合，简称 S-R-H 复合，有时也简称为 S-R 复合。俄歇复合也称碰撞复合，就是在电子和空穴的直接复合中，也可以通过碰撞将多余的能量交换给第三个载流子来完成。这个过程牵扯三个载流子，是碰撞电离的逆过程。这些复合机制都有详细的理论分析计算，感兴趣的读者可以参考原始文献。关于碲镉汞的非平衡少子寿命的计算公式可以参考汤定元和童斐明[7]的总结。俄歇复合的计算表明，对于可能存在的 10 种碰撞机制，对 n 型半导体起主要作用的是 A1，而对于 p 型半导体则是 A7。这两种过程限制的本征寿命相比 A7 的相对长一些，大约为 3～6 倍。这是影响人们用 p-on-n 还是 n-on-p 型光电二极管的理论参考依据之一，虽然有时好像会给出与实际研制情况相反的结论，但是这一点是在选择 n 型还是 p 型作为吸收层材料时的一个考虑因素。

少子寿命的测量有很多种方法，比较常用的有光电导衰退法、载流子浓度调制法、二极管脉冲恢复法及微波反射测量光电导衰退法等。对于碲镉汞材料，特别是长波碲镉汞材料，人们关心的少子寿命的测量需要在低温下进行。前面三种方法都需要在样品上制备电学连接的金属电极，因此工艺比较麻烦。采用微波反射法测量少子寿命，是利用微波作为感知技术，通过脉冲激光改变被测材料的载流子浓度，从而改变材料对微波的反射能力，仪器记录这个变化过程，从而计算得到少子寿命。因此这种测试过程中的样品不需要制备接触电极，并能够方便地提供少子寿命分布情况的测试。目前已经有这种测试方法的商业仪器出售。王妮丽等[26]还对两种不同方法测量碲镉汞少子寿命进行了比较。

需要指出的是，虽然使用这种仪器测试方便，但是基于其原理应当看到，这种设备的实质是测量微波透过率的变化。因此对于已经具有器件结构的材料，进行这种测试得到的结果不是少子寿命。只有在完全各向同性的材料中，非平衡载流子产生以后自由地扩散、复合，这时其时间常数才是少子寿命。在具有结构的材料中，特别是光电二极管结构的材料中，光注入的非平衡少子一定会受到材料内部内建电场的分离效应，这种状态下测量的时间常数，可能更多地反映结区电场性质及漏电流放电的特性。虽然说，面分布扫描下给出的均匀性表征结果可能仍然有一定的意义，所谓少子寿命的特征时间量的绝对值意义已经完全不同，使用时需要特别小心。

5.3 航天应用 $Hg_{1-x}Cd_xTe$ 光电导探测器

光电导探测器(有时也简称为光导探测器，photoconductor detector，PC detector)是一种结构和工艺相对比较简单的器件。采用最简单的微电子工艺制作光电导探测器，光刻版只需要两张，足以反映工艺的简捷。然而，即使是这么简单的工艺，要完成一个性能良好的光电导器件的制备,需要考虑的问题也有很多。从理论方面来讲,材料的参数的选择、表面钝化的特性、电极欧姆接触的影响、少子迁移和扫出效应、抗反射层的制备,以及热传导等特性都是重要内容。从工艺方面考虑,材料的抛光及其厚度的精确控制问题、表面钝化层与工艺的兼容性问题、电极焊接工艺问题、刻蚀深度和转型问题、光刻版图设计问题都是需要关心的内容。

5.3.1 碲镉汞光电导探测器的基本设计考虑的问题

1. 电压响应率

关于碲镉汞光导探测器的一般理论在很多专著中都有介绍,也可参阅本书2.5节。其核心内容就是制造一个高性能的光敏电阻。简单的推导可以给出一个光电导探测器响应率的公式:

$$R_v = \frac{\eta V_0 \tau}{E_\lambda l w t n} \tag{5.17}$$

式中,η 为光电转换的量子效率;V_0 是偏置电压;τ 为少子寿命;E_λ 是光子能量;l、w、t 分别是探测器的长、宽、厚;n 为载流子浓度。从公式(5.17)可以看出,响应率随偏压线性变化,与少子寿命成正比,与载流子浓度成反比。同样的光敏元大小,厚度薄的响应率更大。

以上这些结论都是在最简单假设下得到的。模型稍复杂的计算会给出极其繁复的公式。例如,考虑表面复合速度的影响,则厚度并不是越薄越好。又如,偏置电压增大到非平衡载流子在没有复合以前就被电场扫除到电极区,这时响应率不再与偏置电压有关,也不再与少子寿命线性相关,而是取决于双极漂移的时间。以上这些讨论都已经有详细的理论推演可以参考。

显然,光电导型探测器的电压响应率通过变换也可以得到一个电流响应率,如果再利用此电流响应率计算量子效率极其容易给出一个量子效率大于1的结果。这是由存在所谓的光电导增益导致的。具体的物理图像如下:少子在体内存在的时间内,由于多子和少子的漂移速度的不一致,多子参与导电的数量比少子的数量多,从而导致表观增益存在的情况。考虑少子在体内扩散漂移运动并不像简化理论描述的变化简单,特别是遇到分层结构(如弱p型夹心)、阻挡电极等,此增益的大小受很多因素影响,是光电导探测器的研制工作者需要关心的问题之一。

另外,光电导探测器的电压响应率随偏置大小而变化,因此在表达结果的时候需要声明测试的条件,如恒流偏置的电流,或电阻分压的偏置电压与偏置电阻值,或者直接算出探测器偏置电压。同样,利用光电导的电压响应率计算出的电流响应率更加应该予以说明,特别注意的是,不应该与光伏器件的电流响应率比较大小。两者的工作机理完全不同,因此不存在比较的基础。所以一般情况下,小阻抗的光电导探测器只讨论电压响应率,而光伏探测器只讨论电流响应率。这样也比较符合实际测量的情况,即光电导一般测量的是电压响应,而光伏器件测量的是电流响应。一个要用极高输入阻抗的电压放大器,一个要用极低输入阻抗的电流放大器进行光电信号测试。

同样的偏置电流的情况下,如果探测器的电阻越大,则响应率越高。因此利用所谓的"梳状"工艺,可以提高器件的响应率。实际上就是利用离子束刻蚀的技术,在光敏区进行开槽,使得材料内部的电流密度增加,同时电流在光敏区经过的路程增加。这种方式能够明显地提高器件的阻抗及响应率。但是由于离子束刻蚀带来的损伤和碲镉汞材料的电学性质的变化,总的探测率并不一定增加,而且响应率和电阻也并不是随着开槽的数量增加而平方倍地提高。在甚长波大面积光导探测器上的实际摸索的初步经验结果表明,最佳开槽数量为3~4个。

2. 光导基本工艺和表面钝化

碲镉汞光电导探测器的工艺经过多年的发展,目前已经基本完善。通常,要得到性能良好的器件,最根本的是选用优良的碲镉汞材料。一般情况下,选择本征的n型材料进行探测器制备。这种材料应当是组分合适的,具有迁移率高、低温载流子浓度低、少子寿命长、透射光谱的最大透过率高等特点。考虑减薄抛光到2~3倍吸收长度的需要,一般需要选择一个合适的衬底,这个衬底需要能够经历所有的过程而不变化或引入不良影响,并且需要具有良好的导热性。碲镉汞晶片需要固定到这个衬底上,考虑在低温下工作、热导好等特点,一般需要选择可低温工作的黏滞系数低的环氧胶。在环氧胶结衬底和晶片时,需要尽可能地降低胶结层的厚度。

抛光工艺是光导器件成型的关键工艺,抛光质量的好坏直接影响表面状态,决定表面复合速度大小,严重影响最终的有效少子寿命大小。张立瑶等[27, 28]对溴-甲醇化学-机械抛光的工艺进行了研究。利用正交实验,确定了最佳抛光参数,采用此溴抛光工艺能够提高材料的表面平整度,减小材料的表面损伤,提高薄层材料的有效少子寿命。他们还进行了器件研制的对比试验,发现能够更加有效地去除损伤,降低表面复合速度。

窄禁带HgCdTe材料的表面是十分敏感的,其制备的器件性能很大程度受HgCdTe表面的性质影响。为了提高探测器性能,降低表面对器件的影响,通常采用的办法是对HgCdTe表面进行钝化。一般地,对探测器进行钝化时需要满足以下五点要求:① 钝化膜化学性质稳定,结构致密,与基体黏附牢固,有一定的阻水性;② 热稳定性好,和器件的工艺处理和存储要求相兼容;③ 绝缘性能好,拥有合适的介电常数和折射率;④ 电学性质方面,钝化膜应当具有探测器要求的表面固定电荷密度和较低的界面态密度;⑤ 能够在低温下生长,生长过程对基体表面没有损伤,且易重复。

碲镉汞晶片表面需要钝化层,利用阳极氧化的方法制备自身生长的钝化层是光导器件制备的一步关键工艺。阳极氧化膜具有一定的带正电的固定电荷,能够使碲镉汞表面形成一层电子积累层。电子积累层的存在虽然降低了器件的电阻,但是电场对少子有驱赶作用,降低表面复合速度,提高等效少子寿命,同时降低表面态引起的1/f噪声,因此可以提高器件的探测率。最近,徐鹏霄[29]在碲镉汞阳极氧化膜上增加ZnS绝缘层,制备了MIS栅控器件,详细研究了阳极氧化膜的表面固定电荷等特性。研究表明,虽然现有工艺制备的阳极氧化膜具有较高的表面固定电荷,达到了10^{12} cm^{-2}的水平,但是器件的总体表现基本上在比较良好的一个水平,探测率的极大值在栅控器件的零偏压附近,如图5.6和图5.7所示。另外,栅控器件在−10 V偏压下的响应率、探测率(噪声)等参数的剧烈变化,说明了表面钝化固定电荷的作用,也显示出表面复合的严重影响。

碲镉汞光导型探测器一般采用的阳极氧化膜钝化层,并不是完美的钝化层。特别是在其可靠性方面,刘大福[30]、王韡[31]在研究碲镉汞光导器件时发现,高温热浸及水汽作用都会

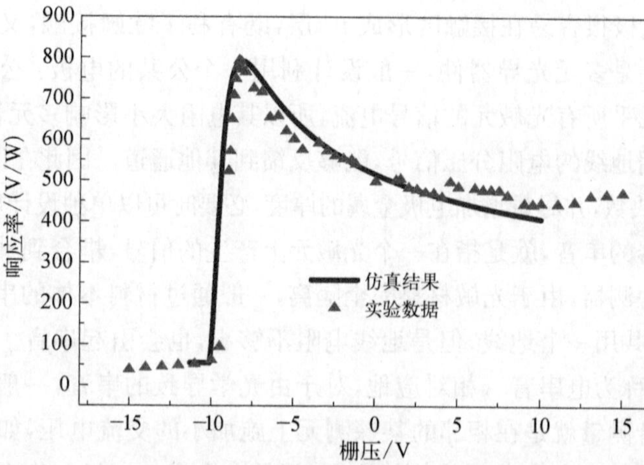

图 5.6 栅控器件响应率随栅压的变化实测结果与理论仿真曲线

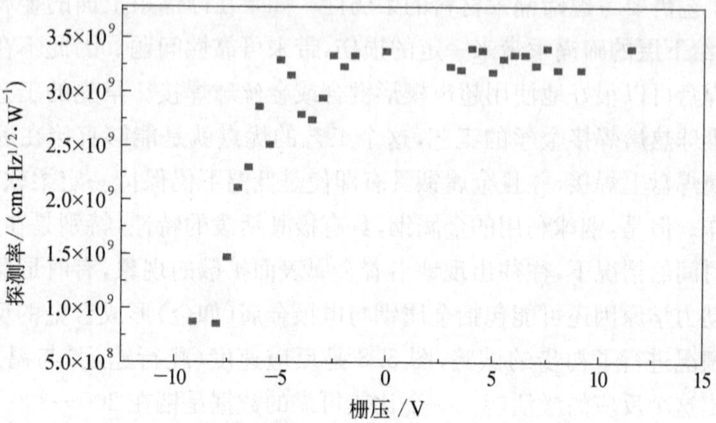

图 5.7 栅控器件的探测率随栅压的变化测量结果

影响碲镉汞表面钝化层的性质,从而影响器件性能。在工艺方面,处理阳极氧化膜也要有特殊性,由于其能够被强酸和强碱溶解,所以对光刻、腐蚀等工艺就提出了特别要求。通过改进工艺或者增加复合多层膜的方式,可以改进和提高性能及可靠性。汤英文等[32]对各种不同条件下的氧化及硫化方法进行了研究,给出了一些制备钝化膜的方法探索。研究表明,二次氧化的方法可以对光导器件的性能有一定改善。陆胜天曾进行了脉冲氧化制备阳极氧化膜的研究。

有试验研究表明[30],刻蚀槽里的碲镉汞材料的侧面是否钝化,会影响器件的稳定性。为此,朱龙源等设计了特殊的光刻图形,并调整了光导器件的研制流程,即先进行碲镉汞光敏面的刻蚀,然后进行阳极氧化,实施了刻蚀侧面阳极氧化膜钝化的试验尝试,也收到了较好的效果。徐勤飞等[33]对这种具有侧面钝化的器件进行了真空热浸和紫外光照的可靠性试验研究,比较结果表明侧面钝化是有作用的。

3. 电极和欧姆接触

n 型碲镉汞的欧姆接触是很容易做到的。常用的接触金属电极为离子束溅射制备的

In/Au 电极。这种电极很容易在接触区形成 n^+ 层，既有利于欧姆接触，又有对少子的排斥作用。光导器件特别是多元光导器件，一般设计利用一个公共的电极：公用电极。由于公用电极上需要流过几乎所有光敏元的信号电流，所以其电阻大小影响多元器件的串音大小。其基本原理就是公用地线的电阻分压信号，能够反馈到其他通道。因此在设计上要考虑公用电极的面积，降低方块数，并尽量增加电极金属的厚度，必要时可以单独设计加厚层淀积步骤。

所谓多元探测器的串音，就是指在一个光敏元上产生的信号，耦合到其他光敏元上的百分比。对于光导型探测器，由于光敏材料完全隔离，一般通过材料本体的串音很难存在。但是，如果多个光敏元共用一个地线，但是地线电阻不够小，也会引起串音。这种串音是电学耦合导致的，通常也称为电串音。相对应地，对于由光学导致的串音，一般称为光串音。光电导探测器的电串音测量就是在相邻的某探测元上施加小的交流电压，如 1 mV，在本探测元上能够测量到的同频率交流电压的值的比例，就是电串音。一只制作良好的多元光电导探测器的电串音一般都在 3%以下。

引线焊接工艺需要考虑碲镉汞材料的柔弱性。如果在碲镉汞上面的金属膜表面直接键合金丝，往往会给下层的碲镉汞带来一定的损伤，带来可靠性问题。因此不在碲镉汞材料上面设计的键合焊盘可以很好地使用超声楔形键合或金丝球焊接。早先的工艺为了避免这个问题采用了小铟球热熔焊接金丝的工艺，这个工艺的优点就是能够直接在远离光敏区的碲镉汞材料的金属焊盘上焊接，并且金属铟具有即使是低温下仍保持一定柔软性的特点，便于芯片拼接等操作。但是，铟球利用的金属铟，具有极其活泼的特性，特别是在金属表面上，在温度高或者长时间的情况下，往往出现铟沿着金属表面扩散的现象，有时形象地称为爬行现象。这其中的动力学原因还可能包括金属铟与电极金属(如金)形成合金的反应过程。本书专门模拟这种情况进行了初步的试验，图 5.8 是反应速度(爬行速度)与温度的关系曲线。从图中可以得出这个反应的激活能。一个比较可靠的数据是铟在 200～300 nm 厚度的金层上，在室温环境下两年时间可以爬行 70 μm 左右的距离。根据试验外推可以估计在−10℃的冰箱冷冻温度下，反应速度将降低到 2%以下。

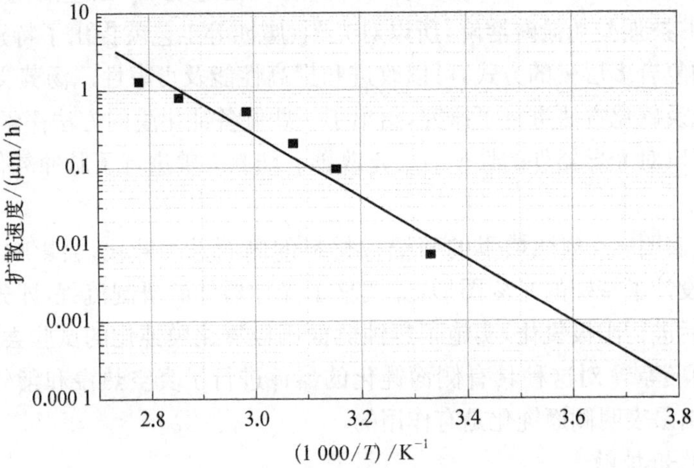

图 5.8　实验测量的铟在金膜上扩散的速度与温度的关系

为了采用金丝球焊工艺以克服铟球焊接的可靠性问题，钱大憨等[34]设计了曲面延伸的电极结构，并进行了多项试验。这种曲面延伸电极需要先刻蚀出台阶，然后将金属电极制备到衬底和碲镉汞接触区，并通过曲面的方式克服高低温循环引入的热胀冷缩导致的单一方向受力而破坏金属层的潜在隐患。这种结构经过直接从室温快速进入液氮的 9 次温度冲击，没有发现变化，证明是一种比较好的设计。

4. 光导探测器的离子束刻蚀工艺

离子束刻蚀是碲镉汞光导器件的重要工艺步骤。这种干法刻蚀的基本原理就是利用低能离子束的轰击蚀刻作用，对碲镉汞材料进行腐蚀。碲镉汞材料在离子束的轰击下气化并被带走。在光刻胶掩模保护下的部分没有受到轰击则留下来，其他没有保护的部分被完全刻蚀。通过这步工艺，碲镉汞材料分割成需要的图形。通常碲镉汞材料的厚度在 10～20 μm，需要几百伏的低能 Ar^+ 刻蚀几个小时的时间才能彻底刻穿。这步工艺目前也面临着挑战，随着探测器阵列规模扩大、光敏面图形逐渐变小，光敏元与光敏元之间的间距也要求越来越小。这时，由于刻蚀过程实际上至少包括离子束刻蚀材料和刻蚀产物输运两个过程，随着刻蚀开口变小、相对深度变深，刻蚀产物输运并排除这一过程将受到影响，就自然地存在一个刻蚀深宽比的问题。贾嘉等[35]通过设计不同的开口、选择不同的光刻胶及改造设备采用三栅离子源等措施，进行了实验比较，能够获得深宽比为 2 的结果。这样在碲镉汞材料厚度为 10 μm 左右的情况下，刻蚀缝宽可以进一步降低到 6 μm。采用三栅离子源，通过增加一个准直用的栅极，虽然降低了离子束流的密度，但是可以得到更好准直效果的离子束，因此溅射生长的副效应过程可以得到部分抑制，改善了刻蚀的深宽比表现效果。

碲镉汞与离子束相互作用是一个专门的研究领域，已经有比较多的研究。在光导器件制备的工艺中，经常使用低能离子束刻蚀的方法完成隔离工艺，因此得到了比较深入的研究。由于碲镉汞具有键能低、缺陷态容易产生电学活性等特点，利用这些研究结果针对性地开展了离子束转型及其相关应用研究，最为著名的就是所谓“环孔”光伏器件的研制。其机理将在 5.4.1 节进行讨论。

5.3.2 $Hg_{1-x}Cd_xTe$ 光电导探测器的响应光谱形状的深入理解和优化设计技术

碲镉汞长波红外光导器件在气象卫星和航天红外遥感等领域有着广泛的应用，但是一直以来，在响应光谱的峰值附近存在所谓的“多峰”现象，该现象影响器件对波段响应的分辨能力，降低器件的成品率，限制器件的进一步应用。因此，分析多峰现象的理论成因，改进相关的器件工艺，并使其成熟稳定，具有理论意义和现实意义。许金通等结合风云二号气象卫星辐射计的光谱形状优化的要求，对光电导探测器的响应光谱的形成机理进行多方面的实验研究，得出了有益的结论，下面是核心内容的简述。

1. 多峰现象起源分析

图 5.9～图 5.11 是长波光导器件响应光谱中有代表性的三个例子。

图 5.9 和图 5.10 是采用风云二号的常规工艺制备的小光敏面(82 μm×82 μm)器件光谱，而图 5.11 是当器件的光敏面很大(超过 1 cm^2)时得到的光谱。图 5.9 中，器件的峰值

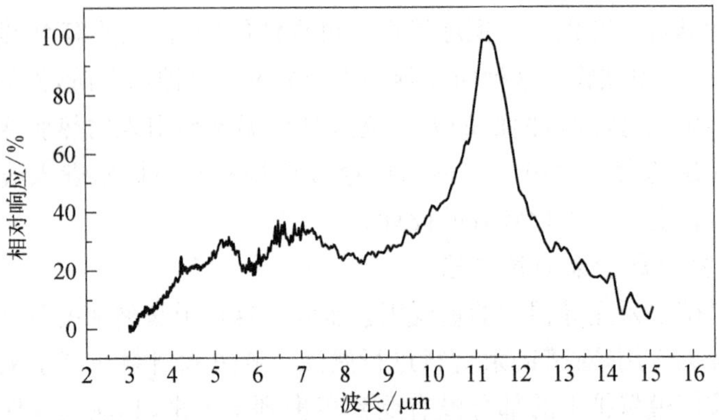

图 5.9 碲镉汞长波光导器件响应光谱

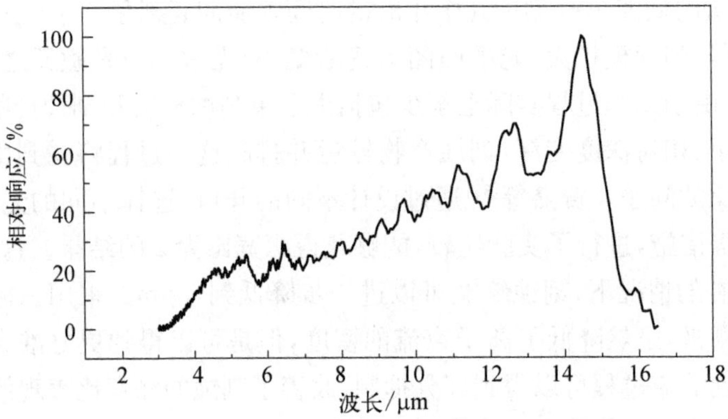

图 5.10 碲镉汞长波光导器件响应光谱

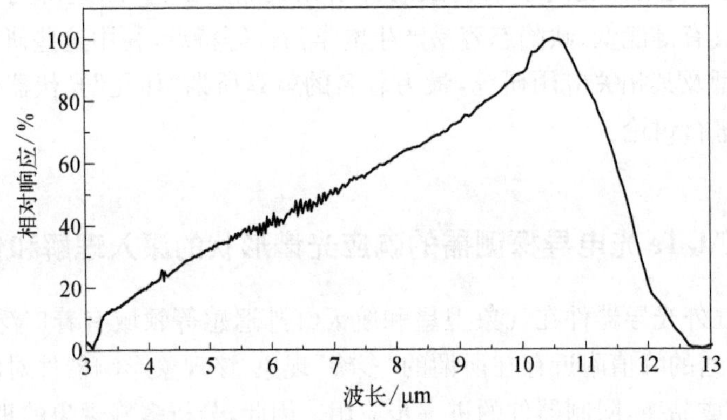

图 5.11 碲镉汞长波光导器件响应光谱(超大面积器件测试)

响应波长是 11.32 μm,在峰值波长的±1 μm 左右,器件的响应率减小很快,在 10.5 μm 和 12.5 μm处的响应率小于峰值的 50%。图 5.10 中,峰值波长是 14.48 μm,在峰值波长的短波方向附近,响应率随波长变化很快,显多峰现象。图 5.11 的器件的光敏面积大于 1 cm^2,器件响应率随波长增加平滑地直线增大,这符合理论上理想情况的结果。图 5.9 和图 5.10 中显现的光谱在这里统称为“多峰”光谱,图 5.11 称为“单峰”光谱。器件加了长波红外的窄带滤光片后,波段响应率和器件的光谱形状关系很大,因此多峰或单峰将明显地影响器件的响应率和不同芯片响应的一致性。

分析了大量已有的光谱数据后发现，器件的多峰光谱的波形大致只有图 5.9 和图 5.10 两种，对于同一材料流片出来的器件，光谱形状也很不一致，这说明了光谱形状与碲镉汞材料质量或已有工艺的波动性没有关系。对多峰光谱的器件采用不同的测试方法，即改变入射光入射角、入射光强弱和光谱仪器等，光谱形状没有变化，这说明光谱形状与测试条件无关。因此，光谱形状可能与器件的结构和工艺相关。

据文献报道，碲镉汞长波器件的响应光谱在长波处容易存在所谓的起伏现象。如果采用表面增透，或贴片胶掺入小颗粒的氧化铝粉末，将有助于改善光谱形状。但是，文献没有给出确切的机理。

对于碲镉汞长波材料，当组分 $x=0.205$ 时，其吸收系数 $\alpha=1\,660\ \text{cm}^{-1}$；而长波光导器件的碲镉汞厚度一般是 10 μm 左右，这样入射光经过入射和底面反射后，在入射面出射的光强的比例大约有 3.5%，这与光谱中一般观察到的波动幅度(10%～30%)很不符合。

入射光在碲镉汞光敏面发生反射，反射光的相对强度与碲镉汞和表面钝化膜的折射率有关。取碲镉汞材料在长波时折射率 $n=3.6$，则正入射时，碲镉汞材料的反射率将达到 30%。入射光也将在器件的非光敏面处发生反射，这大部分将发生在宝石片的表面。在 12 μm波长附近，不透明的蓝宝石光滑表面的反射率也很大。(在传统的光导探测器成型工艺中，除了光敏面和电极区以外的碲镉汞材料通常都被刻蚀掉，露出衬底-蓝宝石表面来。)由于长波光子的波动性，在碲镉汞光敏面处的长波光子与邻近宝石片处的长波光子的相干性很强，假设相干长度是几个光波长到几十个光波长，则大约是几十到几百微米，而这个尺度与风云二号长波光导器件的光敏面(长度 82 μm)大致相同。因此，长波光子将在光导器件上发生干涉现象，而碲镉汞的厚度和宽度均提供了光程差，这是响应光谱出现多峰现象的起源。

2. 实验验证

工艺实验主要从减小光学干涉的观点出发，对器件结构的各个部分进行优化实验，主要采取生长增透膜和抛光宝石片的方法。目前采用硫化锌作为增透膜，取硫化锌的折射率 $n=2.15$，厚度 $d=1.3$ μm，则增透的中心波长是 11.18 μm。图 5.12 是采用该增透膜后的器件

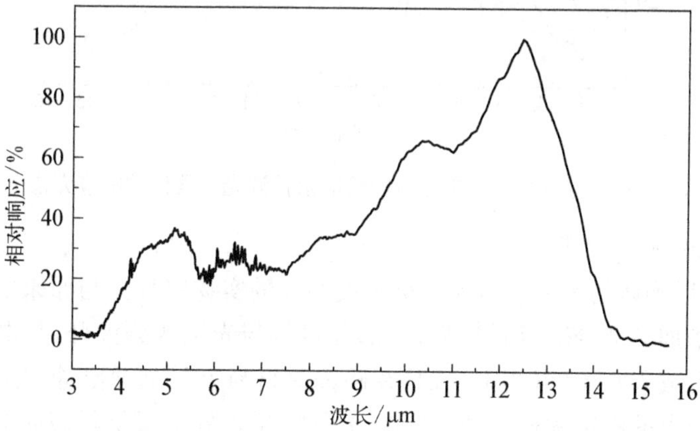

图 5.12　表面生长增透膜后的碲镉汞长波光导器件的响应光谱

响应光谱，器件响应的峰值是 12.45 μm，在峰值响应的短波方向，响应率随波长变短平缓地减小，这与大光敏面器件的响应光谱很相似，增透工艺大大降低干涉对响应光谱的影响。由于光学干涉还与宝石片表面的反射有关，所以对采用不同宝石片表面的器件进行光谱测试，结果如图 5.13 和图 5.14 所示。

图 5.13 是在碲镉汞贴片的宝石片正面上镀金后得到的响应光谱，从图中可知，响应率随波长变化显现出有规律的振荡，符合干涉的特点。图 5.14 是当碲镉汞贴片的宝石片为正面粗化过的毛面宝石片时器件的响应光谱，这时光谱响应相当平缓，没有明显的多峰现象。宝石片镀金和粗化实验结果进一步验证了响应光谱的多峰起源于长波干涉的设想。

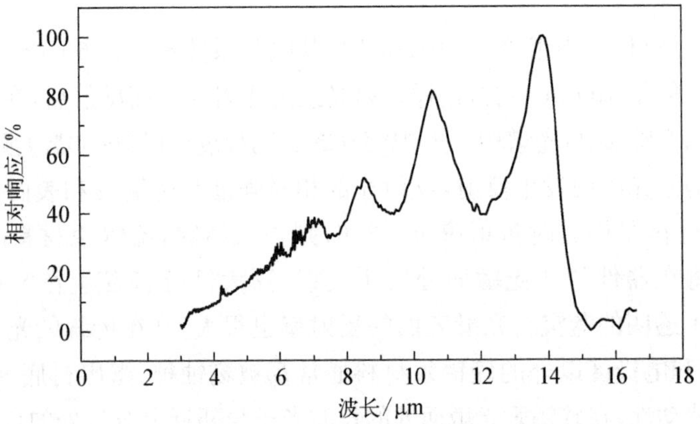

图 5.13　宝石片镀金后的碲镉汞长波光导器件的响应光谱

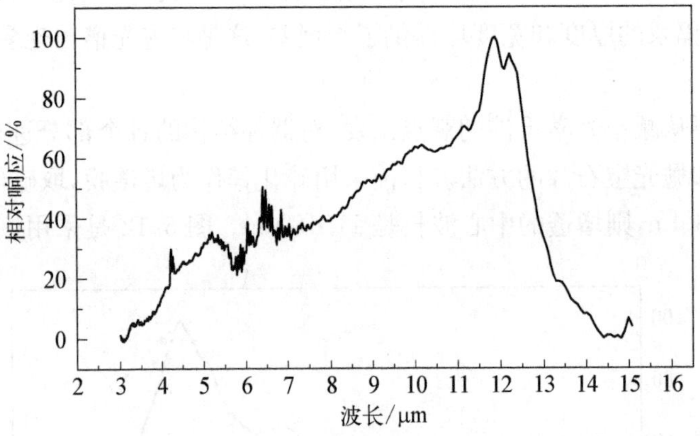

图 5.14　宝石片正面粗化后的碲镉汞长波光导器件的响应光谱

3. 改进措施和实际效果

图 5.15 是最后确认的风云二号(03)批长波芯片的实物照片。与原来的芯片结构相比，在光敏区的四周增加一部分碲镉汞材料，这部分材料与光敏区刻蚀开，是电绝缘的，而在光学上对长波光子形成吸收。(事实上，就是在碲镉汞材料上只刻蚀出缝隙进行光敏面定义，而不是把不参与导电的碲镉汞材料全部刻蚀。)另外，增加碲镉汞材料表面的增透膜，进一步抑制反射比例，从而抑制响应光谱上多峰的形成。用上述改进工艺，用多个碲镉汞晶片制作

了风云二号长波红外器件芯片，其波段探测率大于 5×10^{10} cm・$Hz^{1/2}$・W^{-1}，满足辐射计使用要求。响应光谱如图 5.16 所示，形状有明显改善，在 10～13 μm 波段内响应基本较为平滑。

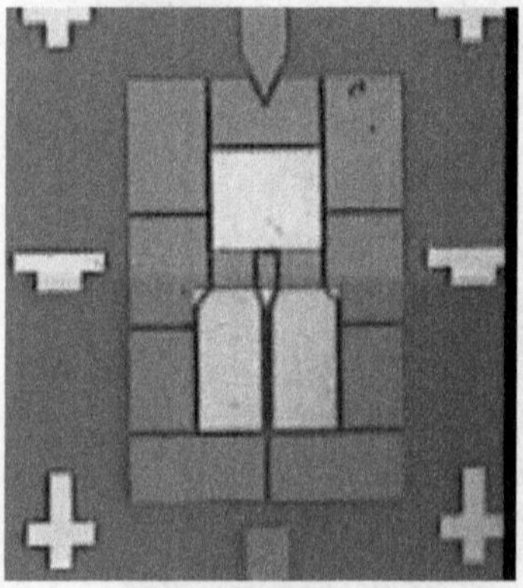

图 5.15　工艺改进后长波红外芯片的实物图片

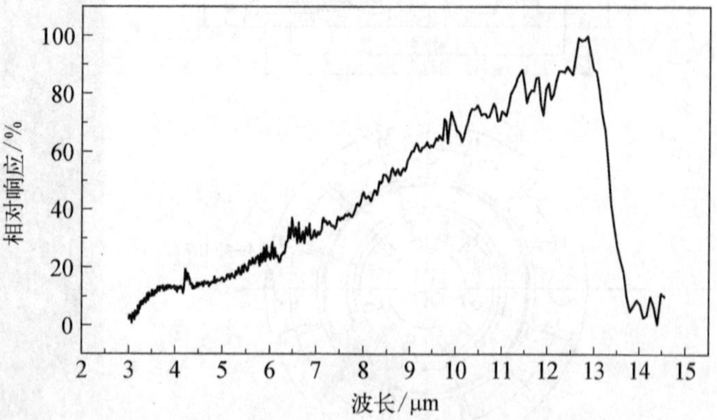

图 5.16　改进后长波芯片响应光谱

4. 光谱调控技术研究结论

理论模型分析、拟合计算及工艺实验结果均表明，长波红外响应光谱的多峰现象起源于长波光子的波动性引起的干涉，采用表面增透、“围墙结构”等工艺可以基本消除。通过这些措施，改善器件的响应光谱，同时也表明，在数个光敏元尺寸的这种长度范围内，不同区域的光波可以发生干涉，这时不能简单地只考虑几何光学的内容，可能还需要建立物理波动光学的模型。

5.3.3　航天 $Hg_{1-x}Cd_xTe$ 光电导探测器芯片照片和性能参数

2014 年 12 月 31 日北京时间 9 时 02 分，我国在西昌卫星发射中心成功发射风云二号 08 星，卫星成功发射后定点于东经 99.5°赤道上空的地球同步轨道。2015 年 4 月 29 日，风云二号 G 星经过 4 个月的在轨测试，正式交付用户中国气象局投入业务运行。G 星各项功能和性能指标满足研制总要求。卫星有多项技术改进和提升：观测精度进一步提高，寿命由 3 年提高到 4 年，汛期观测间隔大幅缩短。风云二号 G 星是风云二号 03 批三颗卫星中的第二发星，采取自旋稳定方式，设计工作寿命为 4 年。核心光学载荷就是扫描辐射计。扫描辐射计包括 1 个可见光和 4 个红外通道，可以实现每 0.5 小时获取覆盖地球表面约 1/3 的全圆盘图像，并且具备灵活区域的、高时间分辨率的加密扫描能力，能够针对台风、强对流等灾害性天气进行重点区域的 6 分钟加密观测，加密观测资料在应对突发气象灾害及提高防灾减灾能力方面发挥了重要作用。风云二号探测器照片及性能数据如图 5.17 和表 5.1 所示。

图 5.18 为风云二号四通道红外探测器组件响应光谱，其中类似规则矩形的内外方框是卫星应用部门提出的量化考核要求限制框。该器件的响应光谱完全满足要求。

风云三号 C 星于 2013 年 9 月 23 日成功发射。中国科学院上海技术物理研究所承研的 4 台光学载荷——中分辨率光谱成像仪、扫描辐射计、红外分光计、地球辐射探测仪作为卫

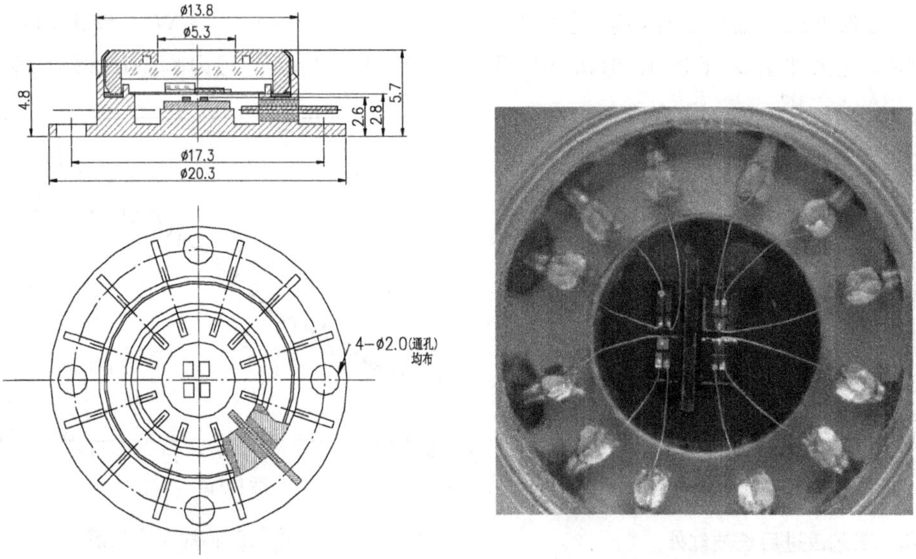

(a) (b)

图 5.17 风云二号四波段红外探测器组件封装结构示意图和探测器封装前管芯的照片

表 5.1 风云二号卫星红外探测器(组件编号 2010/11)的性能数据表(93 K 下)

波段/μm/名称	电阻值/Ω	偏流/mA	波段响应率/(V/W)	波段探测率 /(cm·Hz$^{1/2}$·W^{-1})
3.5~4.0 中波	287.4	1	8.6×10^{4}	3.3×10^{11}
	290.2	1	8.6×10^{4}	3.0×10^{11}
6.3~7.6 水汽	48.2	2	2.4×10^{4}	9.9×10^{10}
	49.0	2	2.2×10^{4}	8.7×10^{10}
10.3~11.3 红外Ⅰ	26.5	4	2.8×10^{4}	7.9×10^{10}
	26.7	4	2.6×10^{4}	7.7×10^{10}
11.5~12.5 红外Ⅱ	21.7	4	1.7×10^{4}	7.4×10^{10}
	22.5	4	1.7×10^{4}	7.5×10^{10}

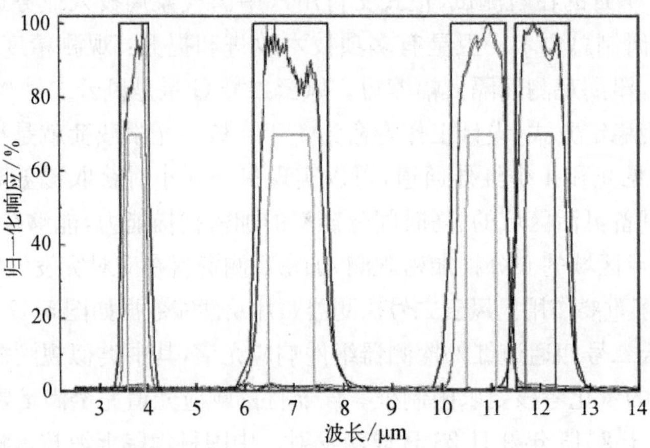

图 5.18 风云二号四通道红外探测器组件响应光谱

星主载荷，于 2013 年 9 月 30 日先后成功开机工作，并于次月投入在轨测试。4 项光学载荷工作正常、性能稳定，持续获取了全球地气系统多通道遥感数据、全波辐射和反射太阳辐射数据及大气温度与湿度、臭氧总含量、二氧化碳和水汽含量、云参数、气溶胶等气象资料，图像层次分明，信息量丰富，为数值天气预报业务和台风、暴雨等灾害性天气预警预报提供了数据支持，实现了高时效的全球中高分辨率光学成像观测能力、高精度的大气温度湿度垂直分布探测能力。投入业务运行后，C 星与 B 星一起形成上、下午星组网观测，实现全球、全天候、多光谱、三维、定量对地遥感探测。

图 5.19 是风云三号中分辨光谱成像仪长波 40 元光导探测器芯片照片。应用在极轨卫星风云三号的中分辨率光谱成像仪中，光敏元的倾斜排布是为了适应读出顺序的要求而设定的。

图 5.19 长波光导探测器 20 元×2 芯片照片

图 5.20 是光导型小面阵长波红外碲镉汞探测器芯片照片；图 5.21 是用于风云四号气象卫星干涉式大气垂直探测仪甚长波红外探测器芯片照片。

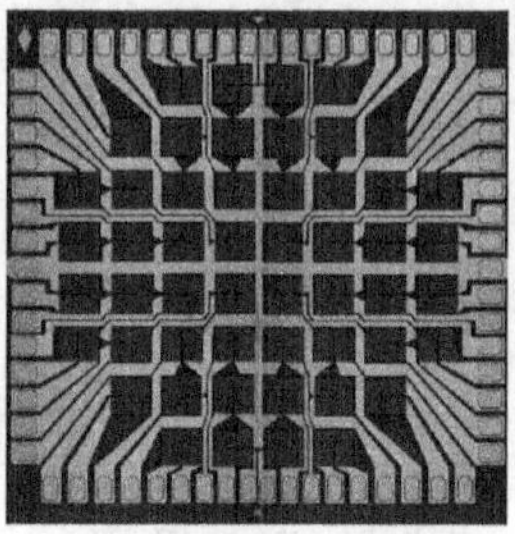

图 5.20 光导型小面阵长波红外碲镉汞探测器芯片

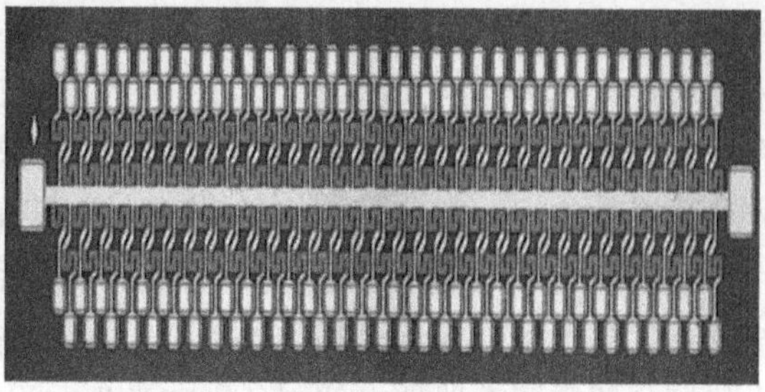

图 5.21 风云四号干涉式大气垂直探测仪甚长波红外探测器芯片

5.4 $Hg_{1-x}Cd_xTe$ 光伏探测器

碲镉汞光伏探测器(photovoltaic detector, PV detector)最初是为用作在 CO_2 激光器的 10.6 μm 光探测或外差探测中的高速探测器而研发的。由于材料的介电常数较小，所以探测器具有比较小的电容，在 77 K 下的碲镉汞二极管在外差探测中的响应频率可以达到 GHz 的量级[36]。随着成像器件的发展，特别是多元器件的需求不断提升，光伏型探测器在大规模线列或焦平面探测器中应用优势不断凸显。

由于光电导探测器的相对简单的工艺及相对较大的电压信号的方便获取性，在碲镉汞单元器件和小规模线列的应用中在历史上抢占了先机，如美国的120或180元的通用模块、英国的扫积型器件等应用。但是，由于光电导器件工作时需要外加偏置电流（或电压），在一般情况下，需要将器件的引线引出到致冷面以外（如杜瓦外部）。实际应用中，考虑致冷器体积和导线漏热等问题，引线接头数量不可能是大量的，这就限制了探测器规模的扩大。另外，光电导探测器需要偏置，就有功耗，由于碲镉汞光电导探测器的阻抗一般不大，而偏置电流需要达到毫安量级，所以大量元件的功耗使得致冷也会成为问题。相比较来说，虽然量子阱探测器本质上也是光电导型的，但是由于它的电阻很大，统一偏置并且电压低，且采用电流读出，功耗降低很多，所以也可以进行大规模集成。

对于碲镉汞探测器而言，光电导探测器的电阻一般很小，而光伏型由于存在p-n结，等效的阻抗一般很大；光电导探测器一般读取其光生电压信号，而光伏探测器一般读取其电流信号。当然也可以读取光伏器件的光电流积分后的电压信号，但是此时电压信号与入射光功率没有线性对应关系。在光电导探测器读出电压信号时，由于存在直流偏置，往往需要消减其影响，如采用隔直电容或桥式差分等方式，而光伏探测器理论上只有在光照时才给出光电流，可以直接采用积分或电流-电压转换等方法处理，不需要处理偏置的问题。光电导探测器与光伏型探测器相比，光电导的1/f噪声比较大，由于光伏型探测器可以零偏压工作，其低频噪声相对较低。这对长时间积分、低速工作的器件来说也是其重要优点。另外，就其噪声机理而言，理想的光伏型器件的噪声机制相比理想的光电导探测器少一项，因此具有理论上的性能优势。

光伏器件一般工作在零偏压下或极小反向偏置下，探测器不需要单独引线，并且直接读出电流信号，此信号一般情况下正比于入射的光子数。由于光伏探测器没有偏置功耗的问题，方便了大规模探测单元芯片的集成，特别是在二维平面内的大规模探测器阵列元件的集成。采用这种大规模阵列元件的二维平面的集成技术制造的探测器阵列，可以极大地简化成像系统的结构。直接把阵列器件放置在光学成像系统的焦平面附近位置上，就可以直接获得光照强度的二维分布情况的信息，将这些信息转化为人眼可见的光强分布就获得了图像。由于可以避免单元或多元探测器的必需的扫描系统，简化了成像系统，人们简略地认为就是直接成像。因此，把这种大规模红外探测器面阵又简称为红外焦平面探测器，俗称焦平面。

光伏探测器需要在器件内部制备影响光生非平衡少子的内建电场，通常采用p-n结技术，因此工艺比较复杂。碲镉汞光伏探测器的研发和工业化是在大规模焦平面探测器的需求推动下，才逐渐发展起来的。报道的最早的碲镉汞光伏探测器是利用体材料制备的，然而，后来的碲镉汞光伏器件的研发都是在外延材料上面进行的，这充分体现了焦平面探测器研制需求的推动作用。因为从目前的材料技术来看，只有外延材料才能适应焦平面探测器的大规模探测器芯片集成的研制要求。另外，随着成结技术的发展，利用能带工程的方法，制备具有特定功能结构的器件级材料是外延技术的特征优势。由于碲镉汞材料性质随着组分和掺杂等条件会发生剧烈的变化，但是材料的晶格常数却变化不大，所以利用外延技术可以设计和制备出很多体材料完全不可能具有的先进特性，充分发挥光伏型探测器的优点，如利用异质结抑制漏电流、垂直集成的双色探测器，俄歇抑制的高工作温度的探测器，具有多子阻挡层的探测器等。

Rogalski 等[37]于 2000 年发表了一篇名为"Narrow-gap semiconductor photodiodes"的文章；当然，他还有一些后续的专著和评论文章也可以参考。另外，关于碲镉汞光伏器件（特别是焦平面探测器）研究进展的原始文献比较多地发表在 SPIE 的会议文集中，另外美国的Ⅱ-Ⅵ Workshop 也是集中讨论碲镉汞及其相关材料器件的一个专题会议，会议文章起初发表在《真空科学与技术》(*Journal of Vacuum Science and Technology*)上，后来发表在《电子材料》(*Journal of Electronic Materials*)上，感兴趣的读者可以参考查阅。2015 年 10 月在芝加哥的会议是该专题会议的第 34 次召开，讨论的主题包括新兴红外探测器技术、多色探测器、近室温红外器件、碲镉汞雪崩二极管、材料生长技术和建模、碲镉汞衬底碲锌镉及其他、碲镉汞掺杂问题、辐射探测器、太阳能电池、6.1 Å Ⅱ-Ⅵ和Ⅲ-Ⅴ材料集成、等离激元和超材料的红外应用。从会议专题设置情况也可以对当前红外探测器研究的热点及方向进行初步的了解。关于光伏红外探测器的一般理论也可参阅本书 2.6 节。

5.4.1 $Hg_{1-x}Cd_xTe$ 光伏探测器的制备技术

碲镉汞的 p-n 结成结技术有很多种。最早的有汞扩散法、杂质扩散法，还有离子注入法、电子束轰击、离子束转型等方法，以及在材料生长过程中的掺杂方法等。在所有的这些成结或转型的技术中，都需要考虑碲镉汞的特殊性。最重要的包括 Te—Hg 键的键能低；Hg 原子活泼，容易从原有的晶格位置发生移动；位错的影响。由于汞原子的活泼性，容易在工艺过程（如刻蚀或离子注入）中产生大量的汞空位和填隙原子，加上这些缺陷往往表现出电学的活性，所以实际的过程往往是一个复杂的过程，多种因素结合在一起，这也是碲镉汞光伏器件工艺往往不容易重复的原因之一。尽管如此，人们还是成功地发展了多种成结工艺，制备了大规模的高性能焦平面探测器。

虽然有成功的碲镉汞光伏探测器阵列的研制技术，但是不同的研究者或生产机构采取不同的技术路线，并且有显著的工艺技术方面的不同。从光伏探测器的理论分析知道，获得高性能探测器就必须降低暗电流、提高零偏压电阻-面积之积 R_0A，R_0A 是光伏器件的优值因子。碲镉汞单结光伏器件的研究历史可以说就是在不降低器件量子效率的基础上尽力提高 R_0A 的过程。

下面对碲镉汞的成结技术进行介绍，特别是近年来重点发展的焦平面探测器的成结技术的发展情况。

1. *汞扩散法制备* $Hg_{1-x}Cd_xTe$ $n-p^+$ *结*

虽然汞扩散的方法已经很少有人使用，但是由于这种工艺是最早光伏器件成结的方法之一，也充分体现了碲镉汞材料的自扩散等显著特征，还是进行简要介绍。汞扩散法是把样品放在一定汞气压和一定温度（200～250℃）下进行热处理（10～15 min）的方法。汞原子扩散进 p 型的碲镉汞材料中，填补汞空位，并且将表面一层的 p 型转变成 n 型。汞扩散主要用于制备 $n-p^+$ 结。p 型衬底的浓度一般较高（高浓度的区域用上标"+"表示），约 10^{17} cm^{-3}，而扩散层的电子浓度大约在 10^{15} cm^{-3} 量级，结深在 2～4 μm。这样的结有很快的响应速度，用于高速响应的激光外差探测[36]。

光伏型器件的响应时间并不像光电导器件一样取决于少数载流子的寿命，主要取决于几个关键因素：辐射激发的少数载流子扩散到结区电场所需要的时间、穿越势垒区所需要的时间及结电容和外电阻的 RC 时间。其中，由于电场作用，少数载流子穿越势垒区时间一般很短。响应时间主要由另外两项来限制。因此，增大耗尽区宽度、降低器件结电容，可以提高探测器的响应速度。在激光雷达等高速应用中，器件响应速度是需要考虑的重要问题之一。

2. 离子注入法制备 $Hg_{1-x}Cd_xTe$ n^+-p 结

离子注入技术在硅工艺中得到了广泛的应用。离子注入技术就是把需要掺杂的原子电离后，加速到几千电子伏的能量，并使其作用到材料的表面，原子将注入材料的近表面薄层内部。应用这项技术具有以下的优点：掺杂原子类型可选，注入能量、束流密度和剂量可控，离子注入不会产生热扩散那样严重的横向扩散，掺杂可做到大面积均匀，掺杂杂质纯度高，低温离子注入可以避免热缺陷，高能量的离子可以穿透一定厚度的掩模进行注入。

离子注入过程是高能离子对材料表面轰击的过程，不可避免地造成材料近表面损伤，这种辐射损伤一般可能是点缺陷，也可能是复杂的损伤复合体，甚至是完全无序的非晶态。这与离子注入的条件有密切关系。

离子注入材料内部的射程分布的计算机仿真，可以采用 Ziegler 的 SRIM 计算机模拟的程序进行计算，软件可以从 www. srim. org 网站上下载。利用这个程序可以计算出注入离子在材料内部的投影射程，特别是在有注入保护膜的情况下，可以估算需要的能量或者保护膜的合适厚度。然而，需要注意的是，注入离子的分布并不代表碲镉汞内部的载流子浓度的分布。

对于制备 n^+-p 结，注入离子可以采用 B、Al、In、Be 等元素。常见的是硼离子注入。采用硼注入的原因可能有两个，其一是硼离子质量数较小，注入引起的损伤可能相对小，其二，可能是更重要的原因，就是硼离子是硅工艺的标准注入元素，获取方便。离子注入的剂量一般要根据需要适当调整，通常为 $10^{13}\sim10^{14}\ cm^{-2}$，而能量为 50～200 keV。束流密度一般根据设备情况控制在一个尽量较小的范围内，同时工艺操作时间又可接受。实验表明，离子注入在束流密度为 0.1 $\mu A/cm^2$ 的条件下，厚度 500 μm 的碲镉汞材料完成剂量为 $1\times10^{15}\ cm^{-2}$ 的注入过程发热的情况并不严重。

由于碲镉汞的特殊性，对于采用 p 型衬底材料通过离子注入转型形成 p－n 结的过程，除了注入元素的作用，更多地可能来自材料体内的汞原子的分布变化，所以在文献中甚至有利用质子(氢原子)注入获得 p－n 结的报道。Bubulac 和 Tennant[38] 对离子注入成结中汞的作用进行了一定的理论解释，如图 5.22 所示。

一般认为，对于碲镉汞离子注入成结的工艺来说，不论衬底材料的性能和注入离子的种类如何，HgCdTe 材料经过离子注入都会在表面形成 n 型层。HgCdTe 表面 n 型层的形成是由离子注入时材料表面引入大量辐射损伤，如点缺陷、汞填隙原子、空位位错等引起的，该损伤是电活性缺陷，在表面会呈现出强 n 型。注入离子的分布符合理论预期，然而得到的电学性能的结深却远大于理论的预期。特别是经过低温退火处理，结深向体内扩展的情况只能由汞原子的向内扩散来解释，汞填隙原子向内扩散消灭 p 型材料的汞空位，将材料转变为 n 型。所以结深通常表现在表面下几个微米处，而不是注入离子的不到 0.5 μm 的投影射程范围内。另外，还要分析剩余杂质的情况，如果剩余杂质是 p 型，那么汞填隙原子消灭汞空

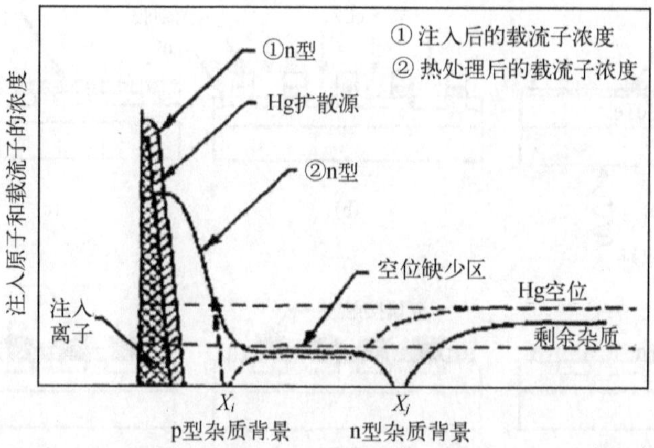

图 5.22　离子注入形成 n-on-p 结的过程中汞原子替代作用的量化模型

位之后，这个区域依然表现出 p 型，这时就形成一个 n^+-p 结。如果剩余杂质是 n 型，这时就形成一个 n^+-n-p 结，结区离开离子注入区域相对较远，因此 p-n 结性能受离子注入晶格损伤区域的影响相对就小。这种结构是人们希望得到的高性能探测器结构。汤英文[39]对离子注入成结的 $x=0.45$ 碲镉汞表面进行腐蚀(去掉 60 nm)，发现这种适当去除注入表面的探测器阻抗略高。这个实验也验证了如下结论：注入区存在着注入损伤，在一定程度上影响器件性能。

利用离子注入技术可以制备台面结，也可以制备平面结。在制备平面结的工艺中，离子注入工艺步骤前，需要制备注入掩模。通常掩模采用光刻胶，光刻胶的开孔区域一般就认为是光敏区的定义。对于碲镉汞短波和中波光伏探测器的制备，即使省略注入后退火的工艺，通常也会得到性能不错的探测器。对于长波探测器，可能还需要进行注入损伤的修复及结深向内部更深入推进，以提高结阻抗。然而，后退火过程往往会影响基体 p 型材料的相关性能，特别是汞空位掺杂的基体材料。曾经有实验对激光快速退火进行研究，例如，张燕和李向阳[40]采用脉冲激光对 As^+ 注入的碲镉汞进行试验，发现超过已知作用阈值后有一定的效果，但是总体效果并不理想。

风云一号十通道扫描辐射计的室温工作的短波碲镉汞光伏单元探测器就是采用离子注入在 p 型碲镉汞材料上转型形成 n^+-p 结的。其基本的工艺步骤如下：在抛光良好的碲镉汞表面生长 ZnS 注入阻挡层，然后光刻掩模定义注入区(光敏区)，B^+ 注入后，生长 ZnS 或 CdTe 钝化膜，光刻接触区，腐蚀开接触孔，生长 n 型和 p 型金属接触，再次光刻后，生长电极金属，剥离后完成芯片制作。

多元探测器也可以采用上述的工艺路线。不同的地方主要在于入射光的照射方向不同，单元器件一般采用前照射方式，而面阵器件则必须采用背照射的方式。因此，两种工艺中的电极金属可能不同。因为单元器件可以采用键合金丝等工艺，而面阵器件大多采用铟柱互连的方式。考虑面向不同的后一步工艺，金属电极的工艺参数应有所不同。对于铟柱互连而言，不但要从可靠性角度考虑，还要考虑后续工艺对结特性的影响。例如，往往需要采用不同的金属结构充当铟柱的底金属层(UBM)，又如，可以采用延伸电极的方法避开铟柱互连和回熔对结和接触的影响。面阵器件的工艺过程示意图如图 5.23 所示。

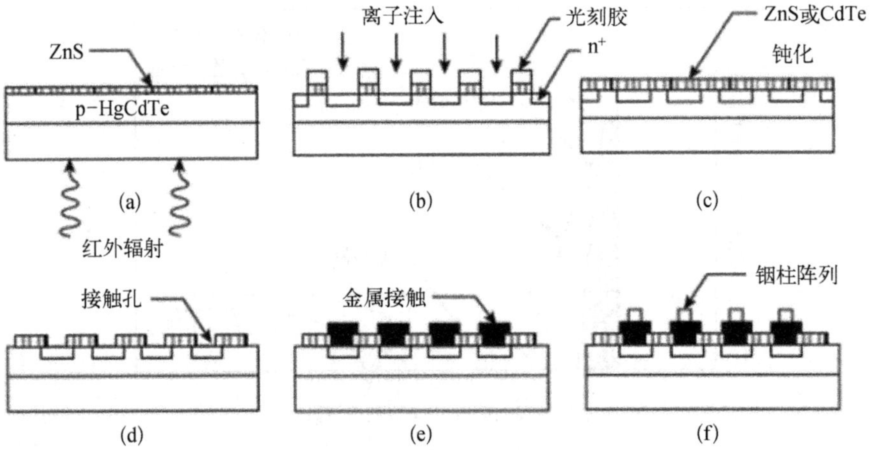

图 5.23　离子注入制备 n－on－p 器件的工艺步骤示意图

利用离子注入也可以制备 p－on－n 器件。注入离子一般常选择受主元素砷。砷离子的质量数比硼大，由离子注入的阻止理论可知，在离子注入的过程中质量数大的离子势必发生更多的核碰撞。因此碲镉汞的 As 注入区域必定产生更多的汞原子错位，表现出高浓度的 n^+ 区而不是需要的 p 型区。这就要求必须进行一个注入杂质的电学激活过程。实际上，碲镉汞材料上的这种杂质的激活表现出复杂的多成分的行为特征。

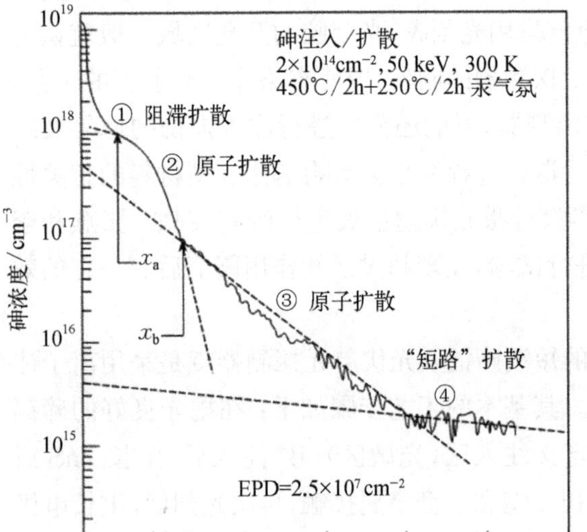

图 5.24　As 离子注入碲镉汞并退火激活后的杂质浓度 SIMS 分析的典型结果及模型解释图

为了使 As 杂质激活，As 原子必须处在替代 Te 的阴离子位置上。实验证明，对于碲镉汞材料，要使 p 型杂质激活，必须在一个相对高温条件下进行热处理，对于长波材料，通常选为 450℃左右，随后，为了消除高温对材料的影响，还需要在一个相对较低的温度（250℃）下进行汞饱和蒸气压下的退火恢复。两步退火是碲镉汞 p 型杂质激活的特征步骤。同样地，Bubulac 等[41]提出一个砷注入扩散的模型，如图 5.24 所示。这个模型分四个区域：①区就是从表面到更深的高斯型的内部扩散区，这部分区域是处在离子注入的投影射程范围内，材料的注入损伤较大，砷离子在这个区域表现出阻滞扩散特征。这个区域的深度与初始材料缺陷密度和注入激活条件有关。②区的扩散机制是原子扩散，As 处于代替 Te 的位置。这个区域对应的扩散机制类似于在体材料上扩散 As 的机制，在各种衬底材料上实验得到的扩散系数比较一致，是控制结形成的最有用的机制。③区也是原子扩散的机制，一部分 As 原子处于金属阳离子的位置，扩散机制是空位增强型的。由于这一扩散机制导致这一区域中的杂质在电学上表现复杂，可能是n型的、p型的，也可能是中性的，同时又决定了结深的位置，所以尽量减少这一区域的影响是工作主要考虑，方法是采用更好的缺陷密度更低的原始材料。④ 区是短路扩散导致的，可能是由位错引起的快速扩散。

3. 离子束转型制备 $Hg_{1-x}Cd_xTe$ n－p 结

在光伏器件的p－n结制备技术中，除了Hg扩散法、离子注入技术，离子束诱导转型成结近年来也颇受关注，它是在微电子工艺基础上发展起来的一种新技术，该技术不仅克服离子注入成结工艺中钝化层损伤的弊病，而且工艺简单易行。离子束诱导碲镉汞转型成结按刻蚀机理不同大致可分为两类，一类是离子束刻蚀(ion-beam-milling, IBM)，是利用加速离子对碲镉汞表面进行物理撞击，属于物理过程，常选用Ar作为离子源；另一类是反应离子刻蚀(reactive-ion-etching, RIE)，是利用离子物理刻蚀的同时，还利用等离子体与碲镉汞表面发生化学反应，常用的等离子体有 H_2、H_2/CH_4、$H_2/CH_4/Ar$，产生 Hg、$Hg(CH_3)_2$、$Cd(CH_3)_2$、TeH_2及 $Te(CH_3)_2$等挥发物。离子束诱导碲镉汞转型的物理机制通常解释如下[42]：在刻蚀过程中，加速的离子轰击碲镉汞表面，由于碲镉汞材料中的汞原子极不稳定，近表面汞原子脱离原来的晶格位置激发出来，在刻蚀表面下形成汞源，同时汞原子进入晶格间隙位置形成汞填隙原子，汞填隙原子扩散进入晶体使得汞空位湮灭，从而使这部分区域的导电性质发生转变，呈现n型。随着研究的深入，研究者发现用IBM和RIE刻蚀碲镉汞表面，不仅可以使空位掺杂的p型碲镉汞发生转型，在非本征掺杂(如As或Sb掺杂)的p型碲镉汞中也有类似现象[43]。在非本征掺杂的p型碲镉汞发生转型的过程中，不仅与汞空位有关，快速扩散的汞原子也起着重要的作用。在一定能量条件下，填隙汞原子与替代Te位的掺杂原子可以形成牢固的络合物，从而使非本征掺杂的p型碲镉汞发生转型。也有研究者认为[44]，非本征掺杂的p型碲镉汞发生转型是由于材料中的p型掺杂原子被扩散的汞原子所替代，称为“踢除”机制。由于离子束诱导碲镉汞转型是发生在原子层面上的，填隙原子的扩散、材料位错的影响等各种过程机理复杂，所以至今人们对转型的物理机制仍未充分理解。

1) 影响转型的因素

离子束诱导碲镉汞转型成结，其转型深度决定着p－n结的位置。一般利用该技术制备的平面p－n结深度要比离子注入形成的p－n结深度大得多。1983年，Wotherspoon[45]在IBM制备平面p－n结的专利中，首次分析了转型层深度与离子剂量、刻蚀时间及刻蚀离子半径的关系，指出转型层深度随离子束密度的增加而增加，随刻蚀离子半径的增加而减小，且刻蚀碲镉汞表面60 min后，转型深度达200 μm。之后许多研究者采用霍耳测试[46, 47]、X射线光电子能谱(XPS)[48]、电子束诱导电流(EBIC)[49]和激光诱导电流(LBIC)[50]等测试方法研究刻蚀后碲镉汞导电类型的转变，尽管方法不同，但均证实了离子束刻蚀可以使p型碲镉汞转成n型，报道过的转型深度从几微米到几百微米不等。

2) 离子束刻蚀(IBM)对转型的影响

在IBM诱导碲镉汞转型中，离子束的能量 E、束流密度 J、刻蚀时间 t、碲镉汞的组分 x、受主浓度(N_a-N_d)及样品温度 T 等都可能影响转型深度 d，由于工艺参数比较多，特别是当涉及温度时，不同研究者获得的转型结果并不好比较。Ivanovomskii等[51]利用IBM方法刻蚀了组分 x=0.20～0.24 和受主浓度(N_a-N_d)$\leqslant 2\times10^{17}$ cm^{-3}的p型 $Hg_{1-x}Cd_xTe$，给出

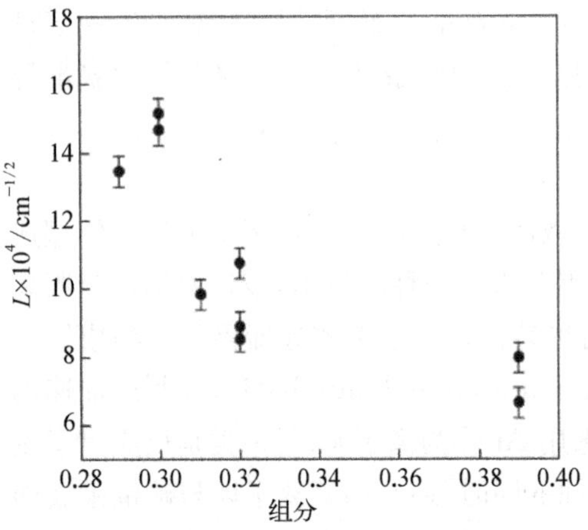

图 5.25　特征量 L 随组分 x 的变化[47]

了转型深度与刻蚀时间的关系为 $d\propto t^{0.5}$，且实验数据显示转型深度随着 N_a-N_d 的增加而减小，并指出当 N_a-N_d 大于 $4\times10^{17}\ \mathrm{cm}^{-3}$ 时，转型深度不会超过 0.5 μm。Mynbaev 等[47]通过对不同组分（$0.28\leqslant x\leqslant0.39$）和不同受主浓度（$10^{15}\sim10^{16}\ \mathrm{cm}^{-3}$）的 p 型 $Hg_{1-x}Cd_xTe$ 进行刻蚀，定义了结合转型深度和受主浓度的特征量 $L=d\cdot\sqrt{N_a-N_d}$，并发现 L 随组分 x 的增加而减小，见图 5.25。关于组分对碲镉汞转型深度的影响，Ivanovomskii 指出只在 $x\leqslant0.39$ 的碲镉汞材料中存在转型深度随组分的变化，当 $0.39<x<0.55$ 时，无法诱导碲镉汞转型，但 Chandra 等[52]却报道在 $x=0.45$ 的碲镉汞中观察到了碲镉汞的转型。另外，文献资料中很少涉及短波红外探测所需要的高组分 MCT 材料的转型研究。

在 IBM 诱导碲镉汞转型过程中，必然会对 p 型碲镉汞材料造成侧向转型，目前大多数文献报道的转型深度指的是纵向深度，对侧向转型宽度的研究报道并不多。Haakenaasen 等[53]通过 EBIC 测试发现，侧向转型宽度随刻蚀时间呈线性增加，且与纵向转型深度的比值为0.5，小于纵向的转型深度。另外，徐国庆等[54]采用 IBM 方法在不同汞空位掺杂浓度的 p 型碲镉汞上刻蚀出不同体积的环孔（ϕ50 μm、ϕ20 μm 和 ϕ15 μm），利用 LBIC 确定侧向转型宽度，借助激光共聚焦显微镜计算被刻蚀碲镉汞体积（环孔体积），研究了侧向转型宽度与材料的汞空位浓度和被刻蚀碲镉汞体积的关系，结果如图 5.26 所示。在相同的刻蚀工艺下，侧向转型宽度随 p 型碲镉汞受主浓度的增加呈线性减小；当受主浓度一定时，侧向转型宽度随被刻蚀碲镉汞体积的增加呈线性增加。

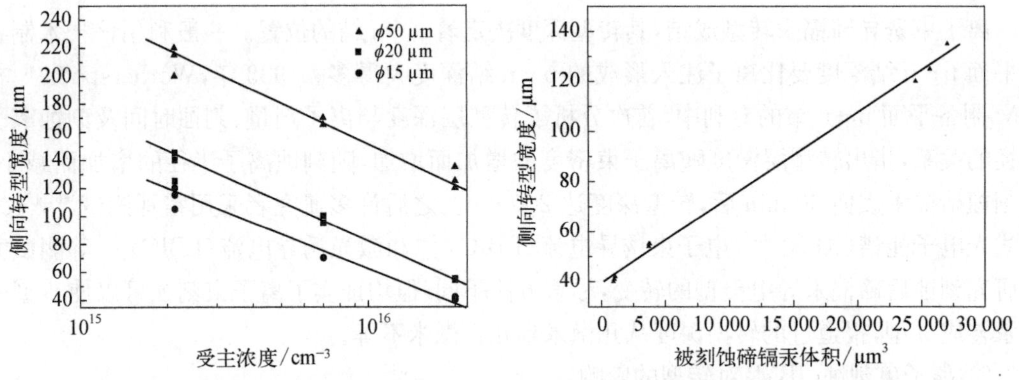

图 5.26　侧向转型宽度与 p 型碲镉汞受主浓度和被刻蚀碲镉汞体积的关系曲线

3）反应离子刻蚀（RIE）对转型的影响

RIE 诱导碲镉汞转型的机理与 IBM 类似，在刻蚀过程中影响转型深度的因素有很多，包括气体混合物、气压、气流速率，射频（RF）功率、加在样品上的偏压及样品温度等。在诱导碲镉汞转型时，RIE的反应剂大多选用 H_2、CH_4 混合气体，甲烷用于对Cd的腐蚀，而 H^+ 用于对Te的腐蚀，且反应生成的二甲基化合物具有良好的挥发性。

Belas等[55]利用RIE方法比较了不同工作气体下诱导碲镉汞转型的深度，采用压强0.05 Torr，RF功率为180 W，自流偏压300 V，对空位掺杂的 $Hg_{1-x}Cd_xTe$($x=0.21$，$p=1\times10^{16}$ cm^{-3})进行刻蚀，刻蚀时间为10 min。表5.2是同一样品分别用纯Ar、H_2 和 CH_4 单一气体工作时，其刻蚀深度和转型深度的关系。由表5.2给出的数据可以看出，Ar离子物理撞击碲镉汞表面所产生的转型最为显著，而采用 H_2 或 CH_4 的刻蚀过程属于物理与化学两个过程共同作用的结果，转型深度小。由于各个气体的刻蚀效果不同，所以当采用 H_2/CH_4 混合气体刻蚀时，转型深度也会随着等离子体成分的分压力的变化而变化。Belas还指出刻蚀后的表面粗糙度也与刻蚀所用的气体比例有关，当 H_2 占20%～30%的时候，表面最光滑，然后随着 H_2 的增加而逐渐粗糙。

表5.2 不同工作气体的刻蚀深度与结深

	Ar	H_2	CH_4
刻蚀深度/μm	5.2	2.5	0.8
p-n结结深/μm	203	85	10

不少文献都对RIE诱导空位掺杂和非本征掺杂的碲镉汞转型进行了报道，但人们并不清楚刻蚀时间和等离子体组分的不同对这些差异的影响到底有多大。Nguyen等[56]采用 $H_2:CH_4=3:1$ 的等离子体(0.4 W/cm^2)刻蚀空位掺杂的 $Hg_{1-x}Cd_xTe$($x\approx0.31$，$p=7.4\times10^{15}$ cm^{-3})和As掺杂的 $Hg_{1-x}Cd_xTe$($x\approx0.31$，$p=9.3\times10^{16}$ cm^{-3})，2 min后发现，转型深度不超过1 μm，而Siliquini等[57]采用 $H_2:CH_4=5:1$ 的等离子体(0.4 W/cm^2)刻蚀，在空位掺杂的 $Hg_{1-x}Cd_xTe$($x\approx0.3$，$p=1.6\times10^{15}$ cm^{-3})和As掺杂的 $Hg_{1-x}Cd_xTe$($x\approx0.3$，$p=1.6\times10^{16}$ cm^{-3})中都发现了转型，且经过1 h刻蚀后空位掺杂碲镉汞的转型深度达90 μm，并发现RIE后的侧向转型现象，测得的转型数据如表5.3所示。可见RIE诱导碲镉汞转型工艺造成的侧向转型范围比离子注入工艺大得多。

表5.3 碲镉汞样品的RIE转型深度

刻蚀条件/s	刻蚀深度/μm	纵向转型深度/μm	侧向转型宽度/μm
90	0.2	1.5	<1
3 600	10	90	33

4) 转型层的电学性能

研究转型层电学性能的方法有很多。大多数研究者采用溴-甲醇溶液对刻蚀后的碲镉汞材料逐层腐蚀后，进行霍耳测试，获得转型层的纵向深度和相关的电学参数，也有研究者通过制备MIS器件研究刻蚀后碲镉汞的电容电压特性，分析转型层的电学性能。无论是哪种研究方法，人们得出的结论是基本一致的，即离子束刻蚀诱导碲镉汞转型后，会形成两个不同电学特性的n型层。

无论是离子注入成结还是离子束诱导转型成结，均会给碲镉汞材料的晶格结构带来一定的损伤，形成一个载流子浓度高、迁移率低和少子寿命短的表面电子层[58]。Bahir 和 Finkman[59]对 IBM 的 $Hg_{1-x}Cd_xTe(0.2<x<0.3)$制备 MIS 器件，通过分析 C－V 特性发现刻蚀后的碲镉汞有两个电子层，表面电子层厚度为 1～5 μm，电子浓度为$(2\sim5)\times10^{16}\ cm^{-3}$，是体电子层的 2～10 倍，而体电子层的迁移率为$(1\sim4)\times10^5\ cm^2\cdot V^{-1}\cdot s^{-1}$。Dvurechenskii 等[60]发现在 RIE 过程中即使不加偏压，也会产生两个电学特性不同的电子层，表面电子层的浓度为 $10^{18}\ cm^{-3}$，迁移率约 $10^4\ cm^2\cdot V^{-1}\cdot s^{-1}$，而体电子层的电子浓度约为 $10^{15}\ cm^{-3}$，迁移率为$(1\sim2)\times10^5\ cm^2\cdot V^{-1}\cdot s^{-1}$，且寿命约 1 μs。徐国庆等[23]对 IBM 方法诱导的 p 型碲镉汞体晶的电学性能作了较系统的研究，发现刻蚀后 180 μm 厚的碲镉汞全部转为 n 型，且利用迁移率谱分析得到刻蚀后的碲镉汞有两个电学特性不同的电子层，对应的迁移率分别为$1.5\times10^4\ cm^2\cdot V^{-1}\cdot s^{-1}$和 $1.0\times10^5\ cm^2\cdot V^{-1}\cdot s^{-1}$，如图 5.27 所示，应该是表面电子层和体电子层。通过对比不同温度下的迁移率谱，发现表面电子层的迁移率并不随温度而变，而体电子层的迁移率会随温度的升高而降低。对刻蚀后的转型层逐次腐蚀进行霍耳测试，发现在去除表面损伤层后，样品迁移率随温度的变化曲线基本一致，见图 5.28，说明体电子层均匀且在高温区，变化规律接近一条直线 $\mu\propto T^{-2}$，符合标准的 n 型碲镉汞材料的特征。利用双

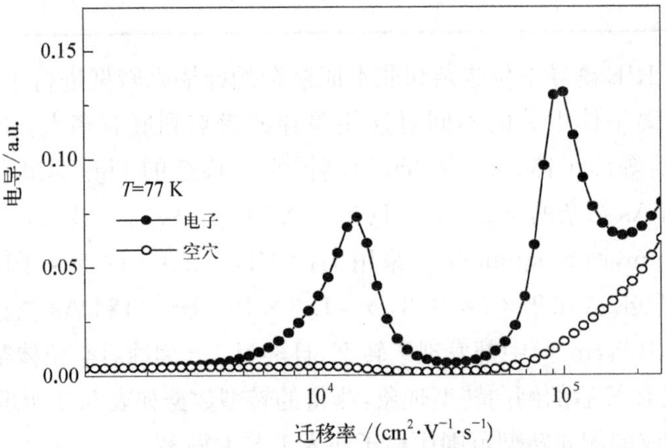

图 5.27　刻蚀后样品的迁移率谱

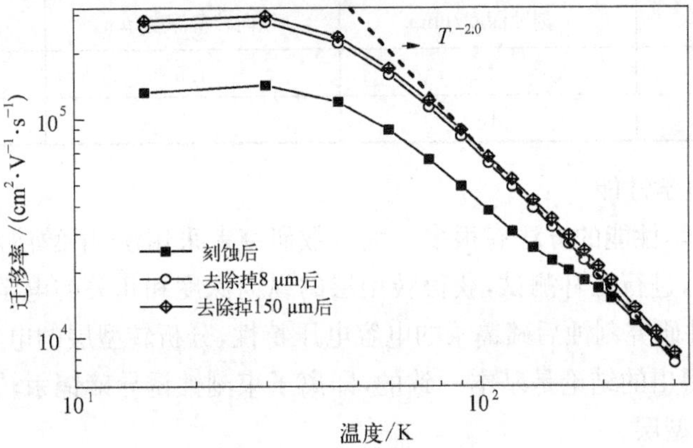

图 5.28　去除不同厚度后迁移率随温度的变化曲线

层模型分析方法估算出表面电子层的载流子浓度达 $10^{16}\sim10^{17}$ cm^{-3}，比体电子层的载流子浓度高2～3个量级。

近年来，不少研究者发现刻蚀转型后的n层导电性会随时间的变化而降低，并最终降至一个稳定值[61, 62]，人们称为"弛豫过程"，且这个过程会随温度的升高而加速，说明它是一个热激活过程。Belas等[55]对刻蚀后各类非本征掺杂或空位掺杂的碲镉汞材料的电学性能进行了一个长时间跟踪测量，结果发现，材料的电学参数都有一个弛豫变化过程。这种弛豫过程与转型层中缺陷的不稳定性有关，其微观机理还有待进一步确定。

5）离子束诱导成结的应用

离子束诱导成结的器件性能与传统的离子注入成结制备的器件性能相当，意味着可以利用这一较为简洁的工艺获得碲镉汞探测器。国际上比较常见的是DRS公司利用IBM方法发展的高密度垂直集成器件，具体结构描述见3.6.7节。该结构在刻蚀互连环孔的同时，形成p-n结，由于像元尺寸与环孔通道孔径呈线性关系，小尺寸像元只需刻通小环孔通道，所以该结构在发展超大规模焦平面中具有明显的优势，据DRS公司[63]报道，他们已经成功制备了中心距5 μm，1 280×720的中长波HgCdTe焦平面，是目前国际上报道的最小像元尺寸。

总之，若要实现高性能的离子束诱导转型成结的碲镉汞器件，则需要制备高质量的转型层，即进一步提高材料的质量，解决掺杂的稳定性和可控性，提高刻蚀后材料的迁移率；需要深入掌握各种缺陷的自身行为及其对载流子输运机理、材料性能和器件功能的影响规律等。

4. $Hg_{1-x}Cd_xTe$ 双层异质结探测器（DLHJ p^+-n 结）

以美国RVS为代表的p-on-n路线的研究者，报道了目前性能领先的探测器。他们普遍采用铟柱互连CMOS读出的面阵工艺技术。在碲镉汞的光伏芯片工艺上，采用台面结和平面结等不同的工艺路线，都获得了较好的结果。图5.29是结构的示意图。

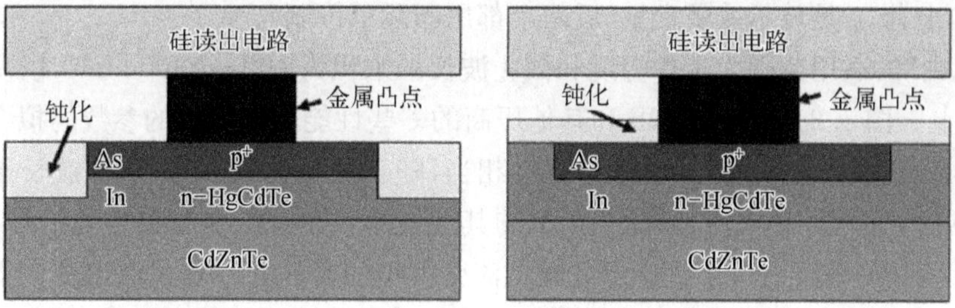

(a) MBE DLHJ台面p⁺-n　　(b) MBE平面结砷离子注入p⁺-n

图5.29　两种双层异质结的结构示意图（台面结和离子注入平面结）

两种工艺都采用了在晶格匹配的〈211B〉碲锌镉衬底上用分子束外延的方法制备掺杂的碲镉汞，n区采用In掺杂，而p区采用大组分的碲镉汞。台面结工艺是采用外延As掺杂的p区，通过离子束刻蚀，制备台面得到光敏芯片。离子注入是通过注入 As^+，退火激活，制备平面结光敏芯片。

这种异质材料结构，即在碲化镉（或碲锌镉）衬底上生长背照式双层p-on-n异质结，其能带结构图如图5.30所示，这种结构的优点如下：① 量子效率大，入射光通过碲化镉被

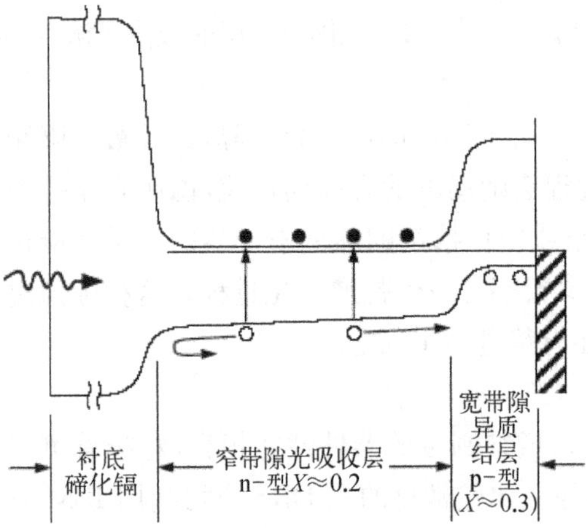

图 5.30 在碲化镉(或碲锌镉)衬底上的 DLHJ 的能带结构图

窄禁带碲镉汞吸收,入射光不被第一层材料吸收而可能被金属电极反射。② 异质结小部分地进入宽带隙的帽层材料中,降低 p-n 结的产生-复合电流。③ n 型吸收区的热激发的暗电流小于 p 型。②和③项中所列的因素可以增加探测器的 R_0A 值。④ 和光导器件的情况一样,渐变带隙减小背面复合,将空穴推向 p-n 结,增加光生载流子的收集能力。⑤ 背照式结构能用铟柱实现芯片与硅读出电路间的互连。

2007 年,美国 TIS 公司的 Tennant 对具有较高性能的器件进行了一个简单的经验拟合(主要是双层平面型异质结)。这个"07 规则"[64, 65]可以预测 TIS 的优质碲镉汞器件的暗电流密度(J_D)。"07 规则"公式为

$$J_D = J_0\ e^{C(1.24q/k\lambda_e T)} \tag{5.18}$$

$$\lambda_e = \lambda_{cutoff}\ (\lambda_{cutoff} \geqslant \lambda_{threshold})$$

$$\lambda_e = \frac{\lambda_{cutoff}}{\left[1-\left(\frac{\lambda_{scale}}{\lambda_{cutoff}}-\frac{\lambda_{scale}}{\lambda_{threshold}}\right)^{Pwr}\right]}\ (\lambda_{cutoff} < \lambda_{threshold})$$

式中,J_0=8 367.000 019;Pwr=0.544 071 282;C=−1.162 972 237;λ_{scale}=0.200 847 413;$\lambda_{threshold}$ = 4.635 136 423;λ_e为有效波长;λ_{cutoff}是截止波长,单位为 μm;T 是工作温度,单位为 K;q 是单位电荷;k 是玻尔兹曼常量(后两个都用国际单位制)。

"07 规则"的适用范围为工作温度和截止波长的乘积为 400~1 700 μmK,以及工作温度在 77 K 以上。图 5.31 显示了 TIS 和其他厂商的一些性能较好器件的参数的拟合。注意到有效波长与截止波长在大约 5 μm 以上基本相当,随着波长逐渐变短,有效波长逐渐大于截止波长。同时可以看到一些和碲镉汞竞争的其他技术,InGaAs 在晶格匹配的情况下(截止波长约为 1.7 μm)是唯一一个比碲镉汞暗电流密度小的器件。InSb 的暗电流大得多。

公式(5.18)只是碲镉汞器件研制结果的经验拟合公式,因为这个"规则"只能是临时性的,所以起名为"07 规则"。虽然如此,公式(5.18)是一个很好实际工作的参考。特别是在高温工作器件设计和研制中,截止波长和温度的指数型依赖关系的特点,是非常有意义的指导性结论。

随着工艺和设计的进步,暗电流可能进一步降低,也就是说,超越或打破"07 规则"是科研工作者的不懈努力方向。因为当暗电流的水平与光电流大小相当时,器件的噪声性能一定会恶化,可以推论:相比较高背景光子流的使用场景,低背景条件下的高性能探测需要更低的器件暗电流来保证。在 Kinch 的最近的专著 *State-of-the-Art Infrared Detector Technology* 中,关于现代工艺水平下的红外探测器暗电流和背景光子流几乎占据了主要的篇幅,其中关于碲镉汞的讨论是非常深入细致的。感兴趣的读者建议予以阅读。

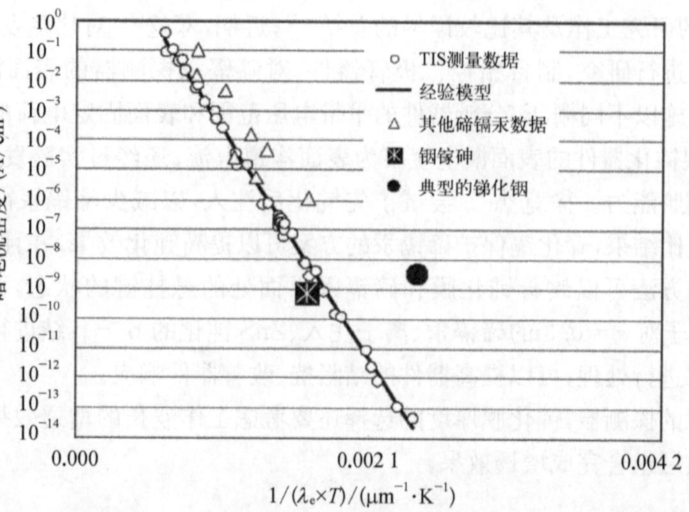

图 5.31　根据"07 规则"对 TIS 的碲镉汞数据进行经验拟合，显示和其他公司报道的较好的数据较一致，比 InSb 好得多，比晶格匹配(1.7 μm)的 InGaAs 略差

5. 光伏器件的钝化

光伏器件的表面钝化是器件制备的关键工艺。钝化的好坏直接影响器件的表面漏电流和器件的长期稳定性的优劣。因此钝化技术也是各个生产厂商重点保护的专属信息。良好表面钝化的获得对于长波探测器而言尤其困难，因为仅 0.1 V 的电势可能就达到了禁带宽度的水平，表面可能随之出现积累、耗尽甚至反型。这对 p-n 结性能势必产生重大影响。钝化膜要在 n 型和 p 型两种电学性质的材料上都很好地钝化，因此要求钝化膜的固定电荷密度低，同时又希望表面复合速度低。尤其对于 p 型碲镉汞材料而言，容易表面反型的特性更增加了钝化膜制备的难度。

钝化膜可以简单地分成三类：自身生长的膜(阳极氧化、硫化、氟化、铁氰化钾氧化等)、淀积的薄膜(如 ZnS、CdTe、SiO_2、SiN_x 等及复合膜)、在材料生长的过程中原位生长的钝化膜。对于碲镉汞光伏器件的钝化膜，早期一般采用 ZnS 进行钝化。CdTe 材料与 HgCdTe 的化学组成相似，晶格常数较匹配，因此易获得黏附性、力学性能好的钝化层。CdTe 钝化还能有效地抑制表面态导致的隧穿电流。同时，CdTe/HgCdTe 表面热稳定性好，CdTe/ZnS 双层钝化能抗电离辐射，有利于空间应用。Yuan(袁诗鑫)等[66]用 MBE 生长 CdTe/$Hg_{0.64}Cd_{0.36}Te$ 异质结构，得到很好的器件表面钝化效果。当前，基于原位生长 CdTe 钝化的双层膜钝化工艺已经成为二代高性能 HgCdTe 焦平面红外探测器最常见的钝化方法。

CdTe 钝化层既可以通过金属有机化学气相沉积(MOCVD)生长，也可以通过分子束外延(MBE)、真空蒸发生长。金属有机化学气相沉积或分子束外延可以生长得到钝化质量很好的单晶 CdTe 层，但是工艺操作复杂、成本昂贵。真空蒸发生长，包括热蒸发、电子束蒸发生长等，工艺操作简单、成本低廉，但是生长得到的 CdTe 钝化层为多晶结构，且致密性、黏附性不如 MOCVD 或 MBE 生长。

正是由于钝化的重要性，很多研究工作者都对这一问题进行过研究。早期的有

Nemirovsky 等的研究工作及其比较详尽的总结[67]；近期，邓屹[68]对热蒸发的碲化镉和硫化锌双层钝化特性进行研究，制备栅控二极管器件，对碲镉汞探测器的表面漏电流进行了研究。通过对器件施以不同栅压，分析器件的平带电压范围和表面固定电荷的极性，认为目前的 HgCdTe 双层钝化器件的表面漏电主要为表面沟道电流；还经过实验发现双层钝化器件具有更好的抗辐照能力。徐竟杰[69]尝试了先钝化后注入，以减少碲镉汞裸露表面的机会，通过不同工艺对比结果，碲化镉保护碲镉汞的方案可以提高钝化效果，并且热烘烤的稳定性良好。氢钝化的方法可以改善钝化膜和碲镉汞界面处的悬挂键的状态，乔辉等[70, 71]采用 ICP 设备的氢离子对 $x=0.3$ 的碲镉汞、离子注入、ZnS 钝化的 n^+-p 结进行氢化实验，发现采用合适的条件进行处理，可以提高器件的结阻抗、改善器件响应。

对于正照射的探测器，钝化膜厚度的选择还要考虑工作波长的增透效果。当然，也可以考虑不同的介质层组合完成增透效果。

5.4.2 关于 $Hg_{1-x}Cd_xTe$ 光伏探测器的结构：n^+-p 还是 p^+-n?

在 2.6 节中已经说明，从量子效率的优化、反向漏电的限制、制作工艺的便捷等方面考虑，尤其是为适应制造高密度红外焦平面阵列的需要，人们在实际工作中都喜欢采用单边结结构，即使得 p-n 结的一边起主要作用。入射光在 p-n 结的一侧被吸收而产生载流子，构成光电流的主要来源，同时该侧也是暗电流（主要是扩散电流）的主要来源。p-n 结另一侧的材料层则较薄，或是禁带宽度大，或是载流子浓度高，其扩散电流可以忽略不计。

那么对于 $Hg_{1-x}Cd_xTe$ 光子二极管来说，究竟是选择 n 型还是 p 型材料来作为吸收层呢?

关于 $Hg_{1-x}Cd_xTe$ 中俄歇复合的计算表明，对于可能存在的 10 种碰撞机制（分别称为 A1～A10），对于 n 型半导体起主要作用的是 A1，而对于 P 型半导体则是 A7。这两种过程限制的本征寿命比较起来，A7 的相对长，大约在 3～6 倍，也有人说 10～12 倍。这是影响人们考虑决定用 p-on-n 还是 n-on-p 型光电二极管的理论参考依据之一。如果单从这一理论考虑，则 p 型吸收区器件的 R_0A 应比具有相同多子浓度的 n 型吸收区器件的 R_0A 大几倍。然而，实际 $Hg_{1-x}Cd_xTe$ 材料的情况要复杂得多。围绕这一问题展开的理论研究和器件研制实践十分活跃，也反映出人们对 HgCdTe 材料复杂的物理性质的认识不断深化。

1. 碲镉汞 n-on-p 结构光电二极管

法国 Sofradir 公司制备 HgCdTe 光子二极管阵列的主流技术是离子注入 n-on-p 平面结工艺。该技术以液相外延的 p 型碲镉汞材料为基底，汞的空位是其中的受主，通过硼离子注入形成 n^+ 区。在注入过程中，汞原子向材料体内扩散，湮灭了一部分原有的汞空位，使得在 n^+ 注入层下面形成一个 n 型区，注入形成的缺陷或背景杂质是其中的施主。Sofradir 用这种技术制备了从短波到甚长波的碲镉汞焦平面阵列，一时处于国际上领先地位。

但是法国“标准工艺”得到的 10 μm 波长探测器的暗电流，比俄歇复合理论限所预期的要高一个数量级。据分析认为，用退火方法得到的 p 型材料是汞空位主导，空穴浓度相对较高（一般大于 $1\times10^{16}\ cm^{-3}$），而且存在大量 Shockley-Read 复合中心。这是导致电子寿命降低因而暗电流增大的主要因素[72, 73]。

美国 Honeywell（现在属于 BAE）早期制备碲镉汞光电二极管的技术和法国相同，但是 R_0A 的值很小。通过对载流子寿命机制的研究认识到 p 型吸收层内 Shockley-Read 复合导致载流子寿命过低，而汞空位则是其根源[74]。

现在已经清楚认识[75]，汞空位总是伴生 S－R 复合中心，其密度约为汞空位浓度的 5%。该中心具有类施主行为，其能级位于导带以下约 30 meV，俘获率很强，其空穴复合系数约为 $3\times10^9\ cm^3/s$。由于掺空位的 p 型 MCT 材料中 S－R 复合起决定作用，扩散电流限制的 n^+-p 二极管不能达到 A7 寿命限制性能。图 5.32 显示的计算结果表明，汞空位 p 型 MCT 材料在 77 K 少子寿命由 S－R 机制决定，比 A7 寿命低 2 个数量级，且也随空穴浓度增加而急剧下降。

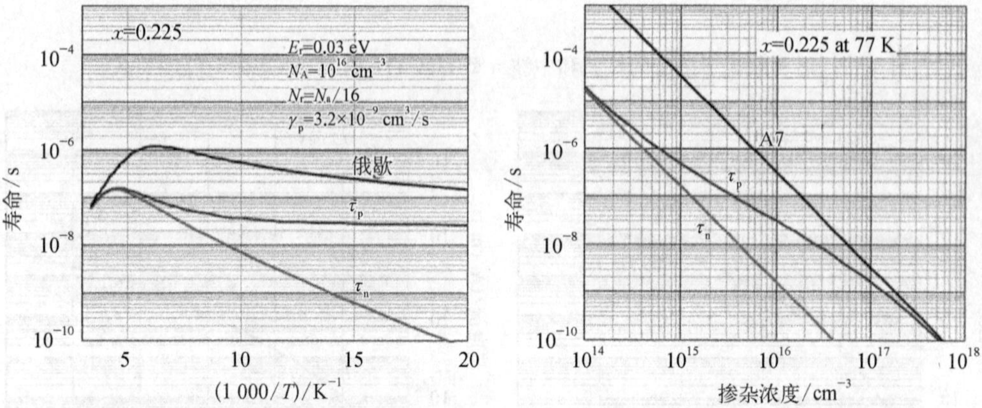

(a) 设空穴浓度约 $1\times10^{16}\ cm^{-3}$，类施主S-R中心能级位于导带以下30 meV，各种机制少子寿命与温度关系

(b) 77 K少子寿命与汞空位浓度关系

图 5.32　汞空位 p 型长波 MCT 材料的少子寿命[76]

2. 碲镉汞 p－on－n 结构光电二极管

碲镉汞 p－on－n 结构的主要优点是暗电流低。在美国，较早就开发出平面型或台面型的 p－on－n 结构。在这种结构中，n 型吸收区的施主是非本征掺杂的 In，n 型区中少数载流子（空穴）的寿命取决于 A1 复合过程。图 5.33 显示的计算结果表明，这一寿命比较长。对高质量的 n 型碲镉汞材料，观测到的 S－R 寿命更长，所以暗电流主要由受 A1 寿命限制的扩散电流决定（高温），或受耗尽区产生的电流决定（低温），如图 5.32 所示。此外，n 型吸收区的多数载流子（电子）具有高迁移率，使得串联电阻比较小。这些有利于改善大型阵列和高工作温度下的有效像元率。

p－on－n 结构在实施中遇到很多困难，后来通过两种不同途径得到解决。

Hughes/SBRC 发展了无限熔体富汞垂直液相外延（VLPE）技术[77]。其工艺要点如下：① 在22 kg 重的掺铟富汞熔体中垂直 LPE 生长 n 型 MCT，铟浓度控制 $2\times10^{15}\ cm^{-3}$，厚度控制约 15 μm；② 在掺砷富汞熔体中垂直 LPE 生长 p 型 MCT 薄层，需要砷浓度约 $1\times10^{17}\ cm^{-3}$ 以获得 p^+－on－n 结构；③ 刻蚀台面并加 CdTe 钝化层。这项工艺技术的优点如下：① p 型浓度控制较为容易，由于外延生长时本身的温度较高，在富汞条件下有利于砷占碲位，可实现 100%的砷激活；② 表面形貌佳，由于易倾析，几乎不产生母液粘连，无缺陷表

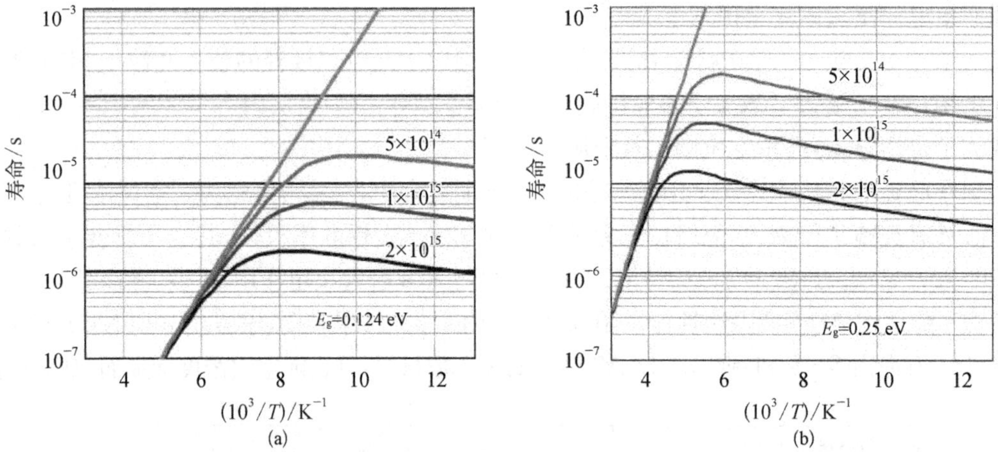

图 5.33　各种载流子浓度的长波和中波 n 型 HgCdTe 材料 A1 寿命与温度关系[76]

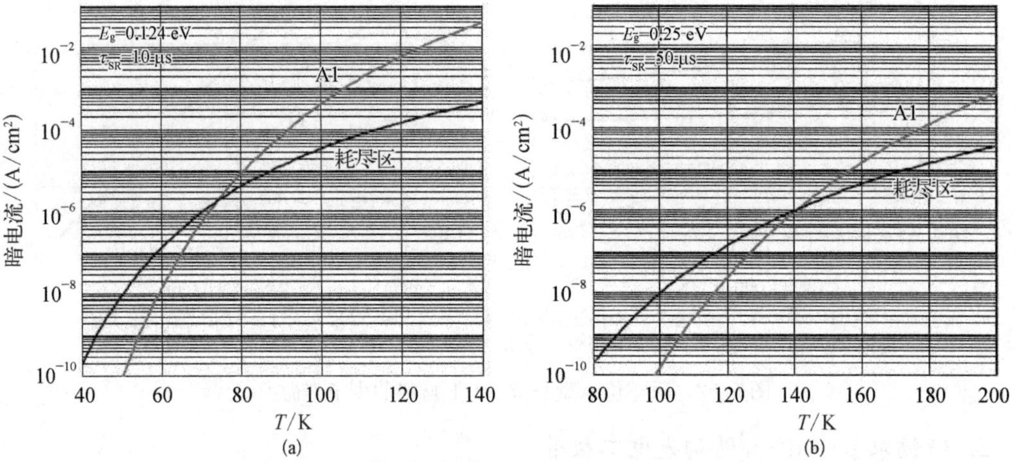

图 5.34　长波(a)与中波(b)p^+-n DLHJ 器件的 A1 限制与耗尽区限制暗电流与温度依赖关系[76]

计算中设 n 型吸收层厚度 10 μm，掺铟浓度 2×10^{15} cm^{-3}

面的成品率达到 95%；③ 工艺轮次间的重复性好，这是巨大熔体的突出优点；④ 器件量子效率高，由于外延层的纵向组分梯度起着少数载流子加速场的作用，p-n 结的电荷收集效率几乎达到 100%。Hughes/SBRC 利用上述工艺，在世界上第一个制成长波 640×480 元 MCT 焦平面。

BAE(Honeywell)的技术路线与 SBRC 类似。在经历了碲溶剂反应器中生长故意掺杂 p 型薄膜的努力失败后，BAE 转而也采用垂直浸没式汞溶剂液相外延技术，生长两层液相外延 p-on-n 异质结结构的碲镉汞材料，到现在仍然是其制备第二代 IRFPA 的基本方法[74]。

美国 TIS(其前身是 Rockwell)采用另一种技术路线。其采用的 MBE-DLPH 技术的要点如下：晶格匹配 CdZnTe 衬底，MBE 原位掺铟生长 n 型 MCT 薄膜，MBE 原位掺铟生长较宽带隙(x+0.07)的 n 型覆盖层，MBE 生长 CdTe 钝化层，As 离子注入及退火形成 p-on-n 结。该技术的协作攻关历时 5 年，到 1996 年已实现 64×64 元长波器件性能超过美军

“标枪”反装甲导弹要求指标的 2～3 倍，128×128 元长波器件达到 DARPA B2 的指标，480×6 TDI器件性能和可生产性达到美军 SADA Ⅱ 指标要求。其 n 型掺铟层的载流子浓度可控制在 $1\times10^{15}\ cm^{-3}$ 以下。难点在于 p 型掺砷如何实现最佳控制：在 MBE 生长时原位掺砷曾认为是理想的办法，但迄今仍不成熟；目前的实际做法是选区砷离子注入和退火激活。注入能量为 380 keV，剂量约 $10^{14}\ cm^{-2}$，注入后的高温退火（420℃，10 min）使砷扩散到窄隙层内并替代晶格上的碲原子从而表现为受主，紧接着的低温汞压下退火（250℃，24 h）[78]则向在注入和高温退火过程中形成的过多汞空位填补汞原子。这里十分关键的是高温退火推进p-n结界面的过程。p-n 结位置推进不足，结面留在宽隙层内，会影响量子效率或造成“量子效率-偏置依赖”；推进太过，p-n 结深入到窄隙层太多，则 DLPH 结构利用宽带帽层降低漏电流的作用就不明显。这是经过大量实验取得的经验和诀窍。

法国 DEFIR 的碲镉汞工艺经过 20 多年的 n-on-p 路线，体验到进一步提高 p 型少子寿命的困难，近年来也转向 p-on-n 结构[79]。其阵列制备工艺如下。n 型吸收区用 LPE 或 MBE 技术制备，在外延过程中掺入 $(5\sim100)\times10^{14}\ cm^{-3}$ 的 In。对 LPE 的工艺已经作了改进，外延层的厚度均匀性和表面平整度已经相当完美，响应电流的均匀性改善。In 是Ⅲ族元素，在碲镉汞的 LPE 或 MBE 过程中是快扩散施主而且自然激活。这个浓度范围的 In 对少子寿命和暗电流有直接影响。最常用的 p 型掺杂是 V 族元素 As。As 原子比较大，在 HgCdTe 中扩散速率低，而且其受主能级较浅，使得 p-n 结位置的控制比较容易。p-n 结位置也同背景载流子浓度有关。通过在汞蒸气压下退火可使得 As 转变为 p 型杂质。汞蒸气压下退火分为两个步骤。高温退火在 400℃左右进行，达到扩散 As(到 Te 位)并激活成 p 型。低温退火在 200℃左右进行，目的在于填补先前工艺过程中产生的汞空位，以恢复 n 型区的施主浓度水平。DEFIR 认为关于 As 的扩散和激活机制的认识对于 p-on-n 工艺可靠性十分重要。图 5.35 表明，DEFIR 的 p-on-n 碲镉汞光子二极管工艺比起 n-on-p 工艺有显著的改进，暗电流降低了 2 个数量级。特别重要的是，DEFIR 的长波、甚长波器件的暗电流密度与“07 规则”相当符合，这突出表明了其工艺的先进性。DEFIR 使用这种技术制备的电视格式中波陈列，性能有显著改善，工作温度可以提高到 150 K，具体性能参数见图 5.36。

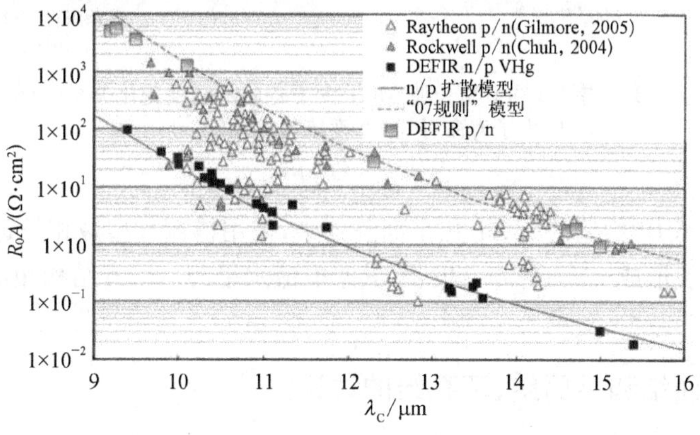

图 5.35　法国 p-on-n IRFPA 的 77 K R_0A 与“07 规则”的比较[79]

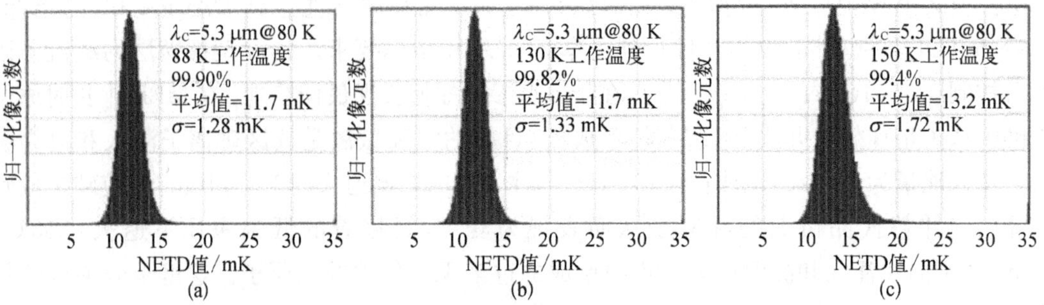

图 5.36 法国 15 μm 像元间距的 TV 格式中波 MCT p-on-n 阵列 NEΔT 直方图[79]

工作温度上升到 150 K 仍有优良性能

3. 掺杂 p 型 MCT 的 n^+-p 结构

掺杂(Cu/Au/Ag/As)的 p 型 MCT,如果不含汞空位,则其少子寿命可能很长。在低浓度的这类材料中,其寿命值可用 S-R 和辐射复合模型进行拟合。空穴浓度较高的这类材料,A7 寿命是限制因素。掺杂的 p 型 MCT 中的 S-R 中心位于本征能级附近,是类受主或近乎中性,对空穴俘获率不强,其密度也不高,且与空穴浓度无关。对这类材料计算结果显示,$p<1\times10^{16}$ cm^{-3},少子寿命由 S-R 和辐射复合决定;$p>1\times10^{16}$ cm^{-3},寿命由 A7 决定,且 $\tau\propto 1/p^2$。图 5.37 显示了长波掺 Cu(2.5×10^{15} cm^{-3})MCT 材料寿命随温度的依赖关系(a)以及 77 K 温度下寿命对掺杂浓度的依赖关系(b)。

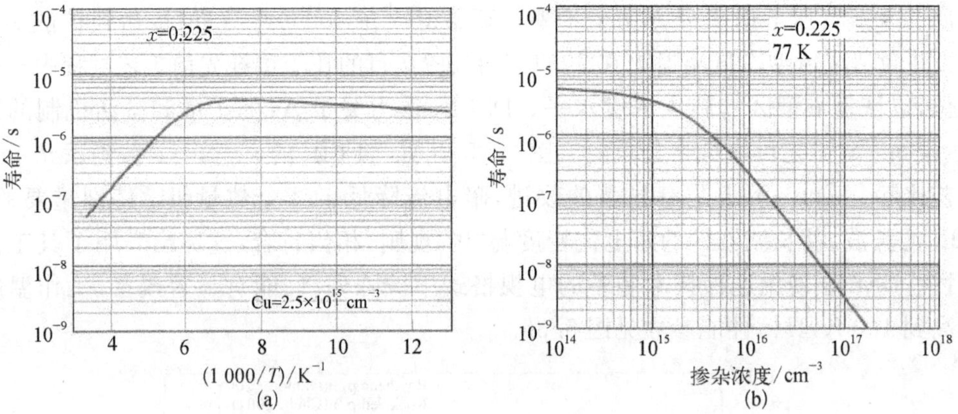

图 5.37 掺 Cu 的 p 型长波 MCT 少子寿命随温度变化关系(a)和 77 K 少子寿命对 Cu 浓度依赖关系(b)[76]

假定 τ_{no} 约 5 μs

DRS 在其 HDVIP 构型的 MCT 焦平面阵列中,采用掺铜 p 型液相外延碲镉汞作为 p 型吸收层,离子铣刻蚀形成 n^+-n-p 二极管,其暗电流水平与 p^+-n 结构相仿。

5.4.3 关于台面结和平面结、环孔结的讨论

环孔工艺和台面工艺都需要对材料进行刻蚀,而平面结则采用了离子注入的方式。台

面结和平面结除了在工艺上有差别，在钝化方面也有微小的区别。另外，在实际工作中，还需要考虑两者在串音方面的表现不同。平面结存在着较强的侧向收集效果，而台面结则在暴露的侧面方向容易引起光学的反射、干涉和衍射等效果。环孔结在光学方面的特征则介于两者之间，部分原因是环孔结利用的就是“侧向收集”效果，从环孔结构特点不难看出，其容易引起入射光产生干涉和衍射的表面、界面和棱角等结构相对台面结略少；但是对于平面结材料的大面积均匀一致而言，还是存在光入射时有产生干涉、衍射效应的极大可能。特别是在成像阵列探测器的光敏元密度不断提高过程中，这一点值得认真设计对待。

在平面结工艺制备的探测器中，往往由于侧向收集而影响系统成像的调制传递函数。其表现为等效的光敏面扩大，如果只是一味地缩小结区，从总的信噪比角度来看，是不合适的。光学遮挡是有效的方法之一，但是也有工艺复杂等缺点。另外，限制光敏元以外适当区域内的光生非平衡少子的扩散也是一种有效的方法。特别是在线列器件的设计中，线阵方向的光敏元密排和垂直线阵方向的光敏元稀疏往往对比强烈，在光敏元稀疏的方向表现出光敏响应收集效果明显的特点。这时，采用刻意设计短路的光敏二极管收集光敏区以外的光生少子的方法是一个很好的折中方案。这种方法最吸引人的地方是不增加工艺步骤，精确可控，且没有反射，相比较金属膜遮蔽的方案而言，能降低系统杂光。其缺点就是要牺牲一部分器件的零偏压阻抗的性能。从理论上不难证明，短路二极管与工作二极管越靠近，对零偏压阻抗影响得越严重。

在工艺方面，由于平面结始终在一个平面上进行光刻，同时利用自对准等工艺方法，这种工艺路线在硅的微电子器件研制工艺中获得了极大的成功。在碲镉汞探测器的研制中，特别是在长波器件的研制中，最好的暗电流的结果也是在双层异质结的平面结结构中。这可能是由于其他制作方法的刻蚀过程对材料的损伤仍然比较大。平面结结合异质结的方法同时还一定程度上降低了对钝化膜的高质量要求。

另外，在台面结的研制中，台面的刻蚀和钝化是要综合考虑的。一般来说，台面侧壁的及时钝化保护是降低暗电流的重要手段，工艺步骤的设计安排要予以特别的关注。如果还涉及台面边缘钝化膜上的金属电极，一般也要确保工艺的可靠，以保证不出现侧面漏电增加甚至短路导通等现象。

5.5 多色碲镉汞红外焦平面探测器

单色红外成像器件一般使用空间鉴别方法来区分目标，但是在背景复杂的环境下，这种工作方式会受到限制，增加虚警率。利用背景杂波在各波段上并不具有很强的相关性，而目标的相关特征则是可预测的，故利用双色/多色探测器实现多光谱融合，可以提高探测概率。就像人眼看世界，在人眼能够分辨的同一个最小区域内，同时有多个敏感光的细胞工作，这些细胞敏感不同的波长范围，因此就有了人眼中色彩斑斓的世界。同样，可见光相机模拟人眼，利用“红、绿、蓝”三个波段同时工作，就能获得人们看上去感觉是真实世界正确反映的彩色成像。类似地，红外系统也可以采用多波段成像的方式获得多色的信息，以利于目标的识别。多色成像有多种方式，常见的如多组滤光片波段分光、分色片分波段多通道成像、多波段探测器视场分光等，这些工作方式中，探测器在某一时刻只能处理一个波段的信息，分光的任务主要由光学薄膜或分光元件完成。新型的多色探测器直接在探测器内部完成分波段探测，因此有同时、同视场的巨大优点。

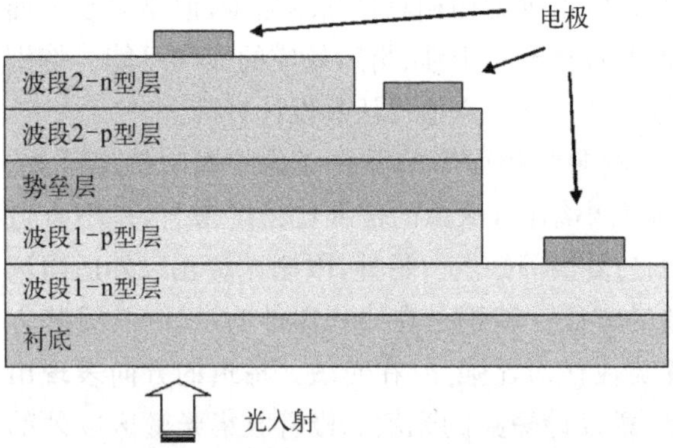

图 5.38　碲镉汞双色探测器结构的原理图

单片垂直集成的双色焦平面探测器可以简化双色成像系统、解决双色探测的时间匹配和位置匹配的问题，是新一代焦平面探测器的代表之一。双色探测器就是在每个像元单元里面集成至少两个不同响应波段的探测器结构。如图 5.38 所示，这个双色器件具有一对 p-n 结，分别采用不同的组分。较短波长工作的 p-n 结在光照的前方，首先将短波长的光吸收转变为光电信号，而长波长的光透过这层材料，到达另外一个 p-n 结处才被吸收，产生另外一个波段的光电信号。深入的机理分析表明，材料结构中引入的宽禁带势垒层，对两个波长响应之间光谱串音的抑制效果至关重要。这两个响应波段的信号可以通过读出电路的顺序读出方式读出，也可以采用双波段同时读出的方式，不同的 p-n 结信号进入不同的读出放大器。

除了让不同响应波段的 p-n 结的信号顺序进入同一个读出放大器或同时进入不同的读出放大器，实现双波段响应还有多种技术、结构和方法。Gong 等[80,81]曾观测到，通过改变 PbTe/PbSnTe 异质结构上的反向偏置，可以调制探测器在 3～5 μm 和 8～12 μm 两个波段的响应峰的相对强弱。图 5.39 是一个液相外延 n-PbTe/p-PbSnTe 异质结二极管的响应光谱。p-PbSnTe 外延层浓度约 $1\times10^{18}\ cm^{-3}$，n-PbTe 外延层浓度约 $5\times10^{17}\ cm^{-3}$，外延

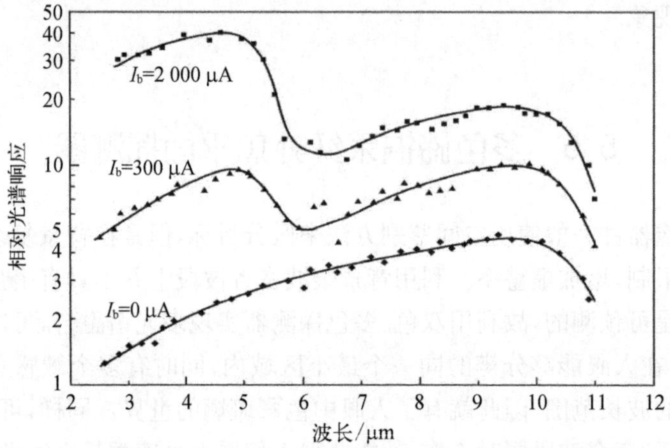

图 5.39　液相外延 PbTe/PbSnTe 异质结探测器响应光谱随反向偏置变化的实验观测[81]

层厚度 2～3 μm。光从正面 PbTe 一侧入射。零偏置时，响应在 8～11 μm 波段最强；随着反向偏流的增加，3～5 μm 的响应峰开始出现并逐渐增强。在适当偏流（如 2 000μA）下，3～5 μm的响应成为主要的响应，也就是说，光在外延 PbTe 层中的吸收和载流子收集成为主要的响应机制。由于 PbTe、PbSnTe 的介电常数很大，耗尽层宽度对反偏电压的依赖十分敏感，所以在 PbTe 层中光生载流子的收集效率随反向偏置的敏感变化可以得到合理的解释。在碲镉汞三色焦平面器件结构的研究中，也有通过反向偏置的调节进行响应波段选择的报道[82]。类似情况也见于 QWIP 和 QDIP。

由于碲镉汞具有变换材料组分可以调整禁带宽度，且不同组分的材料晶格常数变化不大的特点，非常合适研制双色或多色探测器。（需要指出的是，由于双色器件的材料结构一般比较复杂，在材料生长的现有各种技术中，分子束外延技术 MBE 目前仍然是双色或多色器件的材料制备的首选技术。其主要原因是该技术具有材料厚度和组分等控制精确、材料生长温度低等特点。）2007 年，法国 Sofradir 公司演示了中心间距为 30 μm 的 256×256 MW/MW 和 MW/LW 双色器件。经过 10 多年的研发，单片双色碲镉汞技术取得显著进展，已有不同像元尺寸、不同阵列规格和不同波段组合（MW/MW、MW/LW、LW/LW）的器件问世。双色器件中的各光电二极管的 R_0A 值已与单色器件的 R_0A 值相当。这些新型器件的发展有赖于高密度铟柱制备技术和多台面刻蚀与钝化技术的进步。2015 年，德国 AIM 公司型号为“HiPIR - 1280”的大规模中波和长波双波段器件，提供1 280×1 024的规模，像元间距为 15 μm，中波响应波段为 3.4～5.2 μm，而长波为 7.6～9.0 μm，NETD 分别小于 18 mK 和 25 mK，最大满帧速率为 120 Hz。关于多色焦平面探测器的理论、材料、工艺和读出电路等详细系统的论述，请参阅何力等所著《先进焦平面技术导论》一书。

5.6 $Hg_{1-x}Cd_xTe$ 雪崩光电二极管

在目标光强非常弱或者探测时间很短的情况下，只有极少量的光子（甚至单光子）照射到光电器件的光敏区并被吸收，这时一般的光电二极管的信号受读出电子学噪声等的影响可能根本无法探测到。要实现弱信号光的探测必须采用具有一定内增益机制的探测器件，将信号予以适当放大，以便于后续电路处理。碲镉汞雪崩光电二极管（avalanche photodiode，APD）是半导体光电二极管的一种，它工作于大反向偏压状态，利用载流子的雪崩效应可以产生需要的内增益。

雪崩效应是指在大反偏电压下的 p - n 结势垒区中电场很强，载流子在强电场作用下将获得很大的动能，定向运动时会碰撞晶格，使束缚电子电离而激发出新的电子-空穴对，这些新的电子-空穴对在强的电场作用下又会产生新的载流子，这种过程不断继续下去，使载流子像雪崩似地增加。

在雪崩过程中，每一个载流子在单位距离内碰撞电离的电子-空穴对数为这种载流子的离化系数，一般用 α 和 β 分别表示电子和空穴的离化系数，用 k 表示两者的比值。它是 APD 中关键的物理参数，决定了 APD 的增益因子、工作带宽和过剩噪声的大小，而理想的 APD

要求半导体材料的两种离化系数差别无限大(即 $k \ll 1$ 或 $k \gg 1$),就是希望有一种载流子的离化系数为零(这时只有单一载流子有雪崩增益,因此雪崩倍增引入的过剩噪声较小)。相对于其他 APD 半导体材料,HgCdTe 的电子、空穴离化系数差异可以非常大,具备了制作高性能 APD 的条件要求,文献已经报道了几乎没有过剩噪声的 HgCdTe APD 探测器。1993年,Leveque 等[83]发表了关于 HgCdTe 材料中电子和空穴离化系数的理论性文章,阐述了在 HgCdTe 中,当其截止波长小于 1.9 μm@300 K 时,空穴离化系数远大于电子离化系数,适合空穴倍增型 APD;而当截止波长大于 1.9 μm@300 K 时,电子离化系数远大于空穴离化系数,适合电子倍增型 APD,见图 5.40。

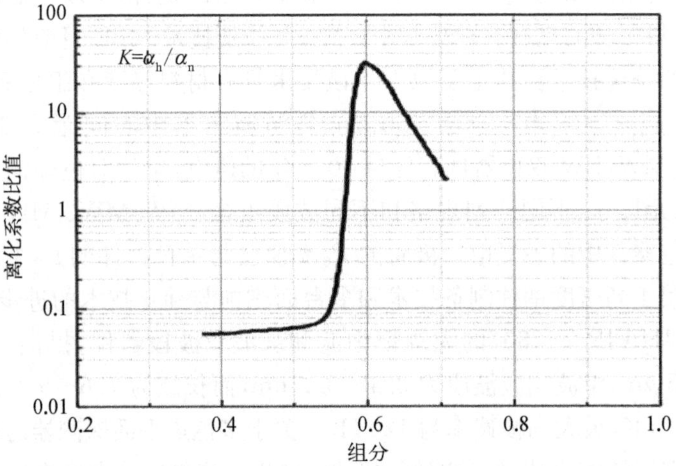

图 5.40 HgCdTe 中离化系数比与组分 x 的关系曲线[83]

目前报道的碲镉汞 APD 结构主要分为两种类型:PIN 型 APD 和吸收-倍增分离(separation of absorption and magnification, SAM)型 APD。PIN 型 APD 根据制备工艺不同可分为平面 PIN 结构 APD 和环孔-高密度垂直集成光电二极管(HDVIP)结构 APD。PIN 型 APD 的特点是材料一般采用 LPE 生长的单层 HgCdTe 薄膜材料;器件制备工艺一般采用稳定 PIN 结构 HgCdTe 器件的制备工艺。SAM-APD 结构器件的特点是光子吸收区和载流子倍增区实现了分离,可以优化器件结构使得吸收和倍增效果最佳,一般它采用分子束外延(MBE)生长的多层不同掺杂异质结薄膜材料,器件制备工艺采用台面结工艺。

HgCdTe APD 的工作模式有两种:线性模式和盖革模式。在线性模式下,APD 输出电流与照射在其上的光子数成正比,增益与注入的光电子数无关,增益较小,为 $10^2 \sim 10^3$ 量级,此时 HgCdTe APD 可集成为红外焦平面探测器,实现对弱信号的光电成像。在盖革模式下,APD 所加反向偏压大于雪崩击穿电压,其输出电流不随入射光子数变化,增益很高,可达 10^6 量级,能够实现单光子探测,可用于高速光纤通信系统。HgCdTe APD 可实现高速、弱信号甚至单光子探测,在光纤通信、三维激光雷达、天文观测及大气探测等方面有广泛应用[84]。

三维激光雷达(3D-LADAR)一般采用主被动双模式进行成像,开始在被动模式下对大视场进行成像,当发现具体目标后,再在主动模式下对目标进行三维成像获得目标的详细信息。三维成像时一般采用门限开关控制，就是向目标照射一束探测激光脉冲，当激光脉冲返回来时开启探测器，利用时间控制电路控制探测器开启的时间点及曝光时间，就可以形成不同位置处的图像，从而组成探测目标的三维图像。Baker 等[85]采用环孔结构制备了 HgCdTe e-APD 焦平面探测器，光敏元面积为 24 μm×24 μm，面阵规模达 320×256，截止波长为 4.6 μm，工作在 90 K 温度下，在 −7 V 时增益达到 100 以上，并用于三维激光雷达(3D-LADAR)设备中。

5.7 $Hg_{1-x}Cd_xTe$ 高工作温度的红外探测器

所谓 HOT 器件是指在高工作温度的情况下，仍然表现出较好性能的器件。利用具有特定设计结构的探测器芯片，可以在不降低器件光电探测性能的情况下，提高探测器的工作温度。这种高工作温度的探测器降低了对致冷的要求，从而可以大幅延长斯特林制冷机的工作寿命，如果可以采用半导体热电致冷的方式，则能提供更加低成本、低功耗、长寿命的整机解决方案。目前，高工作温度的中波碲镉汞面阵探测器已经商业化，例如，法国 Sofradir 公司的型号为“GALATEA MW”的探测器就是 640×512 规模、15 μm 中心距的高工作温度的碲镉汞(HOT MCT)探测器。英国 Selex 公司的探测器型号为“Hot Hawk MW”，是 640×512 规模、16 μm 中心距的紧凑型高工作温度的中波碲镉汞探测器模组，探测器可工作于 175 K 甚至以上的温度。这种利用提高探测器工作温度、降低致冷要求从而降低重量并延长工作寿命的技术有时也称为 $SWaP^3$ (Size, Weight, Power, Performance and Price)。波兰的 Piotrowski 和 Rogalski 合作，2007 年编写有《高工作温度的红外光电探测器》(*High-Operating-Temperature Infrared Photodetectors*)一书(SPIE 出版)，感兴趣的读者可以参考[86]。

窄禁带半导体在高工作温度的情况下，其本征载流子激发严重，存在着掺杂半导体近本征化的严重倾向。有时，对于近本征的 p 型人们喜欢用 π 来表示，而近本征 n 型用 ν 来表示(可能是由于发音相近)。利用前面介绍的碲镉汞基本性质的计算公式很容易计算和理解这个导电本征化问题。因此，实现高工作温度的光伏型器件，就必须具备有效地调节载流子浓度的条件。高工作温度的红外探测器的提出应当主要归功于英国科学家的研究结果。1985 年，Ashley 和 Elliott[87]在文章中提出了利用非平衡状态提高器件工作温度的概念。1999 年，Elliott 等[88]发表文章，预言利用非平衡状态可以在波长达 13 μm 的波段实现室温工作的背景限性能的光子型探测器。其核心的概念是利用非平衡状态，设计器件的结构可以是 $P-p^--N$ (这里大写的 P 和 N 代表宽禁带材料，小写的 p 代表窄禁带的吸收层，p^- 表示载流子浓度低，也称为 π 层)，并工作于反向偏置下，如图 5.41 所示；同时中间的吸

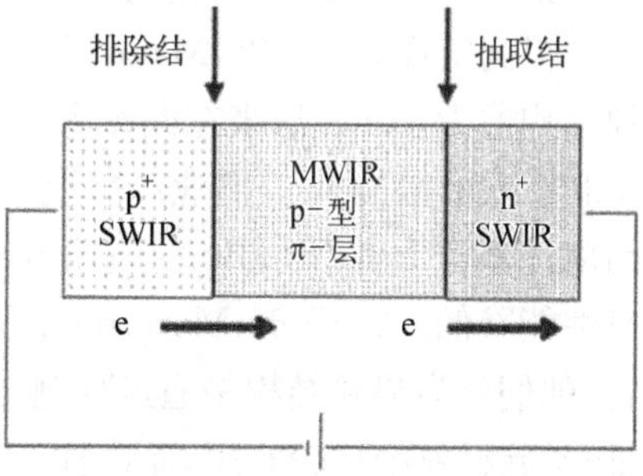

图 5.41 具有高工作温度的非平衡器件原理图

收层厚度要小于少数载流子的扩散长度。在这种情况下，本征激发的少数载流子完全地提取。为了保持电中性，多数载流子的浓度也要随之下降。这样导致的结果就是载流子浓度降低，因此降低了俄歇产生的概率。

由于俄歇过程是依赖于自由载流子浓度的，所以压制俄歇过程可以采用将载流子浓度抑制到平衡浓度以下的方法。非平衡的耗尽半导体的概念用来降低少子和多子浓度。事实上，利用偏置的高低结、异质结、MIS结构或利用磁场的方式都能够部分地达到效果。在强耗尽的情况下，无论是多子还是少子都能够抑制到本征浓度以下，多子浓度抑制到非本征掺杂的浓度，而少子可以更低。因此，深耗尽区域的必需条件是轻掺杂，只有降低掺杂浓度才能够提高性能。对于300 K工作的长波红外碲镉汞探测器，要达到背景限(BLIP)，必须满足：材料的掺杂水平要非常低，约10^{12} cm^{-3}；材料的质量极高，S-R中心的浓度非常低；避免表面、界面和电极的热产生；需要考虑产生强耗尽的高偏置引起的热耗散[86]。实际的HOT器件研制中，对于长波器件，也取决于反向偏置电压带来的高1/f噪声的抑制情况；而对于中波HOT器件，压制复合机制也很重要。

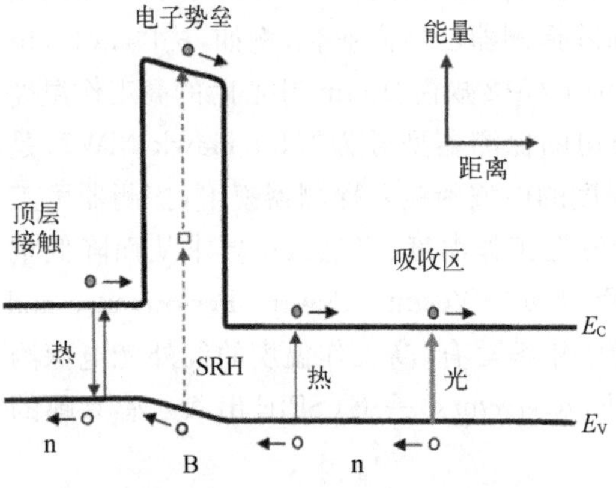

图5.42　nBn结构探测器原理示意图

利用势垒(nBn)结构也是提高工作温度降低暗电流的一个技术手段。最早是由White[89]于1983年提出的势垒层光电导探测器的概念，试图利用势垒层研制高阻抗碲镉汞光电导探测器。理论上，如果存在一个势垒阻挡层的探测器结构，其价带是连续的，仅仅导带存在势垒，如图5.42所示，这样空穴就能够没有阻碍地流动，而作为多子的电子被阻挡，事实上可以理解为光电导增益为1的高阻抗光电导探测器。势垒层(宽禁带)的引入，使带间缺陷能级提高，减少SRH产生，相比较同质p-n结而言，由于没有耗尽区，可以用来减小暗电流。

由于碲镉汞异质结的能带结构特点，这种结构的能带工程的应用会受到一定的限制，必须对偏压、组分和掺杂都进行调节才能达到良好的效果。nBn结构的探测器在Ⅲ-Ⅴ材料上首先得到实现，2006年，Maimon和Wicks[90]第一次在InAs材料上实现nBn结构，并把这种结构称为nBn。后来在此概念下，还发展出利用InAs/GaSb Ⅱ类超晶格材料同时阻挡电子和空穴的结构[91]。商业产品上，例如，以色列SCD公司的型号为“Hot Pelican-D”的产品就是基于InAsSb xBn的所谓bariode技术制备的，此探测器可以工作在150 K温度下没有性能降低。2015年，Martyniuk和Rogalski[92]分析对比了nBn探测器与碲镉汞光电二极管，他们认为势垒结构是通过抑制SRH产生-复合减小暗电流的，因此在SRH寿命较短的Ⅲ-Ⅴ族材料中比较有用，而这种经过抑制后减小的暗电流，在目前情况下，仍然要比碲镉汞体材料光电二极管的暗电流大。从文献报道来看[93-98]，碲镉汞nBn结构的探测器研制工作目前还大多处于理论仿真和试验验证的阶段。

5.8 碲镉汞红外焦平面探测器在航天中的应用

1. 国际上红外焦平面探测器的航天应用

国际上红外焦平面探测器的航天应用项目有很多,包括民用的(如气象和海洋监视等)、军事的(如侦查和导弹预警等)及科学研究的(如天文望远镜等),涉及多个国家和地区。以美国为代表的发达国家在这些方面都处于领先地位。

预期2018年将发射上天的JWST天文望远镜项目就是科学级红外焦平面探测器航天应用的很好代表,由于望远镜希望能看到更远的星系,所以需要极高的灵敏度,同时由于深空的极低背景,科学家总是希望得到最小的暗电流水平。这个项目的大规模焦平面红外探测器几乎全部由美国TIS研制,最典型的模块是H2RG,即2 K×2 K碲镉汞红外焦平面探测器组件(当前美国TIS正在研制4 K×4 K H4RG,像元中心距有15 μm和10 μm两种规格)。它是采用分子束外延技术(MBE)在晶格匹配的碲锌镉衬底上生长具有异质结结构的碲镉汞材料,并采用离子注入As掺杂的p-on-n技术配合宽禁带表面钝化制备光敏芯片,采用优化的电极接触和改进的UBM层,利用In柱与SFD输入级结构的CMOS读出电路倒焊互连,并去除衬底、表面增透后获得的。

在项目研制的十几年的过程中,HxRG(x=1,2,4)产品的性能和可靠性得到了持续的提升,主要来源于技术的改进和提高[99],包括平衡层技术、衬底去除技术、MBE技术改进、降低噪声(特别是噪声分布带尾去除)的工艺技术、光敏元间电容降低技术、碳化硅封装技术、烘烤稳定性提高和长期存储稳定性提高技术、残像去除技术等。这些技术提高的效果都有文献报道,但是技术的细节大多秘而不宣。但是,关于长期存储稳定性问题,现象、原因和改进措施等都叙述得相对细致清楚,这一问题在文献中戏称为"人人皆知的问题"。本书也就这一问题作简单描述,详细情况请参阅参考文献[100]。问题如下:焦平面组件在长期存储过程中暗电流随着时间发生了明显的变化,暗电流像元分布增加或变得严重,如图5.43所示。

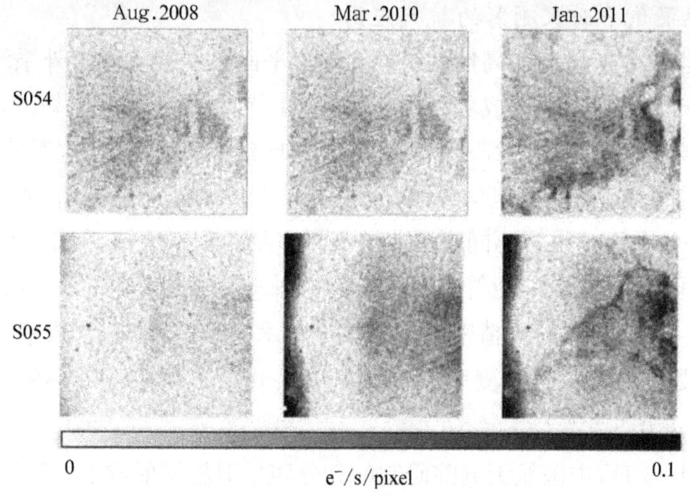

图5.43 组件暗电流水平随时间变化[100]

左侧是组件的编号,上方是时间,图像显示的是暗电流分布,下侧是标尺

为此，美国国家航空航天局(NASA)组织了一个器件劣化失效评估委员会，进行了数月的努力，最后认为失效的根源是铟柱和底接触金属之间的扩散阻挡层的失效穿通导致了大量的铟扩散到结区，或者是铟-金反应导致的应力引入的损伤，或是两者共同作用的效果。其核心问题还是铟的活性及其能够与金反应的问题。通过采用所谓的电介质金属叠层工艺，解决了这个问题。这一问题使得TIS将“烘烤稳定性”工艺环节纳入所有的碲镉汞阵列器件的生产基线中。

表5.4是TIS的典型的科学级5.3 μm截止波长的H2RG红外焦平面探测器的性能[99]。

表5.4 TIS典型的科学级5.3 μm截止波长的H2RG红外焦平面探测器的性能

参　　数	单　位	规　格	目　标	测量值
功耗	mW	≤1.0	≤0.5	0.255
截止波长@37 K	μm	5.1～5.5	5.2～5.4	5.33
量子效率@800 nm	%	≥55	≥70	84
量子效率@2 000 nm	%	≥55	≥70	84
量子效率@3 500 nm	%	≥55	≥70	93
量子效率@4 400 nm	%	≥70	≥80	95
暗电流中值@0.175 V偏压和37 K	e^-/s	≤0.1	≤0.01	0.01
读出噪声中值(单次相关双采样)	e^-	≤18	≤12	11.49
满阱容量@0.175 V偏压	e^-	≥65 000	≥85 000	81 785
串音	%	≤5	≤2	2.8
有效像元率	%	≥95	≥99	99.28
团簇：50个及以上连续盲元	%	≤1%之全阵列	≤0.5%之全阵列	0.00

2. 国内碲镉汞焦平面探测器的航天应用

上海技术物理研究所研制的高性能线列红外焦平面已经在空间红外系统中应用。2005年，中波、短波256元红外焦平面成功在轨应用，2011年，2 000元中波、短波，1 500元长波红外焦平面应用于空间红外系统。红外焦平面的线列规格持续增大，实现系统的高分辨率，代表性产品有截止波长10.5 μm 1 500元28 μm中心距长波红外焦平面、截止波长12.5 μm 2 000元长波红外焦平面。尽管不同应用要求不同探测器阵列规格，但是由于碲镉汞材料具有截止波长大范围可调的优势，能符合各种空间红外应用系统需求[101]。在碲镉汞材料、探测器阵列工艺、读出电路、无盲元精密拼接等关键技术突破的基础上，焦平面器件性能得到进一步提升，长波红外焦平面探测率大于1×10^{11} cm · $Hz^{1/2}$ · W^{-1}，噪声等效温差小于15 mK，盲元率小于0.5%[102]。

2015年12月26日，中国航天五院研制的高分四号卫星发射成功，卫星工作于地球同步轨道。该卫星采用了华北光电技术研究所所研制的百万像素(1 K×1 K)的中波红外焦平面探测器对地凝视成像。

参考文献

[1] Norton P R. Infrared detectors in the next millennium. Proc. SPIE, 1999, 3698: 652-665.
[2] Lawson W D, Nielsen S, Putley E H, et al. Preparation and properties of HgTe and mixed crystals of HgTe-CdTe. Journal of Physics and Chemistry of Solids, 1959, 9: 325-329.
[3] 汤定元. 红外物理与红外技术. 物理实验, 1992,12: 153-159.
[4] 汤定元. 关于我国红外技术发展的一些回忆. 红外技术, 2000,22: 2-7.
[5] 汤定元. 我国红外技术发展的回顾. 激光与红外, 1998,28: 260-266.
[6] 汤定元. 红外探测器的发展现状. 激光与红外, 1991,21: 5-11.
[7] 汤定元,童斐明. 窄禁带半导体红外探测器//王守武. 半导体器件研究与进展(二). 北京: 科学出版社, 1991: 1-107.
[8] Chu J H, Xu S C, Tang D Y. Energy gap versus alloy composition and temperature in $Hg_{1-x}Cd_xTe$. Appl. Phys. Lett., 1983,43: 1064-1066.
[9] 蔡毅. HgCdTe 晶体密度和组分的关系. 红外与激光工程, 1997,26: 23-26.
[10] Rosbeck J P. Background and temperature dependent current-voltage characteristics of HgCdTe photodiodes. Journal of Applied Physics, 1982, 53: 6430.
[11] Scott W. Electron mobility in $Hg_{1-x}Cd_xTe$. Journal of Applied Physics, 1972, 43: 1055.
[12] 褚君浩,Sher A. Physics of Narrow Gap Semiconductors. New York: Springer, 2008: 383-392.
[13] 李向阳,胡晓宁,朱文娟,等. 利用 $Hg_{1-x}Cd_xTe$ 本征区反射峰确定其截止波数和组分. 红外与毫米波学报, 1998,17: 197-202.
[14] 沈学础. 半导体光学性质. 北京: 科学出版社,1992: 220-223.
[15] Capper P. Properties of Narrow Gap Cadmium-Based Compounds. London: INSPEC, IEE, 1994: 81.
[16] Rhiger D R. HgCdTe Long-Wave Infrared Detectors//Gunapala S D, Rhiger D R, Jagadish C. Semiconductors and Semimetals, Volume 84. San Diego: Academic Press, 2011: 303-331.
[17] Sze S M, Ng K K. Physics of Semiconductor Devices. 3rd ed. New York: John Wiley & Sons, Inc., 2006: 65-68.
[18] 李言谨,朱龙源,方家熊. HgCdTe 光导及扫积型器件的瞬态响应. 红外与毫米波学报, 1992,11: 271-276.
[19] Elliott T. Recollections of MCT work in the UK at Malvern and Southampton. Proc. SPIE, 2009, 7298: 72982M-23.
[20] Beck W A, Anderson J R. Determination of electrical transport-properties using a novel magnetic field-dependent hall technique. Journal of Applied Physics, 1987, 62: 541-544.
[21] 桂永胜,郑国珍,蔡毅,等. n-HgCdTe 表面积累层的定量迁移率谱研究. 红外与毫米波学报, 1998,17: 182-186.
[22] 张可锋,林铁,王妮丽,等. 利用迁移率谱技术研究 p 型碲镉汞材料. 红外与毫米波学报, 2011, 30: 301-304.
[23] 徐国庆,刘向阳,张可锋,等. 离子束刻蚀碲镉汞晶体的电学特性研究. 物理学报, 2015, 64: 116102.
[24] Dennis PN J, Elliott C T, Jones C L. A method for routine characterzation of the hole concentration in p-type cadmium mercury telluride. Infrared Physics, 1982,22: 167-169.
[25] Finkman E. Determination of band-gap parameters of $Hg_{1-x}Cd_xTe$ based on high-temperature carrier

concentration. Journal of Applied Physics, 1983, 54: 1883 - 1886.
[26] 王妮丽,刘诗嘉,兰添翼,等. 两种不同方法测试 HgCdTe 材料少数载流子寿命. 红外与激光工程, 2012, 41: 2875 - 2878.
[27] 张立瑶,乔辉,李向阳. 表面处理工艺对于 N 型 HgCdTe 材料和光导器件的影响. 红外与毫米波学报, 2013, 32: 498 - 501.
[28] 张立瑶,乔辉,李向阳. HgCdTe 材料的溴-甲醇抛光工艺研究. 半导体光电, 2012, 33: 683 - 685.
[29] 徐鹏霄. HgCdTe 表面/界面光电特性研究. 上海: 中国科学院上海技术物理研究所博士学位论文,2014.
[30] 刘大福. 星载碲镉汞红外探测器的可靠性研究. 上海: 中国科学院上海技术物理研究所博士学位论文, 2006.
[31] 王韡. 碲镉汞中波光导探测器的可靠性研究. 上海: 中国科学院上海技术物理研究所博士学位论文,2012.
[32] 汤英文,朱龙源,游达,等. 表面二次阳极氧化对 HgCdTe 光导器件性能的影响. 半导体光电, 2007,28: 72 - 75.
[33] 徐勤飞,唐恒敬,龚海梅. 碲镉汞长波光导红外探测器的侧面钝化研究. 红外与激光工程, 2007,36: 50 - 53.
[34] 钱大憨,贾嘉,陈昱,等. 光导型碲镉汞红外器件的曲面延伸电极工艺评价. 红外技术, 2011, 33: 328 - 331.
[35] 贾嘉,刘诗嘉,刘向阳,等. 离子束刻蚀碲镉汞的沟槽深宽比改进. 红外与毫米波学报, 2015,34: 282 - 285.
[36] Verie G C, Sirieix M. Gigahertz cutoff frequency capabilities of CdHgTe photovoltaic detectors at 10.6 μm. IEEE Jounal of Quantum Electronics, 1972,8: 180 - 184.
[37] Rogalski A, Adamiec K, Rutkowski J. Narrow-gap semiconductor photodiodes. Proc. SPIE, 2000, 3287: 2 - 13.
[38] Bubulac L O, Tennant W E. Role of Hg in junction formation in ion-implanted HgCdTe. Applied Physics Letters, 1987, 51: 355 - 357.
[39] 汤英文. GaN 紫外及 HgCdTe 红外探测器的表面与界面研究. 上海: 中国科学院上海技术物理研究所博士学位论文,2006.
[40] 张燕,李向阳. 激光能量对碲镉汞注入样品退火效果的影响. 功能材料与器件学报, 2000,6: 440 - 443.
[41] Bubulac L O, Edwall D D, Viswanathan C R. Dynamics of arsenic diffusion in metalorganic chemical vapor-deposited HgCdTe on GaAs/Si substrates. Journal of Vacuum Science & Technology B, 1991, 9: 1695 - 1704.
[42] Blackman M V, Charlton D E, Jenner M D, et al. Type conversion in $Cd_xHg_{1-x}Te$ by ion-beam treatment. Electronics Letters, 1987, 23: 978 - 979.
[43] Berchenko N N, Bogoboyashchiy V V, Izhnin I I, et al. Type conductivity conversion in As-, Sb-doped p-$Cd_xHg_{1-x}Te$ under ion beam milling. Surface & Coatings Technology, 2002, 158: 732 - 736.
[44] Williams B L, Robinson H G, Helms C R. Mercury interstitial generation in ion implanted mercury cadmium telluride. Journal of Electronic Materials, 1998, 27: 583 - 588.
[45] Wotherspoon J T M. Method of manufacturing a detector device: US, 4411732, 1983.

[46] Ivanovomskii V I, Mironov K E, Mynbaev K D. $Hg_{1-x}Cd_xTe$ doping by ion-beam treatment. Semiconductor Science and Technology, 1993, 8: 634 - 637.

[47] Mynbaev K D, Bazhenov N L, Smirnov V A, et al. Electrical properties of $Cd_xHg_{1-x}Te$ and $Zn_xCd_yHg_{1-x-y}Te$ modified by low-energy ion bombardment. Technical Physics Letters, 2002, 28: 955 - 957.

[48] Elkind J L, Orloff G J. Reactive ion etching of HgCdTe with methane and hydrogen. Journal of Vacuum Science & Technology A-Vacuum Surfaces and Films, 1992, 10: 1106 - 1112.

[49] Belas E, Hoschl P, Grill R, et al. Deep p-n-junction in $Hg_{1-x}Cd_xTe$ created by ion milling. Semiconductor Science and Technology, 1993, 8: 1695 - 1699.

[50] Siliquini J F, Dell J M, Musca C A, et al. Scanning laser microscopy of reactive ion etching induced n-type conversion in vacancy-doped p-type HgCdTe. Applied Physics Letters, 1997, 70: 3443 - 3445.

[51] Ivanovomskii V I, Mironov K E, Mynbaev K D. Electrophysical properties of $Cd_xHg_{1-x}Te$ subjected to ion-beam etching. Soviet Physics Semiconductors-Ussr, 1990, 24: 1379 - 1380.

[52] Chandra D, Schaake H F, Aqariden F, et al. P to n conversion in SWIR mercury cadmium telluride with ion milling. Journal of Electronic Materials, 2006, 35: 1470 - 1473.

[53] Haakenaasen R, Moen T, Colin T, et al. Depth and lateral extension of ion milled pn junctions in $Cd_xHg_{1-x}Te$ from electron beam induced current measurements. Journal of Applied Physics, 2002, 91: 427 - 432.

[54] 徐国庆,刘向阳,王仍,等. 离子束刻蚀碲镉汞中转型宽度. 红外与毫米波学报, 2014,33: 477 - 480.

[55] Belas E, Franc J, Toth A, et al. Type conversion of p-(HgCd)Te using H_2/CH_4 and Ar reactive ion etching. Semiconductor Science and Technology, 1996, 11: 1116 - 1120.

[56] Nguyen T, Antoszewski J, Musca C A, et al. Transport properties of reactive-ion-etching-induced p-to-n type converted layers in HgCdTe. Journal of Electronic Materials, 2002, 31: 652 - 659.

[57] Siliquini J F, Dell J M, Musca C A, et al. Characterisation of reactive-ion-etching-induced type-conversion in p-type HgCdTe using scanning laser microscopy. Journal of Crystal Growth, 1998, 184: 1219 - 1222.

[58] Mynbaev K D, Ivanov-Omskii V I. Modification of $Hg_{1-x}Cd_xTe$ properties by low-energy ions. Semiconductors, 2003, 37: 1127 - 1150.

[59] Bahir G, Finkman E. Ion-beam milling effect on electrical-properties of $Hg_{1-x}Cd_xTe$. Journal of Vacuum Science & Technology A-Vacuum Surfaces and Films, 1989, 7: 348 - 353.

[60] Dvurechenskii A V, Remesnik V G, Ryazantsev I A, et al. Inversion of the conduction of $Cd_xHg_{1-x}Te$ films subjected to a plasma treatment. Semiconductors, 1993, 27: 90 - 92.

[61] Pociask M, Izhnin I I, Dvoretsky S A, et al. Ion-milling-assisted study of defect structure of acceptor-doped HgCdTe heterostructures grown by molecular beam epitaxy. Semiconductor Science and Technology, 2008, 23(9): 673 - 676.

[62] Belas E, Bogoboyashchyy V V, Grill R, et al. Time relaxation of point defects in p-and n-(HgCd)Te after ion milling. Journal of Electronic Materials, 2003, 32: 698 - 702.

[63] Armstrong J M, Skokan M R, Kinch M A, et al. HDVIP five-micron pitch HgCdTe focal plane arrays. Infrared Technology and Applications Ⅺ, 2014, 9070: 907033.

[64] Tennant W E. "Rule 07" revisited: still a good heuristic predictor of p/n HgCdTe photodiode

performance? Journal of Electronic Materials, 2010, 39: 1030 - 1035.

[65] Tennant W E, Lee D, Zandian M, et al. MBE HgCdTe technology: a very general solution to IR detection, described by "Rule 07", a very convenient heuristic. Journal of Electronic Materials, 2008, 37: 1406 - 1410.

[66] Yuan S X, He L, Yu J B, et al. Infrared photoconductor fabricated with a molecular beam epitaxially grown CdTe/HgCdTe heterostructure. Appl. Phys. Lett., 1991, 58(9): 914 - 916.

[67] Nemirovsky Y, Mainzer N, Weiss E. Passivation of HgCdTe//Capper P. Properties of Narrow Gap Cadmium-Based Compounds. London: IEE, 1994: 284 - 290.

[68] 邓屹. 碲镉汞红外探测器表面钝化特性和可靠性研究. 上海：中国科学院上海技术物理研究所博士学位论文,2010.

[69] 徐竟杰. 碲镉汞红外探测器钝化制备技术研究. 上海：中国科学院上海技术物理研究所博士学位论文，2012.

[70] 乔辉,周文洪,叶振华,等. 碲镉汞光伏型探测器的氢化处理研究. 红外与毫米波学报，2007,26：326 - 328.

[71] 乔辉,周文洪,叶振华,等. 碲镉汞光伏型探测器的变面积氢化研究. 红外与毫米波学报，2008，27：425 - 428.

[72] Tennant W E, Cockrum C A, Gilpin J B, et al. Key issues in HgCdTe-based focal plane arrays: an industry perspective. Journal of Vacuum Science & Technology B, 1992, 10: 1359 - 1369.

[73] Destefanis G, Andebert P, Mottin E, et al. High performance LWIR 256×256 HgCdTe focal plane array operating at 88 K. SPIE, 1997, 3061: 111 - 116.

[74] Reine M B. History of HgCdTe infrared detectors at BAE systems. Proc. SPIE, 2009, 7298: 72982S-1 - 72982S - 26.

[75] Kinch M A, Aqariden F, Chandra D, et al. Minority carrier lifetime in p-HgCdTe. Journal of Electronic Materials, 2005, 34: 880 - 884.

[76] Kinch M A, Fundamentals of Infrared Detector Materials. Bellingham: SPIE Press, 2007: 38 - 39.

[77] Cockrum C A. HgCdTe material properties and their influence on IR FPA performance. Proc. SPIE, 1996, 2685: 2 - 15.

[78] D'Souza A I, Dawson L C, Anderson E J, et al. HgCdTe detectors for infrared remote sensing applications. Proc. SPIE, 1997, 3221: 372 - 383.

[79] Gravrand O, Destefanis G, Bisotto S, et al. Issues in HgCdTe research and expected progress in infrared detector fabrication. Journal of Electronic Materials, 2013, 42: 3349 - 3358.

[80] Gong S X, Chen B L, Yuan S X. Anomalous spectral response in heterojunction PbTe/PbSnTe infrared detectors-A new effect: Two Peak Effect. International Journal of Infrared and Millimeter Waves, 1991, 12: 251 - 261.

[81] Gong S X, Chen B L, Yuan S X. Consideration of a new two color infrared detector on the basis of Two Peak Effect. Proc. SPIE, 1992, 1735: 83 - 90.

[82] Hipwood L G, Jones C L, Maxey C D, et al. Three-color MOVPE MCT diodes. Proc. SPIE, 2006, 6206: 620612.

[83] Leveque G, Nasser M, Bertho D. Ionization energies in $Cd_xHg_{1-x}Te$ avalanche photodiodes. Semiconductor Science and Technology, 1993, 8: 1317.

[84] 李海滨. 碲镉汞电子雪崩光电探测器制备技术研究. 上海：中国科学院上海技术物理研究所博士学位论文，2011.

[85] Baker I, Thorne P, Henderson J, et al. Advanced multifunctional detectors for laser-gated imaging applications. Proc. SPIE, 2006, 6206: 20608 - 20608.

[86] Piotrowski J, Rogalski A. High-Operating-Temperature Infrared Photodetectors. Bellingham: SPIE Press, 2007: 233 - 235.

[87] Ashley T, Elliott C T. Nonequilibrium devices for infrared detection. Electronics Letters, 1985, 21: 451 - 452.

[88] Elliott C T, Gordon N T, White A M. Towards background-limited, room-temperature, infrared photon detectors in the 3 - 13 μm wavelength range. Applied Physics Letters, 1999, 74: 2881 - 2883.

[89] White A M. Infrared Detectors: USA, 4679063. 1983.

[90] Maimon S, Wicks G W. nBn detector, an infrared detector with reduced dark current and higher operating temperature. Applied Physics Letters, 2006, 89: 151109.

[91] Ting D Z Y, Hill C J, Soibel A, et al. A high-performance long wavelength superlattice complementary barrier infrared detector. Applied Physics Letters, 2009, 95: 023508 - 023510.

[92] Martyniuk P, Rogalski A. MWIR barrier detectors versus HgCdTe photodiodes. Infrared Physics & Technology, 2015, 70: 125 - 128.

[93] Akhavan N D, Jolley G, Umana-Membreno G A, et al. Design of band engineered HgCdTe nBn detectors for MWIR and LWIR applications. IEEE Transactions on Electron Devices, 2015, 62: 722 - 728.

[94] Gravrand O, Boulard F, Ferron A. A new nBn IR detection concept using HgCdTe material. Journal of Electronic Materials, 2015, 44: 3069 - 3075.

[95] Kopytko M, Wrobel J, Jozwikowski K, et al. Engineering the bandgap of unipolar HgCdTe-based nBn infrared photodetectors. Journal of Electronic Materials, 2015, 44: 158 - 166.

[96] Martyniuk P. HOT mid-wave HgCdTe nBn and pBp infrared detectors. Optical and Quantum Electronics, 2015, 47: 1311 - 1318.

[97] Qiu W C, Jiang T, Chang X A. A bandgap-engineered HgCdTe PB πn long-wavelength infrared detector. Journal of Applied Physics, 2015, 118: 124504.

[98] Ting D Z Y, Soibel A, Hoglund L, et al. Theoretical aspects of minority carrier extraction in unipolar barrier infrared detectors. Journal of Electronic Materials, 2015, 44: 3036 - 3043.

[99] Blank R, Anglin S, Beletic J W, et al. H2RG focal plane array and camera performance update. Proc. SPIE, 2012, 8453: 845310.

[100] Rauscher B J, Stahle C, Hill R J, et al. Commentary: JWST near-infrared detector degradation-finding the problem, fixing the problem, and moving forward. AIP Advances, 2012, 2: 021901.

[101] 陈路，傅祥良，王伟强，等. 面向 HgCdTe 红外焦平面探测器应用的分子束外延材料研究进展. 中国科学：物理学 力学 天文学，2014，44：341 - 349.

[102] 何力，陈路，陈建新，等. 上海技术物理研究所红外焦平面研究概述. 上海：第十届分子束外延学术会议论文集，2013.

第 6 章 InGaAs和Si：X红外焦平面阵列

6.1 InGaAs红外焦平面阵列

6.1.1 InGaAs 材料性质

InGaAs是GaInAs的通俗名称。它是由两种Ⅲ-Ⅴ族半导体材料$(GaAs)_x$和$(InAs)_{1-x}$组成的赝二元系直接带隙合金半导体材料。这一合金在x为0～1的全部组分范围都是互溶的。

按照国际纯粹与应用化学联合会(IUPAC)的标准，这一合金材料的分子式应该写为$Ga_xIn_{1-x}As$，在这一术语中Ⅲ族元素以原子序数小的排在前面。同样的例子有$Al_xGa_{1-x}As$、$Al_xIn_{1-x}Sb$等。在红外探测器领域，大多数作者都习惯使用InGaAs，而且，兴趣集中在少数几种特殊的组分上。最要紧的，是记住$In_{0.53}Ga_{0.47}As$、$In_{0.70}Ga_{0.30}As$，以及$In_{0.82}Ga_{0.18}As$这三种最重要的短波红外探测器材料。

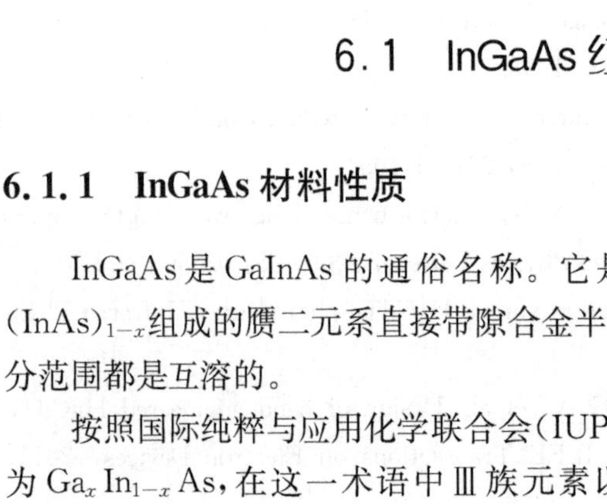

图 6.1 Ⅲ-Ⅴ族化合物半导体的禁带宽度和晶格常数

半导体材料的电学和光学性质在很大程度上取决于其禁带宽度。图6.1为主要Ⅲ-Ⅴ族半导体的禁带宽度与晶格常数分布。连接的实线表示两种材料组成合金时禁带宽度随晶格常数的变化关系。GaAs能隙为1.43 eV，InAs为0.35 eV。InAs的光谱响应截止波长为3.5 μm，GaAs为0.87 μm。由这两种材料混合而成的InGaAs的截止波长为0.87～3.75 μm。不仅禁带宽度依赖于合金组分，混晶的晶格常数也依赖于合金组分。InAs晶格常数为6.058 5 Å，GaAs为5.654 3 Å。如果在合金半导体$In_xGa_{1-x}As$中，x代表InAs的原子百分数，$1-x$就是GaAs的原子百分数，那么禁带宽度和晶格常数都随x变化而变化。

$In_xGa_{1-x}As$的禁带宽度随组分x和温度T变化的函数关系可由式(6.1)很好拟合[1]

$$E_g(\text{eV}) = \left(E_{gGaAs} - \frac{\alpha_{GaAs} T^2}{T + \beta_{GaAs}}\right) + \left[\left(E_{gInAs} - \frac{\alpha_{InAs} T^2}{T + \beta_{InAs}}\right) - \left(E_{gGaAs} - \frac{\alpha_{GaAs} T^2}{T + \beta_{GaAs}}\right)\right]x - 0.475(1-x)x \tag{6.1}$$

式中，α_{GaAs}、α_{InAs}、β_{GaAs} 和 β_{InAs} 为拟合常数。图 6.2 中的上段曲线显示了 $In_xGa_{1-x}As$ 的截止波长与晶格常数的相互关系，这中间省略了组分和禁带宽度两层关系，事实上晶格常数对组分和禁带宽度对组分的依赖关系都是十分明确的，也是可以简单计算的。

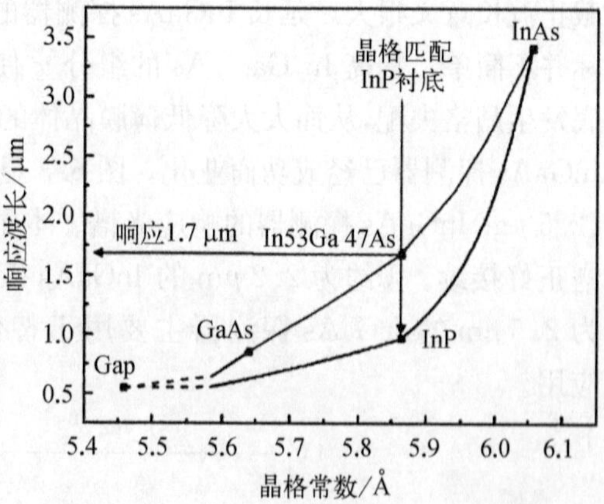

图 6.2　InAs－GaAs 和 InP－GaP 体系的 $\lambda_c - a$ 关系（$In_{0.53}Ga_{0.47}As$ 的晶格常数正好与 InP 相同）

重要的问题是，无论用什么方法制备 $In_xGa_{1-x}As$ 薄膜，都需要用衬底，薄膜晶体是依托在衬底上的。如果薄膜晶体与衬底材料的晶格常数不相同，薄膜晶体的性质就会严重受损。制备 $In_xGa_{1-x}As$ 薄膜晶体使用 InP 衬底最为方便。大直径(4 in)、高质量的 InP 衬底很容易得到。InP 的晶格常数和 $x=0.53$ 的 $In_xGa_{1-x}As$ 的晶格常数一样，所以在 InP 衬底上外延生长 $In_{0.53}Ga_{0.47}As$ 薄膜晶体可以得到最好的质量。$In_{0.53}Ga_{0.47}As$ 通常称为标准的 InGaAs，而不再注明 x 的值。表 6.1 列出了 InGaAs 材料的几项电学参数。

表 6.1　InGaAs 材料的基本性质@300 K[2, 3]

	GaAs	$In_{0.53}Ga_{0.47}As$	InAs
晶格常数/nm	0.565 4	0.584 4	0.605 8
密度/(g/cm³)	5.316	5.498	5.68
禁带宽度/eV	1.435	0.75	0.35
电子有效质量(m_e/m_0)	0.065	0.041	0.023
电子迁移率/($cm^2 \cdot V^{-1} \cdot s^{-1}$)	8 500	13 800	3×10^4
本征载流子浓度/cm^{-3}	2.1×10^6	5.4×10^{16}	9.3×10^{14}

InGaAs 是直接带隙半导体，本征吸收系数大，$In_{0.53}Ga_{0.47}As$ 在 1.55 μm 的吸收系数约为 7 000 cm^{-1}，比 Ge 要高一个数量级，1.5 μm 厚的材料就可吸收大于 70%的入射辐射。

InGaAs 材料的纯度很高，背景载流子浓度低，可获得 n 约为 1×10^{14} cm^{-3} 的纯材料，电子迁移率达到约 13 000 $cm^2 \cdot V^{-1} \cdot s^{-1}$，而空穴迁移率约为 250 $cm^2 \cdot V^{-1} \cdot s^{-1}$，迁移率比高达 40～50。

标准 InGaAs 可以响应到 1.68 μm。这意味着，它对光纤传输损失最小的波长(1.3 μm 和 1.55 μm)和对人眼安全限(1.4 μm)以上的激光波长仍是灵敏的。这也是探测夜空天然辉光的最佳波段。用标准 InGaAs 制备的 PIN 二极管或雪崩二极管一维或二维焦平面阵列在这些领域有极好的探测性能和巨大的应用市场。

但是有许多应用要求探测更长的波长。一个重要例子是，需要通过测定波长 1.9 μm 的水汽吸收来监测农作物的含水量。另一个重要例子是，飞机上采用 LADAR(激光探测与测距)来探测晴空湍流，LADAR 系统常使用 2.05 μm 的激光。这些例子说明扩展 InGaAs 的截止波长意义很大。延长 InGaAs 探测器的截止波长看似简单，只要提高 x 值就可以，但实际并不简单。提高 $In_xGa_{1-x}As$ 的组分 x 使得 $In_xGa_{1-x}As$ 薄膜的晶格常数增大，因此与衬底发生晶格失配，从而大大降低薄膜晶体的质量。在克服了一系列困难后，两种延伸波长的 InGaAs 探测器已经成功商业化。图 6.3 显示了标准的(1.7 μm)、长波 1(2.2 μm)和长波 2(2.5 μm)InGaAs 探测器的响应光谱。本征 Si 的响应光谱也画于图中，它与 InGaAs 的光谱正好接续。λ_c约为 2.2 μm 的 InGaAs 探测器主要用于近红外工业成像等领域，而 λ_c约为 2.5 μm 的 InGaAs 探测器主要用于替代 PbS 和短波碲镉汞，在航天遥感领域有重要应用。

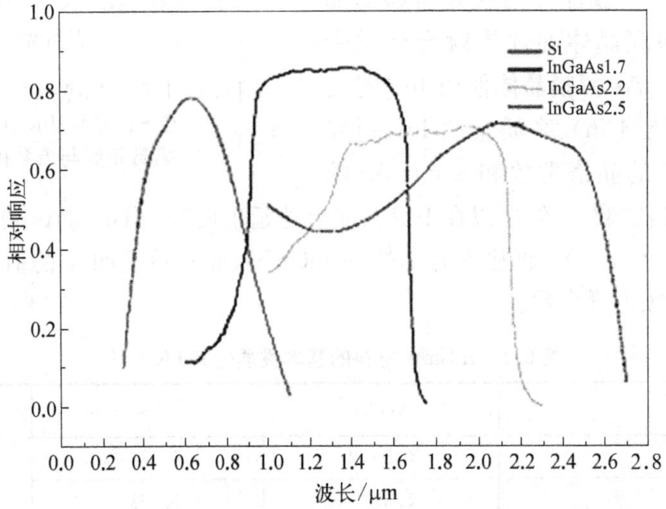

图 6.3 标准的和两种延伸波长 InGaAs 及本征 Si 探测器的响应光谱[4]

6.1.2 InGaAs 光子探测器

InGaAs 在红外成像探测器家庭中是一个新兴的成员。近年来，短波红外成像受到重视。原因在于，短波成像利用的是相当宽的波段的反射光，同可见光类似，图像的识别比较容易；而且可见光照相机所用的玻璃或石英制成的镜头、窗口、镀膜元件等能透过约2.5 μm，这些材料完全适用于短波红外，不会产生额外的成本；如果涉及激光，波长 1.4 μm 以上对人的眼睛是安全的，可以放心使用；因为瑞利散射随波长增大而衰减，故近红外、短波红外在雾天、尘埃等不利气象条件下能够比可见光看得更远。由于 InGaAs 较易实现气相外延生长薄膜材料，具有薄膜厚度和载流子浓度可控、器件平面工艺可靠性高、生产成本低、可实现带宽达到 10 GHz 的高速器件等优点，近年来 InGaAs 探测器的发展特别快。

1. 器件结构和制备

器件制备工艺的第一步是生长半导体InGaAs晶体薄膜。InGaAs材料制备的主流技术是外延生长[5-8]。当前大多数单位采用在InP衬底上用MOCVD(即金属有机化学气相沉积方法)或者MBE(分子束外延)方法生长InGaAs薄膜。$In_{0.53}Ga_{0.47}As/InP$在室温体系是晶格匹配的(晶格常数$a=0.584$ nm)。但$In_{0.53}Ga_{0.47}As/InP$薄膜晶体在生长温度(一般在650℃生长)有轻微的晶格失配($+6.5\times10^{-4}$)。如果希望在生长温度达到晶格匹配,则InAs的摩尔分数应该为0.52。

$In_{0.70}Ga_{0.30}As/InP$和$In_{0.82}Ga_{0.18}As/InP$有不同程度的晶格失配,按照晶格失配度的定义$M=\left|\dfrac{a_1-a_2}{a_1}\right|(\%)$计算的失配度,最大可达2%。晶格失配产生的缺陷可导致暗电流的大幅上升,所以延伸波长InGaAs外延层的制备需要特别注意消除晶格失配。

InGaAs探测器通常采用pIn结构。图6.4画出了典型InGaAs背照射pIn结构探测器的剖面结构。其制备工艺包括以下步骤。

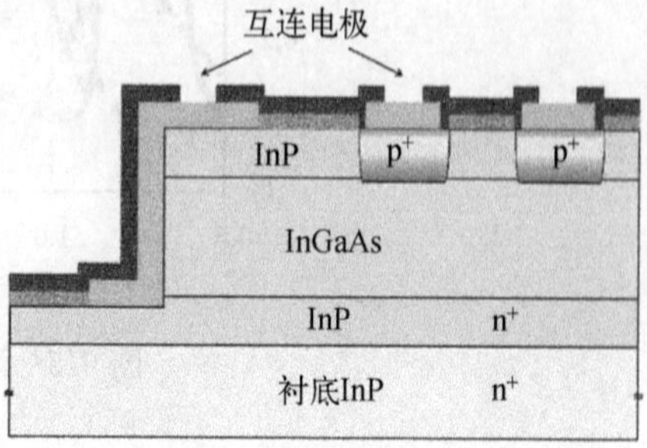

图6.4 InGaAs背照射pIn探测器结构

(1) 外延材料制备:100 μm厚n^+-InP衬底/n^+-InP缓冲层1 μm/n^--InGaAs吸收层3~4 μm/n^--InP帽层1 μm;

(2) 生长氮化硅膜层,光刻,开窗口;

(3) 进行锌扩散,锌可以穿透InP帽层进入InGaAs层,形成p-n结;

(4) 在窗口镀Au/Zn合金(或Ti/Pt/Au)并烧结,在背面镀Au/Ge合金(或Ti/Pt/Au)并烧结,形成欧姆电极;

(5) 正面Au/Zn电极上长铟柱。

InGaAs探测器芯片一般封装在带有玻璃窗口的干燥密封而温度可控的插针式管壳中,可以集成在各种用途的红外系统中。

在前照射构型中,红外辐射要通过InP帽层抵达InGaAs吸收区,而在背照射构型中,红外辐射必须通过InP衬底抵达InGaAs吸收区。通常,InP帽层厚度为1 μm量级,而InP衬底厚度为数百微米。两种构型的器件量子效率在1 100 nm以上是相同的,但在1 100 nm以下,前照射器件量子效率要高一些,这是因为InP帽层很薄,对较短波长的光线的吸收较小。事实上,早先曾经在前照射的线阵列InGaAs器件上,通过控制InP帽层的厚度,其响应可以延伸到可见光谱。

已经有多家制造商能够提供InGaAs光子二极管的单元和多元阵列器件。图6.5和图6.6是日本滨松公司几种典型产品的响应光谱和产品封装外观[9]。

2. 光电特性

1) 标准InGaAs探测器

图6.7是Yuan及其合作者[10]报道的背照射1.7 μm InGaAs的光谱响应。抗反射膜中心波长1.55 μm(RT);在1.35~1.6 μm波段量子效率大于80%。由图看到,室温起峰波长

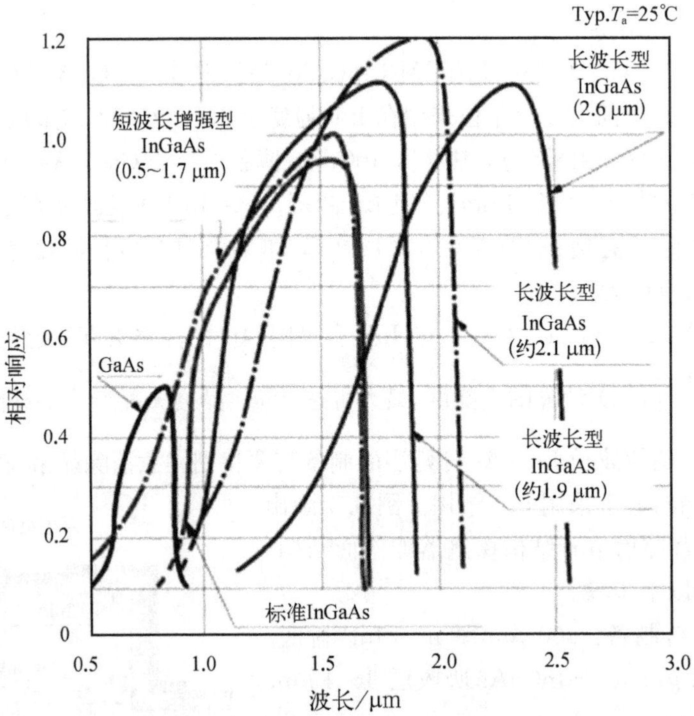

图 6.5　滨松 InGaAs 器件相对响应光谱

图 6.6　单元和线列器件的封装外观

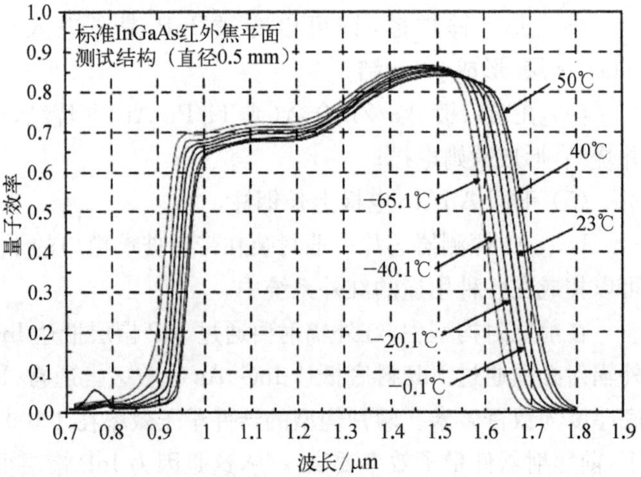

图 6.7　1.7 μm InGaAs 的光谱响应[10]

0.95 μm，与 InP 衬底禁带宽度 1.35 eV 相对应；随着温度下降（从 50℃到−65℃），起峰波长和截止波长均发生蓝移，原因是 InP 和 InGaAs 的带隙随着温度下降而增大。Ⅲ-Ⅴ 族半导体材料的带隙普遍具有负的温度系数，其禁带宽度可由下式很好拟合[11]

$$E_g(T) = E_0 - \frac{\alpha T^2}{T+\beta} \tag{6.2}$$

式中，α，β 为对各种具体材料的拟合参数。温度下降引起整个光谱量子效率稍有提高，可能原因是 InP 衬底透射增加。该探测器室温下测得 NEI 约为 2.6×10^{9} ph·cm^{-2}·s^{-1}。

电流-电压特性随探测器温度变化相当敏感。图 6.8 是 20 μm 像元的暗电流随温度变化情况。在 −100 mV 偏置，室温暗电流为 70 fA，4℃下暗电流仅为 25 fA。R_0A 随温度下降而增大并在 −20℃左右由扩散限制转变为产生-复合限制(图 6.9)。

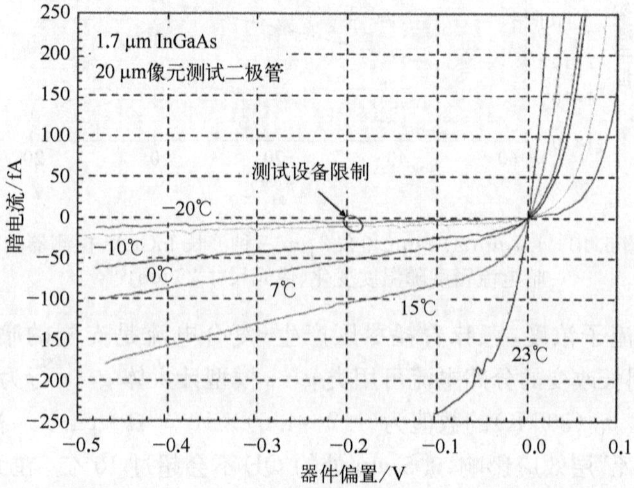

图 6.8 InGaAs 器件不同温度下 $I-V$ 特性曲线

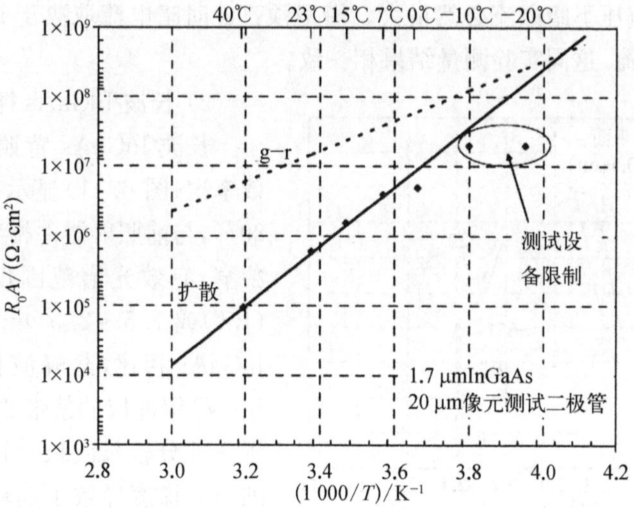

图 6.9 标准 InGaAs 探测器电流机构转变温度约为 −20℃

InGaAs pIn 探测器的暗电流模型与一般光伏探测器相似，需要考虑扩散电流、产生-复合电流和漏电流。Tidhar 等[12]计算了 1.7 μm，1.9 μm 和 2.2 μm 三种波长的 InGaAs 探测器(像元尺寸 25 μm)的暗电流密度随温度变化关系(−50～20℃)，结果示于图 6.10。

deWames 等[13]发表了用三维数值模拟方法对 $p^{+}-n$ 型标准 InGaAs 高密度阵列器件电-光性能的计算分析结果。假设器件结构为 DLPH(双层平面型异质结构)，主要结果如下：① 对同质 $p^{+}-n$ 浅结(即结位置刚进入 n 型吸收层)，在 $T<300$ K 时暗电流对温度的依赖

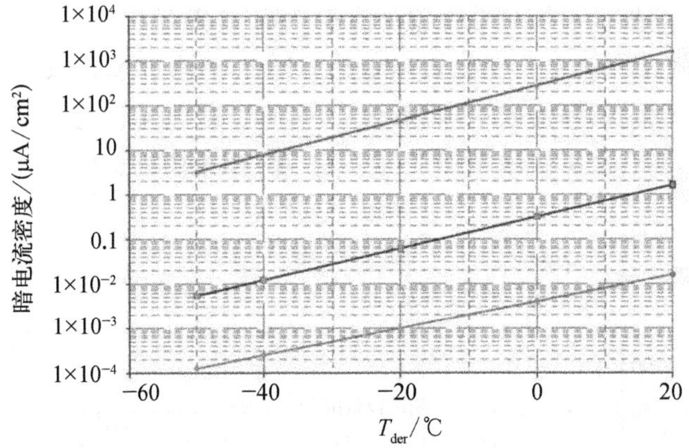

图 6.10　1.7 μm、1.9 μm 和 2.2 μm 三种波长 InGaAs 探测器的暗电流密度随温度变化(像元尺寸 25 μm)[12]

关系取决于本征载流子浓度，意味着耗尽区产生-复合电流是支配的暗电流。源自 InP/InGaAs 界面的随周长改变的分路电流可用类 g－r 模型计入体 g－r 行为中，其影响可用一个有效电导率表示，σ_{eff}(300 K)的数值为(1.2～4.6)×10^{-11} Ω·cm^{-1}。衬底去除可改善短波量子效率，但受"死"层效应影响，0.5 μm 处的 QE 不会超过 10%。在无星光的月夜条件下，300 K 工作的器件的信噪比估计为 50。② 对异质结(p^+－n 结位于宽禁带的 InP 帽层中)，QE 将随偏压变化，例如，要使 QE 达到和同质浅结一样的值，必须要反向偏压 $V_b \geq$ 0.9 V。如此高的偏压下暗电流必然很大。模型预言此时暗电流取决于 n 型吸收层的辐射寿命限制的扩散电流，这同实验测量结果相一致。

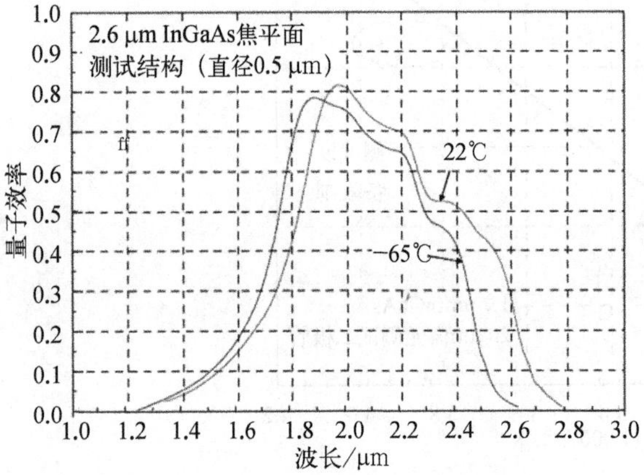

图 6.11　2.6 μm InGaAs 探测器的响应光谱[10]

2) 长波 InGaAs 探测器

长波 InGaAs 背照射探测器的量子效率谱(图 6.11)显示，峰值量子效率约 80%，与前照射器件相当。光谱范围比较狭窄，有效光谱范围仅为 1.6～2.6 μm (RT)或 1.5～2.5 μm(−65℃)，与标准 InGaAs 相比，起峰波长变长，这是因为 InAsP 缓冲层的禁带宽度比 InP 小，吸收了一部分较长波长的辐射，而且，缓冲层的组分梯度导致了起峰变缓。长波部分响应变缓，可能起源于高掺杂衬底和缓冲层中的自由载流子吸收。当温度降低时，起峰波长和截止波长均蓝移，原因是禁带宽度增大。

为了降低晶格失配引起的暗电流，要在 InP 衬底上先外延一层缓冲层，再外延 $In_{0.83}Ga_{0.17}As$ 吸收层。$In_{0.53}Ga_{0.47}As$(1.7 μm)的晶格常数(5.869 Å)和 InP 衬底一样，不需要引入缓冲层。$In_{0.83}Ga_{0.17}As$(2.6 μm)的晶格常数为 5.98 Å，与 InP 的晶格失配度为 1.9%，缓冲层是必要的。缓冲层采用 $InAs_yP_{1-y}$，y 值从 0 开始，逐步提高到0.63。此时，$InAs_{0.63}P_{0.37}$的晶格

常数和 $In_{0.83}Ga_{0.17}As$ 相匹配，在其上可以外延得到高质量的吸收层。图 6.12 是带缓冲层结构示意图。

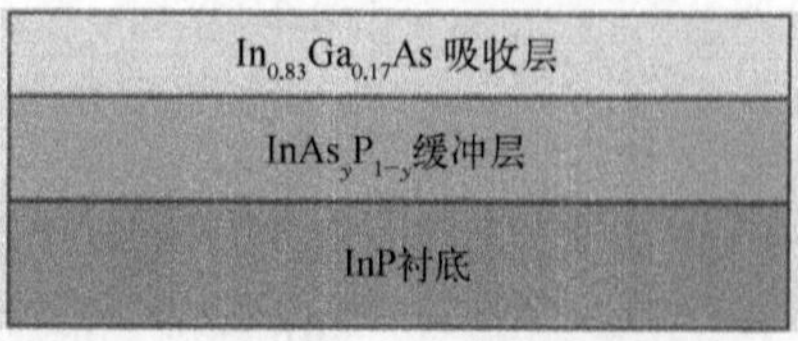

图 6.12　长波 InGaAs 的外延缓冲结构

Olsen[6, 8, 14] 等介绍了通过精确控制缓冲层生长降低晶格失配暗电流的经验。这些经验归结如下：生长组分阶梯变化，而非渐变的多层外延结构；控制每个相邻外延层的晶格失配度不超过0.12%；要把吸收层的掺杂浓度控制在(1～5)×10^{17} cm^{-3}；外延层生长好后要进行循环热退火。

3）可见-近红外 InGaAs 探测器

InGaAs 本身对可见光也有响应，但是标准的或长波的 InGaAs 探测器都是从 920 nm 开始响应，因为 920 nm 以下的辐射被 InP 帽层（前照射结构）或 InP 衬底（背照射结构）吸收。如果把背照射结构器件的 InP 衬底去除，InGaAs 器件对可见光也有响应，一个器件对两个波段响应，实际意义很大。

可见- InGaAs 的制备方法是先在外延层结构上预先做好一个阻断腐蚀层。其他工艺同标准背照射器件一样。衬底去除工艺可以使 InGaAs FPA 对可见光有相当大响应，而且使近红外波段的灵敏度提高。图 6.13(a)是可见-近红外 InGaAs 阵列的结构，注意外延结构中增加了一层 InGaAs 止蚀层。这有利于完全去除 InP 衬底[15, 16]。衬底去除工艺采用机械研磨加上湿法化学腐蚀。工艺中要紧的是使得留下的 InP 电极层的厚度小于 10 nm，以保证可见光不被吸收而有足够大的响应。图 6.13(b)是衬底去除后的响应光谱。

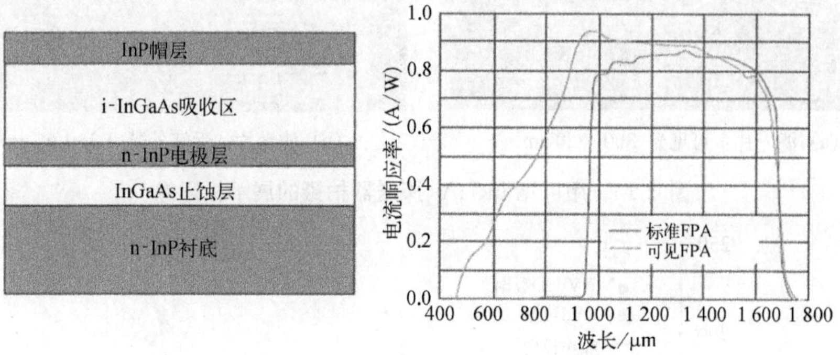

(a)　　(b)

图 6.13　可见-近红外 InGaAs 探测器的外延层结构和光谱响应

图 6.14 是 Judson 公司去除衬底后的可见 InGaAs 的光谱响应。这是一个直径0.5 mm 的器件的数据。显示截止波长随温度下降发生蓝移。近红外波段量子效率大于 80%，同标准 InGaAs 一样；可见光区域量子效率也很高，最低也大于 40%，而这个最低点取决于抗反射膜设计。图 6.15 显示了用同一个 InGaAs 探测器拍摄的同一物体的影像[10]。

关于 InGaAs 探测器的噪声，也有不少研究。图 6.16 是 MANTIS 计划的 InGaAs 焦平面器件在帧频 30 Hz 的情况下测量的噪声随温度变化关系[17]。假定读出噪声符合 KTC 模型，探测器是 g－r 噪声支配，数字模拟的结果表明 280 K 的 R_0A 值为 $8\times10^6\,\Omega\cdot cm^2$，ROIC 贡献的噪声电子数为 40 e^-。在 240 K 以上温度，探测器噪声占支配地位，而在 240 K 以下，读出电路噪声为主要噪声。

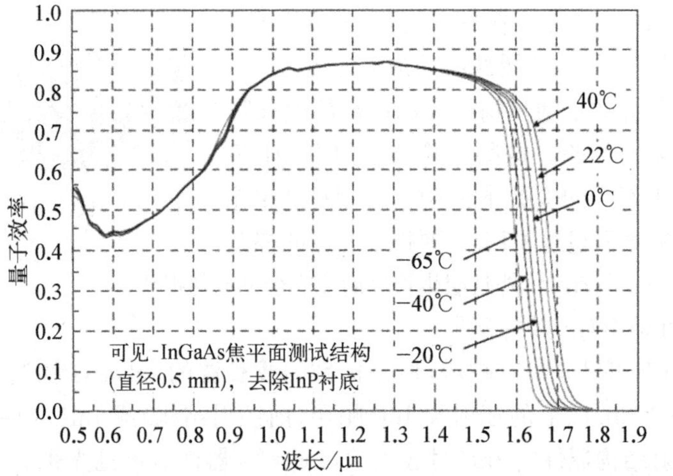

图 6.14　各种温度下去除衬底 InGaAs 探测器的光谱响应

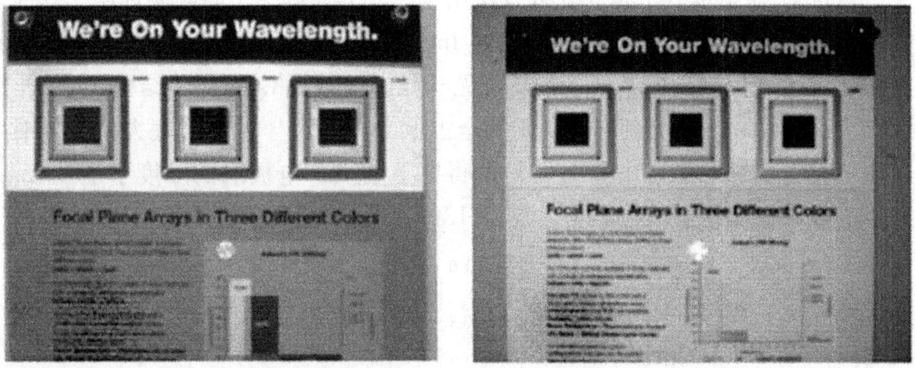

(a) 滤光片：可见光 300~850 nm　　(b) 滤光片：近红外光 1.3~1.65 μm

图 6.15　用可见 InGaAs 探测器拍摄的展示板影像

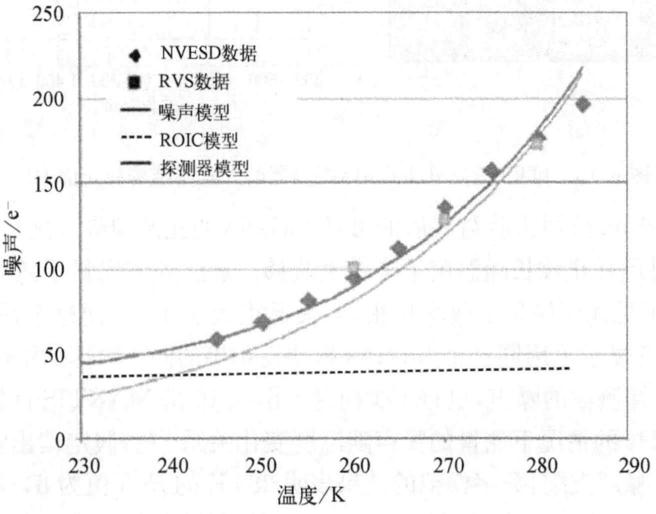

图 6.16　MANTIS 计划 InGaAs 器件噪声随温度变化关系[17]

6.1.3 NIR-SWIR InGaAs焦平面阵列

1. InGaAs焦平面阵列发展概况

InGaAs三元合金是可见光到近红外光最优秀的成像应用探测器材料。其优点是量子效率高，而且在室温下工作。0.7～3 μm波段的近红外和短波红外成像应用越来越普遍，因为这一波段可以利用天空辉光而增强在最黑暗夜晚的性能。SWIR FPA正在迅速发展以满足军用和商用的需求，其中最突出的是InGaAs。InGaAs广泛应用于商业和工业领域，包括半导体晶圆检测、波前探测、天文学观测、光谱学、机器人视觉，以及监视、目标跟踪、激光雷达等军事应用。

InGaAs焦平面阵列采用背照射结构。在InGaAs光子二极管阵列与Si-CMOS读出电路通过铟柱互连混成后，集成到照相机中。照相机的视频输出送到监视器或计算机，用于定量测量或机器人视觉等各种应用。

商品InGaAs焦平面线阵产品有256×1元、512×1元、1 024×1元等多种规格，波段范围有0.9～1.7 μm，1.1～2.2 μm和1.1～2.6 μm。各种像元尺寸、像元数目、响应波段、使用热电致冷级数和读出电路速率等均有供应。也有不带热电致冷而利用外部致冷器的。正方形像元的1 024元InGaAs线阵可用于快速移动工业过程的高分辨率成像。用户在市场上很容易得到与其应用要求相匹配的像元尺寸和读出电路规格的InGaAs阵列。InGaAs FPA的像元尺寸目前主流尺寸为15 μm，也有12.5 μm甚至更小尺寸。InGaAs阵列像元尺寸从20 μm减小到15 μm可以改善其多光谱VIS/SWIR变焦距照相机的性能，首先是降低暗电流和读出噪声，从而，在改进光学设计基础上，导致噪声等效辐照度NEI降低2/3[18]。

1.0～1.7 μm标准InGaAs 128×128元阵列由Olsen等[19]首次报道。像元中心距60 μm，光敏元尺寸30 μm，暗电流100 pA以下，积分电容约为0.1 pF(−5 V，300 K)，1.3 μm处量子效率大于80%。现在可得到的大规模阵列为1 280×1 024元。低成本的320×240元阵列，体积仅25 cm^3，重量不到100 g，功耗小于750 mW[20]。

能够提供InGaAs焦平面阵列的制造商很多，仅在美国就有Goodrich(先前的Sensor Unlmied)、Indigo Sytems(已与FLIR合并)、Teledyne-JudsonTechnologies、Aerious Photonics等好几家公司。法国、德国和日本也有几家公司能够提供多种规格的InGaAs焦平面阵列。表6.2列举了Teledyne-Judson公司提供的InGaAs阵列参数。表6.3列出了Goodrich公司提供的标准的和可见-近红外InGaAs焦平面阵列的特性参数。

表6.2 Teledyne-Judson制造的IGS阵列[10]

格　式	响应波长	像元尺寸	工　　艺	读出电路	工作温度
320×256	0.9～1.7 μm	30 μm	MOCVD/InP p-on-n平面型扩散结	Indigo 9809	RT 1级TEC
320×256	0.4～1.7 μm	30 μm	MOCVD/InP p-on-n平面型扩散结 去衬底	Indigo 9809	RT 1级TEC

续表

格　式	响应波长	像元尺寸	工　艺	读出电路	工作温度
320×256	1.4～2.6 μm	30 μm	MOCVD/InP p-on-n 平面型扩散结	Indigo 9809	RT 4 级 TEC
1 280×1 024	0.9～1.7 μm	20 μm	MOCVD/InP p-on-n 平面型扩散结	自行设计 专利	RT 1 级 TEC

表 6.3　标准的和可见-近红外 InGaAs 焦平面阵列性能参数(www.sensorsinc.com)

像元尺寸	12.5 μm
FPA 格式	1 280×1 024
光学填充因子	100%
响应波段	标准 0.9～1.7 μm；延伸 0.7～1.7 μm
量子效率	标准 ≥ 65% (1～1.6 μm)；延伸 ≥ 65% (0.9～1.6 μm)
平均探测率 D^*①	2.8×10^{13} cm·Hz$^{1/2}$·W^{-1}
噪声等效辐照度 NEI①	1.2×10^{9} ph·cm^{-2}·s^{-1}
噪声①(RMS)	25 e$^-$
电荷容量②	3.0×10^{7} e$^-$
动态范围③	2 000∶1
有效像元率	≥99%
曝光时间	30 μs～16.5 ms
数字输出格式	12 bits
数字输出帧频	60 f/s
扫描模式	连续或三种外部触发模式
可靠性	符合美国军标 MIL-STD-810G

注：① λ=1.55 μm，积分时间 16.5 ms，17℃ TEC；
② 积分时间 30 μs，17℃ TEC；
③ 高动态范围模式，17℃

InGaAs 阵列的暗电流很小，比相同波长和温度的 HgCdTe 暗电流还要低[21]，噪声也低，所以对于 0.9～1.7 μm 波段的天文观测很有用。目前低温工作的 1.7 μm 1 K×1 K InGaAs 阵列的实用性能可与最先进的 HgCdTe 阵列相媲美[22]。

MacDougal 等[23]报道了 15 μm 像元的 640×512 FPA 具有非常低的暗电流，在 7℃不高于 1.5 nA/cm^2，在 0℃平均值为 0.26 nA/cm^2。读出噪声为 57～95 e$^-$。

Li 等[24]报告用 MBE 技术生长了 n-InP/i-$In_{0.53}Ga_{0.47}As$/n-InP 双异质结外延结构，制备了 512×128 背照射平面型 InGaAs 探测器阵列，像元尺寸 30 μm^2，扩散区面积23 μm×23 μm。读出电路采用 CTIA 输入结构，积分电容 50 fF。测得焦平面阵列平均探测率为 1.63×10^{12} cm·Hz$^{1/2}$·W^{-1}，平均暗电流密度 35 nA/cm^2，响应率非均匀性 5.9%，最高帧频 400 Hz，功耗 180 mW。该焦平面阵列用于多光谱成像遥感。

2. InGaAs 焦平面阵列应用简介

1.7 μm 探测器的成像应用重要性，一是正好覆盖夜空辉光光谱带，如图 6.17 所示，对夜间观测目标物的反射十分有利。一个重要应用例子是高空侦察。

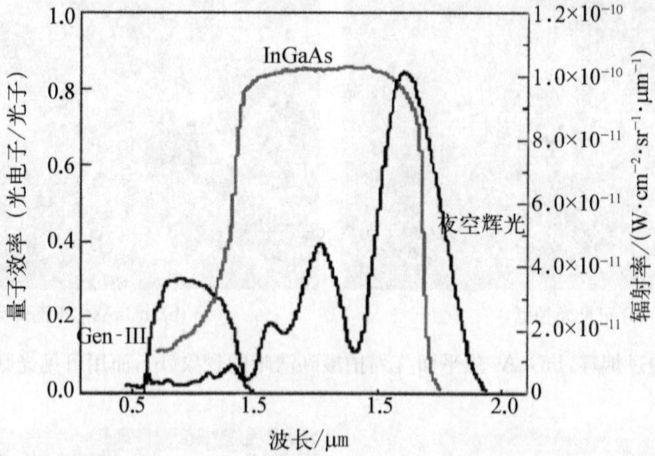

图 6.17　InGaAs 的响应光谱覆盖了夜空辉光带

50 年来，U-2 飞机一直是美国也是世界首屈一指的侦察平台。在 20 000 米高空，U-2 飞机居高临下能够看清机身两侧很远距离。这种在别国国境线外窥视其紧闭空域内部的能力，使 U-2 成为军事指挥官的宠儿。早期 U-2 上使用 Ge∶Hg，今天的 U-2 上主要装备自 20 世纪 90 年代启用的 SYERS Ⅱ 照相机。SYARS 具备穿透大气层远距离观测的卓越能力，令普通可见光照相机为之逊色。大气衰减和散射严重影响波长较短的可见光的传播，所以 SYERS Ⅱ 采用 MWIR(热辐射)和 SWIR(反射光)相结合进行观测。正是利用反射光的 SWIR 波段造就了 SYERS 的卓越的大气穿透能力。

SWIR 照相机开辟了红外军事应用的第三个光谱窗口。LWIR 和 MWIR 传感器长期以来是军事应用的重要工具。这两者基于热探测，对温度高于周围环境温度的人或物的活动的探测能力极其出色。与长波红外和中波红外不同，短波红外照相机感知的是人或物的反射光，所以人或物的影像看起来同可见光的影像十分相似，这就为军方提供了一种全新的能力。

可见-近红外 InGaAs 焦平面阵列在白天和黑夜都能工作。Goodrich 制造的高分辨率(15 μm 像元)1 280×1 024 元可见-近红外照相机使用 CTIA 电路，由于积分电容小，读出噪声小于 50 e^-。阵列以滚动(而非快照)模式积分，以帧频 120 Hz 读出，动态范围 3 000∶1。采用相关双采样技术测得的总噪声为 114 e^-[25]。

van Bogget 等报道[26]液氮温度的 20 μm 像元 640×512 InGaAs FPA 具有更高的性能。焦平面读出电路采用 SFD 输入，可实现背景限性能。满阱电荷容量 400 000 e^-，灵敏度 2.17 μV/e^-，暗电流约为 1 $e^-\cdot s^{-1}$，采用 Fowler 采样技术使读出噪声降低到5 e^-，读出电路功耗小于 2 mW，1 L 液氮可使用 24 h。该 FPA 具有 4 路输出，可实现每秒 3 帧成像，用于低背景天文应用。

InGsAs 阵列成像的第二个优势是对烟雾和雨水穿透能力强，可能在雾霾条件下发挥特别作用。图 6.18 和图 6.19 是两个实例，图片选自参考文献[4]。

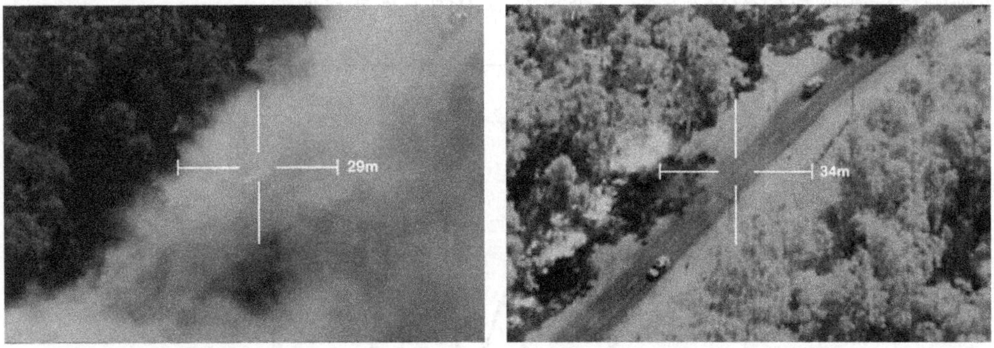

(a) 可见光拍摄　　(b) InGaAs焦平面阵列拍摄

图 6.18　透过烟雾，InGaAs 焦平面阵列拍摄到清晰的景象(b)，而用可见光则看不清(a)

(a) 可见光拍摄　　(b) InGaAs焦平面阵列拍摄

图 6.19　透过雨水，InGaAs 焦平面阵列拍摄到清晰的景象(b)，而用可见光则看不清(a)

InGaAs 的双波段阵列技术主要与其他材料联合进行，如可见 InGaAs＋非致冷阵列，构建 VIS/SW－LW 双波段焦平面阵列，用于无人机和士兵头盔瞄准具计划[27]。

6.2　非本征硅和锗焦平面阵列

6.2.1　Ge∶Hg 探测器

在长波本征探测器发展之前，20 世纪 50 年代起非本征硅和锗探测器就开始用于波长大于 10 μm 的红外应用中。锗的掺杂技术发展得比较成熟，所以第一个高性能非本征探测器是锗掺杂器件。20 世纪 50～60 年代早期发展了锗掺汞，8～14 μm 窗口的首个前视红外系统(FLIR, forward looking infrared)就是用 Ge∶Hg 线阵列器件实现的[28]。由于利用锗中杂质激发效应，需要在很低的温度工作，例如，使用微型制冷机在 35 K 冷却 Ge∶Hg。锗掺杂在60年代是主角，到80年代硅掺杂成为主要的非本征探测器。

发展Ge:Hg探测器的主要目的是满足8～14 μm大气窗口的高速红外探测应用。Ge:Hg的晶体制备可由两种方法进行：开管和闭管。开管法是在Ge晶体生长过程中通以Hg蒸气；闭管法是在含有Hg蒸气的密闭石英管中生长Ge晶体。迄今利用的是Hg在Ge中的较低的一个受主能级（价带之上0.09 eV）。由于Hg在Ge中的浓度不超过$1\times10^{15}\ cm^{-3}$，光吸收系数较小，必须利用体内多次反射积分。探测器温度冷却到30～40 K就能够达到背景限性能。但在该温度范围，探测器时间常数有两个分量。快分量小于1 μs，慢分量则长得多。慢分量同Ge中Cu复合中心有关。通过材料提纯，或降低工作温度至30 K以下，慢分量的影响可以消除。Ge:Hg探测器的电阻一般在MΩ量级。电流-电压关系呈现良好线性。探测率随偏压不明显变化，但超过一定偏压值后急剧下降，并伴随着电流的振荡。

Ge:Hg探测器可制成各种尺寸的光敏面。但是，光敏面越小的探测器其表观探测率越高。Texas Ins制造了光敏面为2 mm×2 mm的Ge:Hg探测器，交由美国海军白山测试站，首次用于天文观测。在液氢温度下，在海平面高度该探测器电阻为1 MΩ，但在3 900 m高的山顶上，由于液氢平衡压力降低，探测器阻抗增加到8 MΩ。在$f/15$光学焦比下，Ge:Hg探测器的噪声等效功率为2×10^{-12} W，在8.5～13.5 μm波段的探测率D^*(273 K,180,1)达到$5\times10^{10}\ cm\cdot Hz^{1/2}\cdot W^{-1}$。用这一装置实施了对猎户座-α，黑暗月面和其他行星的辐射观测[29, 30]。

Ge:Hg红外探测器在军事上的应用受到人们更大的注意。美国U-2高空侦察机60年代的主要装备是红外行扫描仪，俗称红外照相机。其核心是Ge:Hg红外探测器。

1965年起，我国科研人员开始进行Ge:Hg探测器的研制。1966年年底研制出高性能单元探测器，以后进一步发展了20元探测器阵列，用于低空大速度红外相机。锗掺汞材料采用直拉单晶或水平区熔方法制备，在拉制锗单晶时掺入汞，浓度为10^{15}量级。器件制备参照光电导探测器的一般结构。晶体切割成1 mm×1 mm×10 mm长条，研磨后腐蚀光亮。为了弥补Ge:Hg吸收系数小的缺点，在器件结构设计上有一些特殊考虑。把样品的一个端面磨成约57°斜面并抛光，作为入射面，红外辐射在样品体内可经过多次反射，最后大部分被吸收。样品的底面和顶面抛光并镀金作为两个电极，如图6.20所示。然后安装在银制基座上，光阑为铜制，内涂黑。工作温度为38 K。实验室测试使用液氖为制冷剂，整机使用时采用斯特林制冷机。500 K黑体探测率在$2\times10^{10}\ cm\cdot Hz^{1/2}\cdot W^{-1}$。

图6.20　用于航空红外照相机的Ge:Hg探测器构造示意图

6.2.2　阻挡杂质带光电导探测器原理

Si中掺入Ⅲ族元素（如Ga、In和Tl）可以制成p型的杂质光电导探测器；掺入Ⅴ族元素（如As、Sb和Bi）可制成n型的杂质光电导探测器。这些探测器的响应波长在2～30 μm。

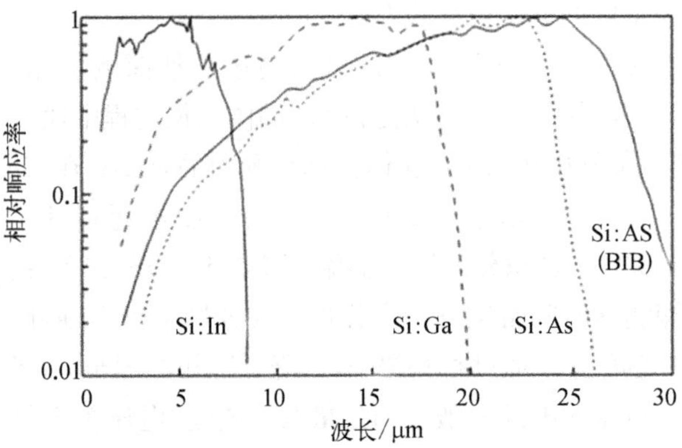

图 6.21 重要 Si 掺杂探测器的响应光谱[31]

几种典型的 Si∶X 探测器的响应光谱如图 6.21 所示。普通 Si 掺杂探测器在航天应用中遇到一些困难，主要是在空间环境核辐射条件下响应不稳定。要降低核辐射影响就要减小探测器芯片厚度，就会降低吸收量子效率。要保持高量子效率就必须提高光吸收杂质的浓度，而提高掺杂浓度势必引起暗电流增加和光电导增益的降低。此外掺杂浓度过高使杂质带效应更加显著，跳跃导电引起的噪声进一步增加。这种两难情况使传统 Si 掺杂和 Ge 掺杂探测器在航天应用中受到限制。

1982 年，Petroff 和 Stapelbroek[32] 发明了 Si∶As BIB 探测器，以后在基本理论、数值设计和工艺技术等方面进步十分迅速，现在已发展成功大规模(兆元级)、高灵敏的焦平面阵列，在陆基和空间平台的红外天文探测研究中得到重要应用，起着不可替代的作用。BIB 探测器巧妙地利用适度重掺杂半导体材料中杂质带内的跳跃导电机制。具体地说，器件结构就是两个平行电极之间夹有两层半导体材料，一层是高掺杂的吸收层，另一层是本征的或者轻掺杂的阻挡层。

由于阻挡层的存在，BIB 探测器的工作原理同普通光电导模式不一样。其行为和反偏的光子二极管类似，差别仅在于光子激发发生在施主杂质与导带之间。在重掺杂的 n 型红外吸收层中，不可避免地有很低浓度的带负电的受主杂质(N_a)。无外电场时，根据电中性要求，存在相等浓度的电离施主。带负电的受主位置是固定的，而带正电的电离施主则是可移动的。这是因为掺杂浓度很高，D^+ 电荷可以通过声子辅助隧穿，或电子在相邻的 D^0 和 D^+ 之间的跳跃导电机构在红外吸收层内移动。当外加正偏置时，内部建立起电场，驱使先前存在的 D^+ 电荷向衬底移动，而在另一边的不掺杂的阻挡层，则阻止新的 D^+ 电荷的注入。这样就建立了一个没有 D^+ 电荷的耗尽区。耗尽区宽度取决于外加电压和残余受主浓度。既然电离的受主电荷是不可移动的，耗尽区内必定留有负的空间电荷。电场在阻挡层处最大，沿着红外吸收层深度呈线性降低，其关系如泊松方程：

$$\frac{\mathrm{d}E}{\mathrm{d}x}=\frac{\rho}{\varepsilon\varepsilon_0}=\frac{qN_a}{\varepsilon\varepsilon_0} \tag{6.3}$$

式中，ε、ε_0 分别为高频和静态介电常数；ρ 为电荷密度；N_a 为残余受主浓度。假如阻挡层为严格本征的即不含任何杂质，则耗尽层宽度为

$$w=[(2\varepsilon\varepsilon_0 V_b/qN_a^-)+b^2]^{1/2}-b \tag{6.4}$$

式中，b 为阻挡层厚度；V_b 为外加电压；ε 为介电常数；N_a^- 为电离受主浓度。耗尽层宽度随外加电压增加而增加，随残余受主浓度增加而降低。在 BIB 结构器件中，耗尽层宽度是一个关

键参数。对整个吸收层而言，因为电场仅存在于耗尽区中，所以光电流也仅产生于耗尽区。

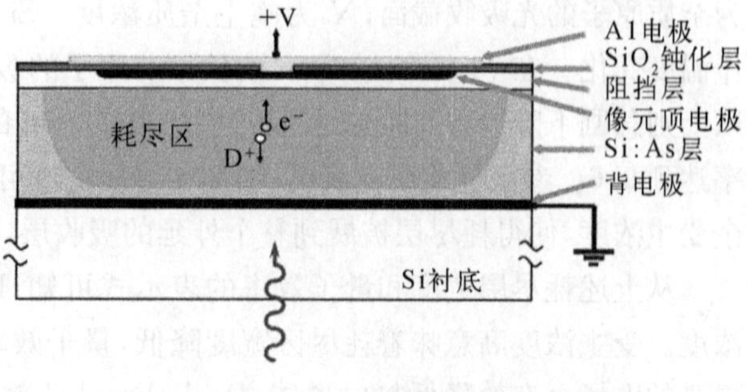

图 6.22　Si：As BIB 探测器结构示意图

图 6.22 是一个单元背照射 Si：As BIB 探测器的结构剖视示意图(其尺寸不按照实际比例)。作为红外吸收层的重掺杂 Si：As 层是用外延方法制备在透红外光的 Si 衬底上。掺杂的 As 的浓度约为 $5\times10^{17}\ \mathrm{cm}^{-3}$。在外延之前先制备了透红外光的高电导电极层。这一电极层在焦平面阵列器件中作为所有像元的公共底电极。在 Si：As 吸收层之上，用外延方法淀积了一层不掺杂的阻挡层。在阻挡层表面用离子注入制备一层高电导薄层，经过钝化和开孔金属化做成探测器顶电极。如果要制成焦平面阵列，可在每个像元的顶电极上制备铟柱，然后与读出电路互连。

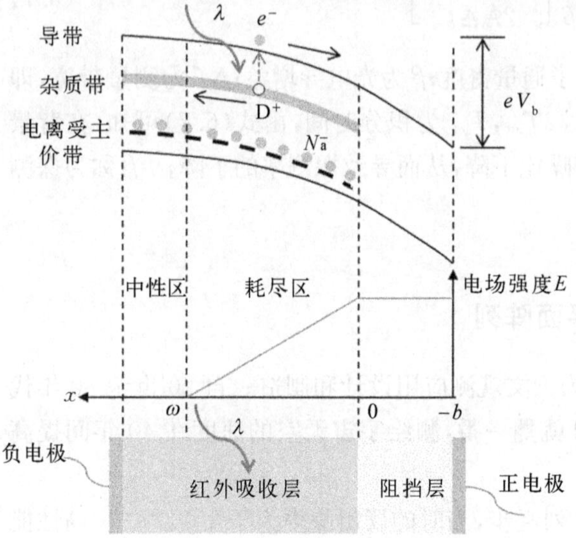

图 6.23　Si：As BIB 探测器能带、电场分布和光生载流子移动示意图(未画出左边的透明 Si 衬底)

参看图 6.23，背照射 Si：As BIB 探测器的探测原理可简述如下。红外辐射从背部通过透明衬底入射。在重掺杂的 Si：As 吸收层中，红外光子将中性的 As 原子激发，使电子激发到导带，使中性 As 原子 D^0 成为带正电的 As 原子 D^+。导带电子在耗尽层电场作用下扫出吸收层，穿过阻挡层到达金属电极。D^+ 电荷(借助跳跃导电机构)向相反方向移动，在进入吸收层的未耗尽部位时被收集。净的效果是在外电路中有一个电子流过。对电子的收集效率非常高，因为在耗尽区中已经没有 D^+ 电荷，所以导带以下几乎没有电子陷阱存在。同样，既然在此条件下导带电子浓度几乎为零，对 D^+ 电荷的收集效率也非常高。由于阻挡层中没有施主中心，向耗尽区注入 D^+ 电荷的可能性也不存在。

假设红外辐射从图 6.23 中左边透明衬底(未画出)入射，经过吸收层、阻挡层，在金属电极上反射后再反方向穿越样品，则内量子效率可由下式表示[33, 34]

$$\eta=\frac{(1-R_1)\exp(\alpha w-\alpha t)[1-\exp(-\alpha w)][1+R_2\exp(-\alpha w)]}{1-R_1R_2\exp(-2\alpha t)} \tag{6.5}$$

$$\alpha=\sigma(\lambda)N_{\mathrm{d}} \tag{6.6}$$

式中，R_1，R_2 分别为透明硅衬底和顶金属电极的反射率；t 为吸收层厚度；α 为吸收系数；$\sigma(\lambda)$

为杂质原子的光吸收截面；N_d为施主杂质浓度。Si 中 As 原子的光子吸收截面随波长和工作温度变化。在 10 K、3～24 μm 波长，As 原子的吸收截面随波长的平方增加，而在 24 μm 以上则急剧下降。曾有报道[32]吸收层厚度 22 μm 的 BIB 光电导器件在 20 μm 的内量子效率达到 0.6。参数优化研究表明，增加耗尽层宽度可以使短波的量子效率得到提高。降低残余受主浓度，使得耗尽层扩展到整个外延的吸收层，可以使量子效率达到极大值。

从上述耗尽层宽度和量子效率的表示式可知，BIB 探测器的性能强烈依赖于残余受主浓度。受主浓度高意味着耗尽区宽度降低，量子效率降低，同时探测器需要加更高的偏压。更高的电场会有效降低热电离能(Poole-Frenkel 效应)，从而使暗电流上升，或要求工作温度进一步下降。此外，碰撞电离也随受主浓度增加而增加，导致探测器增益上升。在读出电路噪声限制的情况下，提高增益从而提高响应率是有利的。但是，增益过程是一个随机过程，增益提高也伴随着噪声的增加，这就会降低探测器的背景限性能。在背景限条件下，信噪比为[32]

$$\frac{V_s}{V_n}=\sqrt{\frac{\eta}{\beta}\left[\frac{A_d\,(\phi_s)^2}{2\phi_b\Delta f}\right]} \tag{6.7}$$

式中，ϕ_s和ϕ_b分别为信号辐射和背景辐射光子通量密度；β为光电导增益；Δf为测量带宽，即奈奎斯特频率，对焦平面阵列而言，$\Delta f=1/2T_{int}$，T_{int}为积分时间，由式(6.7)可知，在背景限操作条件下，光电导增益的增加将导致信噪比下降，从而导致探测率的下降；η/β称为探测量子效率。

6.2.3 Si∶As BIB 和 Si∶Sb BIB 焦平面阵列

现在大型非本征硅焦平面阵列大多数为天文观测应用设计和制造。自 20 世纪 80 年代开始天文应用以来，其应用项目每隔 7 个月就翻一番，测绘宇宙天空的速度在 40 年间提高 10^{18}倍[35]。

硅掺杂凝视焦平面的发展从 32×32 阵列起步，当时的读出噪声大于 1 000 e^-。高性能硅掺杂阵列的结构和工艺技术起初来自军转民，以后美国航天局(NASA)和美国国家科学基金会(NSF)是主要的支持者。目前 RVS、DRS Technologies 和 TIS(其前身 Rockwell Scientific Company)是天文应用硅掺杂焦平面阵列的主要制造商，最重要的产品是阻挡杂质带(BIB, blocked impurity band)Si∶As 探测器阵列。表 6.4 是由 Rieke[35]汇总的最先进的低背景天文应用硅掺杂阵列的性能。

表 6.4 Si∶As BIB 混成红外焦平面阵列特性

制　造　商	DRS	RVS
波长范围/μm	5～28	5～28
阵列规模	1 024×1 024	1 024×1 024
像元尺寸/μm	18	25

续表

制造商	DRS	RVS
工作温度/K	7.8	6.7
读出噪声/e^-	42 (Fowler 1)	10
暗电流/(e^-/s)	<5	0.1
电荷容量/e^-	>10^5	2×10^5
量子效率/%	>70	>70
输出端口数	4	4
帧频/Hz	1	0.3

背照射的 BIB 焦平面阵列芯片结构示意图如图 6.24 所示。在高纯度的透明 Si 衬底上，先用离子注入方法制备一层高掺杂导电层，作为探测器阵列的公共底电极。在其上用分子束外延技术生长重掺 As 的吸收层，吸收层的厚度为 10～40 μm，As 浓度在 $(2\sim8)\times10^{17}$ cm^{-3}。厚度和 As 浓度是关键参数，依具体应用要求进行优化设计。还有一个关键元素是吸收层的补偿受主浓度，所以必须极度注意原材料和环境的洁净度以防沾污。在吸收层之上再生长 5 μm 左右的不掺杂 Si，作为阻挡层。接着是离子注入薄层-SiO_2 钝化-金属化，像元之间的分割用干法刻蚀实现。在金属层上面按常规淀积铟柱。与读出电路的互连同其他焦平面阵列方法一样。由于 Si 探测器芯片与 Si 读出电路之间没有热膨胀失配问题，铟柱互连的可靠性非常好。

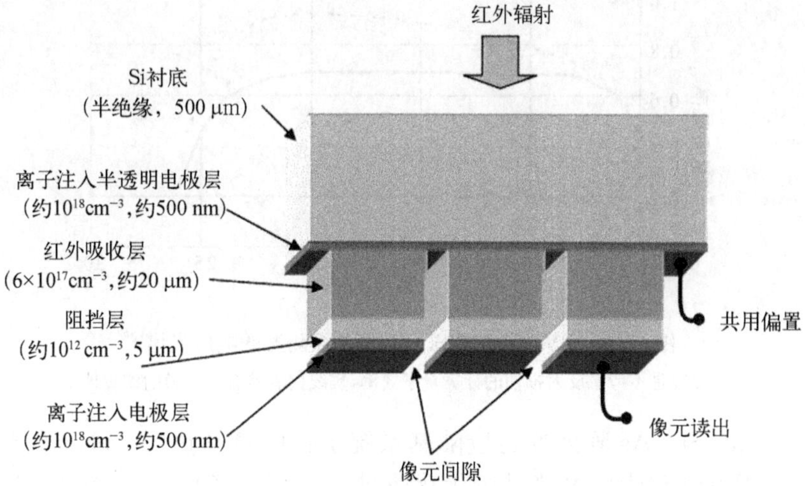

图 6.24　Si BIB 焦平面阵列芯片结构示意图

Si∶As BIB 大阵列所用的读出电路不能从现有的系列中借用，需要根据低背景应用和高背景应用分别进行专门设计。由于 BIB 工作温度很低，Si-MOSFET 的工作条件受到限制。这是因为热激发载流子的冻出使读出电路不稳定，噪声增大，信号发生滞回。使用重掺杂电路可以克服这些困难[36]。在输入电路方面，低背景应用器件采用 SFD 结构，高背景应用器件采用 DI 结构。在空间、天文应用中，10^9 ph · cm^{-2} · s^{-1} 的光子入射就称为高背景，这与大气层中通常的概念有所不同。

大规模的阻挡杂质带硅焦平面阵列已经有商品供应。Si∶As BIB 阵列的发展十分迅速，规模在 1 024×1 024 元或以上，像元尺寸为 18 μm，响应光谱达到 30 μm，工作温度为 10 K或更低。对天文学波段（17～24 μm）而言，18 μm 像元似乎已到衍射限，但实际应用中这一波段往往进行扩束，使入射光束覆盖多个像元以实施过采样。

Si∶As BIB 阵列的主要应用是陆基和天基远红外天文学。阵列的使用条件比较苛刻，要求环境温度和背景辐射相对稳定。阵列的性能强烈依赖于背景通量水平。表 6.4 中所列数据是在低背景条件下已优化的性能，已经通过降低探测器和栅电容把读出噪声降低到最小。因此对一定的电荷量 Q，信号电压已经最大化（$V=Q/C$）。如果探测器置于较高的背景中，读出放大器就会饱和。解决的办法要么是增加积分电容，要么是改变放大器结构，以处理较大的信号。此外，同其他焦平面阵列的处理方法一样，通过 Fowler 采样技术可以进一步降低读出噪声。

上面已经提及，设计 BIB 探测器时吸收层应当尽可能厚，掺杂浓度尽可能高，以提高量子效率。As 的浓度最好达到 10^{18} cm^{-3}。但吸收层厚度是受到补偿受主浓度制约的，而且受到载流子雪崩电压的限制。Love 等[37]指出，如果吸收层厚度为 45 μm，补偿受主浓度不应超过 1.44×10^{12} cm^{-3}；如果厚度为 35 μm，则补偿受主浓度上限为 1.85×10^{12} cm^{-3}。据此提出的 BIB 的合适设计为 As 掺杂浓度 7×10^{17} cm^{-3}，厚度为 35 μm。图 6.25 为 RVS 制备的 Si∶As BIB 探测器的响应光谱，图 6.26 为暗电流的温度依赖关系。

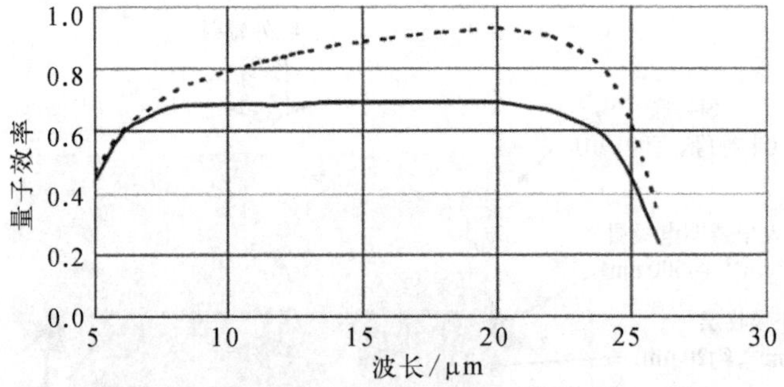

图 6.25　RVS 制备的 Si∶As BIB 探测器的响应光谱[38]

虚线是不考虑反射损伤的计算量子效率，实线代表镀有 AR 膜的测量值

高背景应用的 Si∶As 阵列要适应陆基系统工作的最高达 10^9 ph/s 的热背景条件。DRS 在对探测器材料和读出电路进行优化改进后，制备了第一个 1 024×1 024 元用于 MegaMIR 的高背景环境的 Si∶As BIB。

Si∶Sb 材料具有和 Si∶As 材料一样的优点，如响应率高、响应均匀性好、有效像元率高等。由于 Si 中的 Sb 具有更小的杂质电离能，Si∶Sb BIB 可以响应到更远的波长（约 38 μm）。图 6.27 显示了 Si∶Sb BIB 和 Si∶As BIB 的相对光谱响应。最新的研究[38]表明，Si∶Sb BIB 能够满足异常低的暗电流要求（18 μm 像元低至 0.1 e$^-$/s），图 6.28 是其暗电流-温度关系。

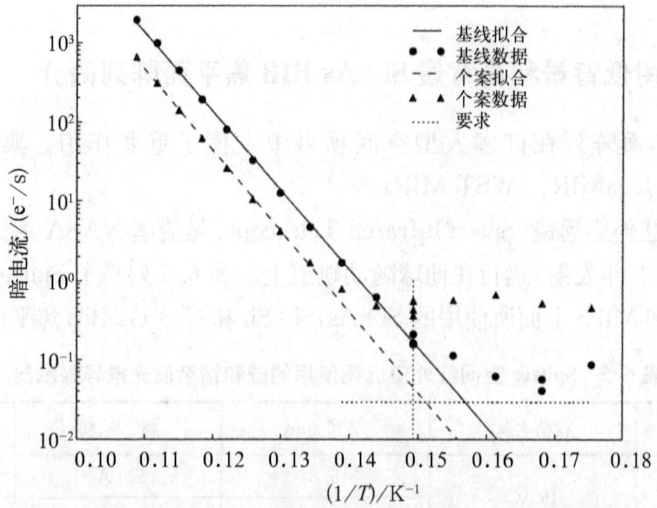

图 6.26　雷声 Si∶As BIB 探测器暗电流随温度的变化关系

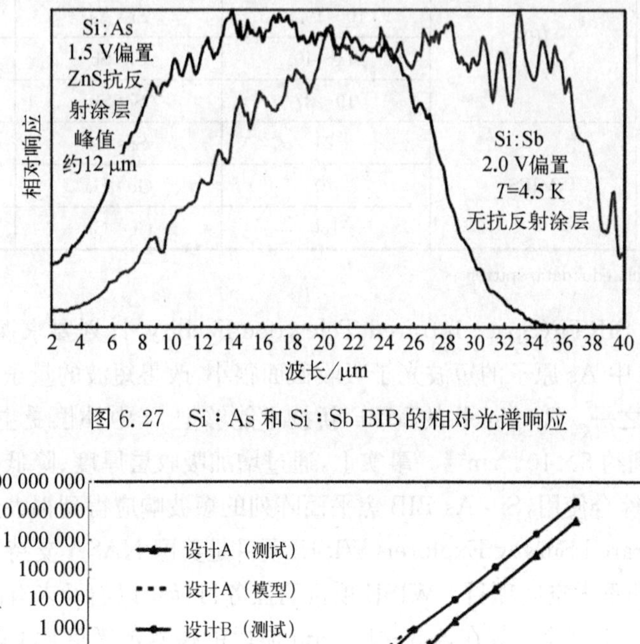

图 6.27　Si∶As 和 Si∶Sb BIB 的相对光谱响应

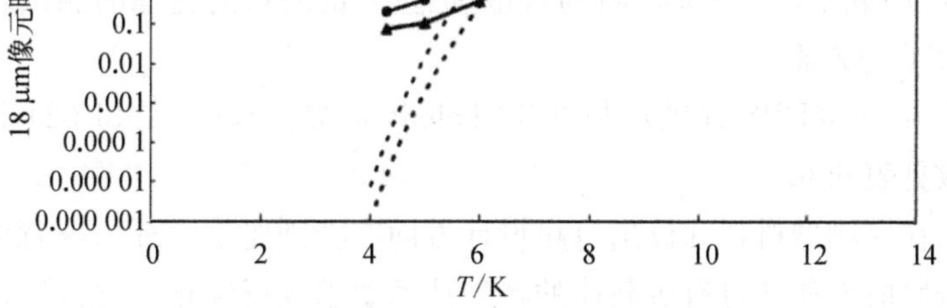

图 6.28　Si∶Sb BIB 的暗电流-温度关系

6.2.4 航天应用低背景和高背景 Si∶As BIB 焦平面阵列简介

BIB 红外焦平面阵列在许多大型空间项目中发挥了重要作用。典型的应用项目如 Spitzer、WISE、MegaMIR、JWST MIRI 等。

Spitzer 空间红外望远镜(Space Infrared Telescope)是美国 NASA 主持的三大宇宙观测航天项目之一，2003 年发射，运行在地球随动轨道上。表 6.5 列举了 Spitzer 的三个主要有效载荷 IRAC、IRS 和 MIPS 上面所使用的 Si∶As,Si∶Sb 和 Ge∶Ga BIB 焦平面阵列的情况。

表 6.5 Spitzer 空间红外望远镜使用的硅和锗杂质光电导探测器*

空间项目	载荷名称	波段/μm	材料	器件规模
美国 Spitzer 空间红外望远镜	IRAC	5.8	Si∶As	256×256
		8.0	Si∶As	256×256
	IRS	5.3～14	Si∶As	128×128
		10～19.5	Si∶As	128×128
		14～40	Si∶Sb	128×128
		19～37	Si∶Sb	128×128
	MIPS	24	Si∶As	
		70	Ge∶Ga	32×32
		160	Ge∶Ga	2×20

* http://irsa.ipac.caltech.edu/data/spitzer

Spitzer 项目的 SIRTF(Space Infrared Telescope Facility)计划要求探测器能够响应在 3～30 μm。由于 Si 中 As 原子的短波光子吸收截面很小，改善短波的量子效率是 SIRTF 计划的主要技术目标之一。Rockwell 的 MBE 新技术能够把 Si 中补偿受主浓度从普通的约 1×10^{13} cm^{-3}降低到约 5×10^{12} cm^{-3}。事实上，通过增加吸收层厚度、降低补偿受主浓度、加大偏压这三个措施综合使用，Si∶As BIB 焦平面阵列的短波响应得到很大改善。

Wide-field Infrared Survey Explorer(WISE)项目是美国 NASA 支持，由喷气推进实验室(JPL)主持承担的重大空间项目。WISE 项目的任务目标是以前所未有的灵敏度在 2.8～26 μm 波段进行全天空测绘。其在 3.5～4.7 μm 波段的探测灵敏度比 Cosmic Background Explorer (COBE) 高 500 000 倍，在 12～25 μm 波段的灵敏度比 Infrared Astronomical Satellite (IRAS) 高数千倍。WISE 将为行星、恒星和银河系的起源的测试理论建立基本数据库。它是 JWST 的先驱。

WISE 使用 Si∶As(DRS 提供)和 MCT(Teledyne 提供)，1 024×1 024 元，低通量目标，其基本技术参数见表 6.6。

低背景应用在探测器材料和读出电路设计方面有特别要求。Si∶As 探测器材料和低温读出电路都要按照航天任务对有效载荷的特殊技术要求进行优化。这包括阵列规模和像元尺寸、光子背景范围、灵敏度要求、工作温度限制等。在 WISE 项目中，确定像元尺寸为

表6.6　用于WISE项目的Si:As BIB焦平面阵列技术指标[39-41]

参　　数	性 能 指 标	最 终 目 标
波长范围/μm	7.5～16.5,20～28	
像元尺寸/μm	18	
阵列格式	1 024×1 024　2个	
工作温度/K	7.8	<9
量子效率/%(含AR)	>60	>70
读出噪声/e^-(CDS rms)	42	<28
暗电流/(e^-/s)	<100	<10
电荷容量/e^-	>100 000	>100 000
功耗/(mW/Mpixel)	3.7	<3

18 μm,规模为1 024×1 024,以便同短波的HgCdTe阵列相一致。BIB探测器材料的主要改进是获得十分低的残余受主浓度。这是同Lawrence Semicon合作完成的。读出电路采用源极跟随器输入(SFD),有4个输出放大器,时钟驱动速率为1.1 s/scan。读出电路具有up-the ramp采样功能,使得读出噪声降低。积分电容大小为33 fF。

日本Kobayashi等[42-44]利用Si:As BIB焦平面阵列在空间平台SPICA上进行星际物质的探测研究。MIR高分辨光谱仪是研究各种天体的气相原子/分子的有力工具。这些分子的旋转-振动跃迁发射谱线落在大气吸收波段(表6.7),即使在海拔4 km的高山上或者在12 km的飞行高度,大气透过率仍是十分小的。所以只有在空间平台上才能进行有效探测。

表6.7　行星和星际物质分子在S和L波段的辐射谱线

波　　段	S			L				
分子式	CO_2	CO	CH_4	C_2H_6	C_2H_2	HCN	CO_2	H_2O—OS
辐射谱线/μm	4.2	4.6	7.7	12.2	13.7	14.0	15.2	17.03

SPICA是日本空间计划中下一代3.5 m口径低温天文望远镜项目。该项目确定的4～8 μm (S-mode)和12～18 μm (L-mode)两个波段,覆盖表6.7所列出的分子谱线,这些谱线在陆基和机载平台是难以进行探测分析的。SPICA的这两个波段各配置Si:As 1 024×1 024焦平面阵列组件。望远镜口径为3.5 m,焦比为$f/5.2$。

MegaMIR是用于陆基天文观测的中波红外照相机,对天文研究而言,中波是指2～30 μm,其中关键的是4个波段,中心波长为3.3 μm,4.7 μm,12 μm和23 μm。安装在8 m望远镜中,其角分辨率为0.1～0.3。在Spitzer空间望远镜(2003年发射,其深冷剂液氦已耗尽)和未来将发射(预计2018年以后)的JWST的WISE照相机启用前的10多年时间中,承担中波红外天文观测的主要任务,也用于空间平台SOFIA(stratospheric observatory for infrared astronomy)中。1 024×1 024元Si:As焦平面阵列配以8 m口径望远镜,可实现在约40 in视场内的临界采样。1 024×1 024元Si:As BIB阵列的像元尺寸为18 μm,这似乎比Q波段红外辐射的波长还要小,但这并不成为问题,因为照相机采用像元过采样技术(参见 3.6 节）。为了适应陆基观测所遇到的较高的热背景，该阵列读出电路分为 4 个 512×512 元独立象限，共有 16 个输出端。该阵列可以中央部位 256×256 元窗口高速运作。阵列的两边可拼接，以构成一个 2 048×2 048 元阵列。读出电路采用直接电流注入模式，其积分电容有两档容量，分别为 $5\times10^6 e^-$ 和 $1\times10^5 e^-$。高阱容模式用于宽谱成像功能，低增益模式适用于光谱仪应用，两档可以自由切换。表 6.8 列出了 MegaMIR 所用高背景 Si：As 兆元级阵列的主要技术参数。图 6.29 是高背景器件量子效率的实测结果和模拟曲线。

表 6.8　MegaMIR Si：As BIB 焦平面阵列技术参数[45, 46]

参　数	值	单　位	备　注
格　式	1 024×1 024		两边可拼接
像元尺寸	18	μm	
响应波段	5～28	μm	
读出噪声	<1 000	e^-	积分时间 10 ms
暗电流	<12 800 <10	e^-/s e^-/s	@10 K @6 K
量子效率	>57%		
电荷容量	$\leqslant 5\times10^6$ max $\geqslant 1\times10^5$ min	e^-	增益可选
有效像元率	>99%		
非均匀性	<2%		受测量精确度限制
输出端口	16		
数据速率	$\leqslant 8\times10^6$	Pix/s/output	
线性度	<10%		
帧　频	<100	f/s	

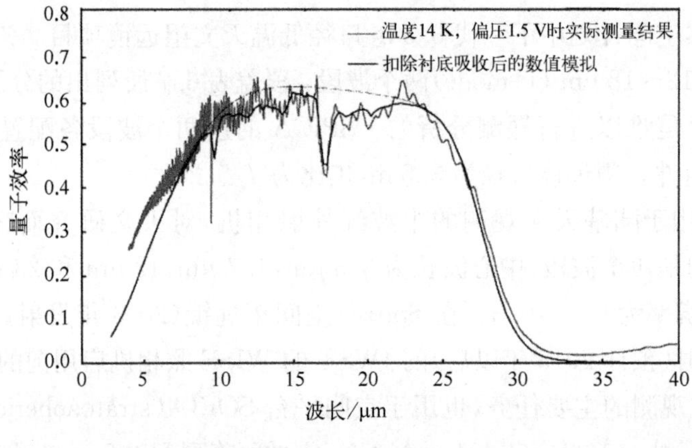

图 6.29　高背景应用 Si：As BIB 探测器的光谱响应（未加 AR 膜）

改进的探测器材料使得短波性能得到很大改善；温度 14 K，偏压 1.5 V；锯齿线代表实际测量结果，实线为数值模拟

MIRI是计划搭载于James Webb空间望远镜上的中波红外仪器。MIRI获取的信息对JWST的全部四项科学使命都有关键作用,对整个JWST计划的成败有关键影响。MIRI的三个光学系统需要三个完全相同的Si:As BIB 1 024×1 024元阵列[47, 48]。这些组件要求特别低的暗电流。除了控制探测器材料的纯度,读出电路辉光效应的消除也是一个重要问题。图6.26是实测的暗电流与温度关系,目前因受到读出电路辉光的影响,离暗电流 $\leqslant 0.03\ e^-/s$ @ 6.7 K的要求还有差距。图6.30是MIRI焦平面阵列组件的实样图片,包括阵列的结构组装(a)和装在测试支架上的组件全貌(b)。

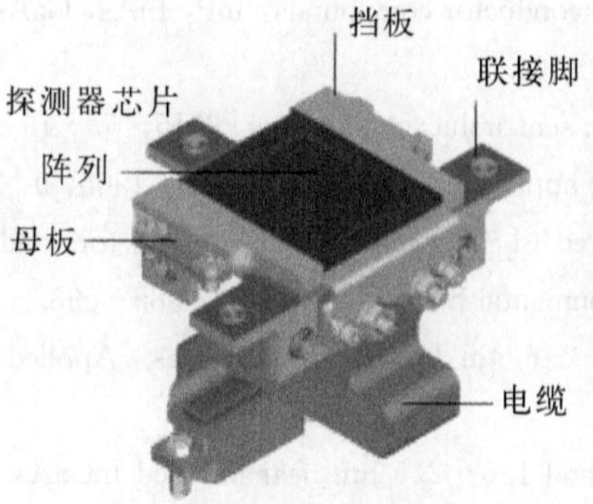

(a)

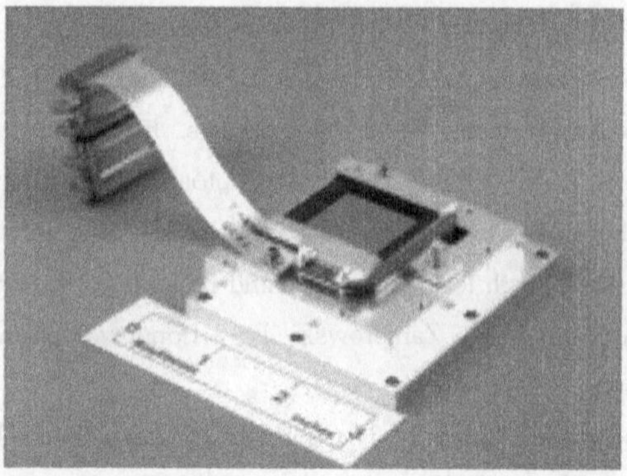

(b)

图6.30 用于MIRI的1 024×1 024元Si:As BIB焦平面组件结构(a)和全貌(b)[47,48]

6.2.5 Ge:Ga焦平面阵列

波长大于30 μm的红外辐射在大气层中几乎没有透明窗口,所以该波段的应用只能在深空、地球高层或实验室中进行。对40 μm以上的红外辐射,硅中没有一种合适的杂质可提供相应的光响应。锗中有些浅施主(如Sb)或浅受主(如B、In和Ga)可提供40~100 μm的响应。特别是Ge:Ga,在红外天文学的大型项目中得到了重要应用。

Ge:Ga光电导探测器阵列是目前最好的低背景远红外应用光子探测器。其使用范围在40~120 μm。但Ge:Ga探测器的技术难点很多。一个是暗电流和吸收系数之间的矛盾。为了降低暗电流,需要掺杂浓度低,但这就降低了吸收系数,使吸收长度达到3~5 mm。另一个是扩散长度很长,达到250~300 μm。为了降低串音,像元尺寸就必须做到500~700 μm。像元尺寸大导致对宇宙射线免疫力下降,因此只能在很低背景下工作,这反过来要求读出噪声低。但像元尺寸大导致电容也增大,读出噪声势必增大。此外,由于杂质电离能很低,Ge:Ga探测器必须在更低的温度下工作,通常使用液氦。

Ge:Ga晶体在(100)轴上的单轴应变能使Ga受主束缚能降低,从而使响应波长延伸至约240 μm。这个性质使应变Ge:Ga在远红外天文学得到应用。

斯皮策空间望远镜上使用32×32元Ge:Ga焦平面阵列,截止波长70 μm;也使用20×2元应变Ge:Ga焦平面阵列,截止波长160 μm。由于吸收系数很低,每一个探测元都做成高度为 2 mm 的立柱，电极在侧面，读出电路在底部，由 8 个 4×32 元侧照式模块拼接成整个 32×32 元阵列[49]。

参 考 文 献

[1] Dhar N K, Sood A K, Dat R. Advances in infrared detector array technology. Rijeka: InTech Open Access Publisher, 2013: 149 - 190.

[2] Rogalski A, Adamiec K, Rutkowski J. Narrow-gap semiconductor photodiodes, vol. 77. Bellingham: SPIE Press, 2000.

[3] Adachi S, Tu C W. Physical properties of Ⅲ-Ⅴ semiconductor compounds: InP, InAs, GaAs, GaP, InGaAs and InGaAsP. Physics Today, 2008, 47: 99 - 100.

[4] InGaAs Products: Focal Plane Arrays. http://www.sensorsinc.com/arrays [2015 - 07 - 15].

[5] Gyuro I. MOVPE for InP-based optoelectronic device application. III - Vs Review, 1996, 9: 30 - 35.

[6] Joshi A M, Olsen G H, Mason S, et al. Near-infrared (1 - 3 micron) InGaAs detectors and arrays-crystal growth leakage current and reliability//Environmental Sensing, 1993,92: 585 - 593.

[7] Martinelli R U, Zamerowski T J, Longeway P A. 2.6 μm InGaAs photodiodes. Applied physics letters, 1988, 53: 989 - 991.

[8] Olsen G H, Lange M J, Cohen M J, et al. Three-band 1.0 - 2.5 μm near-infrared InGaAs detector array//Proc. SPIE, 1994,2235: 151 - 159.

[9] InGaAs PIN photodiodes/Hama matsu photonics. www.hamamatsu.com/jp/en/product/category [2016 - 04 - 13].

[10] Yuan H, Apgar G, Kim J, et al. FPA development: from InGaAs, InSb, to HgCdTe//Proc. SPIE, 2008,6940: 69403C - 69403C - 11.

[11] Varshni Y. Temperature dependence of the energy gap in semiconductors. Physica, 1967, 34: 149 - 154.

[12] Tidhar G A, Aphek O, Gurovich M. The role of SWIR building blocks in hostile fire indication and missile warning systems//Proc. SPIE, 2010,7660: 76600F.

[13] deWames R, Littleton R, Witte K, et al. Electro-optical characteristics of P^+ - n $In_{0.53}Ga_{0.47}As$ hetero-junction photodiodes in large format dense focal plane arrays. Journal of Electronic Materials, 2015, 44(8): 2813 - 2822.

[14] Olsen G H, Joshi A M, Mason S, et al. Room-temperature InGaAs detector arrays for 2.5 μm//Proc. SPIE, 1990,1157: 276 - 282.

[15] Martin T J, Cohen M J, Dries J C, et al. InGaAs/InP focal plane arrays for visible light imaging//Proc. SPIE, 2004,5406: 38 - 45.

[16] Martin T, Brubaker R, Dixon P. 640×512 InGaAs focal plane array camera for visible and SWIR imaging//Proc. SPIE, 2005,5783: 12 - 20.

[17] Hoffman A, Sessler T, Rosbeck J, et al. Megapixel InGaAs arrays for low background applications//Proc. SPIE, 2005,5783: 32 - 38.

[18] Hübner M, Achtner B, Kraus M, et al. Improved sensitivity performance of SWIR imager in a multispectral VIS/SWIR zoom camera for long-range surveillance tasks//Proc. SPIE, 2015, 9451: 945102 - 945102 - 7.

[19] Olsen G H, Joshi A M, Lange M, et al. 128 × 128 InGaAs detector array for 1. 0 - 1. 7 μm//Proc. SPIE, 1990,134: 432 - 437.

[20] Ettenberg M H, Cohen M J, Brubaker R M, et al. Indium gallium arsenide imaging with smaller cameras, higher-resolution arrays, and greater material sensitivity//Proc. SPIE, 2002,4721: 26 - 36.

[21] Tennant W, Arias J, Bajaj J. HgCdTe at Teledyne//Proc. SPIE, 2009,7298: 72982V - 72982V - 11.

[22] Seshadri S, Cole D, Hancock B, et al. Comparing the low-temperature performance of megapixel NIR InGaAs and HgCdTe imager arrays//Proc. SPIE, 2007,6690: 669006 - 669006 - 7.

[23] MacDougal M, Geske J, Wang C, et al. Short-wavelength infrared imaging using low dark current InGaAs detector arrays and vertical-cavity surface-emitting laser illuminators. Optical Engineering, 2011, 50: 061011 - 061011 - 7.

[24] Li X, Tang H, Huang S, et al. Study on 512× 128 pixel InGaAs near infrared focal plane arrays// Proc. SPIE, 2014,9220: 92200B - 92200B - 7.

[25] Enriquez M D, Blessinger M A, Groppe J V, et al. Performance of high resolution visible-InGaAs imager for day/night vision//Proc. SPIE, 2008,6940: 69400O - 69400O - 9.

[26] van Bogget U, Vervenne V, Vinella R M, et al. COUGAR: a liquid nitrogen cooled InGaAs camera for astronomy and electro-luminescence//Proc. SPIE, 2014,9070: 90700B - 90700B - 8.

[27] Dixon P, Hess C D, Li C, Dual-band technology on indium gallium arsenide focal plane arrays//Proc. SPIE, 2011,8012: 80121V - 80121V - 7.

[28] Borrello S R, Levinstein H. Preparation and properties of mercury-doped germanium. Journal of Applied Physics, 1962, 33: 2947 - 2950.

[29] Levinstein H. Extrinsic detectors. Applied Optics, 1965, 4: 639 - 647.

[30] Westphal J A, Murray B C, Martz D E. An 8 - 14 micron infrared astronomical photometer. Applied Optics, 1963, 2: 749 - 753.

[31] Norton P R. Infrared image sensors. Optical Engineering, 1991, 30: 1649 - 1663.

[32] Petroff M, Stapelbroek M. Blocked inpurity band detectors: US, 4568960,1982.

[33] Reynolds D, Seib D, Stetson S, et al. Blocked impurity band hybrid infrared focal plane arrays for astronomy. Nuclear Science, IEEE Transactions on, 1989, 36: 857 - 862.

[34] Houck J. Infrared detectors for space applications//Infrared Astronomy with Arrays, 1987: 108.

[35] Rieke G. Infrared detector arrays for astronomy. Annu. Rev. Astron. Astrophys., 2007, 45: 77 - 115.

[36] Glidden R M, Lizotte S C, Cable J S, et al. Optimization of cryogenic CMOS processes for sub-10 K applications//Proc. SPIE, 1992,1684: 2 - 39.

[37] Love P J, Ando K J, Bornfreund R E, et al. Large-format infrared arrays for future space and ground-based astronomy applications//Proc. SPIE, 2002,4486: 373 - 384.

[38] Khalap V, Hogue H. Antimony-doped silicon blocked impurity band (BIB) arrays for low flux applications// Proc. SPIE, 2012,8512: 85120O - 85120O - 7.

[39] Larsen M F, Schick S, Lloyd B, et al. Wide-field infrared survey explorer science payload update// Proc. SPIE, 2006,6297: 62970R - 62970R - 11.

[40] Hogue H, Mattson R, Stapelbroek M, et al. Focal plane detectors for the WISE 12-and 23-μm bands//Proc. SPIE, 2007,6660: 66600S - 1.

[41] Dotson J L, McKelvey M, McMurray R, et al. Cryogenic testing of a 1 024×1 024 Si∶As array for WISE//Proc. SPIE, 2007,6690: 66900F-66900F-12.

[42] Kobayashi N, Ikeda Y, Kawakita H, et al. Mid-infrared high-resolution spectrograph for SPICA//Proc. SPIE, 2008,7010: 701032-701032-12.

[43] Nakagawa T. SPICA mission for mid-and far-infrared astronomy//Proc. SPIE, 2008,7010: 70100H-70100H-8.

[44] Matsuhara H, Kataza H. Focal plane instruments onboard SPICA//Proc. SPIE, 2008,7010: 70100J-70100J-10.

[45] Mainzer A, Hogue H, Stapelbroek M, et al. Characterization of a megapixel mid-infrared array for high background applications//Proc. SPIE, 2008,7021: 70210T-70210T-6.

[46] Mainzer A K, Hong J, Stapelbroek M, et al. A new large-well 1 024× 1 024 Si∶As detector for the mid-infrared//Proc. SPIE, 2005,5881: 58810Y-58810Y-8.

[47] Love P J, Hoffman A W, Lum N A, et al. 1 024× 1 024 Si∶As IBC detector arrays for JWST MIRI//Proc. SPIE, 2005,5902: 590209-590209-9.

[48] Ressler M E, Cho H, Lee R A, et al. Performance of the JWST/MIRI Si∶As detectors//Proc. SPIE, 2008,7021: 70210O-70210O-12.

[49] Young E T, Davis J T, Thompson C L, et al. Far-infrared imaging array for SIRTF//Proc. SPIE, 1998,3354: 57-65.

第 7 章 量子阱和超晶格红外探测器阵列

7.1 QWIP 光电探测器阵列

QWIP(quantum well infrared photodetector)技术是目前民用的长波红外成像技术中最便宜的一种技术。QWIP 也是为中波和长波红外探测设计的量子力学结构器件中最简单的一种。QWIP 器件在 20 世纪 80 年代初次演示成功,经过器件结构、材料生长和制备工艺等方面继续不断的优化,现在已经发展成为在长波红外波段广泛应用的大规模焦平面阵列。

中波和长波的本征红外光子探测基于半导体的带间跃迁。在光子探测器中,入射光子能量大于禁带宽度($h\nu > E_g$)就能将电子从价带激发到导带。这些光生载流子借助扩散或漂移运动抵达收集极而被探测。探测这种红外辐射最常用的是利用窄禁带半导体材料,主要是碲镉汞和锑化铟,其禁带宽度对应于大气红外透过的长波和中波窗口。

另一种技术途径是利用一些具有较高带隙的半导体材料,如 GaAs 和 GaSb,来人为地构建出较窄的带隙。这种方法涉及多量子阱(MQW)和超晶格结构(SLS)。利用多量子阱结构形成的子带间的跃迁,可以制成红外探测器,有人把它称为红外光电子学中的新族[1]。

7.1.1 GaAs - AlGaAs 量子阱光电探测器工作原理

1. 单量子阱和多量子阱

考虑一个如图 7.1 所示的半导体多层薄膜结构。自下而上,由两种禁带宽度不同的材料 AlGaAs 和 GaAs 交替生长叠加而成。如果每个薄层的水平方向和垂直方向的尺寸都比较大,则薄层中电子运动的规律与原来各自晶体中没有什么差别。如果在薄膜外延生长的方向(z 方向)上薄层的厚度很小,其尺寸与电子的德布罗意波长可比拟,则禁带宽度小的半导体薄层中的电子和空穴的运动就受到"量子限制"。电子被限制在一个势阱中,其能量不可取任意值,只能取某几个分立能级的值。不过这种限制,仅仅在 z 方向上。电子能量的量子化,仅仅在外延生长方向上发生。在外延层平面内,电子的运动仍是准自由的。

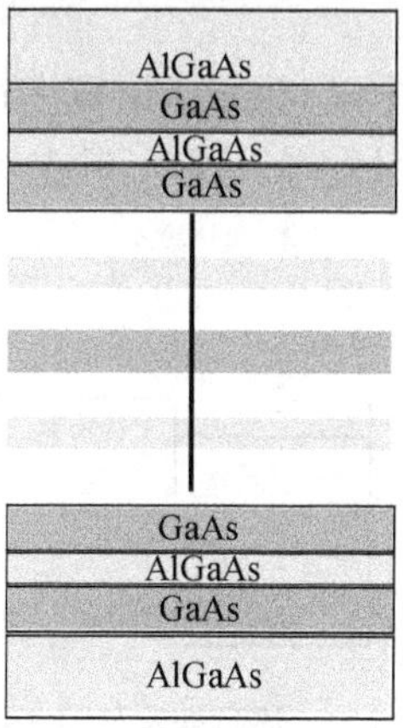

图 7.1 周期性的 AlGaAs/GaAs 薄膜结构

一个量子阱由势垒-势阱-势垒构成；重复制作 N 个这样的量子阱结构，就形成一个多量子阱。一个实际的探测器，往往需要由多量子阱制成。分析红外吸收和光电探测的机理，需要从单量子阱着手。图 7.2 是单量子阱和多量子阱中电子能量分立形成子能带和微能带的示意图。

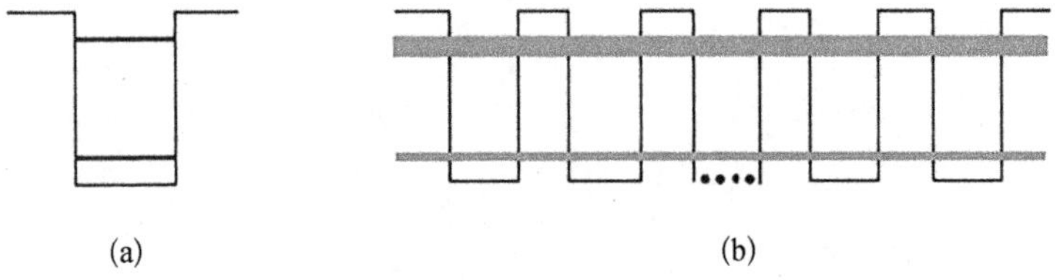

图 7.2　单个量子阱中电子的束缚态(a)和多量子阱中电子波函数的交叠形成的电子能态的微带(b)[2]

用来描述一个 GaAs/$Al_xGa_{1-x}As$ 超晶格量子阱有以下基本参数：组分 x，即 Al 的原子百分数，它决定该量子阱的势垒高度，也就是 GaAs 的导带边到 $Al_xGa_{1-x}As$ 的导带边的势能差。如果讨论的是 p 型材料，势垒高度就是指 GaAs 的价带顶到 $Al_xGa_{1-x}As$ 的价带顶的势能差。势阱宽度 L_w，即 GaAs 势阱区的厚度，红外光子的吸收就在势阱区，势阱宽度对响应波长有决定性作用。通常势阱宽度设计为几十埃。势垒宽度 L_b，指势垒区的厚度，其设计范围从几十到几百埃。势垒宽度对暗电流有影响。周期数 N，指整个多量子阱结构中量子阱的重复个数，通常从几十个到几百个。势阱区掺杂浓度通常在 10^{18} cm^{-3} 量级。

2. 量子阱结构的能带关系

QWIP 中的光子激发过程能够用简单量子力学加以解释。QWIP 中的单个量子阱同量子力学中箱体内的粒子问题十分类似。与时间无关的定态薛定谔方程的解是一系列描述量子阱中能级的本征值。这些基态和激发态的能量值是由量子阱的参数（如势阱宽度和势垒高度）决定的。在无限高势垒和抛物带近似下，量子阱中能级的本征值由式(7.1)给出[3]：

$$E_j = \left(\frac{h^2\pi^2}{2m^* L_w^2}\right) j^2 \tag{7.1}$$

式中，L_w 为量子阱宽度；m^* 是量子阱中载流子有效质量；j 是整数。$j=1$ 为基态，$j=2$ 为第一激发态。因此，基态和第一激发态这两个能级的能量差为

$$E_2 - E_1 = 3h^2\pi^2/2m^* L_w^2 \tag{7.2}$$

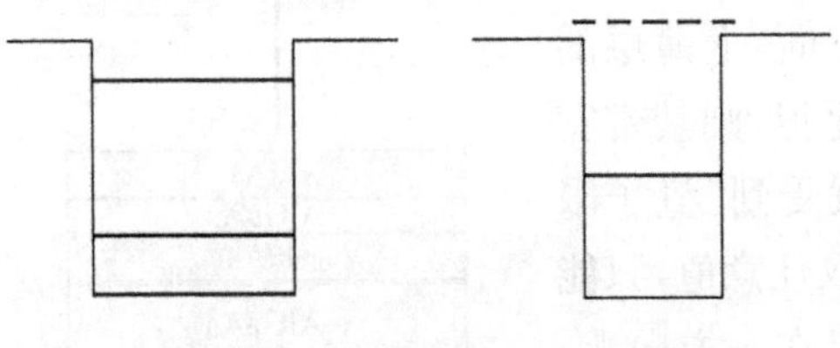

图 7.3　势阱变窄使量子阱中基态和第一激发态的能量升高，激发态能量有可能升高到超过势垒，形成虚拟态[2]

由式(7.1)可知，当量子阱的势阱宽度 L_w 变窄时，能级位置上移。当量子阱中一个能级位置超过两旁势垒的高度时，就说这个能态是一个虚拟态，见图 7.3。多量子阱中存在由许多虚拟态合并成的扩展态或连续态。

实际情况，$Al_xGa_{1-x}As$ 势垒的高度是有限的，所以公式(7.1)和公式(7.2)需要作些修正。

事实上，势垒高度对量子阱中的能级位置也有重要影响。图 7.4 是计算的量子阱中能级位置对阱宽和势垒高度（取决于组分）的依赖关系。图 7.4(a)是势垒高度一定（组分 $x=0.25$），能级位置随阱宽度的变化关系；图 7.4(b)是势阱宽度一定（$L_w=75$ Å），能级位置随势垒高度（组分）的变化关系。如果第一激发态正好位于势垒高度或阈值能量，这个能级可称为准束缚态。

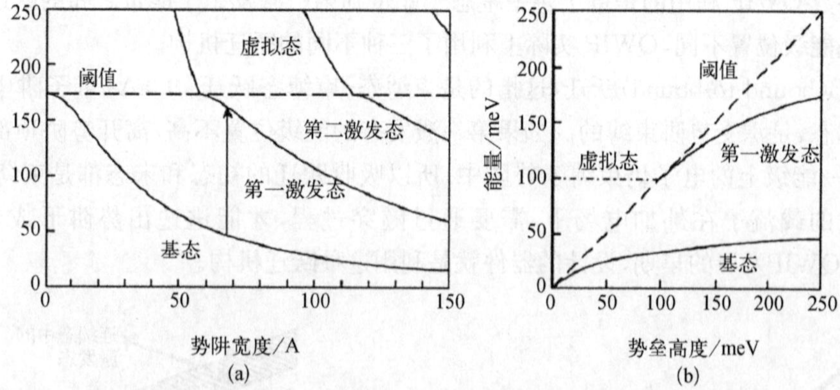

图 7.4　GaAs/Al_xGa_{1-x}As 量子阱中能级位置随势阱宽度和势垒高度变化关系[2]

需要注意，GaAs 势阱区内有大量电子，这些电子所处的能量状态并不是同一个束缚态能级，而是一组非常接近的能级的集合，这些能级集合，构成所谓子能带。束缚态（基态）是一个子能带，第一激发态也是一个子能带。目前大多数 QWIP 所利用的是量子阱中第一个子能带（基态）和第二个子能带（第一激发态）之间的跃迁，见图 7.5。对于 n 型材料，光吸收和电子跃迁发生在导带一边的势阱中；对于 p 型材料，光吸收和空穴跃迁发生在价带一边的势阱中。如何使光激发的载流子在外加电场下容易收集而形成信号，这是 QWIP 的设计所要解决的问题。QWIP 是共振吸收器件，通过改变量子阱的宽度和势垒高度，可以对 QWIP 的峰值响应波长和截止波长精密和连续地进行调节。

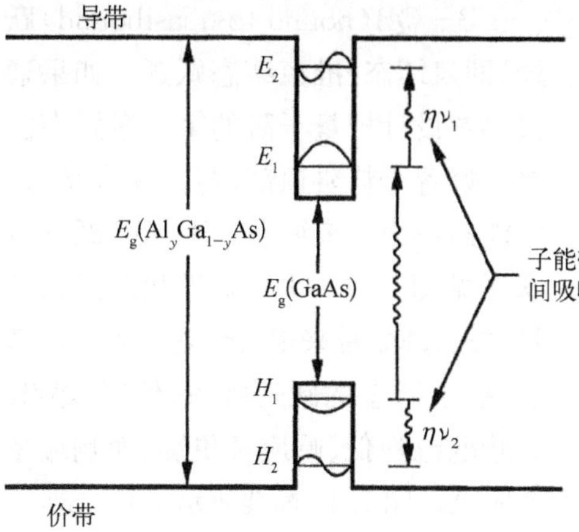

图 7.5　导带边和价带边的量子阱的能带结构
一个量子阱中的子能带之间可以发生子带吸收

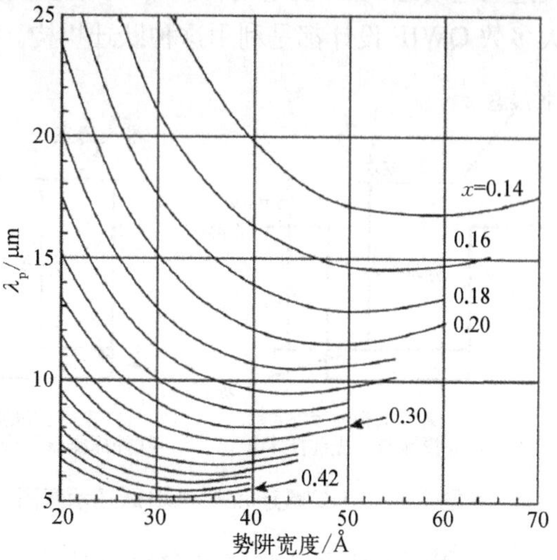

图 7.6　GaAs/Al_xGa_{1-x}As QWIP 峰值响应波长对组分 x 和阱宽 L_w 依赖关系[4]

量子阱结构的响应波长取决于末态和始态之间的能量间隔，峰值响应波长由组分 x（势垒高度）和阱宽 L_w 决定。图 7.6 是对 $GaAs/Al_xGa_{1-x}As$ 量子阱探测器计算的峰值响应波长对组分 x（势垒高度）和阱宽 L_w 的依赖关系[4]。例如，$x=0.26$，$L_w=40$ Å，则 $\lambda_p=9.5$ μm。

3. QWIP 利用的跃迁机构

大多数 QWIP 利用的是量子阱中基态子能带到第一激发态子能带之间的跃迁。根据第一激发态能级位置不同，QWIP 实际上利用了三种不同的跃迁机构。

B－B(bound-to-bound)跃迁，这指的是束缚态-束缚态跃迁。GaAs 量子阱中的电子初始处于基态，是深受势阱束缚的。如果第一激发态的能级位置不高，离开势阱顶部仍有相当距离，这一能级上的电子仍束缚于势阱中，所以吸收跃迁的初态和末态都是束缚态。B－B 跃迁激发的载流子在外加电场下，需要通过隧穿过程，才能逃逸出势阱形成光电流，见图 7.7。QWIP发展的早期，设计的器件就是利用这种跃迁机构。

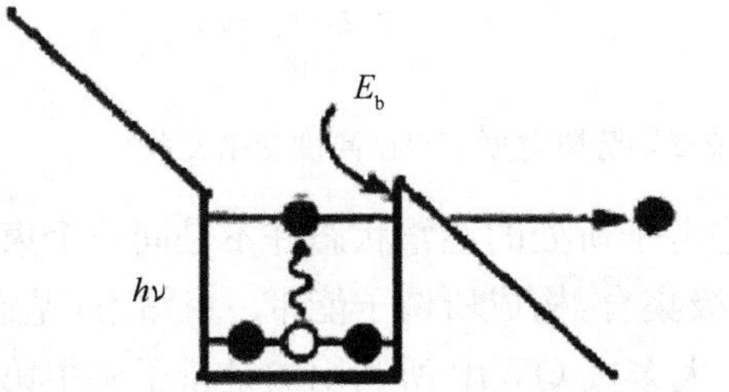

图 7.7　B－B跃迁和载流子逃逸示意图

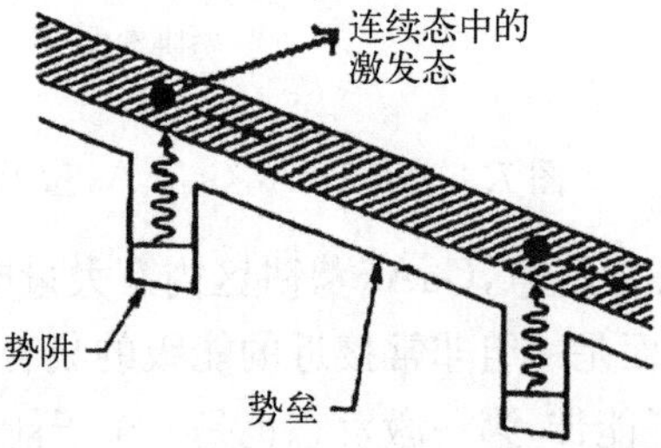

图 7.8　束缚态-连续态的光跃迁和电场中的电子输运示意图

B－C(bound-to-continuum)跃迁，即束缚态-连续态跃迁。量子阱结构的第一激发态处于高出势垒的能量位置，这些能态与相邻势阱的相同能态组成连续态或扩展态。电子被激发进入连续态，在外加电场作用下，不需要隧穿过程就能逃逸，形成光电流，见图 7.8。以往大多数 QWIP 设计都是利用这种跃迁机构。

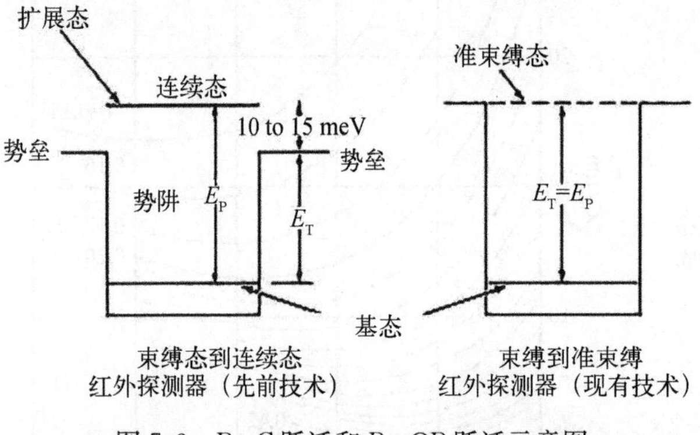

图 7.9　B－C跃迁和 B－QB跃迁示意图

B－QB(bound-to-quasibound)跃迁，即束缚态-准束缚态跃迁。如果通过参数设计把量子阱的第一激发态能级正好置于势阱顶部，与势垒齐平，这个能态称为准束缚态。B－QB 跃迁示意图见图 7.9。这种临界状况虽然不易实现，却能带来很大好处。利用束缚态-准束缚态的跃迁吸收，使得 QWIP 的暗电流降低、响应峰更陡，而响应率不降低。图 7.10 简要表示了其原理。

4. QWIP 光学吸收的方向选择性

量子阱中子能带间光学跃迁偶极矩阵元可表示为

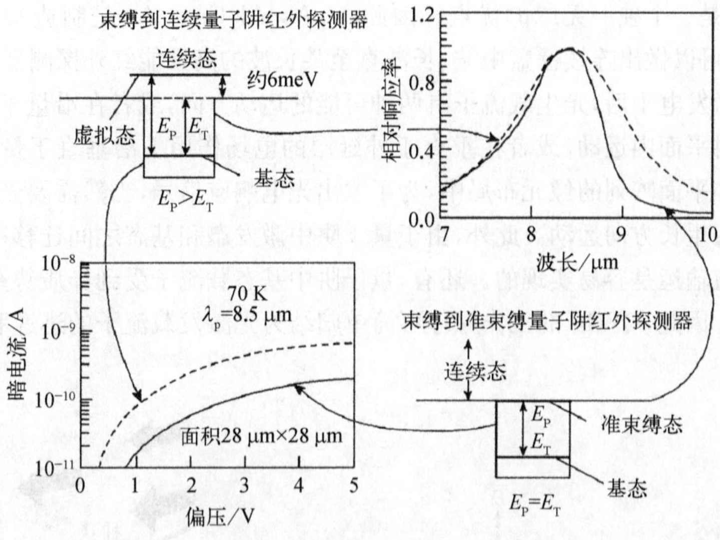

图 7.10　利用 B-QB 跃迁的 QWIP 的原理图[5]

$$M \propto \int \varphi_f(z)\,\vec{\varepsilon}\cdot\vec{r}\,\varphi_i(z)\,\mathrm{d}r \tag{7.3}$$

式中，$\vec{\varepsilon}$ 为入射辐射的偏振电矢量；φ_i 和 φ_f 为始态和末态电子波函数；$\vec{r}$ 为空间矢量；z 为量子阱生长方向，即与量子阱平面垂直的方向。有吸收即 M 不等于零的条件是偏振电矢量在量子阱 z 方向的分量不为零，即 $\vec{\varepsilon}\cdot\vec{r}\neq 0$。偏振电矢量和量子阱 z 方向的夹角称为偏振角 φ。可以证明 $M\propto\cos^2\varphi$。这就是量子阱子能带间光学吸收的偏振角依赖关系。Levine[6] 报道，8.2 μm GaAs/AlGaAs 量子阱超晶格的子带间吸收随偏振角增大而减小的规律符合上述理论预期，见图 7.11。

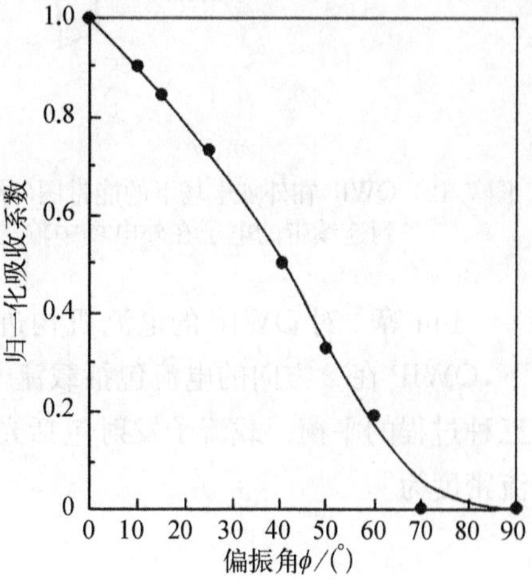

图 7.11　一个长波 GaAs/Al_xGa_{1-x}As 量子阱结构归一化红外吸收系数对偏振角变化的实验测量结果[6]

由此可知，光垂直入射到量子阱平面时，由于 $\vec{\varepsilon}\cdot\vec{r}=0$，吸收为零；平行于量子阱平面入射时，$\vec{\varepsilon}\cdot\vec{r}=1$，吸收最大，但这在实际操作中不能实现。所以 QWIP 的结构设计必须设法使红外辐射倾斜入射。在早期的研制中，为了避免正入射，不得不把探测器表面磨抛成 45°的斜劈，使入射光与量子阱平面呈 45°角。

5. GaAs/AlGaAs QWIP 的光电导响应过程

许多Ⅲ-Ⅴ族化合物半导体材料（如 GaAs/AlGaAs、InP/InGaAs/InAlAs、GaSb/InGaSb 等）都是制造多量子阱结构的优秀材料，而 GaAs/Al_xGa_{1-x}As 特别有吸引力。因为通过改变 Al 的原子百分比 x，Al_xGa_{1-x}As 的带隙可以连续地改变，从而 QWIP 中 MQW 结构的势垒高度也可连续改变。这一材料体系与 GaAs 衬底之间的晶格匹配对所有的 Al 组分都十分好，这是一个独一无二的优点。因此，$GaAs/Al_xGa_{1-x}As$ 是制造 QWIP 的十分优秀的材料体系，可以做出连续覆盖中波、长波直至甚长波的高性能红外探测器。

红外光子激发电子后，光生载流子有两种可能的运动方向，或者在沿量子阱平面的电场作用下在量子阱平面内运动，或者在垂直于外延层的电场作用下沿垂直于量子阱平面方向运动。在二维焦平面阵列的像元布局中，为了取出光电响应信号，当然需要光生载流子沿垂直方向即外延层生长方向运动。此外，由于量子阱中激发态和基态之间迁移率相差很大，光生载流子的垂直输运是容易实现的。还有，量子阱中基态载流子受到异质势垒的阻挡，导致暗电流比较低。因此，QWIP 的工作原理可简单归结为光激发载流子的逃逸和垂直输运，见图 7.12。

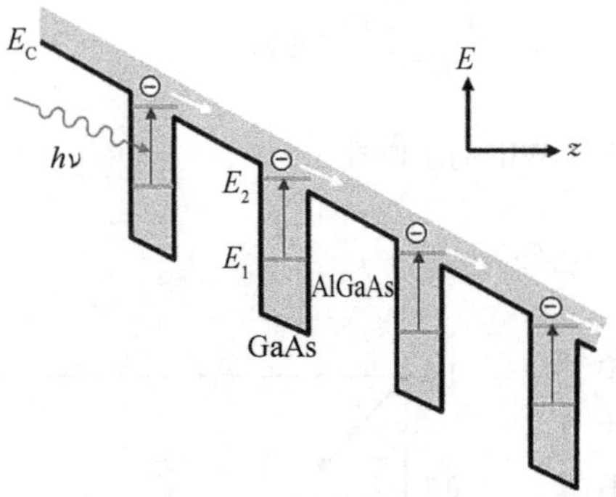

图 7.12　QWIP 在外加电场下的能带图(导带部分)，激发到连续带的电子在外电场中输送到电极

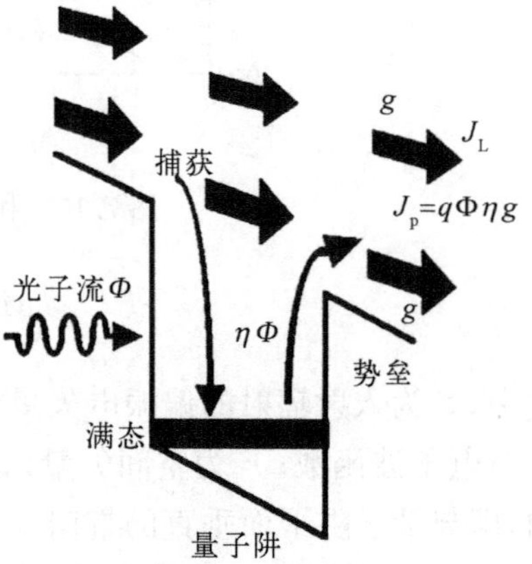

图 7.13　量子阱中电流过程的示意图[7]

Liu 等[8]对 QWIP 的电流机构进行了详细的分析。如图 7.13 所示，在外加电场作用下，QWIP 在 z 方向的电流包括载流子的发射(逃逸)、载流子的陷落(捕获)和载流子的注入三种过程的平衡。载流子发射包括光生载流子和暗电流载流子。先不考虑光电流，逃逸电流密度为

$$J_e = \frac{qn_{2D}}{\tau_{sc}} \tag{7.4}$$

式中，n_{2D}为势阱区基态子能带的上部的二维电子密度；τ_{sc}为这些 2D 基态上的电子转移到势垒以上的连续态需要的散射时间。捕获电流密度，在平衡情况下，应该等于逃逸电流密度。

势阱对激发电子的捕获概率为

$$p_c = \frac{\tau_t}{\tau_t + \tau_c} \tag{7.5}$$

式中，τ_t为电子渡越一个量子阱所需时间；τ_c为激发电子被捕获的时间，即激发态电子寿命。从基态激发到连续态的载流子的寿命取决于末态的能量，因为捕获概率与粒子在势阱上面

的能量位置呈正相关。对 AlGaAs MQW 而言，是通过发射光学声子把激发载流子捕获到势阱中，见图 7.14。激发态位置高出势阱不多的情况下，寿命可能小于 20 ps。Liu 给出的平衡时的暗电流具有如下形式：

$$J_{\mathrm{d}}=\frac{qv\tau_{\mathrm{c}}}{\tau_{\mathrm{sc}}}\frac{m^{*}}{\pi\hbar^{2}L_{\mathrm{p}}}kT\exp\left(-\frac{E_{\mathrm{a}}}{kT}\right)\qquad(7.6)$$

式中，v 为载流子漂移速度；L_{p} 为多量子阱的总宽度；E_{a} 为激活能。

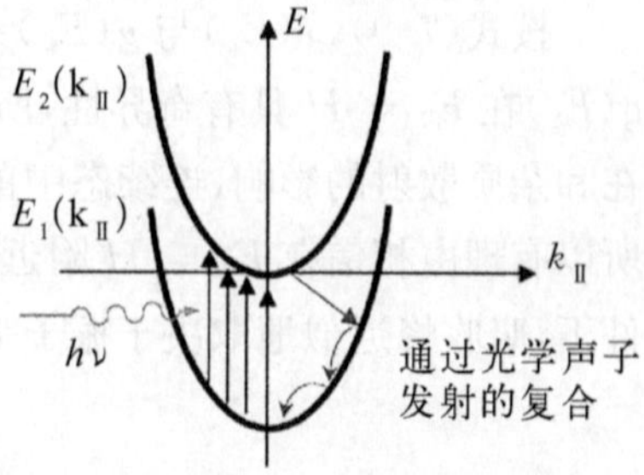

图 7.14 载流子逃逸和载流子捕获机制

QWIP 的光电流为[7]

$$I_{\mathrm{ph}}=q\Phi\eta\frac{p_{\mathrm{e}}}{Np_{\mathrm{c}}}=q\Phi\eta g_{\mathrm{ph}}\qquad(7.7)$$

式中，因子 $g_{\mathrm{ph}}=\frac{p_{\mathrm{e}}}{Np_{\mathrm{c}}}$ 为光电流增益；q 为电子电量；Φ 为入射光子通量(ph/s)；η 为量子效率；N 为量子阱数目；p_{e}为电子逃逸概率；p_{c}为电子捕获概率。可进一步推导出

$$g_{\mathrm{ph}}=\frac{v\tau_{\mathrm{c}}}{L_{\mathrm{p}}}\qquad(7.8)$$

这样表示更能够体现 MQW 中光电流增益的微观意义：它等于在电场作用下载流子的漂移距离与多量子阱 z 方向总的宽度之比。从式(7.8)也可以推想，如果外加电场很大，或激发态电子寿命很长，则 $g_{\mathrm{ph}}>1$ 的情况也可能发生。不过，迄今大多数 QWIP 器件的光电流增益均小于 1，报道的值在 0.2～0.5。

QWIP 性能的提高取决于吸收层内红外吸收的增强和暗电流的降低，这和其他光子探测器大同小异。

提高量子效率的一个有效途径是增强量子阱对入射辐射的吸收系数。由始态能级 E_1(束缚态)跃迁到终态能级 E_2(第一激发态)的光子吸收系数为[7]

$$\alpha(h\nu)=\frac{\rho}{L}\frac{\pi q^{2}\hbar}{2n_{\mathrm{r}}\varepsilon_{0}m^{*}c}f(E_{2})g(E_{2})\sin^{2}\theta\qquad(7.9)$$

式中，ρ 为基态二维电子态密度；L 为 MQW 结构的周期长度；m^{*} 为势阱中电子有效质量；n_{r} 为折射指数；$f(E_2)$为费米分布函数(振子强度)；$g(E_2)$为一维的终态密度；θ 为入射角，即入射方向与量子阱平面法线之间夹角(注意，θ 与偏振角 φ 互为余角)。如果忽略散射效应影响，在连续态中的终态密度为[4]

$$g(E_{2})=\frac{L}{2\pi\hbar}\left(\frac{m_{\mathrm{b}}^{*}}{2}\right)^{1/2}\frac{1}{\sqrt{E_{2}-H}}\qquad(7.10)$$

式中，m_{b}^{*} 为势垒区电子有效质量；H 为势垒高度。

按式(7.9)，$f(E_2)$与$g(E_2)$乘积的极大值所对应的E_2决定吸收峰的光子能量。但是，$g(E_2)$在$E_2=H$具有奇异性，所以在势垒高度附近吸收急剧起峰。实际上，由于势阱的存在和杂质散射的影响，连续态中的态密度受到很大修正，使奇异性受到某种程度的平滑化。所以有理由相信在$E_2=H$附近连续态中局域的态密度的变化并不如$f(E_2)$快。在这些条件下，吸收峰近似地取决于振子强度的能量依赖关系，可以得到峰值吸收波长为[4]

$$\lambda_p=\frac{2\pi\hbar c}{E_m-E_1} \tag{7.11}$$

式中，E_m是振子强度为最大值处的E_2，即QWIP峰值响应波长取决于对E_m的设计和求解。

Bandara等[9]报道，量子阱中的掺杂浓度对吸收性能有显著影响。在高掺杂($N_D>10^{18}\ cm^{-3}$)情况下，交互作用会使基态子带能量下移，而直接库仑位移使激发态能量位置上升，结果使峰值吸收波长向短波移动。掺杂浓度提高也使吸收光谱展宽，振子强度增加。实验观测到的吸收谱展宽为50～120 cm^{-1}，或6～15 meV。

QWIP的暗电流机构包括三个部分。第一种情形是如图7.15中的①所示，一个量子阱中基态的电子通过隧道效应进入相邻的量子阱；第二种情形是一个量子阱中基态的电子借助热运动提升了部分能量后隧穿势垒，如图7.15中的②所示；第三种情形是基态电子经由热离子发射直接进入连续态，如图7.15中的③所示。在较低温度(<50 K)下，暗电流由基态载流子的连续共振遂穿①决定，在较小偏压下其值可以相当低；Gunapala和Bandara[10]指出，在45 K以上温度(λ约15 μm所需要的工作温度)，QWIP的暗电流完全由基态向连续态直接发射电子的经典热电离过程所支配。热离子发射电流可表示为

$$i_{th}=n_{th}qv_dA_{DET} \tag{7.12}$$

式中，n_{th}为热离子发射到激发态能级的载流子密度，

$$n_{th}=N_c\exp\left[\frac{-(V_B-E_F)}{kT}\right] \tag{7.13}$$

降低暗电流对改善QWIP焦平面阵列的性能非常关键。B-QB结构QWIP就是为了达到降低暗电流的目的。如果MQW的设计使得量子阱的第一激发态正好位于势阱的顶部($Al_xGa_{1-x}As$势垒区的导带底)，此时的第一激发态称为准束缚态，这种情况下的光吸收跃迁称为B-QB跃迁，如图7.10所示。B-QB的光电流和暗电流过程示意图见图7.16。

在B-C结构中，连续态子带的下沿一般要比势垒区($Al_xGa_{1-x}As$)的导带底高出10～15 meV(图7.9)，所以光子激发所需要的能量比热电离激发所需能量大10～15 meV。在B-QB结构中，光子激发和热电离激发所需的能量一样大，都等于束缚态和势阱顶之间的能量差。所以，对于同样响应波长的QWIP来说，B-QB结构的热电离势垒要比B-C高出10～15 meV。因此暗电流也要相应地低一个数量级(例如，当$T=55$ K时，$I_d\propto e^{-\Delta E/kT}\approx e^{-2}$)。正是因为这个好处，现在的QWIP都采用B-QB结构[10]。

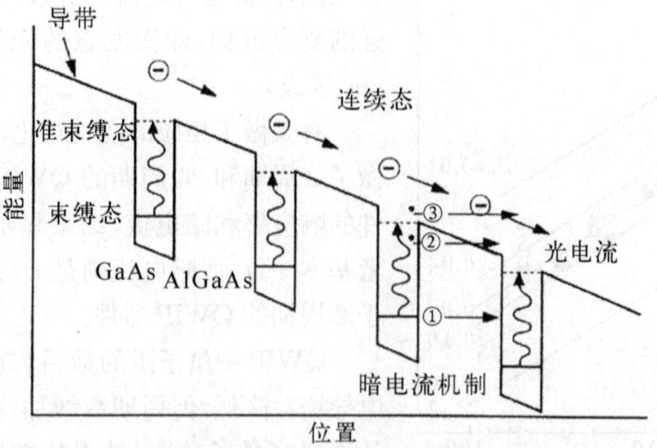

图 7.15 外加电场下 B-QB 跃迁的光电流和直接隧穿、声子辅助隧穿和热离子发射暗电流机制

典型的 QWIP 暗电流特性见图7.16。图中也画出了 300 K 背景下 FOV=2π 视场的光电流。

QWIP 的 $I-V$ 特性具有一些特点。第一，正反向基本对称，表示这是一种非极性的光电导体，使用较为方便。第二，暗电流随温度上升急剧增加，77 K 暗电流已经大大超过300 K背景 2π 视场的光电流，这提示 QWIP 只有在更低温度下工作，才有良好性能。第三，相对而言，QWIP 属于高阻的光电导器件，对焦平面读出电路将有较高的注入效率，而且功耗较低。第四，在低偏置(＜1 V)下，暗电流随外加电压的变化很急剧，容易失稳，所以实际工作中所加电压大都在变化较平缓的 2～3 V。

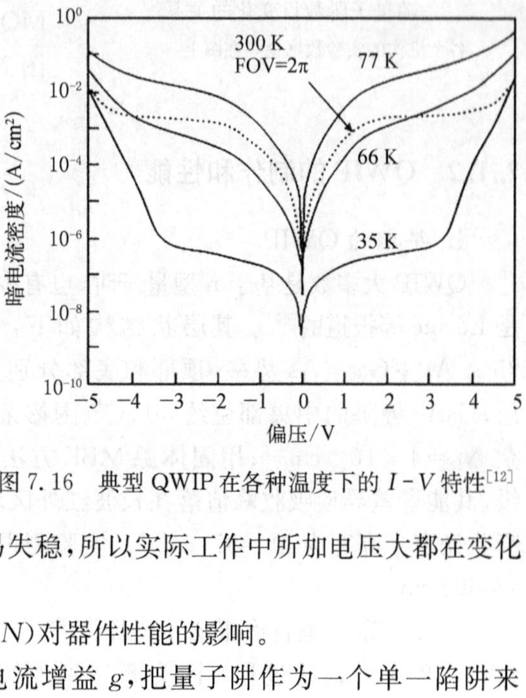

图 7.16 典型 QWIP 在各种温度下的 $I-V$ 特性[12]

现在来讨论 QWIP 中量子阱数目(周期数 N)对器件性能的影响。

如果用阱捕获概率 P_c的概念来考虑光电流增益 g，把量子阱作为一个单一陷阱来对待，流经一个量子阱的总电流 I_p将有一部分($P_c I_p$)被捕获，剩下的部分$(1-P_c)I_p$传送到下一个周期，如图 7.17 所示，同时，还有一个由阱发射出的光电流 i_p。由于电流连续性，必然有$I_p=(1-P_c)I_p+i_p$，所以可以得到 $P_c I_p=i_p$，即阱中光激发的电流 i_p与阱捕获的电流相等，即增加阱的数目不能增加总光电流，QWIP 的响应率与阱的数目无关。

由于阱中基态的电子被激发后，基态会留下很多空的量子态，这会产生两个影响。一个是大的补偿-复合电流：被激发而输运走的电子必须要获得源源不断的补充，这依赖于前面阱中产生的光生载流子在流经这个阱区时被复合来进行补充，这就形成了一个大的补偿-复

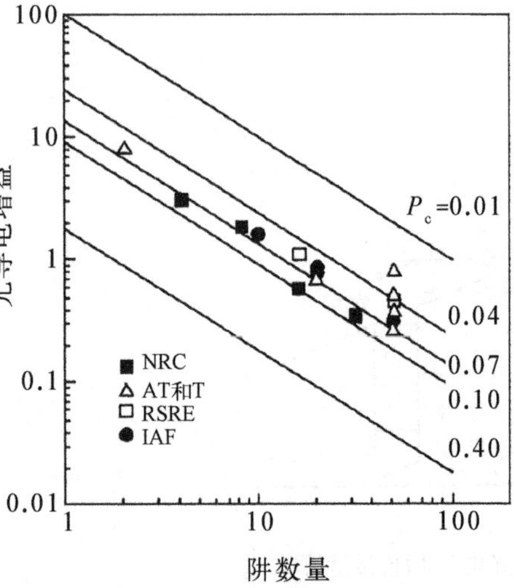

图 7.17　不同捕获概率下计算的光电导增益随量子阱数目变化的关系[7]
各个机构的实验数据也画在图上

合电流,因此总光电流与阱数目无关。另一个是很强的复合过程,即激发态的光生载流子寿命很短(ps 量级)。

有人做了相应的实验对比,在同一衬底上分别做了 2 周期和 20 周期的 QWIP 器件,分别测试器件的响应率和暗电流,结果显示,器件的响应率两者基本一致,而暗电流则是 20 周期的 QWIP 远小于 2 周期的 QWIP 器件。

QWIP 中量子阱的数目(周期数 N)增加使光电导增益降低,但周期数增加使光吸收长度增加,从而提高量子效率,结果使响应率保持不变。此外,能使暗电流也降低,从而噪声也较低。因此提高量子阱的数目有利于增大器件的信噪比。MQW 中光电导增益随量子阱数目变化的情况见图 7.17。

7.1.2　QWIP 的制作和性能

1. 早期的 QWIP

QWIP 大多数是基于 n 型量子阱,也有少数基于 p 型的研究报道。第一个 B－B QWIP 是 Levine 等报道的[11]。其层状结构如下：主体为 50 个周期的 65 Å GaAs 量子阱和 95 Å $Al_{0.25}Ga_{0.75}As$ 势垒,顶部和底部分别为 5 000 Å 和 10 000 Å 的重掺杂 GaAs 电极层;GaAs 势阱的中央部位约 50 Å 范围掺杂浓度为 $N_D=1.4\times10^{18}$ cm^{-3},上下电极层掺杂 $N_D=4\times10^{18}$ cm^{-3};用固体源 MBE 方法生长。在这些参数下,MQW 中只形成 2 个能级,其能量差异使吸收峰值落在长波红外区域。实际测得的吸收光谱峰值波长为 11 μm,吸收光谱半高宽为 $\Delta\upsilon=97$ cm^{-1}。实验测得这一结构的净吸收约为 5%,相当于吸收系数 $\alpha=600$ cm^{-1}。

Levine 等[13]也首次报道了高探测率的 QWIP,其利用的是量子阱中束缚态到连续态(B－C)的子带跃迁过程。因为激发到连续态的光电子有较高的逃逸概率,B－C 跃迁 QWIP 有比较高的量子效率。通过增加 $Al_xGa_{1-x}As$ 势垒层的厚度,可以降低暗电流,使探测率大幅提高。在此基础上,QWIP 迅速向大规格、高性能和高均匀性焦平面阵列发展。

2. QWIP 器件的制作工艺和性能举例

QWIP 器件的制造包括以下六个主要的工艺步骤。

(1) QWIP 结构的外延生长;

(2) QWIP 阵列芯片的加工制备;

(3) 读出电路的设计和制备;

(4) 铟柱阵列的制备；

(5) 探测器阵列和读出电路混成互连；

(6) 封装外连和测试。

通过调整量子阱结构的物理参数(组分、阱宽、周期和掺杂浓度等)，可以制造出从中波到甚长波各种响应波长的红外探测器：图 7.18 合并了 Levine 和 Gunapala 报道的 QWIP 器件在 20 K 下的归一化响应光谱。对于 B－C 器件，$\Delta\lambda/\lambda$ 为 19%～28%，对于 B－QB 器件，$\Delta\lambda/\lambda$ 为 10%～12%。

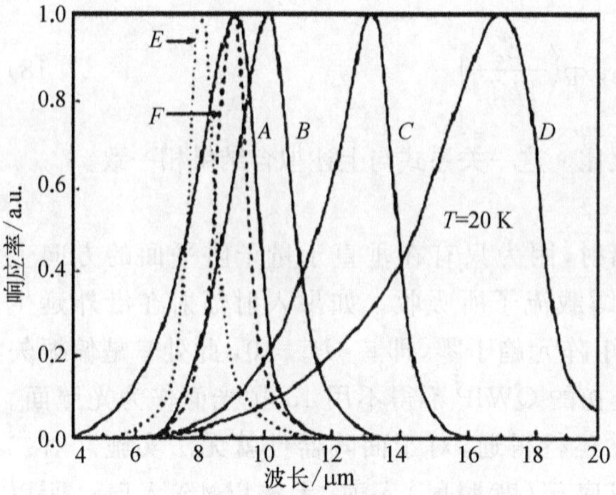

图 7.18 QWIP 器件的相对光谱响应[14]

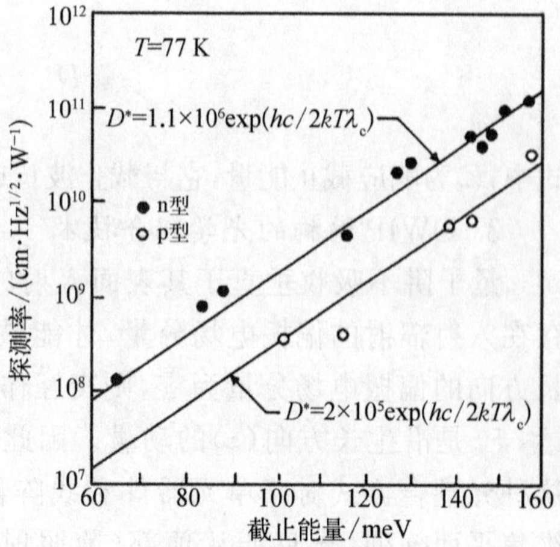

图 7.19 QWIP 的探测率与截止波长(能量)的关系[6]

n 型和 p 型材料均可制备出各种波长的高性能量子阱光电探测器。图 7.19 中直线是大量实验结果的拟合。

根据这些拟合，可以预计各种波长的 QWIP 能够达到的探测率。对 n 型材料，为 $D^* = 1.1\times10^6\exp(hc/2kT\lambda_c)$；对 p 型材料，为 $D^* = 2\times10^5\exp(hc/2kT\lambda_c)$。

QWIP 的信号和噪声表达式同其他光电导型探测器类似。响应率公式为

$$R_i = \frac{\lambda\eta q}{hc}g_{ph} \tag{7.14}$$

噪声电流的均方值为

$$I_n^2 = 4qg_nI_d\Delta f \tag{7.15}$$

式中，g_n为噪声增益。这个公式考虑了产生过程和复合过程的起伏。在 QWIP 中，产生-复合噪声必须考虑与载流子发射和捕获相关的成分，即发射电流和捕获电流的起伏。在一般光电导器件中，噪声增益和光电流增益是相等的，即 $g_n = g_{ph}$，但是对 QWIP 而言，这个等式并不一定成立。

在常用偏置条件(2～3 V)下，由于捕获概率 P_c很小，而逃逸概率很大，故近似有

$$g_n = \frac{1}{NP_c} \tag{7.16}$$

在低偏置条件下，捕获概率可能接近于1，而逃逸概率很小，此时适用噪声电流公式：

$$I_n^2 = 4qg_nI_d\left(1-\frac{P_c}{2}\right)\Delta f \tag{7.17}$$

而探测率公式具有如下形式：

$$D^* = D_0\exp\left(\frac{E_c}{2kT}\right) \tag{7.18}$$

式中，E_c为响应截止能量，它与截止波长成反比。这一关系式与上述拟合结果相一致。

3. QWIP结构的光学耦合技术

量子阱不吸收垂直于其表面入射的辐射，因为只有在垂直于量子阱平面的方向上存在入射辐射的偏振电场分量，才能被束缚载流子所吸收。如果入射辐射在沿外延生长方向的偏振电场分量为零，则交互作用矩阵元趋于零，即$\vec{\varepsilon}\cdot\vec{P}_z=0$，此处$\vec{\varepsilon}$是偏振矢量，$\vec{P}_z$是沿生长方向($z$)的动量。因此，最初的QWIP不得不用45°抛光面作为光照面。这种光耦合方式对于单元器件和线阵器件还行得通，对于面阵器件就无法实施。对二维焦平面阵列，光只能从顶部(前照射)或底部(背照射)入射，无法以45°入射。所以QWIP阵列的制作首先要解决这个问题。采用二维光栅技术可以有效地解决这个问题。由于二维光栅在量子阱平面上的两个互相垂直的方向上的周期结构，入射辐射的偏振分量与QWIP像元可以有效地耦合。光栅耦合本质上是共振耦合，所以QWIP的响应光谱比较窄。利用光栅耦合技术可以把光耦合效率提高2～3倍。使用波纹表面引起的多次内反射效应可以使耦合效率进一步提高。图7.20～图7.22是规正的二维反射光栅、锯齿形光栅、无序反射器光栅和波浪形光栅的剖面图[14-21]。波浪形光栅量子阱探测器简称为C-QWIP。

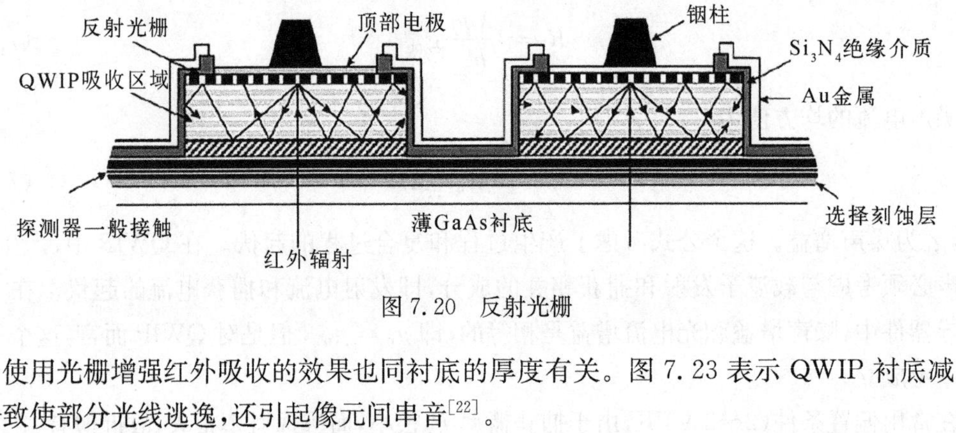

图7.20　反射光栅

使用光栅增强红外吸收的效果也同衬底的厚度有关。图7.23表示QWIP衬底减薄不充分致使部分光线逃逸，还引起像元间串音[22]。

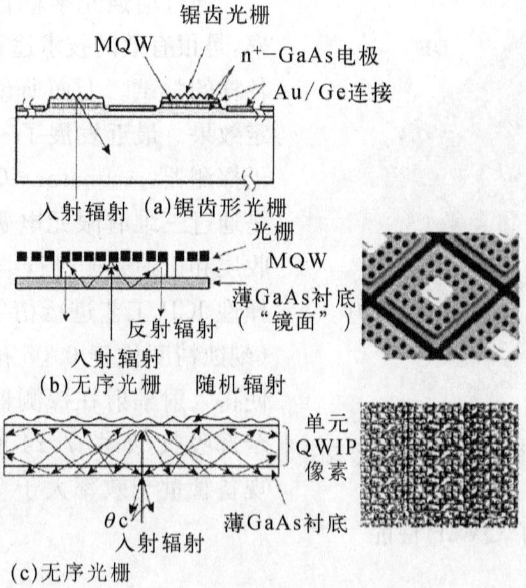

图 7.21　锯齿形和无序反射光栅

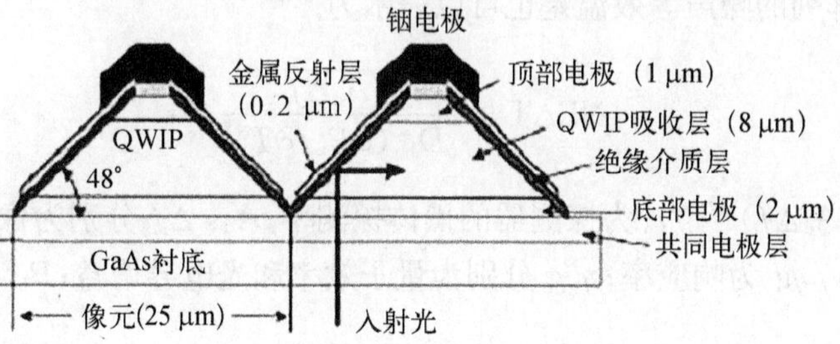

图 7.22　波浪形表面量子阱器件

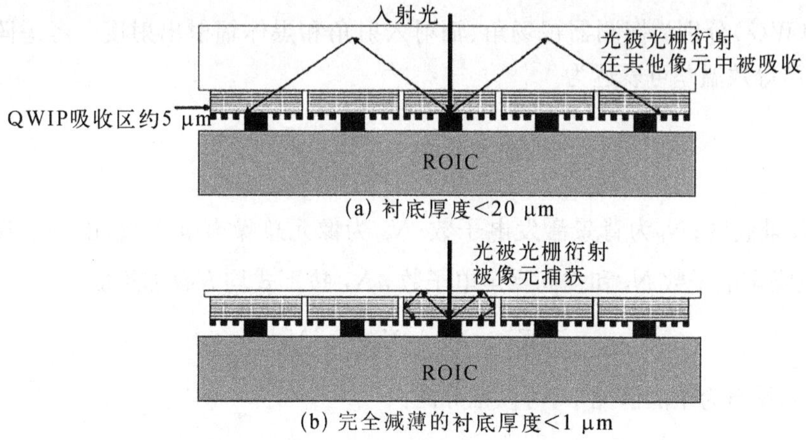

图 7.23　衬底减薄不充分引起像元间串音

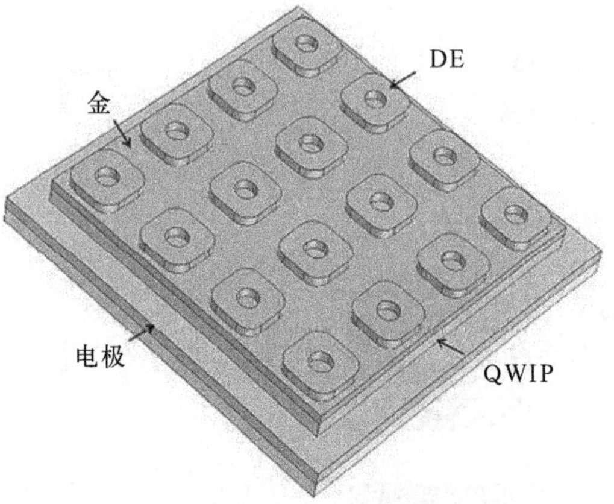

图 7.24　共振腔 QWIP 的衍射元素布局和形貌图

通过增强光学耦合提高 QWIP 的量子效率，是很有效的技术途径。研究者进行了各种各样的尝试。上面所说各种结构设计都有一定效果。最近发展了一种共振量子阱红外光子探测器(resonator - QWIP，R - QWIP)。这是通过三维有限元电磁模拟理论对像元的吸收层和衍射光栅进行结构和几何设计，通过选择性 ICP 工艺进行衍射元和吸收层精密加工(刻蚀精度优于 0.05 μm)，以及衬底全去除，使得入射辐射在探测器内部发生共振而几乎全部吸收，如图 7.24 所示。这种技术已经实现备管量子效率大于 70%，FPA 整体量子效率达到 30%，显著提高了 QWIP 性能[23,24]。

7.1.3　QWIP 成像焦平面阵列的热灵敏度

成像焦平面阵列的噪声等效温差也可以表示为[25,26]

$$\mathrm{NE\Delta T}=\frac{\sqrt{A_{\mathrm{d}}\Delta f}}{D_{\mathrm{bb}}^{*}(\partial P_{\mathrm{b}}/\partial T)} \tag{7.19}$$

式中，$D_{\mathrm{bb}}^{*}=[R_{\mathrm{i}}(A_{\mathrm{d}}\Delta f)^{1/2}]/i_{\mathrm{n}}$ 为探测器的黑体探测率；A_{d}，Δf 分别为像元面积和测量放大器带宽；$R_{\mathrm{i}}=qh\nu/\eta g$ 为响应率；η、g 分别为量子效率和光电导增益；P_{b}为辐照功率，按下式计算：

$$P_{\mathrm{b}}=A\sin^{2}\left(\frac{\theta}{2}\right)\cos\varphi\int_{\lambda_1}^{\lambda_2}W(\lambda)\,\mathrm{d}\lambda \tag{7.20}$$

式中，θ、φ 和 $W(\lambda)$分别为探测器视场角、辐射入射角和黑体辐射出射度。考虑阵列像元非均匀性的噪声等效温差可表达为

$$\mathrm{NE\Delta T}=\frac{N_{\mathrm{n}}}{\mathrm{d}N_{\mathrm{b}}/\mathrm{d}T_{\mathrm{b}}} \tag{7.21}$$

式中，T_{b}为背景温度；N_{b}为背景激发电子数；N_{n} 为像元总噪声电子数，由背景噪声电子数 $\sqrt{N_{\mathrm{b}}}$、热激发噪声电子数 N_{t} 和空间噪声电子数 uN_{b} 按下式均方叠加组成

$$N_{\mathrm{n}}^{2}=N_{\mathrm{t}}^{2}+N_{\mathrm{b}}+u^{2}N_{\mathrm{b}}^{2} \tag{7.22}$$

在以空间噪声为主的情况下，可以推导出：

$$\mathrm{NE\Delta T}=\frac{u\lambda T_{\mathrm{b}}^{2}}{1.44(\mathrm{cm}\cdot\mathrm{K})} \tag{7.23}$$

式中，波长用 cm 为单位。很清楚，噪声等效温差与非均匀性 u 成正比。例如，取 T_b = 300 K，$\bar{\lambda}$ = 10 μm，u = 0.1%，得到 NEΔT = 63 mK，假如均匀性改善1个数量级（如 u=0.01%），就有 NEΔT=6.3 mK。

7.1.4 兆元级 MWIR 和 LWIR QWIP FPA 简介

最常用和最具商业价值的 QWIP 焦平面阵列是用 4 in 或 6 in 半绝缘 GaAs 衬底上生长的晶格匹配 $GaAs/Al_xGa_{1-x}As$ 材料体系制作的。这种材料体系相当坚固，且可重复生产。

中波兆元级 QWIP 有多家报道。Gunapala 等[27]报道可以在 90 K 下工作，这是相当出色的结果。其器件结构以量子阱对为基本单元；每个 40 Å 的量子阱包含 10 ÅGaAs、20 Å$In_{0.3}Ga_{0.7}As$ 及10 Å GaAs 层，两个量子阱之间插入 40 Å 不掺杂 $Al_{0.3}Ga_{0.7}As$ 势垒层；每个量子阱对继以 400 Å 不掺杂 $Al_{0.3}Ga_{0.7}As$ 势垒层。这一多量子阱结构重复 50 周期。各个量子阱中掺杂浓度为 $n = 1\times 10^{18}\ \mathrm{cm^{-3}}$。多量子阱结构的底部和顶部是重掺杂的 GaAs 电极层。二维阵列和测试备管的像元尺寸为 19.5 μm，是用步进光刻和电感耦合等离子体刻蚀工艺制作的。测得响应峰值波长 4.6 μm，截止波长 5.1 μm，光谱宽度 $\Delta\lambda/\lambda_p$ = 15%，在 V_b =−1 V 下探测器峰值响应率为 170 mA/W。由噪声电流和暗电流的测量值依下式计算光电导增益[28]（由式(7.16)和式(7.17)演绎而来）：

$$g = i_n^2/4qI_d\Delta f + 1/2N \tag{7.24}$$

式中，N 为量子阱数目。Gunapala 得到当 V_b=−1 V 时，g=0.23。

兆元级 QWIP FPA 的制作工艺如下。先在 QWIP 阵列芯片和 CMOS 读出电路上蒸发铟柱，在铟层剥离后，探测器芯片和读出电路切割好，挑选质量好的探测器芯片和读出电路进行铟柱冷压焊互连。在互连缝隙中注入环氧树脂。干固以后，用单点金刚石车削把 GaAs 衬底大部分去除。最后用 ICP 工艺去除 GaAs 衬底的剩余部分。焦平面阵列安装在插针式芯片座(leadless chip carrier, LCC)。

这些中波兆元级焦平面阵列性能十分好。实验室灌液杜瓦测量结果，在 300 K 背景、f/2.5冷屏、−1 V 反偏电压条件下，阵列在 90 K 下工作就能够达到 BLIP 性能，而且有效像元率达到 99.95%。由于 QWIP 是高阻抗器件，所以对直接注入读出电路的电荷注入效率很高。注入效率的理论公式可写为[28]

$$\eta_{inj} = \frac{g_m R_{det}}{1+g_m R_{det}}\left[\frac{1}{1+\dfrac{j\omega C_{det}R_{det}}{1+g_m R_{det}}}\right] \tag{7.25}$$

式中，R_{det}是探测器动态阻抗，在工作温度 70 K、偏置电压−2 V 下，测得值为 5.4×10^{10} Ω。探测器电容为 C_{det}为 1.4×10^{-14}F。探测器暗电流 I_{det}为 24 pA。这样按公式(7.25)计算得到在帧频 10 Hz 下的注入效率为 98.8%。在 90 K 工作温度、300 K 背景、f/2.5 光学下测得阵列平均 NEΔT 为 23 mK。

长波兆元级 QWIP 焦平面阵列也由 Gunapala 首先报道。其 MQW 结构为 40 Å 的 GaAs

量子阱，600 Å 的 $Al_{0.27}Ga_{0.73}As$ 势垒。采用固体源 MBE 生长。该长波 QWIP 阵列的性能参数如下。峰值波长 8.4 μm，截止波长 8.8 μm，光谱半高宽 $\Delta\lambda/\lambda_p = 10\%$，峰值响应率 130 mA/W (@−1 V)，在背景温度 300 K、f/2.5 光学、−1 V 偏置下，72 K 就能达到 BLIP 性能。在 70 K 下，探测器动态电阻 7.4×10^{10} Ω。探测器电容 C_{det} 为 1.7×10^{-14} F。探测器暗电流 I_{det} 为 1.6 pA。在帧频 30 Hz 下，平均电荷注入效率为 95%。该兆元级 B－QB 长波 QWIP 焦平面阵列在 72 K 工作温度、300 K 背景和 f/2.5 光学下实验测得平均 NEΔT 为16 mK。如果扣除模拟/数字转换噪声和读出噪声，还原到探测器噪声所对应的 NEΔT 为 13 mK。

一般而言，QWIP 的峰值响应率和其光谱宽度之间成反比关系。可是 QWIP 在量子阱参数的设计、量子阱数目的变化及偏置条件的不同等因素影响下，不可能对量子效率、暗电流和光谱带宽等给出通用的公式。不同的作者用不同的设计配方得到不同的结果。表 7.1 给出若干长波 QWIP 的性能实例。

表 7.1　典型 QWIP 产品性能参数

制造商	QWP Tech	Thales Catherine XP	JPL
阵列规格	1 024×1 024	384×288	640×486
像元尺寸/μm	19.5×19.5	25×25	25×25
填充因子	81%	85%	51%
标称工作温度/K	65	75	70
峰值响应率/(A/W)	0.45	0.6	0.13
估计峰值量子效率	6.6%		3.3%
峰值波长 FWHM Δλ/μm	8.6 μm, 1.5 μm	8.6 μm, 0.9 μm	8.3 μm, 1.0 μm
相对响应率@λ	0.05 @7 μm 0.20 @7.5 μm 1.0 @8.5 μm 0.5 @8.75 μm 0.08 @9.5 μm	0.08 @7 μm 0.40 @8 μm 1.0@8.6 μm 0.52@9 μm 0.05 @9.5 μm	0.09@6.5 μm 0.19 @7 μm 1.0 @8.3 μm 0.27 @9 μm 0.06 @9.5 μm
暗电流/(A/cm²)	3.3×10^{-6}@−2.0 V 65 K	3×10^{-4}@−1.5 V 75 K	3.1×10^{-6}@−2.0 V 70 K
帧频/Hz	60	100	60
积分时间/ms	3.5～4.0	4	
电荷容量/e^-	8.1×10^6	18.5×10^6	9×10^6
读出噪声/e^-	1 000	850	500
D^*/(cm·$Hz^{1/2}$·W^{-1})	约 10^{11}@60 K		
NEDT/mK	35 @65 K		
直流失调/mV	<150		
校正后非均匀性	<0.05%		
有效像元率	约 99.5%		
数据来源	文献[22]和文献[29]	文献[30]和文献[31]	文献[26]

7.1.5 双波段(中波/长波)QWIP FPA

可同时读出的像元共居双波段红外成像系统有很多的优点和应用。所有双波段系统都要求两个波段之间没有光谱串音。有些应用要求两个波段之间离得比较开;有些则要求靠得近些。例如,一个中波/中波双波段系统无论是否与 4.2 μm 的 CO_2 吸收带交叠,都能容易地探测到 CO_2 发射。一个光谱分离比较远的双波段系统,如中波/长波系统,能够精密测定一个发射率未知的目标的温度,而在一般情况下,如果要根据其表面温度来辨识一个物体,其发射率是必须要知道的。双波段传感器在地球和行星遥感应用中也能发挥许多重要作用。

单片集成、像元共居且可同时读出的双波段 FPA 有很多好处。如免除分束器、滤光片、移动滤光片轮,以及严格的光学对准操作,这些在由两个独立的单波段焦平面合成或者由一个宽波段焦平面加上许多滤光片构成的双波段系统中都是必不可少的。使用双波段焦平面阵列也降低了双波段红外系统的体积、重量和功耗。QWIP 是基于量子阱中基态与激发态之间的共振吸收过程工作的,本质上是窄光谱带探测器,所以用 QWIP 来做双波段红外探测有利于使波段之间的光谱串音最小化。

Gunapala 等[32]首次报道了兆元级中波/长波双波段 QWIP FPA。多量子阱的结构较为复杂。中波 MQW 的每一个周期组成如下:300 Å 的不掺杂 $Al_{0.25}Ga_{0.75}As$ 势垒区,加上一个量子阱对,该量子阱对是由两个完全相同的量子阱中间夹着 45 Å 不掺杂 $Al_{0.25}Ga_{0.75}As$ 势垒组成。量子阱对的每一个量子阱由 3 Å AlAs、5 Å GaAs、32 Å $In_{0.3}Ga_{0.7}As$、5 Å GaAs 和 3 Å AlAs 组成,其掺杂浓度为 $N_D=4\times10^{18}$ cm^{-3}。中波 MQW 共 13 周期。长波 MQW 有 17 周期,每个周期含 580 Å 不掺杂 $Al_{0.25}Ga_{0.75}As$ 势垒和一个 3 阱区,这个 3 阱区由 3 个完全一样的结构组成:50 ÅGaAs 量子阱(掺杂浓度 5×10^{17} cm^{-3})间以 50 Å 不掺杂 $Al_{0.25}Ga_{0.75}As$ 势垒。这两个吸收层夹在顶部和底部重掺杂 GaAs 电极层之间。重掺杂 GaAs 底电极的厚度为 2 μm。在长波 MQW 的顶部和中波 MQW 的底部之间插入一层不掺杂 AlGaAs。如图 7.25 所示,中波器件采用 B-C 结构以稍微扩展响应光谱的宽度,每个量子阱的两边都有一个单原子层的 AlAs 以提高振荡强度。长波红外器件采用标准的 B-QB 结构使得光子跃迁对应的激发态能级接近于势垒的导带底。在整个双波段器件结构中

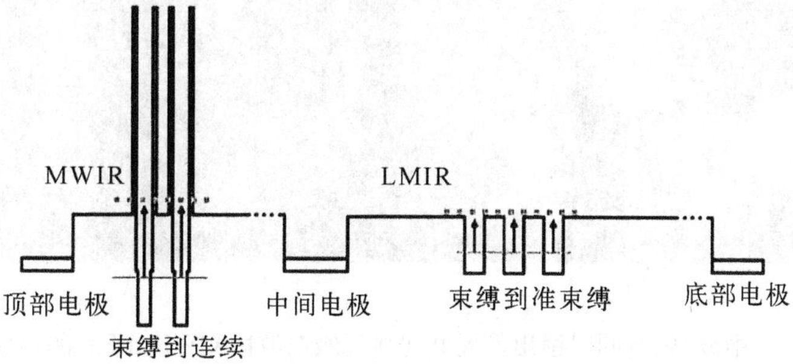

图 7.25 中波/长波双波段 QWIP 器件能带图

AlGaAs 势垒是同一个组分。在长波器件结构中，三个量子阱不加偏置的基态能量的计算值分别位于 AlGaAs 势垒导带底以下 147 meV、151 meV 和 155 meV，而相应的激发态则与势垒顶部接近共振。在中波部分的结构中，未偏置的势阱对的基态能级分别为 AlGaAs 势垒顶部以下 276 meV 和277 meV，而激发态能级则比势垒顶部稍高。

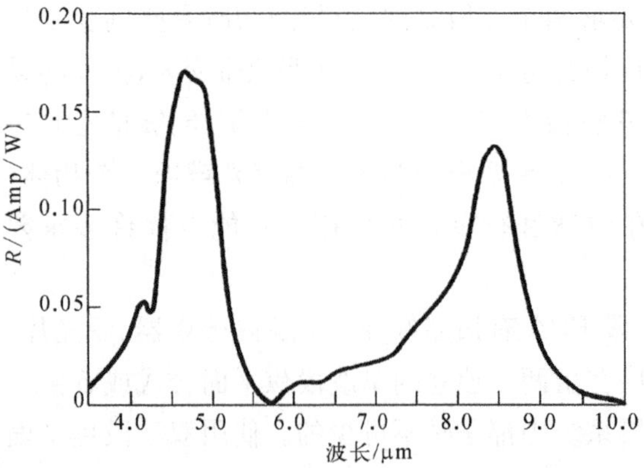

图 7.26　中波/长波双波段 QWIP 器件的光谱响应[32]

双波段器件的响应光谱通过对测试备管 45°侧照测试得到。实验测得的光谱响应见图 7.26。中波峰值波长和截止波长分别为 4.6 μm 和 5.1 μm，长波为 8.4 μm 和 8.8 μm。中波峰值响应率为 170 mA/W，量子效率为 4.6%，长波分别为 130 mA/W 和 3.1%。在 −1 V 反偏、300 K 背景和 f/2.5光学下，工作温度在 72 K 以下就可以达到 BLIP 性能。

芯片阵列是在 4 in GaAs 衬底上制作的。30 μm 像元的 1 024×1 024 元探测器阵列通过步进光刻和干法刻蚀工艺制备。制备二维光栅以增强探测器的光耦合。通过干法工艺打出一些通孔，穿过中波 MQW 层，0.5 μm 厚的中间电极层，以及长波 MQW 层，制备出探测器公共电极和底电极。读出电路采用最简单的直接注入输入结构。由于像元阻抗高达 $10^{10}\,\Omega$，注入效率是不成问题的。铟柱互连和衬底减薄、衬底去除都是标准的工艺，同单色阵列的做法一样。

集成到杜瓦-致冷器组件的中波/长波双波段 QWIP FPA 在 68 K 下成像效果令人满意。图 7.27 是中波/长波同时读出、像元共居的兆元级双波段 QWIP FPA 的热成像。图中显示的是中央部位 512×512 区域，在这一范围，中波有效像元率 99%，长波为 97.5%。读出电路的满阱容量为 17×10^{6} e^{-}，长波与中波的电荷容量分配比例为 4∶1。

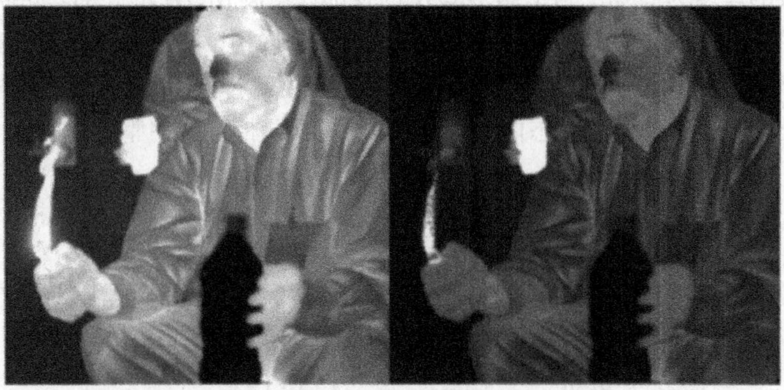

(a)　　(b)

图 7.27　中波/长波同时读出像元共居兆元级双波段 QWIP FPA 的热成像[33]

中波热像(a)探测到 CO_2 的 4.2 μm 辐射，打火机火焰范围较宽，长波热像(b)不显示这一特征

实验测量 NEDT 的方法和步骤如下。当面源黑体温度置于 295 K 和 305 K 时分别测量阵列响应电压平均值;在 300 K 采样 64 帧,根据信号的起伏计算瞬时噪声;根据公式(3.89)计算出 NEDT。测得在 300 K 背景、$f/2$ 光学、68 K 工作温度下,中波 NEDT 为 27 mK,长波为 40 mK。其统计直方图见图 7.28。

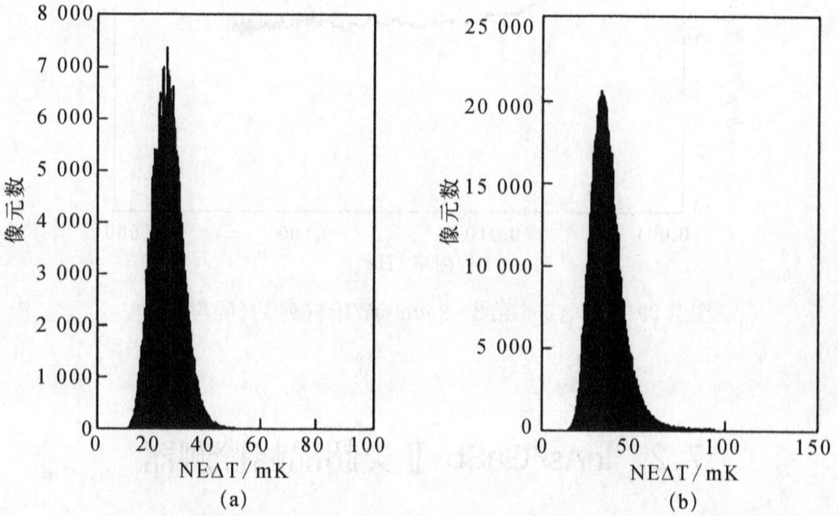

图 7.28 中波/长波同时读出像元共居兆元级双波段 QWIP FPA 的 NEDT 直方图[33]
在 68 K 下中波平均 NEDT 为 27 mK,长波为 40 mK

根据以上讨论,可以简要归纳 QWIP 作为红外成像传感器技术的性能特点和局限性:
(1) 基于量子阱子能带间吸收,吸收系数小,量子效率不高;由于选择定则,必须非法向入射。
(2) 热激发暗电流大,需要更低工作温度。
(3) 大面积均匀性好,成像应用优势明显。
(4) 工艺成熟,大量生产,成本低。
(5) 甚长波、多色、低背景应用性能好,太空应用有利。
(6) 响应光谱窄,工艺成熟使得双色、三色甚至四色的 QWIP 焦平面器件较容易实现。

7.1.6 QWIP FPA 的航天应用举例

QWIP 红外焦平面阵列已经广泛应用。Gunapala 等[32]列举了 QWIP 焦平面阵列在森林火情监测、活火山研究、工业和建筑物预防性监控、医学研究与癌症早期诊断,以及红外天文学观测等方面大量精彩实例。在航天领域,红外天文观测需要长期稳定的传感器。QWIP 焦平面阵列的一个突出优点是 1/f 噪声非常低。图 7.29 是 256×256 元 8～9 μm QWIP 阵列的噪声功率密度谱测试结果,提示直至 10 mHz,1/f 噪声仍不明显。这样就可以以慢扫描的方式工作。使用该阵列的量子阱宽视场成像多色主焦红外照相机(QWICPIC)安装在 Palomar 天文台 5 米主焦望远镜上,在 35 K 下工作,获取的视场角达到 $2'\times2'$,是世界上最大的。所获得的长波热像对勘查新星和行星形成起源有重要价值[34]。

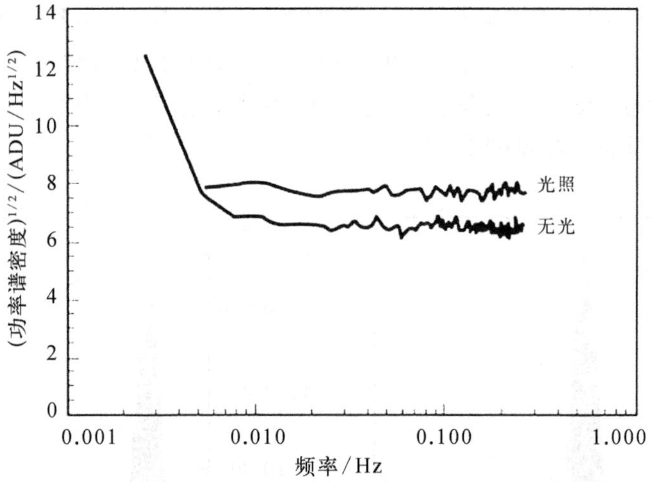

图 7.29　256×256 元 8～9 μm QWIP 阵列 1/f 噪声谱[32]

7.2　InAs/GaSb Ⅱ类超晶格探测器

7.2.1　InAs/GaSb Ⅱ类超晶格的能带结构特点

20 世纪 80 年代 Sai－Halasz、Tsu 和 Esaki 等[35-38]首次提出 InAs/(In,Ga)Sb Ⅱ类应变层超晶格(T2SLS)用于红外敏感材料的可能性。此后进行了高质量材料制备、长波红外响应等研究。尽管理论预判表明，由 InGaSb 层引起的附加应变使得 InAs/InGaSb 系统有更好的探测器性能，但是 In 组分稍高的材料外延生长很困难，所以近几年来大部分的研究兴趣集中在 InAs/GaSb SLS。InAs/GaSb T2SLS 由纳米级材料层交替组成，每层的厚度在 4～20 个单原子层。相邻 InAs(或 GaSb)层的电子(或空穴)的波函数的叠加导致在导带(或价带)形成电子(或空穴)的微带。局域于 GaSb 层中的空穴和限制在 InAs 层中的电子之间的光学跃迁可用于红外探测。因此用两个中等带隙的半导体，原则上可制备出工作波长在 3～32 μm 任一波长的探测器。

简单来说，InAs/GaSb Ⅱ SLS 是一个由 InAs、GaSb 薄层交替组成的多量子阱交互作用体系。该超晶格结构的奇妙之处在于 InAs 和 GaSb 能带的Ⅱ类对准方式，这种能带接续方式促成强烈的载流子隧穿，从而带来非常有利于中波和长波红外探测的性质。

InAs 和 GaSb 都属于Ⅲ-Ⅴ族化合物半导体。其各自的能带结构和电学、光学性质早已研究清楚。表 7.2 列出了 InAs 和 GaSb 的主要能带参数。但是，当两种材料互相接续时，其能带将如何接续，这对新的材料体系的物理性质有重要影响。图 7.30 是 Tiwari 和 Frank[39]和 Vurgaftman 等[40]汇总的各种主要半导体的价带顶和导带底的能量位置，以金的真空能级为参照(0 eV)。根据图 7.30 和表 7.2 的数据，InAs 的 VBO(valence band offset，价带带阶，或价带偏移)为－0.59 eV，GaSb 的 VBO 为－0.03 eV，可以得出，GaSb 的价带顶位于

InAs 的导带底之上 0.15 eV。这种带隙跳空错开对准称为破折带隙(broken-gap),具有这种带隙对准方式的超晶格属于Ⅱ类超晶格。

表 7.2 InAs 和 GaSb 的若干能带结构参数(0 K)[40,41]

参　　数	InAs	GaSb
E_g^{Γ}/eV	0.417	0.812
E_g^X/eV	1.433	1.141
E_g^L/eV	1.133	0.875
VBO/eV	−0.59	−0.03
$m_e^*(\Gamma)$	0.026	0.039
$m_l^*(L)$	0.640	1.30
$m_t^*(L)$	0.050	0.100
$m_l^*(X)$	1.130	1.510
$m_t^*(X)$	0.160	0.220

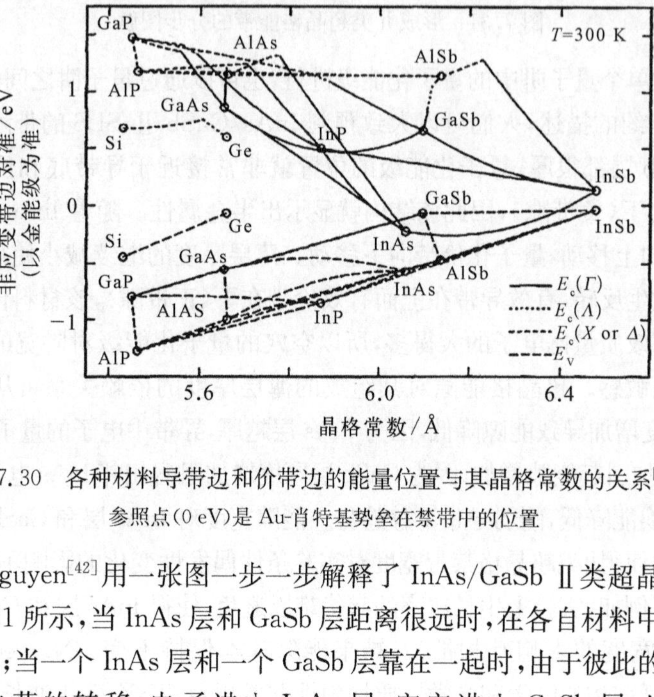

图 7.30 各种材料导带边和价带边的能量位置与其晶格常数的关系[39]
参照点(0 eV)是 Au-肖特基势垒在禁带中的位置

Razeghi 和 Nguyen[42] 用一张图一步一步解释了 InAs/GaSb Ⅱ类超晶格结构的微带形成过程。如图 7.31 所示,当 InAs 层和 GaSb 层距离很远时,在各自材料中都有电子和空穴共存(图 7.31(a));当一个 InAs 层和一个 GaSb 层靠在一起时,由于彼此的导带和价带偏移开来,就发生了电荷的转移,电子进入 InAs 层,空穴进入 GaSb 层,以降低总的能量(图 7.31(b));当 InAs 层的另一旁也靠上一层 GaSb 层,则此 InAs 薄层就成为电子的量子阱,在 InAs 层的导带以上形成量子化的能级(图 7.31(c))。同样地,夹在两个 InAs 层之间的 GaSb 层中也形成量子化空穴能级。在两种材料重复交替的结构中,相邻 InAs 层中的电子可能相互作用,并且降低其总的能级(图 7.31(d))。InAs/GaSb Ⅱ SLS 和其他类型的多量子阱体系的主要差别就在这里。在 InAs/GaSb 体系中,能带边的跳空错开排列(即Ⅱ类对准)使得相邻 InAs 量子阱中的电子可以隧穿和相互作用;而其他能带对准方式的量子阱结构不能促成足够强的电子隧穿而发生相互作用。结果,在 InAs/GaSb Ⅱ SLS 中电子态结构

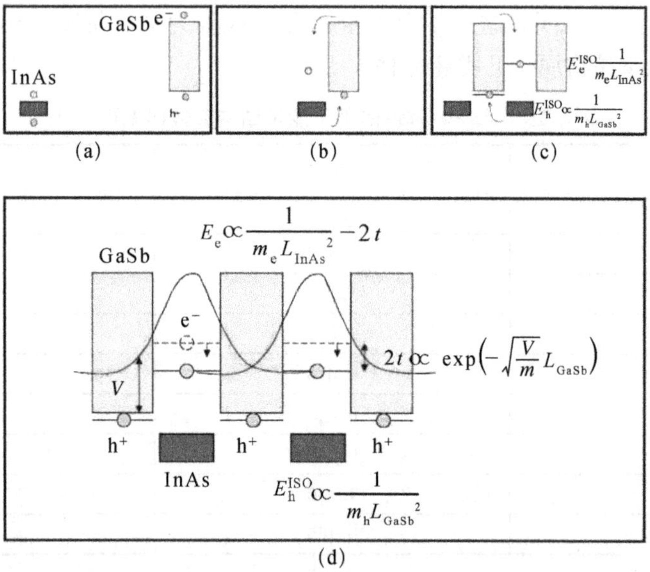

图 7.31 形成Ⅱ类超晶格能带的分步图解

的调控不仅可通过单个量子阱中的量子化能级进行，也可以通过量子阱之间的相互作用实施。

经过以上极简约的描述，人们可以大致预判 InAs/GaSb Ⅱ SLS 的带隙变化的趋势。如果 InAs 层和 GaSb 层都很厚，量子化能级的位置就非常接近于导带底和价带顶。有效导带就位于有效价带之下（负带隙），因此该结构就显示出半金属性。随着 InAs 层和 GaSb 层厚度减小，量子化导带向上移动，量子化价带向下移动。薄层厚度的继续减小使得量子化导带和量子化价带的位置发生反转，有效导带在上而有效价带在下（正带隙），该材料体系呈现半导体属性。因为空穴的有效质量比电子的大得多，所以空穴的量子化能级对阱宽的依赖关系远不如电子的量子化能级敏感。超晶格能隙对其组成的薄层厚度的依赖关系可从两条经验规则判断：① InAs 层厚度增加导致能隙降低，因为 InAs 层越厚，导带中电子的量子化能级位置越低。② GaSb 层厚度增加引起能隙增加，因为 GaSb 层厚度增加阻碍相邻 InAs 电子势阱之间的电子相互作用，使得交换能降低，削弱导带下移趋势。能隙宽度对 InAs 层和 GaSb 层厚度依赖关系的彼此相反的趋向使得Ⅱ类超晶格禁带宽度对实验条件偶发性变化的影响不大敏感，这应当看作一个有利因素。例如，实验上生长速率的起伏难以避免，使得 InAs 层和 GaSb 层的厚度时有变化，但其对禁带宽度的影响互相抵消，结果能隙基本保持不变。Nguyen 等[43] 报道了 3 in GaSb 衬底片上外延结构的电学和光学性质均匀性非常出色，77 K 截止波长为 11 μm，量子效率达到 45%以上，暗电流密度约 1×10^{-4} A/cm^2，探测率达到 6×10^{11} cm · Hz$^{1/2}$ · W^{-1}。

7.2.2 InAs/GaSb Ⅱ类超晶格探测器

1. 6.1 Å 群半导体——制备人工超晶格探测器的原料库

在常见的半导体材料中，6.1 Å 群是一个重要的群体，包含三种晶格几乎匹配的材料：InAs(a=6.058 4 Å)、GaSb(a=6.095 9 Å)和 AlSb(a=6.135 5 Å)。图 7.33 是一些主要半导体材料的禁带宽度、晶格常数，以及对电磁辐射的响应截止波长。图 7.32 中 6.1 Å 群是比较明显的。如果要把一种材料生长在另一种材料的晶格之上构成异质晶体结构，两种材料的晶格常数相同是确保获得优异晶体质量的一个关键因素。更重要的是，在 6.1 Å 群中 InAs 的导带位于 GaSb 的价带之下。如果 InAs 层和 GaSb 层交替叠加形成超晶格结构，那么在 InAs 和 GaSb 交界面处，InAs 层中的导带电子能够隧穿 GaSb 层中的价带而与次一个 InAs 层中的电子交互作用。Esaki 等把这种特别的带边对准结构命名为第二类对准(图 7.33)，并且意识到这种结构具有比其构成成分 InAs 层和 GaSb 层的带隙都小的有效带隙。大周期的超晶格具有类似半金属的行为，而当周期趋短时，量子化效应突出，材料从半金属行为过渡到窄带隙半导体行为(图 7.34)。这种通过调整周期长短控制 InAs/GaSb Ⅱ类超晶格带隙的独特能力十分有利于红外探测应用，因为带隙调控的范围正好落在中波和长波红外区。在带隙调控的同时有效质量几乎保持不变[44]。6.1 Å 群的晶格匹配特性使得用这三种材料调配构建新的超晶格结构均能生长出高质量的晶体，十分有利于设计和制备新的红外探测器结构。

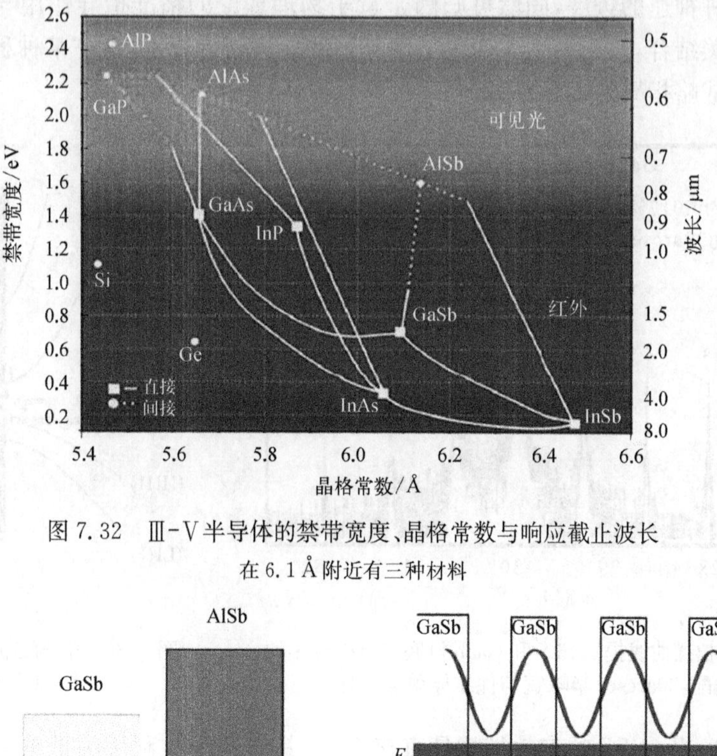

图 7.32　Ⅲ-Ⅴ半导体的禁带宽度、晶格常数与响应截止波长

在 6.1 Å 附近有三种材料

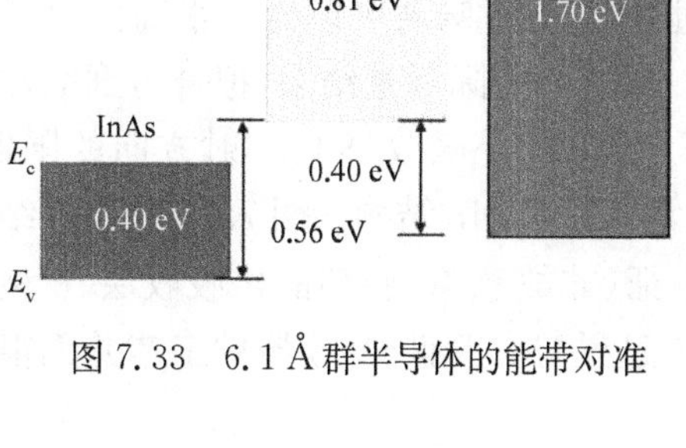

图 7.33　6.1 Å 群半导体的能带对准

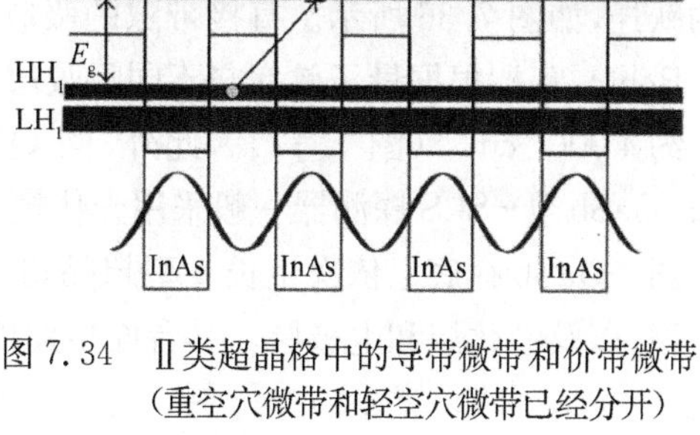

图 7.34　Ⅱ类超晶格中的导带微带和价带微带

(重空穴微带和轻空穴微带已经分开)

2. 探测器结构制备和性能

高质量的 InAs/GaSb Ⅱ SLS 材料用传统技术未能满意地制备，直到 20 世纪 90 年代采用了 MBE 生长技术。Johnson 等[45]首次实验演示了 SLS 光子二极管。Mohseni 等[46]做出了 GaAs 衬底上 SLS 光电导探测器，不过，GaAs 衬底与 InAs/GaSb 外延层之间有 7%的晶格失配，影响了性能。直到采用晶格匹配的 GaSb 衬底，高质量的 InAs/GaSb Ⅱ SLS 外延材料才能够大量获得。超晶格外延材料的晶体质量常用 X 射线摇摆曲线表征。图 7.35 显示，在 GaSb(100)衬底上外延的超晶格，其零级衍射峰与衬底的衍射峰几乎重合，晶格失配度仅为 0.017%，几乎可以忽略。无缺陷、无位错的 InAs/GaSb Ⅱ SLS 外延层使得光子探测器的动态电阻大幅提高，暗电流大幅降低。在垂直 pIn SLS 光子二极管构型中，信号电流与外延层生长方向是一致的，所以探测器像元的横向尺寸可以缩小，以容纳大量像元而构成焦平面阵列。Fuchs 等[47]发布了首个高性能 InAs/GaInSb Ⅱ SLS 光子二极管阵列。此后 10 多年间，Sb 基Ⅱ-SLS FPA 的发展出现了井喷，达到了 HgCdTe 花费 50 多年取得的先进技术水平。这种神速的进展，固然可归因于量子物理理论的精准指导作用与工艺技术上的可操作性的完美结合，包括沿用其他焦平面阵列的先进制造技术，也在某种程度上体现出有关国家管理层战略指导的远见卓识。

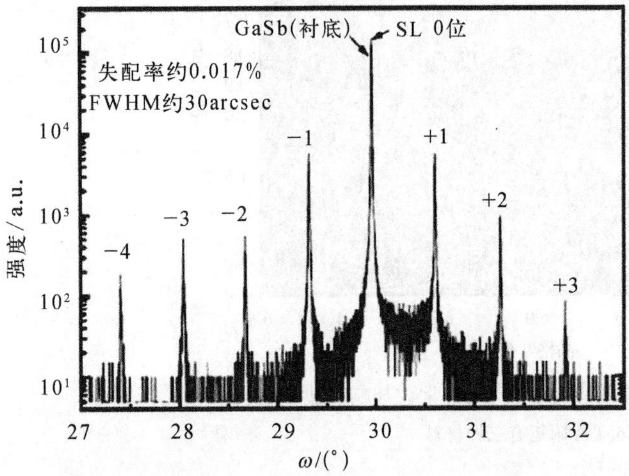

图 7.35 X 射线摇摆曲线提示 SLS 和 GaSb 衬底只有极微小的晶格失配，30arcsec 半峰宽与优质体单晶一样[48]

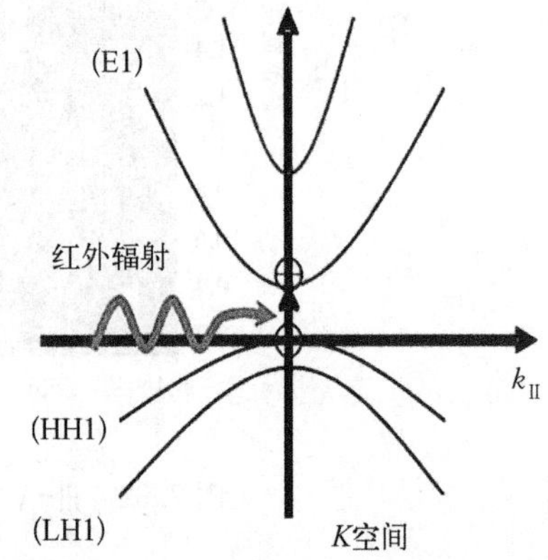

图 7.36 Ⅱ-SLS 的 K 空间直接带隙结构及光子吸收过程图

InAs/GaSb Ⅱ-SLS 的有效带隙是直接带隙，其红外吸收利用的是重空穴带与导带之间的跃迁，如图 7.36 所示。直接带隙的吸收系数通常很高，意味着可以得到很高的量子效率。Rehm 等[49]根据量子效率与不同吸收层周期数-厚度的实际测量结果，拟合得到的数据为 α 约 4 000 cm^{-1}(图 7.37)。此外，同 QWIP 不一样，红外吸收不受入射方向的限制。InAs/GaSb Ⅱ-SLS 探测器一般采用光伏模式。最常见的是 pIn 结构。图 7.38 是器件结构示意图。GaSb 衬底上依次生长 p 型超晶格层、近本征(非故意掺杂)超晶格吸收层、n 型超晶格层，以及钝化层和电极层。其台面型器件的工艺过程与一般Ⅲ-Ⅴ族器件工艺并无很大差别。

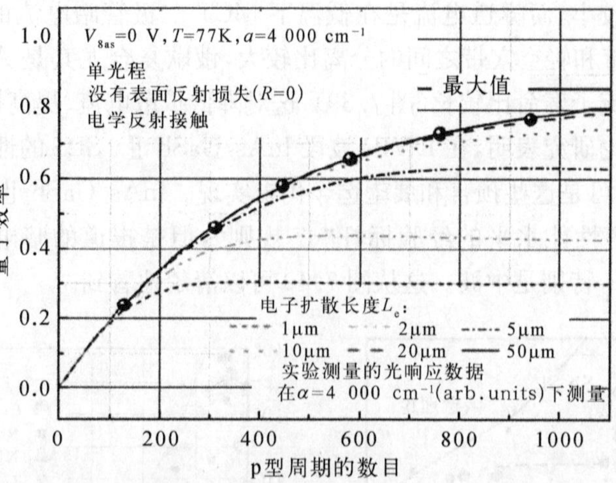

图 7.37　量子效率对吸收层周期数依赖关系(从中可提取吸收系数)[49]

InAs/GaSb Ⅱ-SLS 探测器设计的最核心内容是确定吸收层中 InAs 层和 GaSb 层的尺寸(以单原子层数目 ML 数表示)、吸收层超晶格的周期数,以及 p 区和 n 区的掺杂。Rehm 采用 10 ML InAs/10 ML GaSb,理论预判其 50%截止波长约为 5.0 μm。吸收层周期数在 160～1 000,吸收层太薄不能充分利用入射光,吸收层太厚也不利于提高量子效率,且使得暗电流增加。InAs/GaSb Ⅱ-SLS 探测器的特点是一定要进行数值设计。现在流行的方法是经验紧束缚近似法(empirecal tight binding, ETBM),据说理论预测和实验验证符合得非常好。德国 AIM 与 IAF 合作研制的中波(5 μm)器件,77 K R_0A 值达到 1×10^5 Ω·cm² 以上。在常用的 F# 数下可实现 300 K 背景下的 BLIP 性能。

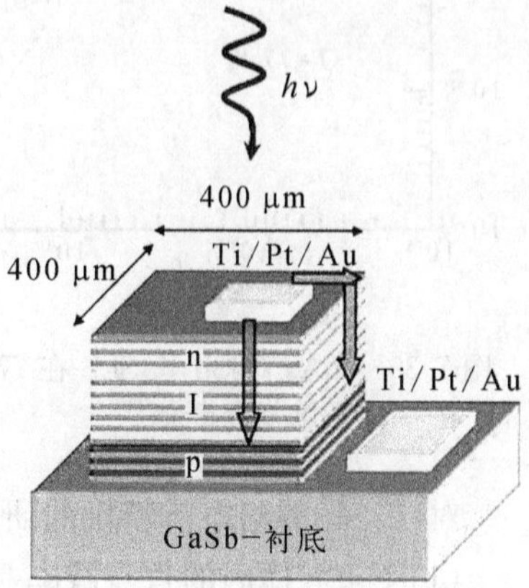

图 7.38　InAs/GaSb Ⅱ SLS 光伏探测器结构示意图(侧壁暴露的断口容易造成表面漏电)

Rogalski 等引述了迄今 InAs/GaSb Ⅱ-SLS 单元探测器的最好水平,见表 7.3。

表 7.3　77 K 工作的 MWIR 和 LWIR Ⅱ-SLS 探测器最佳性能[50,51]

参　数	中波 5 μm	长波 10 μm
量子效率/%	约 70	约 70
$R_0A/(\Omega\cdot cm^2)$	10^6	10^3
探测率(FOV=0)/($cm\cdot Hz^{1/2}\cdot W^{-1}$)	1×10^{14}	6×10^{11}

7.2.3　InAs/GaSb Ⅱ类超晶格探测器的暗电流

1. 目前的暗电流水平

InAs/(In,Ga)Sb Ⅱ类应变层超晶格(T2SLS)的电子有效质量比相同带隙的 MCT 大,因此隧道电流相对较小，而隧道电流是在低温下 MCT 二极管暗电流的重要贡献者。又由于 T2SL 的重空穴带和轻空穴带之间的分离比较大，俄歇复合尤其是 A7 复合受到抑制，使俄歇复合决定的载流子寿命比较长(图 7.39)，这对降低扩散电流、提高探测器工作温度十分有利。这方面的理论研究表明，在 LWIR 波段 InAs/GaSb Ⅱ-SLS 的性能可超过 HgCdTe、InSb 和 QWIP[52]。可是这些预言和展望迄今仍未实现。InAs/GaSb Ⅱ-SLS 探测器的性能虽然渐渐接近 MCT 性能水平的经验标杆“07 规则”，但是报道的暗电流密度仍远远高于 MCT 探测器的水平，特别是中波。这从图 7.40 可以清楚地看到。

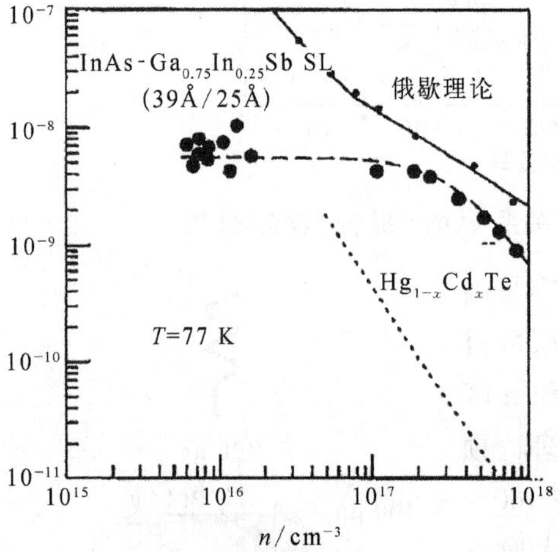

图 7.39 InAs/GaSb Ⅱ SLS 在 77 K 下的俄歇复合寿命[53]

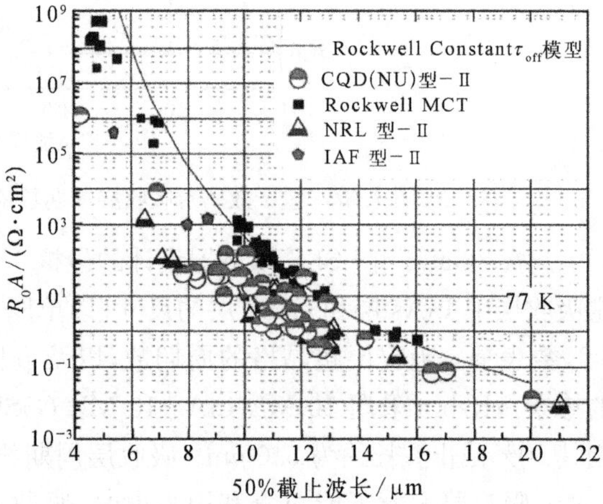

图 7.40 T2SL 性能与 MCT“07 规则”的比较[48]

对 T2SL 的暗电流特性的研究表明，其暗电流较高的原因有以下两方面。

(1) GaSb 体内的自身缺陷是引起耗尽区 SHR 复合增强、g-r 电流增加的复合中心；

(2) 当像元尺寸缩小(如 20 μm)时，表面漏电尤其是台面侧壁漏电的占比非常突出。

由于这两方面因素，T2SL 探测器的少子寿命很短，测量值在 0.13～100 ns[54]。针对这些因素，近年来进行了大量研究。深入的研究揭示 T2SL 的暗电流机构比一般预想的复杂得多[55]。

2. 与势垒探测器概念结合降低暗电流

对降低体内因素造成的暗电流，作用最显著的是把势垒设置引入超晶格探测器中。把单极势垒与超晶格结构结合起来，旨在降低暗电流的新型结构层出不穷，如 M-结构、互补势垒红外探测器(CBIRD)、W 结构、N 结构、nBn、pBiBn 结构等。这方面有大量新的概念和新的设计，取得的进步十分可观。

美国新墨西哥大学(UNM)的 Tian 等[56]在 DAPAR 支持下，发展了 pBiBn 结构的长波超晶格探测器。

如图 7.41 所示，在 p 和 i 之间插入一个宽带隙的电子势垒(EB)，在 i 和 n 之间插入一个宽带隙的空穴势垒(HB)，形成所谓 pBiBn 结构。电子势垒层的插入应符合以下要求：① 势垒层的带隙显著大于吸收层的带隙；② 势垒层的价带边与吸收层的价带边基本重合，价带的带边偏移(VBO)接近于零,势垒层与吸收层的带隙之差基本等于导带的带边偏移(CBO);③ 势垒层足够厚,足以阻止电子的隧穿。同样,空穴势垒层也应符合类似的条件。在轻微反偏置下,电压主要降落在 EB 和 HB 上。吸收层基本上保持电中性。电子势垒和空穴势垒能有效阻止电子和空穴分别从高掺杂的电极区向吸收区扩散,而光生载流子的移动则不受影响。

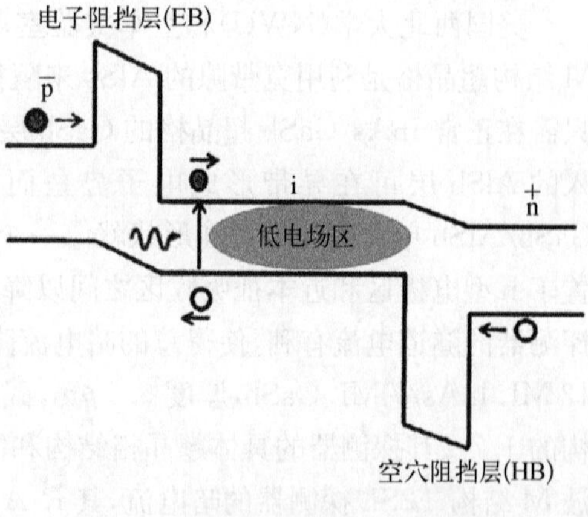

图 7.41 具有电子势垒和空穴势垒的 T2SL 探测器能带结构

InAs/GaSb Ⅱ-SL LWIR 探测器的关键是超晶格的设计和外延层制备。吸收层、势垒层和电极层都由 Sb 基超晶格组成,只是其成分、厚度和掺杂情况有所不同。为了获得所需的势垒层、吸收层和电极层之间能带对准,必须对每一个单个超晶格的参数进行数字拟合,使 EB、NB 对长波 InAs/GaSb 吸收区的 VBO 和 CBO 分别等于零。在确定各个成分超晶格的几何参数后,可用 Sentaurus TCAD 平台进行器件性能模拟。

图 7.42 是一种具体的低暗电流长波势垒 SLS 探测器的外延层结构设计。图 7.42(a)自下而上依次为 GaSb∶Te 衬底、400 nm GaSb 缓冲层、800 nm InAs/GaSb n^+ 电极层、275 nm InAs/AlSb 空穴势垒层、1 940 nm InAs/GaSb 吸收层、149 nm GaSb/AlSb 电子势垒层、130 nm InAs/GaSb p^+ 电极层。为了实现 10.2 μm 的截止波长,吸收层超晶格设计为 14 ML InAs/7 ML GaSb,吸收层为非故意掺杂的弱 p 型。图 7.42(b)是对上述 pBiBn 结构计算的 77 K 能带接续示意图。

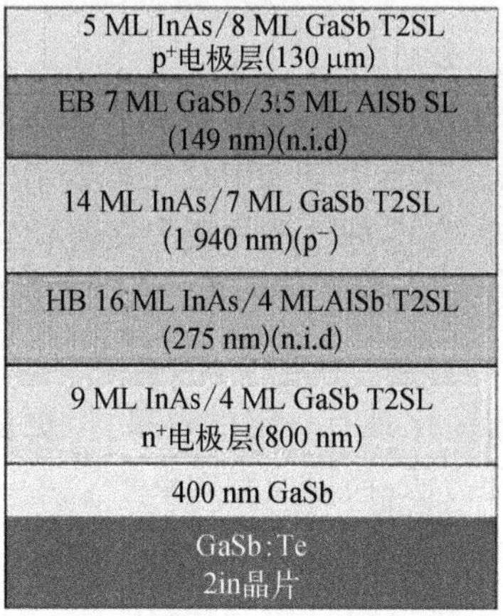

(a)

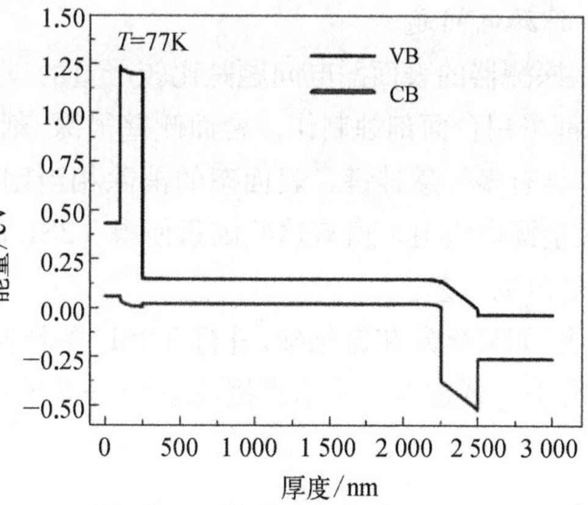

(b)

图 7.42 pBiBn 型长波 T2SL 探测器外延层结构设计和计算的能带接续图[56]

采用这种结构使器件性能得到显著提高。76 K 测得数据如下:暗电流密度降低到 1.42×10^{-5} A/cm^2@−60 mV,R_0A 达到 5 365 Ω·cm^2,10.2 μm 处探测率 8.7×10^{10} cm·Hz$^{1/2}$·W^{-1}@−60 mV。

美国西北大学(NWU)和空军实验室联合发展了 M 结构的中波和长波 T2SL 探测器。M 结构超晶格是利用宽带隙的 AlSb 来阻挡长波 T2SL 光子二极管中的电子和空穴暗电流。只需在正常 InAs/GaSb 超晶格的 GaSb 层的中央插入一个 AlSb 薄层就可构成 M 结构，插入的 AlSb 层可在导带形成电子势垒而在价带形成空穴的双势阱。AlSb/GaSb/InAs/GaSb/AlSb 单元的能带对准形状就像一个大写字母 M，故而得名 M 结构。M 结构超晶格置于 n 型电极区和近本征吸收区之间以降低起主要作用的 i－n 结中的电场，这对降低长波探测器的隧道电流有利，使得总的暗电流降低。空军 M 结构长波 T2SL 探测器的吸收区为 12 ML InAs/7 ML GaSb，厚度 6.5 μm，截止波长 9.5 μm。暗电流 142 $\mu A/cm^2$，仅为普通结构的 1/7。其探测器的具体超晶格结构和制备，可参阅文献[57]和文献[58]。图 7.43 是中波 M 结构 T2SL 探测器的暗电流，其 R_0A 提高了一个数量级以上，在 180 K 实现 FOV＝2π 视场下的 BLIP 性能。

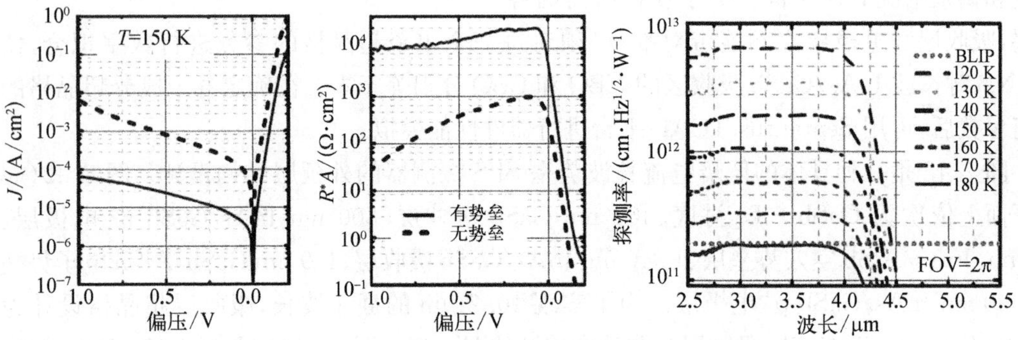

图 7.43　采用 M 势垒结构优化后暗电流降低，探测率上升，在 180 K 实现 FOV＝2π 视场下的 BLIP 性能[58]

3. *表面漏电问题*

T2SL 探测器的表面漏电问题是比较严重的。现在无论是前照射、背照射还是焦平面阵列，T2SL 都采用台面刻蚀制作。台面侧壁很深，刻蚀后暴露于空气中往往有数十个甚至数百个断层，具有多种悬挂键。表面态的消除相当困难。有些刻蚀产物或表面氧化物带导电性，形成大量漏电沟道。所有这些因素使得 T2SL 的表面钝化十分困难，至今还没有一种明确有效的规范的工艺。

用介质(如氧化硅和氮化硅)进行 T2SL 探测器的钝化具有一定的效果，但更多工作倾向于硫化方法。现在也有采用直接敷涂 SU－8 的钝化方法，简单而有效果[59]。

7.2.4　InAs/GaSb Ⅱ类超晶格焦平面阵列

近年来美国掀起了 InAs/(In,Ga)Sb Ⅱ类应变层超晶格(T2SLS)的研究热潮。从计算机数值模拟，到制造大规模焦平面阵列，大学(西北大学、亚利桑那州立大学、俄克拉荷马大学、伊利诺大学、佐治亚理工大学、新墨西哥大学等)、国家实验室包括军方(JPL、NRL、ARL、NVESD、SNL 等)、大企业 (Raytheon, Teledyne Imaging Systems, Hughes Research

Laboratories，QmagiQ，LLC 等)，纷纷加入这个行列[60-65]。欧洲国家也不例外[66,67]。这劲头使人想起 20 世纪 80～90 年代人们对于碲镉汞的热情。在焦平面阵列规模方面，已经演示了 1 024×1 024 元 T2SLS FPA，凸显了这种材料体系的潜力。在我国，T2SL 的 128×128 阵列和短波/中波双色器件已经成功演示[68-70]。

QmagiQ 将Ⅱ－InAs/GaSb SLS 用于长波 FPA，制备 1 024×1 024 FPA，像元尺寸 18 μm，截止波长 9.5 μm，测得量子效率约 50%，NEDT 约 30 mK(77 K，f/4)，有效像元率约 96%。量子效率谱呈现完好的干涉花样，从中可以提取超晶格材料的折射指数，如图 7.44 所示。图 7.45 是这种焦平面阵列获取的人体热图像。截止波长约 11 μm 的器件规模为 320×256，在 68 K 下测得性能和上述器件相当。QmagiQ 下一步的计划是发展约 12 μm 器件，发展高成品率器件制造工艺，实现 SLS 的商业化。

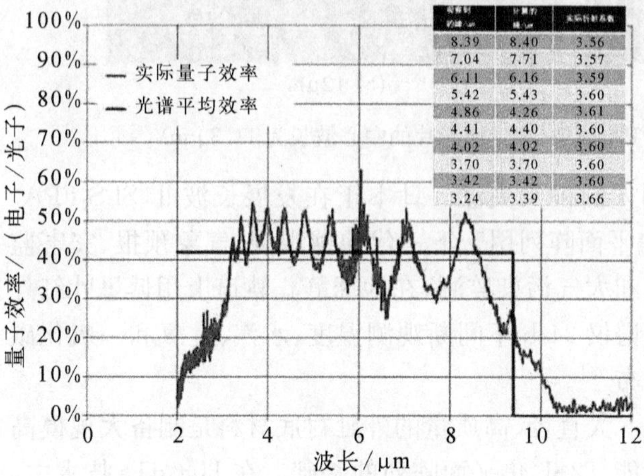

图 7.44　长波 SLS 探测器的量子效率谱[71]

图 7.45　1 024×1 024 SLS FPA 在 77 K 下所摄长波红外成像[71]

以色列 SCD 公司把 XBp 结构结合到Ⅱ类 InAs/GaSb 超晶格的吸收层中，制得器件量子效率高，扩散限制暗电流接近 MCT“07 规则”的水平。利用数值模拟工具确立量子效率对 T2SL 周期尺寸和吸收层厚度的依赖关系，在此基础上设计和制备新的 T2SL XBp 红外焦平面阵列。该 15 μm 像元 640×512 焦平面阵列采用新的数字读出电路，取名“Pelican－D LW”，与 SCD 公司的中波集成探测器-致冷器组件 Pelican－D MWIR 外形十分相近。测得量子效率约 50%(单光程)，截止波长 9.5 μm，在 77 K 下工作可实现背景限性能，测得的平均噪声等效温差为 13 mK(图 7.46)，有效像元率高，稳定性好[72]。这一报告获得 2015 年 SPIE 最佳论文第二名。

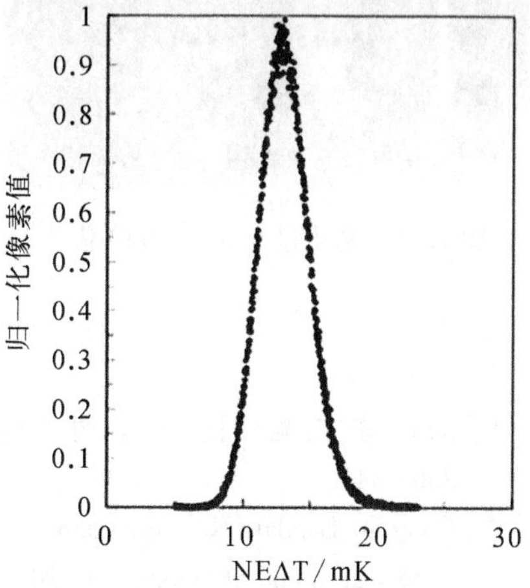

图 7.46　SCD 长波 XBp－T2SL FPA 的 NEΔT 直方图(峰值 13 mK，噪声尾不明显)[72]

在 MWIR 和 LWIR，有几家单位演示了双色和双波段的 T2SL 焦平面阵列。如图 7.47 所示是 NWU 发表的 320×256 元(5 μm/12 μm)器件摄取的热像。用窄带 11.3 μm 窄带滤光片遮盖的电烙铁在中波像中不能显示，在长波像中完美显示[73]。

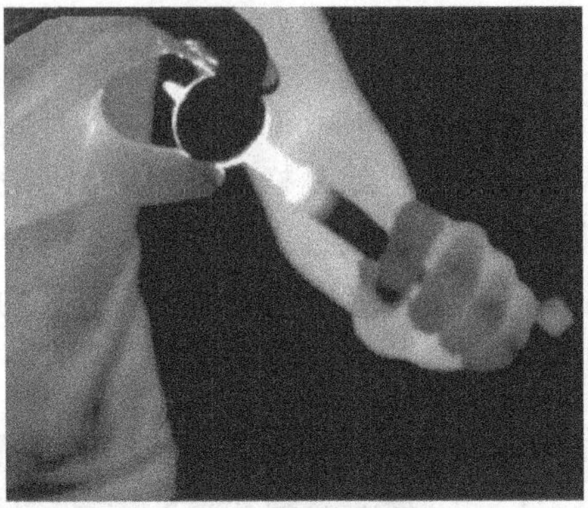

(a) 5μm

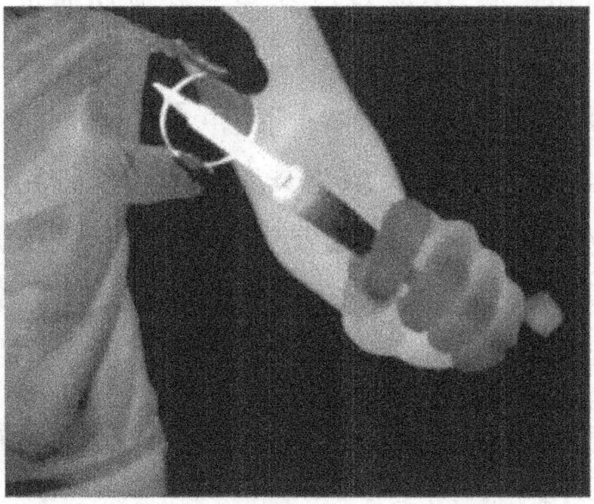

(b) 12μm

图 7.47　双波段 256×320 T2SL FPA 成像(窄带滤光片的中心波长为 11.3 μm)[73]

T2SL 探测器阵列的航天应用受到人们很大关注。日本正在发展长波Ⅱ SLS FPA。计划将截止波长 15 μm 的长波 T2SL 焦平面阵列用于下一代地球观测、气象预报、灾害监视和大气污染监测，在地球静止轨道上用傅里叶红外光谱仪 24 h 不间断观测温度、水汽、臭氧和一氧化碳分布[74]。

图 7.48　高质量 6 in GaSb 单晶[75]

大直径、高质量的外延衬底材料是制备大规模高性能 T2SL 焦平面阵列的基础。在 HgCdTe 技术中，高性能器件所需要的低缺陷密度大直径 CdZnTe 衬底不仅价格昂贵，还依赖于外国供应，这令美国管理层始终放心不下。T2SL 焦平面阵列的工业化生产需要的 GaSb 衬底现在已经有了保障，已具备了 6 in 液封直拉 GaSb 单晶及其外延级衬底片加工和工业化生产技术[75]。图 7.48 显示了 6 in GaSb 单晶锭的外观。

参 考 文 献

[1] 陆卫，李宁，甄红楼，等. 红外光电子学中的新族——量子阱红外探测器. 中国科学，2009，(3)：336-343.

[2] Coon D，Bandara K. New quantum structures. Thin Films for Advanced Electronic Devices：Advances in Research and Development，2013，15：219.

[3] Weisbuch C. Fundamental properties of Ⅲ-Ⅴ semiconductor two-dimensional quantized structures：the basis for optical and electronic device applications. Semiconductors and Semimetals，1987，24：1-133.

[4] Choi K. Detection wavelength of quantum-well infrared photodetectors. Journal of Applied Physics, 1993, 73: 5230 - 5236.
[5] Gunapala S, Sundaram M, Bandara S. Quantum wells stare at long-wave IR scenes. Laser Focus World, 1996, 32: 233 - 240.
[6] Levine B. Quantum-well infrared photodetectors. Journal of Applied Physics, 1993, 74: R1 - R81.
[7] Schneider H, Liu H C. Quantum well infrared photodetectors. Semiconductors and Semimetals, 2007, 84: 317 - 326.
[8] Liu H, Steele A, Buchanan M, et al. Dark current in quantum well infrared photodetectors. Journal of Applied Physics, 1993, 73: 2029 - 2031.
[9] Bandara K, Coon D, Byungsung O, et al. Exchange interactions in quantum well subbands. Applied Physics Letters, 1988, 53: 1931 - 1933.
[10] Gunapala S, Bandara K. Recent developments in quantum-well infrared. Advances in Research and Development: Homojunction and Quantum-Well Infrared Detectors, 1995, 21: 113.
[11] Choi K K, Levine B, Bethea C, et al. Multiple quantum well 10 μm GaAs/Al_xGa_{1-x}As infrared detector with improved responsivity. Applied Physics Letters, 1987, 50: 1814 - 1816.
[12] Tidrow M, Chiang J, Li S S, et al. A high strain two-stack two-color quantum well infrared photodetector. Applied Physics Letters, 1997, 70: 859 - 861.
[13] Levine B, Bethea C, Hasnain G, et al. High-detectivity $D^* = 1.0 \times 1\,010$ cm $\sqrt{Hz}$/W GaAs/AlGaAs multiquantum well $\lambda = 8.3$ μm infrared detector. Applied Physics Letters, 1988, 53: 296 - 298.
[14] Choi K K, Forrai D P, Endres D W, et al. Corrugated quantum-well infrared photodetector focal plane arrays. Quantum Electronics, IEEE Journal of, 2009, 45: 1255 - 1264.
[15] Andersson J, Lundqvist L. Grating-coupled quantum-well infrared detectors: theory and performance. Journal of Applied Physics, 1992, 71: 3600 - 3610.
[16] Sarusi G, Levine B, Pearton S, et al. Optimization of two dimensional gratings for very long wavelength quantum well infrared photodetectors. Journal of Applied Physics, 1994, 76: 4989 - 4994.
[17] Sarusi G, Levine B, Pearton S, et al. Improved performance of quantum well infrared photodetectors using random scattering optical coupling. Applied Physics Letters, 1994, 64: 960 - 962.
[18] Schimert T, Barnes S, Brouns A, et al. Enhanced quantum well infrared photodetector with novel multiple quantum well grating structure. Applied Physics Letters, 1996, 68: 2846 - 2848.
[19] Chen C, Choi K, Tidrow M, et al. Corrugated quantum well infrared photodetectors for normal incident light coupling. Applied Physics Letters, 1996, 68: 1446 - 1448.
[20] 李宁,李娜,陆卫,等. 64×64 元 GaAs/AlGaAs 多量子阱长波红外焦平面阵列. 红外与毫米波学报, 1999,6: 427 - 430.
[21] Robo J, Costard E, Truffer J, et al. QWIP focal plane arrays performances from MWIR up to VLWIR//Proc. SPIE, 2009,7298: 72980F - 72980F - 12.
[22] Goldberg A, Cho E, McQuiston B. Laboratory and field performance of a megapixel QWIP focal plane array//Proc. SPIE, 2005,5783: 755 - 766.
[23] Sun J, Choi K, Jhabvala M, et al. Fabrication of resonator-quantum well infrared photodetector test devices and focal plane arrays//Proc. SPIE, 2014,9220: 922004 - 922004 - 11.
[24] Choi K, Sun J, Olver K. Resonator-QWIP FPA development//Proc. SPIE, 2015,9451: 94512K -

94512K-12.

[25] Henini M, Razeghi M. Handbook of Infrared Detection Technologies. San Diego: Los Wises press, 2008: 132.

[26] Gunapala S, Bandara S, Liu J, et al. Multicolor megapixel QWIP focal plane arrays for remote sensing instruments//Proc. SPIE, 2005,5983: 59830M-59830M-13.

[27] Gunapala S, Bandara S, Liu J, et al. 1 024× 1 024 pixel mid-wavelength and long-wavelength infrared QWIP focal plane arrays for imaging applications. Semiconductor Science and Technology, 2005, 20: 473.

[28] Gunapala S D, Bandara S V, Liu J K, et al. 640× 512 pixel long-wavelength infrared narrowband, multiband, and broadband QWIP focal plane arrays. Electron Devices, IEEE Transactions on, 2003, 50: 2353-2360.

[29] Goldberg A C, Choi K K. Recent progress in the application of large-format and multispectral QWIP IRFPAs//Proc. SPIE, 2004,5406: 624-638.

[30] Costard E, Bois P. THALES long wave QWIP thermal imagers. Infrared Physics & Technology, 2007, 50: 260-269.

[31] Costard E, Nedelcu A, Marcadet X, et al. QWIP development status at Thales Research and Technology//Proc. SPIE, 2006,6206: 62060D-62060D-11.

[32] Gunapala S D, Bandara S V, Liu J K, et al. Demonstration of megapixel dual-band QWIP focal plane array. Quantum Electronics, IEEE Journal of, 2010, 46: 285-293.

[33] Gunapala S D, Bandara S V, Liu J K, et al. Quantum well infrared photodetector technology and applications. IEEE Journal of Selected Topics in Quantum Electronics, 2014, 20: 1-12.

[34] Ressler M E, Bock J J, Bandara S V, et al. Astronomical imaging with quantum well infrared photodetectors. Infrared Physics & Technology, 2001, 42: 377-383.

[35] Sai-Halasz G, Tsu R, Esaki L. A new semiconductor superlattice. Applied Physics Letters, 1977, 30: 651-653.

[36] Sai-Halasz G, Esaki L, Harrison W. InAs-GaSb superlattice energy structure and its semiconductor-semimetal transition. Physical Review B, 1978, 18: 2812.

[37] Chang L, Kawai N, Sai-Halasz G, et al. Observation of semiconductor-semimetal transition in InAs-GaSb superlattices. Applied Physics Letters, 1979, 35: 939-942.

[38] Chang L, Sai-Halasz G, Esaki L, et al. Spatial separation of carriers in InAs-GaSb superlattices. Journal of Vacuum Science & Technology, 1981, 19: 589-591.

[39] Tiwari S, Frank D J. Empirical fit to band discontinuities and barrier heights in Ⅲ-Ⅴ alloy systems. Applied Physics Letters, 1992, 60: 630-632.

[40] Vurgaftman I, Meyer J, Ram-Mohan L. Band parameters for Ⅲ-Ⅴ compound semiconductors and their alloys. Journal of Applied Physics, 2001, 89: 5815-5875.

[41] Plis E A. InAs/GaSb type-II superlattice detectors. Advances in Electronics, 2014, 2014: ID 246769.

[42] Razeghi M, Nguyen B M. Advances in mid-infrared detection and imaging: a key issues review. Reports on Progress in Physics, 2014, 77: 082401.

[43] Nguyen B M, Chen G, Hoang M A, et al. Growth and characterization of long wavelength infrared type II superlattice photodiodes on a 3″ GaSb wafer//Proc. SPIE, 2011,7945: 79451O-79451O-9.

[44] Smith D, Mailhiot C. Proposal for strained type II superlattice infrared detectors. Journal of Applied Physics, 1987, 62: 2545 - 2548.

[45] Johnson J, Samoska L, Gossard A, et al. Electrical and optical properties of infrared photodiodes using the InAs/$Ga_{1-x}In_xSb$ superlattice in heterojunctions with GaSb. Journal of Applied Physics, 1996, 80: 1116 - 1127.

[46] Mohseni H, Michel E, Sandoen J, et al. Growth and characterization of InAs/GaSb photoconductors for long wavelength infrared range. Applied Physics Letters, 1997, 71: 1403 - 1405.

[47] Fuchs F, Weimer U, Pletschen W, et al. High performance InAs/$Ga_{1-x}In_xSb$ superlattice infrared photodiodes. Applied Physics Letters, 1997, 71: 3251 - 3253.

[48] Razeghi M, Pour S A. Revolutionary development of Type - II GaSb/InAs superlatices for third generation of IR imaging//Proc. SPIE, 2012,8353: 835310 - 835310 - 16.

[49] Rehm R, Walther M, Schmitz J, et al. InAs/GaSb superlattices for advanced infrared focal plane arrays. Infrared Physics & Technology, 2009, 52: 344 - 347.

[50] Rogalski A, Antoszewski J, Faraone L. Third-generation infrared photodetector arrays. Journal of Applied Physics, 2009, 105: 091101.

[51] Rogalski A. Progress in focal plane array technologies. Progress in Quantum Electronics, 2012, 36: 342 - 473.

[52] Grein C, Garland J, Flatte M. Strained and unstrained layer superlattices for infrared detection. Journal of Electronic Materials, 2009, 38: 1800 - 1804.

[53] Youngdale E, Meyer J, Hoffman C, et al. Auger lifetime enhancement in InAs - $Ga_{1-x}In_xSb$ superlattices. Applied Physics Letters, 1994, 64: 3160 - 3162.

[54] Donetsky D, Belenky G, Svensson S, et al. Minority carrier lifetime in type - 2 InAs -GaSb strained-layer superlattices and bulk HgCdTe materials. Appl. Phys. Lett. , 2010, 97: 052108.

[55] Rehm R, Lemke F, Schmitz J, et al. Limiting dark current mechanisms in antimony-based superlattice infrared detectors for the long-wavelength infrared regime//Proc. SPIE, 2015, 9451: 94510N - 94510N - 11.

[56] Tian Z, DeCuir E A, Wijewarnasuriya P S, et al. Low-dark current structures for long-wavelength Type-II strained layer superlattice photodiodes//Proc. SPIE, 2013,8704: 870415 - 870415 - 11.

[57] Hubbs J E, Nathan V, Tidrow M, et al. Radiometric characterization of long-wavelength infrared type II strained layer superlattice focal plane array under low-photon irradiance conditions. Optical Engineering, 2012, 51: 064002 - 1 - 064002 - 8.

[58] Pour S A, Huang E W, Chen G, et al. High operating temperature midwave infrared photodiodes and focal plane arrays based on type-II InAs/GaSb superlattices. Applied Physics Letters, 2011, 98: 143501.

[59] Kim H, Plis E, Khoshakhlagh A, et al. Performance improvement of InAs/GaSb strained layer superlattice detectors by reducing surface leakage currents with SU - 8 passivation. Applied Physics Letters, 2010, 96: 033502.

[60] Sundaram M, Reisinger A, Dennis R, et al. Evolution of array format of longwave infrared Type - Ⅱ SLS FPAs with high quantum efficiency. Infrared Physics & Technology, 2013, 59: 12 - 17.

[61] Razeghi M, Haddadi A, Hoang A, et al. Advances in antimonide-based Type-II superlattices for

infrared detection and imaging at center for quantum devices. Infrared Physics & Technology, 2013, 59: 41 - 52.

[62] Ting D Z, Soibel A, Keo S A, et al. Development of quantum well, quantum dot, and type II superlattice infrared photodetectors. Journal of Applied Remote Sensing, 2014, 8: 084998.

[63] Rafol S, Gunapala S, Ting D, et al. Characterization of type II SLS n-CBIRD focal plane array//Proc. SPIE, 2012,8511: 851107 - 851107 - 9.

[64] DeCuir E A, Meissner G P, Wijewarnasuriya P S, et al. Long-wave type-II superlattice detectors with unipolar electron and hole barriers. Optical Engineering, 2012, 51: 124001.

[65] Rutz F, Rehm R, Schmitz J, et al. InAs/GaSb superlattice focal plane array infrared detectors: manufacturing aspects//Proc. SPIE, 2009,7298: 72981R - 72981R - 10.

[66] Malm H, von Würtemberg R M, Asplund C, et al. Recent developments in type-II superlattice detectors at IRnova AB//Proc. SPIE, 2012,8353: 83530T - 83530T - 11.

[67] Pusz W, Kowalewski A, Martyniuk P, et al. Mid-wavelength infrared type-II InAs/GaSb superlattice interband cascade photodetectors. Optical Engineering, 2014, 53: 043107 - 043107.

[68] Shi Y, Hu R, He W, et al. InAs/Ga (In) Sb type-II superlattices short/middle dual color infrared detectors//Proc. SPIE, 2015,9451: 94510L - 94510L - 8.

[69] 巩锋,马文全,谭振,等. 锑基二类超晶格中波红外焦平面探测器技术. 激光与红外,2014,44: 258 - 260.

[70] 许佳佳,金巨鹏,徐庆庆,等. 128×128 元 InAs/GaSb Ⅱ 类超晶格红外焦平面探测器. 红外与毫米波学报,2013, 31: 501 - 504.

[71] Sundaram M, Reisinger A, Dennis R, et al. 1 024 × 1 024 LWIR SLS FPAs: status and characterization//Proc. SPIE, 2012,8353: 83530W - 83530W - 9.

[72] Klipstein P, Avnon E, Benny Y, et al. Type-II superlattice detector for long-wave infrared imaging// Proc. SPIE, 2015,9451: 94510K - 94510K - 8.

[73] Razeghi M, Haddadi A, Hoang A, et al. Antimonide-based type II superlattices: a superior candidate for the third generation of infrared imaging systems. Journal of Electronic Materials, 2014, 43: 2802 - 2807.

[74] Katayama H, Murooka J, Naitoh M, et al. Development of type II superlattice detector for future space applications at JAXA//Proc. SPIE, 2012,8353: 83530V - 83530V - 8.

[75] Furlong M, Martinez B, Tybjerg M, et al. Growth and characterization of ≥6 epitaxy-ready GaSb substrates for use in large-area infrared detector applications//Proc. SPIE, 2015, 9451: 94510S - 94510S - 8.

第 8 章 红外焦平面阵列若干关键制造技术

20 世纪 90 年代红外焦平面阵列器件取得的迅速发展，从技术进步的角度上看，是建立在两方面的基础上。一方面是各种红外探测器材料体系本身的基础物理认识和材料生长制备技术的完善，另一方面是构建大规模高密度阵列器件的一些关键工艺技术的发展成熟。本章考察带有共性的，即对 MCT、InSb、QWIP 和其他光子探测器焦平面器件制造都必不可少的几项工艺技术的发展和应用情况，主要是铟柱互连、芯片减薄工艺及组件结构和可靠性组装技术。

8.1 铟柱互连技术

铟柱互连(indium bump bonding)技术是国际、国内制造混成结构红外焦平面阵列器件的主流技术。铟柱互连技术的含义是通过铟柱把探测器阵列芯片和读出电路互连起来，成为一个完整的焦平面阵列器件。由于参考大规模集成电路封装技术中的倒装焊(flip-chip bonding)概念，焦平面的铟柱互连习惯上又称为铟柱倒装焊。集成电路倒装焊一般采用锡基合金作为焊料，其熔点比较高，硬度和切变模量也比较大，在低温(如 77 K)下延展性不够好。高灵敏红外探测器一般在 77 K 下工作，而且器件制造中要尽量避免高温工艺以降低探测器性能受损的风险，因此常用的锡基合金不适用于红外焦平面阵列的互连。

采用金属铟作为红外焦平面阵列倒装焊互连的焊接材料，可以满足大规模红外焦平面阵列器件极其复杂的制作工艺和严苛使用条件的要求。铟是一种很软的金属，而且是柔韧的，即使到液氦温度(4.2 K)仍有很好的延展性。金属铟的剪切强度和拉伸强度均比普通锡基合金焊接材料低得多。例如，实际测量的 SnPb 焊球的拉伸强度为25～50 MPa，剪切强度为 25～40 MPa，而铟的对应值分别为 1.9 MPa 和 6.1 MPa[1]。纯铟的熔点为 156.6℃，沸点为 2 080℃。铟的蒸汽压很低，很适合于在真空环境下使用。铟与铟之间在常温下只要很小的压力就可以焊接起来，获得良好的机械的和电学的连接。通过铟的延展，可以补偿探测器材料和硅读出电路材料之间热膨胀的差异引起的应力。铟的导热性很好，探测器芯片可以通过它达到所需的工作温度。铟柱互连的器件，在低温环境下仍有优良的性能，而且十分可靠。关于金属铟的一般性状可参阅文献[2]。

铟柱互连的主要技术要求如下：① 向全部探测元和读出输入端提供完全的、牢固的机械连接;② 确保每一个像元和读出输入端的低阻电学连接;③ 缓冲探测器芯片和硅读出电路在低温下的热膨胀失配。这项技术包含 2 个主要方面:铟柱制备工艺和互连技术。

8.1.1 高密度铟柱阵列制备工艺

铟柱互连方法理论上是一种很好的技术路线,但是工艺上实现难度很大。关键之一是要在红外探测器阵列芯片和硅信号处理电路芯片上分别生长高密度、细直径、高度足够且一致性好的铟柱阵列,以便进行混成互连。

制备互连用的铟柱阵列的技术要求具体来说包括以下方面:一定的阵列规模,如从 64×64 元到 2 048×2 048 元等;高密度,如($2\times10^4\sim5\times10^5$)个/cm^2;直径微细,如 ϕ(5~30)μm;足够的高度及高度均匀性,如高度为 5~20 μm,高度均匀性为 $\sigma\leqslant0.5$ μm;铟柱的边缘整齐,端面平整;高生成额,如生成额优于 99.5%。

铟柱阵列的制备对于红外焦平面阵列器件的制造来说十分重要,而且工艺难度又相当高,所以长期受到重视。Schneider[3]评述了四种主要的方法,分别是脉冲电镀法、双金属掩模蒸发法、光刻-剥离法、光刻-腐蚀法。现在发展成熟而在制造工艺线上大量采用的,主要有两种方法:光刻-蒸发-剥离方法和光刻-电镀方法。

1. 光刻-蒸发-剥离方法

朱建妹等[4]提供了一种高密度微细铟柱淀积再流成型方法。该方法利用普通硅集成电路工艺线上的设备条件,其主要工艺步骤如下:在对探测器和读出电路芯片表面清洁处理后,进行厚光刻胶涂布,经曝光和显影,真空蒸发淀积铟层,超声波辅助多余铟层剥离,硝酸腐蚀修除铟柱茸边,再在惰性气氛中再流成型。该方法制备出用于混成红外焦平面阵列器件的高密度微细铟柱阵列。其工艺步骤详细介绍如下。

利用探测器芯片制备工艺已经在每个像元输出端电极位置上淀积了一层或多层金属膜,以获得欧姆接触并增加铟柱和探测器接触的牢固度,一般称为 UBM(under bump metallization)。InSb、HgCdTe 和 Si 等芯片按照各自的常规进行清洁处理。厚光刻胶的涂布是比较关键的一步。适宜的胶膜厚度应当控制在所需铟柱高度的 2 倍左右。商用的光刻胶,如 AZ 4562 胶,在通常涂布条件下的额定胶膜厚度为 4.0~7.2 μm。这一厚度范围尚不能满足制备高度大于 10 μm 的铟柱阵列的需要。可以采取特殊的涂布条件,得到厚度在 7.0~30 μm的胶膜。例如,固定涂布时间为 40 s,涂布转速 4 000 r/min 时,胶膜厚度为7.0 μm,转速降低到 800 r/min 时,胶膜厚度为 19 μm。固定涂布转速为 1 000 r/min,涂布时间 50 s 时,胶膜厚度为 13 μm,涂布时间 10 s 时,胶膜厚度可以达到 30 μm,见图 8.1。实际操作中可以灵活地选用涂布条件,使光刻胶膜厚度在 15~30 μm。

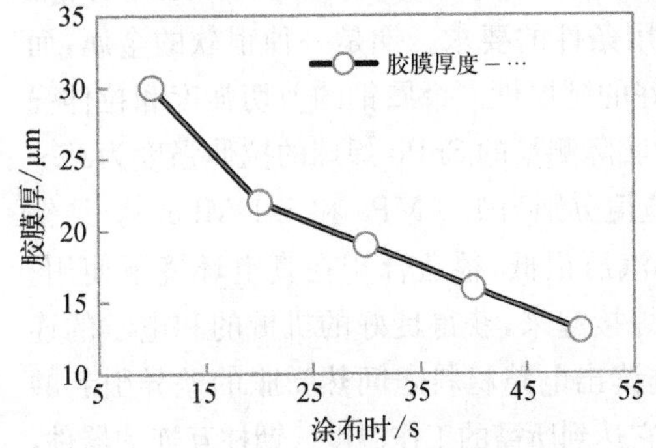

图 8.1 AZ 4562 光刻胶的胶膜厚度和涂布时间的关系(1 000 r/min)[4]

按照 AZ 4562 光刻胶的规范条件，采用所需规模尺寸的限位掩模（如 64×64，ϕ30 μm）进行曝光和显影，得到所需的光刻图形。

采用高真空镀膜机或电子束蒸发装置对上述光刻好的芯片进行真空蒸发铟层淀积。为达到所需的铟层厚度，应当根据蒸发腔内芯片和铟源的几何布置估算蒸发所需的铟的量。

将上述淀积好铟层的芯片置于丙酮中，施加超声波搅动处理若干分钟。待多余铟层全部剥离后，再用丙酮过洗。在 10% HNO_3中静置 1 min 可修除铟柱茸边。

在需要再流时，可将少量松香（colophony）吹撒于多余铟层剥离后的芯片上，再放置于干燥氮气流通的炉腔中，在 160℃下置 1 min，待冷却到室温后，再用乙醇清洗，可得到再流成型的铟柱阵列。

用以上方法成功制备出适用于 64×64 元和 128×128 元混成红外焦平面阵列器件的微细铟柱阵列。所制备的铟柱直径为 30 μm，高度为 10～20 μm 可控，高度非均匀性 ±0.5 μm(1σ)。

在一项制备 64×64 元 InSb 红外焦平面器件的研究计划中，所统计的 155 个 InSb 芯片中铟柱生成额大于 99.7%的芯片有 146 个，占总数的 94.2%；其中，铟柱生成额达 100%的芯片有 119 个，占 76.8%[5]。对铟柱高度的控制也取得了十分满意的结果。在 Si-CMOS 读出电路上情况同样如此。图 8.2是读出电路上生长的铟柱阵列的扫描电子显微照片。

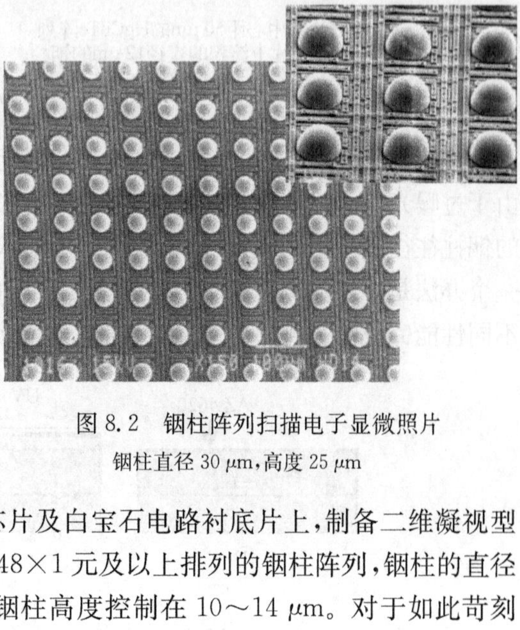

图 8.2　铟柱阵列扫描电子显微照片
铟柱直径 30 μm，高度 25 μm

随着红外焦平面组件技术的发展，要求在碲镉汞（MCT 或 HgCdTe）、锑化铟（InSb）和铝镓砷/镓砷（AlGaAs/GaAs）等几种材料制备的探测器阵列芯片和硅 CMOS 读出电路芯片及白宝石电路衬底片上，制备二维凝视型的 256×256 元及以上排列和一维扫描型的 2 048×1 元及以上排列的铟柱阵列，铟柱的直径要求缩小到 10～14 μm，中心距为 20～28 μm，铟柱高度控制在 10～14 μm。对于如此苛刻的技术指标，上述方法无法满足要求。其困难在于使用超声波搅动辅助铟层剥离常带来铟柱缺损、应力积聚，甚至引起芯片断裂。

朱建妹等[6]通过使用一种压敏黏结剂，发展出一种黏附剥离多余铟层的方法，用以在 MCT、InSb 和 AlGaAs/GaAs 和 InGaAs 红外探测器阵列和 GaN 基紫外探测器芯片、硅 CMOS 读出电路芯片及白宝石电路衬底片上制备大规模的铟柱阵列。铟柱生成额大都达到 100%。这种方法不需要超声波搅动辅助铟层剥离，显著降低铟柱缺损、应力积聚和芯片断裂的风险，而且成本极其低廉，操作十分方便。

朱建妹通过一项特殊的工艺，对已经制备好的铟柱阵列茸边加以修除，进一步改善了铟柱阵列上铟柱高度的均匀性和铟柱端面的平整度。

总之，现在的铟柱阵列制备工艺已经完全能够满足 2 048 元线列、640×512 元面阵红外焦平面成像器件的技术要求。图 8.3(a)是利用扫描电子显微镜(SEM)得到的蒸发-剥离方法制备的未经再流的铟柱阵列形貌照片，图 8.3(b)是端面经过修葺的铟柱陈列表面形貌。

(a) 在中心距50 μm的HgCdTe阵列芯片上淀积的直径12 μm的铟柱

(b) 改善高度均匀性和端面平整度的铟柱

图 8.3 铟柱阵列的 SEM 照片

使用光刻-蒸发技术制备铟柱阵列，光刻胶掩模层的制作十分重要。单层的光刻胶掩模由于过曝光、过显影或过坚膜等工艺因素的影响，往往呈现底小口大，铟层蒸发-剥离后得到的铟柱往往呈现上面大、下面小的倒梯形形状，端面直径常常比设计值大。克服这种缺点的一个办法是多层光刻胶技术：采用性质不同的多层光刻胶，利用其抗蚀性、对比度等方面的不同性能完成高分辨率的光刻。如图 8.4 所示的工艺步骤依次为① AZ4620(厚胶)涂布-

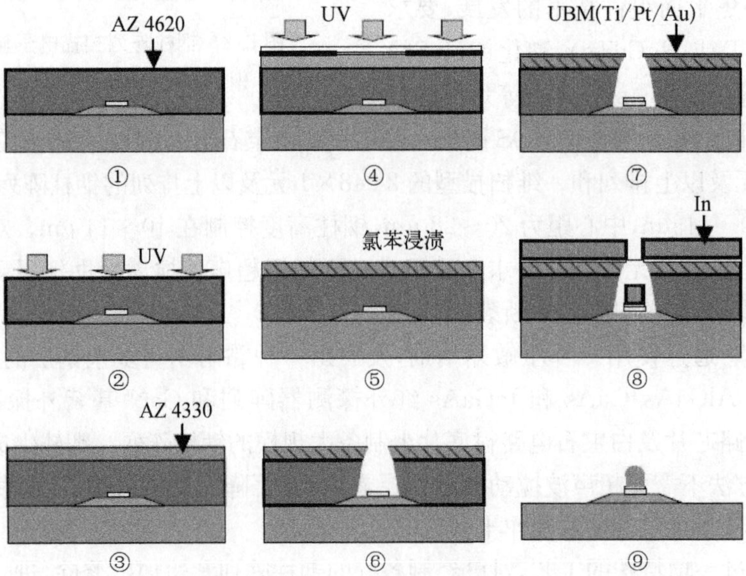

图 8.4 利用多层光刻技术获得理想铟柱孔的工艺步骤图

② 紫外线(UV)曝光-③ AZ4330(薄胶)涂布-④ 加铟(In)柱孔掩模曝光-⑤ 氯苯浸渍-⑥ 显影得到口小底大的铟柱孔-⑦ 蒸发 Ti/Pt/Au 铟柱底料-⑧ 蒸发铟层-⑨ 光刻胶剥离露出铟柱。这样可得到底部大、顶部小、直径较小的铟柱。

2. 光刻-电镀方法

电镀方法用来制备铟柱阵列从20世纪80年代起就有研究[7-10]，但是不均匀性的问题长期存在。近来 Tian 等[11]、Coleman 等[12]改进了电镀工艺，取得了很好的结果。

美国桑地亚国家实验室的 Coleman 等采用正、反向交替的周期性电流脉冲技术，以商用的氨基磺酸铟(indium sulfamate)为电镀液，在 4 in 硅片上成功制备了高密度微细铟柱阵列。他们所使用的电脉冲条件见表 8.1。

表 8.1　间歇正、反向脉冲电镀条件[12]

正向脉冲	淀积时间	反向脉冲	腐蚀时间	间歇时间	总电镀时间
$-40\ mA/cm^2$	0.4 s	$25\ mA/cm^2$	0.2 s	0.3 s	14.1 min

在采用多触点、大屏蔽室以使片上各处电流分布尽量均匀的情况下，用上述条件得到的铟柱阵列上铟柱平均高度为 4.68 μm，标准偏差为 0.1 μm。图 8.5 是电镀形成的中心距为 8 μm、直径为 5 μm、高度为 5 μm 的铟柱阵列的扫描电子显微镜照片。通过调节电镀的各项参数，制备的铟柱阵列从直径 0.6 μm 到 5 μm×10 μm 矩形截面，高度约 5 μm 且均匀，中心距 4.6～18 μm。这样的微细高密度铟柱阵列可以满足当前像元尺寸越来越小的红外焦平面成像器件的工艺要求。

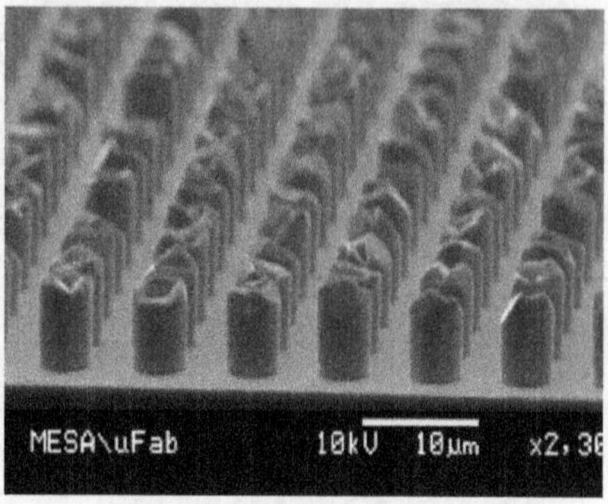

图 8.5　光刻-电镀方法制备的 5 μm 直径铟柱阵列[12]

在电镀之前的清洗和光刻胶模(mold)的制作方法，同蒸发方法完全一样。

8.1.2　互连技术

红外焦平面器件发展的早期，有过单片和混成两种技术路线。因为混成方法取得了很大成功，现在大家都采用混成路线，没有什么争议。混成路线中又有铟柱互连、环孔互连和垂直集成电容阵列三种方法。环孔互连技术原为英国 Philips 电子元件公司(后属于 GEC-Marconi，现为 Selex)所发展，最近几年的报道，大都也改用铟柱互连。垂直集成电容阵列原是美国 Texas Instruments 公司(TI，现在红外业务属于 DRS Technologies)单独发展的碲镉汞电容阵列，即 VIMIS，曾于 1990 年在世界上第一个做出 128×128 元长波 MCT 焦平面。后来发现，VIMIS 方法对 MCT 材料纯度要求太苛刻，难以实现大量生产，于 1994 年年初宣布放弃。但垂直集成技术保留下来，用于制造双色阵列。20 世纪 90 年代初，有人预言铟柱互连方法顶多做到256×256元，再大的规模就不行了。事实上，目前已做到4 096×4 096的规模。在焦平面阵列器件批量生产过程中，铟柱互连工艺已经非常成熟。例如，Sofradir在256×256元MCT焦平面器件生产中，已采用了自动化设备，像做表面封装一样，在4 in硅片上，把MCT芯片一个一个贴上去，产量和成品率都很高[13]。

互连工艺的技术要求包括机械结合牢固度、电学连通率和缓冲热膨胀失配应力的效果三个方面。

缓冲热膨胀失配应力是主要考虑因素。有关材料的热膨胀性质数据见表8.2[14,15]。HgCdTe的热膨胀数据还有一些不同的报道。Si的热膨胀系数随温度变化较大，在120 K以下是负值[16]，这使焦平面的热膨胀失配情况更加复杂。

表8.2 几种焦平面材料的热膨胀性质[14, 15]

材　料	线热膨胀系数/($\times10^{-6}$/K) (300 K)	1 cm材料伸缩量估计/μm (300～77 K)
CdTe	4.70	10.5
HgTe	4.75	10.6
$Hg_{0.8}Cd_{0.2}Te$	4.26(5.2)	9.50 (11.5)
GaAs	5.70	12.7
InSb	5.37	12.0
Si	2.56	5.70

单从热机械性质看，GaAs QWIP的热膨胀失配似乎最严重。但InSb芯片一般减薄到10 μm左右，显得最为脆弱，在室温-低温循环中甚至会张裂。Santa Barbara Focalplane公司[17]和Amber Co.[18]在InSb互连片缝隙中，Sofradir公司[19]在640×480中波MCT焦平面中，注入特种填充料(underfill)或环氧树脂，既减小热膨胀失配应力的影响，又增加机械结合牢固度。

红外焦平面阵列器件的互连普遍采用铟柱冷压焊工艺。芯片和读出电路的精确对准、芯片和读出电路的平行度调整、均匀施加压力使铟柱之间牢固结合、控制读出电路和探测器芯片的间隙宽度，是主要的工艺目标。这项工艺需要在专门的设备上进行。例如，法国SUSS MICROTECH FC-150倒装焊机，可以使芯片和读出电路的对准精度达到±1 μm，平行度精度达到±20 μrad，最大可施加压力为50 kg，样品升温最高可达450℃。目前规模巨大的红外焦平面阵列的读出电路采用6 in、8 in甚至12 in的硅晶圆，探测器芯片尺寸也越来越大，像元数超过百万。TIS报道，在2 K×2 K碲镉汞焦平面互连工艺中，探测器和读出电路的铟柱对准在冷压焊过程中始终要保持优于1 μm，而施加的压力可达数百公斤之巨。SUSS MICROTECH FC-300倒装焊机的水平准精度达到±0.5 μm，平行度精度达到±20 μrad，可容纳尺寸为100 mm×100 mm的探测器芯片和ϕ300 mm的硅晶圆，可施加压力范围为5～4 000 N[20]，可以满足上述互连工艺要求。

合适的互连压力需要考虑阵列的规模、铟柱的直径、铟柱的高度及互连后探测器芯片与读出电路的间隙宽度的控制要求，而最终的工艺参数往往根据经验来确定。例如，前面提到的研究计划中 64×64 元 InSb 阵列的互连，仅使用 2 kg 的压力就实现了完满的焊接，电学连通率达到 99.5%以上。具有 100%电学连通率的焦平面器件占相当高的比例。未连通的像元在焦平面性能测试中表现为开路状态，容易被检出。文献报告的铟柱冷压焊互连压力见表 8.3。

表 8.3　铟柱冷压焊互连的压力条件

作　者	阵列规模	铟柱直径或截面/μm^2	互连压力/kg	压强/(g/pixel)(N/m^2)
Coleman 等[12]	400×400	5×10	14	0.09 (1.8×10^7)
陈伯良和孙维国[5]	64×64	ϕ30	2	0.5 (6×10^5)
Miller 等[21]	2×10^5	20×20	88	0.44 (1.1×10^7)
Kim 等[22]	35×40	50×50		2 (8×10^6)

铟柱冷压焊互连的牢固度自然是人们十分关心的问题。研究表明，只要施加一个微弱的力，常温下铟与铟之间的固相扩散过程就会发生，所以铟柱冷压焊互连很容易达到足够的机械结合牢固度。Miller 等[21]的拉伸破坏实验结果表明，用 100 lb 的力(约 45.4 kg)拉坏了一个有 180 000 个铟柱的阵列，平均每个铟柱为 0.26 g。Coleman 等[12]的拉伸破坏也用了 100 lb 力。他展示的扫描电子显微镜照片(图 8.7)表明，拉伸断裂发生在铟柱内部，断裂面呈不规则形状，互连前上、下铟柱原有的端面已经消失，冷压过程把上下铟柱焊接成一体，说明在表 8.3 所列的压力条件下，互连的牢固度是令人满意的。

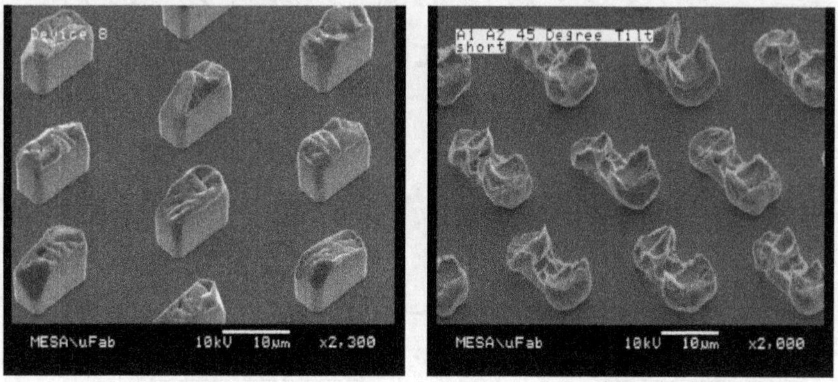

(a)　(b)

图 8.6　电镀铟柱(a)及拉伸破坏后断裂面(b)的 SEM 照片[12]

互连施加的压力不适当对焦平面器件性能的负面影响是一个值得注意的问题。对中波 MCT 器件的研究表明，过大的互连压强会引起 MCT 位错增殖并导致 R_0A 下降。引起位错增殖的临界压强大约为 4.8×10^7 N/m^2，位错密度从 9×10^5/cm^{2}增殖到 9×10^6/cm^{2}时，80 K 的 R_0A 下降约一个数量级[23]。如果铟柱截面直径为 30 μm，则相当于每个铟柱上平均受到约 4 g 的力。如果考虑探测器芯片和读出电路之间平行度未调整到位，致使整个芯片上各个部位的铟柱受力不均匀，那么引起位错增殖的临界压强可能比 4 g/pixel 大。但对长波碲镉汞材料而言，位错增殖更易发生，对互连压力的影响可能更敏感。

或许是考虑这方面的原因，法国 Sofradir 公司发展了一种接近零压强的熔焊互连工艺。这是一种基于铟柱再流和熔体自对准的方法，其电学连通率达到 100%[14]。LETI - Sofradir 的标准熔焊互连工艺基本步骤如下：在 Si 读出电路上生长铟柱阵列，而 MCT 探测器阵列芯片上不淀积铟柱；MCT 芯片和读出电路芯片先进行预对准，然后对读出电路芯片加热使铟柱融化；当读出电路上的熔融铟柱和探测器芯片上的金属电极层接触时，由于表面张力的作用，两者会发生自对准效应；冷却到室温就完成了互连。熔焊互连工艺的优点是明显的。首先，工艺中不施加压力，所以不会发生位错增殖等问题；其次，熔体自对准效应使得读出电路和探测器芯片互相对准更精确；最后，互连时 Si 读出电路的温度在 156℃以上，MCT 芯片的温度比 Si 芯片低，可能要低大约 100℃，这一温度差使得两者在 77 K 的热膨胀失配显著减缓，有利于焦平面阵列的热可靠性。熔焊互连工艺在 Sofradir 公司已经成功运用了 20 多年，先后用于像元尺寸 30～15 μm，阵列规模从 320×256、640×512 到 1 280×1 024[24]。当阵列规模扩大到 2 K×2 K，像元尺寸缩小到 10 μm 时，法国现有的熔焊互连工艺就不能适应，需要发展新的工艺[25]。

再流焊工艺必须达到 156℃（铟熔点）以上的温度。为了避免 MCT 受热过高，Sofradir 在 MCT 片子上不长铟柱，单在硅读出电路上长铟柱。焊点也不是位于电极孔上，而是位于金属延伸电极上，使 MCT 芯片受热达到最小。这一结构细节值得注意。如图 8.8 所示就是这种芯片电极构造图。

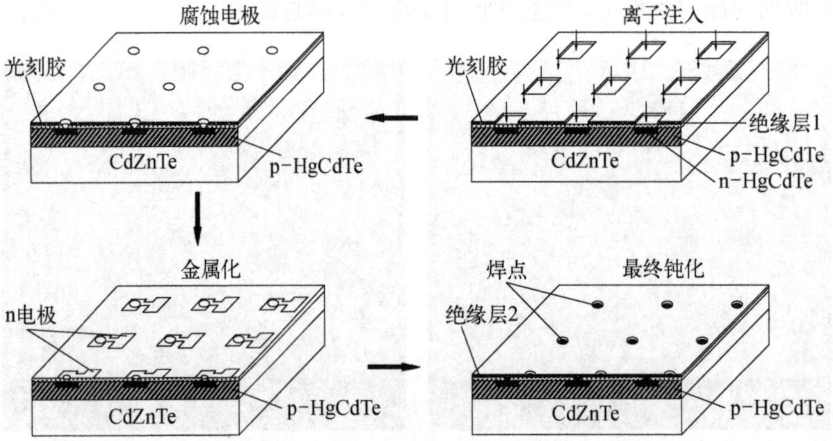

图 8.8　德国 AIM 碲镉汞芯片电极构造[26]

关于铟柱互连的电学连通特性，Cihangir 和 Kwan[27]报道了直径 12 μm、高度 8～10 μm 的铟柱的电阻测量值为 1～2 Ω。一般相信，铟柱互连所增加的串联电阻比起探测器自身的电阻小得可以忽略不计，不会对焦平面器件性能产生影响。为了确保铟柱互连的机械结合牢固度，也为了便于进行衬底去除的工艺，一些厂商在探测器芯片和读出电路之间的缝隙中灌充环氧树脂，以达到加固的目的。但近来一些研究[28, 29]指出，填充环氧树脂使得焦平面器件的像元间耦合电容增加，导致串音的增加，并使焦平面器件的性能评价准确性受到质疑，这个问题值得注意。

下面对混成红外焦平面阵列在热循环中经受的应力情况进行分析。

现在大部分重要应用中的红外焦平面阵列器件都在低温下工作，最常用的工作温度是 77 K。由表 8.2 可知，探测器材料的热膨胀系数比硅读出电路材料大。铟柱互连一般在室温或稍高温度下进行。互连后的器件从室温冷却到 77 K 时，要发生收缩。探测器材料收缩得多，读出电路收缩得少。这种收缩程度的差异使得铟柱产生切向应变。探测器材料受到的切向应力是拉伸力，硅材料受到的切向应力是压缩力。应力的大小可如下法估计。

设芯片的边长为 L，厚度为 t，热膨胀系数为 $\alpha_1(T)$，硅材料的热膨胀系数为 $\alpha_2(T)$，室温为 300 K，工作温度为 77 K。为简单计，只考虑一维的情形，即沿着边长方向(或对角线方向)的热膨胀失配应力。按照定义

$$\text{应力} = F/S \tag{8.1}$$

$$\text{应变} = \Delta L/L \tag{8.2}$$

$$\text{应力}/\text{应变} = \frac{F/S}{\Delta L/L} = -Y\ (\text{杨氏模量}) \tag{8.3}$$

故有

$$F = -SY\frac{\Delta L}{L} \tag{8.4}$$

式中，F 为芯片受到拉伸或压缩的力；S 为芯片截面积；Y 为芯片材料的杨氏模量；ΔL 为温度从 T_1(室温)降低到 T_2(液氮)时芯片和读出电路尺寸收缩量之差，

$$\Delta L = L\int_{T_1}^{T_2}(\alpha_1 - \alpha_2)\mathrm{d}T \tag{8.5}$$

从图 8.9[30] 可知几种探测器材料的热膨胀系数随温度变化情况，为简单计，可取其从室温到液氮这一温度范围 ΔT 内的平均值，有

$$F = -SY(\alpha_1 - \alpha_2)\Delta T = -tLY\Delta\alpha\Delta T \tag{8.6}$$

文献[31]以碲镉汞为例作了估算。取 $\alpha(\text{Si}) = 1\times10^{-6}/℃$，$\alpha(\text{MCT}) = 4\times10^{-6}/℃$，$Y(\text{MCT}) = 4\times10^{10}\ \text{N/m}^2$，有

$$F = -26.8tL\ \text{N} \tag{8.7}$$

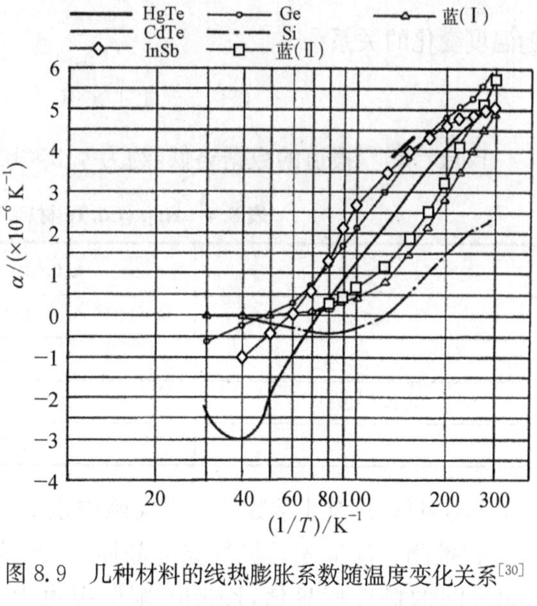

图 8.9 几种材料的线热膨胀系数随温度变化关系[30]

式中，t, L 的单位都是毫米；N 是力的单位牛顿；负号表示芯片受到的是张力。图 8.10 是对于不同的芯片尺寸，按式(8.7)计算的碲镉汞芯片所受热失配张力对芯片厚度的依赖关系。图中示出张力在 135 N 以下的区域为可靠区，其上为不可靠区。135 N 这一

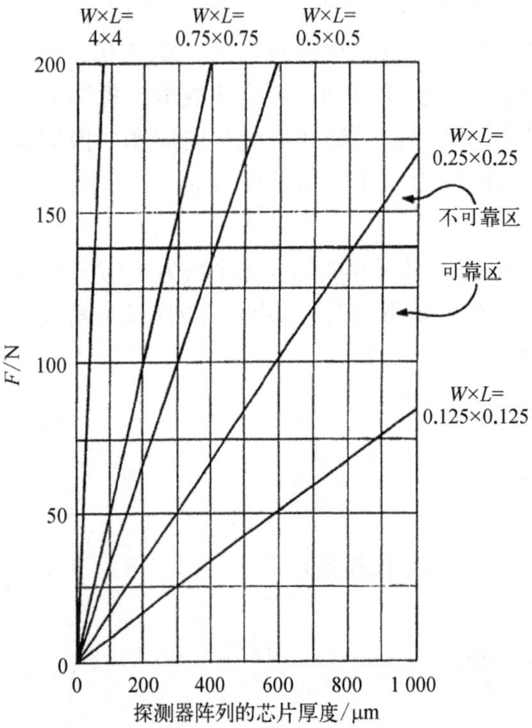

图 8.10 对不同芯片尺寸,碲镉汞热失配张力对芯片厚度的依赖关系[31]

数值是对芯片厚度为 0.8 mm 的大量器件失效研究得到的经验数据。由图可知,要制造更大规模的焦平面阵列,增加芯片的尺寸,需要相应降低芯片的厚度,使器件处于热可靠的范围。

以上估算所采用的 α(Si)、α(MCT)和 Y(MCT)的值并不十分准确,所以得出的结论也比较粗糙,只能得到一个粗略的印象。

MCT 材料的线热膨胀系数(CTE)的值及其随组分和温度变化关系的实验数据相当分散。但比较肯定的是,在室温附近,碲镉汞的 CTE 随组分 x 的变化很小;在 250 K 以上,CTE 随温度变化较平缓,但在 250 K 以下,CTE 随温度下降呈较明显下降,在 60 K附近变成负值,在 20 K 附近达到极小值。对人们感兴趣的长波材料($x=0.20$)和中波材料($x=0.30$),Caporaletti 和 Graham[32]、Brice[33]和 Skauli 等[34]报道的 300 K 线热膨胀系数在$(5.1\sim5.3)\times10^{-6}$/℃,Brice 还给出了 250 K 以上 CTE 随温度变化的关系

$$\mathrm{CTE}=4.1\times10^{-6}+3.6\times10^{-9}T(\mathrm{K}^{-1}) \tag{8.8}$$

Bagot 等[35]报道的数据略低,约为 4.3×10^{-6}/K。这些比较有用的数据见表 8.4。

表 8.4 $Hg_{1-x}Cd_xTe$ 材料 300 K 的线性热膨胀系数

x	$\alpha/(\times10^{-6}/℃)$	参考文献
0.25	5.2	[33]
0.22	5.1	[34]
0.20, 0.30	5.3(@225 K)	[32]
0.20	4.3	[35]

HgCdTe 的弹性常数的数据文献中很少报道,一般只能根据 CdTe 和 HgTe 的有关数据进行推测。碲镉汞是极性立方晶体,因此其弹性系数可能与晶向有关。对 $x=0.20$ 的 HgCdTe 的杨氏模量值,Kurilo 等[36]报道 Bridgman(111)晶体的值为 48.1 GPa,Sizov 等[37]报道 MBE 材料的约化杨氏模量值为 31～56 GPa,LPE 材料为 48～66 GPa。对 $x=0.30$的 HgCdTe,Martiniuk 等[38]报道 MBE 材料和 LPE 材料的值都是 50 GPa,Bridgman 材料为 42 GPa。这些数据具有一定参考意义。

从以上简单分析可知，减小芯片厚度，可降低热失配张力的影响，提高铟柱互连的焦平面器件可靠性。降低热失配张力影响的另一个方法，是增加铟柱的高度。焦平面器件在一次降温后铟柱发生的切向应变为

$$\Delta\gamma = \Delta L/h = L\Delta\alpha\Delta T/h \tag{8.9}$$

式中，h 为焊点处的铟柱高度，可见，增加铟柱高度可以降低铟柱的切应变，同时也使探测器芯片受到的切应力降低。反复的热循环使得铟柱发生疲劳，衡量互连可靠性的疲劳寿命次数与切应变密切相关，有[23, 39]

$$N_f = \frac{1}{2}\left(\frac{\Delta\gamma}{0.65}\right)^{-2.26} = \frac{1}{2}\left(\frac{0.65h}{L\Delta\alpha\Delta T}\right)^{2.26} \tag{8.10}$$

由式可见，互连后的铟柱高度增加1倍，可使疲劳寿命次数提高到近5倍。因此器件研制者倾向于制备更高的铟柱。

为了增加铟柱的高度，可以在光刻-蒸发工艺中增加蒸发源的量，或者在光刻-电镀工艺中延长电镀时间，但这两种办法都要求先把光刻胶膜的厚度增加。也有人通过铟柱的再流实现高度的增加。所谓再流(reflow)是指把淀积好的铟柱阵列在稍高于铟熔点的温度和适当的气氛中回熔，在表面张力的作用下形成球(珠)状。一般而言，铟珠的高度都超过原来铟柱的高度。叶振华[40]用甲酸气氛，Kim 等[23]用氢等离子体实现铟柱再流，展示了漂亮的铟珠阵列，铟珠高度达到 20 μm。再流成型的铟珠比未经再流的铟柱有更高的剪切强度，Kim 的实验测量结果表明，以相同压力焊接的铟柱阵列，再流铟柱阵列的最大剪切强度是未再流铟柱阵列的 2～3 倍。实验表明，再流铟珠阵列的冷压焊比未经再流的铟柱阵列需要施加更大的压力。或许由于这个因素，国内和国际大多数红外焦平面制造商并未在冷压焊互连工艺中采用再流铟珠。德国 AEG 曾经报道，互连以后，在熔融状态下通过提拉使探测器芯片和读出电路的间隙控制在 20 μm，照片显示了一个被拉长的、表面凹陷的、高度为 20 μm 的铟柱[26]。这项报道吸引了不少人模仿，但迄今没有在实际器件工艺中采用这项技术的报道。

8.1.3 三维互连

随着应用要求的不断提高，红外焦平面阵列的像元尺寸越来越小。目前许多商品红外焦平面阵列的像元尺寸已经缩减到 15 μm，正在研制 10 μm 甚至 5 μm 像元的器件。小尺寸像元阵列制造的技术困难之一是焦平面的互连。现有的铟柱互连工艺在尺寸、对准性、压力均衡性等方面均有很大差距。为了解决小尺寸像元阵列铟柱互连的技术困难和电荷容量不足的困难，近年来正在努力发展三维互连技术，具体有以下三种技术方案[41-43]。

(1) 缩减铟柱尺寸，使其直径小于 2 μm，而且做成插销式的形状。

探测器阵列上的铟柱做成宝塔状或针尖状，而在读出电路上做成相应的插座，如图 8.11 所示。这种插销式的铟柱结构有利于减小施加互连压力时读出电路和探测器芯片的相对位移，从而减少相邻像元的铟柱之间的碰触机会。

(a) (b)

图 8.11 宝塔状及针尖状的 In“插销”及对应的“插座”[41]

(2) 通过 Si 孔的金属互连(TSV through silicon vias)。

美国 AWARE - Lambda Scale 计划 LWIR FPA 的目标灵敏度是 30 mK。为此需要在 5 μm像元上制作电荷容量 8～12 Me^- 的积分电容,但现有读出电路工艺只能做到约 1 Me^-。一个解决方案是用 MEMS 技术单独做一片电容器阵列,具有足够大的电荷容量,在 5 μm 像元上可以达到 20 Me^-。这个电容器阵列与原有读出电路(RIOC)及探测器芯片实行三维互连。探测器芯片与读出电路之间使用铟柱互连,读出电路与电容器阵列之间使用通过 Si 孔的金属互连,如图 8.12 所示。

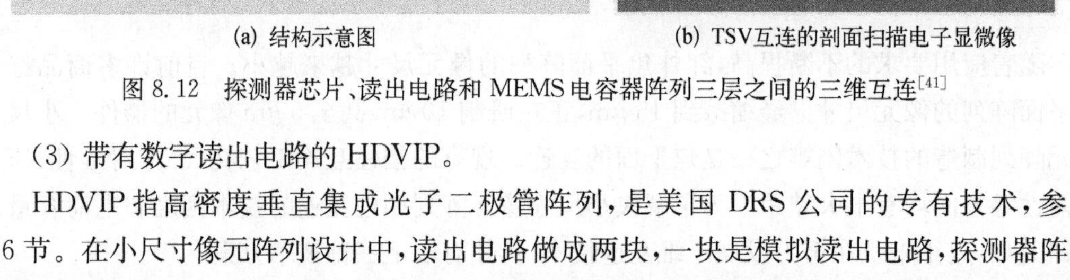

(a) 结构示意图 (b) TSV互连的剖面扫描电子显微像

图 8.12 探测器芯片、读出电路和 MEMS 电容器阵列三层之间的三维互连[41]

(3) 带有数字读出电路的 HDVIP。

HDVIP 指高密度垂直集成光子二极管阵列,是美国 DRS 公司的专有技术,参见 3.6 节。在小尺寸像元阵列设计中,读出电路做成两块,一块是模拟读出电路,探测器阵列做在读出电路上;另一块是数字读出电路。模拟读出电路与数字读出电路之间的连接采用 TSV 方法(包括半穿孔),在孔中填充 Cu/Sn - Cu 合金通过固-液扩散键合。图 8.13 是 30 μm像元阵列的三维互连剖视扫描电子显微照片。这种三维互连方法在 10 μm 像元阵列中也已经试验成功,有望在焦平面阵列制造中应用。

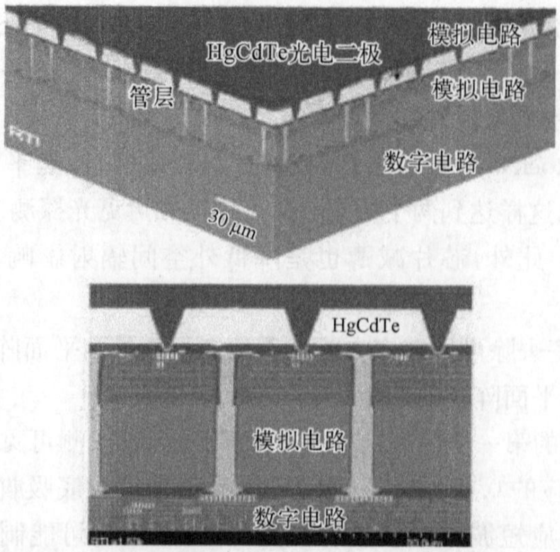

图 8.13 HDVIP 探测器阵列、模拟读出电路与数字读出电路的 TSV 三维互连剖视扫描电子显微镜照片[42]

8.2 焦平面阵列芯片减薄

8.2.1 红外焦平面阵列芯片(衬底)减薄的目的和作用

芯片减薄或衬底去除已经成为红外焦平面阵列器件工艺的关键步骤。当然,对各种探测器材料,芯片减薄或衬底去除的目的和作用略有不同。

1. InSb FPA

芯片减薄对于 InSb 焦平面器件制造来说是十分重要的。InSb 凝视阵列采用背照式结构,其起始材料是厚度约为 600 μm 的掺碲 n 型单晶。为了确保背照射产生的电荷载流子的有效收集,要在与读出电路互连后把 InSb 芯片背面多余部分去掉,使得剩余芯片的厚度小于掺碲 n 型材料中的空穴扩散长度。所使用的 InSb 材料的 77 K 空穴扩散长度在 30～40 μm,20 K 的空穴扩散长度仅在 10～20 μm,因此要求把芯片减薄到约 10 μm,厚度均匀,表面为无损伤光学镜面。焦平面阵列器件的芯片背减薄技术首先在 Santa Barbara 研究中心发展起来[44-46]。SITP 把背照射结构 InSb 焦平面阵列的芯片减薄到 20 μm 以下,得到 FPA 的量子效率在 72%以上[47]。

2. MCT

MCT 焦平面器件采用透明衬底外延薄膜,似乎没有必要把芯片再减薄。实际上,较早就有在某些应用中把芯片减薄的尝试。

(1) 德国 AEG 最早报道将焦平面互连后的 CdZnTe 衬底减薄到 400 μm,并抛光和加抗反射膜,以提高光学吸收效率。

（2）日本富士通研究所报道把 Si 读出电路减薄到 20 μm，这时 Si 的热膨胀系数提高到和宝石片一样，与 MCT 比较接近，降低焦平面器件的热膨胀失配应力，256×256 元焦平面器件经低温冲击 1 000 次仍保持良好性能[48]。

（3）美国 Boeing/Rockwell 研制的 2 048×2 048 元 MCT 焦平面器件，在互连以后将 CdZnTe 衬底全部去掉，这样达到两个效果：热可靠性和可见光探测。芯片减薄工艺是实现衬底去除的有效手段。此外，芯片减薄也是降低外空间辐射影响、提高辐射硬度的有效措施。

现在已经确认，衬底去除可以在多方面改善碲镉汞红外焦平面阵列的性能，特别是在外空间工作的航天红外焦平面阵列的性能[49]。

去除 CdZnTe 衬底的第一个好处是使焦平面阵列具有探测可见光的能力，否则波长在 CdZnTe 禁带宽度所对应的 0.83 μm 以下的可见光都会被衬底吸收而不能探测。原则上，去除衬底的探测器的响应短波限可以延伸到紫外光，所以有可能制备出响应光谱在0.4～10 μm及更长波长的高灵敏 HgCdTe 探测器阵列。

带衬底的 WFC3 器件（预定用于詹姆斯韦伯空间望远镜的 1 024×1 024 元 MCT 阵列）常常在 0.8～1.2 μm 响应有显著的下降。这可归因于衬底-外延层界面上存在位错和杂质，使得在界面附近产生的电子-空穴对复合。去除衬底以后，存在缺陷的界面也一起去除，随之也消除了缺陷引起的载流子复合。衬底去除的探测器常常得到很高的内量子效率（QE），一般可达 85%～100%，见图 8.14。响应率均匀性也有改善，好的阵列响应率非均匀性低至 1%～2%，而带衬底的同样结构的器件的非均匀性通常为 4%～10%。

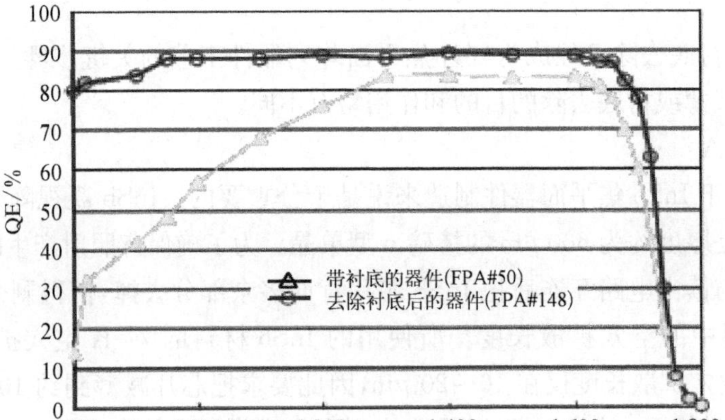

图 8.14　衬底去除和未去除的近红外 MCT FPA 的光谱响应（工作温度 145 K）[49]

去除 CZT 衬底的另一个作用是解决宇宙射线的影响。每一个宇宙粒子撞击到焦平面器件都会在 CZT 中产生大量电子-空穴对，其中有一部分发生辐射复合，辐射波长约 0.8 μm。这种闪烁性辐射转而引起 HgCdTe 探测器阵列大片弥散性云雾状响应，严重降低焦平面阵列对低照度红外辐射的探测能力，尤其在天基和陆基天文学传感器中影响更大。Smith 等[50]报道，衬底去除的焦平面阵列没有这样严重的问题，一个宇宙粒子仅影响几个像元的闪烁。对其他宇宙辐射环境情况也类似。例如，WFC3 传感器易受中子辐射影响，估计在哈勃太空望远镜轨道环境中由于类似闪烁过程可能产生 1.0 e⁻/s 的过剩暗信号。因此研制衬底去除的探测器对深空探测应用十分重要。

去除 CZT 衬底的好处还包括彻底消除来自轴外入射光的散射干扰，以及使外延层具有自由应变性从而与读出电路保持热膨胀匹配。后者使得 TIS 专有的焦平面可靠性封装技术-对冲复合结构(BCS)变得更加简单、易行，参见 8.3 节。

DRS 的 HDVIP 阵列器件，是基于前照射的 HgCdTe 二极管阵列工艺，探测器制造的第一步，就要把粘贴在 Si 读出电路上 HgCdTe 起始晶片减薄到 10 μm 左右。

(4) 李春领和刘海龙[51]报道用机械-化学抛光方法把 CdZnTe 衬底减薄到约 10 μm，然后用湿法化学腐蚀把剩余的 10 μm 衬底去除，露出表面光滑的 HgCdTe 外延层，以及光敏元阵列的背透影，见图 8.15。这样制备的中波 1 280×1 024 元 MCT 焦平面阵列可靠性大大提高，可以耐受3 350 次热循环，缺陷像元数没有显著增加。

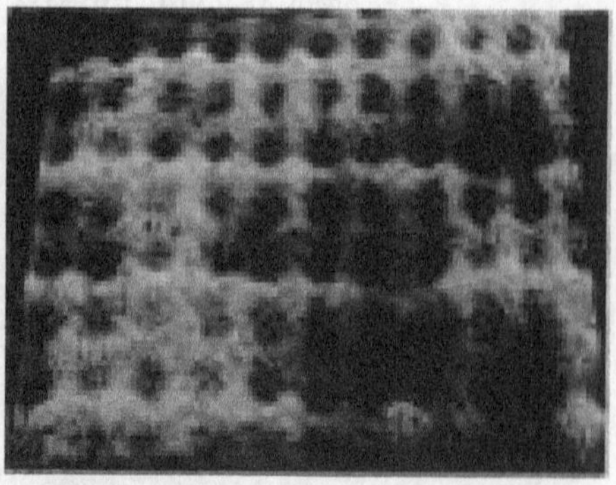

图 8.15　去除衬底以后的探测器阵列光照面光学显微镜像[51]

(5) 田立萍等[52]报道，将 320×256 元中波 HgCdTe 焦平面阵列的 CdZnTe 衬底减薄至10 μm以内，器件的热循环耐受性达到 2 000 次以上，缺陷像元数和响应率非均匀性都没有明显的变化。

3. QWIP

QWIP 是在 GaAs 衬底上外延生长 GaAs/AlGaAs 多量子阱结构制成。QWIP 焦平面阵列早期一个突出的问题是比较严重的光学串音。通过把 GaAs 衬底减薄到 5～25 μm，串音得以消除，热膨胀失配应力得以缓和[53, 54]。

Gunapala 等[55]进一步把 GaAs 衬底完全去除。在 QWIP 阵列和 Si - ROIC 通过铟柱互连混成以后，先在探测器和读出电路的缝隙中注入环氧树脂。在减薄工艺前灌注环氧胶可以增加焦平面的机械强度。减薄工艺的第一阶段先用金刚石车削除去约 630 μm 厚的 GaAs 材料。接着用溴-甲醇化学抛光除去约 100 μm GaAs 层。这一步十分重要，因为它除去了研磨抛光在衬底上留下的划痕，否则这些划痕会通过择优腐蚀增强和传播开来。然后用湿法化学腐蚀把衬底厚度减薄到几个微米。最后一步是选择性干法腐蚀。这一步把剩余的 GaAs 衬底全部去除，此时剩下的 GaAs/AlGaAs 材料仅包含 QWIP 像元和一层约 500 nm 厚的薄膜。这层薄膜的热质量与焦平面器件的其余部分相比是微不足道的，它能适应 Si 读出电路的热膨胀和热收缩，从而完全消除 Si 基读出电路和 GaAs 基探测器阵列之间的热失配问题。这就从根本上允许 QWIP 焦平面阵列可经历无限多次的温度循环，而不致出现铟柱脱落或探测器分裂脱层的情况。QWIP FPA 的衬底去除工艺还进一步带来两个好处：一是完全消除像元之间的串音，二是对二维周期光栅而言，红外辐射和 QWIP 像元之间的光耦合提高了 1 倍。图 8.16 简略表示了消除串音和增强光耦合的机理[56]。GaAs 衬底减薄和去除的方法有各种组合。Sundaram 等采用的是机械-化学抛光辅以末级反应离子刻蚀[57]。

Sun 及其合作者[58]用 ICP 刻蚀进行 QWIP 的衬底全去除，其均匀、清晰的阵列背透影(图 8.17)表明衬底去除工艺的成熟和完善。

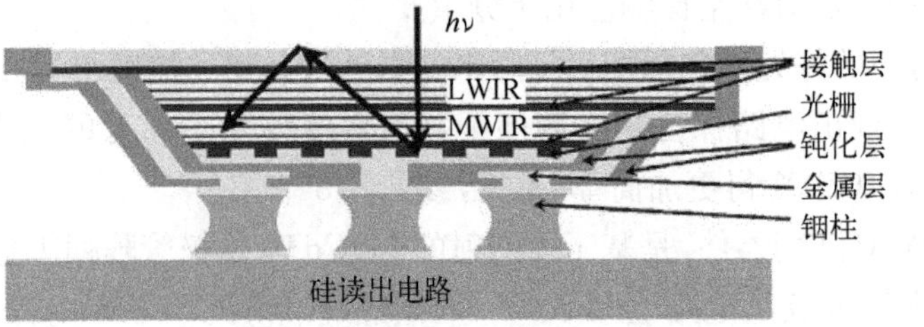

图 8.16　MW/LW 双色 QWIP FPA 衬底去除后的单元结构示意图

图 8.17　去衬底的 QWIP 阵列背透影[58]

4. *InAs/GaSb 应变层超晶格焦平面阵列*

InAs/GaSb 应变层超晶格探测器阵列是在 GaSb 衬底上外延 InAs/GaSb 应变超晶格结构制成。与读出电路互连以后把 GaSb 衬底减薄甚至去除也是必要的工艺。Rehm 等[59]报道用机械研磨-抛光和湿法化学腐蚀相结合的方法把双色 InAs/GaSb SLS 中波焦平面阵列的 GaSb 衬底减薄至 20 μm，以降低衬底的自由载流子吸收，并缩小探测器芯片与读出电路之间的热失配应力。近年 Rehm 等[60]进一步采用了一种止蚀层结构，使用选择性化学腐蚀剂确保 GaSb 衬底的彻底去除，以完全消除 n 型 GaSb 衬底中的自由载流子吸收，使得量子效率最大化。Klein 等[61]则用机械-化学抛光法把 GaSb 衬底去剩 20 μm 时改用 BCl_3/SF_6 反应离子刻蚀（RIE)，而且发现某种特殊配方的 BCl_3/SF_6 RIE 对 GaSb 和对 InAs/GaSb 超晶格的腐蚀选择比可能达到数百。

8.2.2　焦平面芯片的 CMP 加工

化学-机械平整化(chemical-mechanical planarization, CMP)或化学-机械抛光(chemical-mechanical polishing, CMP)是把化学腐蚀和自由研磨抛光相结合以获得光滑和平整表面的一种加工工艺。单用机械研磨会造成很多表面损伤；单用湿法化学腐蚀不能获得良好的平面性。许多化学反应是各向异性的，对不同的晶面有不同的腐蚀速度。CMP 则同时具有两方面的效应。

常用的 CMP 装置的结构示意图见图 8.18。典型的 CMP 机器包括一个上面覆盖有垫子的旋转圆盘。待加工的晶片正面朝下安装在磨头的支架背板上。定位环的作用是限定晶片的水平位置。圆盘和磨头两者不停旋转，控制恰当的旋转速度十分重要。磨头还需要不停摆动。装片和卸片可由机械手操作。装片和卸片过程中晶片被真空吸附在磨头上。化学-机械抛光过程中，通过磨头施加一个向下的力，该力借由磨头的轴和一个常平机构传递到晶片。此外，有正气压和负气压传递到支架背板。样品表面有凸起的部位比下凹的部位受到更大的压力，因而去除速率较高，渐渐达到表面平整化。磨盘的转速，磨头的压力、转速和摆速是重要的工艺参数。抛光用浆料从上面滴下来。影响工艺的因素是浆料中磨料的颗粒尺寸和浆料 pH 的控制。通常采用碱性条件。CMP 工艺过程中热管理也十分重要。抛光速率对温度依赖甚大。CMP 过程中化学反应和磨料摩擦均产热，所以先进的 CMP 装置的磨盘装有温控系统，可在 10～70℃调节。修盘机构的作用是使大旋转圆盘的表面始终保持良好的平整性。

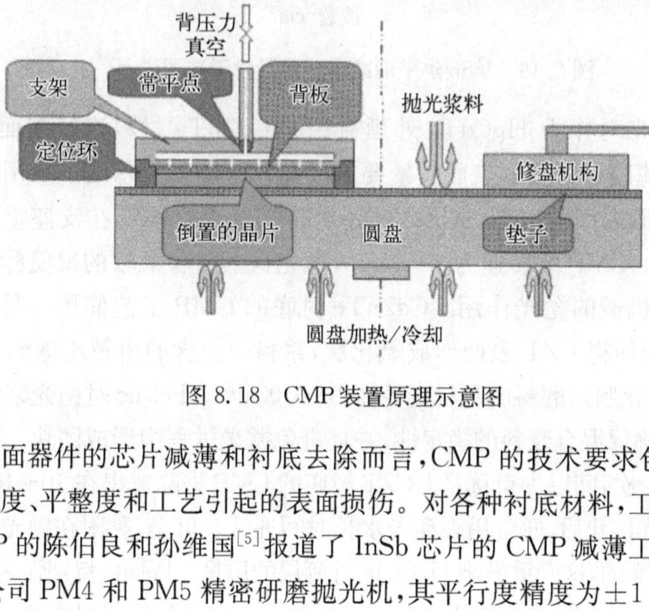

图 8.18　CMP 装置原理示意图

对红外焦平面器件的芯片减薄和衬底去除而言，CMP 的技术要求包括材料去除速率、加工表面的粗糙度、平整度和工艺引起的表面损伤。对各种衬底材料，工艺条件的优化组合十分关键。SITP 的陈伯良和孙维国[5]报道了 InSb 芯片的 CMP 减薄工艺。采用的主要设备是 Logitech 公司 PM4 和 PM5 精密研磨抛光机，其平行度精度为±1 μm/ϕ40 mm。芯片的起始厚度为630 μm，经过预减薄(5～3 μm 磨料)、细磨(1 μm 磨料)、机械-化学抛光(浆料)连续三道工艺，一次性达到所要求的 20 μm 以下的厚度。机械-化学抛光的浆料采用 pH 较高(弱酸性)的次氯酸钠溶液和亚微米氧化铝颗粒的悬浮液。在次氯酸钠-氧化铝颗粒悬浮液抛光阶段，InSb 材料去除速率约为 1 μm/min，镜面光亮和厚度均匀性均能达到要求。在达到厚度要求后，需要再加一道准化学的抛光，达到去除微小滑丝损伤、进一步改善表面光洁度，彻底去除酸性浆料沾污物的目的。如 Pelenc[62]的扫描电子显微镜照片所示，机械-化学抛光在样品表面残留的沾污物是很难清洗干净的。此时所用的浆料是用 H_2O_2 和纳米级颗粒调制的非常稀的悬浮液。SITP 按照这套规范，能够重复地获得芯片厚度减薄到 12～15 μm 的焦平面器件。

减薄后芯片的厚度及其均匀性的检测也是一项困难的任务。SITP 发展了用反射傅里叶红外干涉光谱法(RFTIR)对芯片厚度进行非接触式、非破坏性测量的方法[63]。图 8.19 是典型的 InSb 焦平面减薄芯片的反射干涉图谱，从干涉纹的间距 $\delta\nu$ 可以推算出样品的厚度 t：$t = 1/4n\delta\nu$。利用微小光点在样品表面扫描测定可知道芯片上不同位置厚度的变化。大量样品测量得到的 InSb 芯片厚度不均匀性为±1 μm。

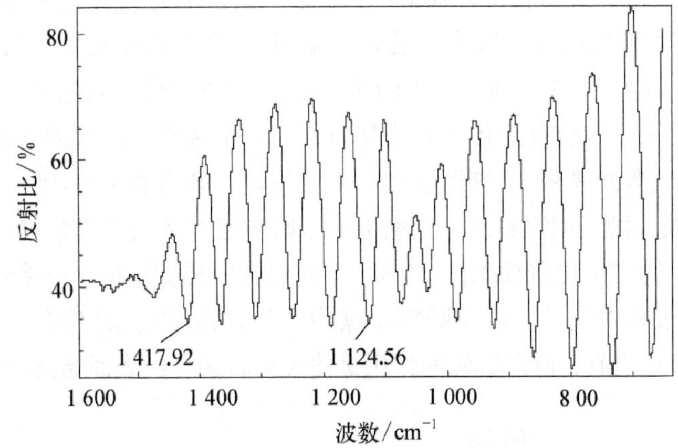

图 8.19　InSb 焦平面减薄芯片反射干涉图谱[64]

CMP 技术还用来对作为 HgCdTe 外延衬底的 CdZnTe 材料进行表面加工。MBE 和 LPE HgCdTe 晶体薄膜对衬底的表面质量要求极高。Pelenc[62] 总结了采用 CMP 辅以后清洁处理获得优质 CZT 表面的工艺。CZT 衬底片简单地用蜡固定在支座上，支座套在标准 CMP 机器的摇臂上。CMP 的转速为 40 r/min，抛光盘上贴着柔软的聚氨酯垫。在 CMP 过程中，发生化学的和机械的抛光作用。CdZnTe 衬底的 CMP 工艺使用一种混合抛光浆料，浆料中包含的氧化剂使得 CZT 表面形成氧化层，浆料中包含的由硬质球形颗粒组成的磨料则能选择性地去除氧化膜。磨料的颗粒直径在 10～100 nm。Pelenc 对抛光浆料的这两种成分的选配特别重视，以确保混合浆料的稳定性，并且避免抛光过程中形成团块。材料去除厚度用微米计，每 2 h 计测一次，间以失重称量。CZT 衬底的 CMP 去除速率在 10～100 nm/min。

在机械-化学抛光停止后，通常用去离子水长时间冲洗。可是，黏附在抛光样品表面的颗粒物团块是很难冲洗干净的，这严重影响 HgCdTe 外延层的质量。Pelenc 特别强调了建立抛光后清洗工艺规范的重要性。采用这些工艺规范得到的表面质量见表 8.5。表中粗糙度数据是 AFM 测量 1 μm×1 μm 范围的均方根值。CMP 加工的 CZT 表面 X 射线光电子能谱(XPS)显示，Te 3d5/2 谱线的 3 个峰位 Te^{++}(576 eV，TeO_2)、Te^0(573 eV，Te 原子)和 Te^{--}(572.4 eV，Cd - ZnTe)与 CZT 标准样品的峰位完全一致。表明 CMP 加工没有改变 CZT 表面的原子化学状态。

表 8.5　CMP 及后续工艺 CZT 的表面粗糙度[62]

表面处理步骤	rms 粗糙度 R_a/nm
经 CMP 后	2.29
再经 CMP 后清洗处理	1.37
继以轻微腐蚀后	0.74

8.2.3 焦平面芯片的金刚石车削加工

芯片减薄的传统工艺是研磨和抛光，但末级抛光总是在有弹性的平台上进行，因此精确控制芯片的最终厚度不容易，而且 CMP 对材料去除速度较慢。近年采用单点金刚石车削技术(single-piont diamond turning, SPDT)成功地解决了这个问题。

现代的 diamond turning 技术是 20 世纪 70 年代后期发展起来的，目前已成熟到能够制备各种形状纳米级质量的非球面光学表面，特别适合红外光学元件的加工制造[65]。Hushes/SBRC 最先报道用这种技术进行 1 024×1 024 元 InSb 焦平面的芯片减薄，厚度控制到 7 μm±1 μm[45,46]，效果比研磨-抛光好，因此采用为常规工艺。量子阱焦平面的减薄也采用这种工艺。diamond turning 有可能成为焦平面器件制造的一项必备技术。

金刚石车削是一种利用车床或其派生机具对精密元件进行机械加工的工艺，其特点在于所使用的车刀由天然或人造金刚石镶成。所谓单点是一种夸张的说法，极言刀头的细小。其实金刚石车刀常具有倒圆形的头部。SPDT 广泛用于高质量非球面光学元件的加工，加工的材料包括晶体、金属、塑料和其他材料。SPDT 常和计算机数控机床联合使用。

金刚石车削是一种多级加工工艺，最初几步是在计算机数控车床上逐渐提高精度实施的，在最后一步使用金刚石车刀加工以获得亚纳米级的表面光洁度和亚微米级的形状精确度。表面光洁度用车削沟槽的峰谷高度来度量，形状精确度用对理想目标形状的平均偏差来衡量。在整个加工过程中表面光洁度和形状精度一直受到监控，可采用激光表面光洁度仪、激光干涉仪等在线仪器。因为在较长的波长，光学性能对表面光洁度的依赖相对不大敏感，加上许多材料用传统方法很难抛光，金刚石车削多用于红外光学元件。红外焦平面探测器正好属于这一类情况。

为获得最佳表面质量，往往使用天然金刚石镶制的刀具。金刚石车床的结构不是特别复杂，但是精度特别高。计算机数控金刚石车床的基座是微米级表面光洁度的花岗石平台。这个花岗石平台由空气弹簧支撑，确保其工作面精准水平。车刀部件放置于花岗石平台之上，借助高压气垫或液压弹簧实现高精度运动。压电制动器驱动刀具的运动，其精度达到纳米级。待加工的样品由真空吸盘固定，可以通过千分尺手动调中。驱动电机通过空气弹簧使真空吸盘旋转。温度控制要求很严格，在加工过程中数度的温度变化就会对表面形状尺寸有明显影响。车床的主轴用冷却剂致冷以避免温度偏差。金刚石车削装置工作部件的结构示意图见图 8.20。

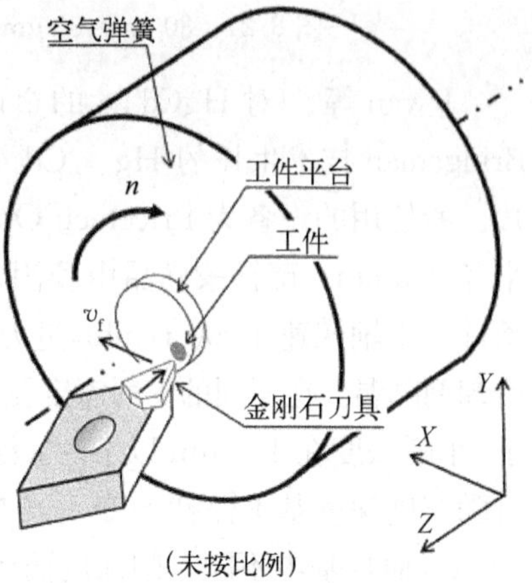

图 8.20 单点金刚石车削光学元件示意图

金刚石车削技术已经成功用于 InSb、MCT、QWIP 和 InAs/GaSb 超晶格焦平面阵列的芯片减薄和衬底去除。有人大胆地把这种技术用于 LPE - MCT 晶片的表面平坦度修整。

液相外延 MCT 晶片表面常呈现波纹状高低不平，使得制备高密度探测器阵列及与读出电路互连的成品率发生问题。Lee 及其合作者[64]使用 SPDT 工艺对中波 MCT - LPE 外延片表面进行车削。使用的工艺条件为主轴转速 1 300 r/min，刀头后倾角 5°，刀尖倒圆半径 0.4 mm，车削深度 2 μm。SPDT 加工使外延片呈现镜面光亮，表面粗糙度(R_a)从 1.23 μm 改善到 0.02 μm，峰-谷比(R_t)从 6.35 μm 改善到 0.1 μm。但 SPDT 加工也引起了表面电学性质的改变。原本 p 型导电的外延层在最表面处发生导电型号反转，产生薄薄的 n 型层。不过用溴-甲醇腐蚀 1 μm 就可消除此反型层。去除反型层后，用这外延片制备 320×256 元阵列。对像元 30 μm×30 μm 的测试二极管测得的 R_0A 值在 10^4 Ω · cm² 量级，与该种器件的正常水平相当。图 8.21 显示了由 SPDT 表面加工过的 MCT 外延片(w)和正常的 MCT 外延片(w/o)制备的二极管 $I-V$ 特性曲线和二极管动态阻抗 R_d 的比较。可以看到，SPDT 加工没有使二极管性能变差。

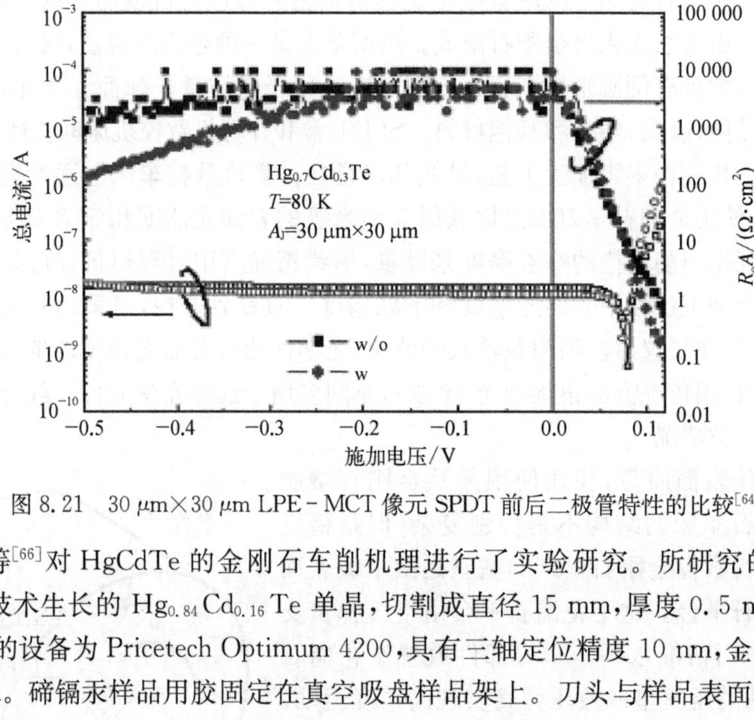

图 8.21　30 μm×30 μm LPE - MCT 像元 SPDT 前后二极管特性的比较[64]

Irwan 等[66]对 HgCdTe 的金刚石车削机理进行了实验研究。所研究的材料是改良 Bridgeman 技术生长的 $Hg_{0.84}Cd_{0.16}Te$ 单晶，切割成直径 15 mm，厚度 0.5 mm 的(111)晶片。所使用的设备为 Pricetech Optimum 4200，具有三轴定位精度 10 nm，金刚石刀尖倒圆半径 335 nm。碲镉汞样品用胶固定在真空吸盘样品架上。刀头与样品表面垂直。车削的条件为主轴转速 1 000 r/min，进刀速度每圈 10 nm，样品切削深度 0～10 μm。车削时用水性冷却剂降温。在不同的车削深度在线检测碲镉汞表面的粗糙度，结果相当有趣。如图 8.22 所示，车削深度在 1.5 μm 以下时，表面粗糙度 R_a 约为 7 nm，同样品的原始抛光表面一样，而且随车削深度基本保持不变。当车削深度大于 2 μm 时，表面粗糙度急剧跳升到 R_a 约为 40 nm，而且基本不随车削深度而改变。Irwan 认为这种变化反映了材料去除机理从延展性去除变成脆性去除的过渡。

如碲镉汞、碲锌镉这类既软又脆的材料，其材料去除机理迄今尚未完全清楚，近年来吸引了不少注意[67-71]。例如，Zhang 等研究用拉丝切割(线锯)、自由磨料研磨和抛光，以及超精密磨削加工 MCT 和 CZT 等固体材料的表面特性和去除机构。线锯导致材料以延展性状

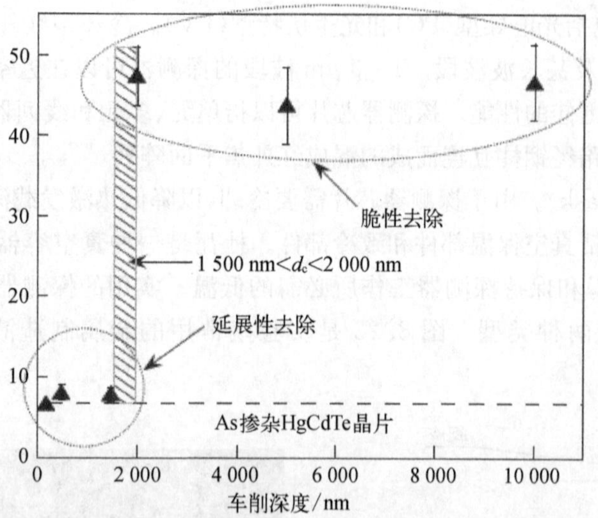

图 8.22　金刚石车削 HgCdTe 晶片的表面粗糙度与车削深度的关系[66]
（存在一个材料延展性去除转变为脆性去除的临界深度）

态和脆性状态去除，而抛光和磨削造成延展性去除。磨削可形成无嵌入和划痕的十分光滑的表面，所以可认为比自由磨料具有更好的加工性能。MCT 晶片上的纳米级压痕和纳米级划痕造成了大量的塑性应变，但未发现断裂特征。测得 MCT 晶片的摩擦系数在 0.45～0.55，MCT 的硬度约为 500～550 MPa。另外，有针对软、脆材料磨损机理的研究表明，MCT、CZT 材料的延展性去除可以得到无亚表面损伤的光滑表面，粗糙度为几个纳米，其磨削碎屑的尺寸为 14～49 nm。

8.3　航天红外焦平面组件结构和可靠性组装

8.3.1　冷却型红外探测器组件的一般结构

一个红外探测器如果要实际使用，必须与其他的电子元器件一样，有一个合适的组件结构和封装。不同种类的红外探测器，其组件结构和组装技术差别很大。习惯上按照使用条件把红外探测器分为非致冷型和致冷型。非致冷型包括热探测器、可见和近红外光子探测器，通常在室温或近室温下工作，不需要致冷或仅需浅致冷，如热电致冷（thermoelectric cooling, TC），其组件结构和封装技术较简单。致冷型包括大多数中波、长波、甚长波直至远红外光子探测器，需要通过冷却到液氮温度或更深的低温来抑制热激发的影响，结构和封装技术较复杂。

实用的冷却型红外探测器组件一般由以下部件构成：探测器芯片、杜瓦、窗口、滤光片、冷光阑、电引线连接器、致冷器。以下对各个部件作概要介绍。

探测器芯片（敏感元，sensitive elements or chip）。实用的冷却型红外探测器以半导体光电探测器为主，包括光电导型(PC)和光生伏特型(PV)。冷却型红外探测器覆盖了1～3、3～5、8～14 μm，以及甚长波波段。1～3 μm波段的探测器可以在近室温下工作，但冷却到液氮温度可以获得更佳的性能。探测器芯片可以指单元、多元和线列器件，也可以指由探测器芯片和硅读出电路经铟柱互连而成的混成红外焦平面阵列。

杜瓦(Dewar flask)。由于探测器芯片需要冷却，以降低热激发载流子的影响，红外探测器组件结构自然包括真空保温部件和致冷部件。杜瓦是一种真空容器，探测器芯片放在杜瓦内胆，有助于获得和保持探测器工作所必需的低温。实用的探测器杜瓦分为玻璃-金属构造和全金属构造两种类型。图8.23是实验室常用的金属制造液氮杜瓦瓶结构一个实例。

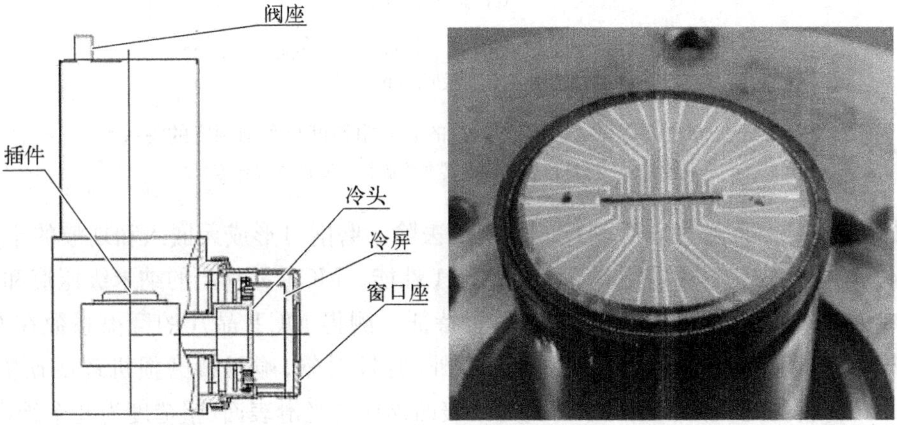

(a) 50元线列侧窗杜瓦瓶示意图　　(b) 杜瓦内部照片

图8.23　实验室用液氮冷却金属杜瓦的结构示例图

实验室测试用金属制造杜瓦的基本技术要求包括真空密封性好，确保真空度优于5×10^{-6} Torr；液氮存储时间长，通常灌充液氮后可以保持8 h以上；冷端面温度稳定在80 K以下。实验室测试用的致冷剂，最常用的是液氮。液氮在液-气两相平衡点的温度为77.4 K。在灌注液氮的杜瓦中，探测器芯片的温度通常可保持在78～80 K，满足短波、中波和长波探测器的正常工作要求。许多商用的红外探测器也采用这种金属结构杜瓦[72,73]。对于甚长波光子探测器，往往需要在65 K下工作。这可以通过对液氮减压的办法来实现。几种常用的液态和固态致冷剂的特性见表8.6。

表8.6　几种常用液态和固态致冷剂的特性

工　质	沸点/K	熔点/K	固态温度范围/K
氦	4.2		
氢	20.4	13.98	14～10
氮	77.4	63.4	62～47(氮冰)
氩	87.4	83.6	83～55
二氧化碳	194.6		194～125(干冰)

窗口(window)。为使入射辐射到达探测器芯片,在杜瓦外壳上开有窗口。窗口材料可透过红外辐射,并与杜瓦壁达到真空密封连接。不同波段响应的红外探测器使用不同红外透光特性的窗口材料。对红外探测器组件用窗口材料的要求,首先是其透射特性,其次是机械强度、易加工性、稳定性,以及成本。红外窗口材料的透射特性必须充分满足探测器响应波段的要求。大多数光学玻璃的透过范围为0.35～2.3 μm,不适合作为红外成像波段的窗口。现在常用的一些红外透光材料的透射光谱见图8.24。若干应用最广泛的红外窗口(以及滤光片基片)材料的特性参数见表8.7[74],其中蓝宝石(sapphire)、硫化锌(ZnS)和锗(Ge)作为窗口材料得到最重要的应用。蓝宝石从深紫外波段(约0.2 μm)到中红外波段(约6 μm)有很高的透射,机械强度相对较高,可以加工成各种尺寸的性能优良的红外窗口。此外,蓝宝石与钼玻璃及柯伐合金(Kovar)的热膨胀系数十分接近,宜于用来制成适用于导弹制导红外探测器的微小型玻璃-金属杜瓦,在3～5 μm波段大量使用。近年来,蓝宝石的价格也明显下降。硫化锌(ZnS)在2～12 μm透过率很高。用粉末材料热压成型的ZnS窗口材料降低了成本,也有足够的机械强度,在8～12 μm波段使用很普遍。ZnS的折射率为2.25,为了减小其反射损失,通常需要加镀一层减反射膜。锗(Ge)的有效透射在2～15 μm,也可延伸至20 μm使用,是长波和甚长波探测器常用的窗口材料。锗性脆,但足够硬,易加工。其折射率更高,必须镀减反射膜使用。缺点是价格较高。如表8.7所示的各种窗口材料,大都容易从市场购得。图8.25是Judson公司各种红外探测器窗口的透射光谱。还有其他材料,如某些碱金属和碱土金属的氟化物、卤化物、溴化物,本身有非常好的红外透射特性,但限于一些特别的缺点,如NaCl、KBr晶体易吸潮,KRS-5太软等,未能在工业上作为窗口材料大规模使用。

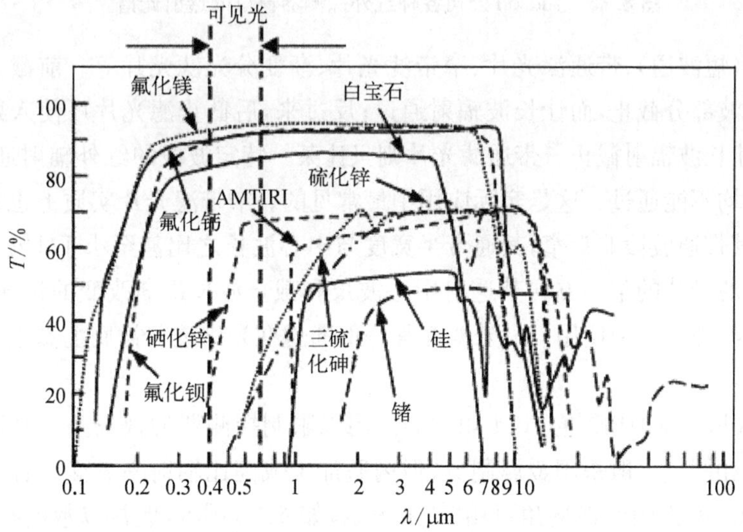

图8.24 各种窗口材料的透射光谱[74]

滤光片(filter)。在许多应用中,只要求对某些特定波长或波段的红外辐射响应,使用红外滤光片的作用就是让需要的特定波段的红外辐射通过,而限制不需要的波长的红外辐射进入,从而达到降低噪声的效果。红外探测器滤光片按其功能分为前截止滤光片(长波通)、

表 8.7 各种红外光学材料主要特性[74]

材料	波段/μm	n_4/μm, n_{10}/μm	dn/dT/(×$10^{-6}K^{-1}$)	密度/(g/cm^{-3})
Ge	3～5,8～12	4.025,4.004	424(4 μm) 404(10 μm)	5.33
Si	3～5	3.425	159(5 μm)	2.33
GaAs	3～5,8～12	3.304, 3.274	150	5.32
ZnS	3～5,8～12	2.252, 2.200	43(4 μm) 41(10 μm)	4.09
ZnSe	3～5,8～12	2.433, 2.406	63(4 μm) 60(10 μm)	5.26
GaF_2	3～5	1.410	−8.1(3.39 μm)	3.18
宝石	3～5	1.677(n_o) 1.667(n_e)	6(o) 12(e)	3.99
AMTIR-1	3～5,8～12	2.513, 2.497	72(10 μm)	4.41
BK7 玻璃	0.35～2.3		3.4	2.51

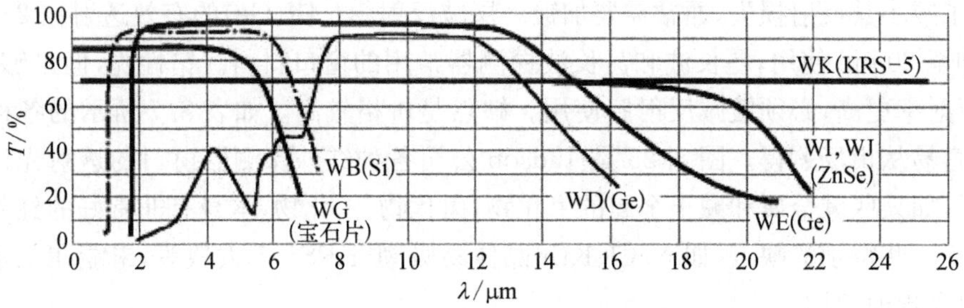

图 8.25 Judson 公司各种红外探测器窗口的透射光谱[72]

后截止滤光片(短波通)、带通滤光片、窄带滤光片、渐变分光滤光片等。前截止滤光片可使入射辐射的短波部分截止,而让长波辐射通过;反过来,后截止滤光片可使入射辐射的短波部分通过,而让长波辐射截止。带通滤光片则只让某一特定波段的红外辐射通过,而在这波段之外的辐射均不能通过。这是实际应用中最常见的。窄带滤光片实质上也是一种带通滤光片,只不过其带通波段非常窄,其通带半宽度与中心波长之比甚至小于 1%。渐变分光滤光片是指沿着滤光片的某一方向其透射中心波长和截止波长逐渐改变的带通滤光片,一般在光谱细分的红外应用中使用。红外滤光片一般通过在光谱透明衬底上真空镀覆复杂的多层膜系制成。

冷光阑(cold stop)或冷屏(cold shield)。用以限制探测器的视场角。其温度最好与探测器芯片温度相同。一般采用金属制成,但内壁加工成高比辐射率表面或者具有抑制杂散光的复杂结构。冷光阑的视场角可用"°"来表示,如 60°、30°等,但常以数值孔径表示,写成 f/n,或用 F# 表示,一般红外探测器的 F# 数在 1～10。

引线基板和电引线(wire board and connector)。用于将探测器的信号送到杜瓦的外面。常用金丝或硅铝丝作为电引线,通过金丝球焊、超声波键压焊方法将电引线焊到芯片上,常用蓝宝石片、硅片或陶瓷作为引线基板,常用扁平多路软线缆和 PGA(pin grid array)

连接器将信号线引到杜瓦外。

致冷器(cooler)。实验室用和部分商用红外探测器采用致冷剂冷却。军事上使用的红外探测器按不同用途分别采用微型机械制冷机和微型节流致冷器。航天红外探测器在不同应用中分别采用辐射致冷器、机械制冷机和致冷剂。

8.3.2 军用红外探测器组件

红外探测器在军事上最主要的两大类应用是热成像仪和导弹制导,使用的红外探测器的结构和封装有不同特点。

1. 热成像仪用红外探测器组件

军用热成像仪以前视红外系统(forward looking infrared system, FLIR)为代表。FLIR是车载、机载、舰载或定点的前视红外热成像仪,用以探测、搜索、识别、辨识等功能。由于使用量大,需要把红外探测器做成标准化、通用化的组件,便于大批量生产、装备和更换。从20世纪70年代起,国外先后发展了通用组件(common modules)、标准先进杜瓦组件(SADA)、探测器杜瓦组件(DDA)探测器致冷器集成组件(IDCA)等多种标准化的红外探测器组件,主要用于FLIR,也可用于其他红外仪器。

通用组件是美国军方的第一代标准红外探测器组件。其构成为60元、120元或180元长波MCT光电导探测器,封装在金属制杜瓦中(含滤光片、冷光阑、窗口和多路引线),并集成多路前置放大器。图8.26显示的是德克萨斯仪器公司(Texas Instruments, TI)提供的180元通用组件的内部构造。据称向军方提供的通用组件在8万套以上。

图8.26 TI的180元通用组件内胆,带狭缝冷光阑[75]

第二代军用红外探测器组件采用以光伏探测器为基础的红外焦平面阵列芯片,包括线阵列和二维阵列,其封装包括杜瓦和微型循环制冷机。代表性的类别有美国的标准先进杜瓦组件(standard advanced Dewar assembly, SADA),法国的探测器杜瓦组件(detector Dewar assembly, DDA)和德国、以色列的集成探测器-致冷器组件(integrated detector cooler assembly, IDCA)。其中SADA Ⅰ特指240×4元TDI探测器组件,SADA Ⅱ特指480×4和480×6 TDI探测器组件。其集成的微型循环制冷机一般采用斯特林制冷机,可以长时间连续使用。图8.27是一个IDCA的外形和结构剖视图。

斯特林制冷机是使气体工质通过逆向斯特林循环实现制冷的设备,主要由压缩活塞、压缩腔、热端换热器、回热器、冷端换热器、膨胀腔和膨胀活塞组成,如图8.28所示。斯特林制冷机分为整体式和分置式两种。分置式斯特林制冷机将压缩机和膨胀机独立地分开布置,通过连管相连,有利于减小振动对探测器的影响。

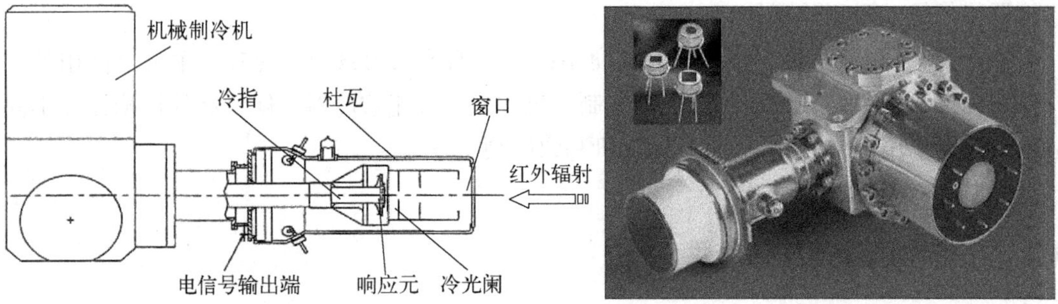

(a) 结构示意图　　(b) 组件外形

图 8.27　IDCA 红外焦平面组件的结构剖视图和外形图

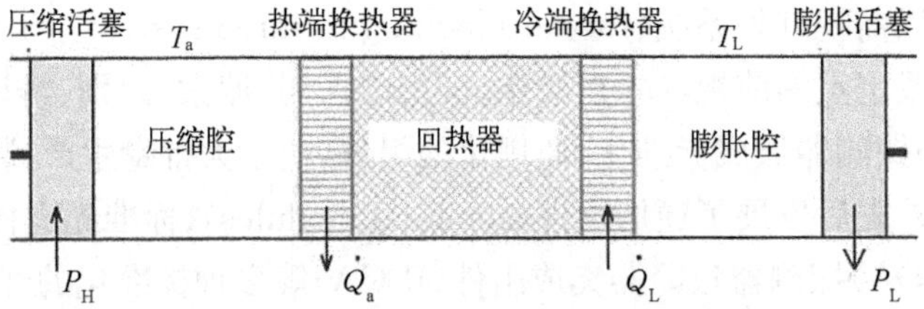

图 8.28　斯特林制冷机原理示意图

气动型斯特林制冷机是指膨胀活塞不采用电机驱动，而依靠膨胀活塞两端气体压差所产生的气动力驱动，减少膨胀机驱动电机，使整机的体积和重量大幅减小，图 8.29 为一种分置式气动斯特林制冷机结构示意图。

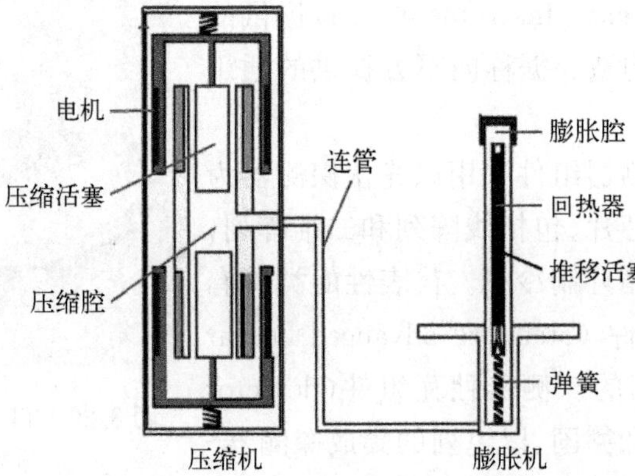

图 8.29　分置式气动斯特林制冷机结构示意图

脉管制冷机由压缩机、回热器、冷端换热器(冷头)、导流器、脉管、热端换热器组成。与斯特林制冷机相比，脉管制冷机冷指没有运动部件，依靠内部气体工质交变流动在脉冲管内产生膨胀制冷效应，降低体积、重量和功耗，在航天器上应用日益增加。

斯特林制冷机的优点是制冷功率较大，可提供给探测器瓦级或数十瓦级制冷功率，可以长时间连续使用。其缺点是达到工作温度所需的时间较长(图 8.30)、功耗较大(图 8.31)，振动和使用寿命也是需要关注的问题。

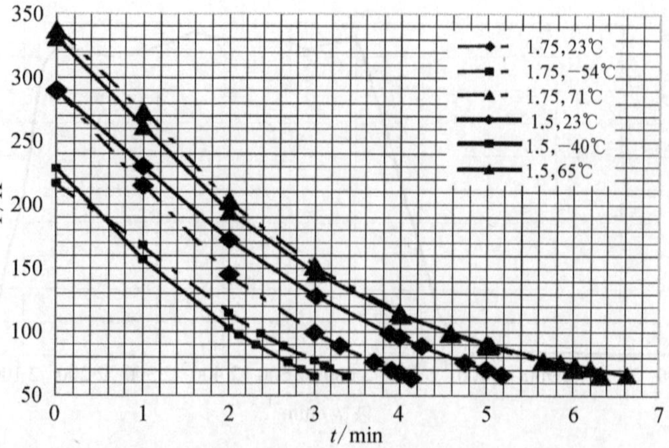

图 8.30　SADA I 制冷机的致冷温度(T)-时间(t)特性[76]

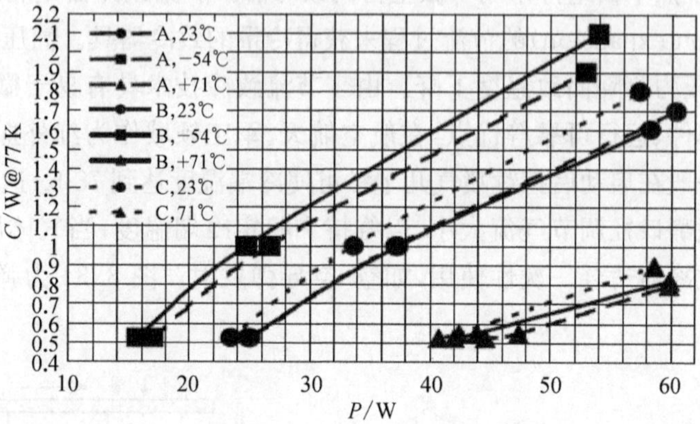

图 8.31　1.0 W SADA I 制冷机的制冷功率(C)和输入功率(P)的关系[76]

2. 导弹制导用微型红外探测器组件

制导用红外探测器组件的结构和封装要满足特殊的要求，主要有尺寸小、重量轻、功耗低，便于装弹使用；一次性使用、快速致冷，用节流致冷器合适；储存寿命长，环境试验要求严格。

国内研制的一款试验性空-空导弹用 InSb 凝视红外焦平面组件采用玻璃-金属制微型杜瓦，蓝宝石窗口，自调式节流致冷器结构；外形尺寸为 $\phi 30\times 57.5$ mm，重量为 96.5 g；热负载约为 200 mW；用金属焊接密封，可保证真空寿命达到 5 年。图 8.32 为其结构示意图[5]。

上述 InSb 凝视焦平面组件采用带通滤光片，在 3.7～4.8 μm 带通范围，平均透过率 93%，见图 8.33。

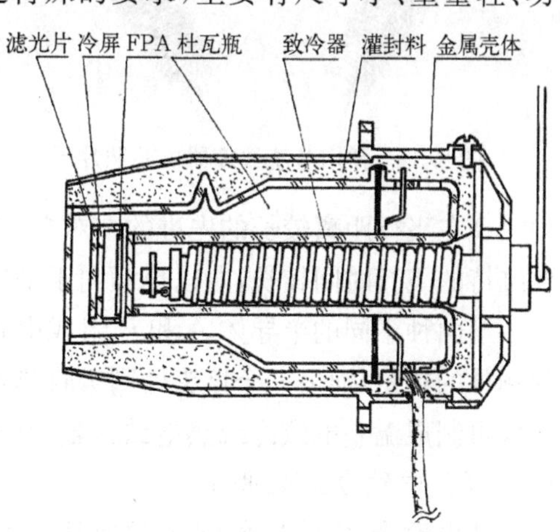

图 8.32　制导用小型焦平面组件结构和封装剖视图[5]

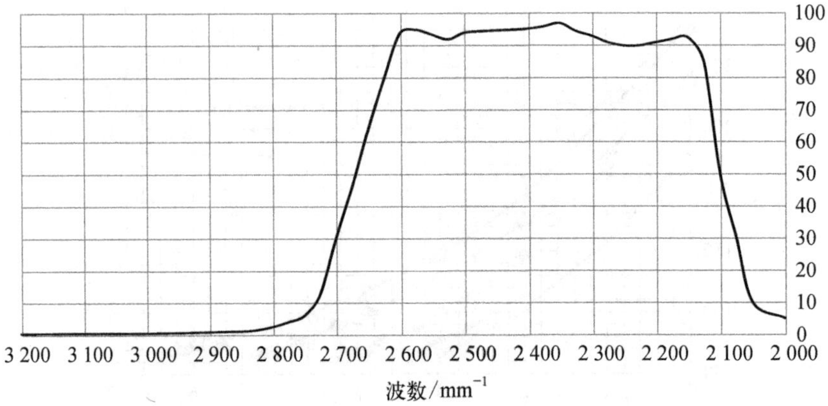

图 8.33　InSb 凝视焦平面组件滤光片的透射光谱[5]

弹用 InSb 凝视焦平面组件采用了微型自调致冷器。节流致冷器是利用焦耳-汤姆逊效应(Joule - Thomson expansion)的节流过程来获得冷量的致冷器具。高压气体(如 N_2)通过毛细管急速喷出,压力骤降而致温度下降。由于节流致冷技术具有易于微型化、结构简单、在低温端无运动部件、运行可靠等优点,在航空航天、军工领域作为红外探测元件和导弹制导装置的冷源。一般在启动后持续喷气几十秒可使冷端温度达到 78 K;达到目标温度后,可通过改变毛细管喷嘴口径调节气流大小,以维持和稳定冷端温度;当气体压力不够时,冷端温度回升。这种致冷器适合一次性使用,如空-空导弹发射。图 8.34 为弹用节流致冷器机芯照片[47]。

图 8.34　弹用节流致冷器机芯照片[47]

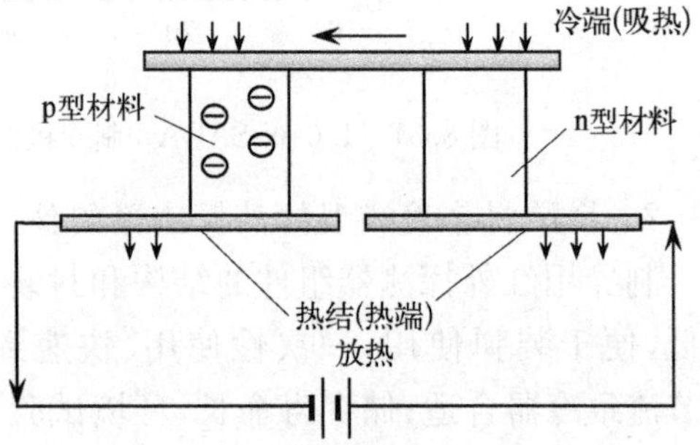

图 8.35　半导体热电致冷原理图

现在飞行距离较长的先进的空对空、空对地或者地对空拦截导弹等高价值武器,因为需要维持的飞行时间较长,所以也倾向于采用微型机械制冷机。

当两种不同的半导体 A 和 B 组成电路且通有直流电时,在接头处除了焦耳热,还会释放额外的热量,而另一个接头处则吸收热量,这种现象称为帕尔帖(Peltier)效应。利用这一效应可制成温差电致冷或热电致冷器(thermoelectric cooler),用于红外探测器浅致冷。图 8.35 是热电致冷的原理图。

热电致冷、机械制冷、节流致冷是常规红外探测器最常用的三种致冷方式,其冷端与杜瓦或管壳的耦合方式如图 8.36 所示。

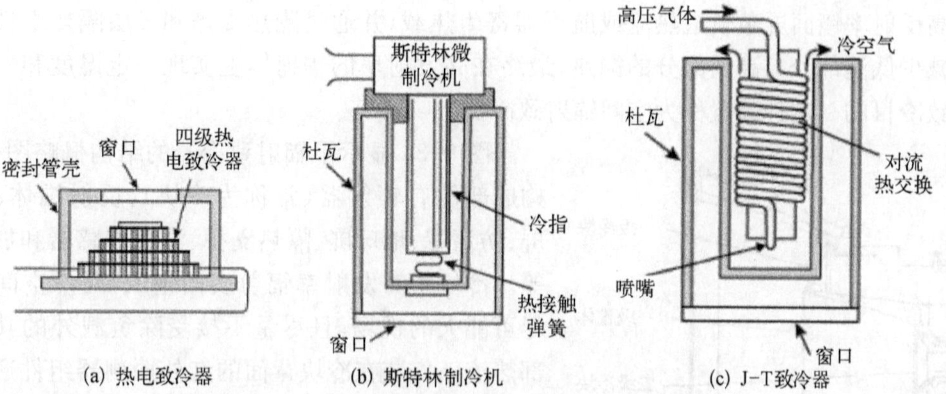

图 8.36　三种致冷器冷端与杜瓦或管壳的耦合

8.3.3 航天红外探测器组件结构

航天应用的红外焦平面组件由于任务目标的不同和空间环境与飞行器状态的约束，有的采用被动致冷方式(辐射致冷器)，有的采用主动致冷方式(斯特林制冷机等)，有的把部分光学系统和部分电子学系统也加以冷却，放入所谓"冷箱"中。针对各种复杂的应用条件，发展了许多不同的结构和封装技术。

红外焦平面阵列的可靠性封装组件是航天红外成像系统的核心部件之一。集成的焦平面封装模块为红外焦平面阵列器件低温工作提供良好的光、机、电、热平台及传输通道，同时是红外焦平面器件的保护外套。航天红外焦平面探测器封装结构根据制冷方式分为杜瓦封装结构和冷箱封装结构两大类。例如，Sofrsdir 公司为欧洲第三代气象卫星的红外探测仪 MTG IRS 和多波段成像仪 MTG FCI 研制的中波和甚长波红外焦平面组件采用适用于冷箱封装的结构，而为多种机载、星载应用的 Saturn 组件采用杜瓦-制冷机封装和辐射致冷器封装两种结构。

图 8.37 是美国和欧洲较早联合发展的航天器 CRAF/Cassini 上使用的 InSb 红外焦平面阵列的组装序列，自下而上依次是镀金柯伐基座、256 元 InSb/SiROIC 混成芯片、滤光片支架、0.9～5.2 μm 带通滤光片、$f/2$ 视场光阑、窗口、镀金柯伐盖。整个焦平面组件长度 3 in，质量 200 g，功耗 5 mW，用螺钉安装在致冷系统的冷端基座上。

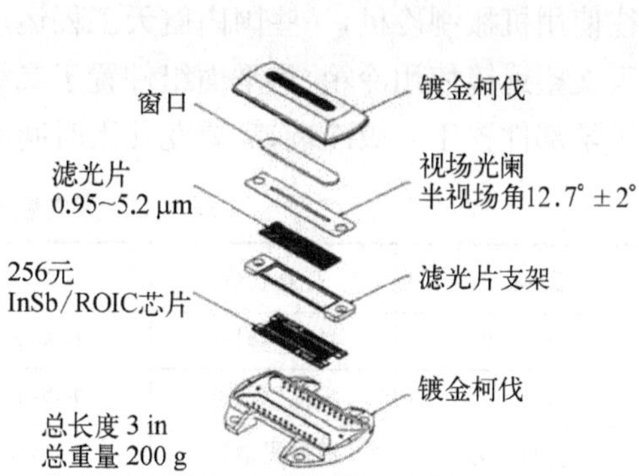

图 8.37　CRAF/Cassini InSb 红外焦平面阵列组装序列[77]

航天应用中使用得比较多的是辐射致冷器。一个热的物体在冷的环境中由于热辐射交换导致自身温度下降，即辐射致冷。宇宙空间是温度为 3 K 的黑体环境，利用太空天然的冷黑环境和辐射换热原理，设计合理的结构设备，如采用高发射率表面的辐射体向太空辐射热量，采用高反射率镜面屏蔽轨道热流或航天器寄生热载，并通过隔热支撑和多层隔热组件等尽可能减少低温部分与高温部分的漏热，最终在高发射率的辐射体上实现一定温度和一定功率的致冷目的。这种装置称为空间辐射致冷器。

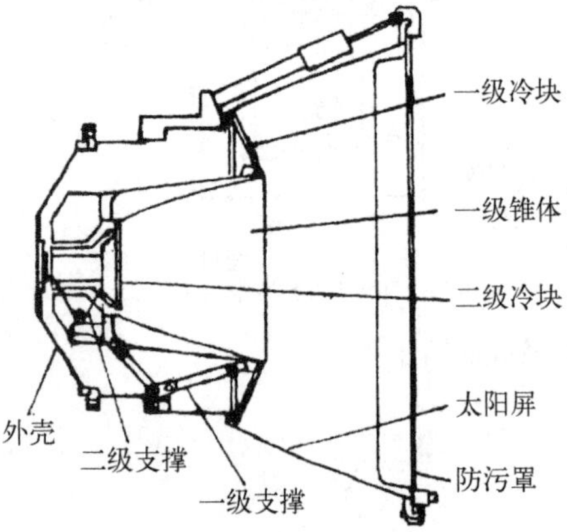

图 8.38 辐射致冷器结构示意图

图 8.38 显示了辐射致冷器的结构概略图，主要构成部件有辐射器（常称为冷块）、反射锥体、太阳屏、防污罩、地球屏、隔热支撑、温度传感器和加热器等。冷块由高发射率辐射表面组成，对冷空间具有尽可能大的视场，且尽量不接受除负载外的其他外部热流。安装在冷块背面的红外探测器组件通过冷块获得低温。

辐射致冷器的太阳屏用于遮挡阳光。对地球同步轨道应用的辐射致冷器，卫星在地球的赤道上空运行，轨道高度约为 35 800 km，卫星与地球相对静止。在卫星上辐射致冷器的开口朝向（即冷块辐射体法线方向）地球北极或南极，太阳光一年四季在其开口平面上下23.5°变化，而每天又在绕其对称轴转 360°，所以需要设置一个高反射率镜面结构件来反射并遮挡太阳辐射，使冷块的降温不受到太阳辐射的影响。同样，对来自地球的辐射也要加以屏蔽。

隔热支撑由低热导率材料（如环氧玻璃纤维等复合材料）制作而成。防污罩的作用是在辐射致冷器正常工作前期避免低温表面吸附污染物而导致致冷性能下降。

辐射致冷器的性能指标主要有致冷温度、致冷功率、温度控制精度。空间辐射致冷理论上可冷却到 60 K 低温，其特点为零功耗（或极低功耗用于初期加热去污）、长寿命、高可靠性。

空间辐射致冷器已经在我国风云系列气象卫星上成熟应用。

航天工程上对致冷功率要求较小的小型焦平面组件多使用辐射致冷器，大型焦平面往往使用机械制冷机，一些国内航天工程运用的冷源见表 8.8。已经报道有多项陆基和天基的天文望远镜使用冷箱，焦平面组件置于二级冷端，用几个小时就能冷却到 30 K，而光学和电子学部件置于一级冷端，需要花几天时间冷却到 80 K。

表 8.8 国内航天工程运用的冷源举例[78]

航 天 器	有效载荷	冷　源	工作温度（控制精度）/K	制冷功率/mW
FY-2	扫描辐射计	辐射致冷器	93.5 (0.2)	13.4
FY-4	扫描辐射计	辐射致冷器	85	47
神舟 3 号	成像光谱仪	机械制冷机	86.5 (0.5)	500

一些大型航天任务也使用液态或固态的制冷剂。例如，美国哈勃太空望远镜的近红外照相机 NICMOS 用氮冰致冷，碲镉汞焦平面工作温度 65 K。两年以后氮冰用完，在对 HST 进行太空修理时，安装了一台机械制冷机，使碲镉汞红外焦平面阵列得以继续工作。美国 Spitzer 红外天文望远镜用液氦致冷，锑化铟焦平面工作温度 30 K。日本 AKARI 天文望远

镜用液氦致冷，锑化铟焦平面工作温度 30 K。

8.3.4 航天红外焦平面阵列的结构优化和封装可靠性

一个航天红外焦平面阵列组件和整个红外成像仪器之间有机械、光学、电学和热学的接口。通常系统对此的要求是十分苛刻的。红外焦平面阵列组件的结构优化和可靠性封装是航天使命圆满完成的重要保障，也是焦平面技术研究的重点课题之一。在大量研究中，结构和封装的机械和光学精度、热管理和真空管理，以及轻量化和低功耗特别受到重视。

1. 焦平面阵列组装的机械-光学精度及影响因素

航天红外焦平面探测器的 InSb 或 HgCdTe 薄层只有 5～10 μm 厚，几个毫克重，在封装时必须精密定位，使其准确地置于光学焦平面上。位置的偏移可能造成图像的模糊，所以封装的尺寸容差往往只有几个微米。在火箭发射的巨大环境应力下，阵列的机械位置失准应远小于一个像元尺寸。除了致冷器的振动，卫星运行中各种因素引发的振动都可能造成探测器位置失准。此外，对由基本焦平面模块拼接而成的规模巨大的焦平面阵列而言，拼接的几何精度是一个重要的问题。

许多已经提出的空间天文学探测计划都要求测量超过一亿个以上银河系或星系，这样巨规模的测量，其目的在于获得足够的统计信息以描绘出宇宙中暗物质和暗能量的分布，并发现围绕着其他星球的行星。即使现在单个焦平面阵列的规模已经很大，达到 4 096×4 096 元及以上，但目前许多研究计划所需要的巨规模焦平面阵列仍由大量单个焦平面拼接而成。计划用于微透镜行星探查仪的红外焦平面组件由 35 个碲镉汞 H2RG(2 048×2 048 元)拼接成一个包含 147 兆像元的焦平面阵列。对于这样巨大的焦平面阵列，拼接精度、拼接以后的光学表面平整度和平行度、在低温运行过程中平整度的变化等，都是重要的技术研究内容。

TIS 为 H1RG、H2RG、H4RG 等多个系列碲镉汞阵列设定的表面平整度指标为 20 μm，实际已经达到的平整度为 15 μm，最好的 H4RG 室温测量 6 cm×6 cm 光敏区范围的焦平面表面平整度优于 12 μm(峰-峰)。分阶滤光片(order sorting filter)放置于探测器表面之上仅有 50 μm 间距，以降低滤光片引起的模糊[79]。

张勤耀等[80]用拼接技术制备的 6 000 元线列 MCT 焦平面组件，其表面平整度为 16～19 μm(1σ)，拼接尺寸偏差为±8 μm。

航天红外成像系统对探测器阵列在振动环境下像元的相对位移是要严格控制的，不能超过一个像元的 1/3。组件的固有频率越高，振动引起的相对位移越小。法国的 Scorpio 红外焦平面组件固有频率测量结果是，探测器-杜瓦组件的固有频率高于 2 600 Hz(图 8.39)，探测器-杜瓦与 J-T 致冷器集成后，固有频率降低到 2 000 Hz 左右。但 2 000 Hz 仍然足够高，使得该焦平面组件在大多数车载、机载和弹载应用的振动频率范围(5～2 000 Hz)性能不受影响[81]。法国 DAPHNIS-HD720(1 280×720 元)和 XGA(1 028×768 元)是配用 THAJES 标准斯特林制冷机 RM2(400 mW)或 RM4(750 mW)的组件，其杜瓦的固有频率高于 1 500 Hz。当组件置于频率 5～2 000 Hz 范围的粗振动环境中，焦平面阵列的横向位移量不超过 1/3 个像元（典型测试数据为水平位移量小于 2 μm[82]）。

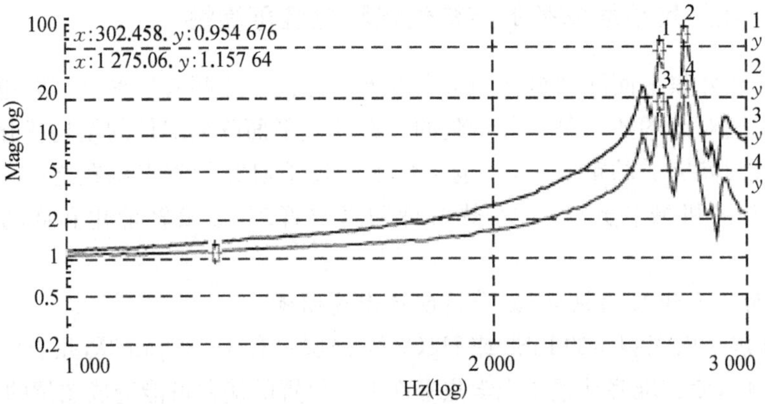

图 8.39　法国 Sofradir 的红外焦平面组件 Scorpio 的振动频谱[81]

当航天探测器杜瓦冷平台装载面有较重的负载或受到 X、Y 方向力作用时，装载面的扰度和倾斜角会发生变化，难以保证探测器始终位于光学系统焦面的允许误差范围内。龚海梅等[83]采用球副斜拉丝结构对探测器组件进行力学加固。此结构通过四根两端设有球副的金属丝将冷平台与杜瓦外壁拉紧加固，可以有效降低在航天运行中探测器芯片的位置失准。在杜瓦内采用金属丝斜拉结构后，组件的结构强度提高。由于这些金属丝的表面积很小，对组件内部放气量影响较小，故对组件的真空寿命影响不大。所用的金属丝相当细，对杜瓦的冷损影响很小。此外，有限元模拟分析表明，球副斜拉丝结构能大幅提高封装结构的基频（从 208 Hz 提高到 650 Hz）。这种结构的强度大、冷损小、放气量小，已成功应用于 HgCdTe 红外探测器组件，并随卫星发射在轨运行。

关于焦平面组件和仪器系统之间的机械接口，现在业界倾向于提供可快速组装而无需费事的光学对准的封装件。要做到这样高水平的集成，封装设计必须包括机构运动学支撑，即具有高精确度的安装点。这种技术提供可互换的解决方案，大大缩减系统级别上费力的光学对准过程，使得系统集成部门可按需要快速地开启焦平面组件。

2. 航天红外焦平面封装的热管理

焦平面封装的一个关键问题是热管理。热结构优化设计是热管理的首要问题。焦平面封装热管理问题之所以十分突出，根本原因在于探测器芯片材料的热膨胀系数和硅读出电路材料的热膨胀系数相差较大，室温制造的焦平面器件在低温工作条件下产生严重的热失配应力，导致器件性能退化甚至失效。采用铟柱互连技术，已经在很大程度上缓解了这个困难。但随着焦平面阵列规模和芯片尺寸的扩大，矛盾依然存在。克服这个困难的一个思路是对焦平面阵列封装进行热结构优化。TIS（其前身是 Rockwell 公司）采用了有限元方法来优化组件结构设计并预判其力学和热学性能。典型的结构优化方案称为对冲复合结构（balanced composite structure，BCS）[84, 85]。这一结构旨在使探测器芯片和铟柱受到的热应力最小化，从而大大延长焦平面组件的热循环寿命。这一结构是在读出电路的下面固定一层热膨胀系数较大的层状结构以压缩读出电路，使读出电路的收缩与探测器芯片匹配。BCS方法长期作为TIS的专有技术，其细节秘不示人。

李言谨等[86]也采用有限元分析方法研究碲镉汞红外焦平面器件在低温下的热失配应力分布特征，提出两种类似于BCS结构的四层焦平面器件封装结构，可以有效地降低热失配应力。一种结构是在CdZnTe/MCT芯片-Si读出电路-Al_2O_3电路板三层结构之下，插入适当厚度的因瓦(Invar)层。这种结构用于256×1碲镉汞线列焦平面器件。该阵列像元尺寸46 μm，芯片长度为12 mm，可承受1 000次以上热循环。该器件在遥感卫星上应用，已在轨运行多年，性能正常。另一种结构是在硅读出电路和Al_2O_3电路板之间插入适当厚度的柯伐(Kovar)层。该结构用于40 μm像元的256×256元阵列，在红外望远镜系统成功应用。此外，用较厚的柯伐层取代第一种结构中的因瓦层，也可以起到降低MCT中应力的作用。该结构也成功用于2 048×1元MCT焦平面阵列中。范广宇等[87]根据对冲复合结构(BCS)的原理，在640×512元MCT焦平面阵列的(敏感芯片+Si读出电路)/蓝宝石电路板三层结构之间，插入304不锈钢层，用以对冲以GaAs为衬底的MCT芯片与Si读出电路之间的热膨胀失配。计算结果表明，插入适当厚度304不锈钢层的焦平面器件，其GaAs衬底中的张应力是未插入时的1/16。具有插入结构的模拟器件经历10次以上热循环未发生任何损坏。

航天焦平面阵列封装热管理的关键在于封装材料。系统中的每一种材料都需要特殊挑选，使得各个相邻部件的热膨胀系数互相匹配，系统中各个部件之间的热应力和微分运动降至最低，因此可以确保探测器、滤光片及各个接口安装点的相互位置保持恒定，变动不超过几个微米。

TIS传统上使用钼(Mo)作为HgCdTe H2RG红外焦平面的封装材料，使用因瓦作为可见光硅HyViSI焦平面的封装材料[88]。选择钼用于红外焦平面，是因为其热膨胀系数和HgCdTe探测器分子束外延生长的CdZnTe衬底材料十分匹配。为了使探测器在一个很宽的温度范围工作，在红外焦平面阵列制造中加入对冲复合结构部件用以处理硅读出电路与CdZnTe、HgCdTe及钼之间的热膨胀失配。钼作为焦平面封装材料表现很好，已经用于大多数陆基天文应用，以及詹姆斯韦伯太空望远镜和WISE H1RG红外阵列。Sofradir的欧洲第三代气象卫星MTG IRS的红外焦平面组件也采用钼作为基座材料。

近年来，TIS和GL Scientific合作发展SiC封装HxRG焦平面阵列组件。SiC相比钼和因瓦有更多优点。SiC的热膨胀系数和Si-ROIC十分匹配。由于在HxRG碲镉汞焦平面工艺中CdZnTe衬底已经去除，不需要再有BCS结构，用SiC就使得封装更加简单。SiC比其他候选材料(如AlN)更优越，因为其加工性能好，容易加工成各种复杂的形状。SiC的热导率高，容易使探测器达到工作温度，所使用的工件质量比使用钼块质量小得多，满足航天应用轻量化的突出要求。各种封装候选材料的热导率和热膨胀系数的数据如图8.40所示[89]。

由图看到，在温度从290 K下降到50 K时，各种牌号的SiC的累计收缩系数同Si的累计收缩系数十分接近，为$-(2.2\sim2.3)\times10^{-4}$，所以用于需要在50～100 K下工作的去除衬底的红外焦平面阵列的封装基座材料十分合适。因瓦(Invar)和AlN在150 K以上温度收

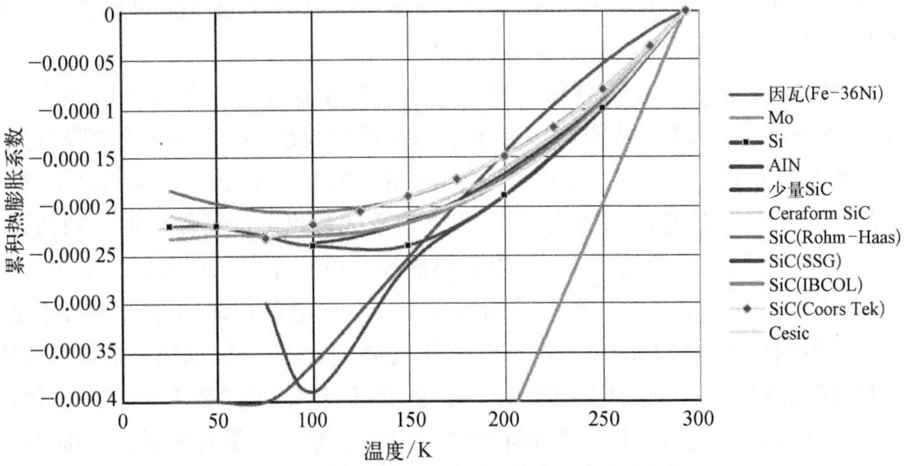

(a) 各种候选封装材料的累积热膨胀系数与温度关系曲线

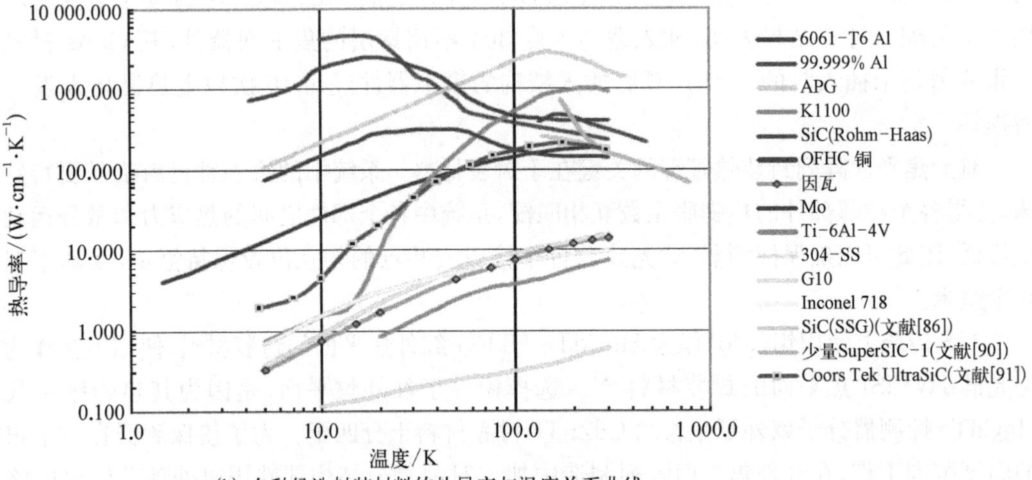

(b) 各种候选封装材料的热导率与温度关系曲线

图 8.40　各种候选封装材料的热膨胀系数和热导率与温度关系曲线[89]

缩性能与 Si 接近，故因瓦曾经用于工作温度较高的可见和近红外焦平面阵列的封装。钼的低温收缩系数要比 Si 大得多，与作为碲镉汞外延衬底的碲锌镉的收缩特性相当（图中未画出），所以长期以来，钼作为对冲复合结构（BCS）的一个组成部分，用于碲镉汞红外焦平面阵列组件的封装基座材料。但是近年来，随着焦平面阵列衬底去除工艺的成熟，BCS 结构已经失去了必要性。封装基座材料与硅读出电路的热匹配成为主要考虑因素。具体而言，HyViSI H2RG FPA 的主要封装材料是因瓦，而 HgCdTe H2RG FPA 采用的是钼。现在可见和红外两种焦平面阵列的封装正在改用碳化硅（SiC）。

从热导率数据看，在 50～300 K 温度范围，SiC 的热导率与钼不相上下，而比因瓦高出一个数量级。所以 SiC 不仅在中波红外和长波红外中用来替代钼，也在可见和近红外中用来替代因瓦，作为封装基座材料。表 8.9 简要表示了 SiC 用于航天焦平面封装比其他候选材料的优越性。

表 8.9　焦平面封装基座候选材料特性比较

	热膨胀匹配对象	热导率	质　量	易加工性	适合于封装
SiC	Si - ROIC(50～300 K)	优	轻	优	衬底去除 MCT，可见-长波[88]
Mo	CdZnTe	优	较重	好	BCS MCT[88, 90]
因瓦	Si(150 K 以上)	中	较重	好	可见和近红外[86]
AlN	Si			差	2 048×16 InSb[91]
不锈钢		差	较重	可	未采用

SiC 封装的 H2RG 碲镉汞焦平面阵列有以下特点。

(1) 轻量，只有 58 g。

(2) 探测器安装面的平整性和平行度好(p - p10 μm)，如果 2 K×2 K 焦平面阵列在封装前的表面平整度为±15 μm，那么封装后的成像表面的平整度和平行度为±25 μm。

(3) 其电接口可使用坚固而柔软的扁电缆与焦平面电子学电路相连，使 H2RG 的全部电功能得以实现。

(4) 基座上安装电连接器，与焦平面电子学电路的互连多了一种选择。

(5) 四边可拼接，其中三边(光敏区之间)的拼接缝隙不超过 3 mm，第四边(引线脚边)不超过 6 mm。

(6) 传感器芯片组件全模块化，更换焦平面拼接件中任何一个 SCA 都很容易。

(7) 基频在 3 500 Hz 以上，应对大多数空间天文应用的要求绰绰有余。

不仅封装基座材料的热性质很重要，滤光片支架和窗口支架的材料热性质也要加以考虑。Sofradir 采用柯伐来支撑锗基滤光片和窗口，采用因瓦来支撑硅基滤光片和窗口[90]。

SiC 封装的红外焦平面阵列的性能已经在一些低温工作的 1.7 μm 焦平面阵列上得到验证。77 K 工作的 2.5 μm H2RG 的性能在热循环 120 次后未观测到性能明显退化。

图 8.41 是美国 TIS 研制的航天飞行级 2 048×2 048 元碲镉汞红外焦平面阵列实样照片[79]。该组件分为 3 个模块：传感器芯片组件(SCA)、连接电缆、焦平面电子电路(focal plane electronics, FPE)。模块组装有两种方案。一种是 FPE 做得很小，嵌装在 SCA 的背面，如图 8.41(a)所示，这样结构紧凑、噪声低，但由于 FPE 要耗去与 FPA 相近的功率，冷损较大。另一种是 FPE 和 SCA 通过电缆连接，如图 8.41(b)所示。连接电缆起着电接口和热隔阻作用，将 SCA 和 FPE 作为 2 个热负载阻隔开来。FPE 可以放置在与 SCA 相距 50 cm 远处，以至于其工作时的散热对 SCA 的温度稳定性没有影响。封装件的主体是碲镉汞芯片/硅读出电路/碳化硅基座三层结构。读出电路的引线压脚做在一个边上，而传输电缆的接线端固定在 SiC 基座的侧面，两者的电连接通过金属丝键焊实现。扁电缆翻卷到基座背面，与电子线路的多路 PCB 连接器相连(图 8.41(c))。

TIS 已经为 H4RG - 15(4 096×4 096)发展一种碳化硅(SiC)封装，SiC 封装提供优异的热性质，而且质量最轻。SiC 的热导率相对较高，且具有和硅读出电路相匹配的热膨胀系数。H4RG - 15 阵列的尺寸相当大，可以允许其专用读出集成电路(称为边车，SIDECAR)直接嵌入其封装中。边车专用集成电路以 32 个并行端口、100 kHz 读出速率、16 位数字工

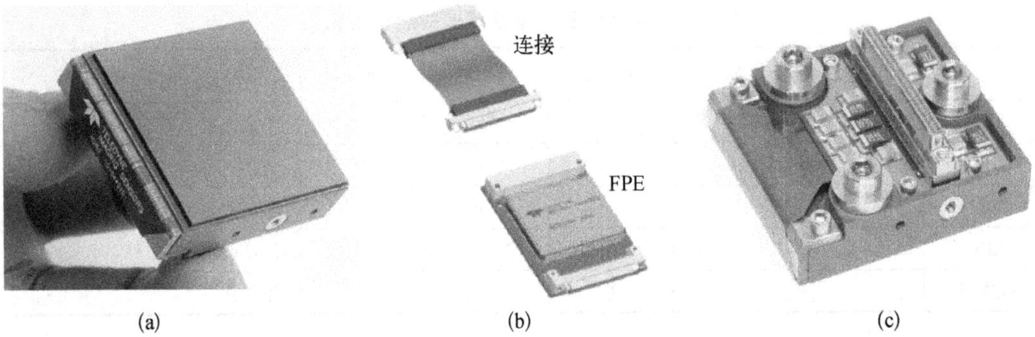

图 8.41　SiC 封装的航天飞行级 2 048×2 048 元碲镉汞红外焦平面阵列实样照片[79]

作时，需要 100～150 mW 功耗。如果在有的项目中认为这个功率要求太高（已十分接近焦平面本身的功耗），可以使用封装件提供的一个模拟输出端口，通过这个端口将焦平面阵列和放置在热环境不同但仍十分靠近焦平面阵列的另一处的边车专用集成电路相连接。

用于 H4RG－15 封装的基座是由 CoorsTek 公司提供的直接烧结 UltraSiC™ 碳化硅基座。图 8.42 显示了其正面和背面的详细构造。它采用三点赝运动学支撑。三个支撑脚由钨铜（W/Cu）（或钼、钛）材料加工成，拧入胶嵌在 SiC 基座的因瓦螺纹中，其高度可以调节，使得焦平面阵列的光照面严格处在光学系统的焦面上。这三个支脚通过导热缆条连接到致冷器。读出电路的压脚和 PCB 板通过引线键合。在 SiC 基座的一边装有一个 51 芯和一个 81 芯连接器。所有数字信号通过 51 芯连接器传送，64 路输出和偏置电压等模拟信号通过 81 芯连接器传送。封装好的组件总质量不到 130 g。

图 8.42　SiC 基座的正面（4 096×4 096 MCT 芯片）和背面（结构细节）[92]

TIS 已经制定了 4 096×4 096 元 MCT FPA 的航天级封装技术规范。H4RG－15 红外焦平面阵列结构封装的工艺程序如下[92]。

（1）读出电路晶圆和探测器晶圆上分别生长铟柱阵列，然后分别切割成芯片。

（2）将经过初测筛选的探测器芯片和读出电路进行互连混成。

（3）对每一个包含 16 M 元像元、尺寸为 6 cm×6 cm 的混成互连芯片的互连间隙灌注底胶，关键是确保里面没有气泡。

（4）按照 TIS 对截止波长 6 μm 以下的混成红外焦平面阵列的常规工艺进行 CdZnTe 衬底去除工艺。已经证明去除衬底有以下好处：提高量子效率；响应延伸到可见光和近紫外波段;大大降低宇宙射线的影响成像的作用;彻底消除衬底材料引起的条纹图像。

(5) 蒸镀减反射膜。

(6) 将互连片装载到 SiC 基座上。

(7) 键压引线到 PCB 电路板上。

SiC 封装正在用于制造像元尺寸为 10 μm 的 H4RG-10 焦平面组件,也用于 JMAPS (joint milli-arcsecond pathfinder survey,联合毫弧秒测距探查仪)上的 HyViSI 焦平面组件。

热管理的一个重要目的是提高焦平面组件对热循环的耐受性。焦平面组件的温度循环可靠性指标取决于具体应用要求,各家制造商的指标略有不同。对夜视照相机而言,每天要开关一次,一年需要进行 365 次室温-低温循环,如果目标寿命为 10 年,则需要约 4 000 次温度循环。这是最低等级的指标。如果设计寿命超过 10 年,且要提供适当的余量,则典型的设计指标应为 8 000 次。在某些应用中,机载的红外照相机或搜索跟踪系统必须在每个航次开启 1～3 次。以每年 300 航次(起码)计,焦平面阵列需要经历 900 次温度循环,所以这一挡指标定为 15 000 次。这就是 Sofradir 的三挡温度循环指标提出的依据[93]。

Sofradir 的热循环测试用 J-T 快速致冷(约 40 s 达到工作温度)和斯特林制冷机(约 5 min达到工作温度)两种方法,测试 NEDT 和缺陷像元率随热循环次数变化的趋势。大量研究显示,热循环次数达到 10 000 次以上,NEDT 和缺陷像元率没有明显的变化。图 8.43 显示,Sofradir 三种像元尺寸的凝视阵列在经过 8 000～12 000 次热循环后缺陷像元率的增加未超过 0.2%[94]。关于缺陷像元的判别标准,各个制造商和机构有自己的判据。Sofradir 的标准是,响应率在平均响应率的±20%以外,或信号在平均值的±30%以外,或噪声在平均值的±50%以外,或信噪比在平均值的±50%以外,就判为缺陷像元[95]。

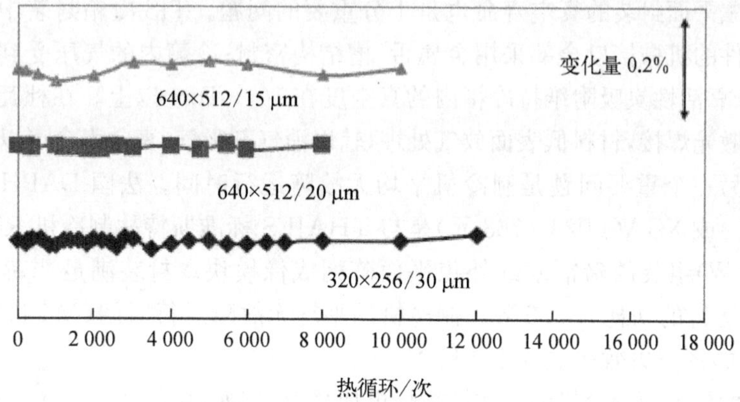

图 8.43 Sofradir 三种像元尺寸的焦平面阵列热循环引起缺陷像元率变化的情况[94]

焦平面封装热管理的另一个问题是降低冷损。这影响探测器组件能达到的温度及其温度稳定性,也涉及对致冷器的功率要求。

红外焦平面阵列器件的冷损功耗主要有两个来源:焦平面读出电路的功耗和杜瓦封装结构的漏热。红外焦平面探测器杜瓦封装结构的传导漏热主要包括杜瓦芯柱漏热、辅助支撑漏热、探测器和二极管引线漏热。文献[96]通过理论分析与设计,实现某杜瓦结构的低漏热控制。该杜瓦组件在 87 W 输入功率、65 K 工作温度下实测冷损功率为 1.2 W,扣除约

100 mW 的耦合损失，理论计算与实际试验基本一致。对弹用微型玻璃杜瓦而言，冷损的主要来源是杜瓦内的多路电引线。采用玻璃化铂金丝作为电引线的玻璃杜瓦，在 64×64 元 InSb 焦平面阵列工作状态下测得的冷损约为 200 mW[5]。

TIS 研制的使用斯特林制冷机的 MCT 红外焦平面冷箱封装见图 8.44，其中图 8.44(a)为打开外罩后显示的内部结构。最上端是焦平面芯片组件(SCA)。焦平面电子电路(FPE)、连接电缆、传冷绑带及支撑机构都置于冷箱内。SiC 或 Mo 基座的优良热传导性质及高质量绝热支撑机构确保焦平面阵列得到充分的冷却。FPA 和 FPE 的工作温度是分别控制的。FPA 的温度控制在(60～200 K)±0.001 K，而 FPE 的温度控制在(120～200 K)±0.01 K[97]。

(a) 内部结构　　(b) 外形结构

图 8.44　TIS 研制的航天 HxRG 红外焦平面组件冷箱结构

3. 真空寿命和致冷器寿命

航天红外焦平面封装的真空寿命也是十分重要的问题。TIS 冷箱封装中，所有与探测器和辐射屏部件的机械接口全部采用金属舌-槽结构密封；冷箱内的气压受到实时监控；在初次排气后，依靠活性炭吸附维持冷箱内的真空度在 10^{-5} Torr 以上。在杜瓦结构封装中，采用低漏气率激光焊接，材料低表面放气处理，辅以消气剂吸气，真空寿命可以达到 3 年。

可靠性的另一个重要问题是制冷机平均无故障运行时间。法国 DAPHNIS - HD720(1 280×720 元)或 XGA(1 028×768 元)是与 THAJES 标准斯特林制冷机 RM2(400 mW)或 RM4(750 mW)组装的碲镉汞红外焦平面阵列成像模块。封装满足严苛的环境条件。在室温环境下运行的功耗为 3.5 W。制冷机的平均无故障运行时间(MTTF)为 10 000～18 000 h，期间的真空失效次数为零[82]。

航天应用的焦平面制冷机的可靠性指标更加严苛，例如，采用 Thales Cryogenic 高可靠性微型制冷机的法国航天级红外焦平面阵列 SATURN(1 000×256 元，30 μm pitch)，MTTF 达到 30 000 h[90]。

4. 杂散光抑制

组件的冷屏主要起到减少背景光子通量、降低背景噪声的作用。冷屏可以对进入其中的杂散光进行抑制，在器件响应率不变的情况下，通过减少背景噪声，可以提高组件的信噪比，从而提高组件的成像质量。冷屏效率的研究是一项重要内容，其中，效率主要指探测器所接收到的光的总能量中直接照射探测器光线能量的占比。通过软件模拟可计算各类不同结构冷屏的 PST 值来初步判断该类结构冷屏的杂散光抑制效率。

从杂散光抑制效果看，其冷屏形状与级数对冷屏效率影响较大，对比研究几类冷屏结构，如纯圆锥形、纯圆柱形、二级圆锥圆柱形及更多级形式冷屏，可获得其效率关系。其中，更多级的冷屏对杂散光的抑制效果更好，冷屏效率更高。

法国的 SATURN 组件使用高 30 mm、F＃数低至 1 的冷屏，以确保高分辨率和高效率[98]。以色列 SCD 公司研制了一种五级非圆锥形高 F＃数扁平形冷屏，用于 InSb 2 048×16 TDI 焦平面阵列，参见文献[91]。

参 考 文 献

[1] Caccia M. The challenge of hybridization. Nuclear Instruments and Methods in Physics Research A，2001，465：195－199.

[2] Indium Corportation of America. Commercial Indium Metal. http：//www. indium. com/technical-documents/product-data-sheet［2016－04－13］.

[3] Schneider M. Hybridiging focal plane arrays. Proc. SPIE，1992，1683：127.

[4] 陈伯良，朱建妹，辛田玲，等. 红外焦平面器件用高密度微细铟柱阵列淀积再流成型方法：中国，98121916.0. 2001－04－13.

[5] 陈伯良，孙维国. KKD－InSb 凝视红外焦平面组件研制技术报告//上海：863－308 专家组鉴定文件，2001：19－21.

[6] 朱建妹，陈伯良，张雪珍. 压敏粘结剂在红外焦平面阵列制备中粘附剥离铟层的应用：中国，02157697.1. 2003－06－18.

[7] Romankiw L T. A path：from electroplating through lithographic masks in electronics to LIGA in MEMS. Electrochimica Acta，1997，42：2985－3005.

[8] Honma H. Plating technology for electronics packaging. Electrochimica Acta，2001，47：75－84.

[9] Merken P，John J，Zimmermann L，et al. Technology for very dense hybrid detector arrays using electroplated indium solderbumps. IEEE Transactions on Advanced Packaging，2003，26：60－64.

[10] Datta M. Electrochemical processing technologies in chip fabrication：challenges and opportunities. Electrochimica Acta，2003，48：2975－2985.

[11] Tian Y，Liu C，Hutt D，et al. Electrodeposition of indium bumps for ultrafine pitch interconnections. Journal of Electronic Materials，2010，43(2)：594－603.

[12] Coleman J，Rowan A，Mani S，et al. Optimizing galvanic pulse plating parameters to improve indium bump to bump bonding. Proc. SPIE，2010，7590：75900F.

[13] Tissot J，Marion F. Collective flip-chip technology for HgCdTe IRFPAs. Proc. SPIE，1996，2894：115－122.

[14] Destifanis G. HgCdTe Infrared diode arrays. Semicond. Sci. Technol.，1991，6：C88－C92.

[15] Capper P. Properties of Narrow Gap Cadmium-based Compounds. London：INSPEC，1994：44.

[16] Landolt-Bornstein. Numerical Data and Functional Relationships in Science and Technology. Berlin-Heidelberg-New York：Springer-Verlag，1982：370－589.

[17] Goodnough M，Hahn L，Jones R，et al. A flexible 640×512 InSb FPA architecture. Proc. SPIE，1997，3061：140－150.

[18] Treado P, Levin I, Lewis N. Indium antimonide focal plane array detection for near-infrared imaging microscopy. Applied Spectroscopy, 1994, 48: 607-615.

[19] Audebert P, Giotta D, Mottin E, et al. 640×480 MCT 3-to 5-μm snapshot focal plane array. Proc. SPIE, 1998, 3379: 577-585.

[20] FC 300 high precision die/flip chip bonder. http://www.set-sas.fr/en/cat422407 [2016-04-14].

[21] Miller T, Costen N, Allen C. Indium hybridization of large format TES bolometer arrays to readout multiplexers for far-infrared astronomy. Journal of Low Temperature physics, 2008, 151: 483-488.

[22] Kim Y H, Choi J H, Choi K S, et al. New reflow process for indium bump//Proc. SPIE, 1997, 3061: 277.

[23] Norton P, Erwin A. Etch pit study of dislocation formation in $Hg_{1-x}Cd_xTe$ during array hybridization and its effect on device performance. J. Vac. Sci. Technol., 1989, A7: 503-508.

[24] Castelein P, Marion F, Martin J L, et al. Megapixel HgCdTe MWIR focal plane array with a 15 μm pitch. Proc. SPIE, 2003, 5074: 52-59.

[25] Gravrand O, Destefanis G, Bisotto S, et al. Issues in HgCdTe research and expected progress in infrared detector fabrication. Journal of Electronic Materials, 2013, 42: 3349-3358.

[26] Ziegler J, Bruder M, Wendler J, et al. Second generation FPAs with sensor arrays in hybrid approach. Proc. SPIE, 1992, 1735: 151-162.

[27] Cihangir S, Kwan S. Characterization of indium and solder bump bonding for pixel detectors. Nuclear Instruments & Methods in Physics Research, 2000,42(23): 670-675.

[28] Brown M, Schubnell M, Tarlé G. Correlated noise and gain in unfilled and epoxy-underfilled hybridized HgCdTe detectors. The Astronomical Society of the Pacific, 2006, 118: 1443-1447.

[29] Schubnell M, Barron N, Bebek C, et al. Near infrared detectors for SNAP. Proc. SPIE, 2006,6276: 62760Q.

[30] Barton J. Thermal mismatch accommodated infrared detector hybrid array: US, 5308980. 1994.

[31] Barton J, Lockwood A. Infrared detector hybrid array with improved thermal cycle reliability and method for making same: US, 5264699. 1993.

[32] Caporaletti O, Graham G M. The low-temperature thermal expansion of $Hg_{1-x}Cd_xTe$ arrays. Appl. Phys. Lett., 1981, 39: 338-339.

[33] Brice J C. Capper P. Properties of Mercury Cadmium Telluride. London: INSPEC, IEE, 1987: 11-12.

[34] Skauli T, Haakenaasen R, Colin T. Thermal expansion behaviour of CdHgTe epitaxial layers and CdZnTe substrates. J. Cryst. Growth, 2002, 241: 39-44.

[35] Bagot D, Granger R, Rolland S. Thermal expansion coefficient and bond strength in HgCdTe and HgZnTe. Phys. Status Solidi (B), 1993, 177: 295-308.

[36] Kurilo I V, Alekhin V P, Rudyi I O, et al. Mechanical properties of ZnTe, CdTe, CdHgTe and HgTe crystals from micromechanical investigation. Phys. Status Solidi (A), 1997, 163: 47-58.

[37] Sizov F F, Richter A, Bilevych Y, et al. Nanoindentation features in HgCdTe heterostructures. Int. J. Nanotechnol., 2006, 3: 131-139.

[38] Martyniuk M, Sewell R H, Musca C A, et al. Nanoindentation of HgCdTe prepared by molecular team epitaxy. Appl. Phys. Lett., 2005, 87: 251905-251903.

[39] Jiang J, Tsao S, O'Sullivan T, et al. Fabrication of indium bumps for hybrid infrared focal plane array applications. Infrared Physics & Technology, 2004, 45: 143 - 151.

[40] 叶振华. 集成 HgCdTe 双色探测芯片技术研究. 上海：中国科学院上海技术物理研究所博士学位论文,2004.

[41] Dhar N K, Dat R. Advanced imaging research and development at DARPA. Proc. SPIE, 2012, 8353: 835302.

[42] Temple D S, Lueck M R, Malta D, et al. Scaling of three-dimensional interconnect technology incorporating low temperature bonds to pitches of 10 μm for infrared focal plane array applications. Japanese Journal of Applied Physics, 2015, 54: 030202.

[43] Robinson J, Kinch M, Marquis M, et al. Case for small pixels: system perspective and FPA challenge. Proc. SPIE, 2014, 9100: 91000I.

[44] Fowler A M, Heynssens J B. Evaluation of the SBRC 256×256 InSb focal plane array and preliminary specifications for the 1 024×1 024 InSb focal plane array. Proc. SPIE, 1993, 1946: 25.

[45] Fowler A M, Gatley I, McIntyre P, et al. ALADDIN: the 1 024×1 024 InSb array-design, description, and results. Proc. SPIE, 1996, 2816: 150.

[46] Forrest W J, Chen H, Garnett J D, et al. Near-infrared arrays for SIRTF, the Space Infrared Telescope Facility. Proc. SPIE, 1993, 1946: 18.

[47] 陈伯良,孙维国,梁平治,等. InSb 凝视红外焦平面组件研制和应用. 红外与激光工程, 2002, 31: 419 - 423.

[48] Kanno T, Wada H, Nagashima M, et al. 256×256 element HgCdTe hybrid IRFPA for 8- to 10-um band. Proc. SPIE, 1995, 2552: 384.

[49] Piquette E, Edwall D, Arnold H, et al. Substrate-removed HgCdTe-based focal-plane arrays for short-wavelength infrared astronomy. Journal of Electronic Materials, 2008, 37: 1396 - 1400.

[50] Smith R, Bebek C, Bonati M, et al. Noise and zero drift in 1. 7 μm cutoff detection for SNAP. Proc. SPIE, 2006, 6276: 62760R.

[51] 李春领,刘海龙. 碲镉汞焦平面器件背面减薄技术. 激光与红外,2014,44: 637 - 639.

[52] 田立萍,朱颖峰,刘湘云,等. 背减薄工艺对中波 320×256 碲镉汞红外焦平面探测器组件可靠性的影响. 红外技术,2013,35: 629 - 631.

[53] Breiter R, Cabanski W A, Koch R, et al. High-resolution OWIP and MCT FPA modules at AIM. Proc. SPIE, 1999, 3698: 397.

[54] Beck W A, Faska T S. Current status of quantum well focal plane arrays//Proc. SPIE, 1996, 2744: 193.

[55] Gunapala S D, Bandara S V, Liu J K, et al. Demonstration of megapixel dual-band QWIP focal plane array. Demonstration of Megapixel Dual-Band QWIP Focal Plane Array, 2010, 46: 285.

[56] Schneider H, Maier T, Fleissner J, et al. Dual-band QWIP focal plane array for the second and third atmospheric windows. Infrared Physics & Technology, 2005, 47: 53 - 58.

[57] Sundaram M, Wang S, Taylor M, et al. Two color quantum well infrared photodetector focal plane arrays. Infrared Physics & Technology, 2001, 42: 301 - 308.

[58] J Sun, K Choi, M Jhabvala, et al. Fabvication of Rasonator-Quantum well Infrared Photodetector test devices and focal plane arrays, Proc. SPIE, 9220,922004,2014.

[59] Rehm R, Walther M, Schmitz J, et al. Dual-colour thermal imaging with InAs/GaSb superlattices in mid-wavelength infrared spectral range. Electronics Letters, 2006, 42: 11.

[60] Rehm R, Walther M, Rutz F, et al. Dual-color InAs/GaSb superlattice focal-plane array technology. Journal of Electronic Materials, 2011, 40: 1738 - 1743.

[61] Klein B, Montoya J, Gautam N, et al. Selective InAs/GaSb strained layer superlattice etch stop layers forGaSb substrate removal. Appl. Phys. A, 2013, 111: 671 - 674.

[62] Pelenc D, Merlin J, Etcheberry A, et al. Development of a method for chemical - mechanical preparation of the surface of CdZnTe substrates for HgCdTe-based infrared focal-plane arrays. Journal of Electronic Materials, 2014, 43: 3004 - 3011.

[63] Chen B L, Yang H, Hu X N, et al. RFTIR measurement on backside thinned detector film of InSb infrared focal plane arrays. Proc. SPIE, 2000, 4086: 155 - 157.

[64] Lee M Y, Kim Y H, Kim G H, et al. A new surface-flattening methodusing single-point diamond turning(SPDT) and its effects on LPE HgCdTe photodiodes. Semicond. Sci. Technol., 2006, 21: 40 - 43.

[65] Gershman M C. Specifications and manufacturing considerations of diamond machined optical components. Proc. SPIE, 1986, 607: 36 - 45.

[66] Irwan R, Huang H, Zheng H Y, et al. Mechanical properties and material removal characteristics of soft-brittle HgCdTe single crystals. Materials Science & Engineering A, 2013, 559: 480 - 485.

[67] Zhang Z Y, Irwan R, Huang H. Machined surface characteristics and removal mechanism of soft and brittle solids. Key Eng. Mater., 2010, 447 - 448: 183 - 187.

[68] Zhang Z, Zhang X, Xu C, et al. Characterization of nanoscale chips and a novel model for face nanogrinding on soft-brittle HgCdTe films. Tribol. Lett., 2013, 49: 203 - 215.

[69] Zhang Z Y, Meng Y W, Guo D M, et al. Material removal mechanism of precision grinding of soft-brittle CdZnTe wafers. Int. J. Adv. Manuf. Technol., 2010, 46: 563 - 569.

[70] Zhang Z Y, Xu C G, Zhang X Z, et al. Mechanical characteristics of nanocrystalline layers containing nanotwins induced by nanogrinding of soft-brittle CdZnTe single crystals. Scripta. Mater., 2012, 67: 392 - 395.

[71] Zhou H X, Qiu S, Wang C. A model for wafer rotational nanogrinding of soft-brittle CdZnTe wafers. Int. J. Adv. Manuf. Technol., 2013, 69: 2621 - 2627.

[72] Dewars and cookers. www.judsontechnologies.com/files/pdf/dewars [2016 - 04 - 13].

[73] InSb photovoltaic detectors/Hamamatsu Photonics. www.hamamatsu.com/jp/en/procluct/category [2016 - 04 - 13].

[74] Couture M. Challenges in IR optics. Proc. SPIE, 2001, 4369: 649 - 661.

[75] Kinch M. 50 years of HgCdTe at texas instruments and beyond. Proc. SPIE, 2009, 7298: 72982T.

[76] Salazer W. Status on the Linear Drive Coolers for the Department of Defense Standard Advanced Dewar Assembly(SADA). NewYork: Kluwer Academic/Plenum Publishing, 2003.

[77] Niblack C, Blessinger M, Forsthoefel J, et al. InSb linear multiplexed FPAs for the CRAF/Cassini visible and infrared mapping spectrometer. Proc. SPIE, 1991, 1494: 403 - 413.

[78] 董德平,吴亦农,陆燕.空间制冷技术研究进展//上海：中国科学院上海技术物理研究所建所 50 周年文集,2008：289 - 293.

[79] Blank R, Anglin S, Beletic J W, et al. H2RG focal plane array and camera performance update. Proc. SPIE, 2012, 8453: 845310.

[80] 张勤耀,何力,丁瑞军,等. 6 000×1 长线列红外焦平面探测器研制//上海: 中国科学院上海技术物理研究所建所 50 周年文集,2008: 359-364.

[81] Molina M, Breniere X, Tribolet P. IR detector dewar and assemblies for stringent environmental conditions. Proc. SPIE, 2007, 6542: 65422N.

[82] Reibel Y, Laperne N P, Augey T, et al. Getting small, new 10 μm pixel pitch cooled infrared products. Proc. SPIE, 2014, 9070: 907034.

[83] 龚海梅,邵秀梅,李向阳,等. 航天先进红外探测器组件技术及应用. 红外与激光工程, 2012, 41: 3129-3140.

[84] Vural K, Kozlowski L, Cooper D, et al. 2 048×2 048 HgCdTe focal plane arrays for astronomy applications. Proc. SPIE, 1999, 3698: 24-35.

[85] Kozlowski L, Vural K, Cabelli S, et al. HgCdTe 2 048×2 048FPA for infrared astronomy: development status//Proc. SPIE, 1998, 3354.

[86] 李言谨,曹菊英,王正官,等. 碲镉汞红外焦平面器件热失配应力研究. 红外与毫米波学报,2008, 27: 409-412.

[87] 龚海梅,范广宇,李言谨,等. 红外焦平面器件温度循环可靠性研究. 红外与激光工程,2010,4: 607-610.

[88] Sprafke T, Beletic J W. High performance focal plane arrays for space applications. Optics and Photonics News, 2008, 19: 22-27.

[89] Blank R, Anglin S, Beletic J, et al. The HxRG family of high performance image sensors for astronomy. ASP Conference Series, 2011, 437: 383.

[90] Pidancier P, Jamin N, Fièque B, et al. A review of the latest developments of MCT infrared technology from visible to VLWIR for space applications at SOFRADIR. Proc. SPIE, 2013, 8704: 87040M.

[91] Zucker M, Pivnik I, Malkinson E, et al. Long mid-wave infrared detector with time delayed integration. Proc. SPIE, 2003, 4820: 580-592.

[92] Blank R, Beletic J, Cooper D, et al. Development and production of the H4RG-15 focal plane array. Proc. SPIE, 2012, 8453: 84530V.

[93] Brenière X, Rubaldo L, Dupont F. Sofradir's recent improvements regarding the reliability and performance of HgCdTe IR detectors. Proc. SPIE, 2014, 9070: 90702W.

[94] Vuillermeta M, Chorierb P. Latest Sofradir technology developments usable for space applications. Proc. SPIE, 2006, 6361: 63611C.

[95] Breniere X, Tribolet P. IR detectors life cycle cost and reliability optimization for tactical applications. Proc. SPIE, 2006, 6395: 63950D.

[96] 龚海梅,张亚妮,朱三根,等. 红外焦平面可靠性封装技术. 红外与毫米波学报,2009,28: 85-89.

[97] Teledyne imaging sensors HxRG infrared camera platform. www. teledyne-si. com[2012-4].

[98] Pistone F, Tribolet P, Vuillermet M. High resolution staring arrays answering compact MW and LW applications. Proc. SPIE, 2005, 5957: 59570U.

第 9 章 红外探测器的数值仿真

9.1 数值仿真概述

随着微电子和光电子工艺的不断进步，特征尺寸不断缩减，复杂度也不断增加。为了设计更好更新颖的器件、进一步优化器件的性能，计算机数值仿真工作显得越来越重要。学习掌握光电子器件仿真设计是当今光电器件科研工作者的基本技能之一。半导体工艺和器件的数值仿真有时又称为 TCAD(technology computer aided design)，通常包括半导体工艺仿真及器件仿真两部分，是计算机辅助设计的一个分支。什么是仿真？本书的仿真就是指基于物理模型的数值计算。仿真通常用于解决较为复杂的问题，一般地首先要确定使用的物理模型(方程)，然后在给定的条件(边界、初始状态等)下，计算所关心的物理量的变化和/或分布情况。

美国硅谷的圣何塞州立大学(SJSU)电子工程系的 Parent[1] 2008 年在 *IEEE Transactions on Education* 上曾讨论了在研究生教育中关于器件物理课程中介绍 TCAD 工具的一些问题。在这篇文章的引言中，提到电子工程系的研究生都必须学习掌握这个工具。这从某种角度也说明了 TCAD 在当今微电子教学及工业中的重要性。国内也有很多大学开展了这方面的教学。

在学习半导体器件物理时了解到：Shockley 从半导体内部存在空间电荷区的假设出发，利用泊松方程和电子的漂移和扩散，推导出 p-n 结的电流-电压公式，也就是著名的 Shockley 公式。从其中的详细推导过程可以看到，这个公式的导出利用电极接触在无穷远、均匀掺杂的突变结等一系列近似。显然，如果取消这些近似，公式可能变得非常烦琐，甚至可能根本无法得到一个解析式。在这种无法给出解析式的情况下，可以利用数值计算的方法，给出输入变量与输出变量之间的相互关系。这种研究方法一般称为数值仿真。这种方法必须进行大量的数值运算，因此只有在计算机高度发展普及的今天，才成为个人可以拥有的一种研究方法。事实上，在大型计算机发展史上，正是这种仿真数值运算的要求曾经极大地推动了计算机的初期发展。今天这种计算方法不再是大型机的专利，而是每个元器件的相关工作者都需要掌握的基本解算技能之一。经过近 50 年的发展，这项技术已经几近成熟，从国际半导体技术路线图(ITRS)的《半导体发展路线图》(*The International Technology Roadmap for Semiconductors*, www.itrs.net)可以看出，在硅工艺中仿真技术成为必需的工具，并日益重要，不断向更深入的细节发展，包括发展更适合更基础的模型。

本章的主要内容就是给出这项技术在光电子器件领域应用的概况，介绍一些总体的概念和一定的具体实例，目的是使得更多的人学习和了解这项技术，为其更容易地被广大光电器件研制工作者所接受，为其能在平常工作中更多的应用做一些努力。TCAD一般是指半导体工艺仿真、器件仿真和电路仿真。有时TCAD也分为process TCAD(工艺仿真)及device TCAD(器件仿真)两个部分。工艺仿真一般对工艺步骤进行建模，如扩散和离子注入；器件仿真一般根据器件的基本物理参数，如杂质浓度分布，对器件的电学等特性进行建模计算。有些时候，甚至把计算集总模型的仿真(如著名的SPICE)也作为TCAD的一部分；实际上大多数情况下，SPICE是电子学辅助设计EDA的一部分。无论如何，这三个仿真计算都是针对半导体器件发展起来的，它们分别对应制造和应用不同的层次：工艺条件决定器件的结构，器件的结构决定器件的性能，器件的性能决定电路的表现。一般情况下，设计良好的软件具有将工艺仿真的结果作为器件性能仿真的输入的能力。光电子器件的数值仿真是在半导体器件数值仿真的基础上发展起来的。两者的根本差别在于光激发成分的存在与否。早期的半导体的数值仿真是由于工业生产的需要发展起来的，相对来说，更注重半导体器件的电学特性，同时电子器件一般采用密封封装，因此光激发成分通常忽略。最早的专门讨论半导体器件的数值仿真的文章一般认为是Gummel在1964年发表的文章[2]。他采用自洽迭代法研究一维双极晶体管。他提出的原则和思想至今还在器件模拟工作中经常采用。过去的50年中，TCAD从20世纪70年代的一维直流稳态仿真演化到二维和三维全面的仿真。伴随着计算机及算法的发展，仿真软件已经覆盖了工艺仿真、器件仿真和电路仿真各个层面。很多的研究人员对TCAD的发展作出了卓越的贡献。本章只对TCAD器件仿真工具发展主要情况作一个简单的回顾。1964年，Gummel的器件仿真的奠基性的工作开始了一维双极p-n结的模拟。1968年，第一个二维数值求解泊松方程仿真MOSFET的文章由Loeb等[3]发表，同时还有Schroeder和Muller的文章[4]。到70年代，包括有限元方法在内的主要的数值仿真方法都有发表，出现了日立公司的仿真单载流子场效应管的CADDETH程序、斯坦福大学可仿真一维双极器件的SEDAN程序和维也纳的MINIMOS程序，另外还有IBM公司的FIELDAY程序。真正有影响的通用的器件CAD工具还是要数在80年代中期斯坦福大学开发的PISCES-II和贝尔实验室的DEVICE及维也纳的BAMBI等[5]。这些程序具有可以分析两种载流子、任意形状的结构、丰富的材料和参数库、物理模型等一系列优点，体现了通用的特性。其中，PISCES-II后来被不同的商业公司采用，分别发展成为目前较为知名的MEDICI和ATLAS。在这一段时间内，还发展了异质结器件的仿真、二维薛定谔-泊松方程求解方法，发展了器件仿真的量子力学方法，以及蒙特卡洛计算方法等。随着集成电路的器件结构越来越小，三维仿真变得越来越重要。1980年，第一篇三维仿真的论文发表，讨论了MOSFET的窄沟道效应。FIELDAY在1981年也扩展到三维。

早期的中文专著有仓田卫著、张光华译的《半导体器件数值分析》(1985年，电子工业出版社)、何野和魏同立的《半导体器件的计算机模拟方法》(1989年，科学出版社)、赵鸿麟的《半导体器件计算机模拟》(1989年，天津大学出版社)、张义民和任建民的《半导体器件计算机模拟》(1991 年,电子工业出版社),这几本书具有相同的特点,不但讨论了半导体的物理和数学基础,还讨论了数值模拟技术,并讨论了模拟技术在不同结构、不同条件下的计算结果。对于充分理解数值仿真的基本原理、计算方法有很好的参考价值。1996 年,吉利久的《计算微电子学》(科学出版社)全面讨论了微电子设计中的工艺模拟、器件模拟、电学模拟等内容,这本书涉及面广、参考文献丰富,是深入了解这一领域的一本重要参考书,只可惜也没有讨论光电部分。2007 年,阮刚的《集成电路工艺和器件的计算机模拟》(复旦大学出版社)则以美国斯坦福大学的 SUPREM 和 SEDAN 及奥地利维也纳工业大学的 MINIMOS 软件为蓝本,介绍了基本概念和物理模型及软件的使用等,基本上忽略了数值计算方法的讨论(事实上,如何求解,离散方法、算法优化等问题都是计算数学领域的专门学问)。这是面向软件使用者的一种模式,也是这类专用软件日臻成熟的一种标志。本章将参考阮刚的这种方式,在介绍光电器件模拟的基本概念的基础上,针对特定的问题,利用已经较为完善的软件,实现一些特定的计算和分析,完成一些设计,从用户的角度给读者提供一个该领域的导论。讨论半导体仿真的国际会议主要有以美国斯坦福大学 Dutton 等主导的"国际半导体工艺及器件仿真会议"(SISPAD),这个国际会议从 1996 年开始,每年召开一次,是 TCAD 界的引领性的论坛。其会议文集可以从网站上浏览(www. sispad. org)。

关于光电器件的仿真方面的中文书籍尚未见出版,英文的书籍有一些。美国加州大学圣巴巴拉分校的 Piprek 在 2003 年和 2005 年出版有两本书,《半导体光电子器件:物理与仿真导论》和《光电子器件:仿真和分析进阶》。在第一本书中,作者系统介绍了光电子器件仿真的基本物理,包括半导体物理的基础知识、电子的能带、载流子的输运、光波传播、光子产生、热的产生和耗散,同时还对半导体激光器、氮化镓基材料的发光二极管、电致吸收调制器、具有放大作用的光探测器等几种重要的光电元器件的仿真实例进行了讨论。第二本书总共分成 15 个章节,分别针对各个专题进行了深入的讨论,第 1 章讨论电子-声子相互作用的仿真,随后几章讨论半导体激光二极管仿真,包括法布里-珀罗激光器、分布式反馈激光器、多区域隧道激光、垂直腔激光以及锁模。之后是 GaN 基发光二极管的仿真,还讨论了三种重要的光接收器(太阳能电池、图像传感器和红外探测器),最后讨论光电子器件的集成。Piprek 还组织了"国际光电子器件数值仿真年会"(Numerical Simulation of Optoelectronic Devices, NUSOD),其中 2012 年在上海举行的会议是由我国承办的。Xun Li 的 *Optoelectronic Devices Design, Modeling, and Simulation*(2009 年,剑桥大学出版社)详细地讨论了光学的模型、材料的能带模型、材料的光学增益模型、载流子的输运和扩散模型,以及相应的方程的求解方法和数值分析方法和部分实例。Simon Li 和 Yue Fu 的 *3D TCAD Simulation for Semiconductor Processes, Devices and Optoelectronics*(2012 年,Springer 出版社)主要讨论了三维模拟的必要性,书中有一章专门讨论了 CIS(CMOS image sensor)的性能仿真,显示了器件的三维仿真的分析能力和必要性。Jakšić的 *Micro and Nanophotonics for Semiconductor Infrared Detectors: Towards an Ultimate Uncooled Device*(2014 年,Springer 出版社)更是着重在微观结构的光学调控及在红外探测器中的应用进行了理论探索,给出了一些很有希望的设计结果。

从以上内容可以看出,数值仿真技术在光电器件的设计和分析方面已经深入各个具体的领域并且起着越来越重要的作用。具体到本书关心的红外焦平面探测器研究工作,随着探测器像元尺寸越来越小,从光的基本特性可知,当一个元件的尺寸大小与光波长相比拟时,光的波动特性将起到很大的作用,这时几何光学的计算方法往往不再可靠。因此对于一个光敏元尺寸为 10～100 μm 的红外长波探测器而言,入射光的能量分布、光与电子相互作用的强弱分布,可能受到光敏元几何形状、表面界面及周围分布介质的综合影响,因此在这个复杂体系中,器件光电性能不仅与半导体本身的特性有关,也与其他条件密不可分。如果需要了解和设计这样的结构,就必须对光波的基本方程、光电转换及电子输运等一系列方程进行计算求解。这种情况下几乎只有数值求解唯一一种方法。因此可以得出一个结论,随着成像探测器的不断发展,光电探测器的数值仿真将成为科研工作者和器件结构设计人员的必须掌握的工具之一。

9.2 光电子器件数值仿真的基本原理和方法

学习掌握器件数值仿真的工具,需要有两方面的基础知识:一是器件工作(包括光与物质相互作用)的物理概念及相关模型;二是求解方程的数值算法的基本概念。

下面简单回顾一下传统的漂移扩散模型近似的理论框架。由半导体物理的基础知识可知,在微分条件下,决定半导体内部特性的有一系列方程,其中包括决定电势分布的泊松方程、载流子连续性方程、弛豫时间近似下的载流子输运的玻尔兹曼方程、热扩散方程和光产生速率方程等。半导体材料内部电势分布满足简化的泊松方程,影响电势分布的特征参数包括材料的介电常数、载流子浓度和固定电荷密度等。载流子的输运满足连续性方程,即单位时间、单位体元内增加的空穴(电子)数等于单位时间流入该体元的空穴(电子)数减去该体元内复合的空穴(电子)数,进一步采用迁移率模型进行描述的情况下,利用爱因斯坦关系(窄禁带半导体情况下需要进行费米-狄拉克统计的修正),可以将连续性方程转化为依赖电子和空穴的迁移率、温度、载流子浓度和电场的方程;传统的迁移率模型本身就是对载流子输运过程的玻尔兹曼方程的求解采用弛豫时间近似的方法,先分别考虑各种载流子的碰撞复合机制,然后利用共同起作用的法则计算得到实际的迁移率。载流子的产生可能存在着光激发产生、碰撞电离,而复合机制一般包括辐射复合(直接复合)、S-R-H 复合(间接复合)、俄歇复合、表面复合等,在考虑窄禁带半导体时,还需要考虑隧穿电流,包括直接隧穿电流和间接隧穿电流导致的产生-复合项。关于窄禁带半导体碲镉汞红外探测器的数值设计可以参阅何力等著的《先进焦平面技术导论》的第 2 章。这一章详细讨论了碲镉汞的导带电子浓度的修正、简并情况下的费米-狄拉克分布函数的近似、异质结能带结构优化设计及双色红外探测器件的设计和优化等内容。最后需要指出的是,当器件工作于非平衡状态(各处温度不一致)、内部存在热流时,还需要考虑耦合求解热扩散方程。另外,当考虑发光二极管和激光器的仿真时还要耦合考虑光的速率方程的求解。

半导体器件的数值模拟是指这样的过程:对所研究的半导体器件建立或选用合适的物

理模型，并对其抽象得到相应的数学表述，然后利用适当的数值方法开发计算机软件，并赋以器件的工艺、几何尺寸、电学方面的模型参数，进行计算机计算，得到器件的特性及其内部的物理图像。数值模拟计算一般是指基于对器件感兴趣区域中的许多节点来计算其特性的。对微分方程进行离散求解，就需要对关心的区域产生计算用的网格，而半导体的特性是根据时间的变化和相邻节点的值计算出来的(这就是微分变差分的基本思想)。节点就是叠加在器件上的网格的交叉点。网格的产生是计算机模拟中最困难的任务之一。其最基本特征就是，网格越密，则利用差分替代微分的数值计算误差越小、计算精度越高，但是计算的速度就会越慢和计算存储量要求就会越大。因此，一般地，在器件的有源区，参数随位置迅速变化，网格必须足够细才能通过计算得到详细的特征；而参数随空间位置变化不大的区域，可以不需要过多的计算。另外，网格的间距取决于物理参量的大小，也与关心的运动粒子的特征长度有关。

在上述的漂移扩散的模型下，材料的特征参数往往与另外一些特征参数有关，如迁移率的浓度依赖、电场强度的依赖等。这时，最简单的办法就是采用解析的计算模型，直接计算该节点的材料特征参数。因此就存在着各种计算模型。在硅的迁移率的模型方面常见的有浓度依赖模型、浓度和温度依赖模型、载流子浓度依赖模型、平行电场依赖模型、横向电场依赖模型、集成模型等。这些模型实际上就对应着各种计算公式，因此使用者必须十分清楚模型表达式的意义和参数。同样地，对于产生-复合模型，也存在计算公式的参数和意义的确认。一般地，编制好的软件中，参数缺省值可能是硅材料的最佳选择。但是对于用户的情况，需要认真地予以考虑、选择、重新定义等。这是现成的数值仿真软件使用者必须关心并确认的重要内容之一。当涉及有些特殊的材料或模型时，可能需要用户自定义一个计算公式，通过开放的接口耦合进这些仿真软件中。

下面以 Silvaco 公司的 ATLAS 为例简要地给出一个光电二极管二维仿真的例子[6]。ATLAS 的器件仿真工作是由命令文件驱动的。在仿真软件的环境中，调用编制好的仿真命令文件，根据命令文件提供的描述性命令，仿真开始工作，并给出可能的计算结果。因此，命令文件规定输入参数(结构描述)、模型描述(材料、接触、界面等)、数值计算方法、求解描述、结果分析等内容。下面以硅的 PIN 光电二极管的光谱响应曲线仿真为例进行说明。

【例 1】 Silvaco ATLAS 的硅 PIN 光电探测器响应光谱仿真。

```
go atlas
# SECTION 1: Mesh Specification
mesh space.mult = 4.0
x.mesh loc = 0.0     spacing = 0.25
x.mesh loc = 10.0    spacing = 0.25
y.mesh loc = 0.0     spacing = 0.05
y.mesh loc = 5.0     spacing = 0.2
y.mesh loc = 10.0    spacing = 0.05
# SECTION 2: Structure Specification
```

```
region num = 1      material = Silicon
elec num = 1 name = anode x.min = 0.0 x.max = 10.0 y.max = 0.0
elec num = 2 name = cathode bottom
doping uniform conc = 1e14 n.type
doping gaus peak = 0.0 char = 0.1 conc = 1e18 p.type dir = y
doping gaus peak = 10.0 char = 0.1 conc = 1e18 n.type dir = y
# SECTION 3: Material Model Specification
material taup0 = 2.e-6 taun0 = 2.e-6
models srh auger conmob fldmob
# SECTION 4: Initial Solution
solve init outf = optoex05.str master
tonyplot optoex05.str
# SECTION 5: Optical Source Specification
beam num = 1 x.origin = 5.0 y.origin = -1.0 angle = 90.0 wavelength = .1
method gummel newton
solve  init
solve  vcathode = 0.2
# SECTION 6: Spectral Response
log outf = optoex05.log master
solve prev b1 = 1 lambda = 0.1
solve prev b1 = 1 lambda = 0.2
solve prev b1 = 1 lambda = 0.3
solve prev b1 = 1 lambda = 0.4
solve prev b1 = 1 lambda = 0.5
solve prev b1 = 1 lambda = 0.6
solve prev b1 = 1 lambda = 0.7
solve prev b1 = 1 lambda = 0.8
solve prev b1 = 1 lambda = 0.9
solve prev b1 = 1 lambda = 1.0
solve prev b1 = 1 lambda = 1.1
tonyplot  optoex05.log
quit
```

一般地，器件仿真文件的开始首先是定义结构(当然也可以从工艺仿真或器件编辑器等中导入现成的器件结构)，定义结构的主要四个步骤如下：定义网格；定义区域和材料；定义电极；描述掺杂。下面的例子中，以＃开头的是注释说明语句。其他的是以命令开始，随后跟随有相关的参数或定义，以空格隔开。Mesh 命令用来定义网格，space. mult 定义网格的倍乘因子，默认值为 1，大于 1 使得网格变稀疏。x. mesh 和 y. mesh 利用其参数 loc(位置)

和 spacing(间距)来定义网格。从下面的例子可以看出,在 x 方向网格设置稀疏,而 y 方向网格设置较密,特别是在 $y=0$ 和 $y=10$ 的位置上间距更密,这些都是考虑电场在这些地方存在变化较大的情况。这是一种仿真计算结果精度和计算速度折中考虑的体现。网格越密,计算的精度和收敛特性越好,但是计算的量越大,速度越慢。另外,在电场变化不大的地方,载流子相关的物理量一般变化不剧烈,因此可以适当地增大网格的间距。本例中 y 方向中心区域的网格间距就进行了适当放大。网格定义之后,确定相关区域(region 命令),本例只有一个区域,定义为材料硅。如果是不同的材料或不同的组分,需要设置不同的区域来声明不同的材料。当然,ATLAS 还有声明组分渐变的命令,详细情况请参阅软件说明书。电极的定义使用 electrode 命令,本例中 elec 是 ATLAS 允许的缩写命令,即不产生歧义的情况下可以缩短命令码,elec 就被翻译为 electrode 命令。本例设置两个电极,分别命名为阳极和阴极,并规定所在位置和大小。doping 命令定义掺杂分布,可以是均匀的(uniform)、高斯分布(gauss)和余误差函数分布(erfc)及其相应的描述参数。本例中的高斯分布,浓度(concentration)是 $1\times10^{18}\ cm^{-3}$,峰值位置用 peak 来规定,特征长度用 char 和 dir 规定,另外还分别规定了不同的掺杂类型。

本例的第三部分规定了材料的参数特性和使用的模型。材料特性由 material 命令设置。TCAD 中材料基本上可以分为三类:半导体、绝缘体和导体,每一类都有特定的参数,器件仿真时很多都有默认的参数。需要特殊规定时要指明,如本例中特别指明的 SRH 复合中的 taup0 和 taun0 两个寿命参数。另外,此部分还可以定义接触特性、界面特性等,虽然本例中没有涉及,但是在异质结探测器的仿真中,这些命令是很重要的,详细的情况请参阅软件说明书或有关书籍。物理模型用 models 命令,包括迁移率的模型、复合模型、载流子统计模型、碰撞电离模型和隧道效应模型等,详细的模型描述请参阅软件说明书和相关的半导体物理书籍。本例分别采用 S-R-H 和俄歇复合模型,以及载流子迁移率浓度依赖模型 conmob 和迁移率电场依赖模型 fldmob。

求解命令使用 solve 命令,init 是初始化,电压为零。outf 规定存盘文件名。Method 命令规定计算采用的计算方法:newton、gummel、block 或者其组合。一般来说,newton 法是 ATLAS 计算的默认方法。gummel 法收敛慢但是对初始猜测值要求低。含有晶格加热和能量平衡时 block 方法更有效。vcathode 定义阴极所加电压。本例为反向偏置 0.2 V。beam 命令是光线追迹计算的命令,是几何光学的计算方法,定义一束光。参数有方向、波长、强度分布和光线的几何分布参数、反射参数等。其强度是在下面 solve 命令中 b1=1 来定义的,为 1 W/cm^2,波长由 lamda 定义。log 命令和 save 命令可以保存日志文件和结构文件。log 语句显然需要在 solve 之前,这样求解的数据才能得以存盘。本例中出现的两次 tonyplot 命令是调用内置的画图软件,展示计算的结果。本例在 ATLAS 运行后在 tonyplot 中打开的结果如图 9.1 所示。

从例 1 可以看出,光电探测器数值仿真的工作在使用给定仿真计算工具的情况下,主要的内容就简化成了选择合适的结构、使用正确的模型、确定准确的模型参数三个主要方面。如果软件提供的模型还不能反映实际情况,还可考虑使用软件提供的自定义材料的软件接口。

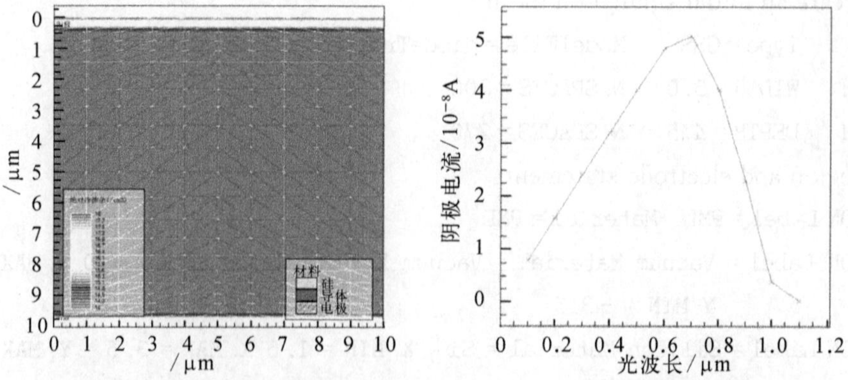

(a) 结构网络与掺杂浓度　　　　(b) 响应光谱曲线

图 9.1　器件的结构及网格和掺杂浓度示意图(a)和仿真计算的响应光谱曲线(b)

根据光学的基本原理可知,处理光学问题时可以采取不同的模型。例如,在工程光学中广泛采用的几何光学就是一种;在处理薄膜干涉光学计算时常采用的传输矩阵的方法、在处理干涉和衍射时常采用的波动光学的计算处理方法也是一种。当然,直接求解麦克斯韦方程组的方法也是可行的。在半导体光电器件数值仿真的模型选择中也存在着针对不同问题采用不同方法的情况。上述的计算硅光电二极管光谱响应的例子,实际采用了最简单快速的适用几何光学模型的光线追迹(ray-tracing)方法。一般来说,这种方法计算速度最快,也能解决工程光学中的大部分问题,是较为常见的方法之一。然而,由于忽略光的干涉和衍射的特性,当这些效应不能忽略的时候,这些计算可能会出现较大的误差,甚至给出错误的结果。当材料的特征尺度与光波长相近、光波的单色性相干性良好时,就应该采用考虑物理光学的模型。例如,求解二维光传播的亥姆霍兹方程或者直接求解麦克斯韦方程组的 FDTD 方法。由于这些求解一般需要以小于 1/10 波长的网格离散求解,是消耗很大计算成本的一种方法。

gss-tcad 是一个开放源代码的二维仿真软件,该软件的互联网主页网址是 gss-tcad.sourceforge.net。这个软件是以我国科研工作者为主编写的半导体数值仿真的工具软件[7]。虽然软件以运行在 Linux 平台上来设计,但是也有可以运行在 Windows 的编译版本,详见贡顶和张相华编写的该软件的说明书。虽然该软件目前已经不再开发,但是其 0.46 版本已经是一个部分地可以和商业软件相比较的仿真工具。gss-tcad 不但提供二维电学的半导体器件仿真的扩散漂移等模型的求解器,而且提供一个基于有限元方法的电磁场求解器,可用于计算光在半导体中的传播与吸收过程,进一步可以得到半导体器件内部光生载流子的信息,可用于光电器件的数值模拟。

【例 2】　利用此软件进行光电二极管仿真计算。

```
#======================================================
# GSS example: Silicon photovoltaic detector simulation with light source and
# PML boundary
#======================================================
```

```
# Create an initial simulation mesh
MESH     Type = GSS     ModelFile = diodeTrue.cgns Triangle = "pzA"
XMESH    WIDTH = 5.0    N.SPACES = 300
YMESH    DEPTH = 4.5    N.SPACES = 270
# Region and electrode statements
REGION Label = PML   Material = PML
REGION Label = Vacuum Material = Vacuum X.MIN = 1.0 X.MAX = 4.0 Y.MAX = -1.0
              Y.MIN = -3.5
REGION Label = Silicon Material = Si   X.MIN = 1.5 X.MAX = 3.5   Y.MAX = -1.5
             Y.MIN = -3.0
SEGMENT  Label = Source  Direction = Horizontal  Y = -1.5  X.MIN = 2.75 X.MAX = 3.0
SEGMENT  Label = Drain  Direction = Horizontal  Y = -1.5  X.MIN = 1.5  X.MAX = 1.75
# Specify impurity profiles
PROFILE  Type = Uniform Ion = Donor  N.PEAK = 1E15  X.MIN = 1.5 X.MAX = 3.5 \
         Y.MIN = -3.0  Y.MAX = -1.5
PROFILE  Type = Gauss  Ion = Acceptor  N.PEAK = 1E18  X.MIN = 2.5 X.MAX = 3.0  \
         Y.TOP = -1.5 Y.BOTTOM = -1.5 X.CHAR = 0.1  Y.CHAR = 0.1 Y.JUNCTION = -2.0
# Specify boundary condition
boundary Type = OhmicContact  ID = Source  Res = 0 Cap = 0 Ind = 0
boundary Type = OhmicContact  ID = Drain  Res = 0 Cap = 0 Ind = 0
set Carrier  = pn
set DopingScale = 1e18
# Some voltage source and light source are needed here
vsource Type = VDC  ID = GND  Tdelay = 0  Vconst = 0
LSOURCE Type = UNIFORM Tdelay = 0
METHOD Type = DDML1  Scheme = Newton  NS = LineSearch LS = BCGS
SOLVE  Type = EQUILIBRIUM
#Photogeneration state
PHOTOGEN WAVELEN = 0.650 INTENSITY = 1.0E+2 ANGLE = 90  WTE = 0.00  WTM = 1.00
METHOD  Type = EMFEM  LS = LU
SOLVE
#Set source to ground
ATTACH  Electrode = Source  VApp = GND
#Specify DDM method
METHOD  Type = DDML1E  Scheme = Newton  NS = Basic LS = GMRES  EJModel = ON
# Use DCSWEEP solver to get i-v character
SOLVE  Type = DCSWEEP VScan = Drain  IVRecord = Drain  IVFile = ivTrue.txt \
```

```
VStart = 0 VStep = 0.002 5 VStop = 0.005
# Extract mesh and solution
EXPORT  CoreFile = diodeTrue_dc.cgns  VTKFile = diodeTrue_dc.vtk
```

由于 gss-tcad 的命令语法大部分参考斯坦福大学的 PISCES 的格式，所以例 2 的命令和命令结构在形式上与例 1(ATLAS 语法)的有相似之处。本书不再进行详细的介绍，具体请参阅该软件的中文说明书。需要明确的是，该软件计算光电场分布使用的 EMFEM 求解器，是采用电磁场有限元法求解的，因此干涉和衍射的效应能够灵敏地体现在计算中。波长为 532 nm 的光场电磁分量的分布情况计算结果如图 9.2 所示，可以清楚看出光场分布的波动分布效果。改变入射波长，可以给出不同的光场分布形貌。本章仅仅改变入射光波长，计算 532～660 nm 的输出零偏压光电流，结果如图 9.3 所示。从图中可以看出，不同光波长得到的光电流是不同的，响应光谱出现了所谓的多峰现象。这显然与光的干涉有关。另外需要注意的是，由于设计的硅器件尺寸很小，只有几个微米，所以各个方向的干涉效果均有叠加，共同影响光电流大小。

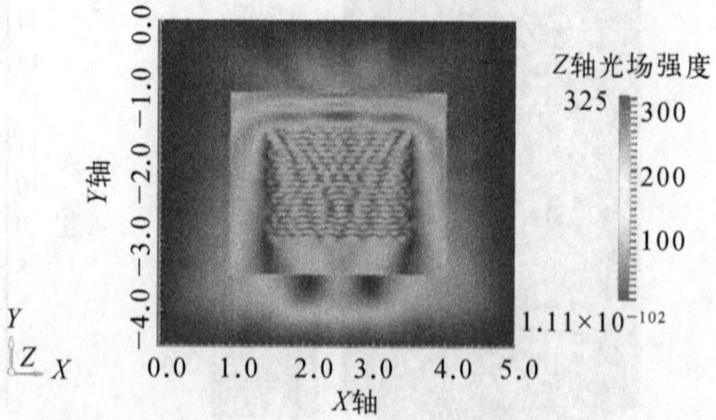

图 9.2　计算的半导体材料内外光场分布的情况

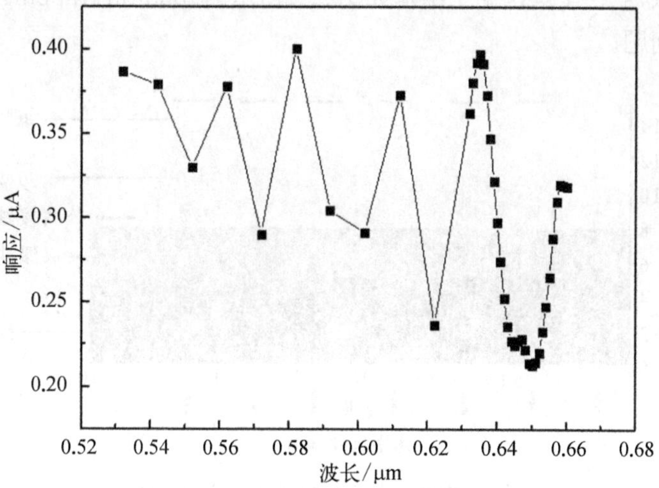

图 9.3　数值仿真计算出的器件响应光谱

9.3　HgCdTe 红外探测器数值仿真计算进展

2013 年，李杨等[8] 在 *Opt. Quant. Electron.* 上发表了题为“Crosstalk suppressing design of GaAs microlenses integrated on HgCdTe infrared focal plane array"的文章，他们使用 CrossLight 公司的 Apsys 软件进行计算，计算了微透镜内部的光场分布，讨论了阵列探测器的光串音问题，如图 9.4 所示，图 9.4(a)为光场分布，图 9.4(b)为计算的不同条件下串音的变化情况。这个计算表明微透镜对光学串音的影响是有一个最优值的。

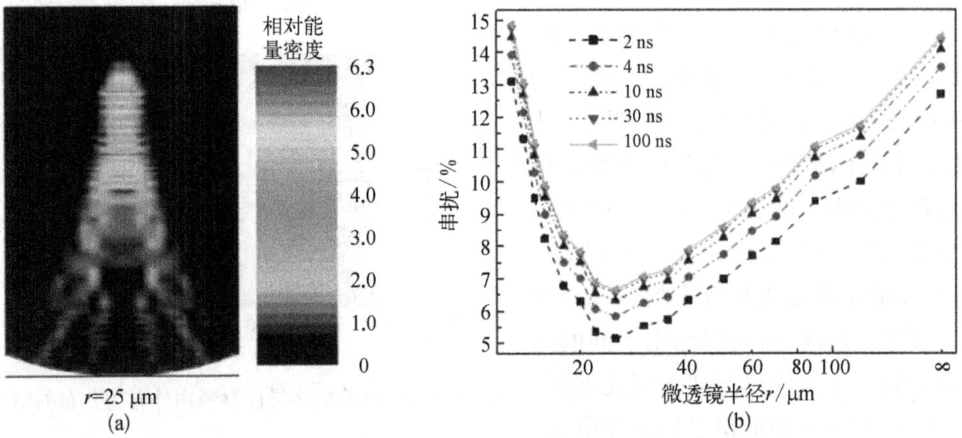

图 9.4　光场分布(a)和计算的不同条件下串音的变化情况(b)[8]

2014 年，叶振华等[9]在 Springer 出版的 *Opt. Quant. Electron.* 上发表了一篇文章，文章的题目是"Photon trapping photodiode design in HgCdTe mid-wavelength infrared focal plane array detectors"。文章讨论了结构如图 9.5 所示的"photon trapping photodiode"阵列器件的设计优化问题。

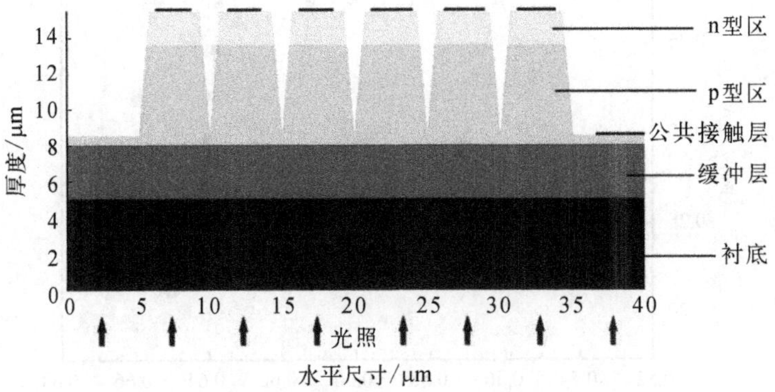

图 9.5　陷光二极管阵列器件的结构示意图

显然，如前所述，当光敏元的尺寸与入射光波长相比拟时，探测器的结构尺寸将影响光场的分布，从而影响探测器的量子效率等指标。文章中对不同的深宽比、不同的吸收层厚度等参数进行了计算。当固定深宽比为 2 时，变化吸收层的厚度计算得到如图 9.6 所示的曲线。

器件的量子效率随着不同的吸收层厚度发生了比较明显的变化，通过与平面结进行比较，可以看出，由于存在结构对光场的调控，这种结构的探测器量子效率可以比平面结的高，

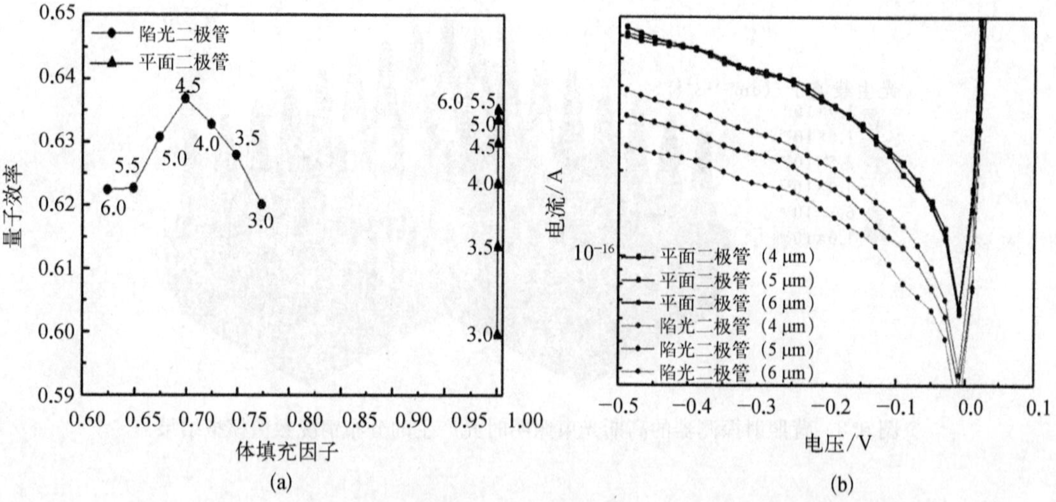

图 9.6　数值仿真的陷光二极管阵列器件与传统的平面型二极管的量子效率和伏安曲线的比较

但是其性能还受到尺寸的影响，要优化设计这种探测器，就必须综合设计探测器的尺寸结构、吸收层厚度及各种介质特性等。

王妮丽[10]利用 gss-tcad 计算比较了单一掺杂结构和具有多层掺杂结构的碲镉汞光导探测器的光电响应，仿真结果表明，具有多层结构的光导探测器相对于单层结构的器件响应率高。这一结果从机理上解释了所谓弱 p 型探测器性能较高的原因。

2013 年，土耳其的 Kocer[11] 撰写一篇文章计算了碲镉汞光伏器件的噪声。Kocer 认为器件的噪声由三部分构成，热扩散电流导致的噪声、产生-复合导致的噪声及间接隧道电流引起的 1/f 噪声。Kocer 利用电压扫描的计算结果，分析了碲镉汞光电二极管的噪声随着禁带宽度和偏置电压的变化。虽然并没有解释为什么间接隧道电流是提供 1/f 噪声的来源，以及它的准确性和合理性，但是这种计算毕竟提供了一种预估噪声的方法。图 9.7 是关于噪声的计算结果。从图中可以看出，随着截止波长和反偏电压的升高，器件的噪声电流显著增加。

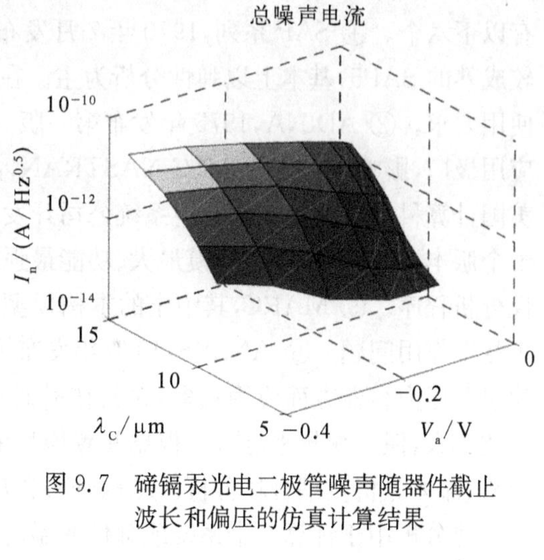

图 9.7　碲镉汞光电二极管噪声随器件截止波长和偏压的仿真计算结果

美国波士顿大学的 Bellotti 在 HgCdTe 红外探测器的数值仿真方面发表了一系列文章[12-16]。文章讨论了 HgCdTe 红外探测器的双色阵列器件响应的仿真、串音的仿真、三维结构的所谓陷光探测器的设计情况和雪崩光电二极管的仿真计算等结果。图 9.8 给出了背照射探测器在高斯光束照射下的光产生分布情况的数值模拟结果。利用这一计算 Bellotti 比较讨论了光串音和扩散引起的串音的情况。

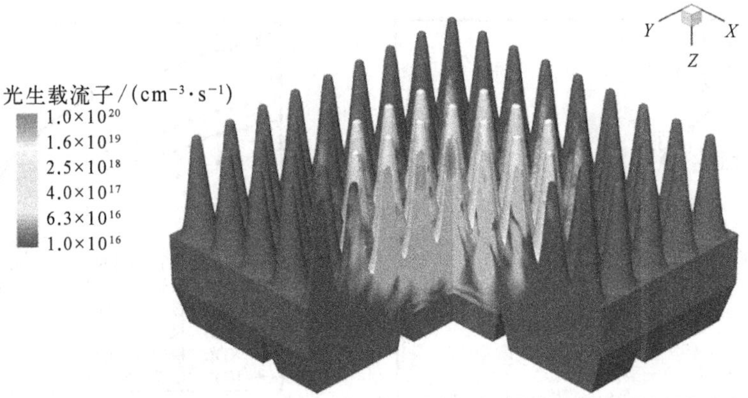

图 9.8　背照射探测器的高斯光束照明时光产生的分布情况数值模拟结果

9.4　热敏探测器件的热力学有限元仿真分析简介

9.4.1　有限元法热学分析引言

有限单元法(简称有限元法)起源于 20 世纪 50 年代的航空领域中飞机结构的矩阵分析,至今已经历 60 多年的研究发展。有限元方法和技术已经成为当今科学与工程分析的重要方法,是计算机模拟仿真技术的基本理论、设计技术的主要手段。常见的有限元仿真软件有以下六个。① SAP 系列,1970 年 7 月发布第一版。从最初的 SAP1 开始,一直发展到比较成熟的 SAP5,基本上以弹性分析为主。在 20 世纪,我国工程界应用广泛,能满足工程的使用要求。② ADINA,1975 年发布第一版。非线性分析能力十分强大,在我国的科研院校应用极广,影响很大。③ MSC NASTRAN,由美国国家航空航天局(NASA)在 1965 年委托美国计算科学公司和贝尔航空系统公司开发,1970 年发布第一版。该系统发展至今已有几十个版本,是目前世界上规模最大、功能最强的有限元分析系统。④ ABAQUS,也属于非线性分析程序。⑤ MARC,其中土的本构模型较多,主要用于计算与土有关的问题,如结构-土相互作用问题。⑥ ANSYS,1970 年发布第一版。功能十分强大,单元类型丰富,在铁道、建筑和压力容器方面应用较多,尤其在科研单位、设计院、院校应用较广。核心的计算部分变化不大,但模块越来越多。根据配置模块的不同,ANSYS 可以作结构分析、热分析、电磁分析、流体分析及耦合场分析。结构分析和热分析是有限元分析最常用的应用领域。

热分析用于计算一个系统或部件的温度分布及其他热物理参数,如热量的获取或损失、热梯度、热流密度(热通量)等。ANSYS 热分析包括热传导、热对流及热辐射三种热传递方式。此外,还可以分析相变、有内热源、接触热阻等问题。依据温度场与时间的变化关系,ANSYS 热分析可以分为稳态传热和瞬态传热两种。稳态传热用于分析稳定的热载荷对系统或部件的影响。通常在瞬态传热分析之前,进行稳态热分析,用于确定初始温度分布。稳态热分析可以通过有限元计算确定由稳定的热载荷引起的温度、热梯度、热流率、热流密度等参数。瞬态传热分析用于计算一个系统的随时间变化的温度场及其他热参数。在工程上一般用瞬态传热分析计算温度场，并将它作为热载荷进行应力分析。瞬态传热分析的基本步骤与稳态热分析类似，主要的区别是瞬态传热分析中的载荷是随时间变化的。

ANSYS的热分析是基于能量守恒原理的热平衡方程，根据传热机理的不同，传热的基本方式有热传导、热对流和热辐射三种。

(1) 热传导。当物体的内部或两个直接接触的物体之间存在着温度差异，物体各部分之间不发生相对位移时，依靠分子、原子及自由电子等微观粒子的热运动而产生的热量传递称为热传导。热传导基本规律可用下式表示：

$$Q=-\lambda A\frac{\mathrm{d}T}{\mathrm{d}n} \tag{9.1}$$

式中，Q为热流量，表示单位时间内通过某一给定面积的热量，单位W；$\mathrm{d}T/\mathrm{d}n$为温度梯度，单位℃/m；A为导热面积，单位m^2；λ为材料的导热系数，单位W/(m·℃)。导热系数是物质的一种物理性质，表示物质的导热能力的大小，导热系数值越大，物质的导热性能越好。

(2) 热对流。热对流是指由于流体的宏观运动，从而使流体各部分之间发生相对位移，冷热流体相互掺混所引起的热量传递过程。对流仅发生在流体中，对流的同时必然伴随有导热现象。对流换热的基本规律(牛顿冷却公式)如下：

$$Q=Ah(t_{\mathrm{s}}-t_{\mathrm{f}}) \tag{9.2}$$

式中，t_{s}及t_{f}分别为表面温度和流体温度；h为对流换热系数，表示单位温差作用下通过单位面积的热流量，对流换热系数越大，传热越剧烈，单位W/(m^2·℃)。

(3) 热辐射。物体通过电磁波来传递能量的方式称为辐射。因热的因素而发出辐射能的现象称为热辐射。辐射热量服从斯特藩-玻尔兹曼定律：

$$Q=\varepsilon A\sigma T^4 \tag{9.3}$$

式中，T为黑体的热力学温度，K；σ为斯特潘-玻尔兹曼常数(黑体辐射常数)；A为辐射表面积，m^2；Q为物体自身向外辐射的热流量，而不是辐射换热量；ε为物体的发射率(黑度)，其大小与物体的种类及表面状态有关。

ANSYS有限元可以实现对复杂结构的探测器的热学分析，获得温度分布，结合结构分析还可以获得应力分布等参数。

9.4.2 热敏电阻红外探测器的热学仿真实例

ANSYS有限元仿真的基本流程为模型建立、材料参数确定、网格划分、边界条件设定、求解、后处理。ANSYS有传统图形用户界面(APDL)、命令流和Workbench三种仿真界面方式可选，其中Workbench由多种的应用模块组成，可以让用户的操作更加简便、容易。不论哪种界面，其基本理论和分析计算方法都是一样的，设置和仿真流程也没有大的区别。

热学参数数值分析对于热探测器及大功率探测器是重要的设计内容之一，随着有限元分析软件的日趋成熟，越来越多的研究人员采用这类软件进行数值仿真分析。

热敏电阻红外探测器是一种温度敏感的器件，热辐射作用下的器件温升（温度升高）是结构设计中重点考虑的内容之一，蓝宝石衬底是一种比较理想的热敏工艺衬底，但蓝宝石的导热系数比较高，对探测器热性能有一定的影响，本节给出了采用有限元方法进行热学仿真的基本步骤和方法。

首先建立如图 9.9 所示的探测器的模型，各材料的参数选取如表 9.1 所示，在软件中设定热学分析的边界条件如下。

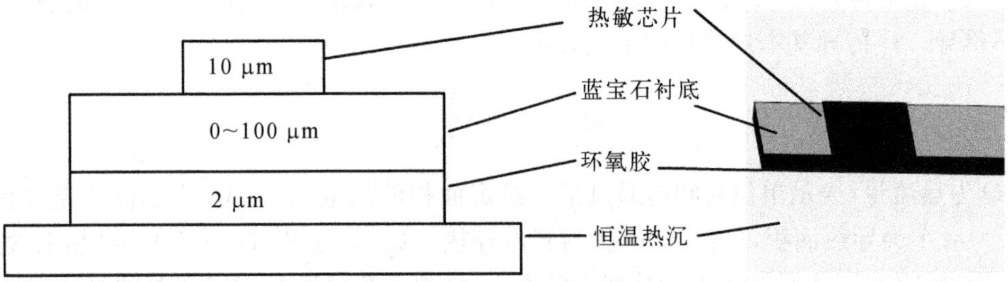

图 9.9　热敏探测器模型图

表 9.1　热敏探测器模型中各材料的参数

	导热率/$(W\cdot m^{-1}\cdot K^{-1})$	比热容/$(J\cdot kg^{-1}\cdot K^{-1})$	密度/(kg/m^3)
蓝宝石衬底	25.2	761	3 980
热敏材料	20(估计值)	200(估计值)	4 200(估计值)
环氧胶	0.25	290	1 420

（1）忽略探测器周围空气的对流传热和传导传热，忽略探测器芯片本身的辐射效应，只考虑探测器结构的热传导。

（2）热敏芯片表面接收到的热辐射为经过 10 Hz 调制的正弦波，幅度为 1.25 μW（图 9.10）。

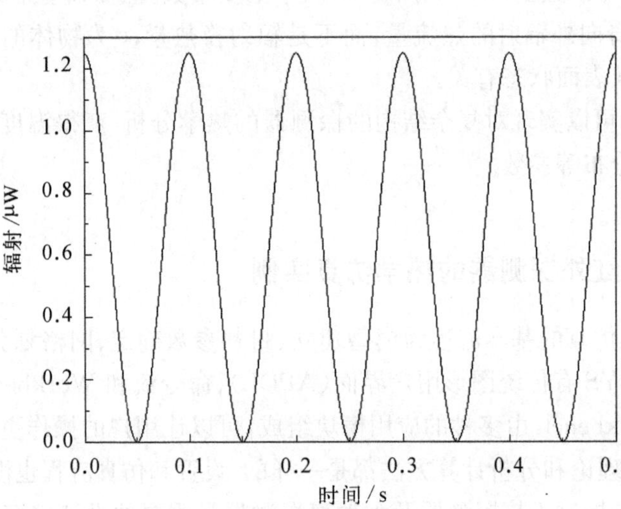

图 9.10　探测器表面接收到的热辐射

(3) 设定环氧胶底面为固定温度22℃,用来模拟恒温热沉。

接着划分模型网格,由于探测器模型的结构比较简单,直接采用默认的划分方式即可得到质量比较好的网格质量,划分好的网格如图9.11所示,共有14 716个节点。

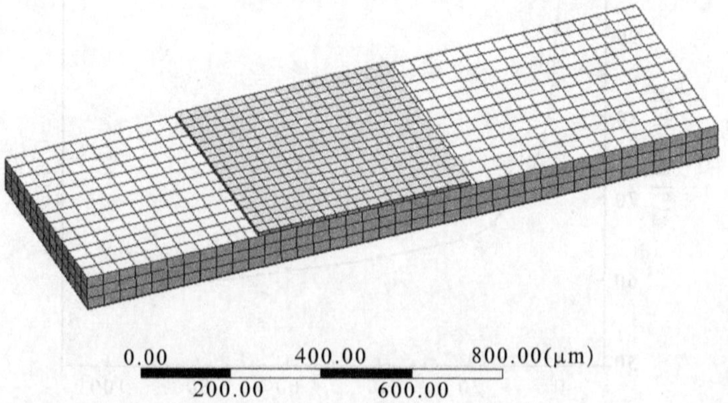

图9.11　探测器网格划分结果图

然后根据上述的边界条件设定温度(temperature)和热流(heat flow)。插入温度边界选项,选取环氧胶的底面,输入温度值"22℃",这样就完成了温度的设定。选择插入热流边界,选取热敏芯片上表面,输入公式"1.25e6/2 * (cos(62.8 * 60 * time)+1)",需要注意的是单位量纲的一致性。

接下来就是求解,求解完成后通过查看温度分布可以得到热敏芯片随时间的温度变化情况。辐射最小和最大时的温度分布仿真结果如图9.12所示。

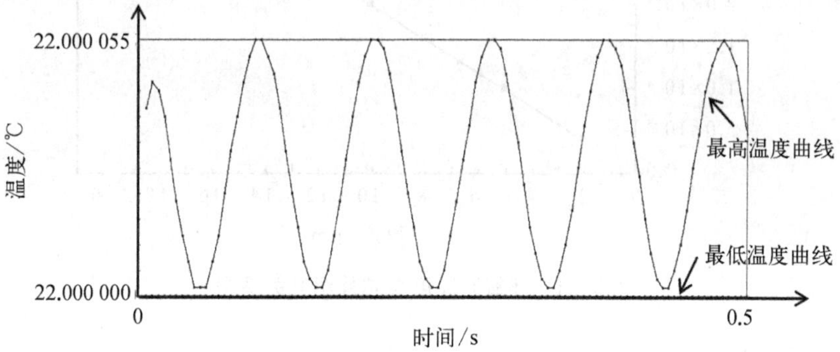

图9.12　热敏芯片温度仿真结果

改变蓝宝石的厚度,分析对比可以得到热敏芯片的最大温升与不同厚度的蓝宝石衬底基本无关,但最高温升区域占芯片面积的百分比与衬底厚度是相关的,如图9.13所示。

从图9.13可以知道,蓝宝石衬底对热敏芯片的性能有比较显著的影响,蓝宝石衬底越薄越好,极限的情况是没有该衬底。根据这个仿真结果,要去除热敏芯片的蓝宝石衬底,那么接下来就要考虑环氧胶对热敏芯片的热影响。仿真分析方法与上面的方法没有根本区别,只是需要重新建立模型,然后设置相应的边界条件。图9.14是仿真得到的环氧胶厚度与芯片温升的关系图。可见随着胶厚度的增加，芯片温升也在增加。这说明胶厚度是这种探测器研制的关键控制参数之一。

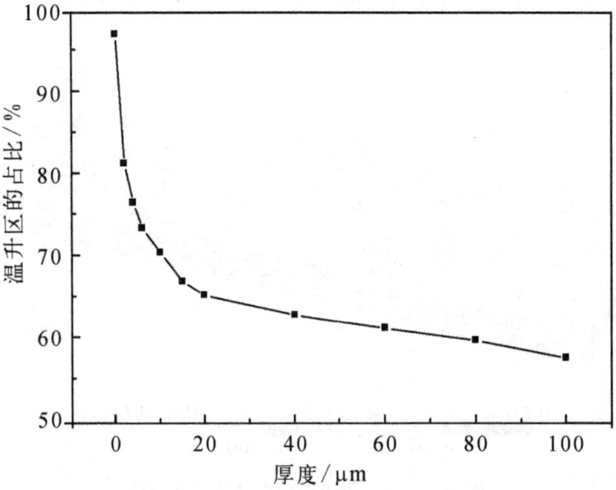

图 9.13 蓝宝石衬底厚度与温升区百分比的关系

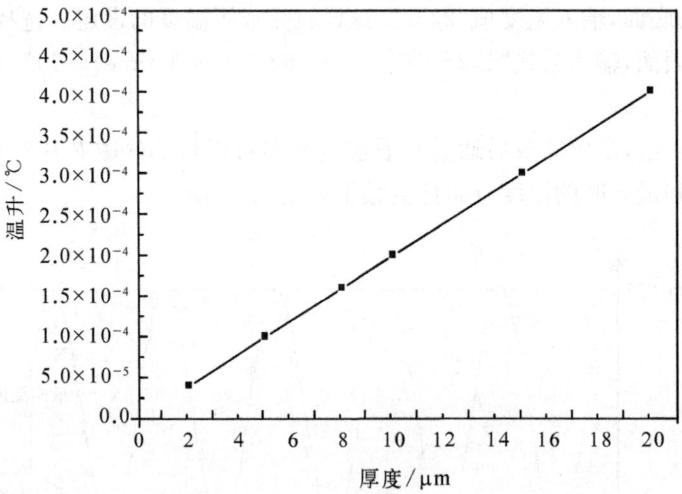

图 9.14 环氧胶厚度与芯片温升关系图

9.5 结 论

总之，光电器件的数值仿真技术在设计方面显得越来越重要。掌握光电器件的数值仿真的方法能够提供一种直观的工具，给科研工作者理解器件结构与性能之间的关系等提供方便，进而优化器件设计。数值仿真技术一般采用对描述半导体内部载流子和光子的产生、湮灭和运动等方程进行离散化的数值求解方法，计算特定条件下的器件特性。在计算中，采取模型的正确性和关键参数的准确性是使用者保证计算结果有意义的前提条件。利用这种计算能够对多种机制耦合作用下的器件特性进行直观的计算机实验。

参考文献

[1] Parent D W, Del Rio-Parent L. Introducing TCAD tools in a graduate level device physics course. IEEE Transactions on Education, 2008, 51(3): 331 - 335.

[2] Gummel H K. A self-consistent iterative scheme for one-dimensional steady state transistor calculations. IEEE Trans. Electron Devices, 1964, 11: 455 - 465.

[3] Loeb H W, Andrew R, Love W. Application of 2-dimensional solutions of the Shockley-Poisson equation to inversion-layer M. O. S. T. devices. Electron. Lett., 1968, 4(17): 352 - 354.

[4] Schroeder J E, Muller R S. IGFET analysis through numerical solution of Poisson's equation. IEEE Trans. Electron Devices, 1968, 15(12): 954 - 961.

[5] Sarkar C K. Technology Computer Aided Design Simulation for VLSI MOSFET. Boca Raton: CRC Press, 2013: 5 - 8.

[6] 唐龙谷. 半导体工艺与器件仿真软件 Silvaco TCAD 实用教程. 北京：清华大学出版社，2014：194 - 197.

[7] 贡顶，王建国，张殿辉，等. 通用二维半导体器件模拟软件的设计. 计算物理，2007，24(2)：248 - 253.

[8] 李杨，叶振华，何力，等. Crosstalk suppressing design of GaAs microlenses integrated on HgCdTe infrared focal plane array. Opt. Quant. Electron., 2013, 45: 665 - 672.

[9] Ye Z H, Zhang P, Li Y, et al. Photon trapping photodiode design in HgCdTe mid-wavelength infrared focal plane array detectors. Opt. Quant. Electron., 2014, 46: 1385 - 1390.

[10] 王妮丽. 航天用长波碲镉汞红外光导探测器性能研究. 上海：中科院上海技术物理研究所博士学位论文，2013.

[11] Kocer H. Numerical device simulation to investigate the noise currents of mercury cadmium telluride photosensors for thermal imaging applications. Int. J. Numer. Model., 2013, 26: 573 - 578.

[12] Pinkie B, Bellotti E. Numerical simulation of spatial and spectral crosstalk in two-color MWIRLWIR HgCdTe infrared detector arrays. Journal of Electronic Materials, 2013, 42(11): 3080 - 3089.

[13] Keasler C A, Bellotti E. Three-dimensional electromagnetic and electrical simulation of HgCdTe pixel arrays. Journal of Electronic Materials, 2011, 40(8): 1795 - 1801.

[14] D'Orsogna D, Tobin S P, Bellotti E. Numerical analysis of a very long-wavelength HgCdTe pixel array for infrared detection. Journal of Electronic Materials, 2008, 37(9): 1349 - 1355.

[15] Bellotti E, Moresco M, Bertazzi F. A 2D full-band monte carlo study of HgCdTe-based avalanche photodiodes. Journal of Electronic Materials, 2011, 40(8): 1651 - 1656.

[16] Schuster J, Pinkie B, Tobin S, et al. Numerical simulation of third-generation HgCdTe detector pixel arrays. IEEE Journal of Selected Topics in Quantum Electronics, 2013, 19(5): 1 - 15.

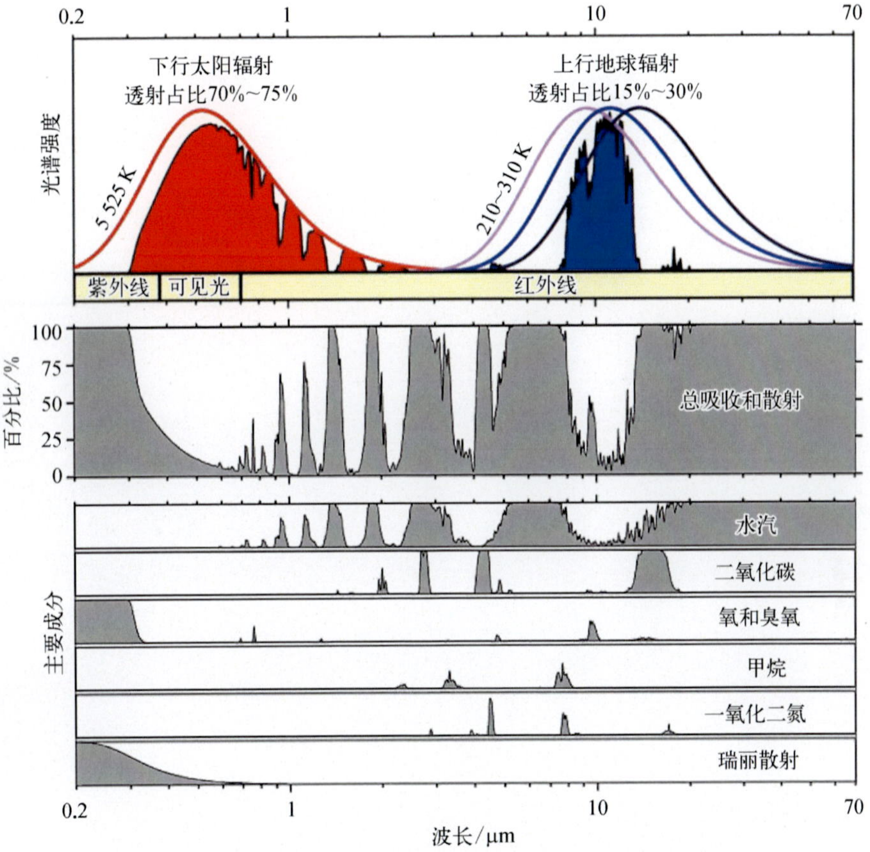

彩图1.3　地球大气层对红外辐射的吸收–透射光谱

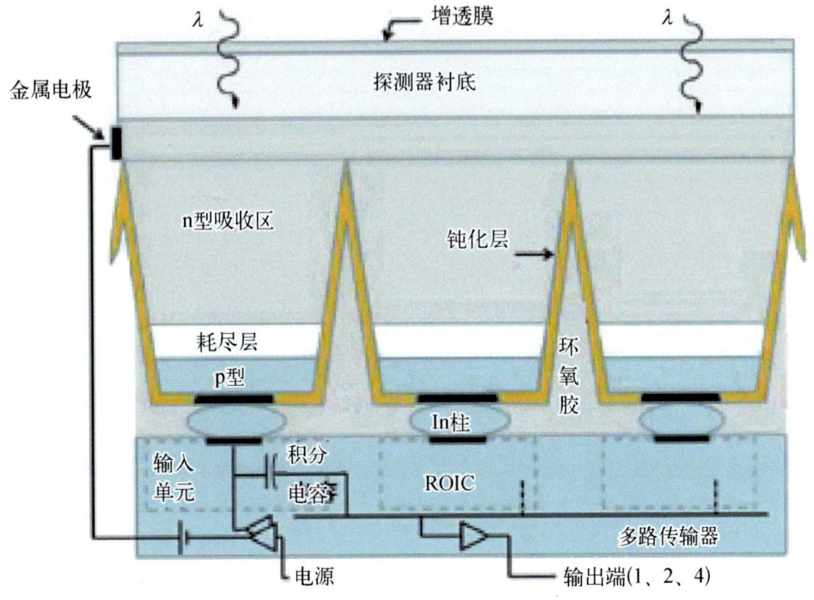

彩图3.7　铟柱互连背照射结构焦平面阵列剖视图

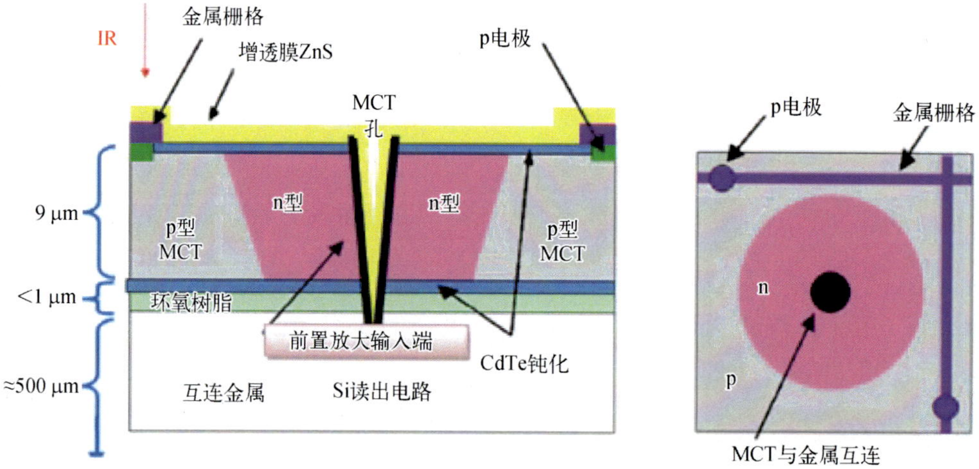

(a) 剖视图　　　　(b) 顶视图

彩图3.8　HDVIP阵列结构示意图

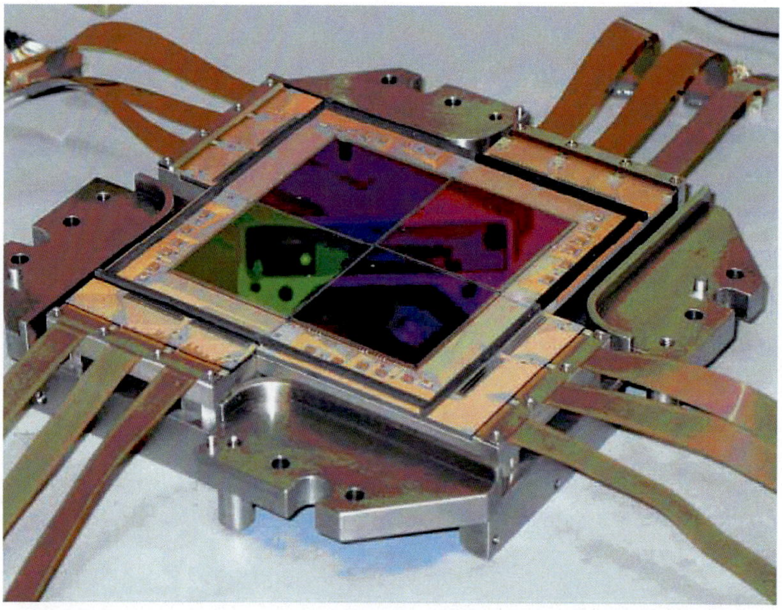

彩图3.11　拼接的ORION II 4 096×4 096元InSb FPA组件照片

图3.18　用于Microlensing Planet Finder项目中的147 M元巨规模阵列结构图

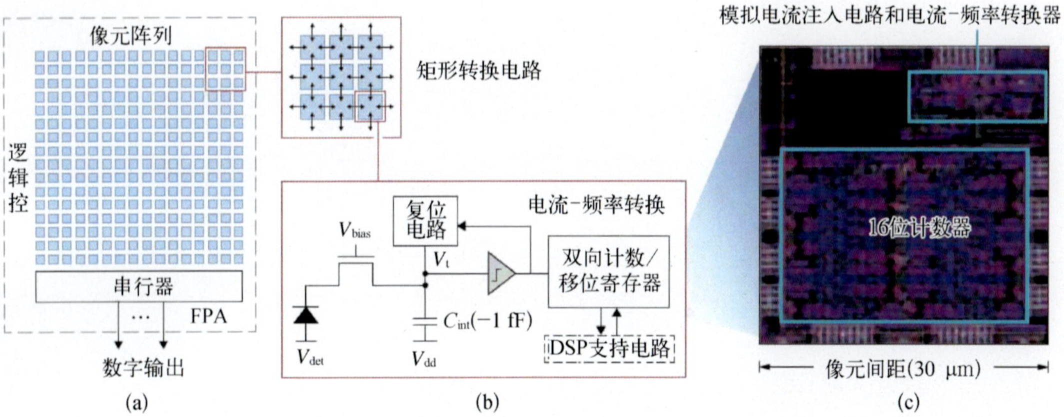

彩图3.33　数字像元读出电路基本结构和原理示意图

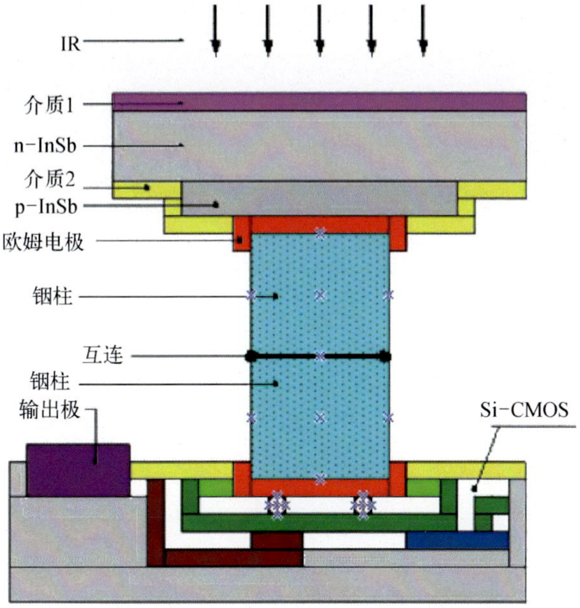

彩图4.26　InSb焦平面器件单元结构剖视简图

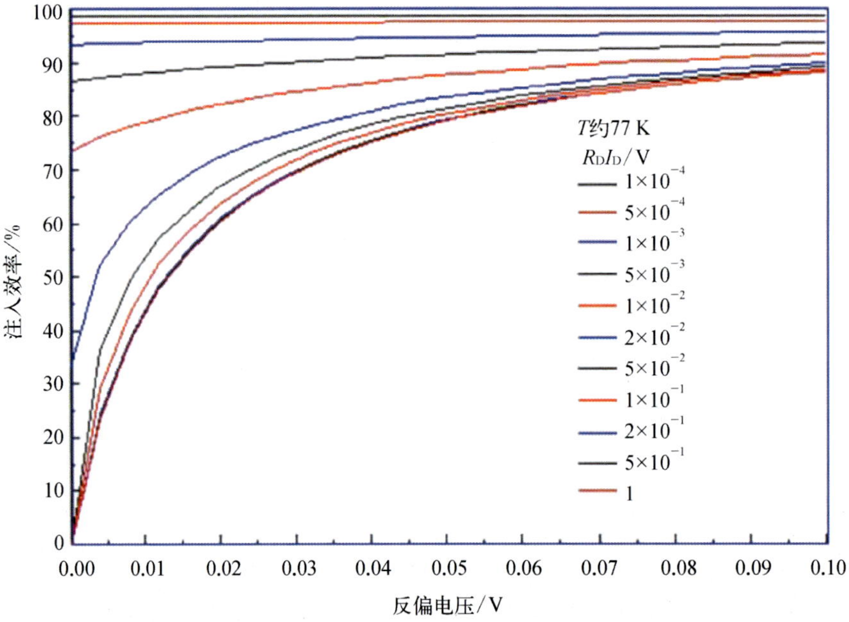

彩图4.29 不同 $R_D I_D$ 下注入效率对偏置的依赖关系

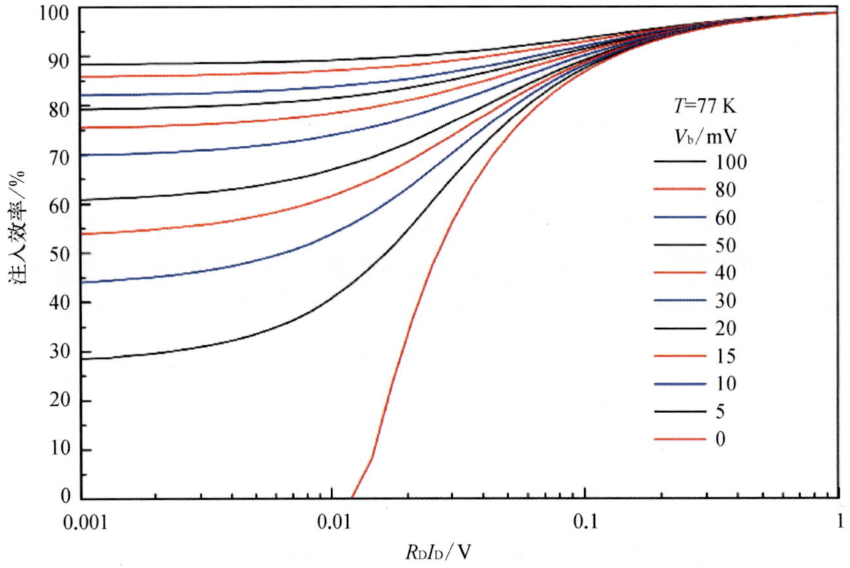

彩图4.30 不同偏置下注入效率对 $R_D I_D$ 的依赖关系

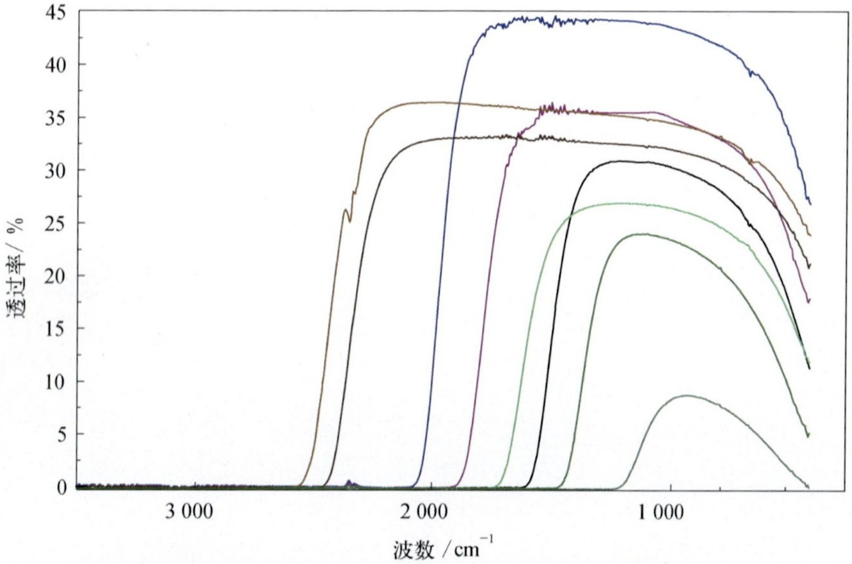

彩图5.3　厚度约为0.6 mm的不同组分碲镉汞晶片的透射光谱实例

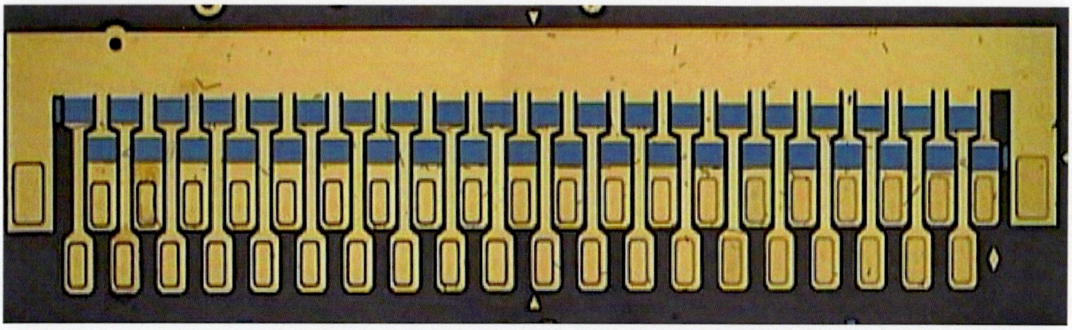

彩图5.19　长波光导探测器20元 ×2芯片照片

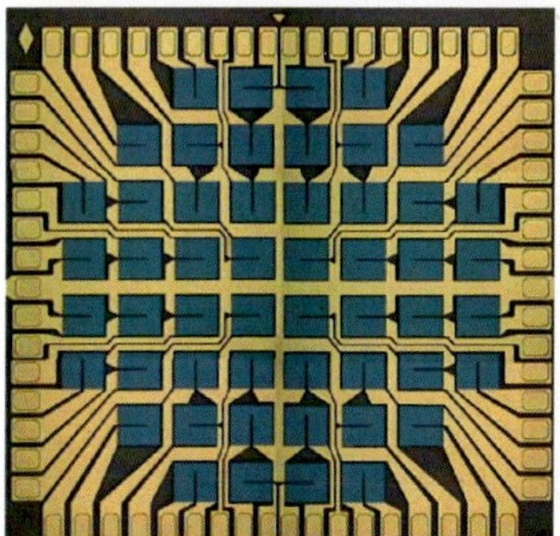

彩图5.20　光导型小面阵长波红外碲镉汞探测器芯片

彩图5.21 风云四号干涉式大气垂直探测仪甚长波红外探测器芯片

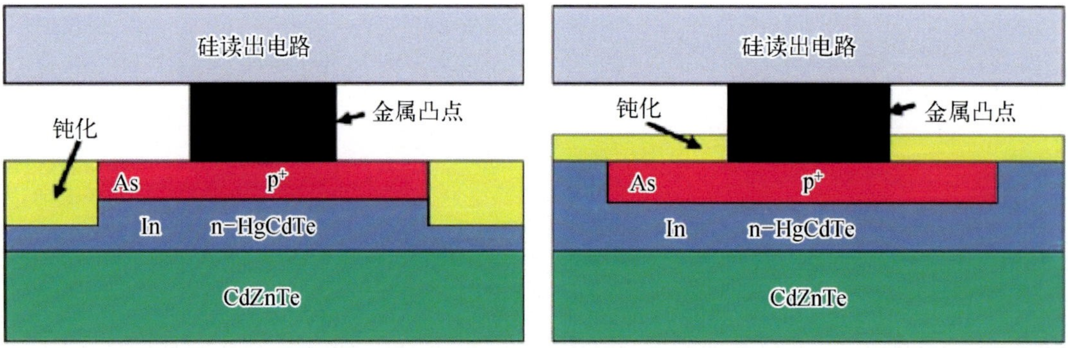

(a) MBE DLHJ台面p^+-n (b) MBE平面结砷离子注入p^+-n

彩图5.29 两种双层异质结的结构示意图(台面结和离子注入平面结)

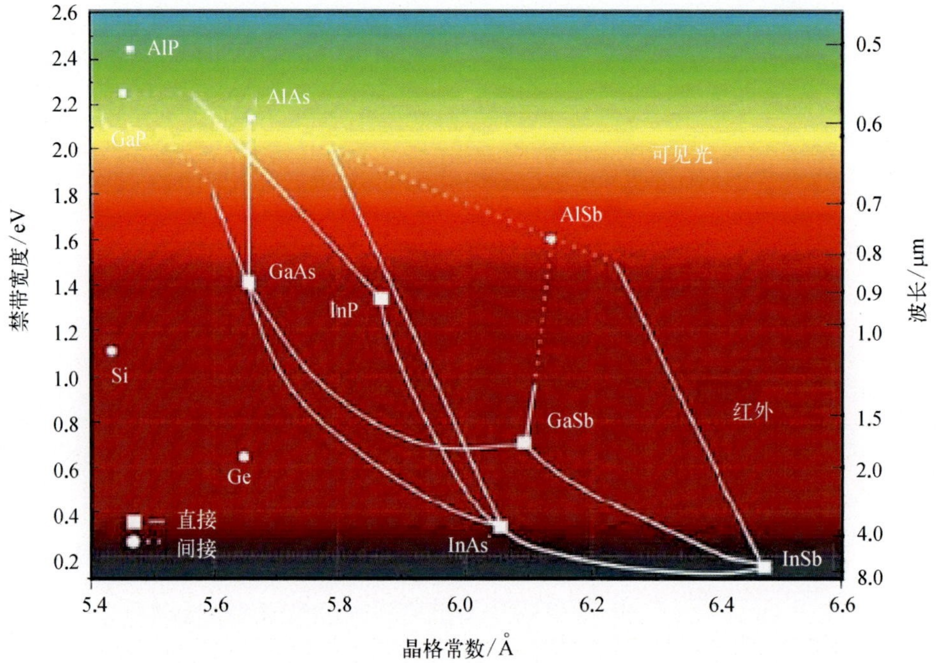

彩图7.33 Ⅲ-Ⅴ半导体的禁带宽度、晶格常数与响应截止波长

在6.1Å附近有三种材料

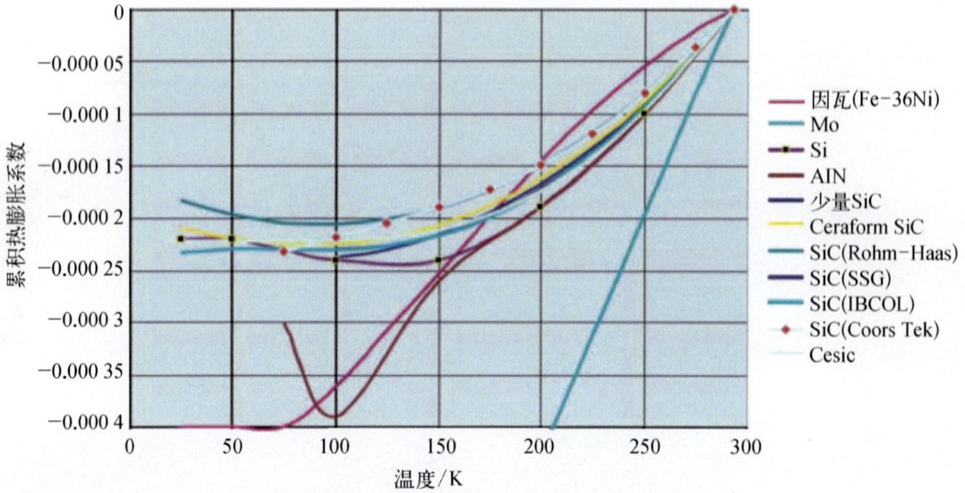

(a) 各种候选封装材料的累积热膨胀系数与温度关系曲线

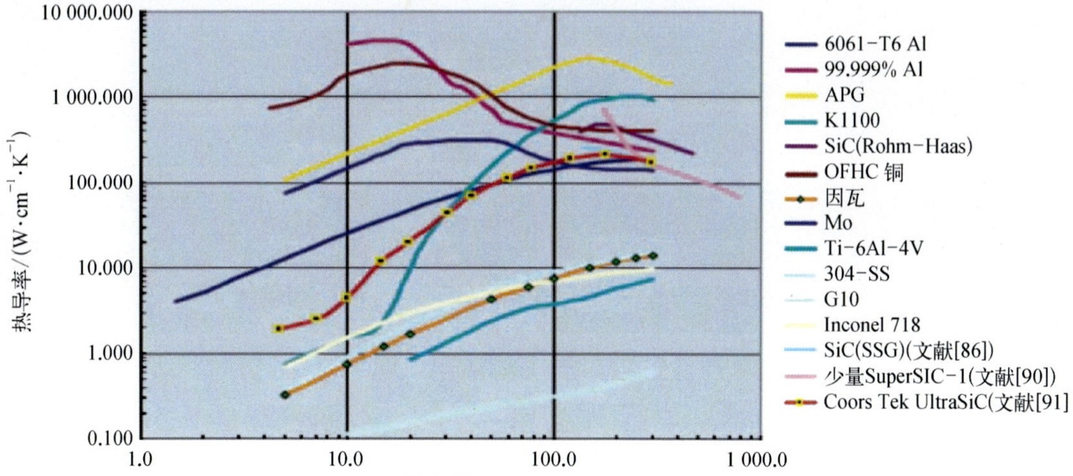

(b) 各种候选封装材料的热导率与温度关系曲线

彩图8.40　各种候选封装材料的热膨胀系数和热导率与温度关系曲线

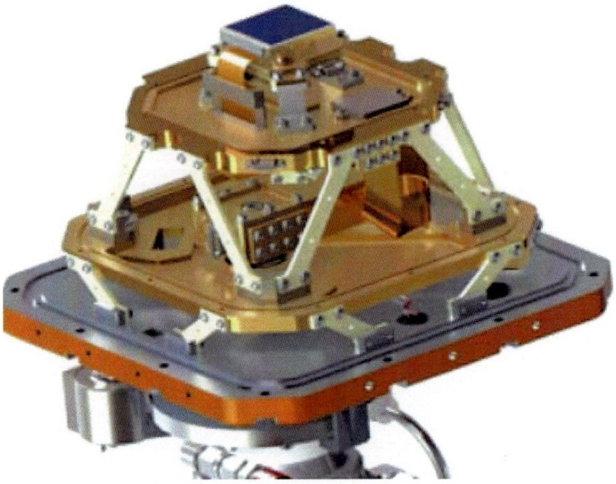

(a) 内部结构

(b) 外形结构

彩图8.44　TIS研制的航天HxRG红外焦平面组件冷箱结构